릴레이에서
로직 및 PLC까지

시퀀스 제어의 왕초보에서 응용까지

윤대용 저

동일출판사

머리말

자동 제어는 사람을 대신하여 일을 하기 위하여 생긴 학문이라면 자동 제어 기술은 각종 산업 설비에서 자동화 설비의 효율적인 운영뿐만 아니라 각종 관리 시스템이나 로봇 등의 첨단 기술 분야의 핵심 기술의 하나로 자리잡고 있다.

이와 같이 자동 제어는 현대 산업 분야에 있어서 그 이용범위가 날로 확대되어 가고 있는 필수불가결의 기술로서, 전기, 전자, 통신, 기계, 화공 등의 기술자는 물론 이와 관련된 종사자와 수험생 및 학생들에게 대단히 중요하면서도 기본적인 과목이라고 할 수 있다.

자동 제어를 시퀀스 제어와 되먹임 제어로 나눈다면, 이 책은 시퀀스 제어를 쉽게, 그리고 실무적으로 공부한다는 생각하에 "시퀀스를 공부하는 사람을 위하여 특별히 만들어진 대단히 쉬운 책"으로 다음과 같이 구성하였다.

1. 시퀀스 제어의 개념조차 없는 사람(왕초보)이라도 이해가 되도록 상세하게 그리고 쉽게 설명하였다.

2. 각종 사용 기구와 각 요소의 기능을 하나하나 분석하여 시퀀스 제어를 단편적인 지식 습득이 아니고 체계적으로 공부할 수 있도록 하였다.

3. 시퀀스를 논리 그대로 그릴 수 있도록 논리 해석과 회로 작성의 방법을 상세히 설명하여 초보자가 학교에서 공부하는 것처럼 독학이나, 크럽 학습 및 학생들의 교재와 참고서로 활용하는 데 이해가 쉽도록 하였다.

4. 릴레이 시퀀스를 먼저 이해하도록 하고 다음에
PLC 시퀀스를 릴레이 시퀀스와 연계하여 설명하였으며, 또한
로직 시퀀스를 설명하여 3가지 시퀀스의 동시 이해가 되도록 하였다.

5. 이 책은 3장으로 구성되어 있고 각각 릴레이 시퀀스, PLC 시퀀스, 로직 시퀀스의 차례로 설명하였다.

제 1 장 : 시퀀스의 이해와 구성 요소인 버튼 스위치와 센서, 릴레이, MC, 타이머, IC 스위칭 회로 및 로직 회로 소자, 입·출력 회로, 기초 회로, PLC의 기본 구성과 명령 및 회로 등을 상세히 설명하였다.

제 2 장 : 시퀀스의 3개의 기본회로인 유지 회로, 우선 회로, 시한 회로에 대하여 각각 설명하였다.

제 3 장 : 기본 회로를 이용하여 전동기 운전, 엘리베이터, 컨베이어, 온풍기, 양수 회로, 교통 신호등, 수전 회로 등의 회로를 간단히 설계 혹은 설명하였다.

이 책이 보다 많은 사람들에게 읽히어 각자 분야에 좀더 도움이 되기를 바라며, 독자 여러분의 아낌없는 충고를 바랍니다.

끝으로 이 책의 출간에 많은 도움을 주신 주위의 여러님들과 특히 동일출판사 관계자 여러분들께 감사를 드립니다.

2000. 1.

저자 씀.

차 례

1장 시퀀스 제어와 제어 요소

2장 시퀀스 제어와 기본 회로

3장 시퀀스 제어와 응용 회로

1 시퀀스 제어와 제어 요소

1. 제어의 개요

   제어 / 시퀀스 제어 / 시퀀스 제어의 구성 / 시퀀스 제어의 신호 표현

2. 스위치와 유접점 기구

   전기 회로 / 접점 기구 / 스위치 / 릴레이

3. 무접점 기구와 논리 회로

   스위칭 회로 / 무접점 논리 회로와 입 · 출력 회로 / AND 회로 / OR 회로 / NOT 회로 / NAND 회로 / NOR 회로 / 논리 회로 변환 / 타이머 소자

4. 제어 요소의 참고 회로

   배타 논리합 회로 / 배타 논리합 부정 회로 / 선택 회로 / 쌍대회로 / 논리연산

5. PLC 회로

   구성 / PLC 시퀀스와 프로그램 / Handy Loader에 의한 프로그래밍 / 컴퓨터의 S/W를 이용한 프로그래밍

1. 제어의 개요

1.1 제어

(1) 제어(control)

▸사람의 욕구를 충족시키기 위하여 기기를 조작하는 것

▸방이 어두우면 불을 켜고 또 추우면 보일러를 켜는 등
기기의 현재 상태를 사람이 원하는 상태로 조작하는 것을 제어라고 한다.
기기의 상태 - **정지 상태(복구 상태)**와
운전 상태(기동 동작 상태)의 2가지 안정 상태로 나눈다.

▸제어의 필요성 - 힘든 일, 사람이 하기 싫은 일 등을 사람 대신에 기기가 일을 하였으면 하는 욕구 충족에서 제어가 생겼다.

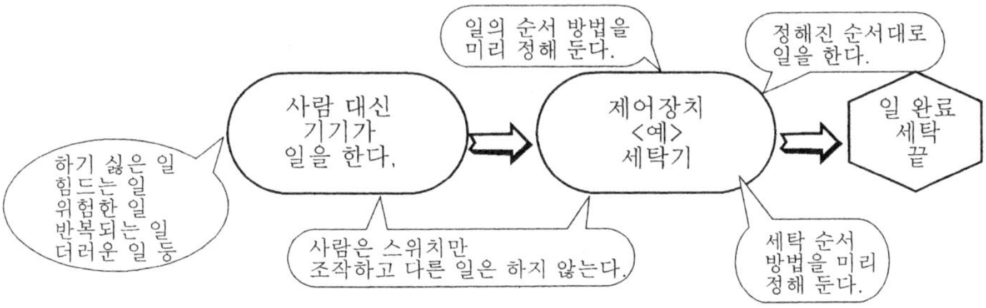

(2) 수동 제어 (manual control)

▸ 전등을 켠다거나 텔레비전의 모니터를 조작하는 등
사람이 직접 대상 기기를 조작하는 것을 수동 제어라고 하며 일반적으로 제어라고 하지는 않는다.

(3) 자동 제어 (automatic control)

▸ 세탁기 등과 같이 기기 조작의 일부 또는 전부를 기기 스스로가 행하는 제어
▸ 공정 제어와 같이 사람 대신에 제어 장치에 의하여 대상 기기를 조작하는 제어
▸ 자동 제어는 보통 시퀀스(Sequence) 제어와 되먹임(Feed-back) 제어로 나눈다.

1.2 시퀀스 제어

▸ 기기의 동작 순서나 방법 등을 미리 정해놓고 정해진 대로 조작되는 제어
▸ 세탁기, 엘리베이터 등과 같이
동작 순서와 방법을 미리 정해 놓고 단계적으로 차례로 조작하는 제어
▸ 로봇 등과 같이 같은 일을 되풀이하여 계속 반복하는 제어
▸ 스위치의 ON, OFF와 같이 불연속(단속)적인 제어

▸ 시퀀스 제어는
- 접점 기구의 직·병렬로 기기가 조작된다.
- "0"과 "1"로 대표되는 디지털 신호로 제어된다 (정성적 제어).
- 신호의 흐름이 한 방향으로만 행해진다 (열린 open loop control).

▸ 사용 기구와 발달 과정에 따라 일반적으로
- 릴레이 시퀀스 (Relay Sequence)
- 로직 시퀀스 (Logic Sequence)
- PLC 시퀀스 (Programmable Logic Controller)로 구분한다.

(1) 릴레이 시퀀스 (그림 1.1(a))

▸ 유접점 릴레이(계전기 Ⓧ)의 접점으로 구성되는 기계적 제어로서

① 부하 전류 용량과 과부하 내량이 크고 높은 온도에 견딘다.

② 입·출력이 분리되는 절연 결합이 되고 접점수에 따라 회로를 얻을 수 있다.

③ 소비 전력이 크고 회로와 제어반의 외형이 크다.

④ 접점의 동작 속도〔msec〕가 느리고 진동 충격 등에 약하다.

⑤ 수명이 짧고 고장 수리 및 보수가 번거롭다.

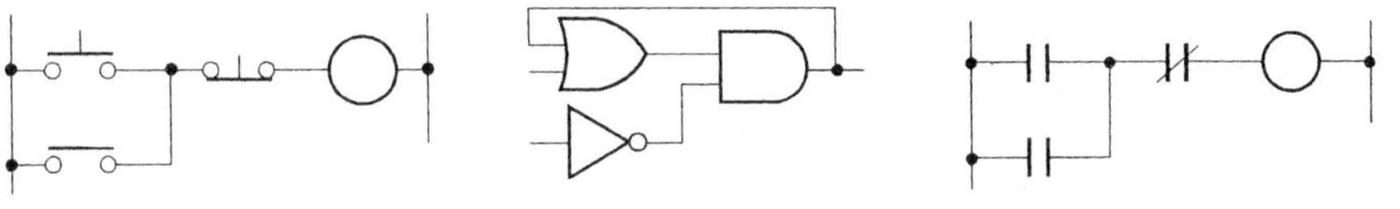

(a) (b) (c)

그림 1.1

(2) 로직 시퀀스 (무접점 논리 logic 회로, 그림 1.1(b))

▸ 반도체 IC (집적 회로)의 논리 소자 등을 사용한 회로로서
H 입력형의 양논리 회로와 L 입력형의 로직 시퀀스(음논리 회로)가 있다.

① 동작 속도〔μsec〕가 빠르고 정밀하며 수명이 길다.

② 진동 충격에 강하고 장치가 소형화된다.

③ 신뢰도가 떨어지고 온도에 약하며 전류 용량이 적다.

④ 입·출력 결합 회로가 필요하다.

(3) PLC 시퀀스 (Programmable Logic Controller, 그림 1.1(c))

▸ 컴퓨터 PC의 CPU로 시퀀스를 프로그램화(soft ware)한 것으로

▸ CPU에 시퀀스 자료를 기억시키고 명령어를 사용하여 시퀀스를 작성한다.

① 기기의 소형화, 고기능화, 저렴화, 고속화〔μsec〕가 쉽고 신뢰도가 높다.

② 보수, 수리, 유지가 용이하고, 또 프로그램 수정이 쉽다.

▸ 공장 자동화(FA) 설비에 널리 사용된다.

▸ 현재의 PLC 시퀀스는 특수 명령어의 개발과 컴퓨터 및 통신 등과 연계(link)되어 시퀀스 차원을 넘어 어떤 자동화도 가능할 수 있는 단계에까지 발전하고 있다.

1.3 시퀀스 제어의 구성

▸시퀀스 제어는 입력을 주면 - 보조 기구의 도움을 받아 - 출력을 얻는다. 따라서 시퀀스는 **입력 기구 – 보조 기구 – 출력 기구**의 3단계로 구성된다.

▸로직 회로와 PLC 시퀀스에서

입·출력 기구와 입·출력 회로를 나누면 다음과 같다.

① 입력 기구 : 수동 스위치, 검출 스위치(센서, sensor)

② 출력 기구 : MC(전자 접촉기), SV(전자 밸브), 솔레노이드(sol), 표시 램프, 경보 기구(Bell, Buzzer), 전동기 등

③ 보조 기구 : 제어 회로를 구성하는 보조 릴레이, 논리 소자, 타이머, 카운터, 입·출력 회로, PLC 장치 등

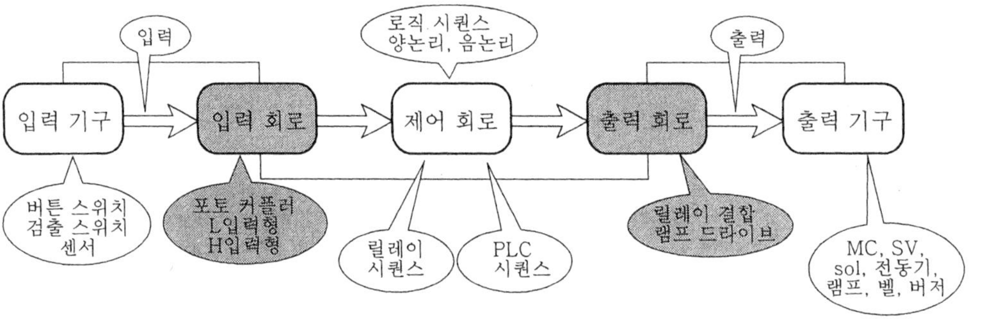

그림 1.2

1.4 시퀀스 제어의 신호 표현

▸ **정보**(information) : "1시간 동안 전등을 켜고 싶다"고 할 때
이것은 제어하고 싶은 내용이 되며 정보라고 한다.

▸ **타임 차트**(time chart) : 정보, 즉 시퀀스의 내용을 그림으로 나타내는 것으로 그림 1.3과 같이 표현한다. 즉, **전기의 유·무 상태로 나타낸다.**

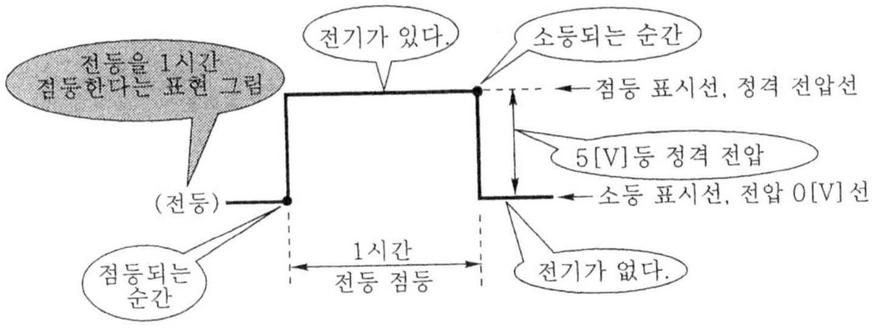

그림 1.3

▸ **신호**(signal) : 정보를 전달하는 것을 신호라고 하며 전압, 전류, 온도 등의 물리량의 크기 및 변화 상태만을 고려한다.

(1) 디지털 신호(digital signal) : 그림 1.4(a)

▸ 전류를 흘리든지 차단시키는 등
2개의 상태로 구별되는 신호로만 되는 것을 2값 신호(binary signal), 디지털 신호라고 한다.

▸ 디지털 신호는 논리 "0"과 "1",
스위치의 "on-off",
접점의 "열고 닫음",
펄스의 "있다, 없다",
반도체의 "동작 유무",
전압이 "있다(5[V]), 없다(0[V]-접지)"
등으로 아래와 같이 신호 처리를 한다.

● 디지털 신호 표시 ●

H 신호 : 1, ↑, ⎍, ON, 5[V] 전압, (+) ← High Level(전압 상태)
L 신호 : 0, ↓, ⊔, OFF, 0[V] 접지, (−) ← Low Level(접지 상태)

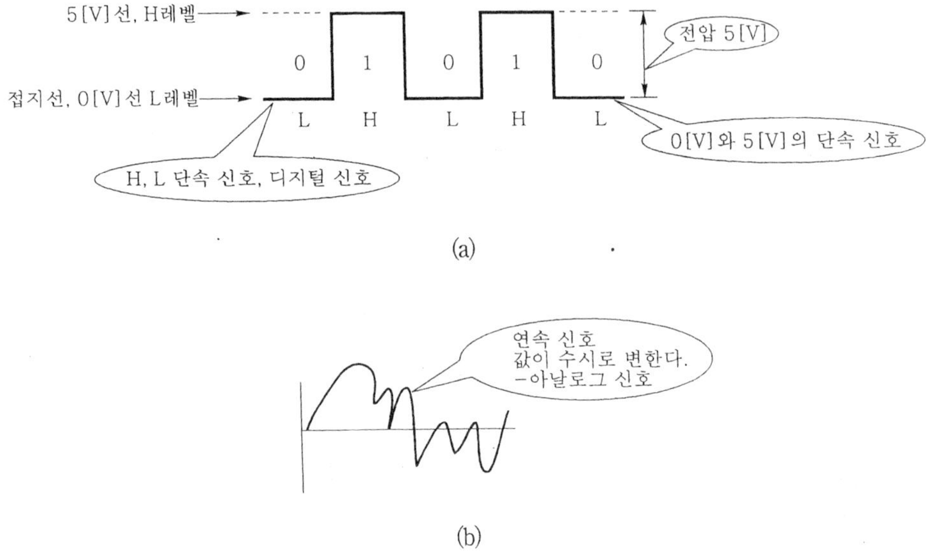

그림 1.4

(2) 아날로그 신호(analog signal) : 그림 1.4(b)

▶온도 변화와 같이 제어 신호의 크기가 연속적으로 변화하는 신호로서 되먹임 제어에 사용된다.

(3) 입력 신호(input signal)와 출력 신호(output signal) : 그림 1.5

「전등의 점등 상태 A와 소등 상태 B에서」

▶입력 신호 : 기기의 상태 변화를 주는(켠다, 끈다) 신호를 입력 신호라 하고

▶출력 신호 : 상태 변화(제어)의 결과(켜진 상태, 꺼진 상태)를 출력 신호라고 한다.

(4) 상태 신호와 변화 신호 : 그림 1.5

▸전등을 1시간 점등하고 싶다고 할 때 ← 이것은 정보이다.

▸상태 신호 : 정보와 같은 신호이고, 출력 신호의 표시로 사용된다.

▸변화 신호 : 정보의 변화(켜지고 꺼지는)를 나타내는 입력 신호이고
기동 신호와 정지 신호의 2개가 항상 쌍으로 사용된다.

▸**기동 입력 신호** : 전등이 켜지는 등의 일을 시작하는 변화를 주는 신호

▸**정지 입력 신호** : 전등이 꺼지는 등의 일이 끝나는 변화를 주는 신호

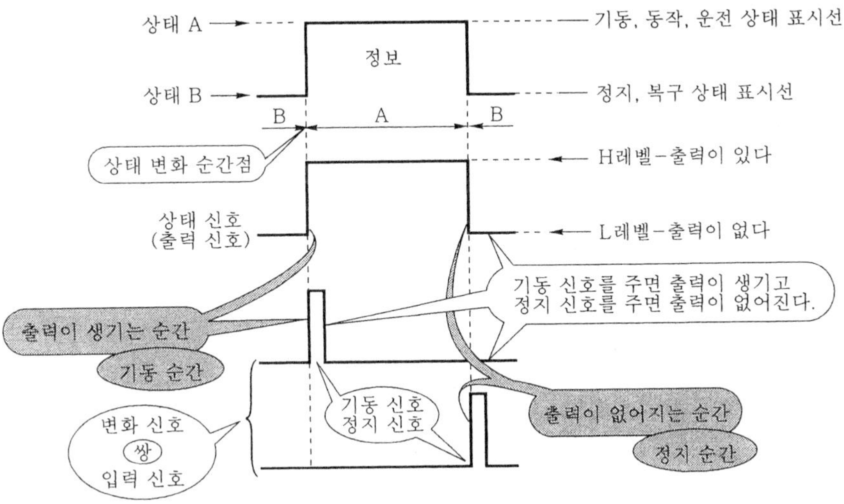

그림 1.5

※ 제어 명령과 작업 명령 : 전압, 전류, 변위, 온도 등의 제어량에서

▸제 어 량 : 제어계에서의 출력 신호로서
제어 대상에 속하는 양이다.

▸제어 명령 : 장치 내부에서
제어량을 원하는 상태로 하기 위한 입력 신호 명령

▸작업 명령 : 기동, 정지 등과 같이
장치 외부에서 주어지는 입력 신호 명령

2. 스위치와 유접점 기구

2.1 전기 회로

(1) 전원(electric source)과 부하(load) : 그림 1.6

▸전원 : 전지, 발전기와 같이
기전력(전기)을 가지고 전류를 흘리는 원동력이 되는 전기 기기를 전원이라고 하고 보통 전기를 공급하는 기기가 된다.

▸부하 : 전원에서 전기를 공급받아 일을 하는 기계나 기구를 부하라고 한다.

(2) 전기 회로 : 그림 1.6

▸그림 1.6과 같이 전원과 부하, 스위치 및 전류를 흘리는 통로인 도선을 포함한 전체를 전기 회로라고 하며 전기 공급이 목적이다.

▸스위치 : 전기를 주든지 끊는 접점 기구인 입력 기구(입력 신호)가 되고

▸전구 : 점등(또는 소등) 상태의 제어 결과인 출력 기구(출력 신호)가 된다.

(a) 실체 배선도 : 기기의 접속 관계를 중점으로 나타낸 것으로
실제로 회로를 배선하는 경우에 편리하다.

(b) 전기 회로도 : 기기의 기호를 사용하여 전기의 공급을 중점으로 나타낸 것으로 간편하다.

(c) 시퀀스도 : 기기의 기호를 사용하여 전개한 그림으로
회로의 동작이나 전류의 흐름을 보는 데 편리하다.
그림 (c)는 세로쓰기로 릴레이 시퀀스에서 주로 사용하고 있고,
그림 (d)는 가로쓰기로 PLC 시퀀스에서 주로 사용한다.

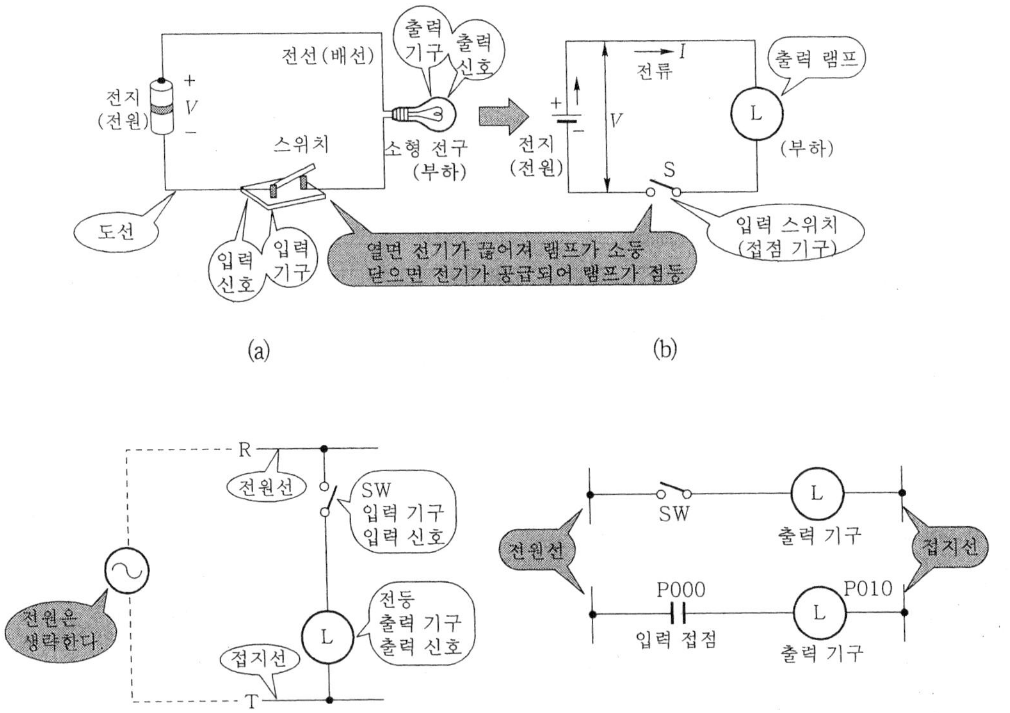

그림 1.6

2.2 접점 기구

▸ **접점 기구** : 전기 회로를 개폐(열고 닫는다 - OFF, ON)하는 스위치 기능을 가지는 기구로서 시퀀스의 회로 상태를 결정하는 요소이다 (그림 1.7).

▸ 일반적으로 시퀀스 제어는 여러 접점의 직·병렬로 구성된다고 할 수 있다.

▸ **버튼 스위치, 센서** 등의 각종 스위치류의 입력 기구는 접점 기구이다.

▸ **릴레이, 논리 소자** 등의 보조 기구는 접점을 이용하는 접점 기구이다.

▸ **유접점 기구** : 릴레이 접점과 같이 기계적인 접점으로 눈에 보이는 접점 기구이다.

▸ **무접점 기구** : 논리 소자와 같이 접점이 눈에 보이지 않는 접점 기구이다.

▸ 접점에는 a접점과 b접점이 있고, 또 c접점이 사용되기도 한다 (그림 1.7).

① **a 접점**(a-contact) : 원래는 열려(open) 있고 조작할 때 닫히는(on) 접점으로 메이크 접점(make contact-arbeit contact)이라고도 한다.

② **b 접점**(b-contact) : 원래는 닫혀(on) 있고 조작할 때 열리는(open) 접점으로 브레이크 접점(break contact)이라고도 한다.

③ **c 접점** : a, b 전환 접점으로 평시 b접점 상태이고 조작하면 a접점으로 바뀐다.

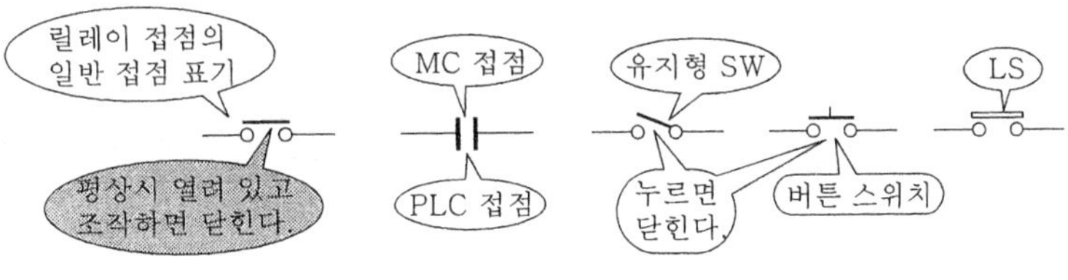

(a) a접점 표시 기호들

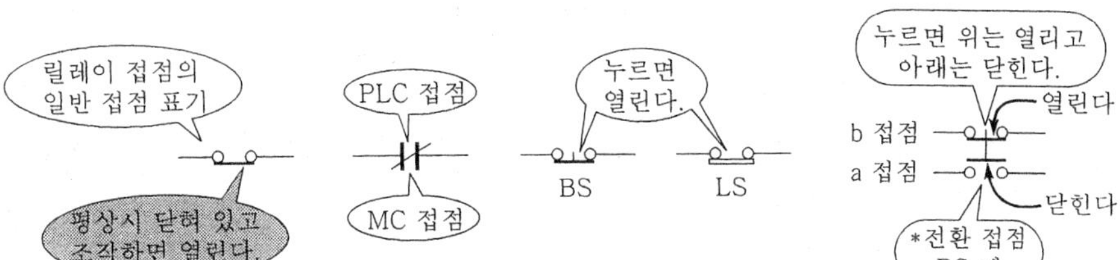

(b) b접점 표시 기호들

그림 1.7

2.3 스위치(switch)

- ▸회로의 개폐 또는 접속 변경 등의 작업 명령용의 입력용 접점 기구
- ▸전기를 주든지 끊는 기능의 입력 신호 기구로서
- ▸수동 스위치(**버튼 스위치**, 유지형 스위치)와 **검출 스위치(센서)**가 있다.

(1) 버튼 스위치

▸사람이 손으로 누르면 접점 상태가 변하고(a → b 또는 b → a),
손을 놓으면 원래의 상태로 복귀하는 수동 조작 자동 복귀형 스위치로서
푸시버튼 스위치(push-button switch : PBS, PB, BS-이하 BS로 통일한다)라고 한다.

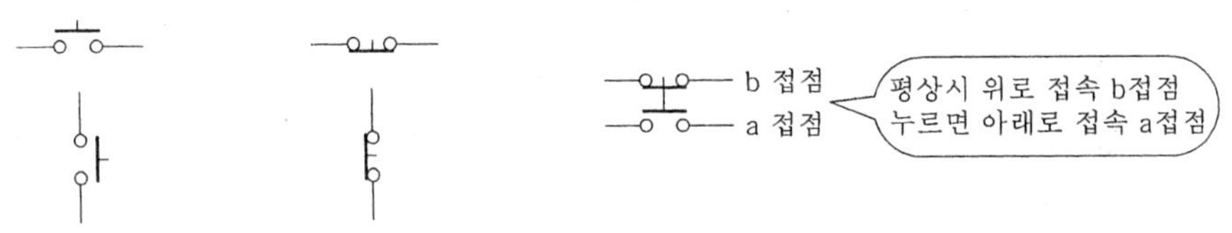

(a) a 접점 (b) b 접점 (c) c 접점(2련, 연동)

그림 1.8

a접점형 BS : 누르면 회로가 접속되고 놓으면 회로가 끊어진다.

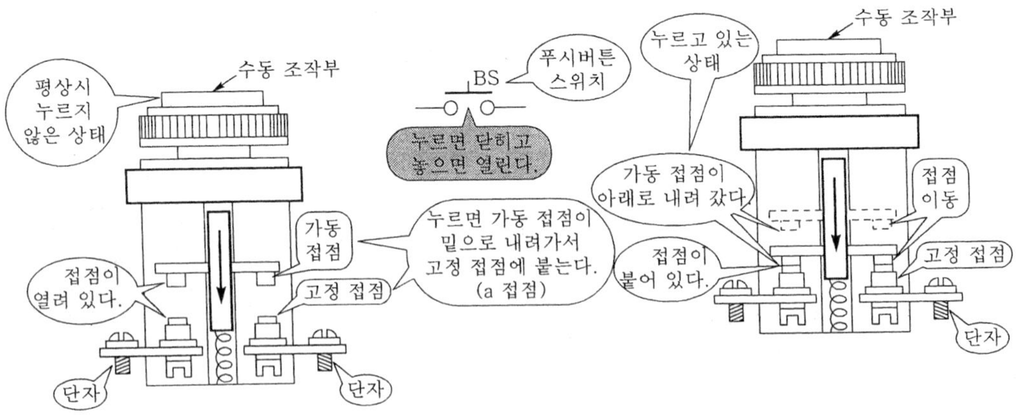

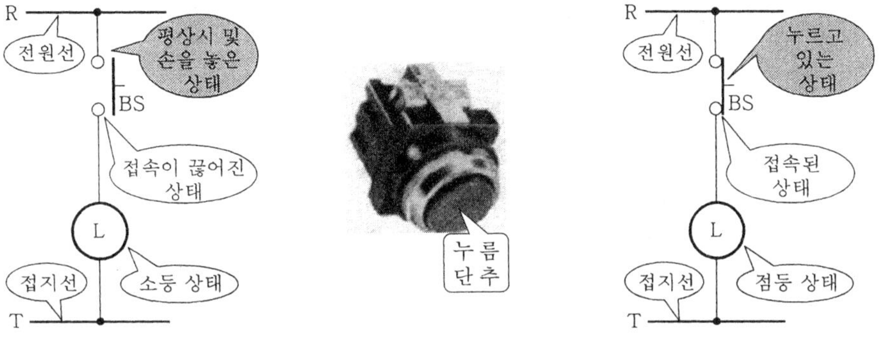

(a) (b)

그림 1.9

b 접점형 BS : 누르면 회로가 끊어지고 놓으면 회로가 접속된다.

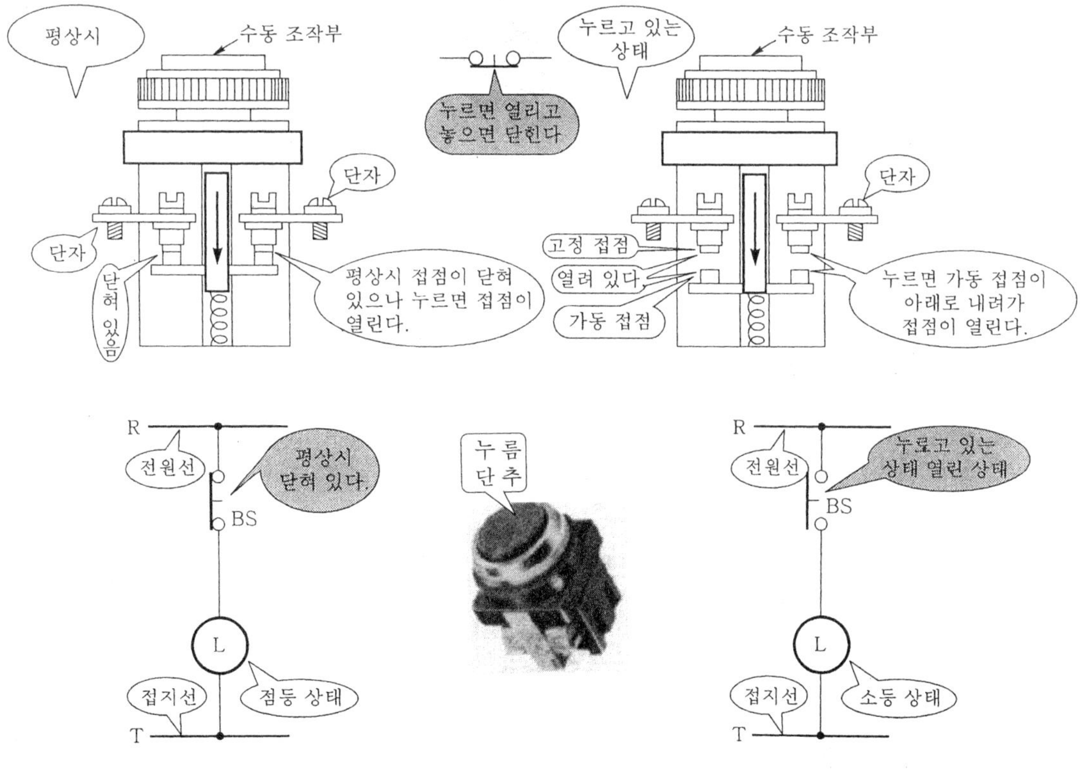

(a) (b)

그림 1.10

c 접점형 BS : 연동(2련)으로 평소 b접점이고 누르면 a접점으로 전환된다.

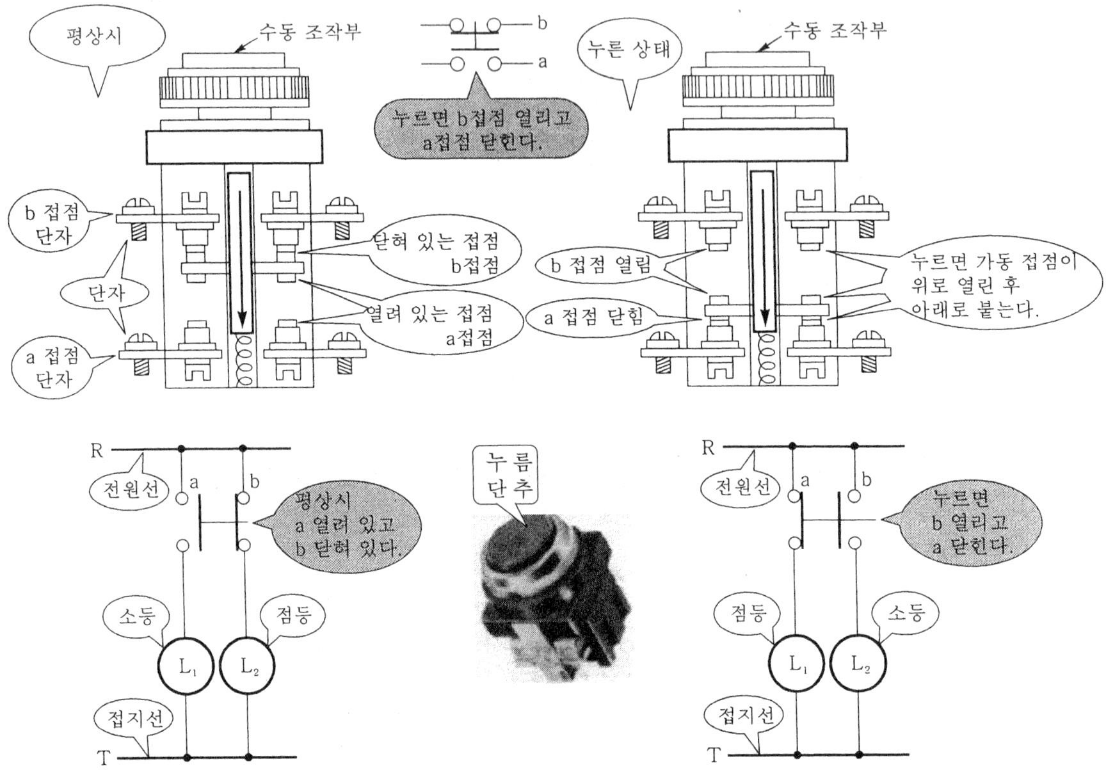

(a) (b)

그림 1.11

(2) 유지형 수동 스위치

조작할 때에만 접점의 개폐 상태가 변하는 접점 기구로서
스냅 스위치, 셀렉터 스위치, 마이크로 스위치, 나이프 스위치 등이 사용된다.

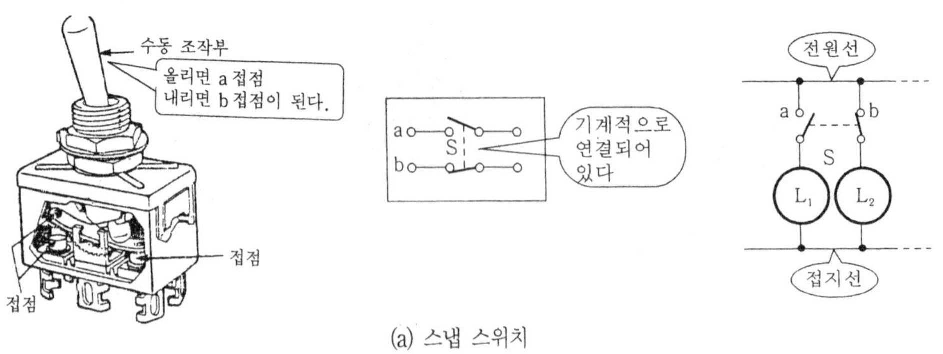

(a) 스냅 스위치

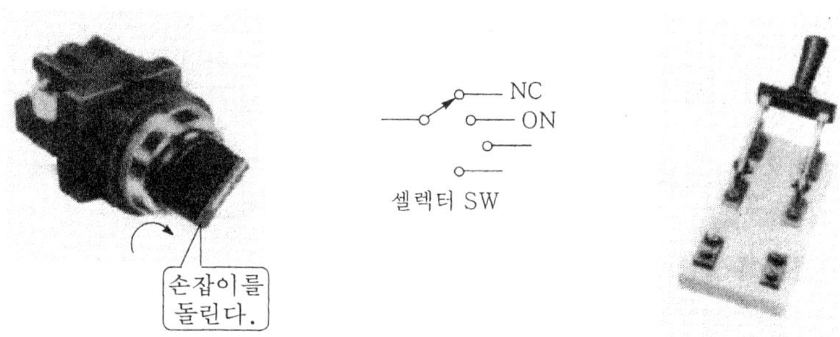

(b) 선택 스위치 (c) 나이프 스위치

그림 1.12

(3) 검출 스위치(sensor)

▸여러 가지 물리량을 검출하고
그것을 전기 신호로 변환하는 기능을 갖고 있는 입력 기구이다.

▸제어 대상 기기의 상태 또는 변화를 검출하는 입력 기구

▸검출 대상이 빛, 온도, 속도, 위치, 압력, 접촉 등과 같이 넓은 범위에 걸쳐 있다.

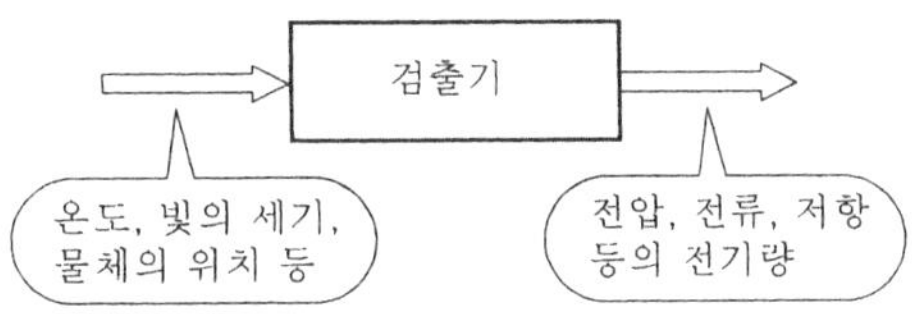

▸인간의 5감(눈, 코, 귀, 입, 손)과 같이
기기의 주변 상태나 환경을 감지하는 기능을 가진다.

1) 회로 외부에서 **작업 명령**을 주는 **검출 스위치**가 있고(그림 1.13)

- 리밋(limit) 스위치 LS : 물체가 접촉할 때 그 힘으로 접점이 개폐된다.
- 액면(float) 스위치 FS : 수면 위에 떠서 수위의 높고 낮음에 따라 접점이 개폐된다.
- 빛의 작용에 의한 광전 스위치 PhS, 물체의 접근에 의한 근접 스위치 PxS,
  열에 의한 온도 스위치 ThS 등이 있다.

「기호-LS를 제외하고는 보통 원안에 접점을 그리고 문자 기호를 붙인다」

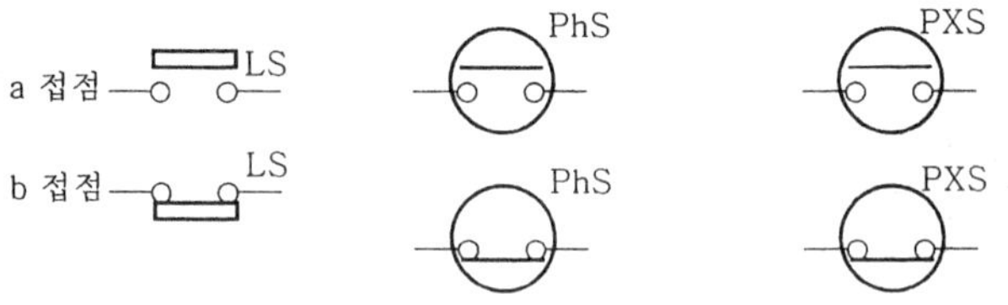

그림 1.13

2) 회로 내부에서 **제어 명령**을 주는 접점 역할을 하는 **센서**가 있다.
   - 온도 검출용의 서미스터, 열전쌍
   - 빛 검출용의 CdS, 포토 다이오드, 포토 트랜지스터
   - 위치 검출용의 포텐셔미터, 차동 변압기 등이 있다.

서미스터 CdS 포토 다이오드 포텐셔미터

그림 1.14

1 리밋 스위치 LS 예

▸ 엘리베이터의 벽면에 리밋 스위치 LS를 부착하여
승강기(cage)가 오르내리다가 작동편 롤러(actuator)를 누르면
b접점은 열리고 a접점은 닫혀서 엘리베이터를 정지시킨다.

▸ 또, 냉장고의 문(door) 구석에 LS를 부착하고
문을 닫으면 롤러가 눌려 접점이 열려서 램프가 소등되는 등
물체가 접촉할 때 그 압력으로 접점이 개폐된다.

▸ 그림 1.15에서 램프 L_1 점등 중 LS가 동작하면
LS_b는 열려 L_1은 소등되고, LS_a는 닫혀 L_2는 점등된다.

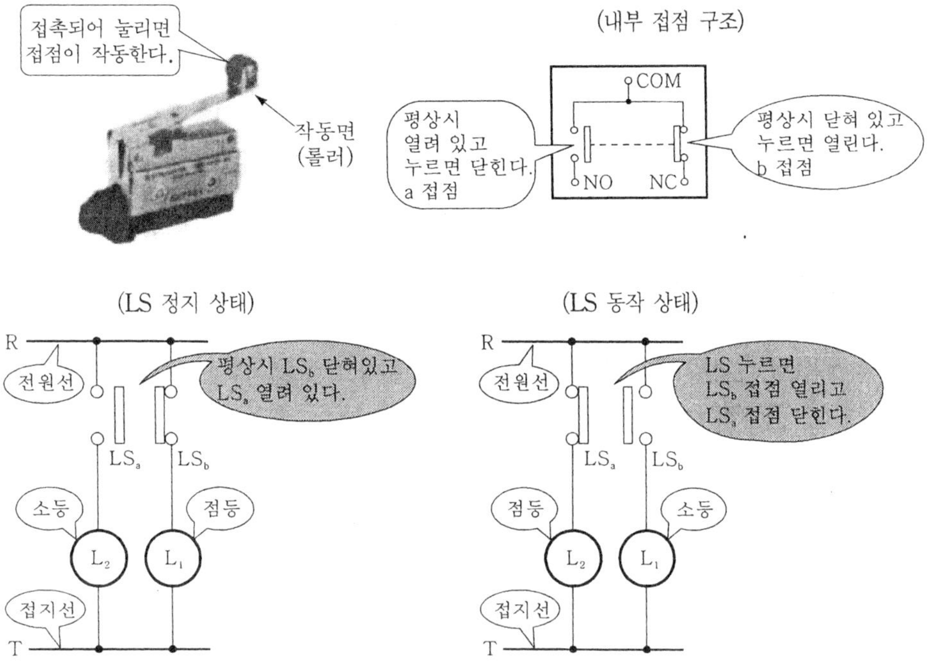

그림 1.15

2 플로트 스위치 FS 예

▸ 화장실 양변기의 플로트와 같이 수면 위에 떠서
수위가 높으면 FS_H (b접점)가 열려서 램프가 소등하고(펌프가 정지),
또 수위가 너무 낮으면 한계 수위점에서 FS_L (a접점)이 닫혀서 램프가 점등(펌프가 동작) 한다.

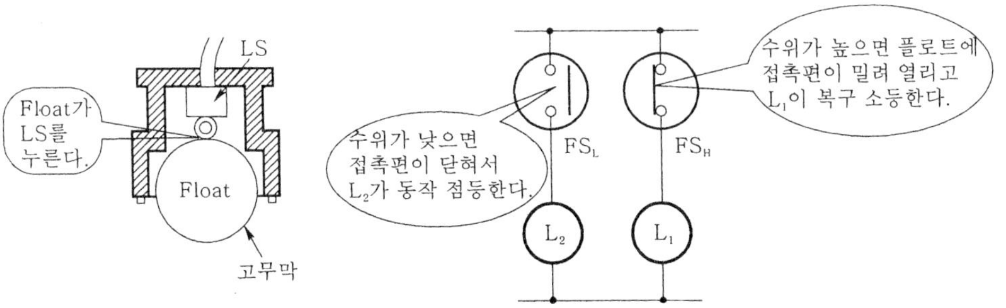

그림 1.16

2.4 릴레이(Relay)

▸릴레이는 시퀀스를 구성하는 **유접점(기계적 접점) 기구**로서
전자 계전기(electro-magnetic relay)의 준말이며 보통 "**릴레이**"라고 부른다.

▸전자석의 전자력으로 접점을 열고 닫는 **스위치 기능**의 제어 장치이다.

▸보조 릴레이 X, 타이머 릴레이 T, 전자 접촉기 MC 등으로 사용된다.

- **보조 릴레이 X** : 소형 및 극소형으로 용량이 작고 접점수가 많으며 유지 회로와 신호 처리용으로 주로 쓰인다.
- **타이머 릴레이 T** : 시간 지연 회로를 넣어 타이머(timer)로 쓰인다.
- **전자 접촉기 MC** : 용량을 크게 하여 전동기 구동 회로 등 제어용 출력 기구로 쓰인다.

(1) 보조 릴레이 X

▸동작 : 그림 1.17에서

1) 구성

① 전기를 줄 때 전자석을 만드는 코일부 Ⓧ와

② 회로를 열고 닫는 스위치 기능의 접점부($X_{(1)}$, $X_{(2)}$)로 구성되고

③ 코일 Ⓧ와 접점($X_{(1)}$, $X_{(2)}$)을 구분하여 각각 따로 표기한다.

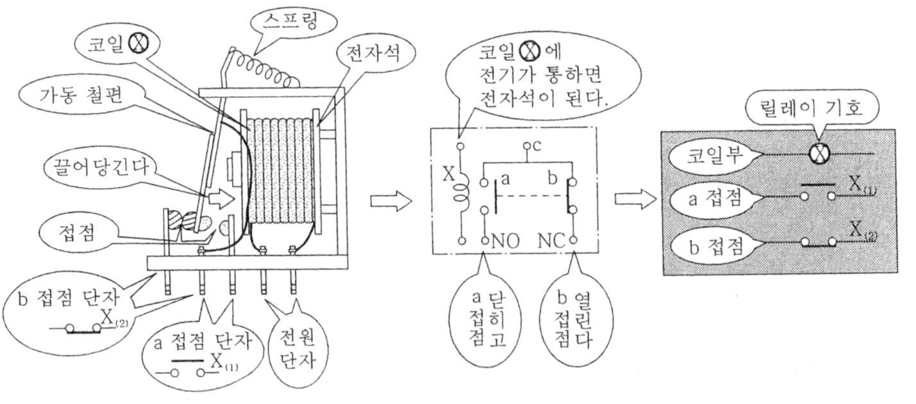

그림 1.17

2) 정지(그림 1.18 (a))

① 전기를 공급하지 않은 상태로

② 릴레이 Ⓧ는 복구 상태이며

③ a접점은 열려 있고 b접점은 닫혀 있다.

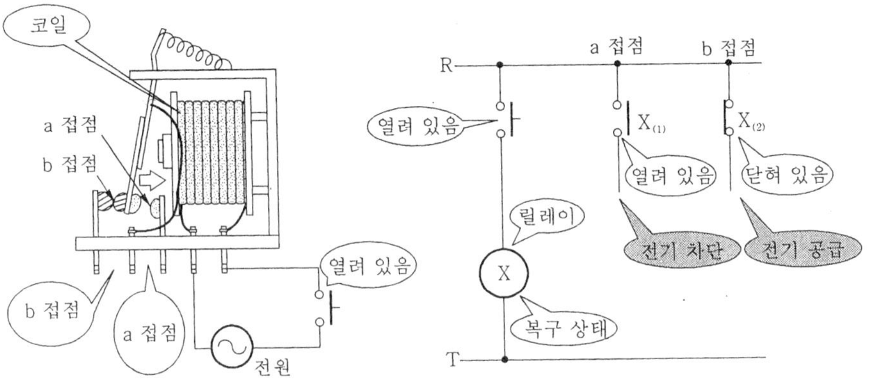

(a)

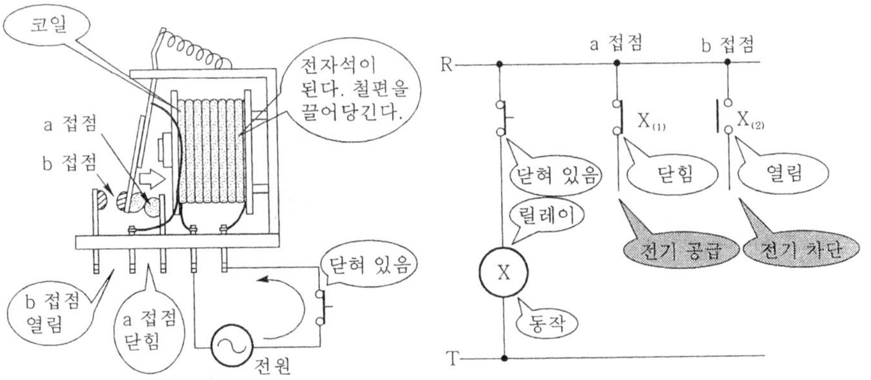

(b)

그림 1.18

3) 동작(그림 1.18 (b))

① 코일 Ⓧ에 전기를 가하면 전자석이 되고(이를 여자한다고 한다)

② 전자석은 가동 철편을 끌어당긴다.

③ b접점은 열리고 a접점은 닫힌다.

※ 여기서 ②와 ③의 상태를 릴레이가 "동작"한다고 한다.

4) 복구 : 정지 상태 2)의 그림과 같다.

④ 코일 ⓧ에 전기를 끊으면

⑤ 전자석의 흡인력이 없어져서 스프링의 힘으로 가동 철편이 원래 상태로 되돌아간다.

⑥ a접점은 열리고 b접점은 닫힌다.

※ 여기서 ⑤와 ⑥의 상태를 릴레이가 "복구"한다고 한다.

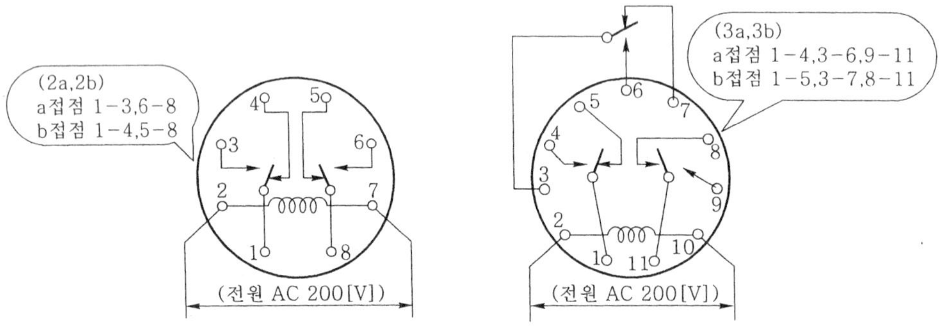

내부 결선도

(a) 8핀 (b) 11핀

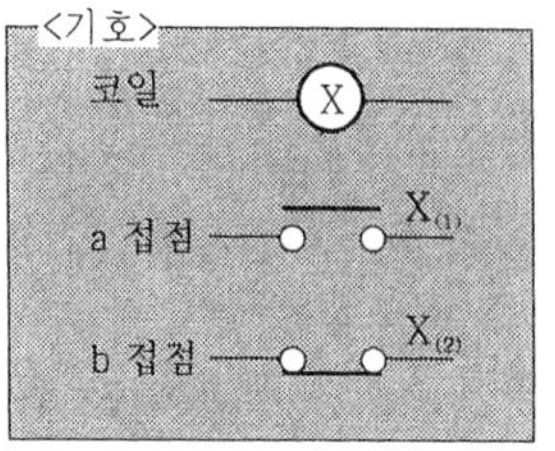

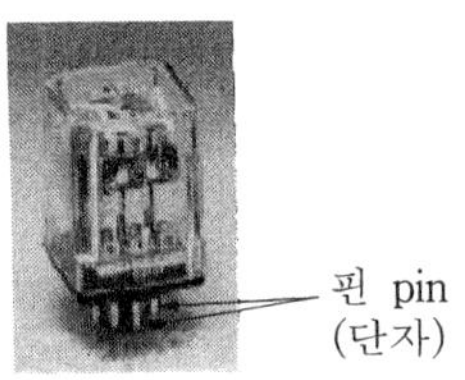

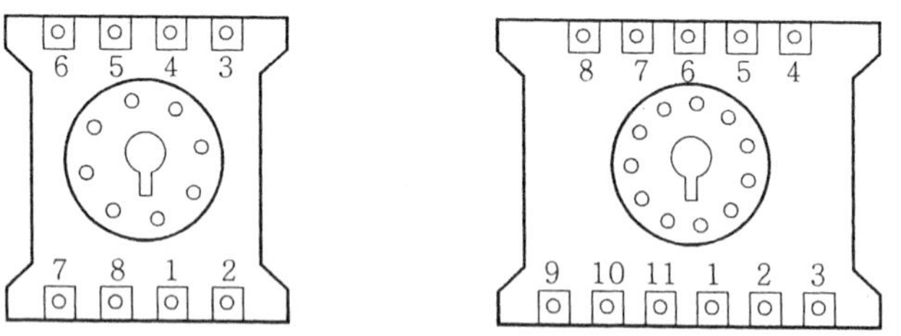

릴레이 소켓의 구조

(a) (b)

그림 1.19 릴레이 소켓의 구조

▸기호 : 릴레이는 코일 Ⓧ와 접점 ($X_{(1)}$, $X_{(2)}$)으로 구분하여 각각 따로 표기하고 릴레이 수와 접점수에 따라 번호를 부여한다.

▸접점수는 4~32개 정도이고 교류 및 직류 6~200〔V〕, 15〔A〕 이하가 제어용으로 쓰인다.

▸그림 1.19는 용량이 비교적 큰 교류용 보조 릴레이의 예로서
릴레이 소켓(socket)을 사용하여 배선하고
릴레이 핀(pin-단자)을 소켓에 삽입하도록 한다.
소켓과 핀은 홈에서 시계 방향으로 번호가 정해지며 8핀 및 11핀용이 많다.

▸접점수의 표기는 a접점수와 b접점수로 나누어서 나타낸다.
그림에서 8핀용은 (2a, 2b), 11핀용은 (3a, 3b)가 된다.

▸회로 : 그림 1.20에서

① 릴레이의 문자 기호는 Ⓐ, Ⓡ, Ⓧ, Ry, Aux 등으로 나타내나 여기서는 Ⓧ로 표기하기로 한다. 또, 여러 개의 릴레이 표기는 X_1, X_2, X_3 등으로 한다.

② 접점 기호는 a접점, b접점 구분없이 ( )에 접점 번호를 쓰기로 한다. 즉,
X_1 릴레이의 2번째 접점은 $X_{1(2)}$로,
X_3 릴레이의 4번째 접점은 $X_{3(4)}$ 등으로 한다.

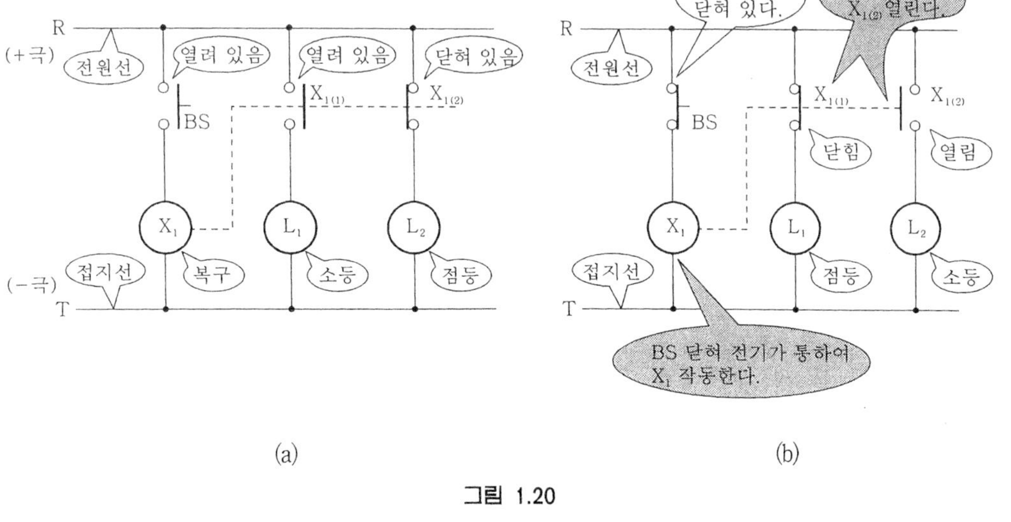

그림 1.20

③ 코일 Ⓧ와 접점 $X_{(1)}$, $X_{(2)}$ 등은 회로 내에서 분리하여 그린다.

④ 시퀀스에서 전원은 생략하고
세로 도면에서 윗선 R을 전원선(전압선, +선), 아래선 T를 접지선(−선),
가로 도면에서 오른쪽 선을 전압선, 왼쪽선을 접지선으로 한다.

⑤ 접점 기구는 전원선쪽에 그리고,
코일 표기와 출력 기구는 접지선 쪽에 그린다.
이는 기구의 소손과 합선 사고를 방지하기 위함이다.

그림 1.20 (a)에서 ← **정지(복구) 상태**

① 버튼 스위치 BS는 열려 있고 릴레이 X_1은 복구 상태이다.

② a접점 $X_{1(1)}$은 열려 있고 램프 L_1은 소등 상태이다.

③ b접점 $X_{1(2)}$는 닫혀 있고 램프 L_2는 점등 상태이다.

그림 1.20 (b)에서와 같이 버튼 스위치 BS를 누르고 있다면 ← **동작(운전) 상태**

④ 버튼 스위치 BS는 닫혀 있고 릴레이 X_1은 전기를 받아 동작한다.

⑤ 릴레이 X_1의 동작으로 a접점 $X_{1(1)}$은 닫히고 램프 L_1은 점등된다.

⑥ 릴레이 X_1의 동작으로 b접점 $X_{1(2)}$는 열리고 램프 L_2는 소등된다.

그림 1.20 (b)에서 버튼 스위치 BS를 누르고 있는 것을 놓으면 그림 1.20 (a)와 같은 상태, 즉 복구(정지) 상태로 되고 ①~③과 같이 된다.

(2) 전자 개폐기(magnetic switch MS)

▸전자 접촉기(magnetic contact MC)에 열동 계전기(thermal relay Thr)를 접속한 것을 전자 개폐기라고 하고 보통 MS보다는 MC로 많이 표기한다.

1) 전자 접촉기 MC

▸릴레이의 접점 용량을 수십~수백〔A〕로 크게 한 릴레이로서 주회로 개폐용 기기, 즉 제어용 출력 기구로 사용된다.

▸500〔V〕, 3ϕ(3a), 600〔A〕, 보조 접점(2a, 2b)의 것이 시판되고 있다.

1 구성 : 그림 1.21에서

① MC 코일에 전기를 주면(MC는 전자석이 된다)

② 3상 주접점이 닫혀 부하에 전기를 공급하고(전원 R S T → u v w로 접속)

③ 보조 접점이 개폐(a접점은 닫히고, b접점은 열림)되어 유지용 및 감시용 회로 등으로 사용된다.

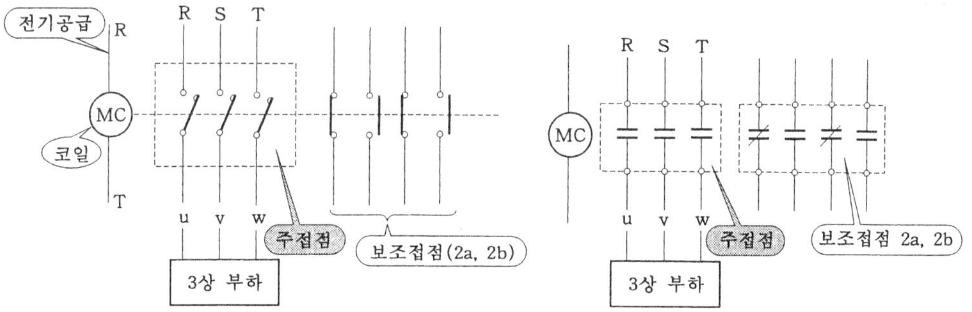

그림 1.21

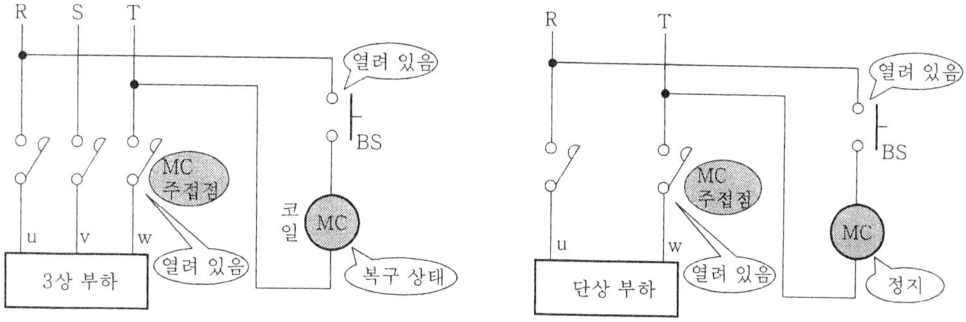

2 정지 : 참고도에서 전기를 공급하지 않은 상태로
MC는 복구 상태이고 주접점 MC는 열려 있다.

3 동작 : BS를 눌러 코일 MC에 전기를 가하면
전자 접촉기 MC가 동작하고 주접점 MC가 닫혀서 부하에 전기를 공급한다.

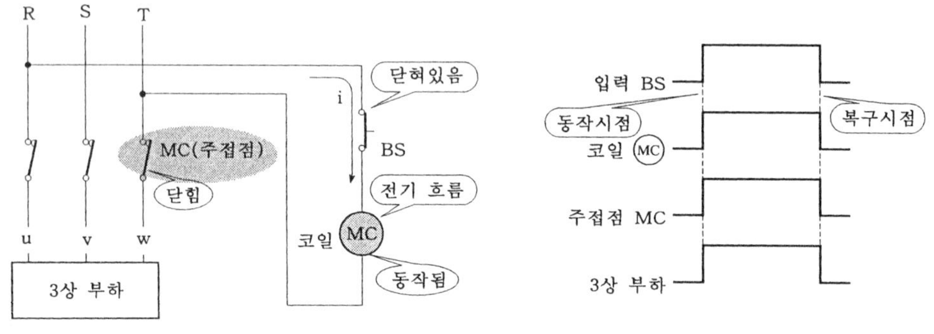

4 정지 : BS를 놓아 코일 MC에 전기를 끊으면
전자 접촉기 MC가 복구하여 주접점 MC가 열려서 부하에 전기를 끊는다.
즉, 정지 상태 2가 된다.

2) **열동 계전기** Thr

1 구성 : 히터(heater, 바이메탈 포함)와 접점으로 구성되고(그림 1.23)
① 히터는 주접점과 부하 사이의 R T선에 2개 접속하고
② b접점은 코일 MC 앞에 직렬로 또는 제어 회로의 전원선 R에 접속하며
③ a접점은 경보 회로에 접속한다.

2 동작 : 그림 1.22와 그림 1.23에서
① 부하의 이상(고장)에 의하여 전류가 정상보다 크게 증가하면
② 주접점과 직렬로 접속된 열동 계전기의 히터가 가열되어 바이메탈(bimetal)이 완곡 팽창되어
③ Thr 접점을 밀어낸다 →
b접점은 열려 코일 MC의 전기를 끊어 전자 접촉기 MC를 복구시키고,
a접점은 닫혀 경보 회로를 구성한다.
④ Thr의 복구는 수동형(누른다)과 자동형이 있다.

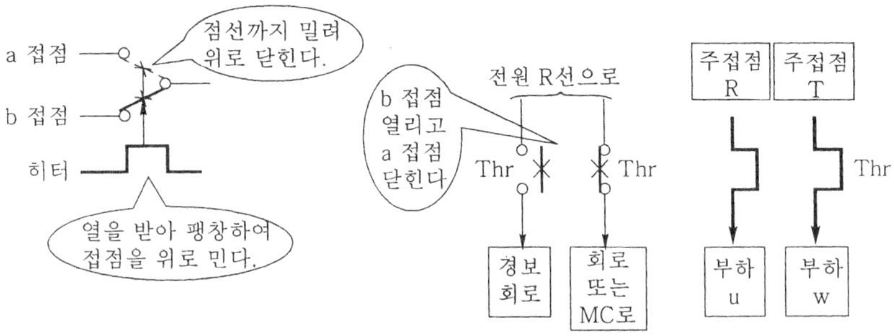

그림 1.22

3) 전자 개폐기

▸그림 1.21과 그림 1.22를 조합한 것이 그림 1.23이다.

① BS를 눌러 코일 MC에 전기를 가하면 MC가 동작하여

② 주접점 MC가 닫혀서 3상 부하에 전기를 공급한다.

③ 동시에 보조 접점이 b접점은 열리고 a접점은 닫힌다.

④ BS를 놓으면 코일 MC에 전기가 끊어져 MC가 복구하여 주접점이 열리고, 또 보조 접점은 a접점은 열리고 b접점은 닫힌다.

⑤ 부하 동작 중 과전류가 흐르면 열동 계전기 Thr이 동작하여 그 b접점이 열려서 코일 MC에 전기가 끊어져 MC가 복구한다. 또, a접점은 닫혀서 경보 회로를 구성한다.

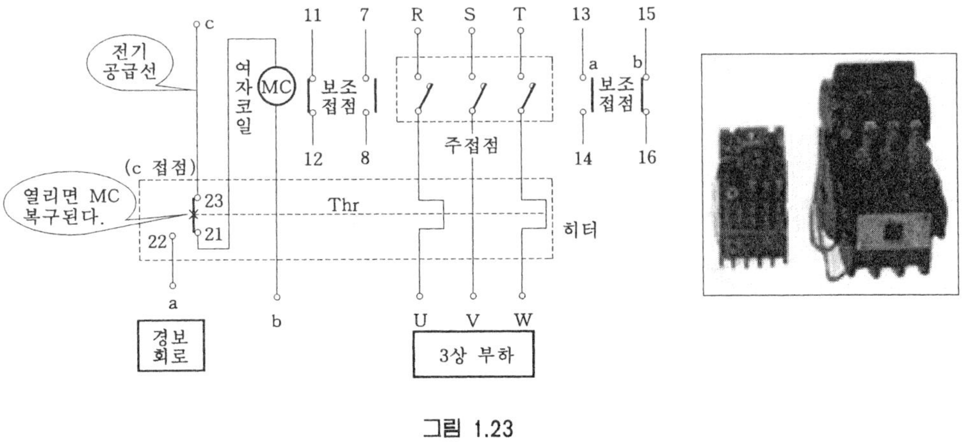

그림 1.23

▸그림은 주접점과 보조 접점 및 열동 계전기 접점의 사용 예를 예시한 것이다(상세한 설명은 제3장 제1절에 있음).

① 기동 신호 BS_1을 눌러 코일 MC에 전기를 가하면 MC가 동작하여

② 주접점 MC가 닫혀서 3상 부하에 전기를 공급한다.

③ 동시에 보조 접점 $MC_{(1)}$이 닫혀 BS_1 대신에 회로를 자체 유지한다.

④ 동시에 보조 접점 $MC_{(2)}$가 열려 정지 표시 램프 GL이 소등된다.

⑤ 동시에 보조 접점 $MC_{(3)}$이 닫혀 운전 표시 램프 RL이 점등된다.

⑥ 정지 신호 BS_2를 눌러 코일 MC에 전기를 끊으면 MC가 복구하여 주접점이 열리고 보조 접점인 a접점은 열리고 b접점은 닫힌다(②~⑤).

⑦ 부하 동작 중 과전류로 열동 계전기 Thr의 b접점이 열리면 코일 MC에 전기가 끊어져 MC가 복구한다. 이하 ⑥과 같다.

⑧ Thr의 a접점이 닫혀 경보 표시 램프 OL이 점등한다.

※ 열동 계전기 Thr의 동작을 보통 Thr이 trip된다고 한다.

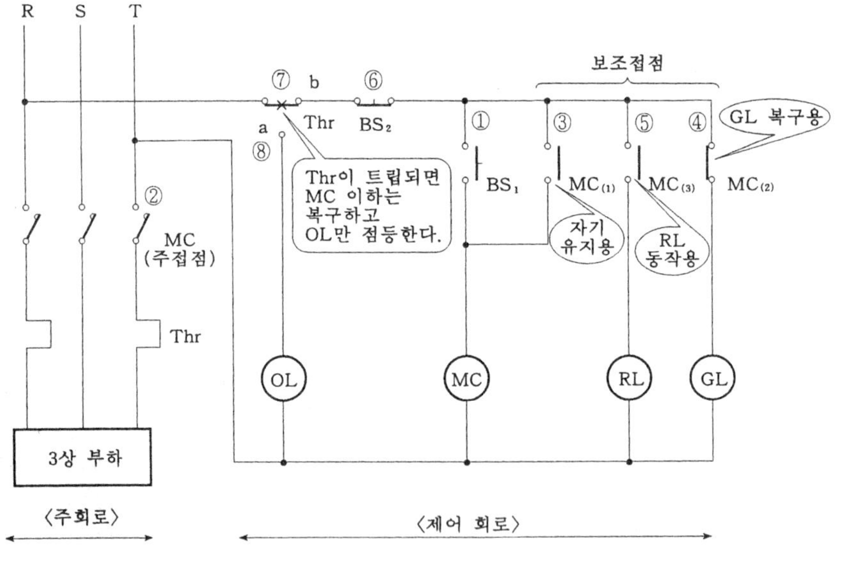

(3) 시한 릴레이(timer, timer relay)

▸보통 릴레이는 코일에 전기를 주는 순간 동작하고,
코일에 전기를 끊는 순간 복구하는 순시 동작 순시 복구형이다.

▸시한 릴레이는 코일에 전기를 준 후 정한 시간이 지난 후에 동작하든지 또는
코일에 전기를 끊은 후 정한 시간이 지난 후에 복구하는 형이다.

▸시한 릴레이에는 **시한 동작 순시 복구형과 순시 동작 시한 복구형**이 있다

※ (릴레이의 동작 또는 복구라 함은 접점이 열리고 닫히는 상태를 말한다).

▸시한 릴레이는 입력(기동, 정지)과 출력간에 시간적 차이를 둔 릴레이이다.

▸교류 100/200〔V〕, 직류 24/48/100〔V〕, 3/5/10〔A〕, 0.05초~24시간용 등이 있다.

※ 종래에는 전동기식, 공기식, 오일식 등의 기계식 타이머가 사용되었으나
현재는 전자 타이머와 반도체 IC 타이머(1-3-9장 참조)가 사용되고 있다.

1) **시한 동작 릴레이**(on delay timer, **시한 동작** 순시 복구형)

① 타이머 코일에 전기가 가해진다(여자한다 - 동작하지 않는다).

② 정해진 시간 (t)이 지나면 타이머가 동작한다 ← 시한 동작
「시한 a접점(T_a)은 닫히고 시한 b접점(T_b)은 열린다.」

③ 전기를 끊으면 순간 복구한다. ← 순시 복구
「a접점은 열리고 b접점은 닫힌다.」

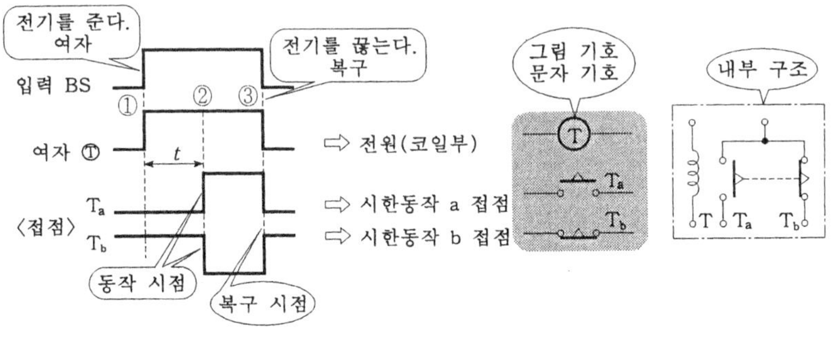

그림 1.24

▸동작 : 1 → 2 → 3 → 4 → 1

1 그림은 정지시의 상태로 램프 L_1이 점등 중이다.

타이머 Ⓣ : BS가 열려 있어서 전기가 통하지 못하여 여자되지 않는다.

램프 L_1 : 시한 b접점 T_b가 복구 상태(닫혀 있음)이므로 L_1은 점등 상태이다.

「L_1 점등 : 전원 R - 시한 b접점 T_b 닫혀 있음 - 램프 L_1 - 접지 T」

램프 L_2 : 시한 접점 T_a가 열려 있으므로 램프 L_2가 점등되지 않는다.

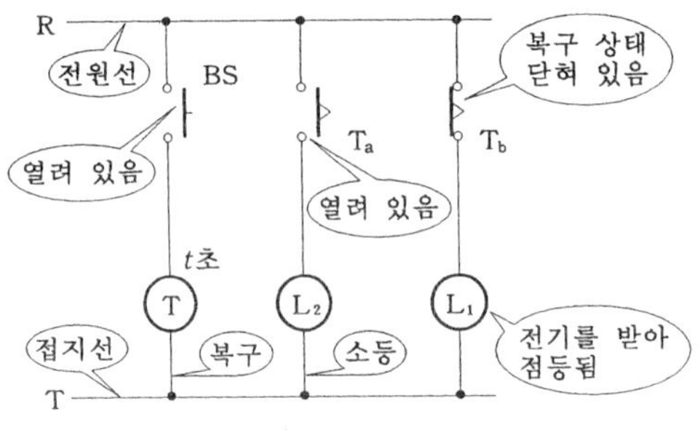

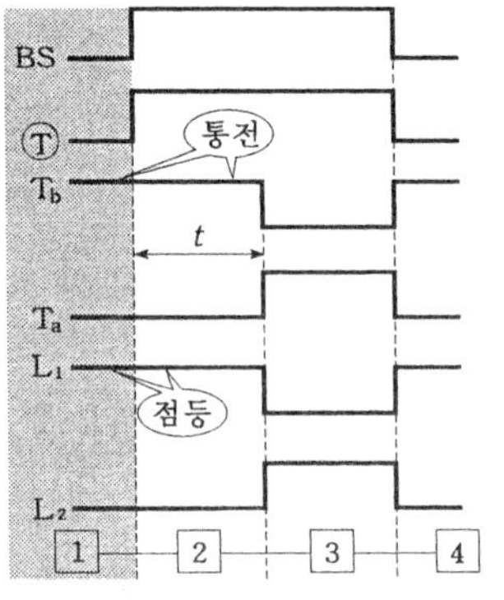

2 그림은 입력 BS를 누르고 있는 상태로

타이머에 전기가 공급되어 Ⓣ가 여자되지만

시한 접점은 동작되지 않고 램프 L_1만이 계속 점등 중이다.

타이머 Ⓣ : BS가 닫혀 있으므로 전기가 통하여 여자된다.

「Ⓣ 여자 : 전원 R - 입력 BS 누름 - 타이머 Ⓣ - 접지 T」

「L_1 점등 : 전원 R - 시한 b접점 T_b 닫혀 있음 - 램프 L_1 - 접지 T」

램프 L_2 : 시한 접점 T_a가 열려 있으므로 램프 L_2가 점등되지 않는다.

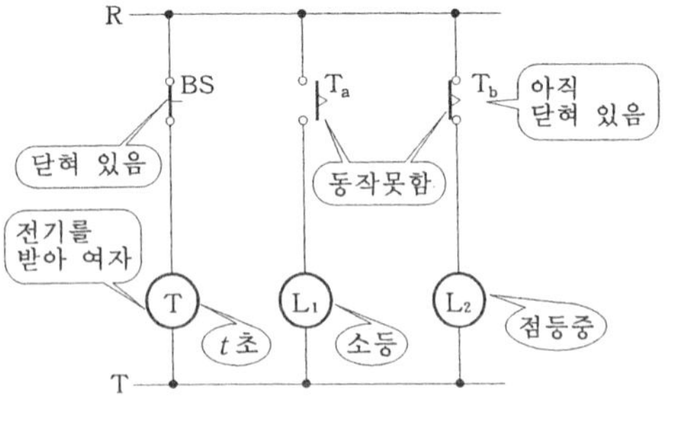

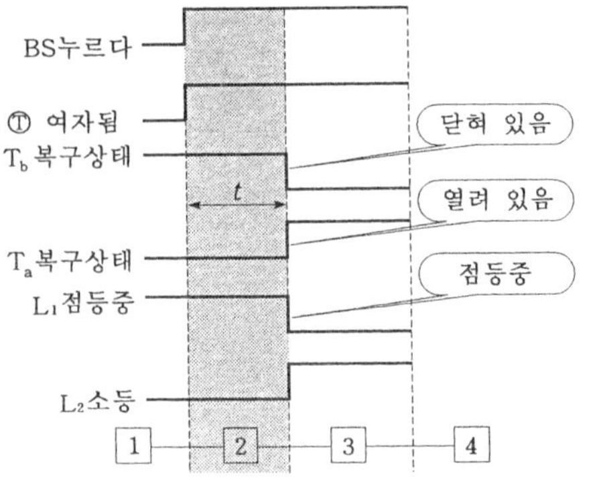

[3] 그림은 입력 BS를 누르고 있는 상태로 설정 시간 t초가 지나서 타이머가 동작하여 시한 접점 T_b가 열리므로 램프 L_1이 소등되고, 또 시한 접점 T_a가 닫히므로 램프 L_2가 점등된 상태이다.

타이머 Ⓣ : BS가 닫혀 있으므로 전기가 통하여 계속 여자된다.

L_1 소등 : 시한 b접점 T_b가 동작(열림)하여 전기가 통하지 못한다.

램프 L_2 : 시한 a접점 T_a가 동작(닫힘)하여 램프 L_2가 점등된다.

「L_2 점등 : 전원 R - 시한 a접점 T_a 닫힘(동작) - 램프 L_2 - 접지 T」

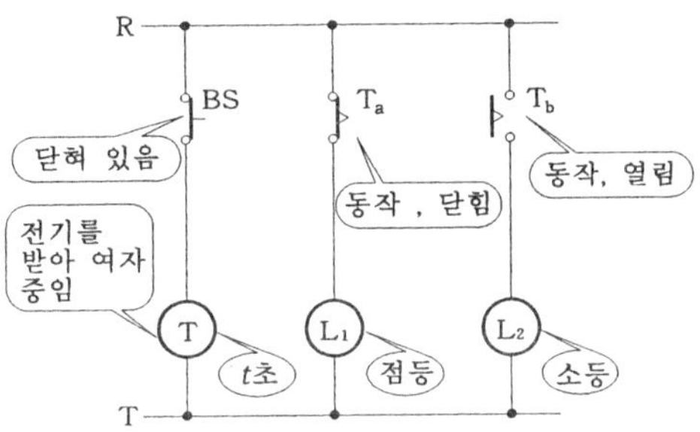

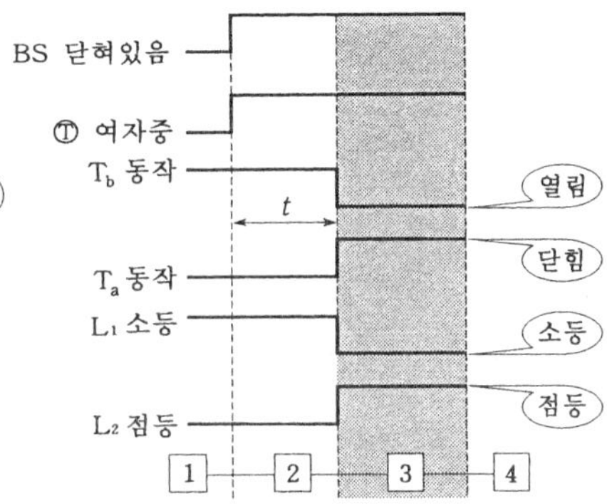

[4] 입력 BS를 놓으면 타이머가 복구하여 [1]의 상태로 된다.

▸ 그림 1.25는 학교 실습용 타이머의 내부 구조와 접속 소켓의 보기인데, 유지용 순시 접점 1개가 있는 것이 특징이다. 모형은 일반 릴레이와 같다.

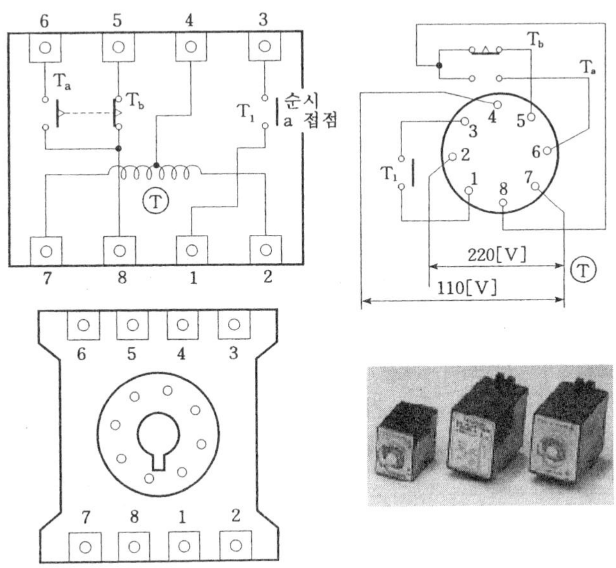

그림 1.25

2) **시한 복구 릴레이**(off delay timer, 순시 동작 시한 복구형)

① 타이머 코일에 전기를 가하면 그 순간 타이머가 동작한다. ← 순시 동작
「시한 a접점(T_a)은 닫히고 시한 b접점(T_b)은 열린다.」

② 전기를 끊으면 순간 복구하지 않고 설정 시간(t)만큼 동작을 계속한다.

③ 설정 시간(t)이 지나면 비로소 타이머가 복구한다. ← 시한 복구
「시한 a접점(T_a)은 열리고 시한 b접점(T_b)은 닫힌다.」

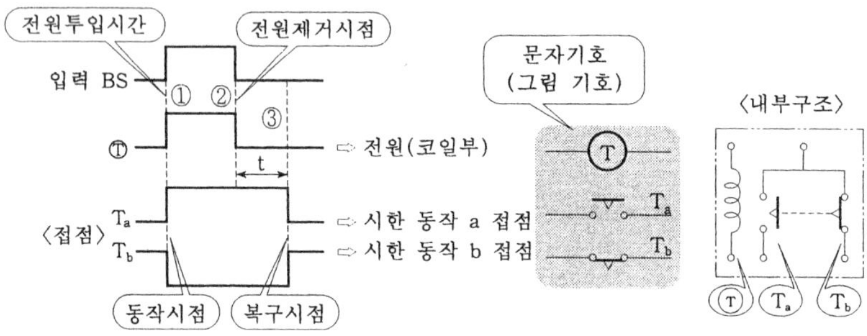

그림 1.26

▸동작 : 1 → 2 → 3 → 4 → 1

1 그림은 정지시의 상태로 램프 L_1이 점등 중이다.

타이머 Ⓣ : BS가 열려 있어서 전기가 통하지 못하여 여자되지 않는다.

램프 L_1 : 시한 b접점 T_b가 복구상태(닫혀 있음)이므로 L_1은 점등 상태이다.

「L_1 점등 : 전원 R - 시한 b접점 T_b 닫혀 있음 - 램프 L_1 - 접지 T」

램프 L_2 : 시한 a접점 T_a가 열려 있으므로 램프 L_2가 점등되지 않는다.

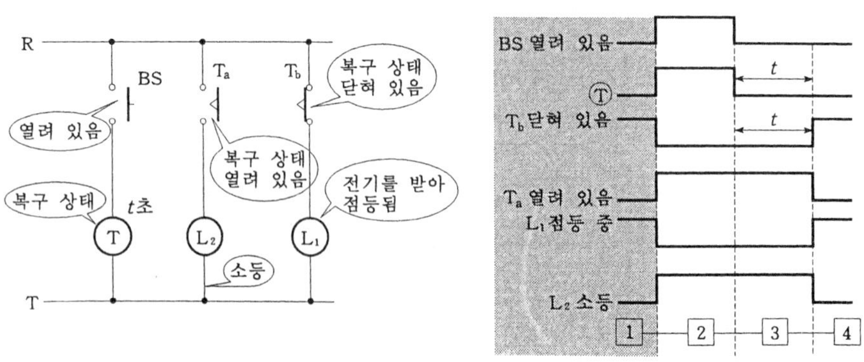

[2] 그림은 입력 BS를 누르고 있는 상태로

타이머에 전기가 공급되므로 Ⓣ가 순시 동작되어

시한 a접점 T_a가 닫히고 램프 L_2가 점등되며 동시에

시한 b접점 T_b가 열리며 램프 L_1이 소등된다.

타이머 Ⓣ : BS가 닫혀 있으므로 전기가 통하여 동작된다.

「Ⓣ 동작 : 전원 R - 입력 BS 누름(닫힘) - 타이머 Ⓣ - 접지 T」

램프 L_1 : 시한 b접점 T_b가 열려 전기를 끊으므로 램프 L_1은 소등된다.

램프 L_2 : 시한 a접점 T_a가 닫혀 전기를 공급하므로 램프 L_2가 점등된다.

「L_2 점등 : 전원 R - 시한 a접점 T_a 닫힘(동작) - 램프 L_2 - 접지 T」

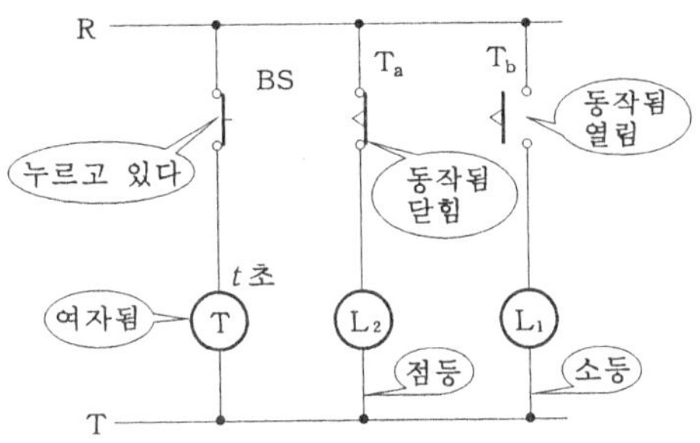

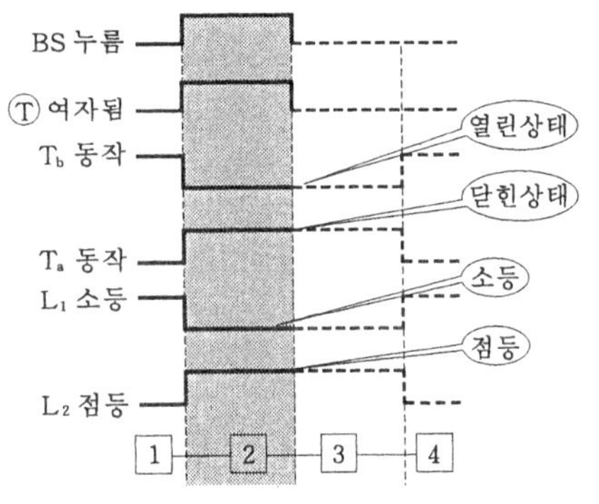

[3] 그림은 입력 BS를 놓은 상태(정지 입력)로

타이머 Ⓣ : BS가 열려 타이머 Ⓣ에 전기가 통하지 않지만

시한 복구 타이머이므로 설정 시간 t초가 지날 때까지

타이머의 동작이 계속된다.

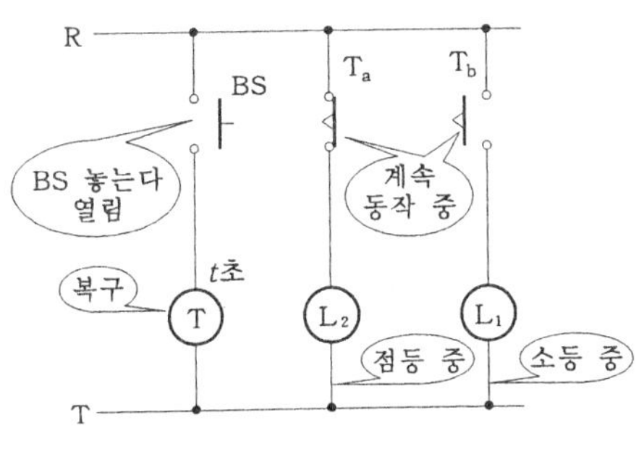

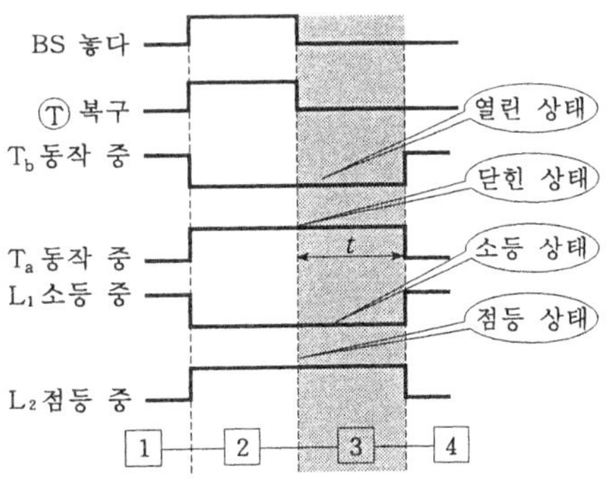

L_1 소등 : 시한 b접점 T_b가 동작(열림)하여 있으므로 전기가 통하지 못한다.
L_2 점등 : 시한 a접점 T_a가 동작(닫힘)하여 있으므로 L_2가 계속 점등된다.

④ 입력 BS를 놓은 후 설정 시간 t초가 지나면
타이머가 복구하여 ①의 상태로 된다.

3) 플리커 릴레이(flicker relay-점멸기)

▸경보 및 신호용으로 사용되는 교대 동작형의 타이머로 그림 1.27에서
플리커 릴레이 코일 F에 BS를 눌러 전기를 주면
플리커 릴레이 F가 곧바로 동작하여 정해진 설정 시간에 따라
접점 (F_a, F_b)이 점멸(열리고 닫힘을 계속하는 것)하여
두 램프가 교대로 점등과 소등을 반복한다.

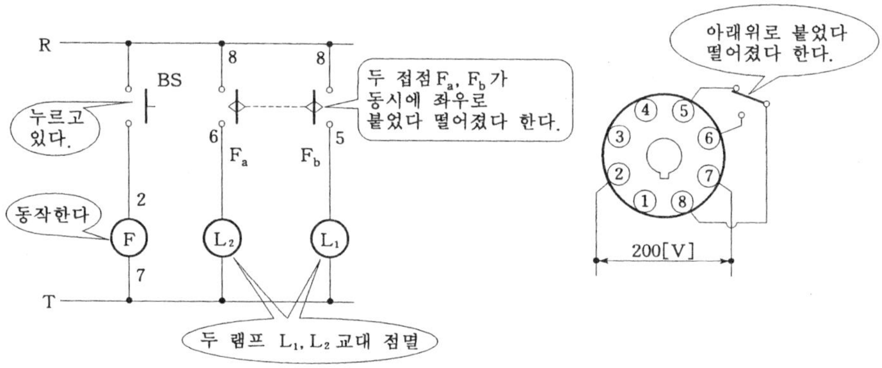

그림 1.27

3. 무접점 기구와 논리 회로

3.1 스위칭 회로(switching circuit)

▸ 다이오드(diode)나 트랜지스터(transister)의 동작 특성을 이용하여 스위치의 기능을 갖게 한 회로를 스위칭 회로라고 하고 IC(Integrated Circuit)화하여 논리 회로에 사용한다.

(1) 다이오드의 스위칭 기능

▸ 다이오드는 (→)방향으로만 전류가 흐르는 한 방향 특성이 있다.

▸ A(anode) 단자에 ⊞ 전압을 가하고,
K(cathode) 단자에 ⊟ 전압(접지)을 가하면 전류가 잘 흐른다. ← 반대로 전압을 가하면 전류가 흐르지 않는다.

▸ 순방향 : A단자에 ⊞ 전압을 가하는 것을 순방향(forward)이라고 하고 전류가 잘 흐르며 순방향 전압 강하가 1〔V〕 미만이다.

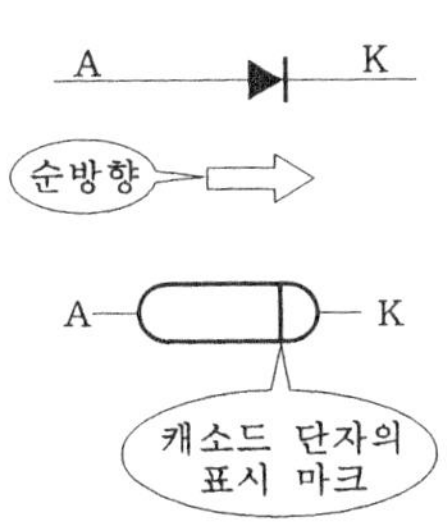

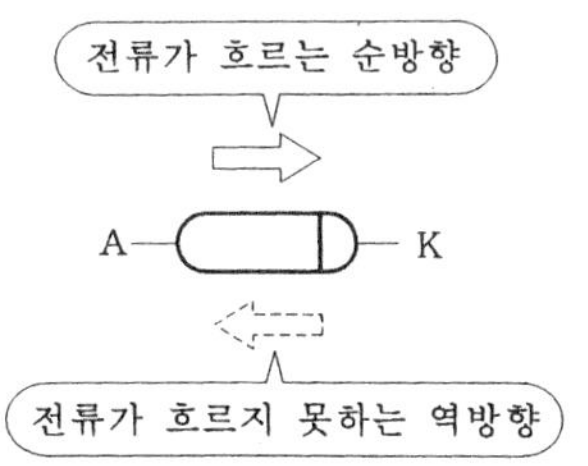

▸ 역방향 : K단자에 ⊕ 전압을 가하는 것을 역방향(backward)이라고 하고,
전류가 잘 흐르지 못하며 역방향 저항이 5000〔Ω〕 이상이다.

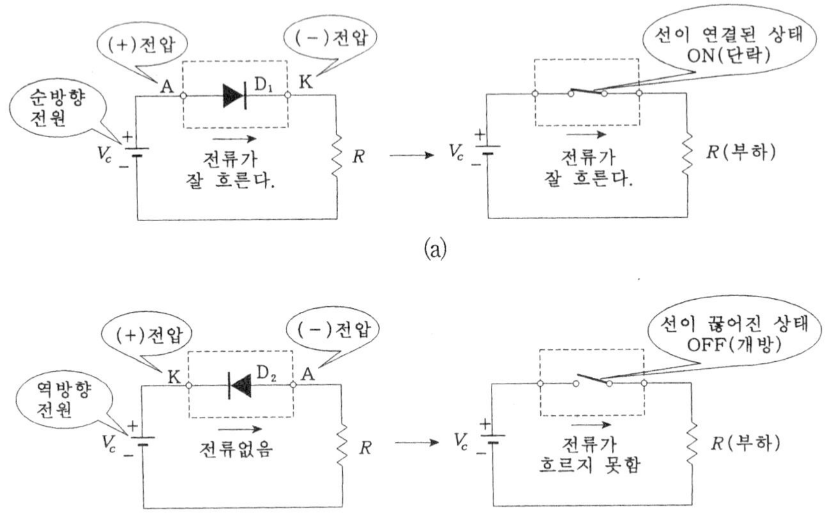

(a) (b)

그림 1.28

▸ 그림 1.28 (a)와 같이 순방향 다이오드는 전류가 잘 흐르므로
다이오드가 단락 상태(선으로 접속된 상태)와 같고
스위치 "ON" 상태와 같은 역할을 한다.

▸ 그림 1.28 (b)와 같이 역방향 다이오드는 전류가 흐르지 못하므로
다이오드가 단선 상태(선이 끊어진 상태)와 같고
스위치 "OFF" 상태와 같은 역할을 한다.

▸ 다이오드의 동작은 스위치-ON 상태,
다이오드의 복구는 스위치-OFF 상태와 같은 기능이 있으므로
이를 다이오드의 스위칭 작용이라고 한다.

▸ 그림 1.29 (a)에서

① 0〔V〕(접지-L 레벨)의 입력을 가하면 다이오드에 순방향 전압이 가해지므로

② 다이오드는 스위치-ON 상태가 되고 회로에 전류가 흐른다.

③ 다이오드의 순방향 강하를 무시하면 전원 V_c는 전부 저항 R의 전압 강하로 나타나고
A점의 전위(전압)는 0〔V〕가 된다.

④ A점의 전위가 0〔V〕이므로 출력 전압 V_0는 0〔V〕(접지-L 레벨)가 된다.

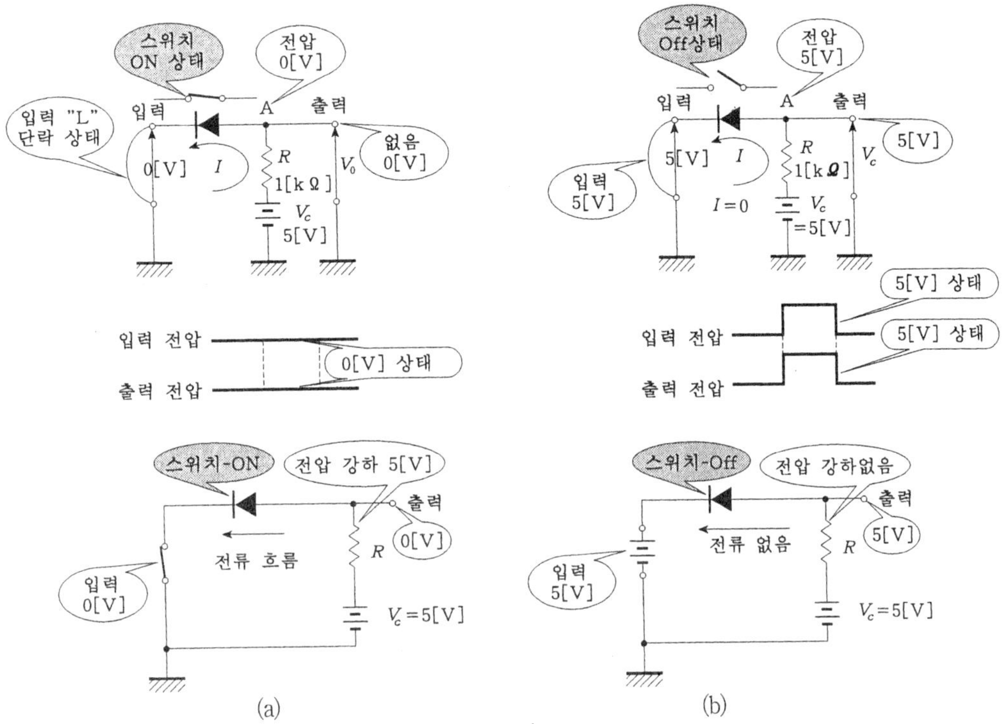

그림 1.29

▸그림 1.29 (b)에서

① 5〔V〕(H 레벨) 이상의 전압을 입력으로 가하면 역방향 전압이 가해지므로 「입력이 5〔V〕인 경우 전원 V_c 와 같으므로 회로의 전체 전압은 서로 상쇄되어 0〔V〕가 되므로 전류가 흐를 수 없고 저항 R의 전압 강하는 없다.」

② 다이오드는 스위치-OFF 상태가 되고 전류가 흐를 수 없다.

③ 출력단에는 V_c가 그대로 나타나고 출력 전압은 5〔V〕(H 레벨)가 된다.

(2) 트랜지스터의 스위칭 기능

▸NPN형 트랜지스터의 베이스에 ⊕ 전압을 가하면 트랜지스터는 동작하고 베이스 전류 I_b와 컬렉터 전류 I_c가 흐른다.

▸트랜지스터의 순방향 전압 강하는 1〔V〕 이하이고 무시한다.

▸그림 1.30 (a)에서

① 베이스에 입력 H 레벨(5〔V〕)을 가하면 트랜지스터가 동작하여

② 베이스 전류 I_b와 컬렉터 전류 I_c가 흐르고 출력 램프 Ⓛ이 켜진다.

③ 순방향 강하를 무시하면 컬렉터-이미터간은 단락 상태, 즉 스위치-ON 상태가 된다.

④ 또, 출력 V_0는 접지가 직접 걸리므로 0〔V〕가 된다.

▸그림 1.30 (b)에서

① 베이스에 입력 L 레벨(접지-0〔V〕)을 가하면 트랜지스터가 동작하지 못하여

② 베이스 전류 I_b와 컬렉터 전류 I_c가 흐르지 못하고 램프 Ⓛ이 소등 상태이다.

③ 컬렉터-이미터간은 개방 상태, 즉 스위치-OFF 상태가 된다.

④ 또, 출력 V_0는 전원 전압 V_c가 램프를 통하여 걸리므로 5〔V〕가 된다.

▸이와 같이 트랜지스터의 동작은 스위치-ON 상태
트랜지스터의 복구는 스위치-OFF 상태와 같은 기능이 있으므로
이를 트랜지스터의 스위칭 작용이라고 하고 다이오드와 같이 조합하여 논리 회로에 이용되고 있다.

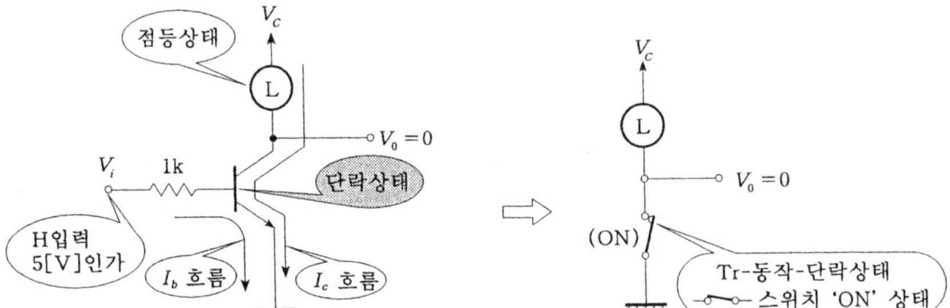

(a)

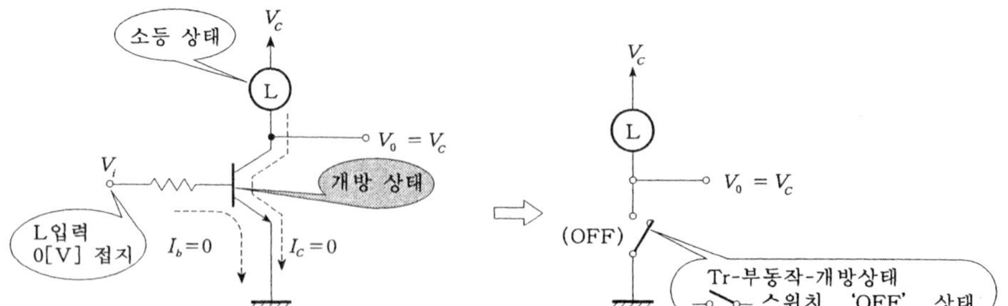

(b)

그림 1.30

3.2 무접점 논리 회로와 입·출력 회로

(1) 논리 회로(Logic Circuit)

▸릴레이 접점, 스위치 접점, 반도체 스위칭 회로 등을 잘 조합하면
인간의 두뇌에 해당하는 판단 기능을 갖게 할 수 있는 회로를 만들 수 있다.

▸인간의 두뇌와 같이 판단 기능을 가진 전기 회로를 논리 회로라고 한다.

▸논리 회로에는 유접점 회로와 무접점 회로가 있고
반도체 스위칭 회로 등을 사용한 무접점 논리 회로를 보통 논리 회로라고 한다.

▸무접점 논리 회로에는 AND 회로, OR 회로, NOT 회로와 또
NAND 회로, NOR 회로, EOR 회로 등이 기본 회로로 사용되고 있다.

▸논리 회로는 **입력 회로, 논리 제어 회로, 출력 회로**로 구성된다.

(2) 입·출력 회로

▸로직 시퀀스나 PLC 시퀀스의 본체, 즉 논리 회로는
릴레이 회로와는 달리 반도체 제어 기기로서 직류 5/12/24〔V〕에서 작동한다.

▸시퀀스 제어계의 입·출력 기기는 교류 200〔V〕용이 많으므로 위
직류 회로와 결합할 결합 회로가 필요하다.

▸입·출력 회로는 전압 및 신호 레벨(크기)의 변환과
잡음 제거용 절연 결합 회로의 기능을 갖는다.

1) 5〔V〕 전원 회로

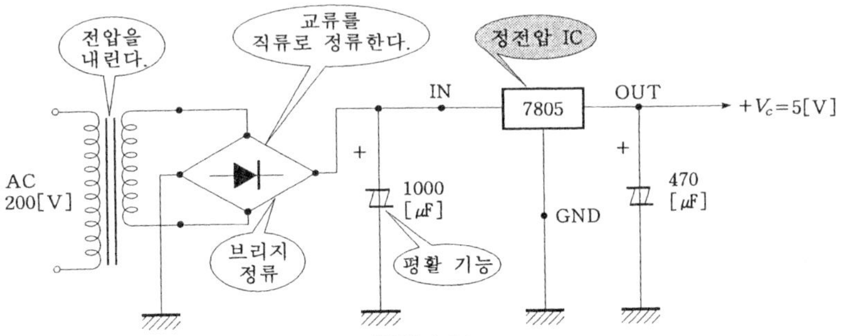

그림 1.31

▸그림 1.31은 논리 회로에 많이 사용하는 직류 5〔V〕용 전원 회로의 예이다.

① 교류 100/200〔V〕를 강압용 변압기로 5/12/24〔V〕로 내리고

② 브리지형 전파 정류 회로로 교류를 직류로 정류하고 콘덴서 평활 회로를 거친다.

③ 정전압형 IC-7805(3**입력**-IN, G, OUT)의 안정화 회로를 거치면 직류 5〔V〕가 얻어진다.

2) 입력 회로

▸논리 회로의 입·출력 신호는

H **레벨**(5〔V〕 **전압**) 또는 L **레벨**(0〔V〕-**접지**)로 주어진다

(여기서 전원 V_c는 5〔V〕가 되도록 회로를 구성한다).

① 그림 1.32(a)는 H 입력형 입력 회로이다.

㉠ 평시는 저항 200〔Ω〕을 통하여 접지가 걸려 입력 신호 V_i는 0〔V〕이다 (실제는 낮은 전압이 나타나고 이를 무시한다).

㉡ 입력 BS를 누르면 전원 V_c가 걸려 입력 신호 V_i는 5〔V〕가 된다.

㉢ 입력 BS를 줄 때 입력 신호 V_i는 5〔V〕, 즉 H 레벨이 되고 H 입력형이라고 한다.

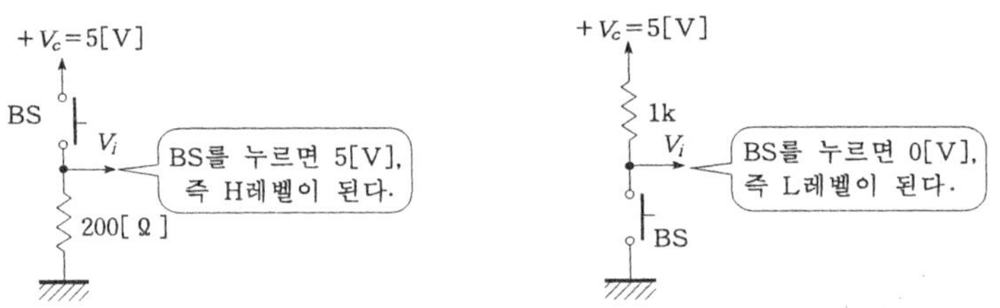

(a) (b)

그림 1.32

② 그림(b)는 L입력형 입력 회로이다.

㉠ 평시는 저항 1〔kΩ〕을 통하여 전원 V_c가 걸려 입력 신호 V_i는 5〔V〕이다.

㉡ 입력 BS를 누르면 접지가 직접 걸려 입력 신호 V_i는 0〔V〕가 된다.

㉢ 입력 BS를 줄 때 입력 신호 V_i는 0〔V〕, 즉 L 레벨이 되고 L 입력형이라고 한다.

3) 출력 회로

▸그림 1.33은 로직 회로에서 많이 사용되는 출력 회로의 예들이다.

① 그림 1.33(a)는 논리 회로의 출력이 H 레벨(5[V])일 때 트랜지스터가 동작(증폭)하여 부하가 동작한다. 보통 출력 5[V]를 증폭하여 직류 12/24[V]용 부하 회로에 사용된다.

② 그림 1.33(b)는 논리 회로의 출력이 H 레벨(5[V])일 때 트랜지스터가 동작(증폭)하여 릴레이 Ⓧ를 동작시켜 부하를 동작시킨다. 이 회로를 **릴레이 결합 절연 회로**라고 하고 교류 200[V]용 부하 회로에 많이 사용한다.

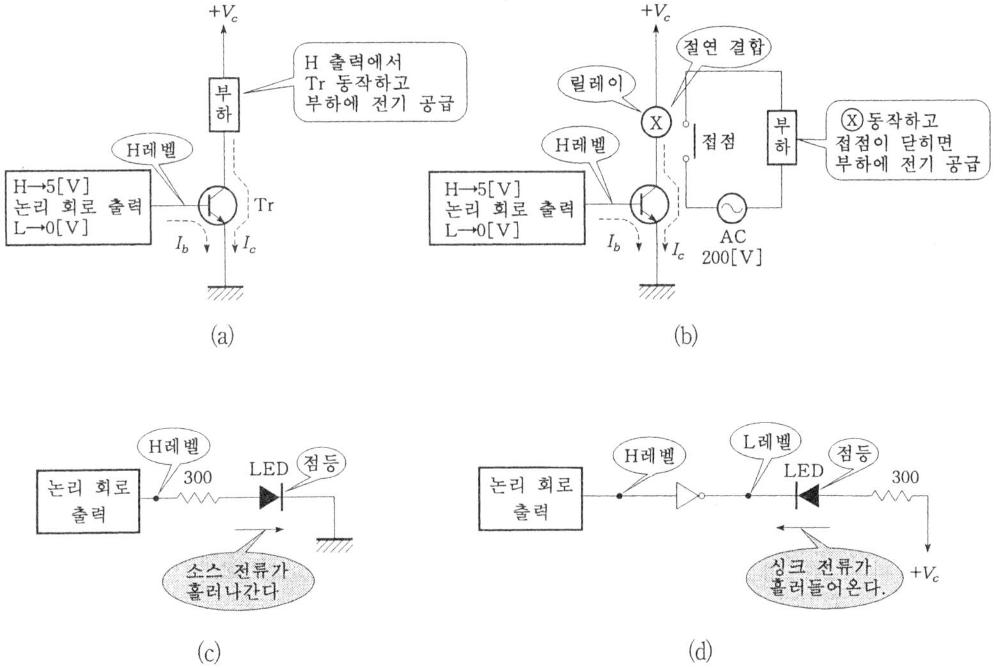

그림 1.33

③ 그림 1.33(c)는 LED 점등의 소스(source) 전류 회로이고 많이 사용되지 않는다.

㉠ 논리 회로가 동작하여 출력이 H 레벨(5[V])이면 LED가 점등하고

㉡ 논리 회로쪽(전원쪽)에서 보호 저항 300[Ω]을 통하여 LED쪽(부하쪽)으로 전류(소스 전류)가 흘러나간다.

④ 그림 1.33(d)는 LED 점등의 싱크(sink) 전류 회로이고 회로가 경제적이므로 많이 사용된다.

㉠ 논리 회로가 동작하여 출력이 H 레벨(5〔V〕)이 되면

㉡ 출력 단자에 NOT 회로가 접속되어 있으므로 이 출력은 L 레벨로 변환된다.

㉢ 전압 V_c의 H(5〔V〕) 레벨에서

300〔Ω〕과 LED를 거쳐 논리 회로쪽 NOT 회로 출력의 L 레벨로

싱크 전류가 흘러 LED가 점등한다.→ NAND 회로 참조

● 소스 전류 ●

전원쪽에서 부하쪽으로 흐르는 전류를 소스 전류라고 하고 보통 전류라 함은 이 소스 전류를 말한다.

논리 회로에서는 논리 회로 출력쪽(전원쪽)에서 LED쪽(부하)으로 흐르는 전류가 소스 전류가 된다.

● 싱크(sink) 전류 ●

부하쪽(LED쪽)에서 전원쪽(논리 회로 출력쪽)으로 전류가 흘러들어오는 것을 말하고

소스 전류와는 방향이 반대이다. 즉,

논리 회로 출력단에 NOT 회로를 접속하여

전류가 논리 회로쪽으로 흐르도록 전류 방향을 바꾼다.

3.3 AND 회로

▸그림 1.34 (a)에서 스위치 접점 A와 B가 동시에 닫힐 때 램프 Ⓛ이 점등한다.

▸그림 1.34 (b)에서 접점 A와 B가 동시에 닫힐 때
릴레이 Ⓧ가 동작하고 접점 X가 닫혀서 램프 Ⓛ이 점등한다.

▸이와 같이 필요한 입력이 모두 동시에 주어질(H 레벨) 때 출력이 나타나는(H 레벨) 판단 기능을 가지는 논리 회로를 AND 회로(AND gate)라고 한다.

▸AND 회로는 접점의 "**직렬 회로**" 논리이고 "**논리곱 회로**"라고도 한다.

▸H 레벨 : 입·출력에 5〔V〕가 주어질 때 이것을 H 레벨로 표시하고

▸L 레벨 : 입·출력에 0〔V〕(접지)가 주어질 때 이것을 L 레벨로 표시한다.

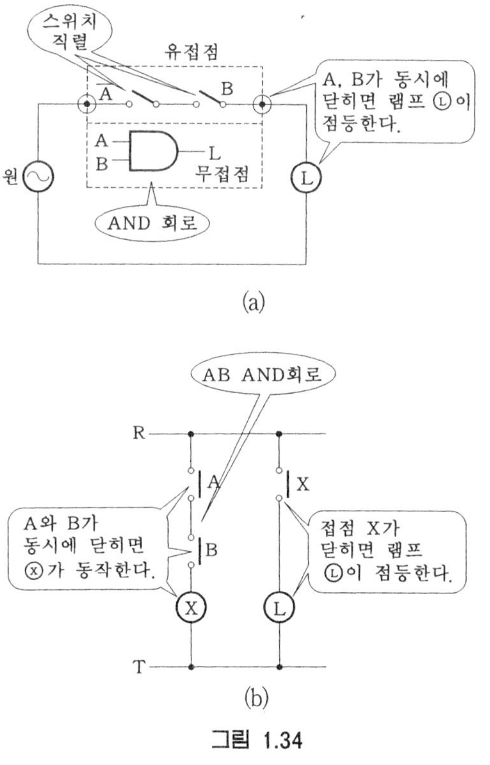

(a) (b)

그림 1.34

▸그림 1.35 (a)는 2입력(A, B) AND 회로의 기호와 논리식(논리곱) 표현이다.
「입력 A→H 레벨, B→H 레벨일 때만 출력 X→H 레벨이 된다.」

▸그림 1.35 (b)의 SN 7408은 하나의 패키지 내에 수납한 디지털 AND IC 칩으로
2입력 AND 회로 4개가 들어 있고 현재 많이 사용되고 있다.

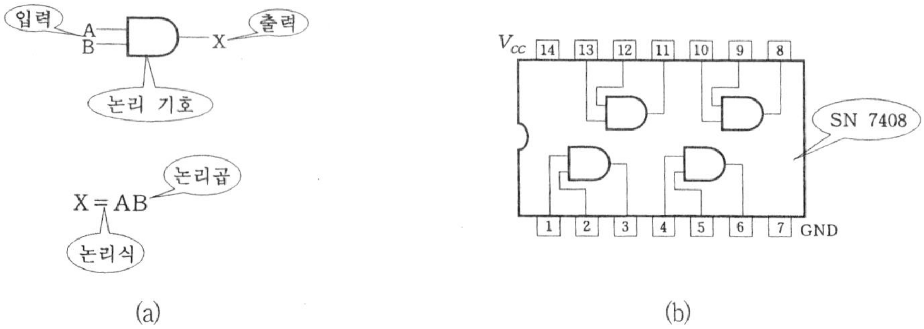

그림 1.35

▸그림 1.36 (a)는 동작 타임 차트이다.

A, B 두 입력이 동시에 주어진(H 레벨) C 구역에만 출력 X가 생긴다 (H 레벨).

a, e 구역 —— A→L, B→L 이므로 X→L

b, d 구역 —— A→H, B→L 또는 A→L, B→H 이므로 X→L

c 구역 —— A→H, B→H 이므로 X→H 레벨이 된다.

그림 1.36 (b)는 참값표(진리표, truth table)이다.

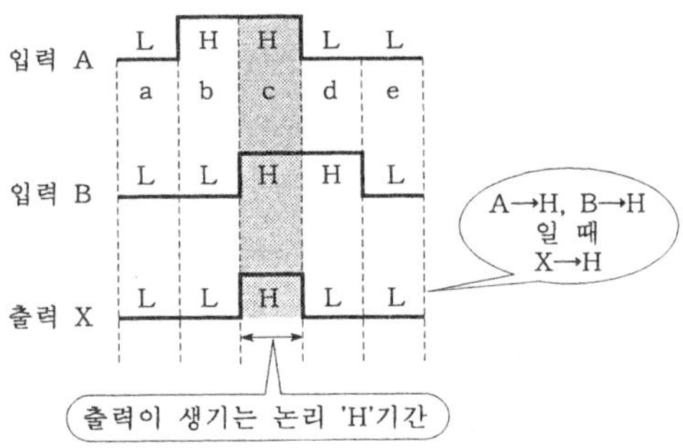

(a)

입력		출력
A	B	X
L	L	L
L	H	L
H	L	L
H	H	H

A→H
B→H
일 때
X→H

입력		출력
A	B	X
0	0	0
0	1	0
1	0	0
1	1	1

(b)

그림 1.36

입력 A → H, B → H인 구역에만 출력 X → H 레벨이 된다. 여기서,

입 · 출력이 있다 —— 논리 1, H 레벨, 전압 5〔V〕 등의 표현을 쓰고

입 · 출력이 없다 —— 논리 0, L 레벨, 전압 0〔V〕(접지) 등으로 표현한다.

▸그림은 AND 회로에 입력 A, B의 파형을 줄 때 출력 X의 파형을 보인 것이다.

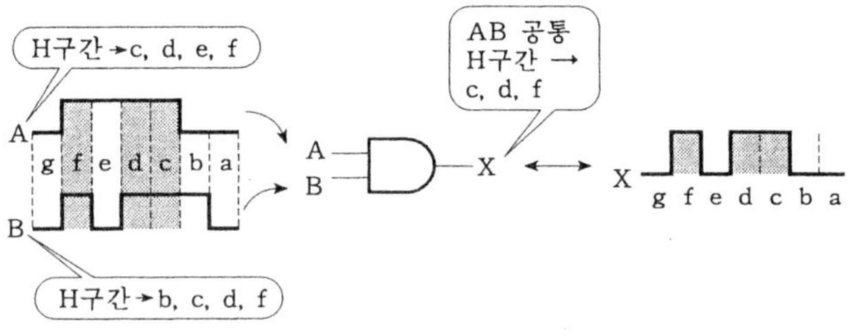

입력 A, B가 함께 H 레벨이 되는 구간이 c, d, f이고, 출력은 c, d, f의 구간만 H 레벨이 된다.

▸그림은 2입력 AND 회로에 H 입력 회로와 램프 드라이브(출력 회로)를 접속한 보기이다. 여기서 전원 V_c는 5〔V〕(H 레벨)이다.

① 입력 BS_1, BS_2를 모두 누르지 않을 때

입력 A점 → 저항 200〔Ω〕을 통하여 접지가 걸리므로 L레벨이 된다.

입력 B점 → 저항 200〔Ω〕을 통하여 접지가 걸리므로 L레벨이 된다.

출력 X점 → A와 B가 L 레벨이므로 X점은 L 레벨이 된다.

램프 LED → X점이 L 레벨이므로 전류가 없고 LED 소등 상태이다.

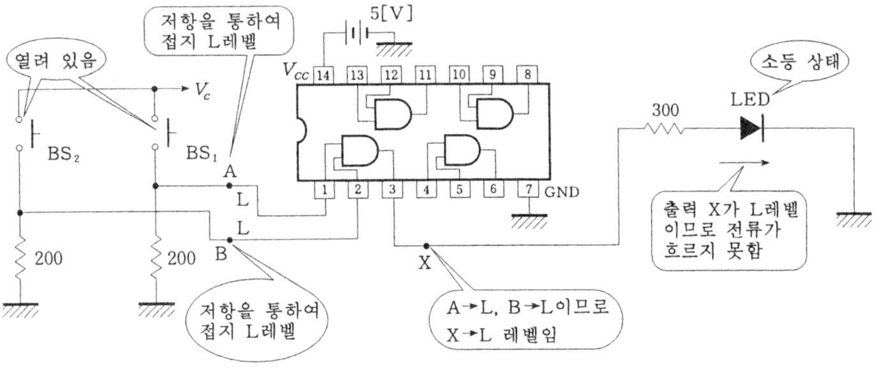

② 입력 BS_1만을 누르고 있으면

입력 A점 → BS_1 닫혀 있고 전원 V_c를 통하여 H 레벨이 된다.

입력 B점 → BS_2 열려 있고 저항을 통하여 접지가 걸리므로 L레벨이 된다.

출력 X점 → B점이 L 레벨이므로 X점은 L 레벨이 된다.

램프 LED → X점이 L 레벨이므로 전류가 없고 LED 소등 상태이다.

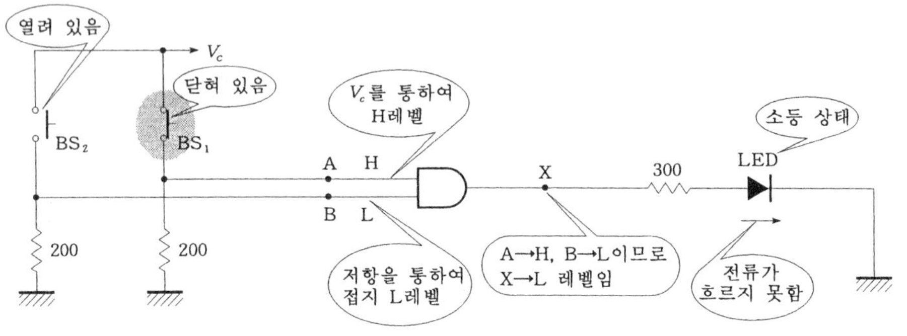

③ 입력 BS_2만을 누르고 있으면

입력 A점 → BS_1 열려 있고 저항을 통하여 접지가 걸리므로 L레벨이 된다.

입력 B점 → BS_2 닫혀 있고 전원 V_c를 통하여 H 레벨이 된다.

출력 X점 → A점이 L 레벨이므로 X점은 L 레벨이 된다.

램프 LED → X점이 L 레벨이므로 전류가 없고 LED 소등 상태이다.

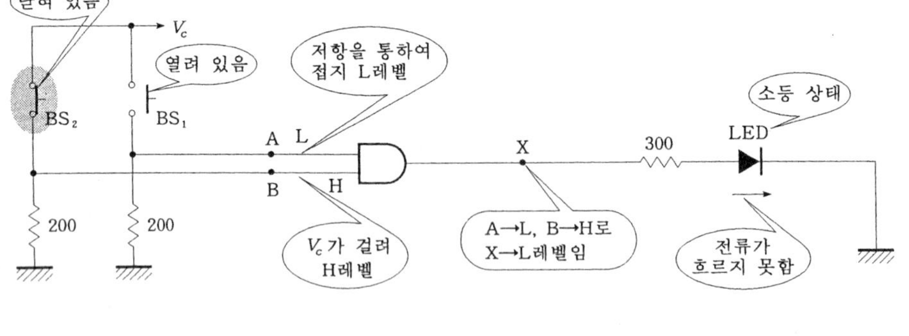

④ 입력 BS_1과 BS_2를 동시에 누르면

입력 A점 → BS_1 닫혀 있고 전원 V_c를 통하여 H 레벨이 된다.

입력 B점 → BS_2 닫혀 있고 전원 V_c를 통하여 H 레벨이 된다.

출력 X점 → A점과 B점이 모두 H 레벨이므로 X점은 H 레벨이 된다.

램프 LED → X점이 H 레벨이므로 전류가 흐르고 LED 점등 상태이다.

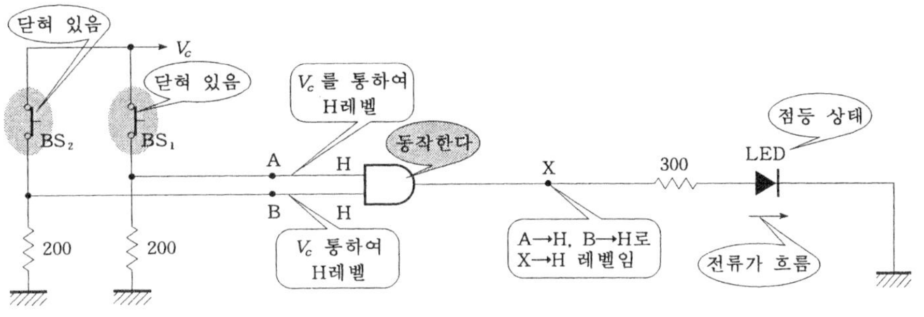

3.4 OR 회로

▸그림 1.37 (a)에서 스위치 접점 A가 닫히든지 또는 B가 닫힐 때 램프가 점등한다.
▸그림 1.37 (b)에서 접점 A가 붙든지 또는 B가 붙을 때
릴레이 Ⓧ가 동작하고 접점 X가 닫혀서 램프 Ⓛ이 점등한다.

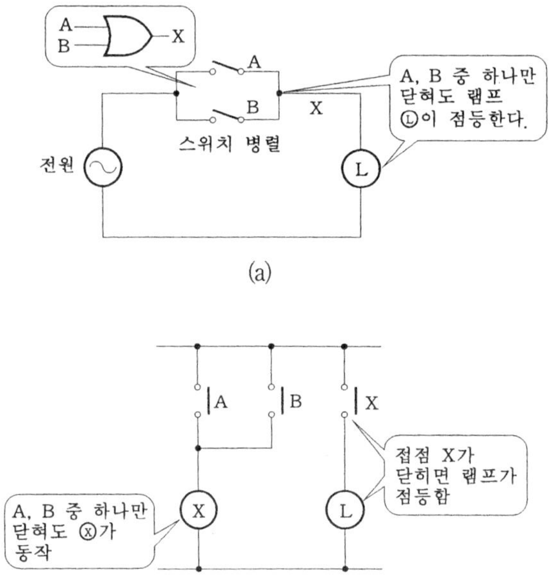

(b)

그림 1.37

▸이와 같이 필요한 입력 중 어느 하나만 주어져도(H 레벨)
출력이 나타나는(H 레벨) 판단 기능을 가지는 논리 회로를
OR 회로(OR gate)라고 한다.
▸OR 회로는 접점의 "**병렬 회로**" 논리이고 "**논리합 회로**"라고도 한다.
▸H 레벨 : 입·출력에 5〔V〕가 주어질 때 이것을 H 레벨로 표시하고
L 레벨 : 입·출력에 0〔V〕(접지)가 주어질 때 이것을 L 레벨로 표시한다.

▸그림 1.38(a)는 2입력(A, B) OR 회로의 기호와 논리식(논리합) 표현이다.
입력 A→H 레벨 또는 B→H 레벨일 때 출력 X→H 레벨이 된다.
▸그림 1.38(b)의 SN 7432는 하나의 패키지 내에 수납한 디지털 OR IC 칩으로
2입력 OR 회로 4개가 들어 있고 현재 사용되고 있다.

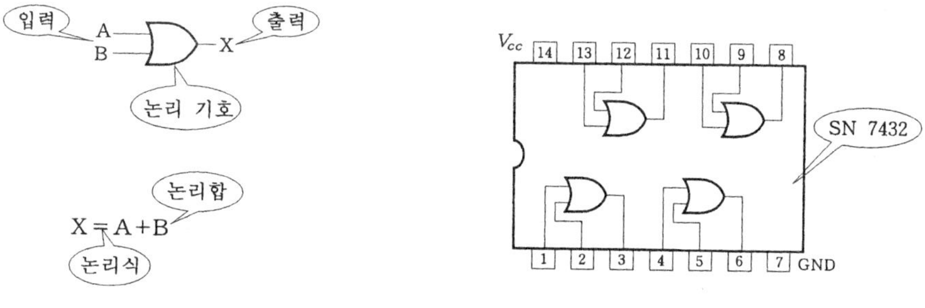

(a) (b)

그림 1.38

▸그림 1.39 (a)는 동작 타임 차트이다.

A, B 두 입력 중 하나만이라도 H 레벨인 b, c, d 구역에 출력 X가 생긴다(H 레벨이다). 여기서,

a, e 구역 ―― A→L, B→L 이므로 X→L
b, d 구역 ―― A→H, B→L 또는 A→L, B→H 이므로 X→H
c 구역 ―― A→H, B→H 이므로 X→H 레벨이 된다.

그림 1.39 (b)는 참값표(진리표, truth table)이다. 여기서,

두 입력 A→L, B→L인 경우에만 출력 X→L이 된다.

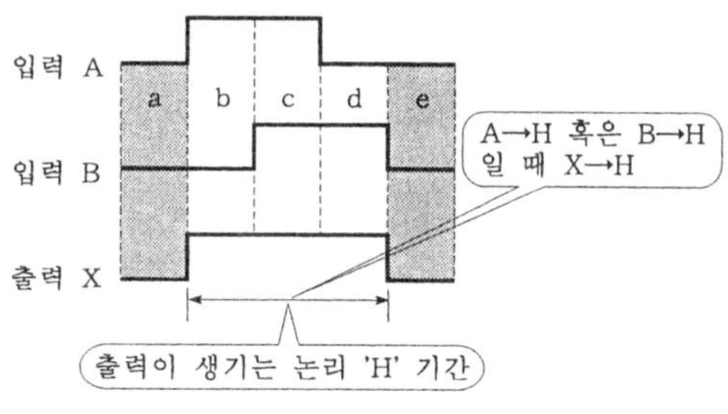

(a)

입력		출력
A	B	X
L	L	L
L	H	H
H	L	H
H	H	H

A→L
B→L
이면
X→L

입력		출력
A	B	X
0	0	0
0	1	1
1	0	1
1	1	1

(b)

그림 1.39

▸그림은 OR 회로에 입력 A, B의 파형을 줄 때 출력 X의 파형을 보인 것이다.
입력 A, B 중 하나라도 H 레벨이 되는 구간이 a, c, d, e, f이므로
출력은 a, c, d, e, f의 구간이 H 레벨이 된다. 즉, b구역만 출력이 없다(L 레벨이다).

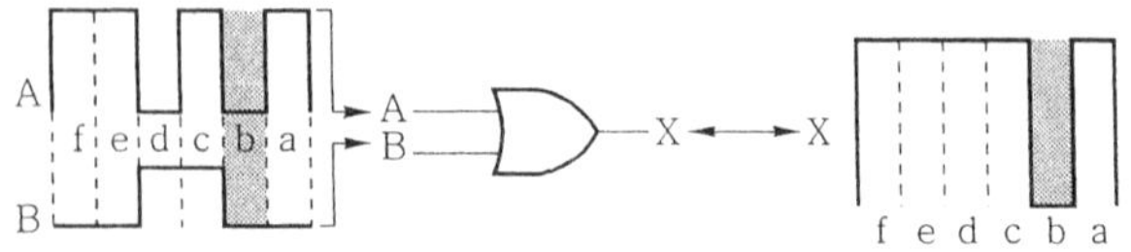

▸그림은 2입력 OR 회로에
H 입력 회로와 램프 드라이브(출력 회로)를 접속한 보기이다. 여기서, 전원 V_c는 5〔V〕(H 레벨)이다.

① 입력 BS_1, BS_2를 모두 누르지 않을 때

입력 A점 → 저항 200〔Ω〕을 통하여 접지가 걸리므로 L 레벨이 된다.
입력 B점 → 저항 200〔Ω〕을 통하여 접지가 걸리므로 L 레벨이 된다.
출력 X점 → A와 B가 L 레벨이므로 X점은 L 레벨이 된다.
램프 LED → X점이 L 레벨이므로 전류가 없고 LED 소등 상태이다.

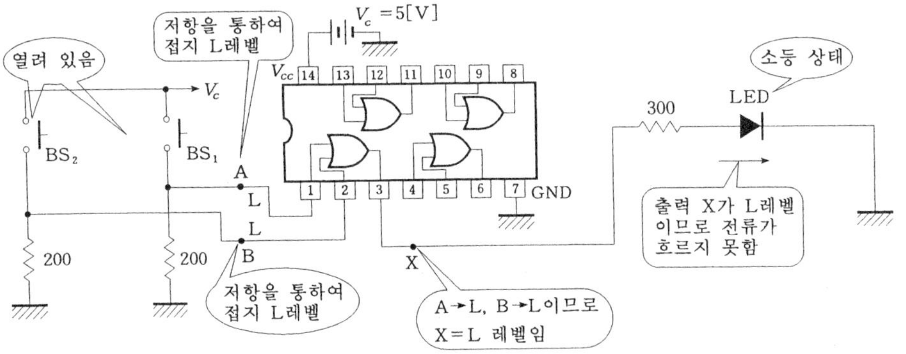

② 입력 BS_1만을 누르고 있으면

입력 A점 → BS_1 닫혀 있고 전원 V_c를 통하여 H 레벨이 된다.
입력 B점 → BS_2 열려 있고 저항을 통하여 접지가 걸리므로 L레벨이 된다.
출력 X점 → A점이 H 레벨이므로 X점은 H 레벨이 된다.
램프 LED → X점이 H 레벨이므로 전류가 흐르고 LED는 점등 상태이다.

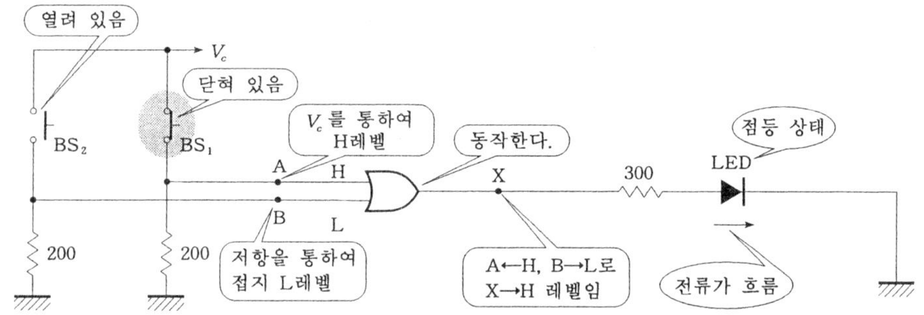

③ 입력 BS_2만을 누르고 있으면

입력 A점 → BS_1 열려 있고 저항을 통하여 접지가 걸리므로 L 레벨이다.

입력 B점 → BS_2 닫혀 있고 전원 V_c를 통하여 H 레벨이 된다.

출력 X점 → B점이 H 레벨이므로 X점은 H 레벨이 된다.

램프 LED → X점이 H 레벨이므로 전류가 흐르고 LED는 점등 상태이다.

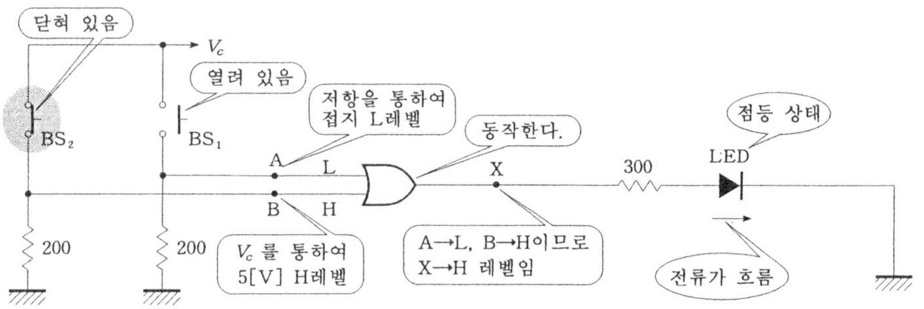

④ 입력 BS_1과 BS_2를 동시에 누르고 있으면

입력 A점 → BS_1 닫혀 있고 전원 V_c를 통하여 H 레벨이 된다.

입력 B점 → BS_2 닫혀 있고 전원 V_c를 통하여 H 레벨이 된다.

출력 X점 → A점과 B점이 모두 H 레벨이므로 X점은 H 레벨이 된다.

램프 LED → X점이 H 레벨이므로 전류가 흐르고 LED 점등 상태이다.

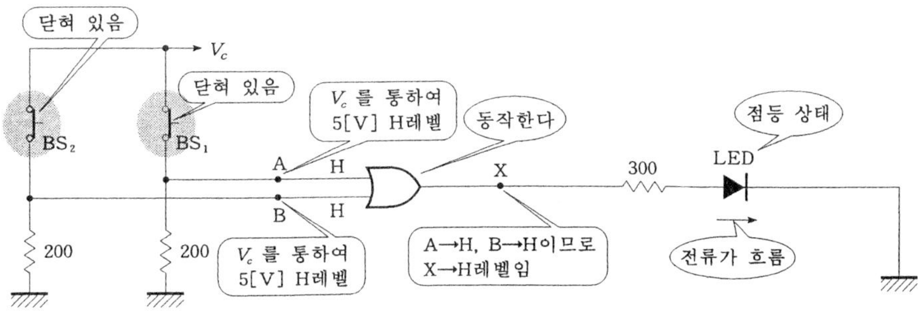

3.5 NOT 회로

▸그림 1.40 (a)에서

① 입력 H 레벨($V_i = 5$ 〔V〕)을 베이스에 가하면 트랜지스터(Tr)가 동작하여,

② 베이스 전류 I_b와 컬렉터 전류 I_c가 흐르고 Tr은 스위치 ON 작용을 한다.

③ 순방향 강하를 무시하면 컬렉터-이미터간은 단락 상태,
즉 스위치-ON 상태가 된다(그림 1.30 참조).

④ 전원 $V_c = 5$ 〔V〕는 저항 R의 전압 강하 RI_c로 없어지고(V_c=5〔V〕 = RI_c)

⑤ 출력 V_0에는 Tr이 단락 상태로 접지가 직접 걸리므로 L 레벨, 즉
$V_0 = 0$ 〔V〕가 된다.

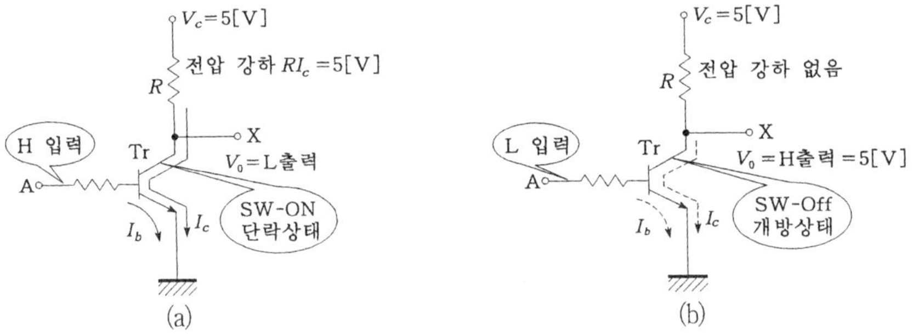

그림 1.40

▸그림 1.40 (b)에서

① 입력 L 레벨(접지, 0〔V〕)을 베이스에 가하면 트랜지스터가 동작하지 못하여

② 베이스 전류 I_b와 컬렉터 전류 I_c가 흐르지 못하고 스위치-OFF 작용을 한다.

③ 컬렉터-이미터간은 개방 상태, 즉 스위치-OFF 상태가 된다.

④ 또, 전류가 흐르지 않으므로 저항 R의 전압 강하 RI_c는 없다. 그러므로

⑤ 출력 V_0는 전원 전압 V_c가 저항을 통하여 직접 걸리므로
$V_0 = 5$ 〔V〕, 즉 H 레벨이 된다.

▸그림 1.41 (a)에서

① 입력 접점 A를 주지 않을 때(열려 있는 상태－L 레벨) 릴레이 Ⓧ는 복구 상태이다.

② b접점 $X_{(1)}$이 닫혀 있으므로 출력 램프 Ⓛ은 점등 상태(H 레벨)이다.
즉, 입력이 L 레벨일 때 출력은 H 레벨이다.

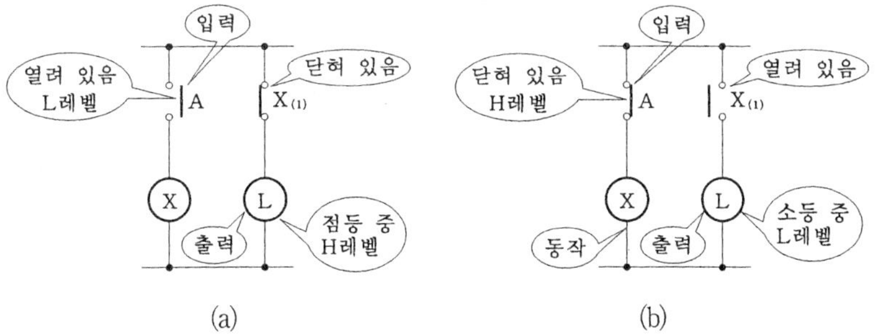

그림 1.41

▸그림 1.41 (b)에서

③ 입력 접점 A를 주면(닫혀 있는 상태-H 레벨) 릴레이 Ⓧ가 동작한다.

④ b접점 $X_{(1)}$이 열리므로 출력 램프 Ⓛ은 소등된다(L 레벨).

즉, 입력이 H 레벨일 때 출력은 L 레벨이다.

그러므로 입력과 출력의 상태가 반대로 된다(H↔L, 상태 반전).

▸이와 같이 입력과 출력의 상태를 반대로 하는 상태 반전, 즉 부정의 판단 기능을 갖는 회로를 NOT 회로, NOT gate, **인버터(inverter)**라고 한다.

▸그림 1.42는 논리 기호와 논리식의 표현으로 문자 위에 bar(−)를 붙인다.

- 입력이 H 레벨이면 출력은 L 레벨이 되고, 또
- 입력이 L 레벨이면 출력은 H 레벨이 되는 입력 부정 회로이다.

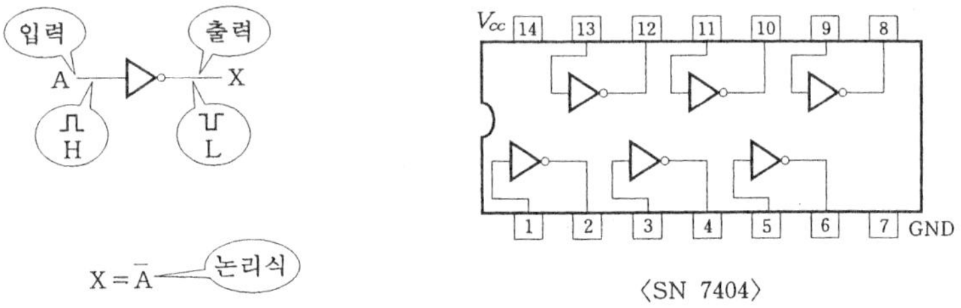

그림 1.42

▸SN 7404는 하나의 패키지 내에 수납한 디지털 NOT IC 칩으로 NOT 회로 6개가 들어 있고(그림 1.42) 현재 많이 사용되고 있다.

▸NOT 회로 2개를 직렬로 하면 부정의 부정으로 원래의 상태, 즉 부정 회로에서 긍정 회로(전기가 통하는 선)로 된다.
따라서 2중 부정은 부정이 아니고 긍정이 된다.

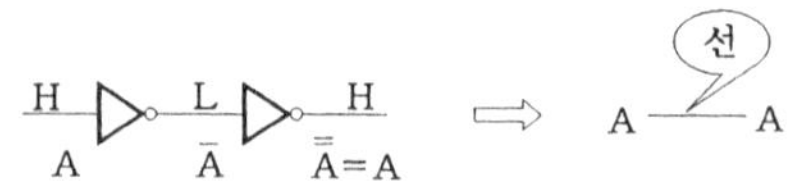

▸그림 1.43은 타임 차트와 진리표이다.
- 입력이 L 레벨이면 출력은 H 레벨이 되고
- 입력이 H 레벨이면 출력은 L 레벨이 된다.

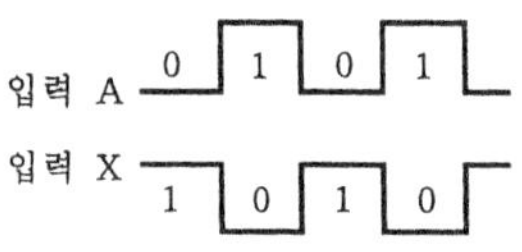

A	X
0	1
1	0

A	X
L	H
H	L

그림 1.43

▸유접점 회로에서 b접점 표시로 NOT 회로를 사용한다.
a접점 A가 NOT 회로를 통하면 b접점 A, 즉 $\overline{A}$로 된다.

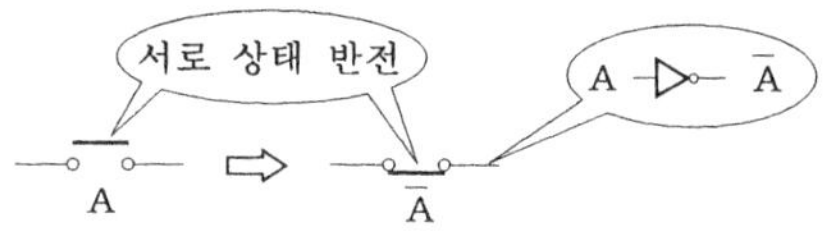

▸논리식 $X = A\overline{B}$는
a접점 A와 b접점 B의 직렬이고,
b접점 B는 $\overline{B}$이고 a접점 B가 NOT 회로를 통한 것이 된다. 여기서, NOT 회로를 상태 표시(O) 기호로 줄여서 간단히 표시한다.

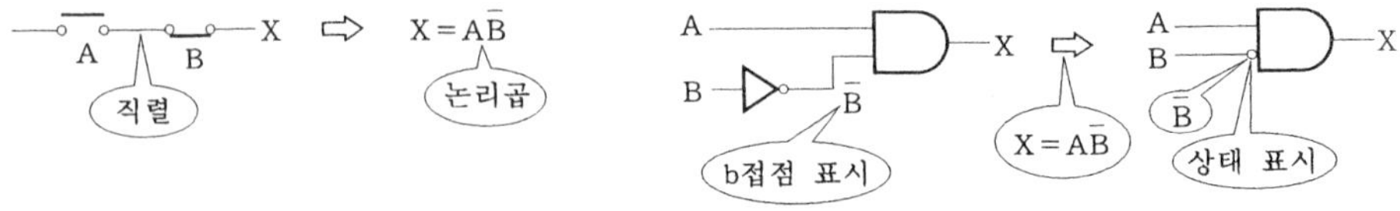

(a) (b)

그림 1.44

▸그림은 NOT 회로에

L 입력 회로와 램프 드라이브(출력 회로)를 접속한 회로의 보기이다. 여기서 전원 V_c는 5〔V〕(H 레벨)이다.

① 입력 BS를 누르지 않을 때

입력 A점 → 저항 1〔kΩ〕을 통하여 V_c가 걸려 H 레벨이 되고

출력 X점 → A점의 H 레벨이 NOT 회로를 통하므로 L레벨이 되며

램프 LED → X점이 L 레벨이면 LED는 소등 상태이다.

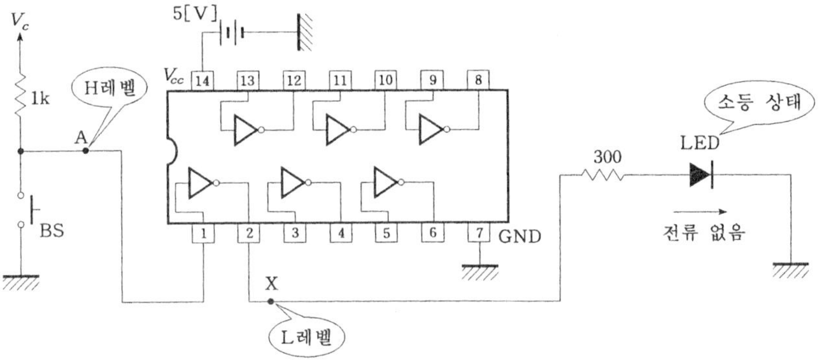

② 입력 BS를 누르면

입력 A점 → BS가 닫히면 접지가 직접 걸리므로 L 레벨이 되고

출력 X점 → A점의 L 레벨이 NOT 회로를 통하므로 H 레벨이 되며

램프 LED → X점의 H 레벨은 LED를 점등시킨다.

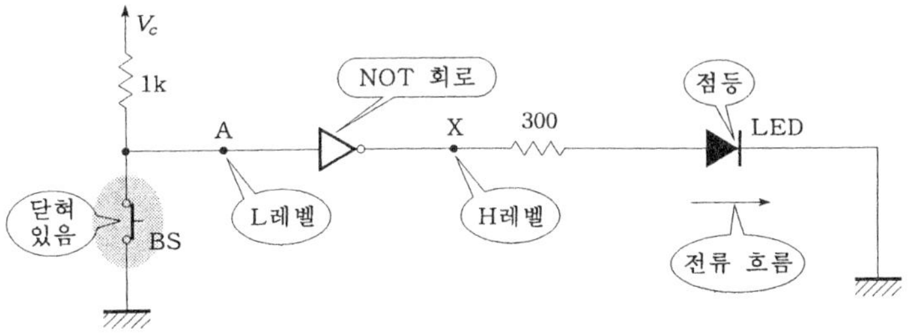

3.6 NAND 회로

▸그림 1.45는 NAND 회로의 기호와 논리식이다.
NAND 회로는 AND 회로의 부정(NOT) 회로이다. 즉,

NAND = AND + NOT

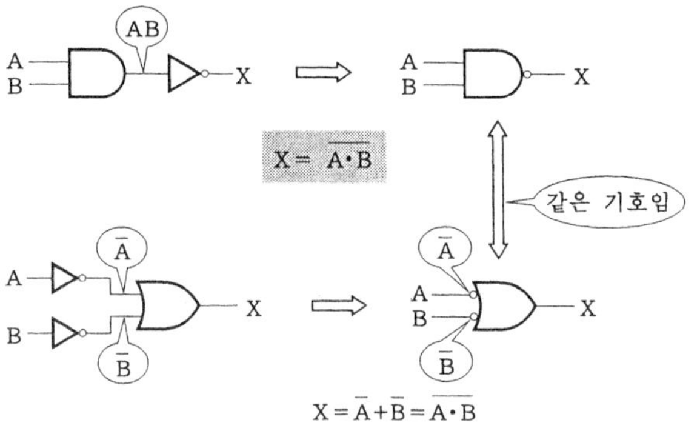

그림 1.45

▸그림 1.46은 진리표인데 AND 기능(a)과 OR 기능(b)으로 구분하였다.
두 입력이 모두 H 레벨일 때에만 출력이 L 레벨이 된다. 즉,
AND 회로의 부정(반대) 회로가 되고
두 입력 중 하나라도 L 레벨이 되면 출력이 H 레벨이 되는 회로이다.

입력		출력 X		그림 참조
A	B	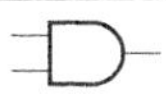	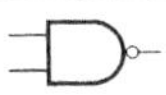	
L	L	L	H	a
H	L	L	H	b
L	H	L	H	c
H	H	H	L	d

(a)

입력		출력 X	그림 참조
$\overline{A}$	$\overline{B}$		
H	H	H	e
L	H	H	f
H	L	H	g
L	L	L	h

(b)

그림 1.46

▸그림 1.47은 NAND 회로의 동작 상태를 레벨로 나타낸 것이다.

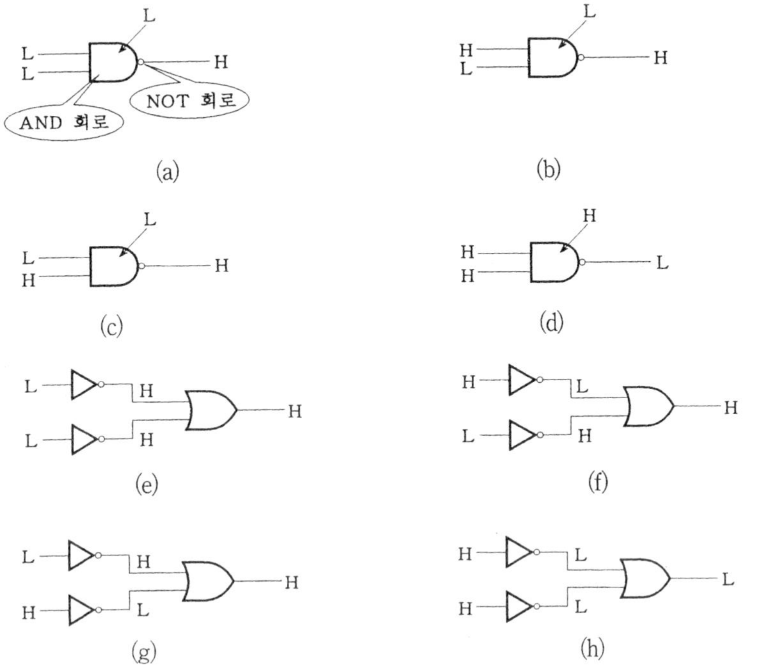

그림 1.47

▸그림 1.48(a)는 타임 차트이다. AND 회로를 상태 반전한 것으로 두 입력 중 하나라도 L 레벨이 되면 출력이 H 레벨이 된다. 그림 1.48(b)의 SN 7400은 하나의 패키지 내에 수납한 디지털 NAND IC 칩으로 NAND 회로 4개가 들어 있고 디지털 회로에서 만능 회로로 많이 쓰인다.

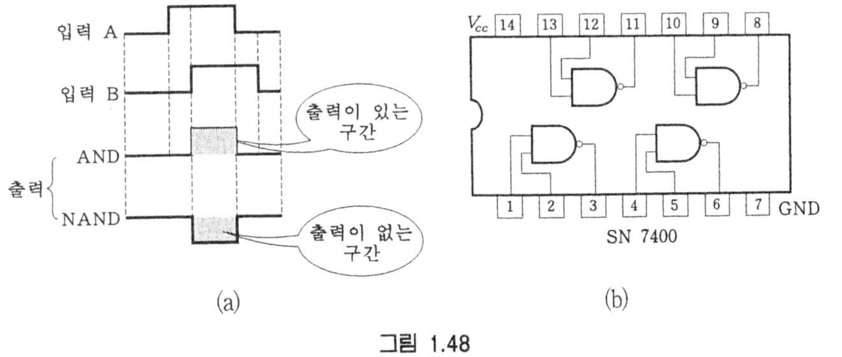

그림 1.48

▸그림 1.49는 NAND 회로에 입력 A, B의 파형을 줄 때
출력 X의 파형을 보인 것이다.
AND 출력 : 입력 A, B가 모두 H 레벨이 되는 c, e 구간이므로
NAND 출력 : AND 출력의 부정(NOT)으로 a, b, d, f 구간이 H 레벨이 된다.

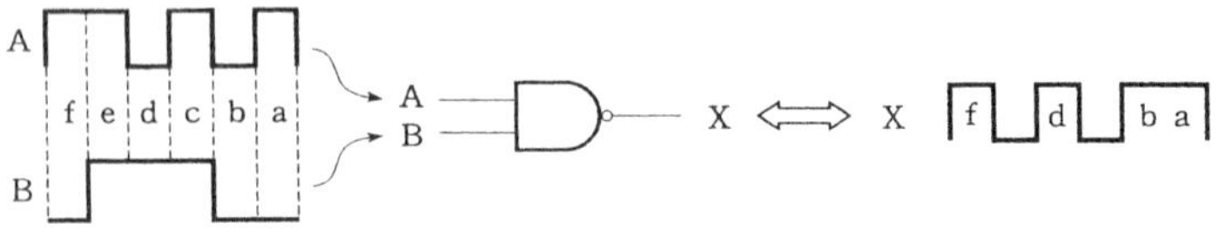

그림 1.49

▸NAND 회로에 NOT 회로를 접속하면 그림 1.50과 같이
AND 회로, OR 회로로 사용할 수 있고, 또
입력 단자를 하나로 묶으면 NOT 회로가 된다.
실제로 NAND 회로를 가지고 AND 회로, OR 회로, NOT 회로로 변환하여 사용하면
회로가 간단해지므로 많이 사용한다(회로 변환 참조).

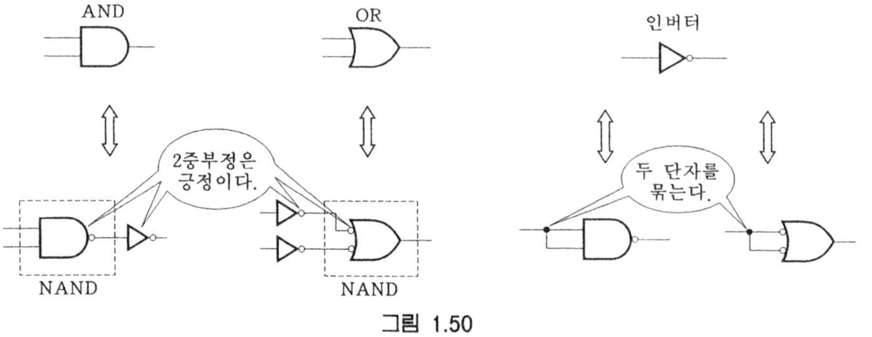

그림 1.50

▸그림은 2입력 NAND 회로에
L 입력 회로와 LED 램프 출력 회로(싱크 전류 회로 적용)를 접속한 회로의 보기이다. 여기서 전원 V_c는 5〔V〕(H 레벨)이다.

① 입력 BS_1, BS_2를 모두 누르지 않을 때

1 입력 A점 → 저항 1〔kΩ〕을 통하여 전원 V_c가 걸리므로 H 레벨이 된다.

2 입력 B점 → 저항 1〔kΩ〕을 통하여 전원 V_c가 걸리므로 H 레벨이 된다.

3 AND 회로 C → A와 B가 H 레벨이므로 C는 H 레벨이 된다.

4 출력 X점 → AND 회로 C의 H 레벨이 상태 표시(O → NOT) 회로를 통하므로 NAND 회로 출력 X점은 L 레벨이 된다 ← 복구 상태

5 D점 → X점의 L 레벨이 NOT 회로를 통하므로 H 레벨이 된다.

※ 출력단 X점에 NOT 회로를 접속한 것은 싱크 전류를 흘리기 위함이다. 즉, 논리 회로 출력 X가 H 레벨일 때 NOT 회로 출력에 L레벨이 되도록 하여 V_c(LED)쪽에서 논리 회로쪽(D점)으로 전류(싱크 전류)가 흐르도록 한다 (그림 1.33 참조).

6 램프 LED → D점이 H 레벨(5〔V〕)이고, 또 전원 V_c가 H 레벨(5〔V〕)이다. 즉, V_c와 D점의 전압이 같으므로 V_c에서 D점으로 싱크(sink) 전류가 흐를 수 없고 LED는 소등 상태가 된다.

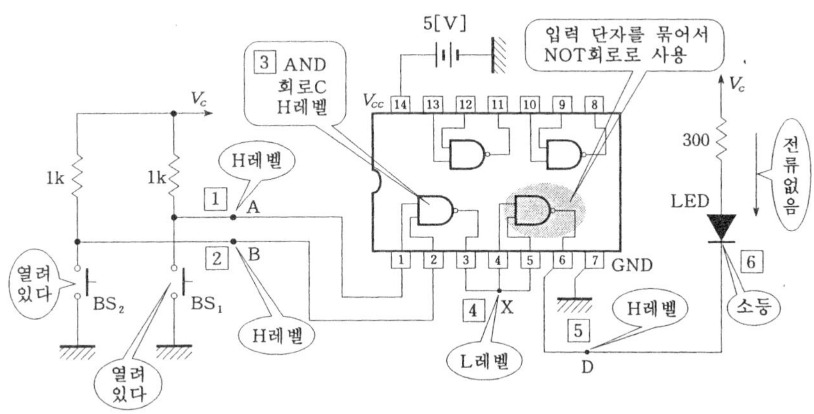

② 입력 BS_1만을 누르고 있으면

1 입력 A점 → 입력 BS_1 닫혀 있고 접지가 직접 걸리므로 L 레벨이 된다.

2 입력 B점 → 저항 1〔kΩ〕을 통하여 전원 V_c가 걸리므로 H 레벨이 된다.

3 AND 회로 C → A점이 L 레벨이므로 AND 회로 C는 L 레벨이 된다.

4 출력 X점 → AND 회로 C의 L 레벨이 상태 표시(NOT) 회로를 통하므로 NAND 회로 출력 X점은 H 레벨이 된다 ← 동작 상태

5 D점 → X점의 H 레벨이 NOT 회로를 통하므로 L 레벨이 된다.

6 램프 LED → D점이 L레벨(접지)이고, 또 전원 V_c가 H 레벨(5〔V〕)이므로 V_c에서 D점으로 싱크(sink) 전류가 흐르고 LED는 점등 상태가 된다.

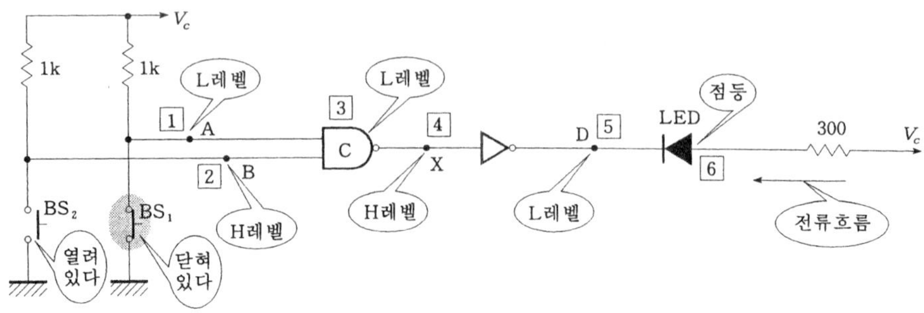

③ 입력 BS_2만을 누르고 있으면

1 입력 A점 → BS_1 열려 있고 저항 1〔kΩ〕을 통하여 전원 V_c가 걸리므로 H 레벨이 된다.

2 입력 B점 → BS_2 닫혀 있고 접지가 직접 걸리므로 L 레벨이 된다.

3 AND 회로 C → B점이 L 레벨이므로 AND 회로 C는 L 레벨이 된다.

4 출력 X점 → AND 회로 C의 L 레벨이 상태 표시(NOT) 회로를 통하므로 NAND 회로 출력 X점은 H 레벨이 된다 ← 동작 상태

5 D점 → X점의 H 레벨이 NOT 회로를 통하므로 L 레벨이 된다.

6 램프 LED → D점이 L 레벨(접지)이고, 전원 V_c가 H 레벨(5〔V〕)이므로 V_c에서 D점으로 싱크(sink) 전류가 흐르고 LED는 점등 상태가 된다.

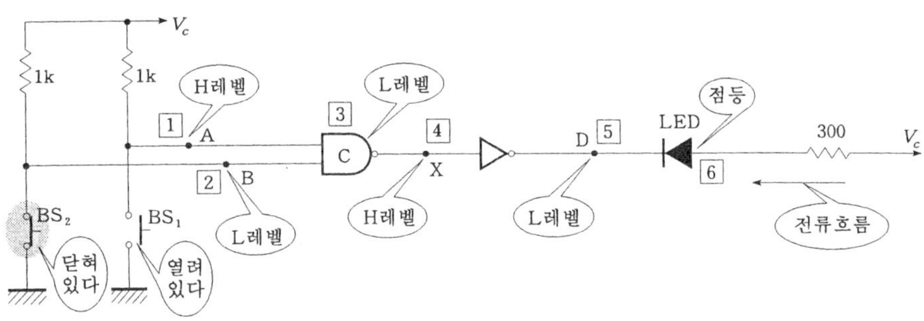

④ 입력 BS_1과 BS_2를 동시에 누르고 있으면

1 입력 A점 → BS_2 닫혀 있고 접지가 직접 걸리므로 L 레벨이 된다.

2 입력 B점 → BS_2 닫혀 있고 접지가 직접 걸리므로 L 레벨이 된다.

3 AND 회로 C → A, B점이 모두 L 레벨이므로 AND 회로 C는 L 레벨이다.

4 출력 X점 → AND 회로 C의 L 레벨이 상태 표시(NOT) 회로를 통하므로 NAND 회로 출력 X점은 H 레벨이 된다 ← 동작 상태

5 D점 → X점의 H 레벨이 NOT 회로를 통하므로 L 레벨이 된다.

6 램프 LED → D점이 L 레벨(접지)이고, 전원 V_c가 H 레벨(5〔V〕)이므로 V_c에서 D점으로 싱크(sink) 전류가 흐르고 LED는 점등 상태가 된다.

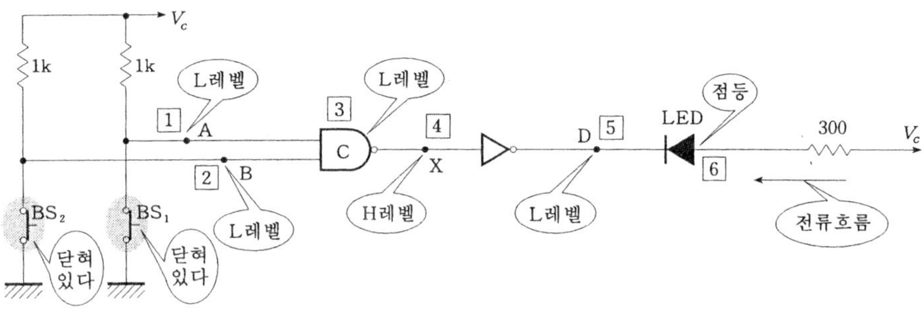

● 참고 ●

NAND 회로에는 H 입력형보다 L 입력형을 사용하는 것이 좋다. 즉,

① 그림 1.51의 H 입력형에서 입력이 없을 때(BS_1과 BS_2를 누르지 않을 때)에 출력이 생긴다. 즉, NAND 출력 X점이 H 레벨이 된다.
여기서, A점과 B점은 각각 저항 200〔Ω〕을 통하여 접지가 접속되어 L 레벨이 되므로 AND 회로 C는 L 레벨이 된다.
따라서 NAND 회로는 동작하고 출력 X점 → H 레벨(동작)로 된다.

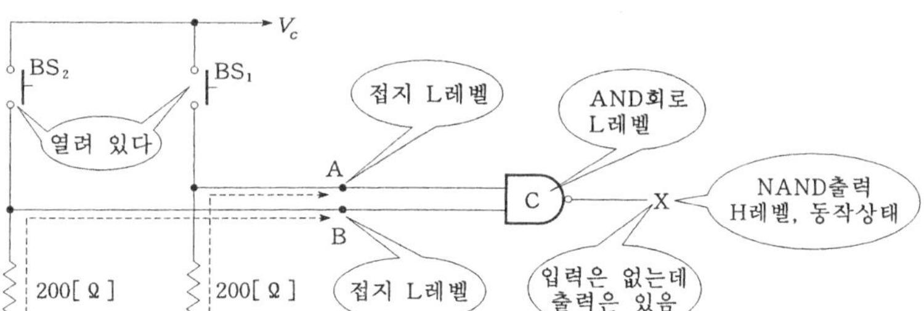

그림 1.51

② 그림 1.52에서 BS_1과 BS_2를 주면 출력 X점은 L 레벨이 되어 출력이 없다. 즉, NAND 출력 X점이 L 레벨이 된다.

여기서, A점과 B점은 각각 버튼 스위치를 통하여 전원 V_c가 접속되어 H 레벨이 되므로 AND 회로 C는 H 레벨이 된다.

따라서, NAND 회로 출력 X점→L 레벨(복구 상태)로 된다.

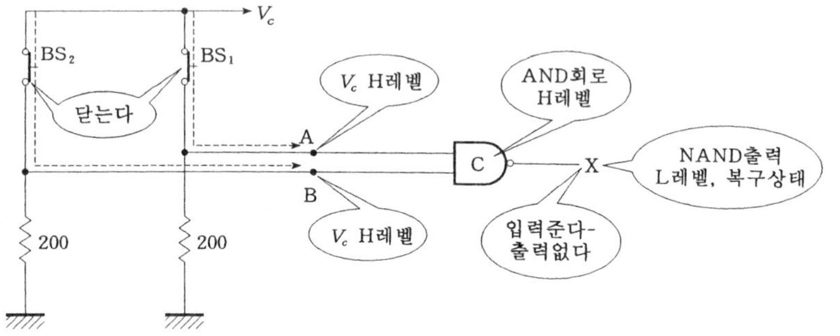

그림 1.52

☞ NAND 회로에서 H 입력형을 사용하면
입력을 줄 때 출력이 없고,
입력을 주지 않을 때 출력이 생기는 논리가 된다.

③ 그림 1.53의 L 입력형에서 입력이 없을 때(BS_1과 BS_2를 누르지 않을 때)에는 출력이 생기지 않는다. 즉, NAND 출력 X점이 L 레벨이 된다.

여기서, A점과 B점은 각각 저항 1〔kΩ〕을 통하여 전원 V_c가 접속되어 H 레벨이 되므로 AND 회로 C는 H 레벨이 된다.

따라서, NAND 회로 출력 X점→L 레벨(복구 상태)로 된다.

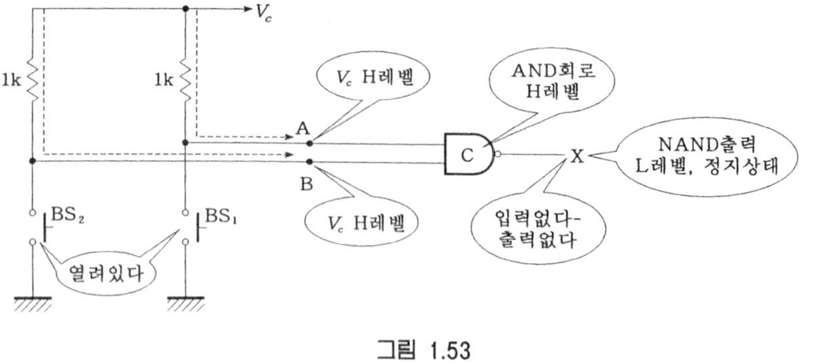

그림 1.53

④ 그림 1.54에서 BS_1과 BS_2를 주면 출력 X점은 H 레벨이 되어 출력이 생긴다. 즉, NAND 출력 X점이 H 레벨이 된다.
여기서 A점과 B점은 각각 버튼 스위치를 통하여 접지가 접속되어 L 레벨이 되므로 AND 회로 C는 L 레벨이 된다.
따라서 NAND 회로는 동작하고 출력 X점 → H 레벨(동작)로 된다.

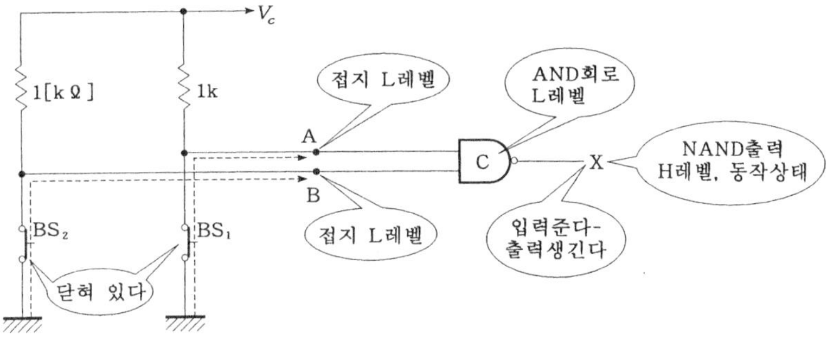

그림 1.54

☞ NAND 회로에서 L 입력형을 사용하면
입력을 줄 때 출력이 생기고,
입력을 주지 않을 때 출력이 없다.

⑤ 따라서, 입력이 없을 때 출력이 없고, 또
입력이 있을 때 출력이 있는 L 입력형의 회로가 NAND 회로에서는 유리하다.

3.7 NOR 회로

▸그림 1.55는 NOR 회로의 기호와 논리식이다.
NOR 회로는 OR 회로의 부정(NOT) 회로이다. 즉,

NOR = OR + NOT

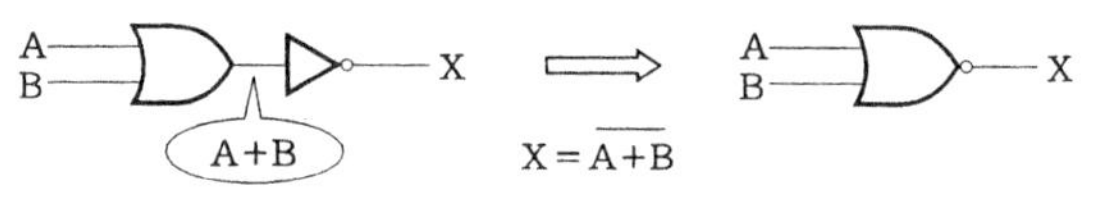

(a)

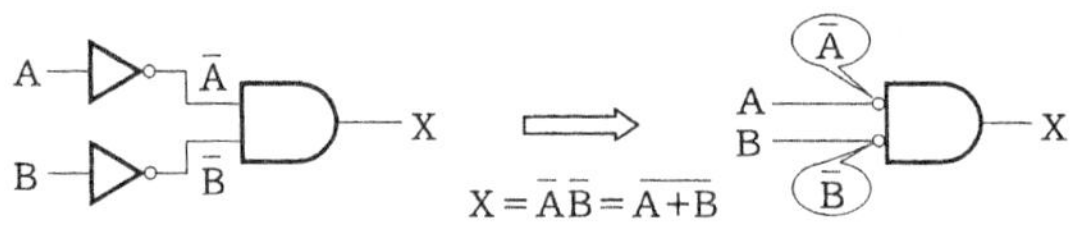

(b)

그림 1.55

▸그림 1.56은 진리표인데 OR 기능 (a)과 AND 기능(b)으로 구분하였다.
두 입력이 모두 L 레벨일 때에만 출력이 H 레벨이 된다. 즉,
OR 회로의 부정(반대) 회로가 되고
두 입력 중 하나라도 H 레벨이 되면 출력이 L 레벨이 되는 회로이다.

입력		출력 X		그림 참조
A	B	(OR)	(NOR)	
L	L	L	H	a
H	L	H	L	b
L	H	H	L	c
H	H	H	L	d

(a)

입력		출력 X	그림 참조
$\bar{A}$	$\bar{B}$	(AND)	
H	H	H	e
L	H	L	f
H	L	L	g
L	L	L	h

(b)

그림 1.56

▸그림 1.57은 NOR 회로의 동작 상태를 레벨로 나타낸 것이다.

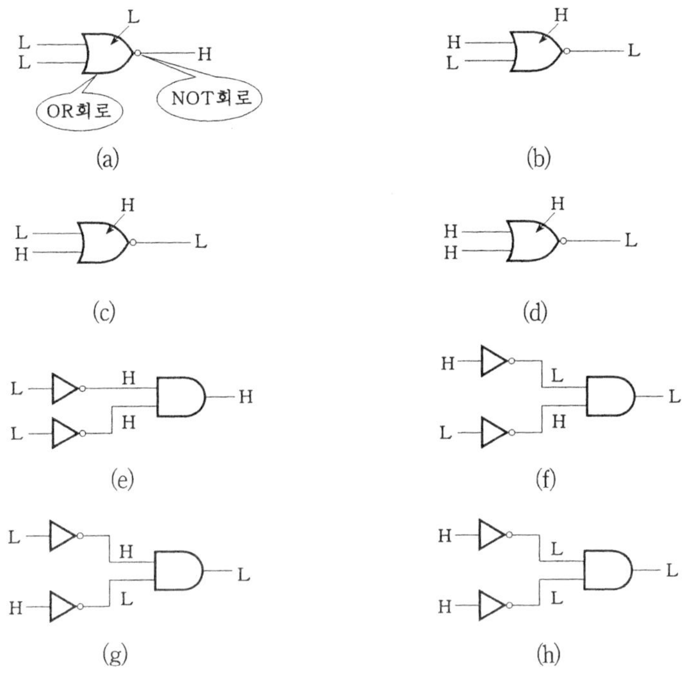

그림 1.57

▸그림 1.58(a)는 타임 차트이다.
NOR 회로는 OR 회로를 상태 반전한 것으로
두 입력 중 하나라도 H 레벨이 되면 출력이 L 레벨이 된다.
그림 1.58(b)의 SN 7402는 하나의 패키지 내에 수납한 디지털 NOR IC 칩으로
NOR 회로 4개가 들어 있고 디지털 회로에서 만능 회로로 사용되기도 한다.

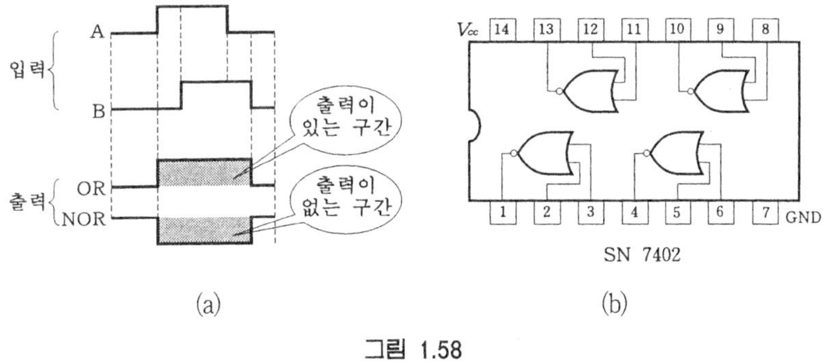

그림 1.58

▸그림은 NOR 회로에 입력 파형 A, B를 줄 때 출력 X의 파형을 보인 것이다.
OR 출력 : 입력 A, B 중 하나라도 H 레벨이 되는 a, c, d, e, f 구간이므로
NOR 출력 : OR 출력의 부정(NOT)이므로 b 구간만이 H 레벨이 된다.

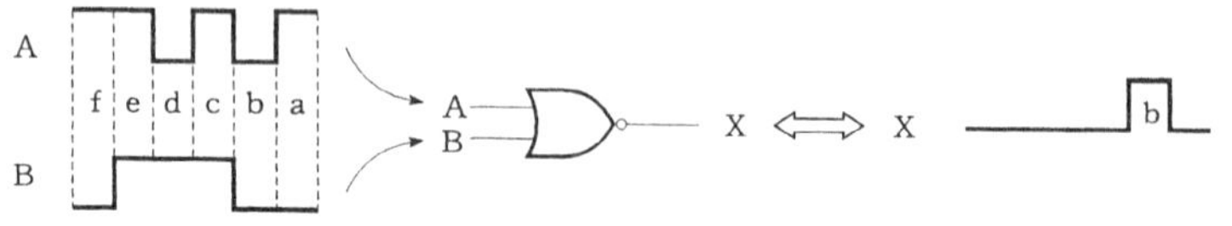

▸NOR 회로에 NOT 회로를 접속하면
그림과 같이 AND 회로, OR 회로로 사용할 수 있고, 또
입력 단자를 하나로 묶으면 NOT 회로가 된다.
실제로 NOR 회로를 가지고 AND 회로, OR 회로, NOT 회로로 변환하여 사용하면
회로가 간단해지므로 NAND 회로와 함께 많이 사용한다.

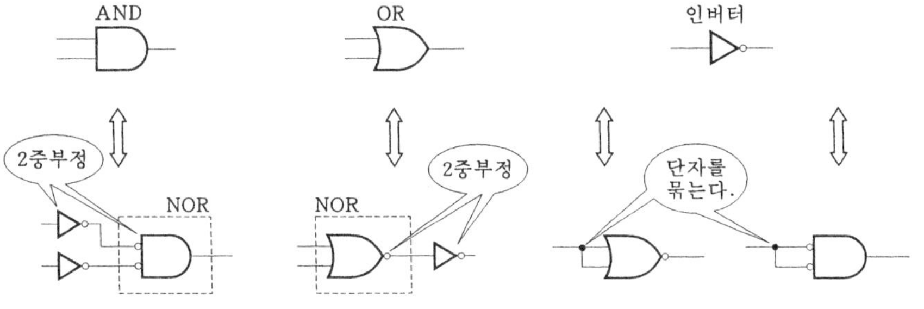

▸그림은 2입력 NOR 회로에 L 입력 회로와
LED 램프 출력 회로(싱크 전류 회로 적용)를 접속한 회로의 보기이다.

① 입력 BS_1, BS_2를 모두 누르지 않을 때

1. 입력 A점 → 저항 1〔kΩ〕을 통하여 전원 V_c가 걸리므로 H 레벨이 된다.
2. 입력 B점 → 저항 1〔kΩ〕을 통하여 전원 V_c가 걸리므로 H 레벨이 된다.
3. OR 회로 C → A와 B가 H 레벨이므로 C는 H 레벨이 된다.
4. 출력 X점 → OR 회로 C의 H 레벨이 상태 표시(O→NOT) 회로를 통하므로
   NOR 회로 출력 X점은 L 레벨이 된다 ← 복구 상태
5. D점 → X점의 L 레벨이 NOT 회로를 통하므로 H 레벨이 된다.
6. 램프 LED → D점이 H 레벨(5〔V〕)이고, 전원 V_c가 H 레벨(5〔V〕)이다.
   V_c와 D점의 전압이 같으므로 V_c에서 D점으로 싱크(sink) 전류가 흐를 수 없고
   LED는 소등 상태가 된다.

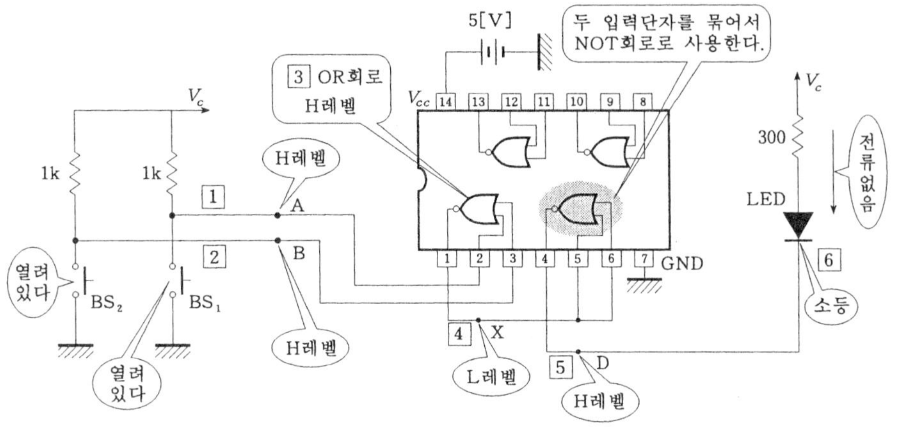

② 입력 BS_1만을 누르고 있으면

1 입력 A점 → 입력 BS_1 닫혀 있고 접지가 직접 걸리므로 L레벨이 된다.

2 입력 B점 → 저항 1〔kΩ〕을 통하여 전원 V_c가 걸리므로 H 레벨이 된다.

3 OR 회로 C → B점이 H 레벨이므로 OR 회로 C는 H 레벨이 된다.

4 출력 X점 → OR 회로 C의 H 레벨이 상태 표시(NOT) 회로를 통하므로
NOR 회로 출력 X점은 L 레벨이 된다 ← 복구 상태

5 D점 → X점의 L 레벨이 NOT 회로를 통하므로 H 레벨이 된다.

6 램프 LED → D점이 H 레벨(5〔V〕)이고, 전원 V_c가 H 레벨(5〔V〕)이다.
V_c와 D점의 전압이 같으므로 V_c에서 D점으로 싱크(sink) 전류가 흐를 수 없고 LED는 소등 상태가 된다.

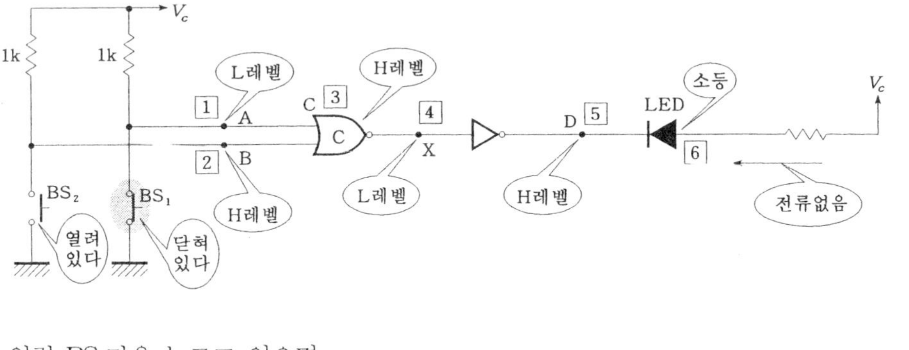

③ 입력 BS_1만을 누르고 있으면

1 입력 A점 → BS_1 열려 있고 저항 1〔kΩ〕을 통하여 전원 V_c가 걸리므로 H 레벨이 된다.

2 입력 B점 → BS_1 닫혀 있고 접지가 직접 걸리므로 L레벨이 된다.

3 OR 회로 C → A점이 H 레벨이므로 OR 회로 C는 H 레벨이 된다.
4 출력 X점 → OR 회로 C의 H 레벨이 상태 표시(NOT) 회로를 통하므로 NOR 회로 출력 X점은 L 레벨이 된다 ← 복구 상태
5 D점 → X점의 L 레벨이 NOT 회로를 통하므로 H 레벨이 된다.
6 램프 LED → D점이 H 레벨(5〔V〕)이고, 전원 V_c가 H 레벨(5〔V〕)이다. V_c와 D점의 전압이 같으므로 V_c에서 D점으로 싱크(sink) 전류가 흐를 수 없고 LED는 소등 상태가 된다.

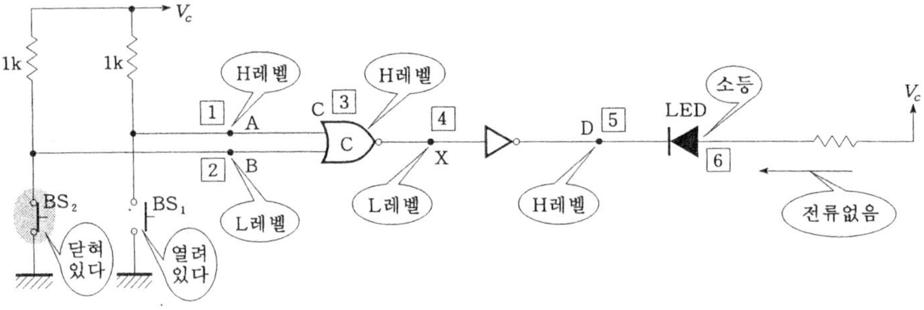

④ 입력 BS_1과 BS_2를 동시에 누르고 있으면
1 입력 A점 → BS_1 닫혀 있고 접지가 직접 걸리므로 L 레벨이 된다.
2 입력 B점 → BS_2 닫혀 있고 접지가 직접 걸리므로 L 레벨이 된다.
3 OR 회로 C → A, B점이 모두 L 레벨이므로 OR 회로 C는 L 레벨이 된다.
4 출력 X점 → OR 회로 C의 L 레벨이 상태 표시(NOT) 회로를 통하므로 NOR 회로 출력 X점은 H 레벨이 된다 ← 동작 상태
5 D점 → X점의 H 레벨이 NOT 회로를 통하므로 L 레벨이 된다.
6 램프 LED → D점이 L 레벨(접지)이고, 전원 V_c가 H 레벨(5〔V〕)이므로 V_c 에서 D점으로 싱크(sink) 전류가 흐르고 LED는 점등 상태가 된다.

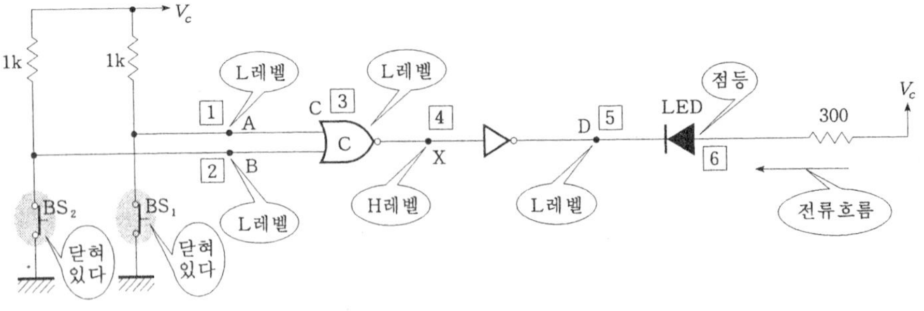

3.8 논리 회로 변환

▸AND 회로, OR 회로, NAND 회로, NOR 회로에
NOT 회로를 접속하면 서로 다른 기능의 회로를 만들 수 있고
▸IC 논리 회로 소자의 변환이 가능하여 회로를 간단히 할 수가 있다.

(1) 회로의 출력단에 NOT 회로를 접속하여 출력 반전 기능의 회로를 만든다.

1 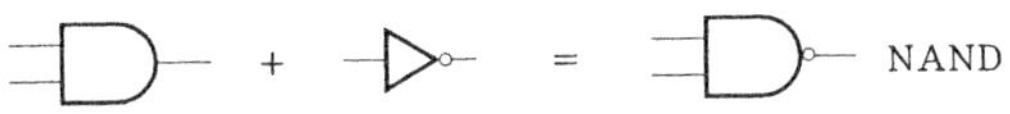

2 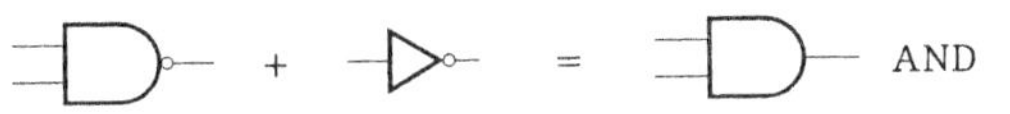

3 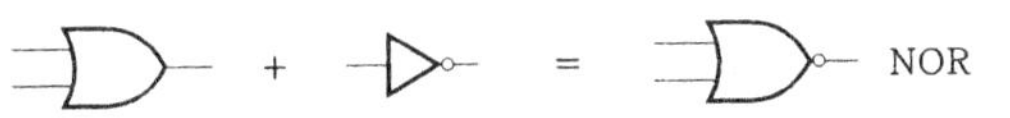

4 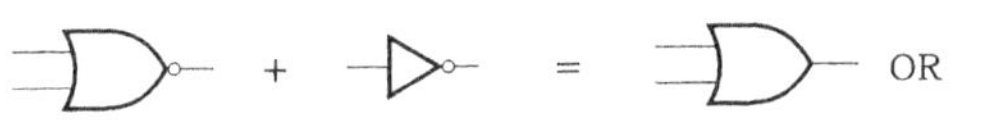

(2) 회로의 입력단에 NOT 회로를 접속하여 입력 반전 기능의 회로를 만든다.

5 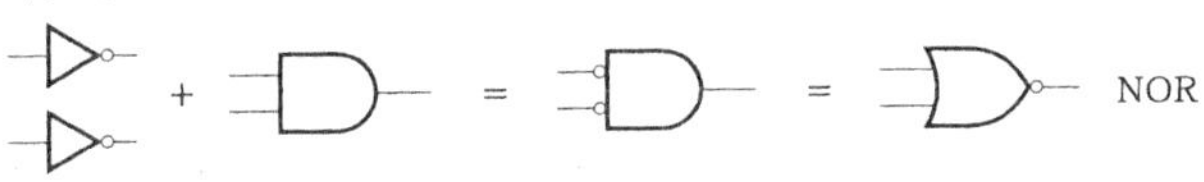

6 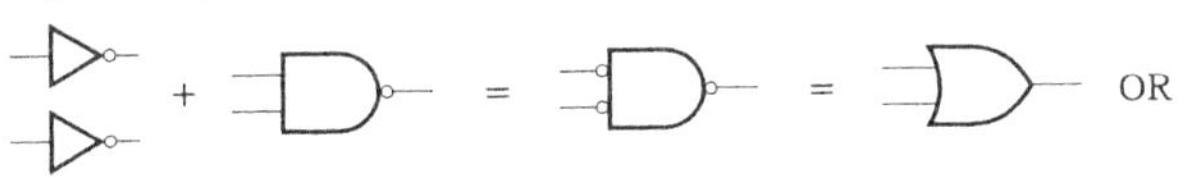

7 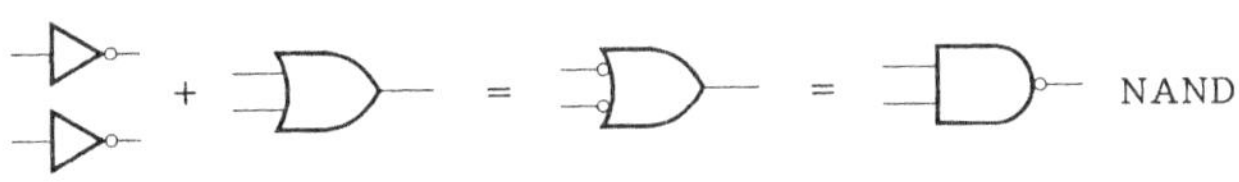

8 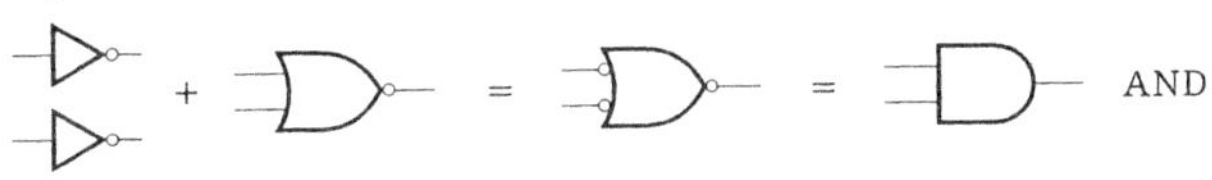

(3) 회로의 입력단과 출력단에 각각 NOT 회로를 접속하여 입·출력 반전 기능의 회로를 만든다.

9 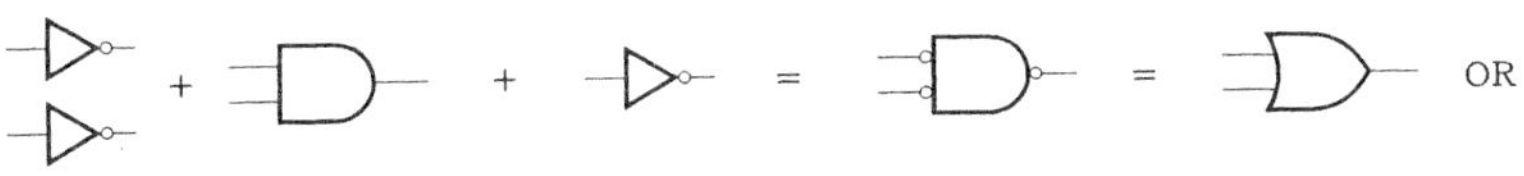

10 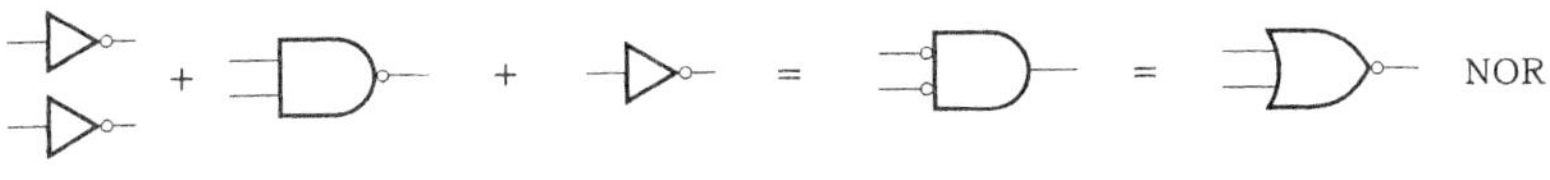

⑪ 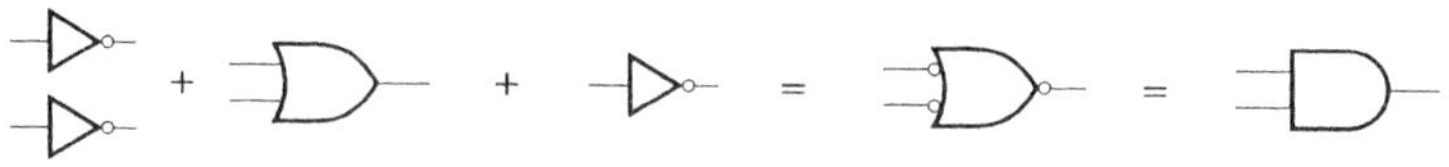 AND

⑫ 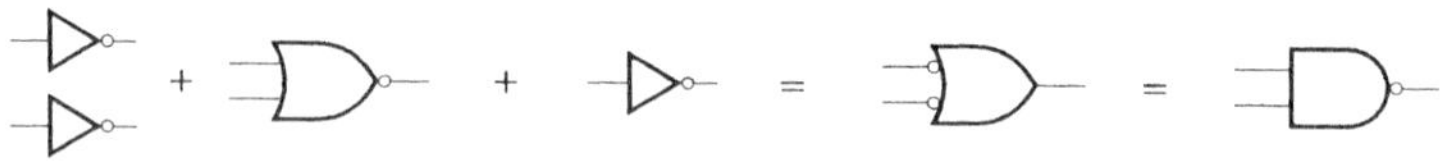 NAND

(4) 2입력 논리 회로의 두 단자를 묶어서 1입력 단자로 하면 각각 선(—) 기능, NOT 회로 기능의 회로를 만든다.

⑬ 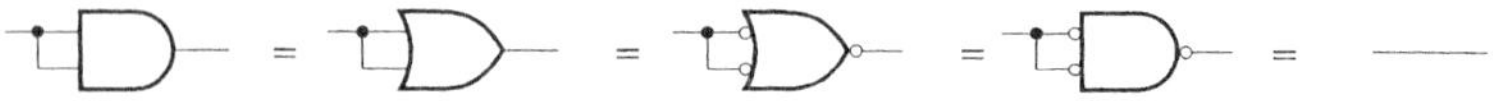 (선)

⑭ 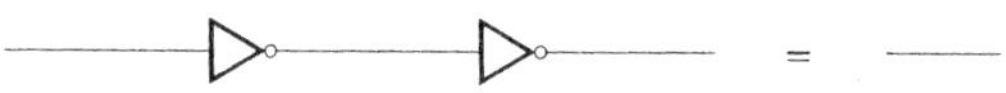 (선)

⑮ 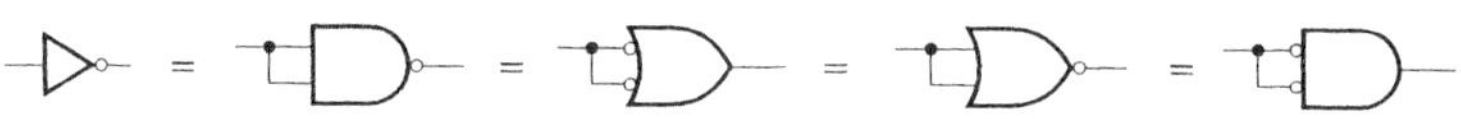 NOT

【⑭, ②, ⑥, ⑧의 증명】

⑭ : NOT 회로의 종속 접속인 2중 부정은 긍정이고 선(—)과 같다.

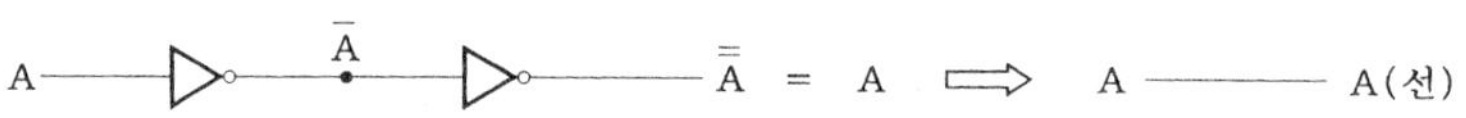

② 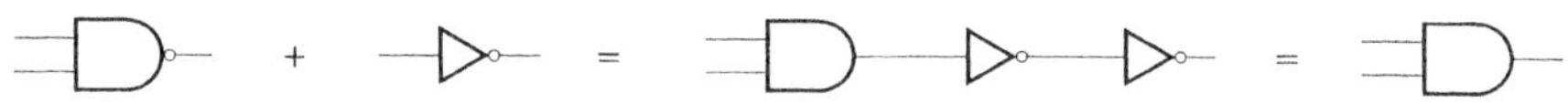

⑥ 

⑧ 

※ ⑤ ~ ⑧의 회로 변환은 표와 같이 진리표를 이용하면 이해가 쉽다.

H입력	L입력	⑤	⑥	⑦	⑧
입력	NOT	NOR	OR	NAND	AND
A B	$\overline{A}$ $\overline{B}$				
0 0	1 1	1	0	1	0
0 1	1 0	0	1	1	0
1 0	0 1	0	1	1	0
1 1	0 0	0	1	0	1

▸ 복잡한 논리 회로를 NAND(또는 NOR) 회로만으로 바꾸든지 여기에 NOT 회로를 조합하면 사용 IC-칩의 수를 줄일 수 있어서 회로를 간단히 할 수 있다.

예제 1-1

그림은 AND-IC 1 개, OR-IC 1 개, NOT-IC 1 개 등 IC 3 개를 사용한 회로이다.

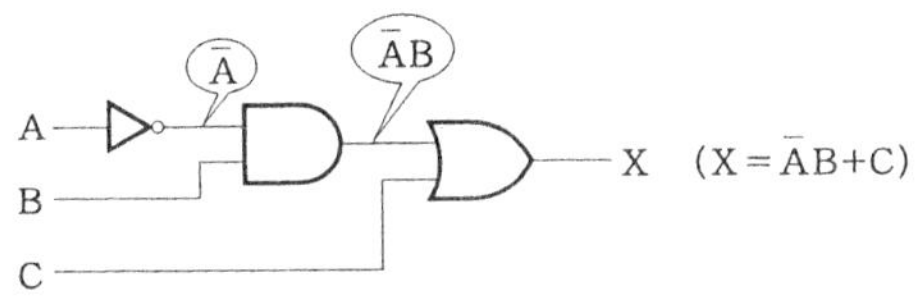

이 회로를 NAND 회로만의 회로로 바꾸면 NAND-IC 1 개만 사용하면 된다.

〔참고 회로〕

NAND 회로 : 

NOT 회로 : 

2중 NOT 회로 : 

〔변환〕

1 NOT 회로 : NAND 회로의 입력 단자를 하나로 묶는다.

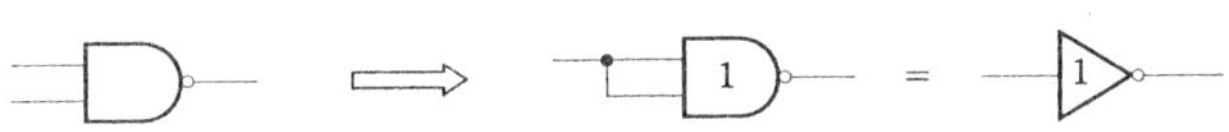

2 AND 회로 : 출력단에 NOT 회로 2개를 접속하여 NAND 회로와 NOT 회로의 직렬 회로로 한다.

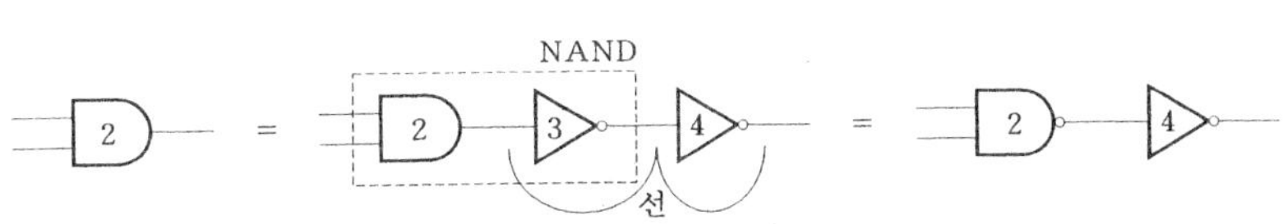

3 OR 회로 : 입력단에 각각 NOT 회로 2개식을 종속 접속하여 NAND 회로 1개와 NOT 회로 2개를 만든다.

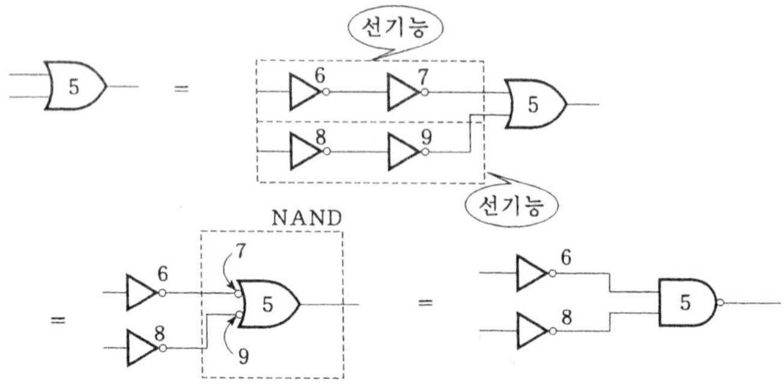

④ 조합하면 그림과 같이 2, 3과 7, 9, 5는 NAND 회로 2, 5로 바꾸고,
NOT 회로 4와 6을 선(−)으로 바꾸며, 또
NOT 회로 8을 NAND 회로로 바꾸어 단자를 묶으면
결국은 NAND-IC 1 개(회로 4 개)만 소요된다.

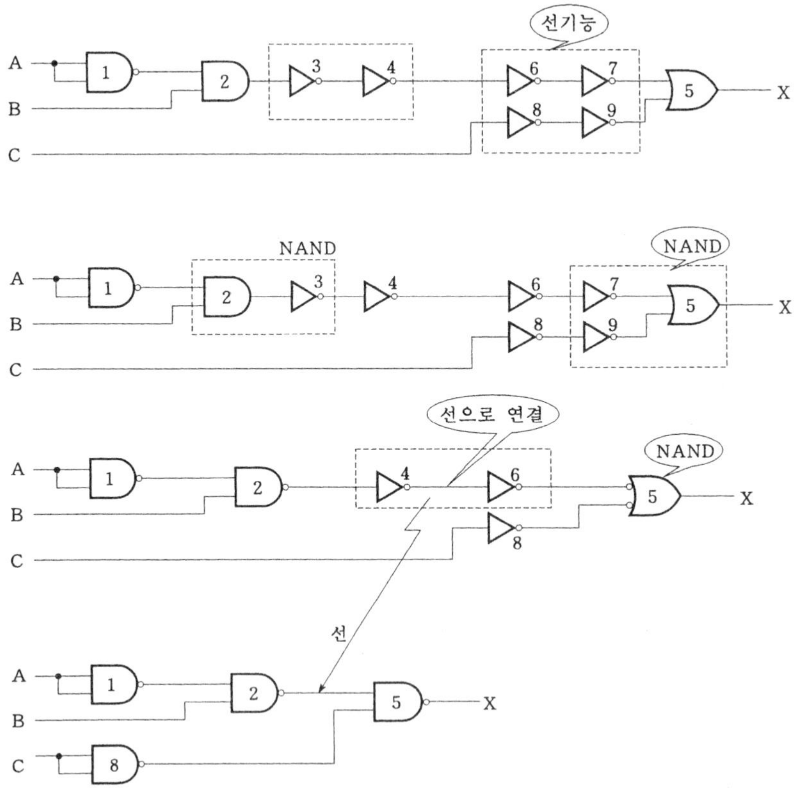

예제 1-2

그림의 접점 회로의 논리식과 논리 회로를 그리고,
논리 회로를 NOR 회로만의 논리 회로로 바꾸어 보자.

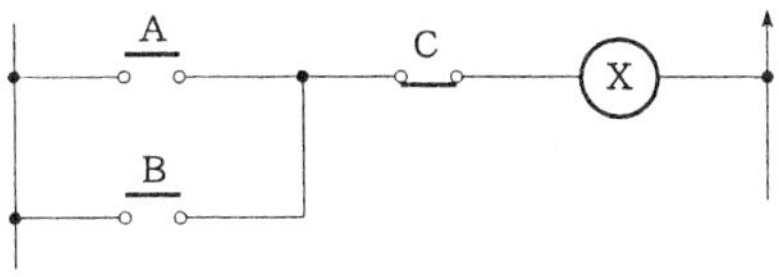

〔참고 회로〕

NOR 회로 :
NOT 회로 :
2중 NOT 회로 :

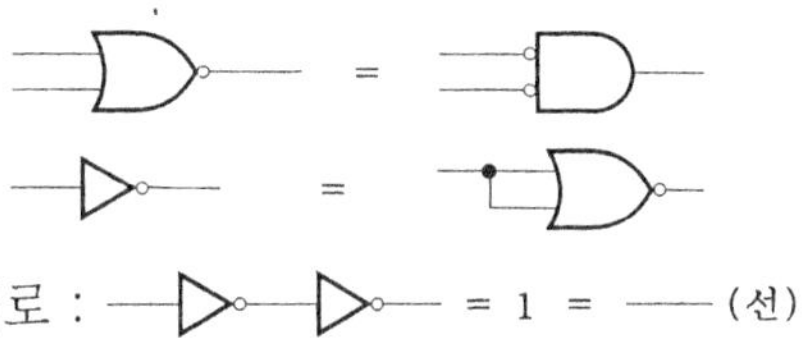

〔변환〕

① a접점 A와 B는 병렬 OR 회로이고 식은 A+B이다.

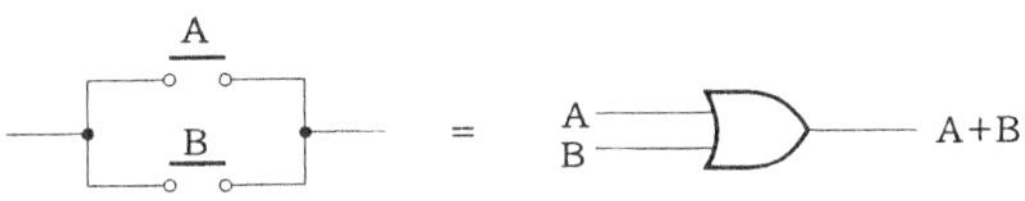

② b접점 C는 a접점 C의 NOT 회로 $\overline{C}$로 되고 식은 $\overline{C}$이다.

③ 회로 ①과 ②는 직렬 AND 회로가 되고 식은 $X=(A+B)\cdot\overline{C}$이다.

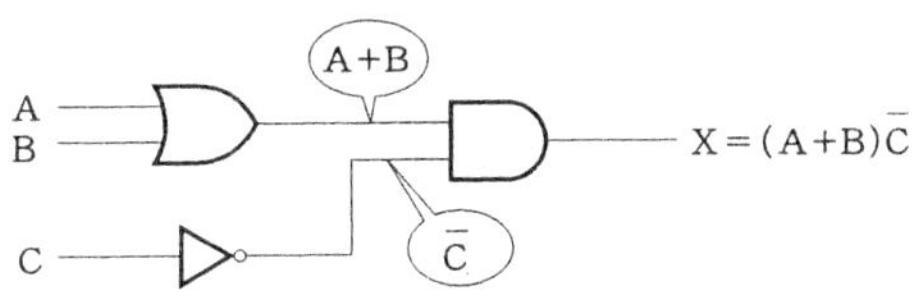

④ OR 회로 : 출력단에 NOT 회로 2개를 접속하여
NOR 회로와 NOT 회로의 직렬 회로로 한다.

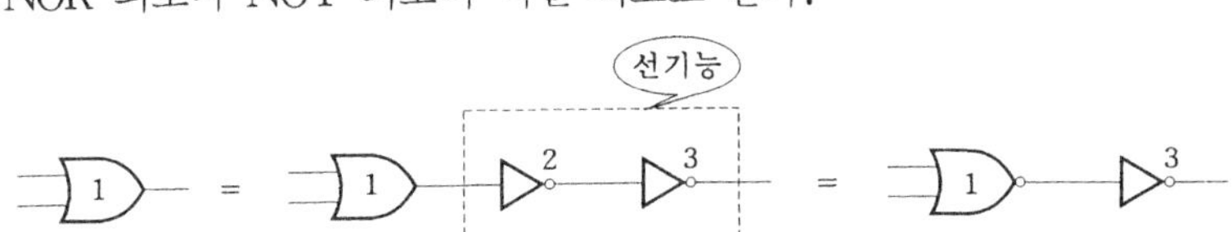

⑤ AND(NOT 회로 포함) 회로 : 위의 입력단에만 NOT 회로 2개를 접속하여 NOT 회로 1개와 NOR 회로 1개를 만든다.

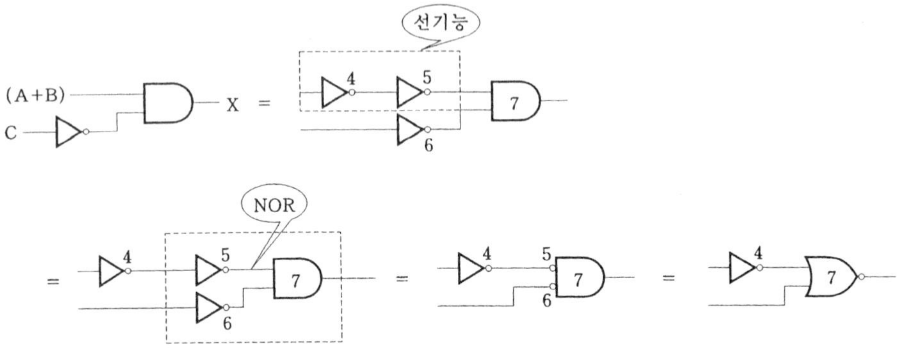

⑥ 조합하면 회로 1, 2와 5, 6, 7은 NOR 회로 1, 7로 되고
회로 3, 4는 선(—)으로 바뀌지므로
결국은 NOR 회로 2개, 즉 NOR-IC 1개면 된다.

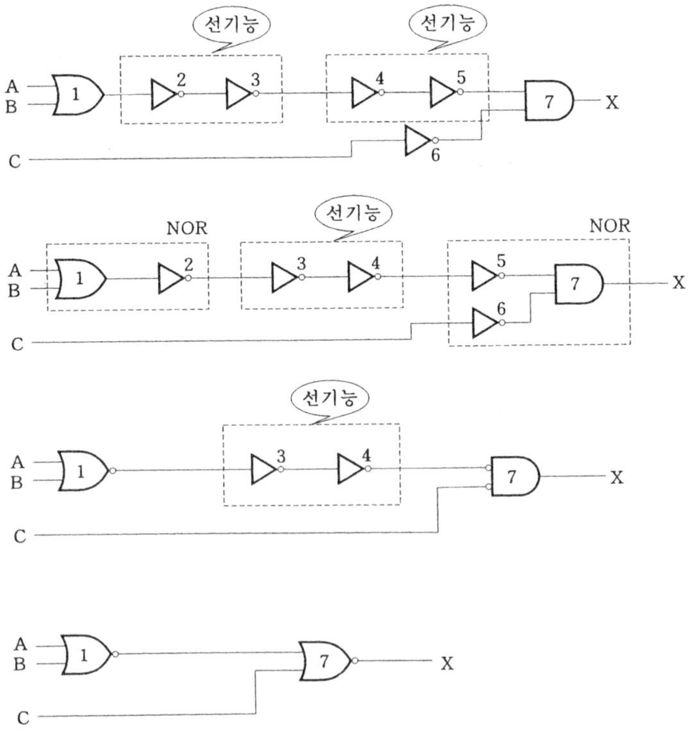

3.9 타이머 소자

▸타이머 기구에는 전자 타이머 릴레이와 IC-타이머 소자가 많이 사용된다.

(1) 논리 기호

▸그림 1.59는 타이머 소자의 논리 기호이다.
그림 1.59 (a)는 시한 동작 타이머의 기호이고,
그림 1.59 (b)는 시한 복구 타이머의 기호이다.
여기서 b접점 기호는 a접점 기호에 NOT 회로를 접속한다.
그림 1.59 (c)는 뒤진 회로의 기호인데 별로 사용하지 않는다.

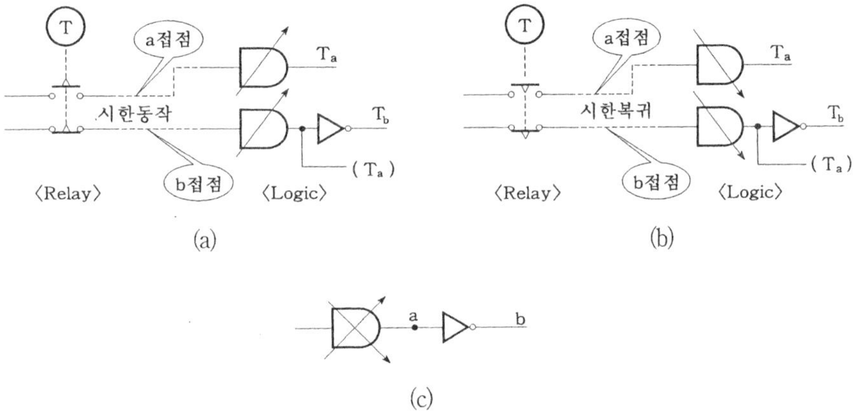

그림 1.59

(2) IC-타이머 단안정 소자 SMV-74123

▸단안정 멀티 바이브레이터(Single or Mono Multivibrator-SMV)는
하나의 안정된 상태와 또 하나의 준안정 상태를 가진 스위칭 회로이다.
한번의 트리거(Trigger)로 한번만 안정 상태가 변하므로 원 쇼트(one shot)라고도 한다.
여기서, 트리거는 논리 IC 소자를 기동(set)시키는 것을 말한다.

▸그림 1.60은 단안정 멀티 바이브레이터의 원리를 이용한 IC 타이머 단안정 소자인 SMV-74123의 예인데 적분 회로를 응용하여 시간적인 요소를 갖게 한 것이다.

① 입력(펄스 입력)을 주면 출력이 일정한 시간(설정 시간) 동안만 생기고 자동적으로 없어지는 단안정 특성을 갖는다.

② 그림에서 IC 1개에 회로 2개가 있고 1A, 2A, …… 등 1, 2로 구분한다.

A : L 입력 단자(1, 9번 단자)

B : H 입력 단자(2, 10)

$\overline{CLR}$: clear 정지(리셋) 단자(3, 11)

Q : 출력 단자(13, 5)

$\overline{Q}$: 출력 Q의 상태 변환(4, 12)

Cext : 외부 콘덴서 C의 접속 단자(6, 14)

Rext/Cext : 외부 저항 R과 콘덴서 C의 공통 접속 단자(7, 15)

V_c : 전원 5〔V〕 단자(16)

GND : 접지 단자(8번)

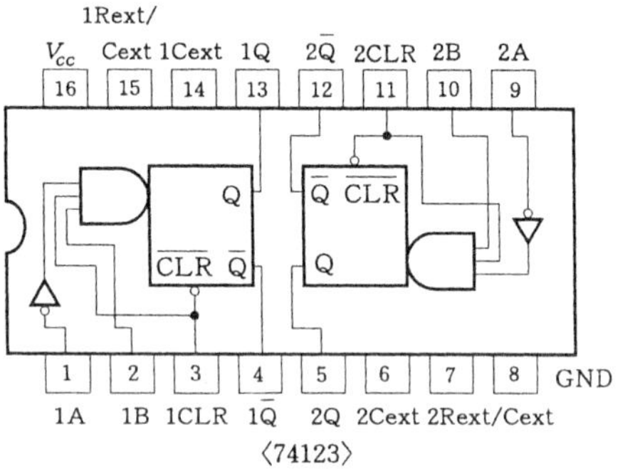

〈74123〉

그림 1.60

③ SMV는 한 회로에 입력 단자가 2개(1A와 1B 또는 2A와 2B)식이다.
그림1.61과 같이

1 L 입력 A와 H 입력 B가 동시에 주어질 때

2 트리거 입력인 AND 회로 S가 동작하여 소자를 트리거시키면

3 출력 Q가 생기고 설정 시간 t초 후 Q가 없어진다.

4 설정 시간은 약 $t \fallingdotseq 0.7$ CR〔sec〕 정도이다.

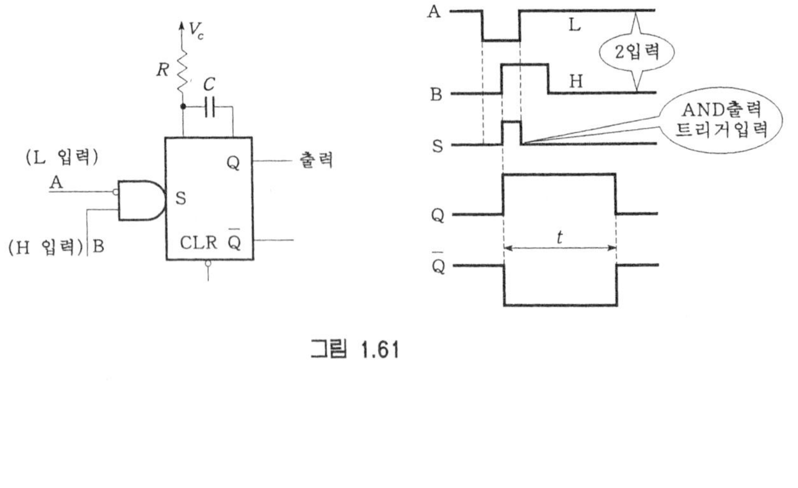

그림 1.61

그림 1.62은 SMV의 기호이다.

① 그림 1.62 (a)는 입력 A 단자를 접지 GND 단자에 미리 접속하여 두고 외부 입력으로 B 단자를 사용한 H 입력형의 기호이다.

② 그림 1.62 (b)는 입력 B 단자를 전원 V_c 단자에 미리 접속하여 두고 외부 입력으로 A 단자를 사용한 L 입력형의 기호이다.

③ 외부 접속 CR과 $\overline{\text{CLR}}$ 단자를 생략하고 기호를 그리는 경우도 많다.

④ set(기동) 입력 S를 주면 출력 Q가 설정 시간 t초 동안만 생긴다. 여기서, 출력 $\overline{\text{Q}}$는 출력 Q의 상태 반전이고 많이 사용하지 않는다.

⑤ set 입력 S를 주는 순간(상승연 ↑순간, 하강연 ↓순간) SMV는 셋되고 출력 Q가 생기며 t초 동안 유지한다.

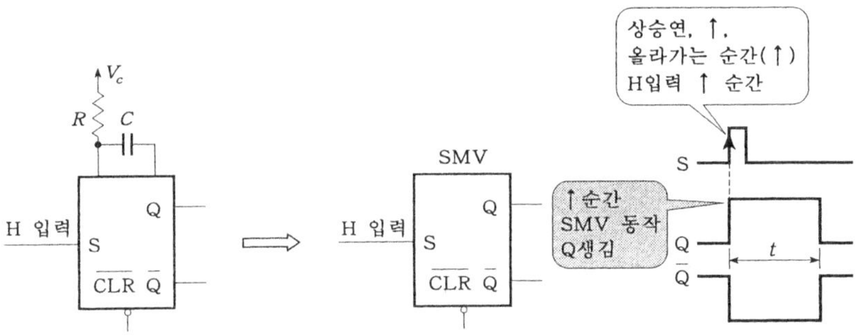

(a)

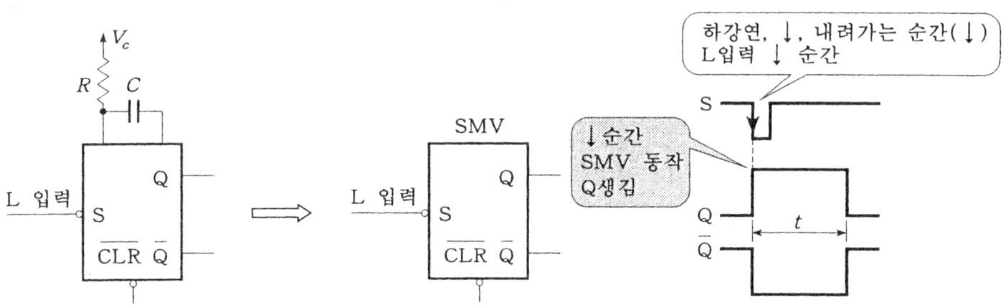

(b)

그림 1.62

그림 1.63은 LED 점등 회로의 예이다. 설정 시간은 약 4초 정도이다.

① 그림 1.63에서 L 입력을 줄 경우

1 1번 단자 : L 입력 회로에 접속한다.

2 2번 단자 : 입력을 하나로 하기 위하여 H입력 단자 2번을 전원 V_c , 즉 16번 단자에 미리 접속한다.

3 3번 단자 : 동작 안정상 $\overline{\text{CLR}}$ 입력 3번을 전원 V_c-16번 단자에 접속한다.

4 4번 단자 : 접속하지 않는다 (NC-접속하지 않는 표시)

5 8번 단자 : 접지(GND)시킨다 (전원의 (−)단자에 접속)

6 13번 단자 : 보호 저항 300〔Ω〕을 통하여 출력 LED를 접속한 후 접지한다.

7 14번 단자 : 14번과 15번 사이에 외부 콘덴서 C(20〔μF〕)를 접속한다.

8 15번 단자 : 외부 저항 R(300〔kΩ〕)을 접속한 후 전원 V_c-16번에 접속한다.

9 16번 단자 : 전원 V_c=5〔V〕에 접속한다.

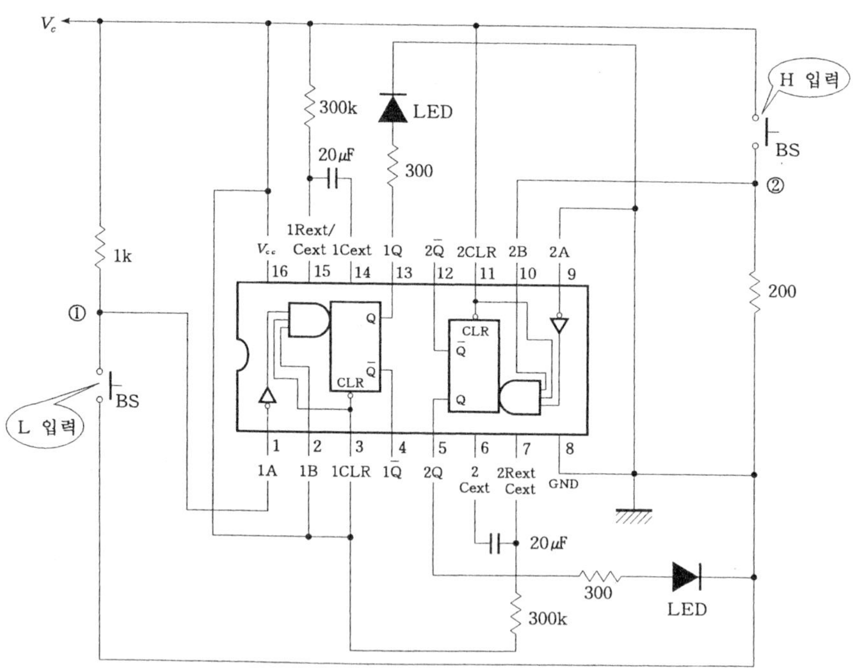

그림 1.63

② 그림 1.63에서 H 입력을 줄 경우

1. 9번 단자 : 입력을 하나로 하기 위하여 L 입력 단자 9번을 접지(GND) 8번 단자에 미리 접속한다.
2. 10번 단자 : H 입력 회로에 접속한다.
3. 11번 단자 : 동작 안정상 $\overline{\text{CLR}}$ 입력 11번을 전원 V_c-16번 단자에 접속한다.
4. 그 외 5번~8번, 12번, 16번은 위 ①의 경우와 같다.

③ 그림 1.64 (a)는 위 그림에서 ①의 L 입력의 경우만을 그린 것이다.

1. LED 소등시
   - 입력 BS는 열려 있고 S점은 저항을 통하여 전원 V_c(H 레벨)가 걸려 있다.
   - SMV는 리셋(복구) 상태이므로 출력 Q는 L 레벨이고 LED는 소등 상태이다.
2. LED 점등시
   - 입력 BS를 누르면 S점은 접지를 통하여 L 레벨이 걸리므로 L 입력의 순간 하강연(↓)에서 SMV가 셋(동작)한다.

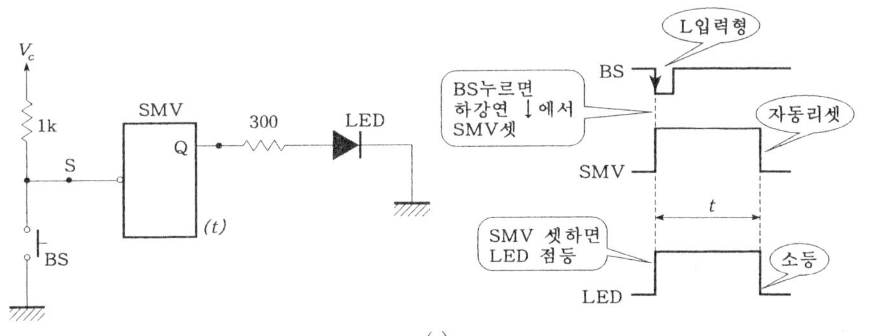

(a)

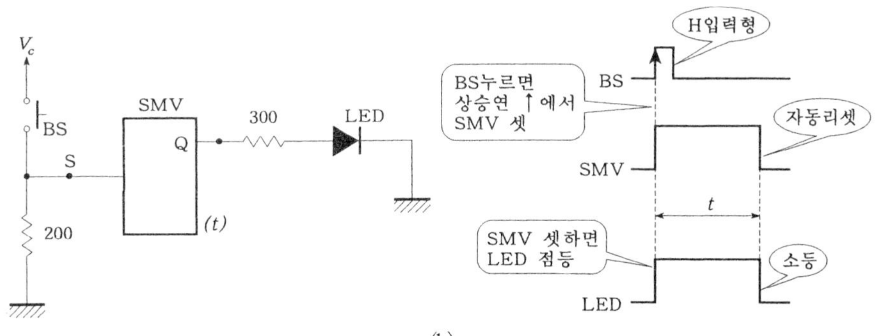

(b)

그림 1.64

· SMV 동작(set) 상태에서 출력 Q는 H 레벨(5〔V〕)이고 LED는 점등된다.
· 설정 시간 약 4초 후에 SMV는 자동 리셋되므로 출력 Q는 L 레벨(0〔V〕)이 되고 LED는 소등된다. 즉, ①의 상태(원래 상태)로 되돌아간다.

④ 그림 1.64(b)는 그림 1.63의 ②의 H 입력의 경우만을 그린 것이다.

① LED 소등시
· 입력 BS는 열려 있고 S점은 저항을 통하여 접지(L 레벨)가 걸려 있다.
· SMV는 리셋(복구) 상태이므로 출력 Q는 L 레벨이고 LED는 소등 상태이다.

② LED 점등시
· 입력 BS를 누르면 S점은 전원 V_c를 통하여 H 레벨이 걸리므로 H 입력의 순간 상승연(↑)에서 SMV가 셋(동작)한다.
· SMV가 동작(set)되면 출력 Q는 H 레벨(5〔V〕)이 되고 LED는 점등된다.
· 설정 시간 약 4초 후에 SMV는 자동 리셋되므로 출력 Q는 L 레벨(0〔V〕)이 되고 LED는 소등된다. 즉, ①의 상태(원래 상태)로 되돌아간다.

(3) IC-타이머 소자 NE 555

▸그림 1.65는 IC-NE 555 타이머 소자이고, 접속 방법에 따라 다음 4가지 특성을 얻는다.

① 번 : 접지(GND) 단자
② 번 : 트리거 입력 단자
③ 번 : 출력 단자
④ 번 : 리셋 단자(보통 전원 V_c에 접속)
⑤ 번 : 제어 전압 단자(NC)
⑥ 번 : threshold(동작 경계점) 단자
⑦ 번 : 방전 단자
⑧ 번 : 전원 V_c 단자(5~15〔V〕)

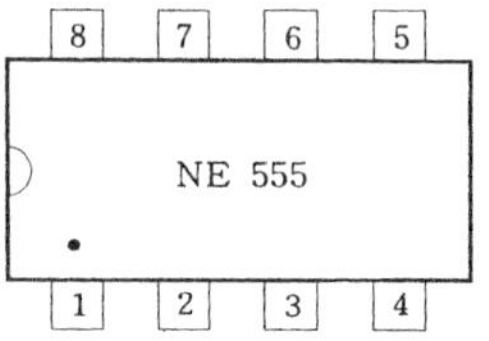

그림 1.65

1) 단안정 동작 접속

① 그림 1.66과 같이 RC를 접속하고 1번은 접지, 4번과 8번은 전원에 접속한다. 여기서, 5번은 사용하지 않는다.
② 2번 단자에 L 입력을 가하면(BS를 눌렀다 놓으면) 순간 555는 셋되고
③ 3번 단자에 설정 시간 동안만 출력이 생기고(H 레벨) 자동 리셋된다.

4 설정 시간 약 6초 동안 LED가 점등한 후 소등한다.

5 설정 시간은 $t=1.1CR$ [sec]이고 그림에서는 약 6초가 된다.

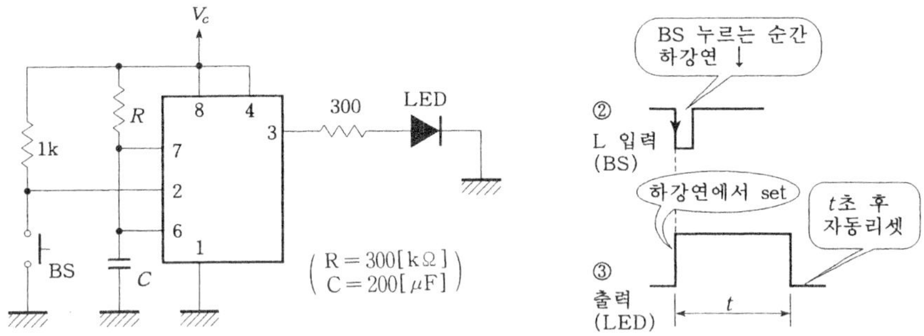

그림 1.66

2) 비안정 동작 접속

1 그림 1.67과 같이 회로를 접속하고 전원을 가하면(여기서, V_c가 입력이다) IC-555가 동작하여

2 3번 단자에 구형파 펄스가 발생하는 비안정 특성을 얻는다.

3 LED는 점등과 소등을 반복한다.

4 전원 V_c를 끊으면 555는 복구한다(LED 소등).

5 주기 T와 주파수 f는 다음 식에 의한다.

$$T_H = 0.7C(R_A + R_B)\ \text{[sec]} \qquad T_L = 0.7CR_B\ \text{[sec]}$$

$$T = T_H + T_L\ \text{[sec]} \qquad f = 1/T$$

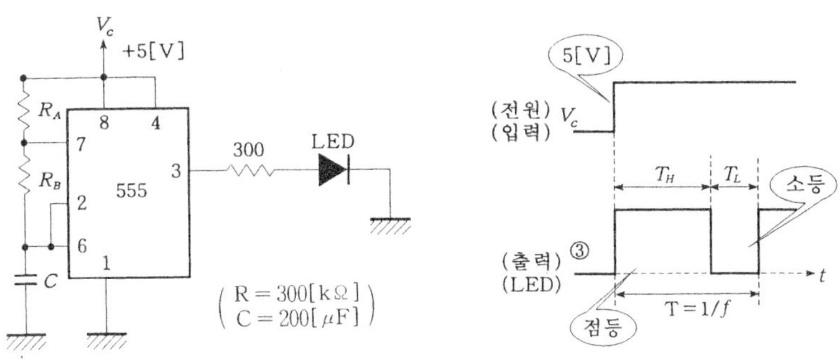

그림 1.67

3) 일정 시간 동작 접속

1 그림 1.68과 같이 회로를 접속하고 전원을 가하면(여기서 전원이 입력임) IC-555가 동작하여

2 3번 단자에 설정 시간 동안 출력이 생기고(H 레벨) 자동 리셋된다.

3 약 6초 동안 LED가 점등한 후 소등한다.

4 5번, 7번은 접속하지 않는다.

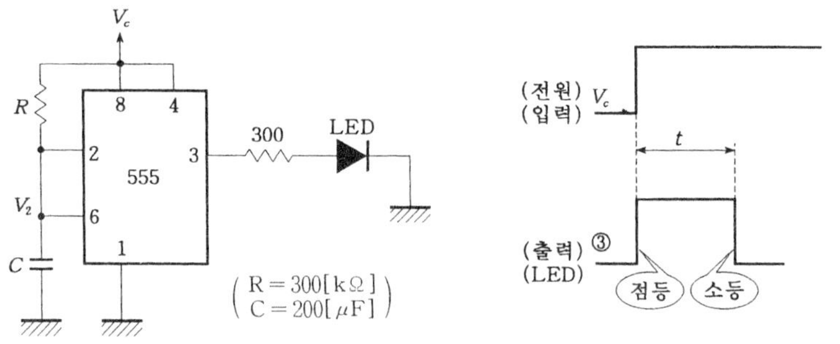

그림 1.68

4) 시한 동작 접속

1 그림 1.69와 같이 회로를 접속하고 전원을 가하면(전원이 입력임) IC-555가 동작하여

2 3번 단자에 설정 시간 후에 출력이 생기는 시한 동작 특성을 얻는다.

3 그림에서 약 6초 후에 LED가 점등한다.

4 전원 V_c를 끊으면(정지 신호 기능) 555는 복구하고 LED는 소등한다.

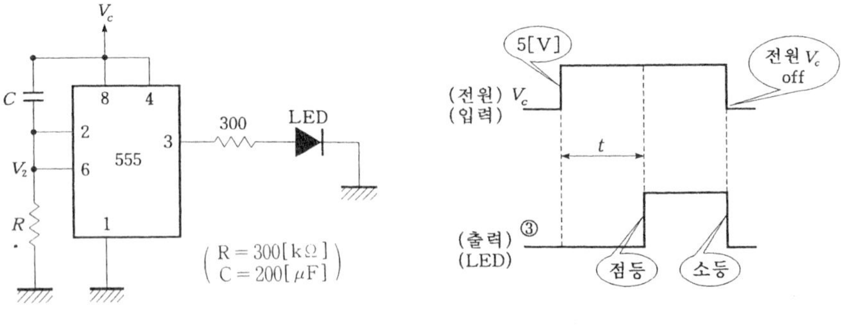

그림 1.69

4. 제어 요소의 참고 회로

4.1 배타 논리합 회로

▸**비교 회로**에는 입력 A와 B의 크기를 비교하는 비교 회로와
입력 A와 B의 상태를 판단하는 일치 회로가 있다.

▸**일치 회로**에는 배타 논리합 회로 EOR(XOR)와
배타 논리합 부정 회로 NEOR(NXOR)가 있다.

이 장에서는 EOR 회로를, 다음 장에는 NEOR 회로를 소개한다.

(1) 그림 1.70의 진리표와 타임 차트에서와 같이 2개의 입력이 A, B일 때

① 두 입력 A, B 중 하나가 H 레벨일 때 출력이 H 레벨이 되는 회로를
배타 논리합 회로 EOR(Exclusive OR gate)이라고 한다. 즉,
두 입력 중 A-H, B-L 또는 A-L, B-H일 때 출력 X-H인 회로이다.

② 두 입력의 상태가 같을 때는 출력이 없다(출력 L 레벨). 즉,
두 입력이 모두 A-H, B-H 또는 A-L, B-L일 때 출력 X-L이 된다.

③ 입력 A, B가 모두 H 레벨일 때 OR 회로 출력은 H 레벨이 되지만
EOR 회로는 배타 동작으로 L 레벨을 출력한다. 즉, 배타 논리합 회로이다.

④ 그림 1.70(c)는 논리 기호인데 OR 회로에 원호가 부가되어 있다.

⑤ 여러 입력 중 H 입력이 홀수일 때에만 H 출력이 생긴다.
이것을 이용하여 디지털 회로의 홀수 패리티 방법의 에러 검출 코드(error- detecting code)에 이용된다.

입력		출력	OR 출력
A	B	X	
L	L	L	L
L	H	H	H
H	L	H	H
H	H	L	H

서로 다른 입력 상태

(a)

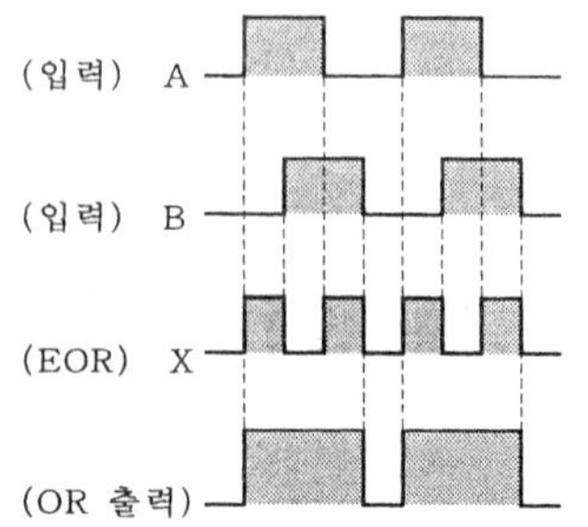

(b)

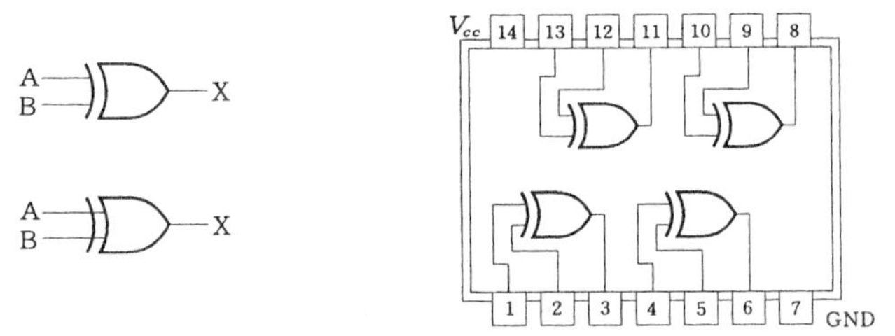

(c) (d)

그림 1.70

⑥ 두 입력의 상태가 다를 때 H 출력이 생기므로 반일치 회로라고도 한다.

⑦ 그림 1.70 (d)는 IC-칩 SN 7486의 예이고 회로 4 개가 내장되어 있다.

(2) 그림 1.71의 A, B의 펄스 입력에서 EOR 출력 파형을 그려보고
OR 출력 구간 및 일치 회로(EOR L 출력) 구간을 찾아보자.

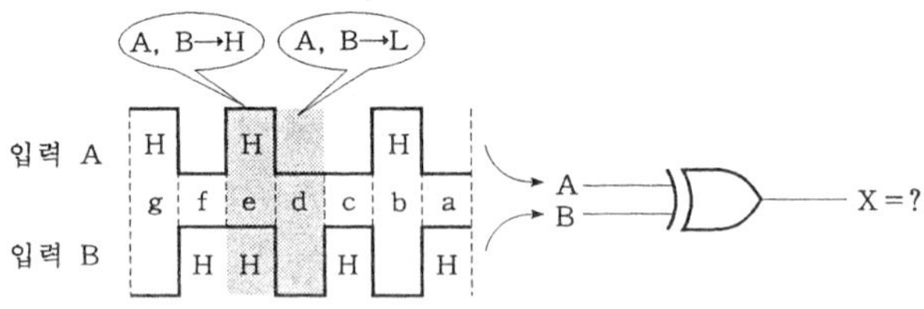

그림 1.71

1 A-L, B-H 구간 : a, c, f이고

2 A-H, B-L 구간 : b, g이므로

EOR 출력 구간(1, 2)은 a, b, c, f, g이다.

③ A-H, B-H 구간 : e이고 OR 출력 구간(①, ②, ③)은 a, b, c, e, f, g이다.
④ A-L, B-L 구간 : d이고 일치회로(EOR L 출력) 구간(③, ④)은 d, e이다.

(3) 그림 1.72와 같이 2입력 중 1입력을 제어 입력으로 사용하면 NOT 회로, Buffer 등으로 변환된다.

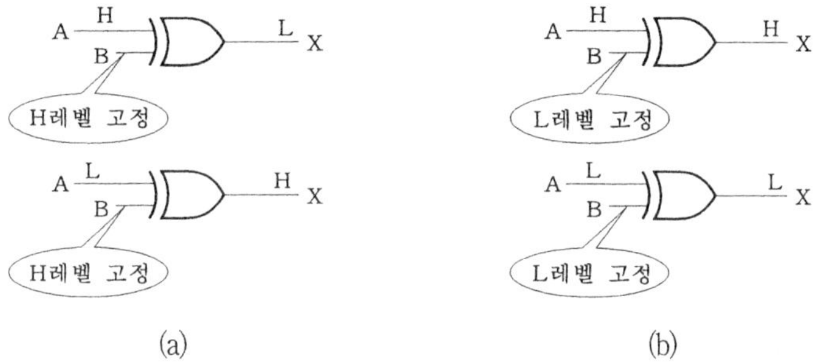

그림 1.72

① 그림 1.72 (a)에서 입력 B를 제어 입력으로 하고 H 레벨로 하면(V_c에 접속)
입력 A가 H 레벨일 때 : 출력은 L 레벨이 되고,
입력 A가 L 레벨일 때 : 출력은 H 레벨이 되어 NOT 회로의 기능을 갖는다.
② 그림 1.72 (b)에서 입력 B를 제어 입력으로 하고 L 레벨로 하면(접지에 접속)
입력 A가 H 레벨일 때 : 출력은 H 레벨이 되고,
입력 A가 L 레벨일 때 : 출력은 L 레벨이 되어 버퍼의 기능을 갖는다.

(4) 그림 1.73에서 ① 출력이 L 레벨이면 입력 A, B가 일치하고
② 출력이 H 레벨이면 입력 A, B가 일치하지 않는다.
즉, 입력의 일치 여부를 판정하는 기능이 있으며 여기서,
②의 경우 H 레벨의 출력을 취하여 불일치 회로-EOR 회로로 사용되고 또 특히 ①의 경우 L 레벨의 출력을 취하여 일치 회로로도 사용한다.

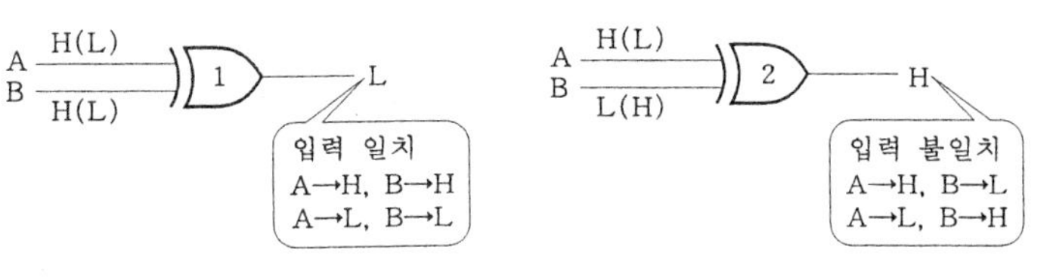

그림 1.73

(5) 그림 1.74는 EOR의 논리 회로와 논리식이다.

$$X = A\overline{B} + \overline{A}B = A \oplus B$$

이고 여기서 ⊕는 ring sum으로 읽는다.

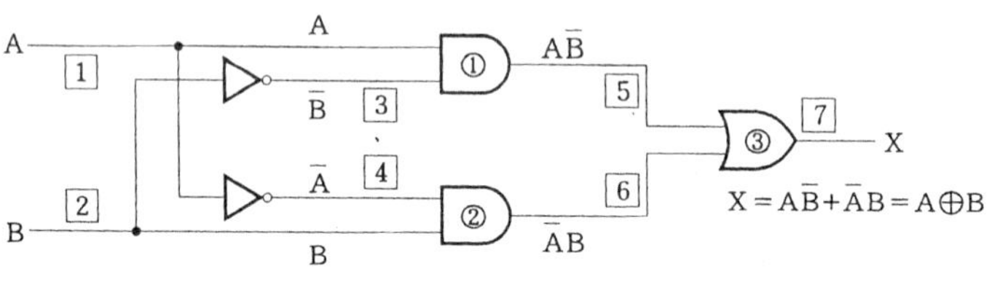

그림 1.74

1) 점 [1]-A, 점 [2]-B일 때, 점 [3]-$\overline{B}$, 점 [4]-$\overline{A}$이므로

AND 회로 ①의 출력점 [5]-$A\overline{B}$이고,

AND 회로 ②의 출력점 [6]-$\overline{A}B$이므로

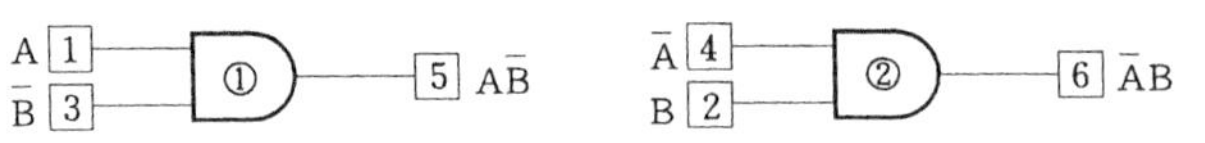

OR 회로 ③의 출력점 [7]-$A\overline{B} + \overline{A}B$이다. 따라서 논리식은

$$X = A\overline{B} + \overline{A}B = A \oplus B$$

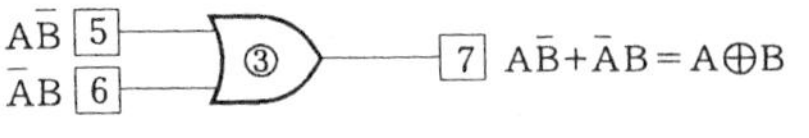

2) 입력이 없을 때, 즉 A-L, B-L이면 출력은 X-L이다. 그림 1.75 (a)에서
   ① 입력이 없으므로 점 [1], [2]는 L 레벨이다.
   ② 점 [1], [2]의 L 레벨이 NOT 회로를 통하여 점 [3], [4]는 H 레벨이 된다.
   ③ 점 [1], [2]의 L 레벨로 AND 회로 ①, ②는 동작할 수 없고 점 [5], [6]은 L레벨이 된다.
   ④ AND 회로 출력이 L 레벨이므로 OR 회로 출력 점 [7]도 L 레벨이 된다.

3) 입력이 전부 있을 때. 즉 A-H, B-H이면 출력은 X-L이다. 그림 1.75 (b)에서
   ① 입력이 전부 있으므로 점 [1], [2]는 H 레벨이다.
   ② 점 [1], [2]의 H 레벨이 NOT 회로를 통하여 점 [3], [4]는 L 레벨이 된다.
   ③ 점 [3], [4]의 L 레벨로 AND 회로 ①, ②는 동작할 수 없고 점 [5], [6]은 L레벨이 된다.
   ④ AND 회로 출력이 L 레벨이므로 OR 회로 출력점 [7]도 L 레벨이 된다.

4) 입력 A만 줄 때, 즉 A-H, B-L이면 출력은 X-H이다. 그림 1.75 (c)에서
   ① 입력이 A만 있으므로 점 [1]은 H 레벨, 점 [2]는 L 레벨이다.
   ② 점 [1] - H, 점 [2] - L 레벨이 NOT 회로를 통하여 점 [3] - H, 점 [4] - L 레벨이 된다.
   ③ 점 [2], [4]의 L 레벨로 AND 회로 ②는 동작할 수 없고 점 [6]은 L 레벨이지만
   ④ 점 [1], [3]은 H 레벨이므로 AND 회로 ①은 동작하여 점 [5]는 H레벨이 된다.
   ⑤ 점 [5]의 H 레벨로 OR 회로는 동작하고 출력점 [7]은 H 레벨이 된다.

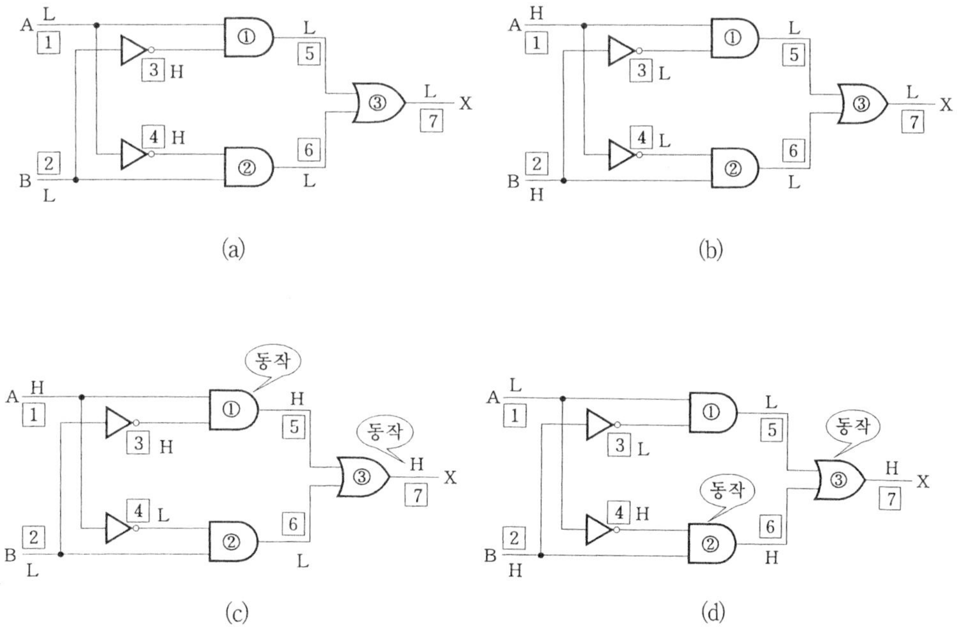

그림 1.75

5) 입력 B만 줄 때, 즉 A-L, B-H이면 출력은 X-H이다. 그림 1.75 (d)에서
① 입력이 B만 있으므로 점 1은 L 레벨, 점 2는 H 레벨이다.
② 점 1 - L, 점 2 - H 레벨이 NOT 회로를 통하여 점 3 - L, 점 4 - H 레벨이 된다.
③ 점 1, 3의 L 레벨로 AND 회로 ①은 동작할 수 없고 점 5는 L 레벨이 된다.
④ 점 2, 4의 H 레벨로 AND 회로 ②는 동작하고 점 6은 H 레벨이 된다.
⑤ 점 6의 H 레벨로 OR 회로는 동작하고 출력점 7은 H 레벨이 된다.

(6) 그림 1.76은 EOR 논리의 릴레이 회로이다.
① 입력 접점 A만 닫으면 1 회로로 전기를 받아 릴레이 Ⓧ가 동작하고
접점 $X_{(1)}$이 닫혀 출력 램프 Ⓛ이 점등한다.
② 입력 접점 B만 닫으면 2 회로로 전기를 받아 릴레이 Ⓧ가 동작하고
접점 $X_{(1)}$이 닫혀 출력 램프 Ⓛ이 점등한다.
③ 입력 A, B를 모두 닫으면 b접점 A, B가 열려 릴레이 Ⓧ가 동작하지 못한다.
④ 입력 A, B를 모두 닫지 않으면 접점 A, B가 열려 릴레이 Ⓧ가 동작하지 못한다.

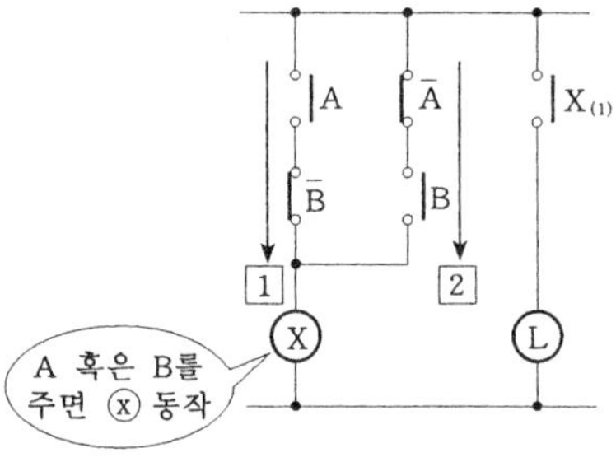

그림 1.76

(7) 그림 1.77은 EOR 회로의 변형이다.
① 입력 접점 A만 닫으면 1 회로로,
입력 접점 B만 닫으면 2 회로로 전기를 받아 릴레이 Ⓧ가 동작하고
접점 $X_{(1)}$이 닫혀 출력 램프 Ⓛ이 점등한다.
② 그림 1.77 (b)는 입력 A만을 줄 때, 즉 A-H, B-L일 때의 레벨 표시이다.
OR 회로 1은 A-H로,
OR 회로 2는 $\overline{B}$-H로 동작하여 AND 회로가 동작한다.

③ 논리식은 두 OR(병렬) 회로의 식 $A+B$, $\overline{A}+\overline{B}$의 AND(직렬)이므로

$$X=(A+B)(\overline{A}+\overline{B})$$ 이며

OR 기능 회로 2는 NAND 회로로 변환되므로

$(\overline{A}+\overline{B})=\overline{AB}$이다. 따라서

$$\begin{aligned} X &= A\overline{B}+\overline{A}B \\ &= A\oplus B \\ &= (A+B)(\overline{A}+\overline{B}) \\ &= (A+B)\overline{AB} \end{aligned}$$ 가 된다.

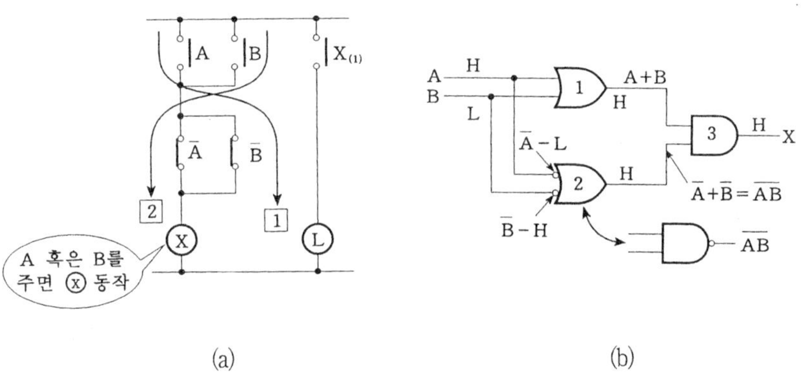

그림 1.77

4.2 배타 논리합 부정 회로(일치 회로)

▸배타 논리합 회로 EOR의 부정(상태 반전) 회로이고
배타 논리합 부정 회로 NEOR이라고 한다.

▸두 입력의 논리 상태가 같을 때에만
출력이 나타나는 H 출력형 일치 회로이고 보통 일치 회로라고 한다.

(1) 그림 1.78의 진리표와 타임 차트에서와 같이 2개의 입력이 A, B일 때

① 두 입력의 상태가 같을 때 출력이 생기는 회로이다. 즉,
두 입력이 모두 A-H, B-H 또는 A-L, B-L일 때 출력 X-H가 된다.

② 두 입력의 상태가 다를 때 출력이 생기지 않는다. 즉,
A, B 중 하나가 H 레벨이고 또 하나가 L 레벨이면 출력은 L 레벨이 된다.

입력		출력	
A	B	NEOR	EOR
L	L	H	L
H	H	H	L
L	H	L	H
H	L	L	H

A, B가 같은 입력 상태

(a)

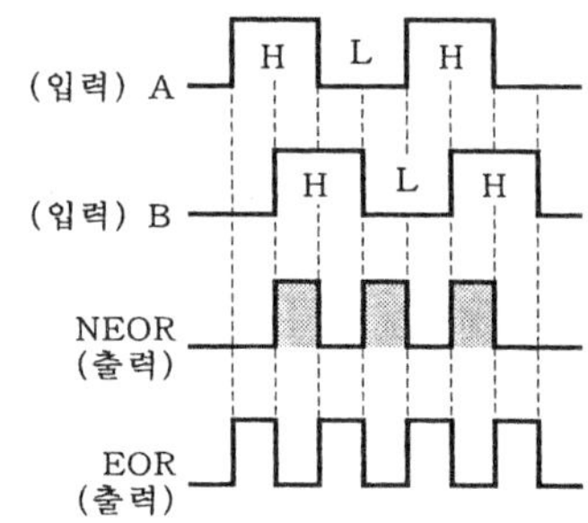

(b)

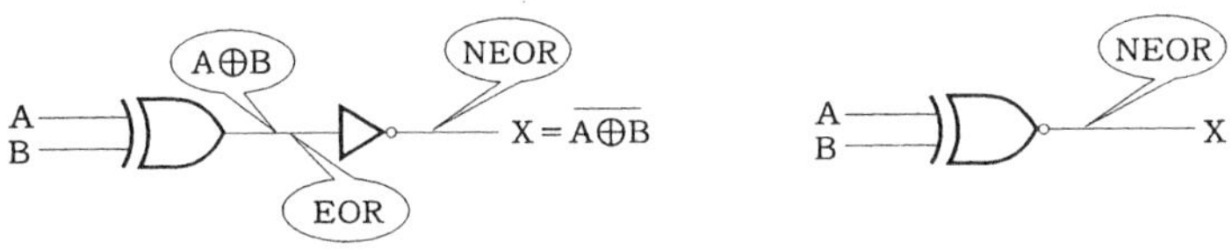

(c)

그림 1.78

③ 입력 A, B가 모두 H 레벨일 때
NOR 회로 출력은 L 레벨이 되지만
NEOR 회로는 배타 동작으로 H 레벨을 출력한다. 즉, 배타 논리합 부정 회로이다.

④ 그림 1.78 (c)는 논리 기호인데 EOR 회로의 출력을 반전시킨 것이다.

⑤ 여러 입력 중 H 입력이 짝수일 때에만 H 출력이 생긴다.
이것을 이용하여 디지털 회로의 짝수 패리티 방법의 에러 검출 코드(error- detecting code)에 이용된다.

⑥ 두 입력이 일치할 때, 즉 A-H, B-H 또는 A-L, B-L일 때
출력이 H 레벨이 되므로 입력의 일치 여부를 판정하는 일치 회로에 이용된다.

(2) 그림 1.79의 A, B의 펄스 입력에서 NEOR 출력 파형을 그려보고
NOR, EOR, OR 등의 출력 구간을 찾아보자.

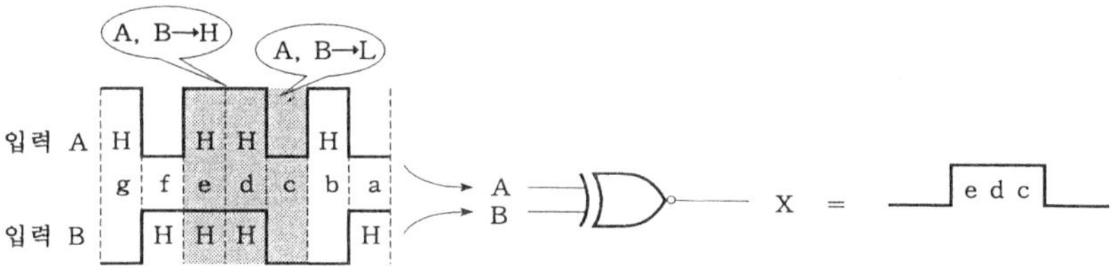

그림 1.79

① A-L, B-L 구간 : c뿐이고 NOR 출력 구간이다.
② A-H, B-H 구간 : d, e 이므로
NEOR 출력 구간(1, 2)은 c, d, e이다.
③ A-L, B-H 구간 : a, f 이고
④ A-H, B-L 구간 : b, g이고
OR 출력 구간(2, 3, 4)은 a, b, d, e, f, g이다.
⑤ EOR 출력 구간 (3, 4)은 a, b, f, g이다.

(3) 그림 1.80은 NEOR의 논리 회로와 논리식이다.

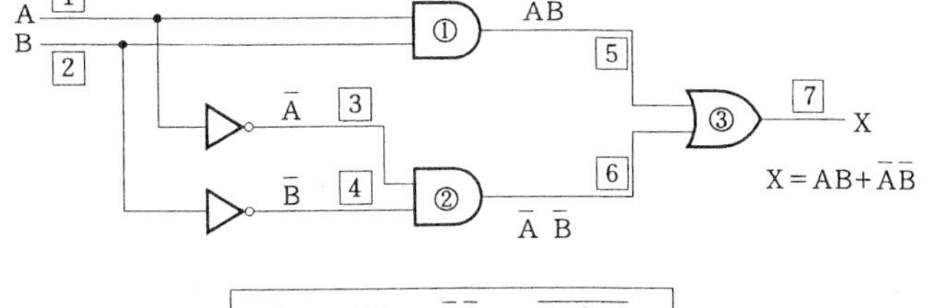

$$X = AB + \overline{A}\,\overline{B} = \overline{A \oplus B}$$

그림 1.80

1) 점 1 - A, 점 2 - B이고 점 3 - $\overline{A}$, 점 4 - $\overline{B}$이므로

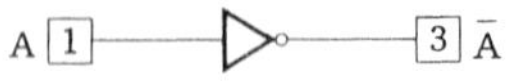

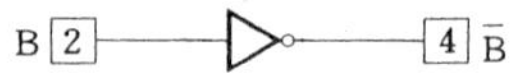

AND 회로 ①의 출력점 5 - AB이고, AND 회로 ②의 출력점 6 - $\overline{A}\,\overline{B}$이므로

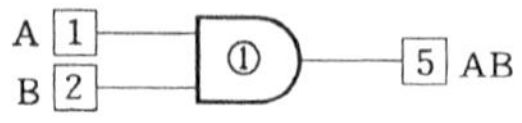

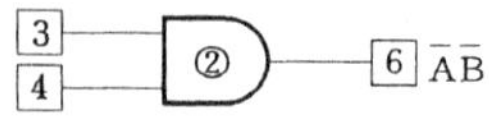

OR 회로 ③의 출력점 7 − AB + $\overline{A}\,\overline{B}$이다. 따라서 논리식은

$$X = AB + \overline{A}\,\overline{B} = \overline{A \oplus B}$$

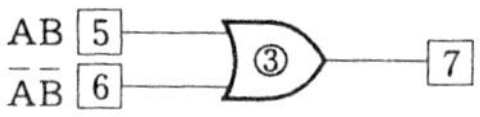

AB + $\overline{A}\,\overline{B}$ = $\overline{A \oplus B}$

2) 입력이 전부 없을 때, 즉 A-L, B-L이면 출력은 X-H이다. 그림 1.81 (a)에서

① 입력이 없으므로 점 1, 2는 L 레벨이다.

② 점 1, 2의 L 레벨이 NOT 회로를 통하여 점 3, 4는 H 레벨이 된다.

③ 점 1, 2의 L 레벨로 AND 회로 ①은 동작할 수 없고 점 5는 L 레벨이다.

④ 점 3, 4의 H 레벨로 AND 회로 ②가 동작하여 점 6은 H 레벨이 된다.

⑤ 점 6의 H 레벨로 OR 회로가 동작하고 출력점 7이 H 레벨이 된다.

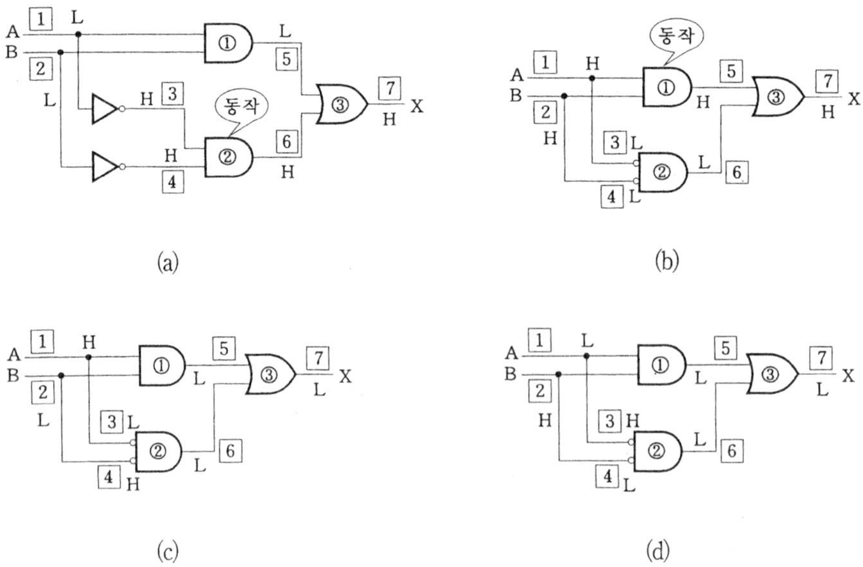

그림 1.81

3) 입력이 전부 있을 때, 즉 A-H, B-H이면 출력은 X-H이다. 그림 1.81 (b)에서
   ① 입력이 전부 있으므로 점 1, 2는 H 레벨이다.
   ② 점 1, 2의 H 레벨이 NOT 회로를 통하여 점 3, 4는 L 레벨이 된다.
   ③ 점 1, 2의 H 레벨로 AND 회로 ①이 동작하여 점 5는 H 레벨이 된다.
   ④ 점 3, 4의 L 레벨로 AND 회로 ②는 동작할 수 없고 점 6은 L 레벨이 된다.
   ⑤ 점 5의 H 레벨로 OR 회로가 동작하고 출력점 7이 H 레벨이 된다.

4) 입력 A만 줄 때, 즉 A-H, B-L이고 출력은 X-L이다. 그림 1.81 (c)에서
   ① 입력이 A만 있으므로 점 1은 H 레벨, 점 2는 L 레벨이다.
   ② 점 1-H, 점 2-L 레벨이 NOT 회로를 통하여 점 3-L, 점 4-H 레벨이 된다.
   ③ 점 2의 L 레벨로 AND 회로 ①이 동작할 수 없고 점 5는 L 레벨이 된다.
   ④ 점 3의 L 레벨로 AND 회로 ②가 동작할 수 없고 점 6은 L 레벨이 된다.
   ⑤ 점 5, 6의 L 레벨로 OR 회로는 동작할 수 없고 출력점 7은 L 레벨이 된다.

5) 입력 B만 줄 때, 즉 A-L, B-H이고 출력은 X-L이다. 그림 1.81 (d)에서
   ① 입력이 B만 있으므로 점 1은 L 레벨, 점 2는 H 레벨이다.
   ② 점 1-L, 점 2-H 레벨이 NOT 회로를 통하여 점 3-H, 점 4-L 레벨이 된다.
   ③ 점 1의 L 레벨로 AND 회로 ①은 동작할 수 없고 점 5는 L 레벨이 된다.
   ④ 점 4의 L 레벨로 AND 회로 ②는 동작할 수 없고 점 6은 L 레벨이 된다.
   ⑤ 점 5, 6의 L 레벨로 OR 회로는 동작할 수 없고 출력점 7은 L레벨이 된다.

(4) 그림 1.82는 NEOR 논리의 릴레이 회로이다.

① 입력 접점 A, B를 닫으면
   1 회로로 전기를 받아 릴레이 Ⓧ가 동작하고 접점 $X_{(1)}$이 닫혀 출력 램프 Ⓛ이 점등한다.

② 입력 A, B를 모두 닫지 않으면
   2 회로로 전기를 받아 릴레이 Ⓧ가 동작하고 접점 $X_{(1)}$이 닫혀 출력 램프 Ⓛ이 점등한다.

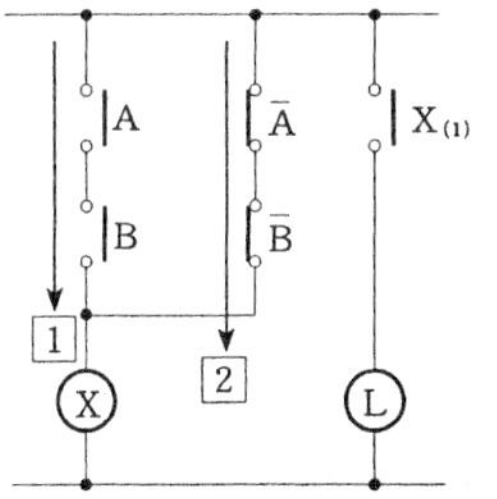

그림 1.82

③ 입력 접점 A만 닫으면
   b접점 $\overline{A}$가 열리고, 또 B가 열려 있으므로 릴레이 Ⓧ가 동작하지 못하여 출력 램프 Ⓛ이 소등 상태이다.

④ 입력 접점 B만 닫으면
   b접점 $\overline{B}$가 열리고 또 접점 A가 열려 있으므로 릴레이 Ⓧ가 동작하지 못하고 출력 램프 Ⓛ이 소등 상태이다.

4.3 선택 회로

▸이 장에서는 금지 회로, 선택 회로, 분배 회로, 전환 회로 등에 대하여 간단히 소개한다.

(1) 금지 회로

▸그림 1.83과 같이 금지 입력 S가 있으면
출력 X가 나타나지 않는 회로를 금지 회로(inhibit circuit)라고 하고
입력 S의 유무에 따라 출력의 유무가 결정된다.

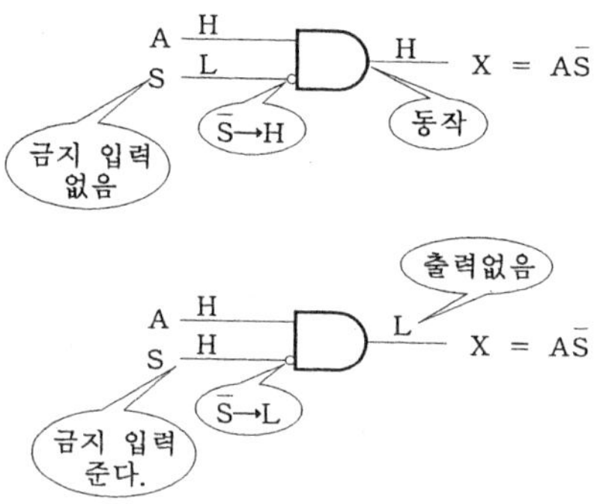

그림 1.83

▸입력 A가 주어진 상태(A-H 레벨일 때)에서
① 금지 입력 S가 없으면, 즉 S가 L 레벨이면,
$\overline{S}$가 H 레벨이므로 출력이 생기고 X는 H 레벨이 된다.
② 금지 입력 S가 있으면, 즉 S가 H 레벨이면,
$\overline{S}$가 L 레벨이므로 출력이 없고 X는 L 레벨이 된다.
③ 즉, 금지 입력 회로이므로 금지 입력이 없어야만 출력이 생기는 회로가 된다.

(2) 선택 회로

▸그림 1.84와 같이 선택 입력 S에 따라
입력 A 또는 B를 출력으로 선택할 수 있는 회로를 선택 회로(multiplexer)라고 한다. 즉,
선택입력 S가 없으면 AND 회로 ①이 동작하여 입력 A를 출력으로 선택하고
선택입력 S가 있으면 AND 회로 ②가 동작하여 입력 B를 출력으로 선택한다.

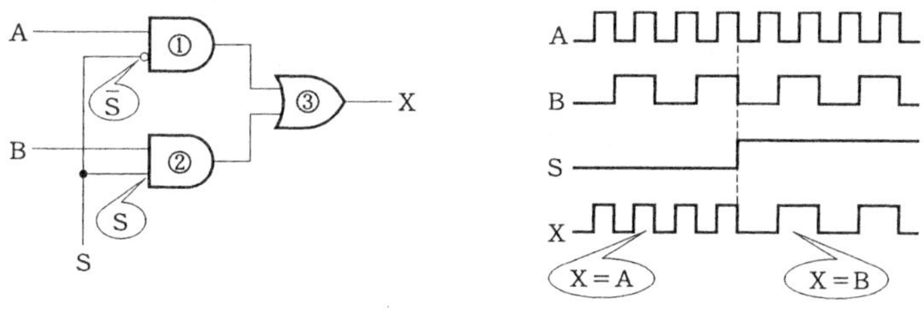

그림 1.84

① 선택 입력 S가 없으면(S-L레벨) 입력 A를 출력으로 선택한다(그림 1.85(a)).

[1] 입력 B를 주어도(B-H 레벨),
S가 L 레벨이므로 AND 회로 ②는 동작하지 않는다.

[2] $\overline{S}$가 H 레벨이므로 A 입력에 따라 AND 회로 ①이 동작 복구한다.

[3] AND 회로 ①의 출력으로 OR 회로가 동작하여
출력 X는 입력 A의 파형을 그대로 나타낸다.

② 선택 입력 S가 있으면(S-H 레벨) 입력 B를 출력으로 선택한다(그림 1.85(b)).

[1] 입력 A를 주어도(A-H 레벨),
$\overline{S}$가 L 레벨이므로 AND 회로 ①은 동작하지 않는다.

[2] S가 H 레벨이므로 B 입력에 따라 AND 회로 ②가 동작 복구한다.

[3] AND 회로 ②의 출력으로 OR 회로가 동작하여
출력 X는 입력 B의 파형을 그대로 나타낸다.

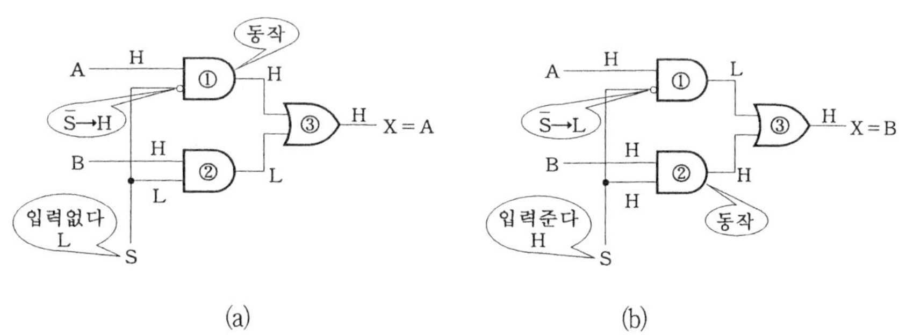

그림 1.85

(3) 분배 회로

▸그림 1.86과 같이 분배 입력 S에 따라 입력 A를 출력 X_1 또는 X_2로 나타내는(분배하는) 회로를 분배 회로(demultiplexer)라고 한다. 즉,
분배 입력 S가 없으면 AND 회로 ①이 동작하여 입력 A를 출력 X_1로 분배하고
분배 입력 S가 있으면 AND 회로 ②가 동작하여 입력 A를 출력 X_2로 분배한다.

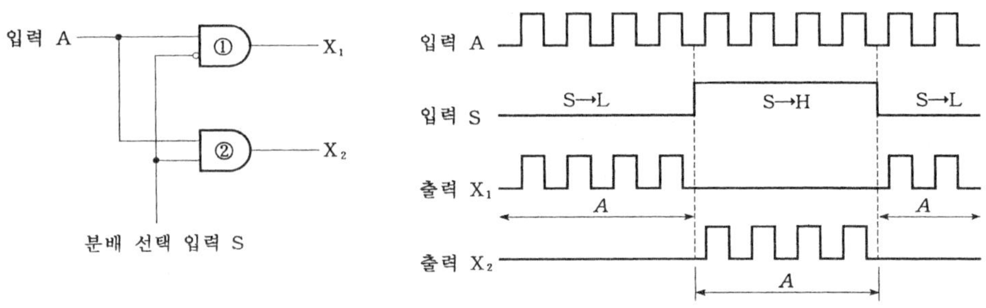

그림 1.86

① 분배 입력 S가 없으면(S-L 레벨) 입력 A를 출력 X_1로 선택한다.

[1] 입력 A를 주어도(A-H 레벨) S가 L 레벨이므로 AND 회로 ②는 동작하지 않는다.

[2] $\overline{S}$가 H 레벨이므로 A 입력에 따라 AND 회로 ①이 동작 복구하여 A 입력을 X_1 출력으로 선택 분배한다.

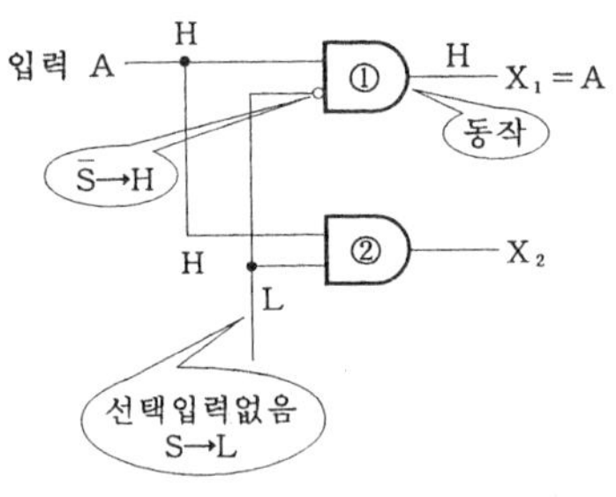

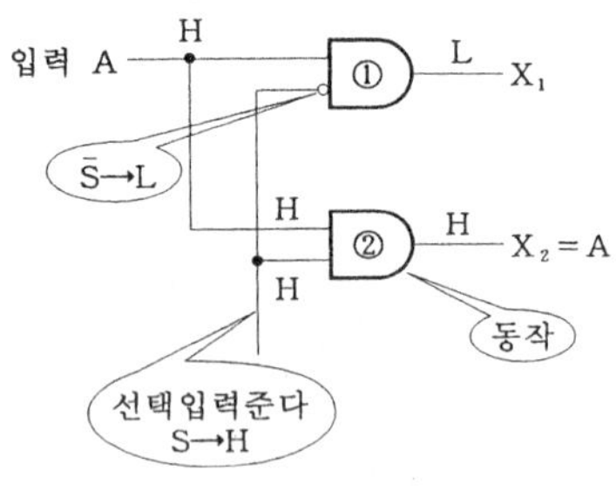

② 분배 입력 S가 있으면(S-H 레벨) 입력 A를 출력 X_2로 선택한다.

[1] 입력 A를 주어도(A-H 레벨) $\overline{S}$가 L 레벨이므로 AND 회로 ①은 동작하지 않는다.

[2] S가 H 레벨이므로 A 입력에 따라 AND 회로 ②가 동작 복구하여 A 입력을 X_2 출력으로 선택 분배한다.

(4) 전환 회로

▸그림 1.87과 같이 한 개의 입력 신호(A)를 두 개의 전환 신호(B, C)에서 두 개의 출력(X_1, X_2) 중 하나를 출력하는 회로이다.

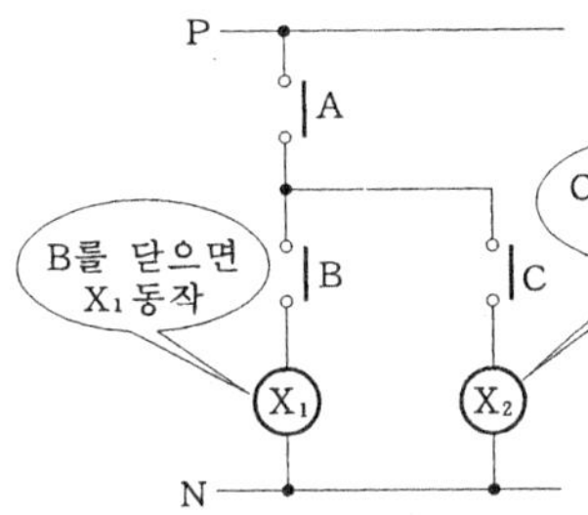

그림 1.87

① 릴레이 회로에서 입력 A를 닫은 후

1 전환 입력 B를 닫으면
릴레이 X_1이 동작하여 출력이 생기므로
입력 A를 출력 X_1로 전환한다.

2 전환 입력 C를 닫으면
릴레이 X_2가 동작하여 출력이 생기므로
입력 A를 출력 X_2로 전환한다.

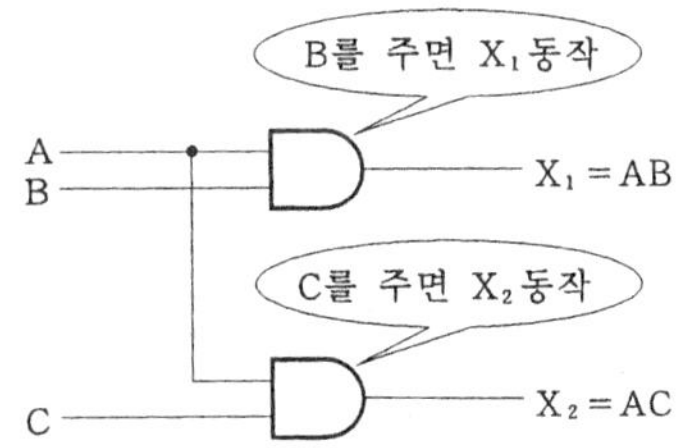

② 논리 회로에서 입력 신호 A를 준 후(A-H 레벨)

1 전환 신호 B를 주면(B-H 레벨)
A가 출력 X_1(H 레벨)로 선택 전환된다. 즉,
입력 신호 A를 출력 X_1로 선택 전환한다($X_1 = AB$).

2 전환 신호 C를 주면(C-H 레벨)
A가 출력 X_2(H 레벨)로 선택 전환된다. 즉,
입력 신호 A를 출력 X_2로 선택 전환한다($X_2 = AC$).

4.4 쌍대 회로

▸복잡한 직·병렬 회로를 간단한 직·병렬 회로로 등가 변환할 때
이들 회로를 서로 쌍대 회로(dual circuit)라고 한다.
전기 회로에서 다음들은 서로 쌍대가 되고 두 번 쌍대를 하면 원래의 것이 된다.

- 전압 ↔ 전류
- 비례 ↔ 반비례
- 직렬 ↔ 병렬
- 입력 ↔ 출력
- 임피던스 ↔ 어드미턴스
- 역률 ↔ 무효율
- 긍정 ↔ 부정 등

(1) 접점 회로에서 그림 1.88(a)와 1.88(b)는 서로 쌍대 회로이다.

〔방법〕 ① 직렬은 병렬로 바꾸고, 또 병렬은 직렬로 바꾼다.
② a접점은 b접점으로 바꾸고, 또 b접점은 a접점으로 바꾼다.

그림 1.88(a) : 접점 A, B, C는 b접점이고 또 직렬 회로이므로
그림 1.88(b) : 접점 A, B, C를 a접점으로 바꾸고 또 병렬 회로로 바꾸면 서로 쌍대 회로가 된다.

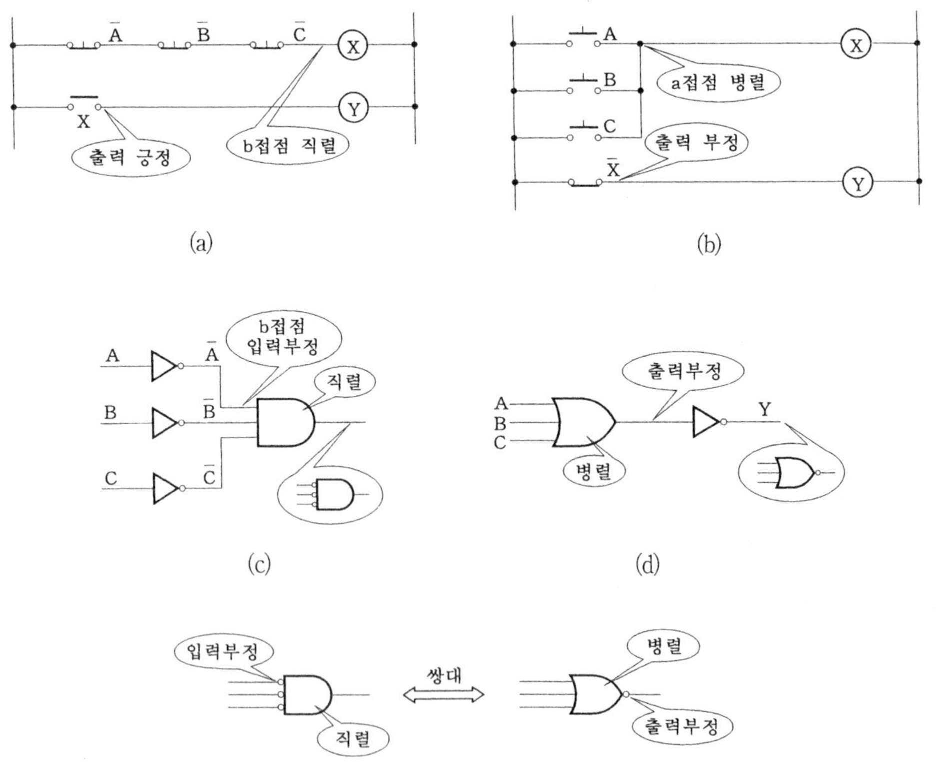

그림 1.88

(2) 위의 그림 1.88 (a), (b)를 논리 회로로 바꾸면 그림 1.88 (c), (d)와 같고 서로 쌍대 회로가 된다.

〔방법〕 ① AND 회로는 OR 회로로 바꾸고, 또 OR 회로는 AND 회로로 바꾼다.

② 입·출력 단자에 각각 NOT 회로가 없으면 NOT 회로를 접속하고, 또 NOT 회로가 있으면 NOT 회로를 제거한다.

그림 1.88 (c) : AND 회로이고 그 입력단에 NOT 회로가 있다.

그림 1.88 (d) : OR 회로로 하고 출력단에 NOT 회로를 접속하고 입력단의 NOT 회로를 제거한다.

▸NAND 회로와 NOR 회로에서

AND 기능 회로와 OR 기능 회로는 서로 쌍대 회로이다.

① NAND 회로 : AND + NOT ↔ NOT + OR

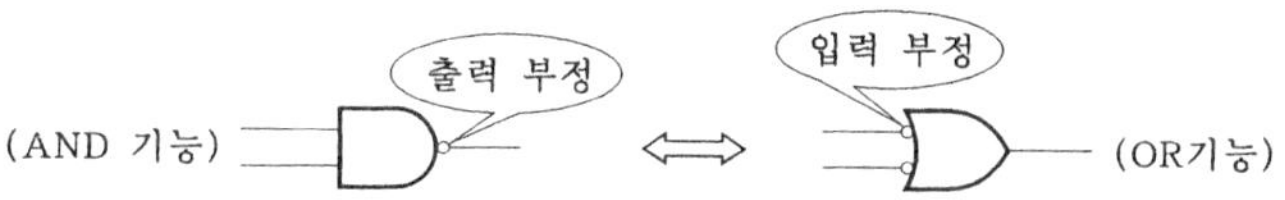

② NOR 회로 : OR + NOT ↔ NOT + AND

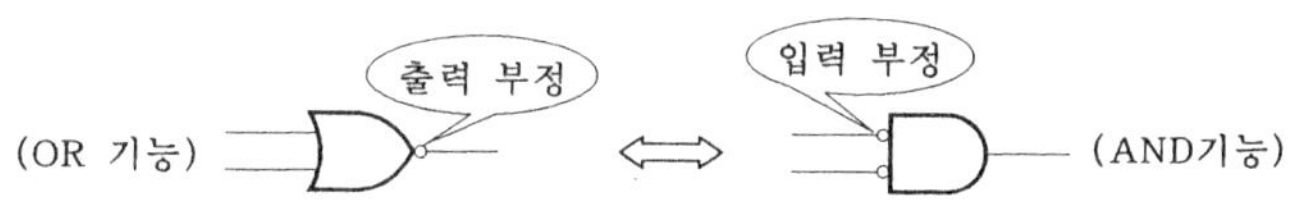

▸드 몰르간(de Morgan) 정리는 쌍대 회로 원리와 같다.

① : NAND 회로 : $\overline{AB} = \overline{A} + \overline{B}$

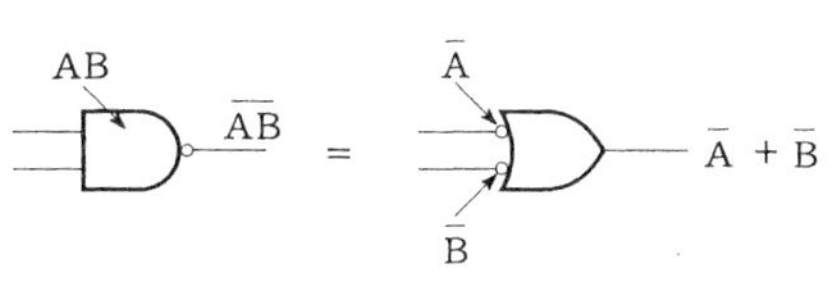

[1] 입력 A, B의 AND 회로 출력은 AB이고,

이의 출력 부정은 AND 기능 NAND 회로 $\overline{AB}$이다.

[2] 입력 A, B의 부정은 $\overline{A}\ \overline{B}$이고,

이의 OR 회로 출력은 $\overline{A} + \overline{B}$이며 OR 기능 NAND 회로이다.

② NOR 회로 : $\overline{A+B} = \overline{A}\ \overline{B}$

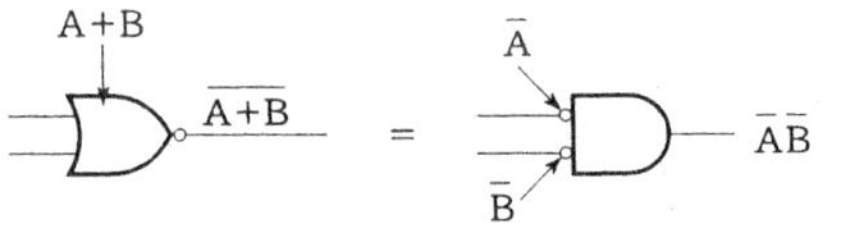

③ 입력 A, B의 OR 회로 출력은 A+B이고

이의 출력 부정은 OR 기능 NOR 회로 $\overline{A+B}$이다.

④ 입력 A, B의 부정은 $\overline{A}$, $\overline{B}$이고

이의 AND 회로 출력은 $\overline{A}\ \overline{B}$이며 AND 기능 NOR 회로이다.

(3) 그림 1.89 (a), (b)는 서로 쌍대 회로이다. 즉,

① 그림 1.89 (a)는 a접점 B, C의 병렬에 b접점 $\overline{A}$의 직렬로 X가 동작하고 a접점 X로 출력한다.

② 그림 1.89 (b)는 b접점 $\overline{B}$, $\overline{C}$의 직렬에 a접점 A의 병렬로 X가 동작하고 b접점 $\overline{X}$로 출력한다.

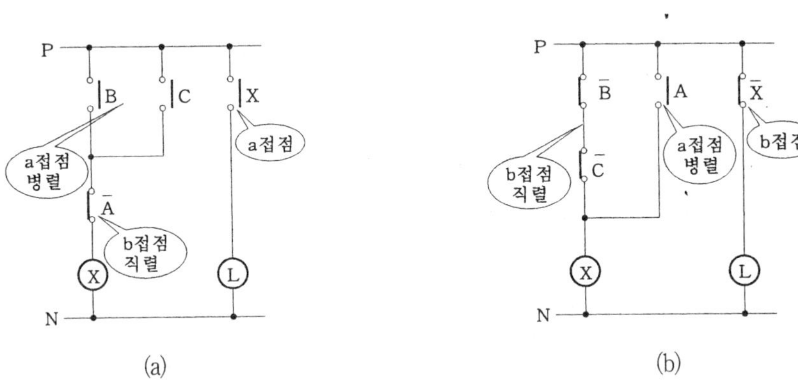

그림 1.89

4.5 논리 연산

▸간단한 식과 불(Boolean) 대수 및 논리 회로에 대하여 알아보자.

(1) 2진수 "0, 1", 접점 "a, b", 레벨 "H, L", 전기선의 "단락, 단선", 스위치의 "ON, OFF" 등에 대하여

① 전기를 가한다 : "1", "a", "H", "ON", "단락" 등은 같은 뜻으로 통한다.

② 전기를 끊는다 : "0", "b", "L", "OFF", "단선" 등은 같은 뜻으로 통한다.

(2) 2진수 "0, 1"의 계산 ——→ "단선과 선"

① 부정(상태반전 NOT)

$\overline{0} = 1$ ⇒ 

$\overline{1} = 0$ ⇒ 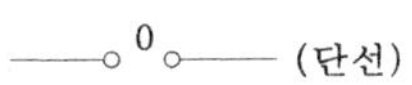

② 직렬(논리곱 AND)

$0 \cdot 0 = 0$ ⇒ 

$0 \cdot 1 = 0$ ⇒ 

$1 \cdot 1 = 1$ ⇒ 

③ 병렬(논리합 OR)

$0+0 = 0$ ⇒ 

$0+1 = 1$ ⇒ 

$1+1 = 1$ ⇒ 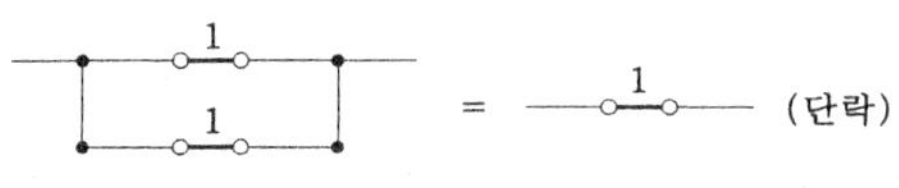

(3) 2진수 "0, 1" 및 논리 변수 A, B일 때 다음이 성립한다.

① 

⇒ $A \cdot 1 = A$(AND) : 

$A \cdot A = A$(AND) : 

$A+0=A$(OR) : 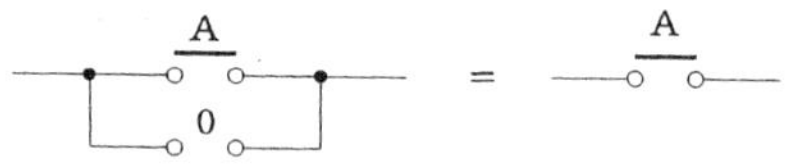

$A+A=A$(OR) : 

②  ⇒ $A \cdot 0 = 0$(AND) : 

$A \cdot \overline{A} = 0$(AND) : 

③ 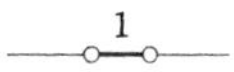 ⇒ $A+1=1$ (OR) : 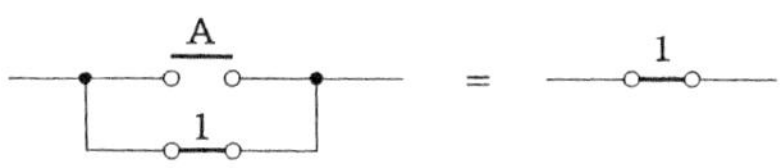

$A+\overline{A}=1$ (OR) : 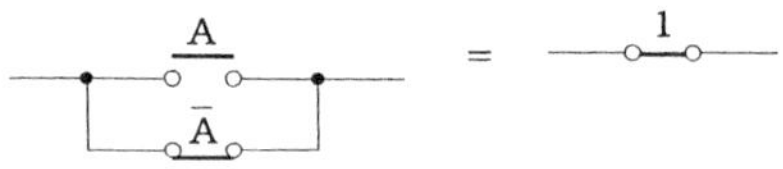

(4) 2중 부정(NOT)은 부정(NOT)이 아니고 긍정, 즉 원래의 것이다.

$\overline{\overline{1}}=1$ $\overline{\overline{0}}=0$ $\overline{\overline{A}}=A$

$\overline{\overline{A \cdot B}}=A \cdot B$, $\overline{\overline{A+B}}=A+B$ $\overline{\overline{A}} \cdot \overline{\overline{B}}=A \cdot B$

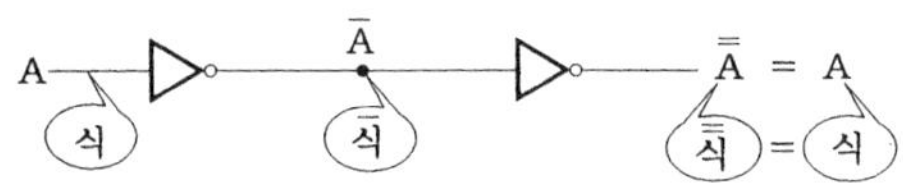

(5) A, B, C가 논리 변수일 때 다음 식이 성립한다.

① 교환 법칙 : $A \cdot B = B \cdot A$ (입력 단자의 순서에 관계없다.)

$A+B=B+A$ (〃)

② 결합 법칙 : $(A \cdot B) \cdot C = A \cdot (B \cdot C)$ (묶음 순서에 관계없다.)

$(A+B)+C = A+(B+C)$ (〃)

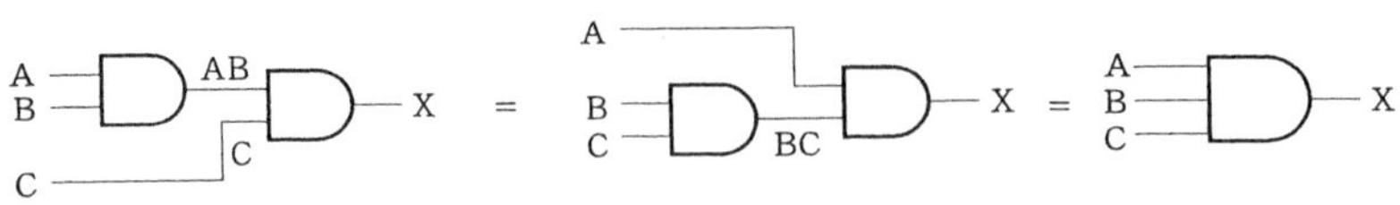

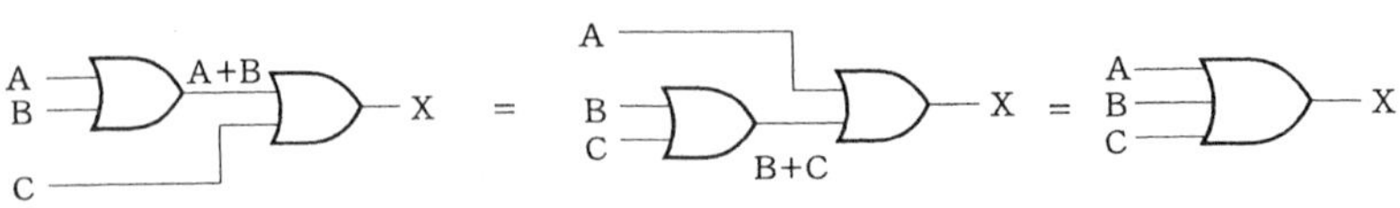

③ 분배 법칙 :

1 괄호 밖의 것(A·)을 괄호 안의 것(B+C)에 각각 분배한다.

$$A \cdot (B + C) = A \cdot B + A \cdot C \longleftarrow A \cdot (B + C)$$

2 괄호 밖의 것(A+)을 괄호 안의 것(B·C)에 각각 분배한다.

$$A + (B \cdot C) = (A + B) \cdot (A + C) \longleftarrow A + (B \cdot C)$$

[1의 예]

$$A \cdot (A+B) = A \rightarrow A \cdot A + A \cdot B = A + A \cdot B$$
$$= A(1+B) = A \cdot 1 = A \leftarrow (\because 1+B=1)$$

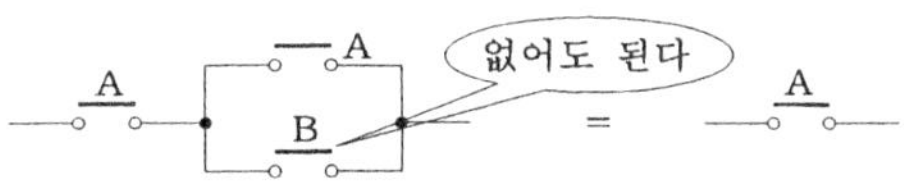

$$A \cdot (\overline{A} + B) = A \cdot B \rightarrow A \cdot \overline{A} + A \cdot B = 0 + A \cdot B = A \cdot B$$
$$\leftarrow (\because A \cdot \overline{A} = 0)$$

[2의 예]

$$A + (A \cdot B) = A \rightarrow (A+A) \cdot (A+B) = A \cdot (A+B) = A \text{ (1의 예)}$$
$$\leftarrow (\because A+A = A)$$

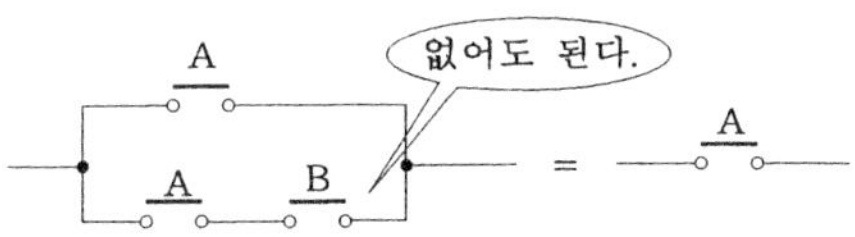

$$A + (\overline{A} \cdot B) = A + B \rightarrow (A + \overline{A}) \cdot (A + B) = 1 \cdot (A + B) = A + B$$
$$\leftarrow (\because A + \overline{A} = 1)$$

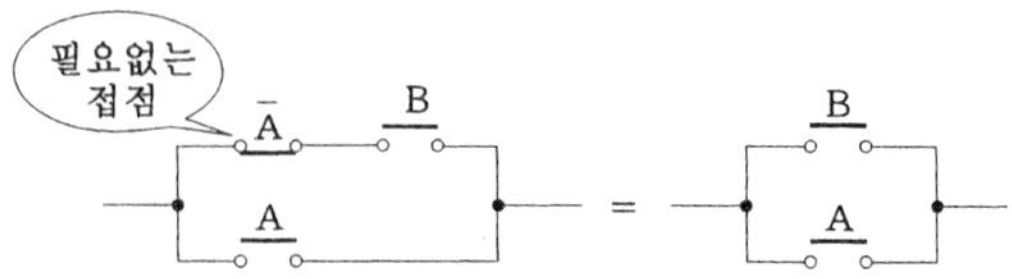

(6) De-Morgan의 정리 : 쌍대 원리를 적용하여 회로를 간단히 한다.

- $\overline{A \cdot B} = \overline{A} + \overline{B}$
  : NAND 회로에서 AND 기능 회로를 OR 기능 회로로 변환

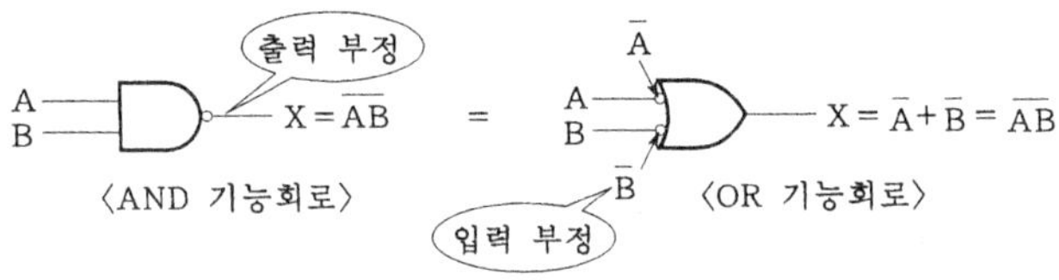

- $\overline{A + B} = \overline{A} \cdot \overline{B}$
  : NOR 회로에서 OR 기능 회로를 AND 기능 회로로 변환

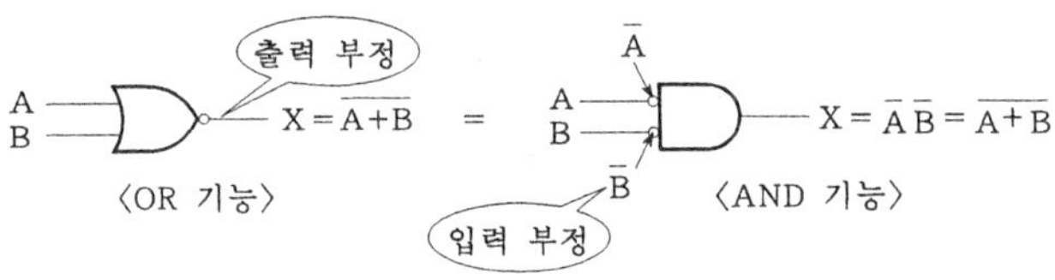

▸적용 방법 : 쌍대 원리 참조

① 회로 : AND 회로는 OR 회로로, 또 OR 회로는 AND 회로로 바꾼다.
   수식 : 논리합(+)은 논리곱(·)으로, 또 논리곱은 논리합으로 바꾼다.

② 회로 : 입력을 개별로 부정(상태 변환-NOT 회로를 각각 접속)한다.
   수식 : 각 변수마다 부정 표시 Bar(−)를 붙인다.

③ 회로 : 출력을 부정(NOT 회로 접속)한다.
   수식 : 식 전체에 Bar(−)를 붙인다.

④ 2중 부정(회로 : 2중 NOT 회로 또는 수식 : 2중 Bar(−))을 제거한다.

【예 1】 $X=\overline{\overline{A}\cdot\overline{B}}$ ⟺ 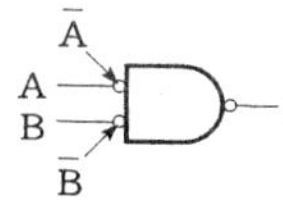 $X = \overline{\overline{A}\cdot\overline{B}} = A + B$ ← 답

① $\overline{\overline{A}+\overline{B}}$

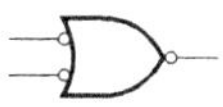

② $\overline{\overline{\overline{A}}+\overline{\overline{B}}}$

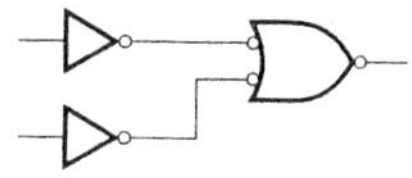

③ $\overline{\overline{\overline{\overline{A}}+\overline{\overline{B}}}}$

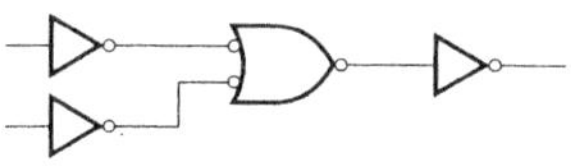

④ A+B(답)

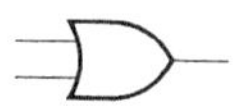

【예 2】 $X=\overline{\overline{A}+\overline{B}}$ ⟺ 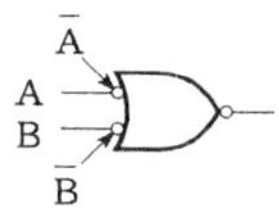 $X = \overline{\overline{A}+\overline{B}} = AB$ ← 답

① $\overline{\overline{A}\cdot\overline{B}}$

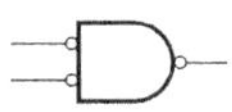

② $\overline{\overline{\overline{A}}\cdot\overline{\overline{B}}}$

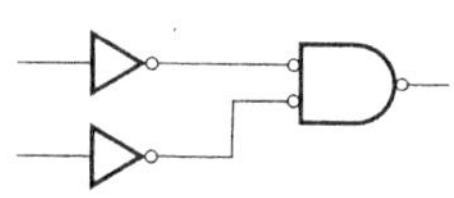

③ $\overline{\overline{\overline{\overline{A}}\cdot\overline{\overline{B}}}}$

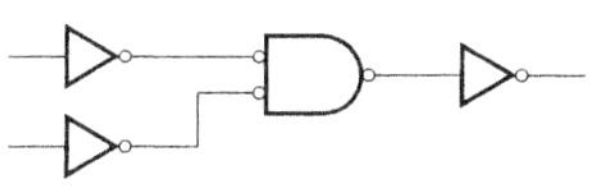

④ A · B(답)

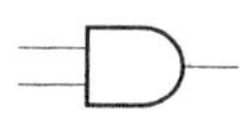

(7) 카르노 도표(Karnaugh map)

▸논리식을 간단히 하는 데 사용하는 방법 중의 하나이다.

▸적용 방법 : 논리식이 주어지면(진리표가 주어지면 표는 논리식으로 바꾼다.)

① 논리식에서 논리곱의 식을 도표에 기입한다.
또는 논리곱식 대신에 논리 1을 기입하기도 한다.
도표에 논리식 중 논리곱을 써넣는 것을 카르노 도표라고 한다.

② 도표에서 서로 이웃된 식 또는 논리 1을
2, 4, 8개 등으로 가능한 한 크게 묶어 묶음원(subcube)을 그린다.
이때 중복이 적을수록 식이 간단해진다.

③ 묶음원 중에서 변하지 않는 변수만을 골라 더하면(논리합) 된다. 즉, 묶음원 내에 논리 변수와 그 부정(예, A와 $\overline{A}$)이 동시에 존재할 때 그 논리 변수를 삭제하면 나머지가 변하지 않는 변수가 된다.

④ 묶음원에 포함되지 않는 논리곱식은 그대로 ③에 더한다.

⑤ 아래의 (예)와 그림은 2변수 및 3변수의 도표 예이다.

예제 1-3

2변수 도표 : OR 회로의 진리표에서 논리식을 쓰고 간단히 하여보자.

A	B	X	논리곱식
0	0	0	−
0	1	1	$\overline{A}B$
1	0	1	$A\overline{B}$
1	1	1	AB

〔논리식〕

$$X = \overline{A}B + A\overline{B} + AB$$
$$= \overline{A}B + A(\overline{B} + B) \leftarrow (\because \overline{B} + B = 1)$$
$$= (\overline{A} + A)(A + B) \leftarrow (\because \overline{A} + A = 1)$$
$$= A + B$$

① 진리표와 논리식에서 도표를 작성한다.

A \ B	$\overline{B}$	B
$\overline{A}$		$\overline{A}B$
A	$A\overline{B}$	AB

또는

A \ B	$\overline{B}$	B
$\overline{A}$		1 ($\overline{A}B$)
A	1 ($A\overline{B}$)	1 (AB)

② 묶음원으로 묶는다.

여기서는 가로 묶음원 $A\overline{B}$와 AB의 1개가 있고,

세로 묶음원 $\overline{A}B$와 AB의 1개가 있다.

A \ B	$\overline{B}$	B
$\overline{A}$		$\overline{A}B$
A	$A\overline{B}$	AB

변수 $\overline{A} \cdot A$ 불변수 B

변수 $B \cdot \overline{B}$ 불변수 A

또는

A \ B	$\overline{B}$	B
$\overline{A}$		1
A	1	1

불변수 B

불변수 A

③ 변하지 않는 변수를 골라 더한다. 즉,

변하는 변수를 제외하고 나머지를 더한다.

가로 묶음원 $A\overline{B}$와 AB에서 $\overline{B}$, B는 변하는 변수이므로 없애고 A만 남는다.

세로 묶음원 $\overline{A}B$와 AB에서 $\overline{A}$, A는 변하는 변수이므로 없애고 B만 남는다.

따라서 A와 B를 더하면 구하는 식은 A+B가 된다. 즉,

$$X = \overline{A}B + A\overline{B} + AB = A + B$$

예제 1-4

3변수 도표 : $X = \overline{A}BC + \overline{A}B\overline{C} + A\overline{B}C + AB\overline{C}$를 간단히 하여보자.

① 논리식에서 도표를 작성한다.

A \ BC	$\overline{B}\,\overline{C}$	$\overline{B}C$	BC	$B\overline{C}$
$\overline{A}$			$\overline{A}BC$	$\overline{A}B\overline{C}$
A		$A\overline{B}C$		$AB\overline{C}$

또는

A \ BC	$\overline{B}\,\overline{C}$	$\overline{B}C$	BC	$B\overline{C}$
$\overline{A}$			1	1
A		1		1

($\overline{A}BC$, $\overline{A}B\overline{C}$, $AB\overline{C}$, $A\overline{B}C$)

② 묶음원으로 묶는다.

여기서, 가로 묶음원 $\overline{A}BC$와 $\overline{A}B\overline{C}$의 1개가 있고,

세로 묶음원 $\overline{A}B\overline{C}$와 $AB\overline{C}$의 1개가 있고 $A\overline{B}C$는 독립이다.

A \ BC	$\overline{B}\,\overline{C}$	$\overline{B}C$	BC	$B\overline{C}$
$\overline{A}$			$\overline{A}BC$	$\overline{A}B\overline{C}$
A		$A\overline{B}C$		$AB\overline{C}$

($\overline{A}B$, $B\overline{C}$, 독립)

또는

$A \backslash BC$	$\overline{B}\,\overline{C}$	$\overline{B}C$	BC	$B\overline{C}$
$\overline{A}$			1	1
A		1		1

(가로 묶음: 불변수 $\overline{A}B$, 세로 묶음: 불변수 $B\overline{C}$, $A\overline{B}C$: 독립)

③ 변하지 않는 변수를 골라 더한다. 즉, 변하는 변수를 없애고 나머지를 더한다.

가로 묶음원 $\overline{A}BC$와 $\overline{A}B\overline{C}$에서

C, $\overline{C}$는 변하는 변수이므로 없애고 $\overline{A}B$가 남는다.

세로 묶음원 $\overline{A}B\overline{C}$와 $AB\overline{C}$에서

$\overline{A}$, A는 변하는 변수이므로 없애고 $B\overline{C}$만 남는다. 따라서

$\overline{A}B$와 $B\overline{C}$를 더하고 여기에 어떤 묶음원에도 속하지 않는 식 $A\overline{B}C$를 더하면 구하는 식은 다음과 같다.

$$X = \overline{A}B + B\overline{C} + A\overline{B}C$$

$$
\begin{aligned}
※\ X &= \overline{A}B(C + \overline{C}) + A\overline{B}C + AB\overline{C} \\
&= B(\overline{A} + A\overline{C}) + A\overline{B}C \\
&= B(A + \overline{A})(\overline{A} + \overline{C}) + A\overline{B}C \\
&= B(\overline{A} + \overline{C}) + A\overline{B}C \\
&= \overline{A}B + B\overline{C} + A\overline{B}C
\end{aligned}
$$

5. PLC 회로

▸PLC(Programmable Logic Controller)는
제어회로부(시퀀스)를 컴퓨터의 CPU로 대체시키고
시퀀스를 프로그램화(soft ware)하여 기억시킨 자동화 설비이다.

▸종래에 사용하던 제어반 내의 릴레이, 타이머, 카운터 등의 기능을
논리 연산용 IC, 트랜지스터 등의 반도체 소자로 대체시킨 것이 로직 시퀀스인데

▸이 로직 시퀀스에 수치 연산 기능을 추가하여 프로그램 제어가 되도록 한 것이 PLC 시퀀스이며 자동화 기기의 핵심 기기로 발전하고 있다.

▸PLC 시퀀스 설비는 설비의 자동화와 고능률화의 요구에 따라 소규모 공작 기계에서 대규모 공장 자동화 시스템 설비에 이르기까지 널리 적용되고 있다.

▸PLC는 시퀀스와 프로그램을 작성하여 프로그램 장치로 시퀀스를 실행한다.

▸PLC는 컴퓨터를 사용하여 시퀀스 또는 프로그램을 작성하고 실행한다.

▸종래에는 PC(Programmable Controller)라고 하였으나 개인용 컴퓨터(Personal Computer)의 PC와 구분하여 근래에 PLC로 약칭하고 있다.

5.1 구성

▸PLC 본체는 그림과 같이 입력 회로, CPU, 출력 회로로 구성되고
전원 장치가 내장되어 있으며
여기에 입력 기기, 출력 기기, 주변 기기가 접속된다.

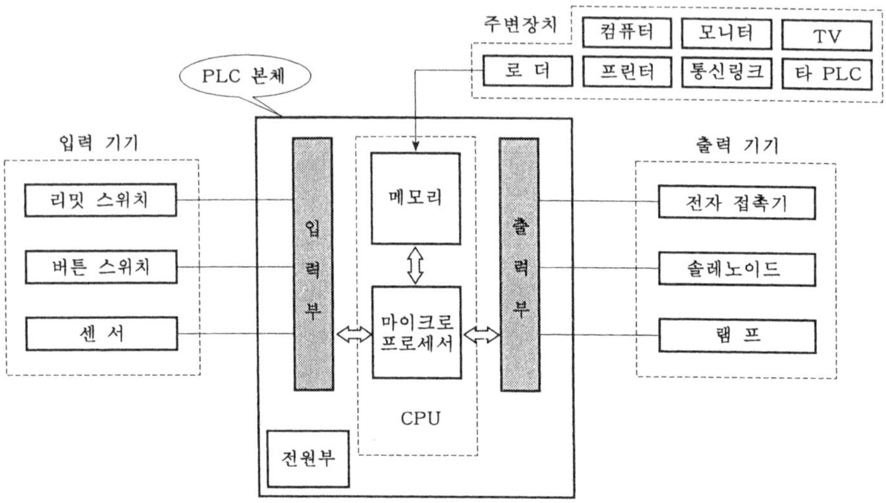

그림 1.90

▸그림은 K200형 PLC 외형의 일례이다.
전원부, CPU부, 입력부, 출력부의 순으로 설치하고 유닛(unit)화하여
슬롯(slot)에 입·출력 카드를 넣고 뺄 수 있도록 한 구조를 많이 이용한다.
보통 입력부를 입력 회로, 입력 카드(input card), 입력 모듈(module), 입력 인터페이스(interface) 등으로 부르고, 또

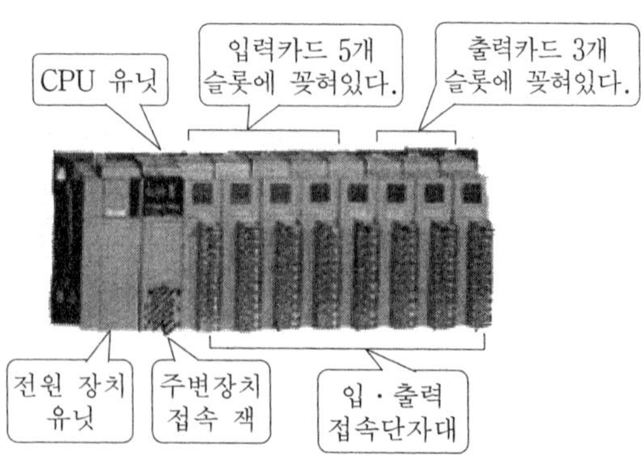

그림 1.91

출력부를 출력 회로, 출력 카드(output card), 출력 모듈, 출력 인터페이스 등으로 부르며 합하여 I/O card라고도 한다.

(1) CPU

▸CPU는 연산부(microprocessor)와 메모리부(memory)로 구성되어 인간의 두뇌 역할을 한다.

1) 연산부 : PLC의 두뇌에 해당하는 부분으로서
데이터 메모리에 저장되어 있는 자료를 사용하여
프로그램 메모리의 지시에 따라 그 내용인 시퀀스를 실행(연산−작성)한다.
모든 정보는 2진수 및 로직 회로로 처리되어 출력 5〔V〕를 인출한다.

2) 메모리부 : 데이터 메모리, 프로그램 메모리, 시스템 메모리로 구분된다.

① **데이터 메모리(data memory)** : 시퀀스를 구성하는 각종 입·출력 기구, 릴레이, 타이머, 카운터 등의 기구를 a접점으로 기억시키고
시퀀스 구성의 연산용 자료로 사용한다.
정보가 수시로 변하므로 휘발성 IC-RAM 영역이 사용된다.

② **프로그램 메모리(program memory)** : 사용자가 작성한 프로그램이 저장되는 RAM 영역이고 프로그램이 완성되면 불휘발성 IC-ROM으로 바꾼다.
시퀀스의 순서 명령 등의 회로 내용을 기억시켜 연산부에 실행을 지령한다.

③ **시스템(system) 메모리** : PLC 제작 회사에서 작성한 시스템 프로그램이 저장되는 ROM 영역으로 이 프로그램은 PLC의 기능과 성능을 결정한다.

(2) 입·출력 카드

1) 사용 전원

① 입력 기기 : 입력 기기로는 버튼 스위치, 센서 등이 사용되며
사용 전원으로는 직류 12/24〔V〕, 교류 110/220〔V〕가 주이다.

② 출력 기기 : 출력 기기로는 전자 접촉기, 밸브, 솔레노이드, 램프 등이 사용되며
사용 전원으로는 직류 12/24〔V〕, 교류 110/220〔V〕가 주이다.

③ PLC 장치 : PLC 자체의 사용 전원은 직류 12/24〔V〕, 교류 110/220〔V〕이지만
PLC의 입·출력 신호 전압은 직류 5〔V〕가 대부분이다.

2) 입 · 출력 카드의 사용 목적과 기능

① **전압 레벨 변환 회로** : 높은 전압(12/220〔V〕)의 입 · 출력 기기와 낮은 전압(5〔V〕)의 PLC 회로를 결합(전기적으로 연결)시키는 전압 레벨 변환 회로의 기능을 갖는다.

② **절연 결합 회로** : 외부 기기와 PLC 회로 사이의 잡음(noise) 전달을 차단하는 절연 결합 회로(포토 커플러, 릴레이 결합 회로 등)의 기능을 갖는다.

③ **접속 단자대** : 외부 기기와 PLC 회로 사이의 접속이 쉽도록 접속 단자대를 설치한다.

④ **감시 기구** : 입 · 출력의 각 접점 상태를 쉽게 감시할 수 있는 감시용 LED를 접속한다.

(3) 입력 카드

① 외부 입력 기기로부터의 입력 신호를 CPU의 제어 연산부로 전달해 주는 역할을 한다. 즉,
그림 1.92와 같이 입력 기기의 입력은 직류 12/24〔V〕 또는 교류 110/220〔V〕이고 이것을 CPU의 입력 신호인 직류 5〔V〕로 바꾸어 전달한다.

② 입력 회로에는 주로 포토커플러 절연 결합 회로가 사용되며 릴레이 결합 회로도 있다.

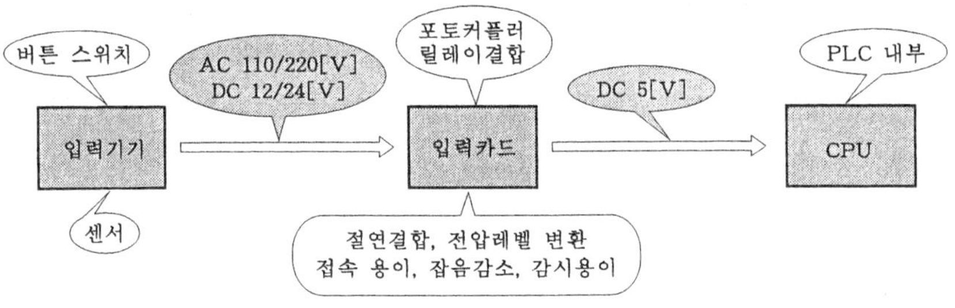

그림 1.92

③ 그림 1.93 (a)에서 포토커플러 절연 결합 회로의 동작을 보면

1 외부 입력 접점을 닫으면 교류를 정류하여 직류 5〔V〕를 만든다.
2 이 직류 5〔V〕가 발광 다이오드에 가해지면 다이오드는 빛을 발생시킨다.
3 이 빛이 포토 트랜지스터의 베이스 창에 쪼이면 트랜지스터가 동작한다.
4 Tr이 동작하면 이미터 E를 통하여 5〔V〕의 출력 전압이 CPU로 출력된다.

④ 그림 1.93(b)는 직류 입력 신호의 경우이고 동작은 위와 같다.

⑤ 그림 1.93(c)는 직류 입력 신호를 주는 입력 카드의 일례이다.

  1 외부 전원은 DC 24[V]이다. 입력은 DC 12/24[V], AC 110/220[V] 등이 있고 전원에 따라 정류 및 정전압 회로 등의 4의 회로가 달라진다.

  2 입력 기기로 버튼 스위치(BS)를 사용한 경우이다.

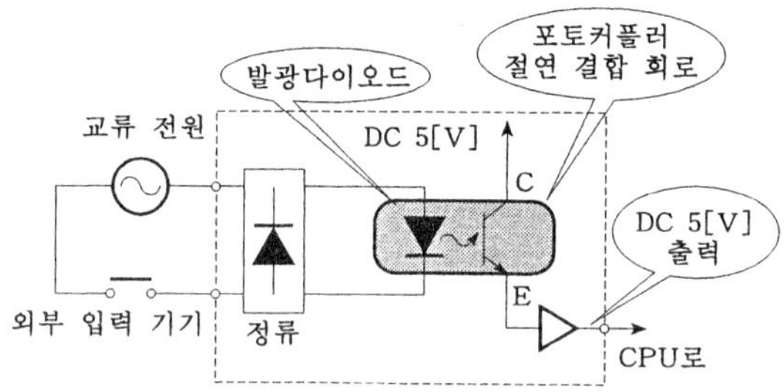

(a)

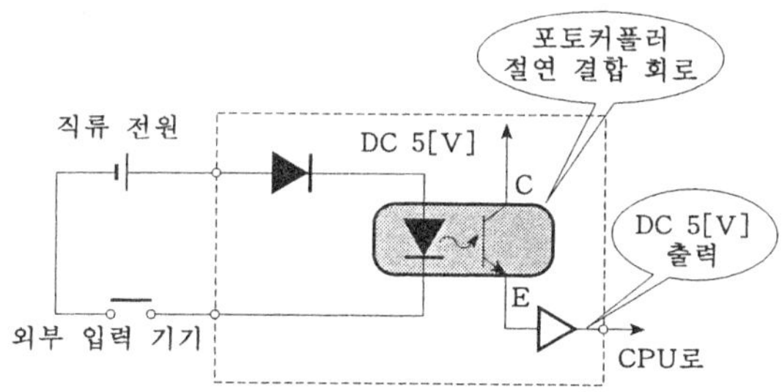

(b)

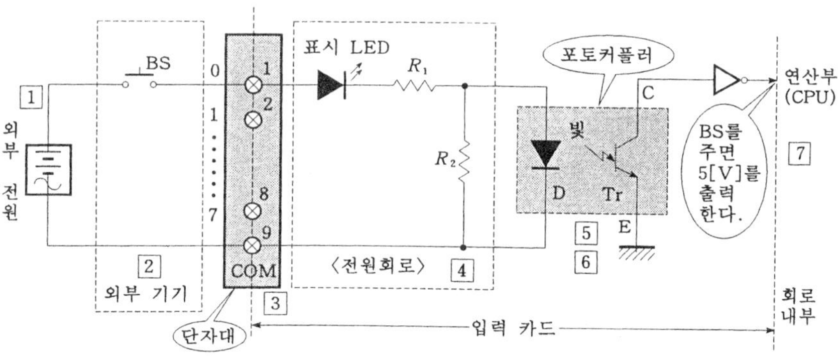

(c)

그림 1.93

3 입력 카드 표면에 있는 접속 단자대인 데
8 bit형으로 입력 기기 8개의 접속이 가능하다.
그림 1.94와 같이 0번 입력 기기는 단자 1번에,
1번 입력 기기는 단자 2번,
2번 입력 기기는 단자 3번, ……
등으로 곧바로 접속하면 된다. 9번 단자는 공통 전원 단자이다.
4 외부 전원의 종류에 따라 회로가 달라지며 감시용 LED가 접속된다.
5 포토 커플러 절연 결합 회로(photo-coupler insulator coupling circuit)이다.
입력 BS를 누르면 발광 다이오드 D에 전류가 흘러 빛이 생긴다(발광).
포토 트랜지스터 Tr의 베이스 창에 빛이 비치면 트랜지스터가 동작한다.
Tr이 동작하면 컬렉터 C에 5〔V〕의 출력 전압이 CPU로 출력된다.
6 포토 커플러의 다이오드와 트랜지스터는 빛으로 결합되고
전기적으로는 끊어진 상태(절연 상태)가 되어
입력 기기쪽의 잡음이 CPU로 전달되지 않는다.
7 PLC 내부 회로로서 5〔V〕 입력으로 제어 연산되고 5〔V〕 출력을 낸다.

⑥ 그림 1.94는 입력 카드의 외부 배선도이다.
1 8 bit형 입력 카드와 외부 입력 기기와의 접속 단자의 보기이다.
2 0번 입력 기기는 단자 1번에,
1번 입력 기기는 단자 2번 등으로 곧바로 접속하면 된다.
3 입력 기기 8점의 접속이 가능하고 9번이 공통 전원 단자(COM)이며
4 단자 번호(1번부터 시작)와 기기 번호(0번부터 시작)의 다름에 유의한다.

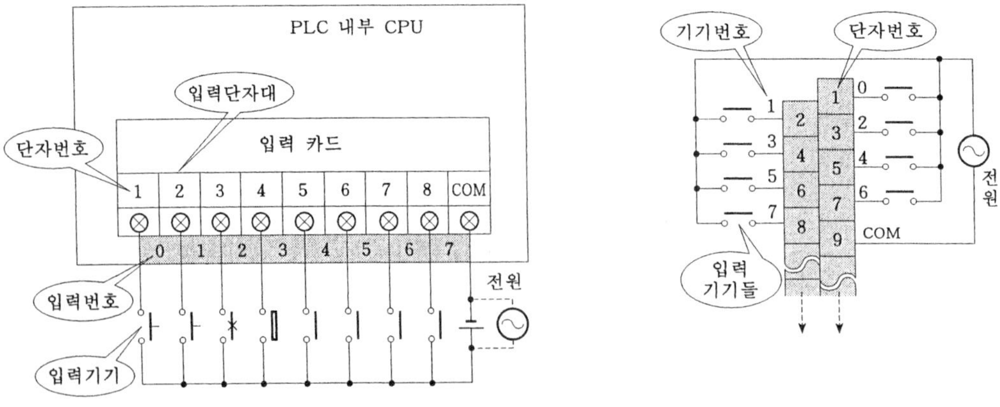

그림 1.94

5 즉, 8 bit형은 입력 기기 번호 0~7번이 단자 번호 1~8번에 대응하고,

6 16 bit형은 입력 기기 번호 0~F번이 단자 번호 1~17번에 대응하며

7 1열 또는 짝수 및 홀수의 2열로 되어 있고 9번과 18번은 공통 전원 단자이다.

(4) 출력 카드

① PLC의 내부 연산 결과, 즉 CPU의 출력을 외부 출력 기기인 전자 접촉기(MC)나 램프 등에 전달해 주는 역할을 한다. 즉, 그림 1.95와 같이 CPU의 출력 신호는 직류 5〔V〕이고, 이것을 외부 출력 기기의 직류 12/24〔V〕 또는 교류 110/220〔V〕용으로 바꾸어 전달한다.

② 출력 회로에는 릴레이 결합 절연 회로, SSR(solid state relay) 출력 회로, 트랜지스터 출력 회로 등이 있고 릴레이 결합 회로가 주로 사용되고 있다.

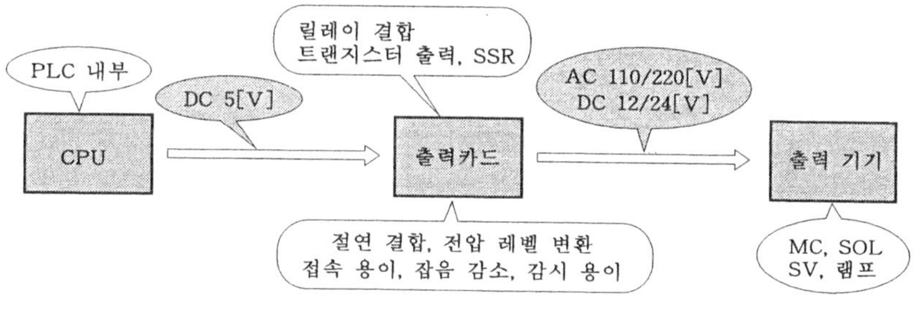

그림 1.95

③ 그림 1.96은 릴레이 절연 결합 출력 카드의 예이다.
그림 1.96 (a)는 릴레이 절연 결합 회로의 일부이고,
그림 1.96 (b)는 포토 커플러와 릴레이 결합의 2중 절연 결합 회로이다.
그림 1.96 (b)에서

1 PLC 내부 회로에서 5〔V〕 출력을 출력 회로의 포토 커플러의 발광 다이오드에 가하면 다이오드는 빛을 발생시킨다.

2 이 빛이 포토 트랜지스터의 베이스 창에 쪼이면 트랜지스터가 동작한다.

3 Tr이 동작하면 컬렉터 전류는 릴레이 Ⓧ를 동작시킨다.

4 릴레이 접점이 닫히면 부하에 전기가 공급되어 부하가 동작한다.

5 이 회로는 포토 커플러와 릴레이 결합의 2중 절연 결합 회로이다. 즉, CPU와 출력 회로는 다이오드와 트랜지스터로 절연(선이 끊어짐)되어 있고, 또 출력 회로와 부하 기기는 릴레이 코일 Ⓧ와 그 접점으로 절연되어 있어서

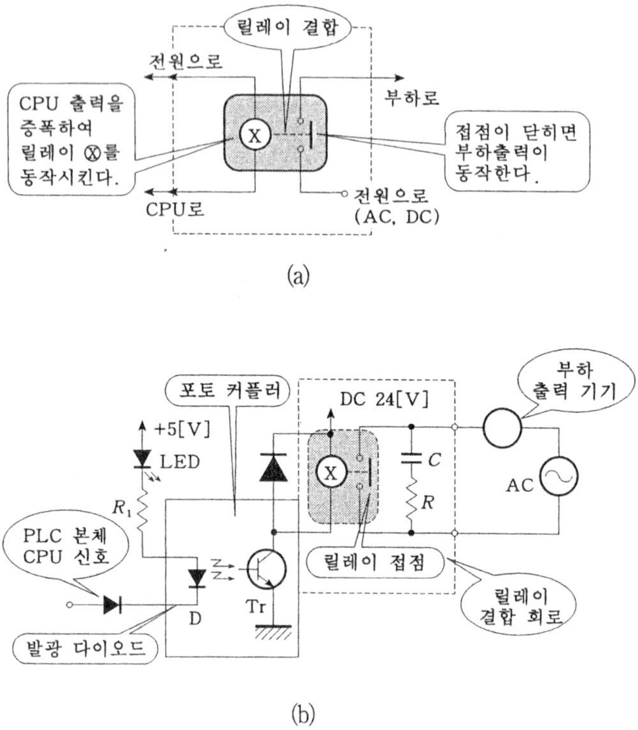

그림 1.96

입·출력간의 잡음 간섭이 적고 회로가 간단하여 많이 쓰인다.

④ 그림 1.97은 트랜지스터 출력 회로와 SSR 출력 회로의 예이다.

그림 1.97 (a)의 트랜지스터 출력 회로는 직류 부하용 회로이다.

1 PLC 내부 회로에서 5〔V〕 출력을 출력 회로의 포토 커플러의 발광 다이오드에 가하면 다이오드는 빛을 발생시킨다.

2 이 빛이 포토 트랜지스터의 베이스 창에 쪼이면 트랜지스터가 동작한다.

3 Tr_1이 동작하면 컬렉터 전류는 트랜지스터 Tr_2를 동작시킨다.

4 Tr_2가 동작하면(단락 상태) 부하에 전기가 공급되어 부하가 동작한다.

그림 1.97 (b)의 SSR 출력 회로는 교류 전용 회로이다.

1 PLC 내부 회로에서 5〔V〕 출력을 출력 회로의 포토 커플러의 발광 다이오드에 가하면 다이오드는 빛을 발생시킨다.

2 이 빛이 포토 트랜지스터의 베이스 창에 쪼이면 트랜지스터가 동작한다.

3 Tr이 동작하면 컬렉터 전류는 트라이액 T의 G에 트리거(동작)시킨다.

4 게이트 G에 직류가 가해지면(트리거) 트라이액 T가 동작하여 회로가 단락 상태가 되므로 부하에 전기가 공급되고 부하가 동작한다.

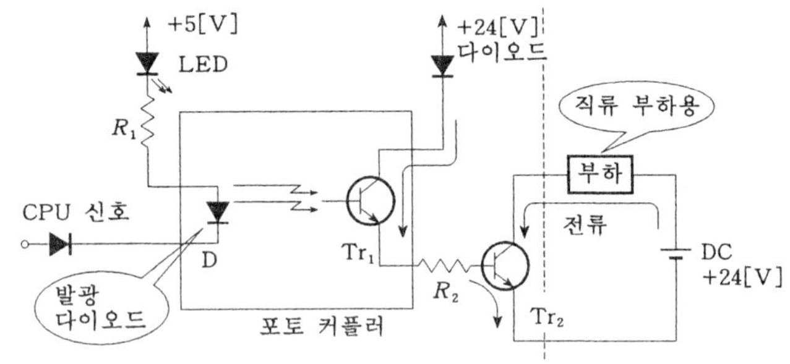

(a)

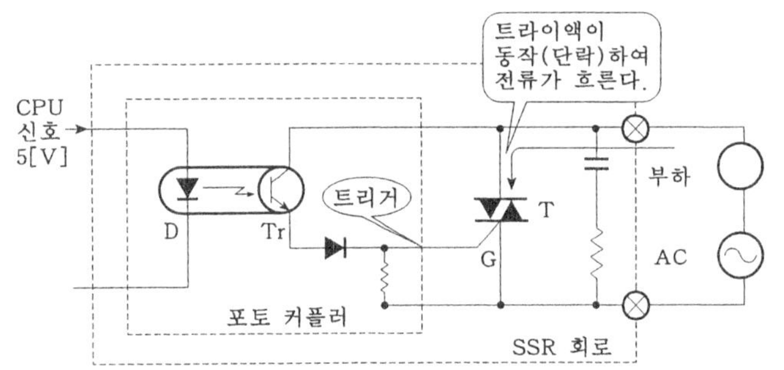

(b)

그림 1.97

⑤ 그림 1.98은 출력 카드의 외부 배선도이다.

1 8 bit형 출력 카드와 외부 출력 기기와의 접속 단자의 보기이다.

2 0번 출력 기기는 단자 1번에,
1번 출력 기기는 단자 2번 등으로 곧바로 접속하면 된다.

3 출력 기기 8점의 접속이 가능하고 9번이 공통 전원 단자(COM)이며

4 단자 번호(1번부터 시작)와 기기 번호(0번부터 시작)의 다름에 유의한다.

5 즉, 8 bit형은 출력 기기 번호 0~7번이 단자 번호 1~8번에 대응하고

6 16 bit형은 출력 기기 번호 0~F번이 단자 번호 1~17번에 대응하며

7 1열 또는 짝수 및 홀수의 2열로 되어 있고 9번과 18번은 공통 전원단자이다.

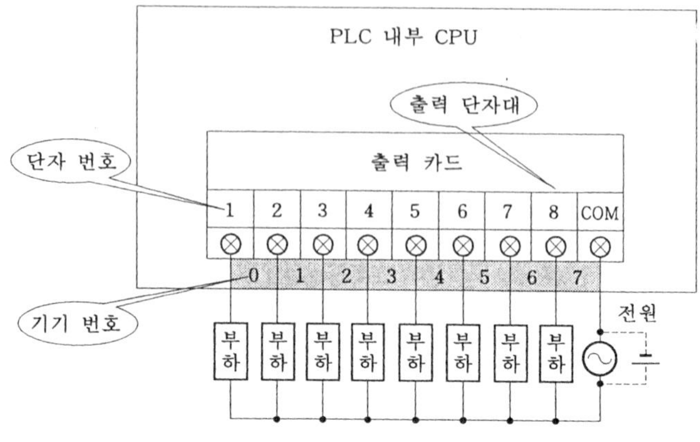

(a)

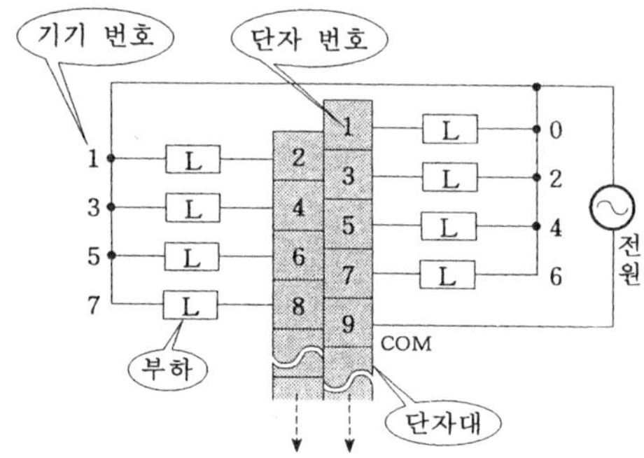

(b)

그림 1.98

(5) 주변 장치

① 시퀀스의 내용을 CPU에 입력하는 장치, 즉
PLC 메모리에 프로그램을 입력시키는 기구로서
소형 PLC에서는 핸디 로더(handy Loader-Consol)를 사용하고
그 이상은 주로 컴퓨터를 사용한다.

② 그 외에 PLC의 크기와 용도 등에 따라
정보용 컴퓨터, 모니터, 프린터, 텔레비전, 통신 접속용 링크, 다른 PLC, 보관용 메모리, 고속 카운터 유닛, A/D 및 D/A 변환 유닛, PID 유닛 등이 필요에 따라 접속된다.

5.2 PLC 시퀀스와 프로그램

▸프로그램 방법 중에서
시퀀스형의 래더 다이어그램(ladder diagram) 방식과
코딩형의 니모닉(mnemonic) 방식을 이용하여 프로그램과 코딩을 한다.

(1) 작성 순서

① 주어진 논리 조건 또는 타임 차트에서 회로 소자의 기억 번지를 설정한다.
이는 데이터 메모리에 각 접점과 소자의 기억 장소를 정해주는 것이다.
② 논리 조건에서 래더 다이어그램(시퀀스)을 작성한다.
③ 명령어를 사용하여 프로그램(니모닉)을 작성한다.
④ 프로그램 장치(Loader)로 PLC의 본체인 CPU에 입력 기억시킨다. 또는
⑤ 컴퓨터로 래더 다이어그램을 작성하여 CPU에 입력시킨다. 이때 니모닉은 컴퓨터 내부에서 자동 작성된다. 또,
컴퓨터로 니모닉을 작성해도 래더 다이어그램이 자동으로 작성된다. 컴퓨터 이용은 또 프린터를 할 수 있다.

(2) 명령어와 번지 설정

① 명령어는 PLC의 각 기종(제조 회사)마다 다르다. 여기서, 학생용으로 사용되는 LG(또는 삼성) 제품의 기초적인 몇 가지만을 표 1.1과 같이 이용하기로 한다.
② 본 장에서의 번지는 8 bit의 소형의 예를 주로 하고 아래와 같이 한다.
입력 기구 : P000 ~ P007 (000~007) －－ 각 8점
출력 기구 : P010 ~ P017 (020~027) －－ 각 8점
내부 출력 : M000 ~ (170~) －－ (보조 기구 기능)
타이머 : T000 ~ (T600~), 설정 시간(DATA), 타이머 종류 기입
카운터 : C000 ~ (C600~), 설정 회수, 카운터 종류 기입
※ ( )내는 삼성 제품의 경우임.

표 1.1

내 용	명 령 어	부 호	기 능
시작 입력	LOAD(STR)	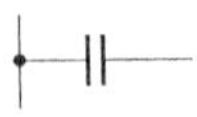	독립된 하나의 회로에서 a접점에 의한 논리 회로의 시작 명령
	LOAD NOT		독립된 하나의 회로에서 b접점에 의한 논리 회로의 시작 명령
직렬 접속	AND	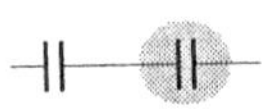	독립된 바로 앞의 회로와 a접점의 직렬 회로 접속, 즉 a접점 직렬
	AND NOT	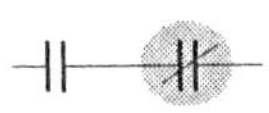	독립된 바로 앞의 회로와 b접점의 직렬 회로 접속, 즉 b접점 직렬
병렬 접속	OR	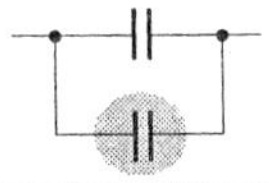	독립된 바로 위의 회로와 a접점의 병렬 회로 접속, 즉 a접점 병렬
	OR NOT	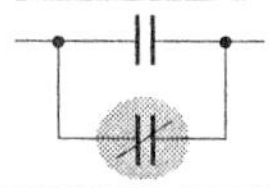	독립된 바로 위의 회로와 b접점의 병렬 회로 접속, 즉 b접점 병렬
출 력	OUT	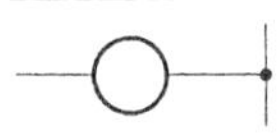	회로의 결과인 출력 기기(코일) 표시와 내부 출력(보조 기구 기능-코일) 표시
직렬 묶음	AND LOAD	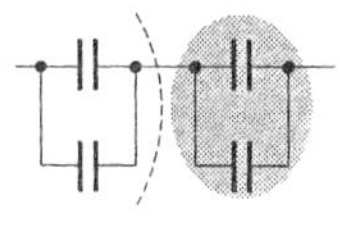	현재 회로와 바로 앞의 회로의 직렬 A, B 2회로의 직렬 접속, 즉 2개 그룹(group)의 직렬 접속
병렬 묶음	OR LOAD	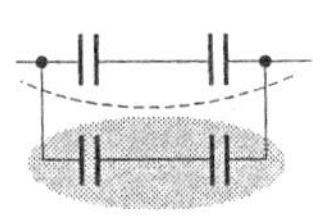	현재 회로와 바로 앞의 회로의 병렬, A, B 2회로의 병렬 접속, 즉 2개 그룹(group)의 병렬 접속
공통 묶음	MCS MCS CLR (MCR)	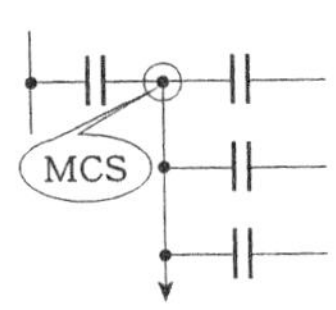	출력을 내는 2회로 이상이 공동으로 사용하는 입력으로 공통 입력 다음에 사용(마스터 콘트롤의 시작과 종료) MCS 0부터 시작, 역순으로 끝낸다.
타 이 머	TMR(TIM)	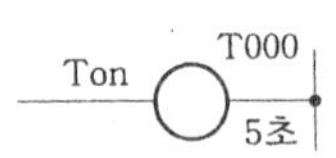	기종에 따라 구분 - TON, TOFF, TMON, TMR, TRTG 등 타이머 종류, 번지, 설정 시간 기입
카 운 터	CNT	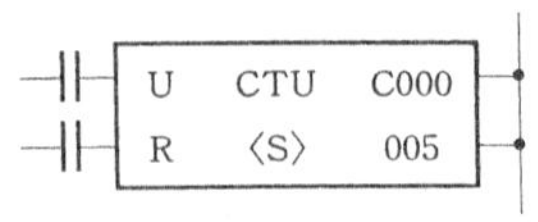	기종에 따라 구분 -CTU, CTD, CTUD, CTR, HSCNT 등 카운터 종류, 번지, 설정 회수 기입
끝	END		프로그램의 끝 표시

※ 명령어와 부호는 기종에 따라 그림 표현이 다소 차이가 있다.

(3) 프로그램 작성

1) 기본 명령

① LOAD/OUT **LOAD NOT/OUT**

그림 1.99

step	명 령	번 지
0	LOAD	P000
1	OUT	P010

step	명 령	번 지
0	LOAD NOT	P000
1	OUT	P010

【0 step】 회로 시작 a접점 명령 LOAD와 기억 번지 P000 - LOAD P000
회로 시작 b접점 명령 LOAD NOT와 번지 - LOAD NOT P000

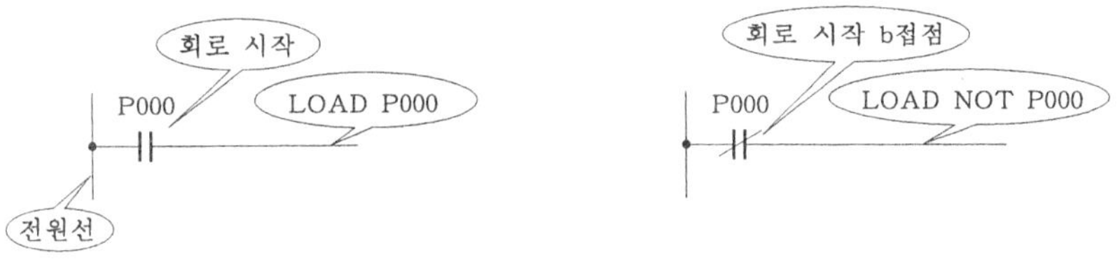

【1 step】 출력 명령 OUT와 기억 번지 P010 - OUT P010

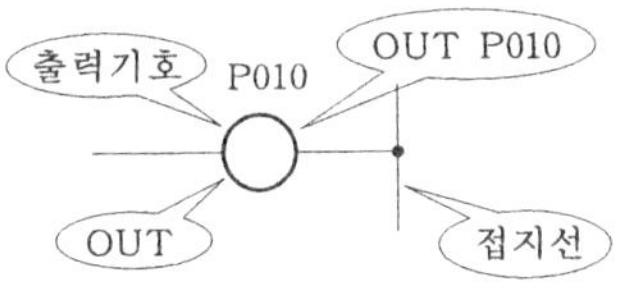

- b접점은 NOT 명령을 사용하여 a접점과 구분하고,
  PLC에서는 b접점 입력 기구의 외부 접속은 a접점 기구로 한다.
- 번지 설정에서 P000은 입력 기구이고, P010은 출력 기구임을 알 수 있다.
  ※ 8 bit 용 소형(LG) 제품에서
  입력 기구 기억 번지 : P000~P007의 8점
  출력 기구 기억 번지 : P010~P017의 8점
  내부 출력 기억 번지 : M000~ (보조 기구 - 릴레이 기능)이다.
- 삼성 제품은 LOAD 대신에 STR 명령을 사용한다(번지 설정도 다름).

② AND/AND NOT OR/OR NOT

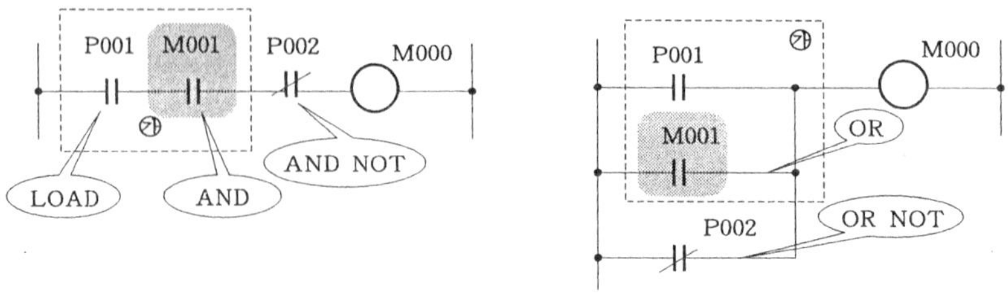

그림 1.100

step	명 령	번 지
0	LOAD	P001
1	AND	M001
2	AND NOT	P002
3	OUT	M000

step	명 령	번 지
6	LOAD	P001
7	OR	M001
8	OR NOT	P002
9	OUT	M000

[0 step] 회로 시작 a접점 명령 LOAD와 기억 번지 P001 - LOAD P001

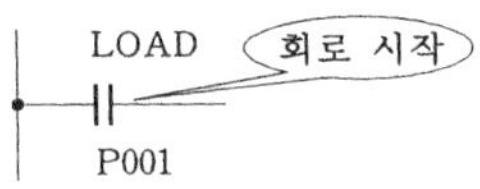

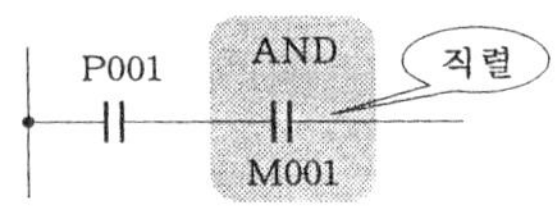

[1 step] a접점 M001은 앞의 번지 P001과 직렬 명령 AND - AND M001

[2 step] b접점(NOT) P002는 앞의 회로 ㉮와 직렬 AND - AND NOT P002

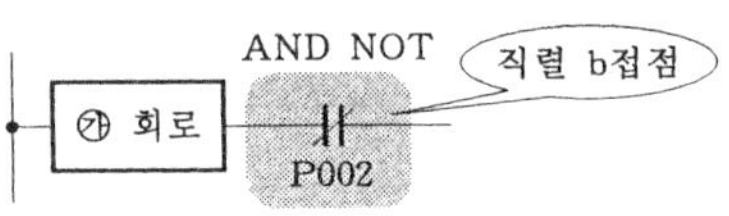

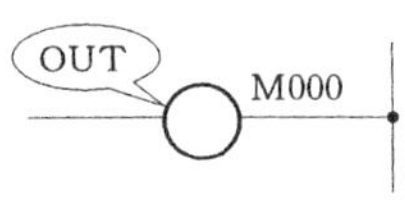

[3 step] 출력 명령 OUT와 기억 번지 M000 - OUT M000

[6 step] 회로 시작 a접점 명령 LOAD와 기억 번지 P001 - LOAD P001

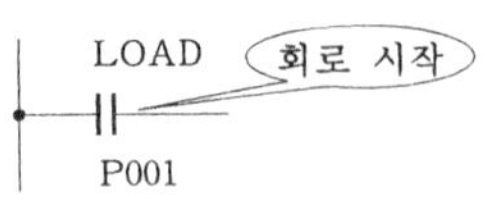

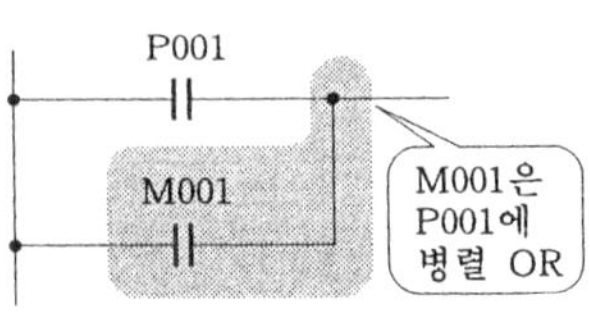

[7 step] a접점 M001은 위의 번지 P001과 병렬 명령 OR - OR M001

[8 step] b접점(NOT) P002는 위 회로 ㉮와 병렬 OR - OR NOT P002

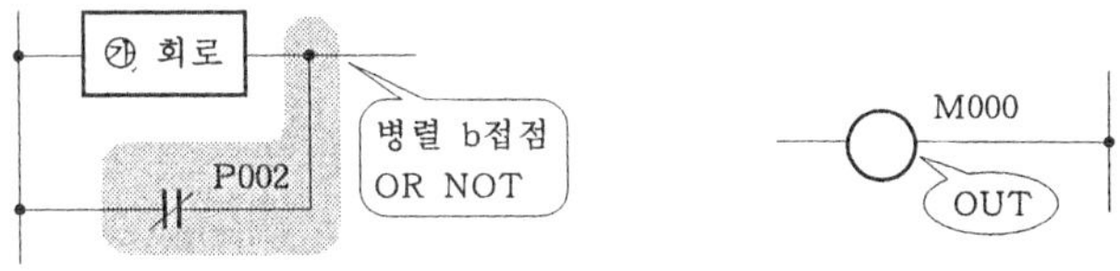

【9 step】 출력 명령 OUT와 기억 번지 M000 - OUT M000

- 번지 설정에서 P001과 P002는 입력 기구, M000과 M001은 내부 출력이다.
- OUT 명령은 출력 기구와 내부 출력 기구(보조 기구)에 함께 사용한다.

③ AND LOAD　　　　　　OR LOAD

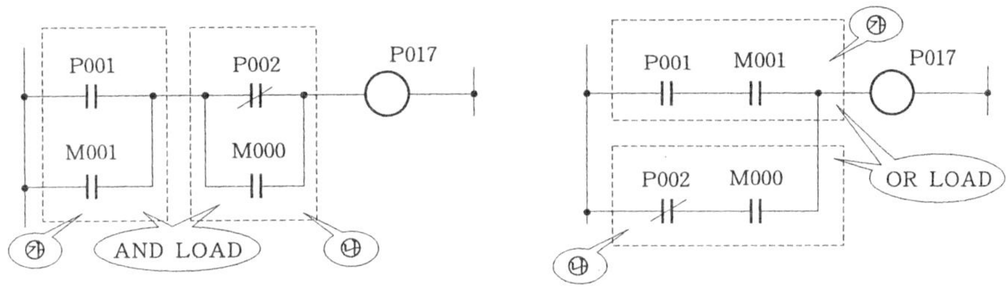

그림 1.101

step	명　령	번　지
0	LOAD	P001
1	OR	M001
2	LOAD NOT	P002
3	OR	M000
4	AND LOAD	—
5	OUT	P017

step	명　령	번　지
6	LOAD	P001
7	AND	M001
8	LOAD NOT	P002
9	AND	M000
10	OR LOAD	—
11	OUT	P017

【0 step】 회로 시작 a접점 명령 LOAD와 기억 번지 P001 - LOAD P001

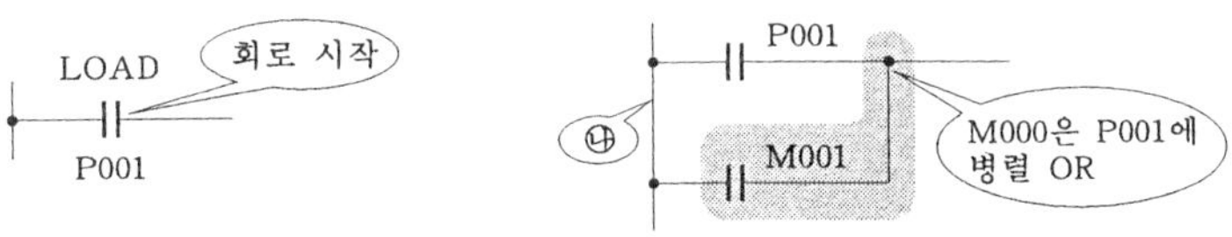

【1 step】 a접점 M001은 앞의 번지 P001과 병렬 명령 OR - OR M001

【2 step】 회로 시작 LOAD, b접점 NOT, 번지 P002 - LOAD NOT P002

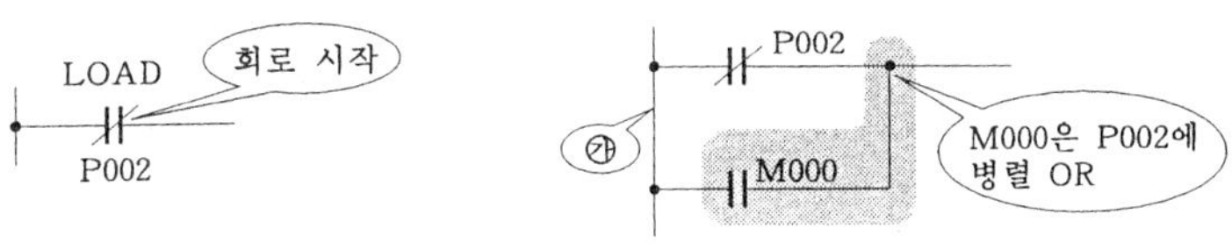

• P002는 M000과는 병렬이지만 P001, M001과는 직렬도, 병렬도 아니므로 P002를 직접 앞의 M001이나 P001에 접속할 명령어가 없고 독립 회로로 다시 시작한다(LOAD 명령).

[3 step] M000은 P002와 병렬 OR이므로 - OR M000

[4 step] 회로 ㉮ 그룹과 ㉯ 그룹은 직렬이므로 - AND LOAD

[5 step] 출력 OUT와 번지 P017 - OUT P017

[6 step] 회로 시작 a접점 명령 LOAD와 기억 번지 P001 - LOAD P001

[7 step] a접점 M001은 앞의 번지 P001과 직렬 AND - AND M001

[8 step] 회로 시작 LOAD, b접점 NOT, 번지 P002 - LOAD NOT P002

• P002는 M000과는 직렬이지만 P001, M001과는 직렬도, 병렬도 아니므로 P002를 직접 앞의 M001이나 P001에 접속할 명령어가 없고 독립 회로로 다시 시작한다(LOAD 명령).

[9 step] M000은 P002와 직렬이므로 - AND M000

[10 step] 회로 ㉮ 그룹과 ㉯ 그룹은 병렬이므로 - OR LOAD

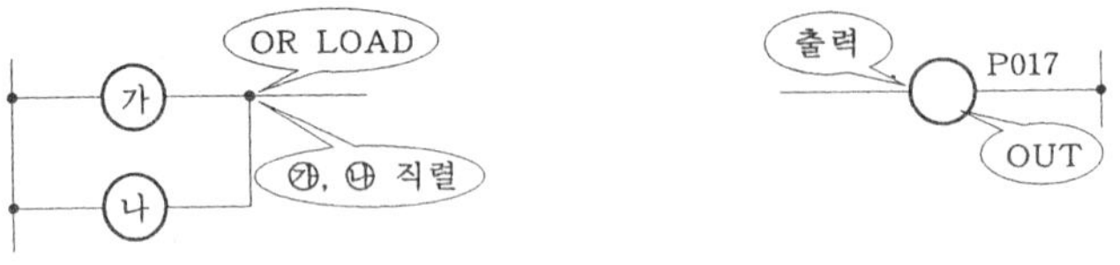

[11 step] 출력 OUT와 번지 P017 - OUT P017

• 번지 설정에서 P001과 P002는 입력 기구, M000과 M001은 내부 출력이고 P017은 출력 기구이다.

2) 그룹 직·병렬 회로

① 유지 회로(예)

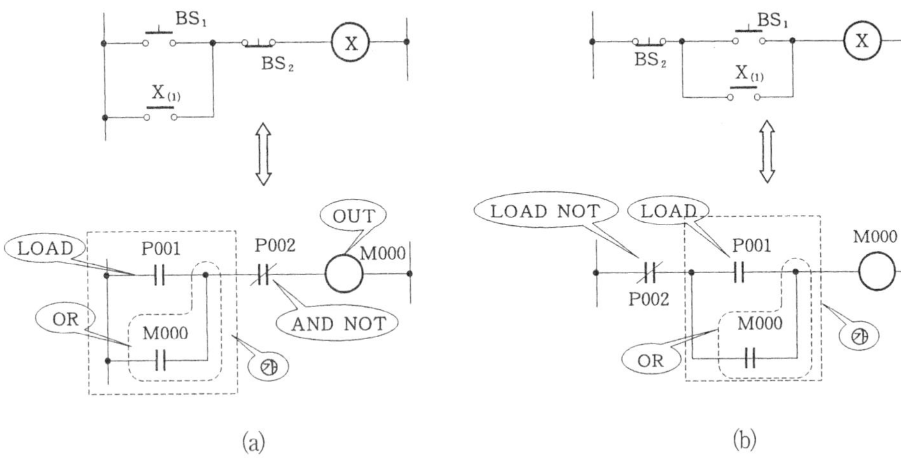

step	명　령	번　지
0	LOAD	P001
1	OR	M000
2	AND NOT	P002
3	OUT	M000
–	–	–

step	명　령	번　지
6	LOAD NOT	P002
7	LOAD	P001
8	OR	M000
9	AND LOAD	–
10	OUT	M000

※ BS_1 : P001 - 기동 입력 버튼 스위치

※ BS_2 : P002 - 정지 입력 버튼 스위치

※ Ⓧ : M000 - 내부 출력(보조 릴레이)

그림 1.102

[0 step] 회로 시작 a접점 명령 LOAD와 번지 P001 - LOAD P001

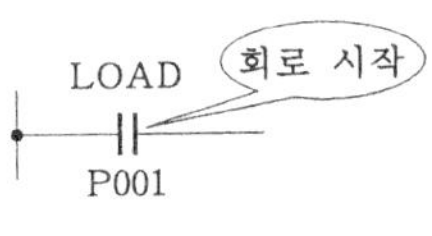

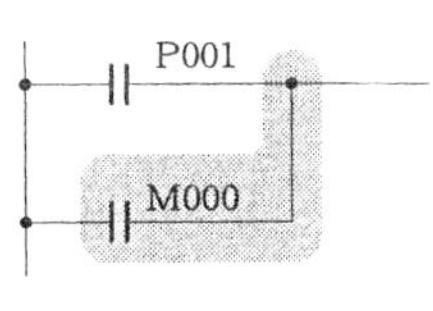

[1 step] a접점 M000은 위의 번지 P001과 병렬 OR - OR M000

[2 step] b접점(NOT) P002는 앞의 회로 ㉮와 직렬 AND - AND NOT P002

【3 step】 출력 명령 OUT와 번지 M000 - OUT M000

【6 step】 회로 시작 b접점 LOAD NOT와 번지 P002 - LOAD NOT P002

【7 step】 회로 시작 a접점 LOAD와 번지 P001 - LOAD P001

• a접점 P001은 앞의 회로 P002와는 직렬도, 병렬도 아니므로 접속 명령어가 없다. 따라서 이 접점은 다시 독립 회로로 시작한다.

【8 step】 a접점 M000은 위의 번지 P001과 병렬 OR - OR M000

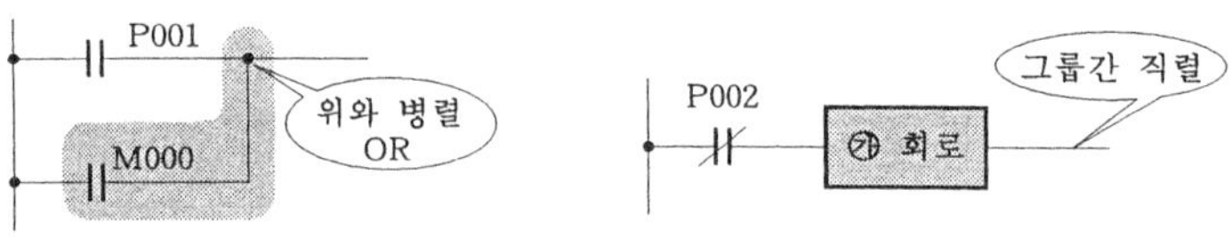

【9 step】 b접점 P002와 병렬 회로 ㉮는 그룹간 직렬이므로 - AND LOAD

【10 step】 출력 명령 OUT와 번지 M000 - OUT M000

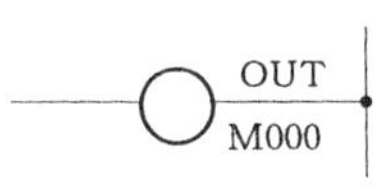

※ 두 회로는 등가이므로 (a)회로가 1 step 적어 편리하다.

② 직·병렬 회로 1

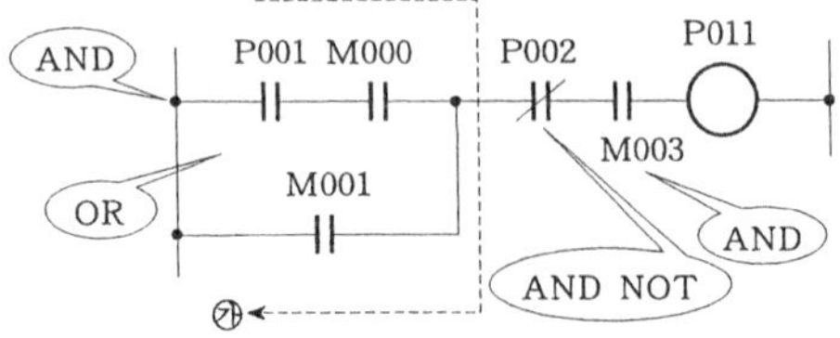

step	명 령	번 지
0	LOAD	P001
1	AND	M000
2	OR	M001
3	AND NOT	P002
4	AND	M003
5	OUT	P011

그림 1.103

【0 step】 회로 시작 a접점 LOAD와 번지 P001 - LOAD P001

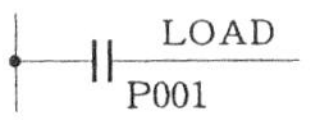

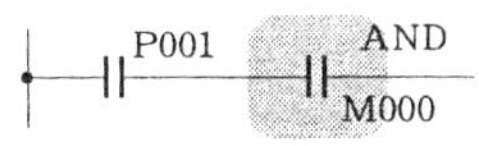

【1 step】 a접점 M000은 앞의 번지 P001과 직렬 AND - AND M000

【2 step】 M001은 1 step 회로(P001과 M000의 직렬)와 병렬 - OR M001

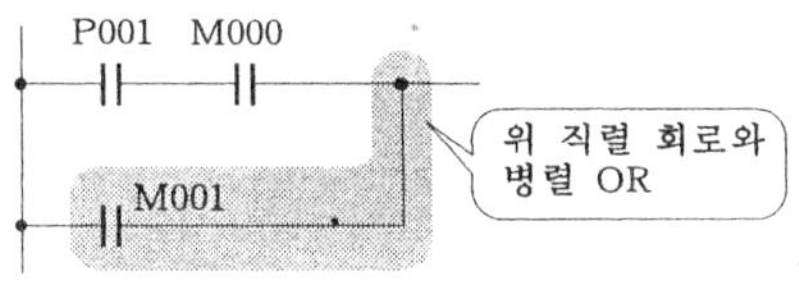

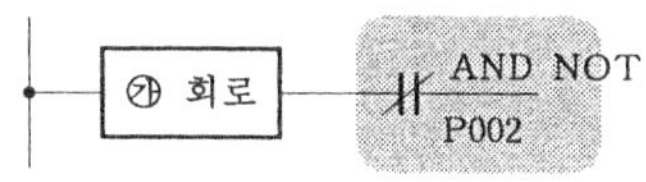

【3 step】 b접점(NOT) P002는 앞의 회로 ㉮와 직렬 AND - AND NOT P002

【4 step】 M003은 앞의 3 step까지의 회로 전체와 직렬 AND - AND M003

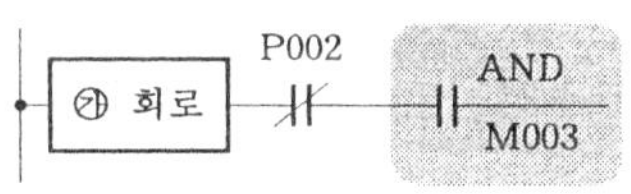

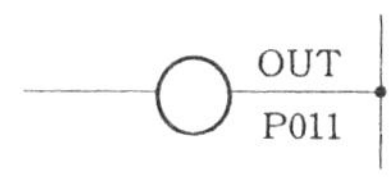

【5 step】 출력 명령 OUT와 번지 P011 - OUT P011

③ 직·병렬 회로 2

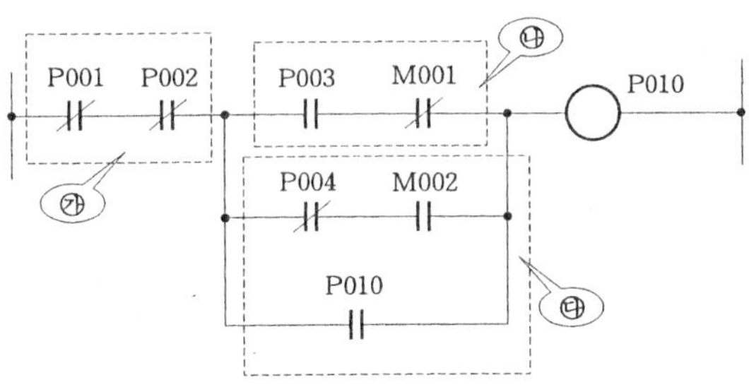

그림 1.104

step	명 령	번 지
0	LOAD NOT	P001
1	AND NOT	P002
2	LOAD	P003
3	AND NOT	M001
4	LOAD NOT	P004

step	명 령	번 지
5	AND	M002
6	OR	P010
7	OR LOAD	–
8	AND LOAD	–
9	OUT	P010

[0 step] 회로 시작 b접점 LOAD NOT와 번지 P001 - LOAD NOT P001

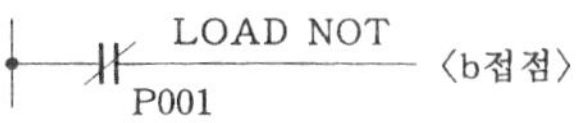

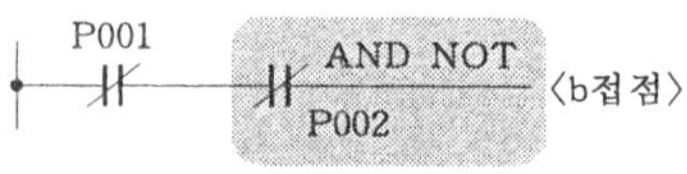

[1 step] b접점(NOT) P002는 앞의 P001과 직렬 AND - AND NOT P002

[2 step] a접점 P003은 앞의 회로 ㉮와 관계없이 다시 회로 시작 - LOAD P003

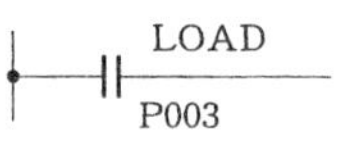

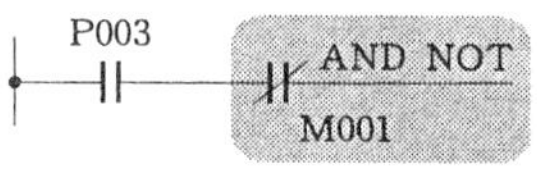

[3 step] b접점(NOT) M001은 앞의 P003과 직렬 AND - AND NOT M001

[4 step] 회로 시작 b접점 LOAD NOT와 번지 P004 - LOAD NOT P004

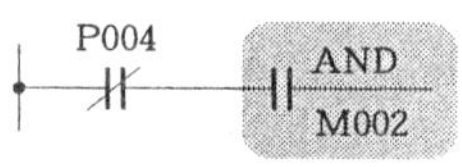

[5 step] M002는 앞의 P004와 직렬 AND - AND M002

[6 step] P010은 위의 직렬 회로(P004와 M002)와 병렬 OR - OR P010

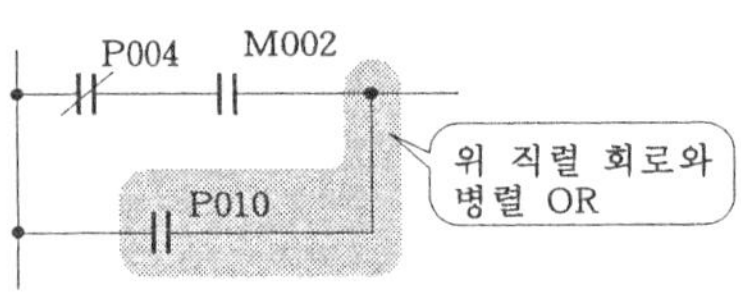

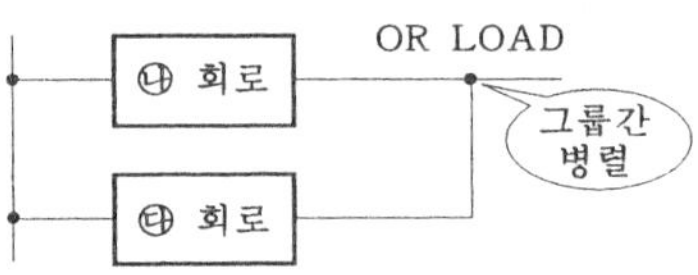

[7 step] 회로 ㉯와 ㉰의 그룹 병렬 - OR LOAD

[8 step] 회로 ㉮와 7 step 회로(㉯, ㉰의 그룹병렬)는 그룹간 직렬 - AND LOAD

[9 step] 출력 OUT와 번지 P010 - OUT P010

④ 직·병렬 회로 3

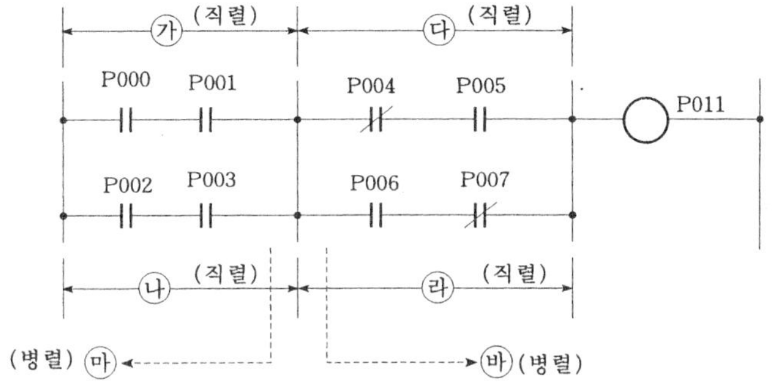

그림 1.105

step	명　령	번 지
0	LOAD	P000
1	AND	P001
2	LOAD	P002
3	AND	P003
4	OR LOAD	–
5	LOAD NOT	P004

step	명　령	번 지
6	AND	P005
7	LOAD	P006
8	AND NOT	P007
9	OR LOAD	–
10	AND LOAD	–
11	OUT	P011

[0～1 step] ㉮ 회로, 회로 시작 LOAD P000과 직렬 AND P001

• P001과 P002간에는 직렬 또는 병렬이 아니므로 접속 명령어가 없다. 이하 P003과 P004 사이, P005와 P006 사이에도 같다(새로 회로 시작).

[2～3 step] ㉯ 회로, 회로 시작 LOAD P002와 직렬 AND P003

[4 step] ㉮ 회로와 ㉯ 회로는 그룹간 병렬 회로 ㉲이고 - OR LOAD

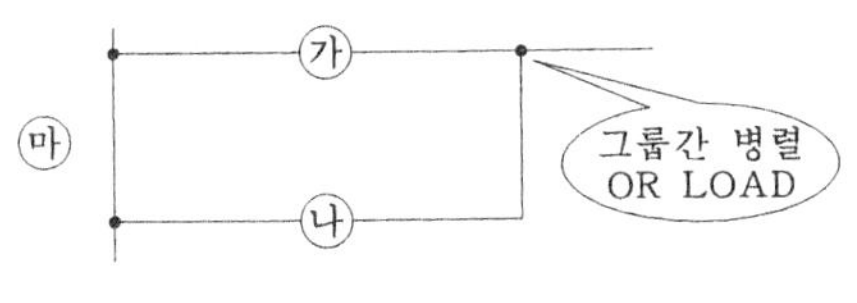

[5~6 step] ㉰ 회로, 회로 시작 b접점 LOAD NOT P004와 직렬 AND P005

[7~8 step] ㉱ 회로, 회로 시작 LOAD P006과 직렬 b접점 AND NOT P007

[9 step] ㉰ 회로와 ㉱ 회로는 그룹간 병렬 회로 ㉳이고 - OR LOAD

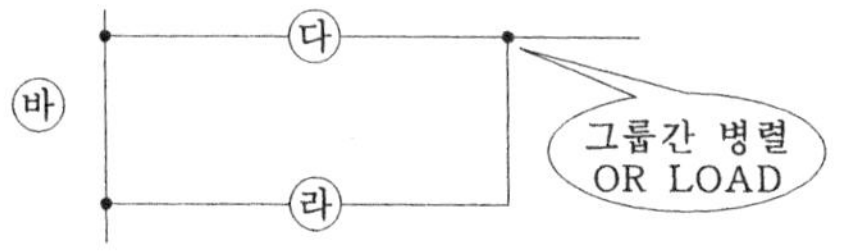

[10 step] 직 · 병렬 회로 그룹 ㉲와 ㉳는 그룹간 직렬이므로 - AND LOAD

[11 step] P011은 출력이고 - OUT P011

⑤ 직 · 병렬 회로 4

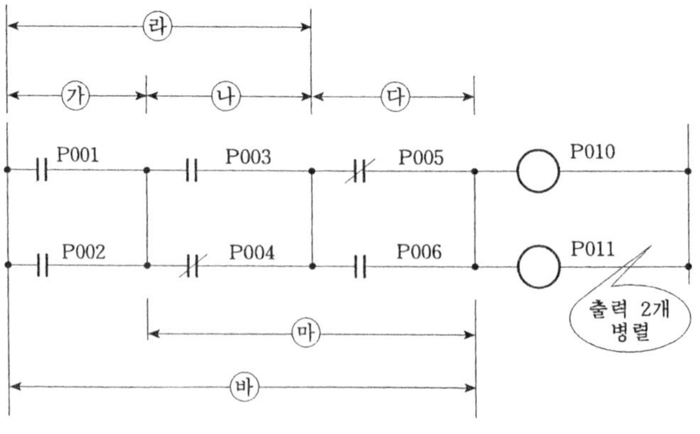

step	명　령	번　지
0	LOAD	P001
1	OR	P002
2	LOAD	P003
3	OR NOT	P004
4	AND LOAD	–
5	LOAD NOT	P005
6	OR	P006
7	AND LOAD	–
8	OUT	P010
9	OUT	P011

step	명　령	번　지
0	LOAD	P001
1	OR	P002
2	LOAD	P003
3	OR NOT	P004
4	LOAD NOT	P005
5	OR	P006
6	AND LOAD	–
7	AND LOAD	–
8	OUT	P010
9	OUT	P011

그림 1.106

[0~1 step] ㉮ 회로, 회로 시작 LOAD P001과 병렬 OR P002

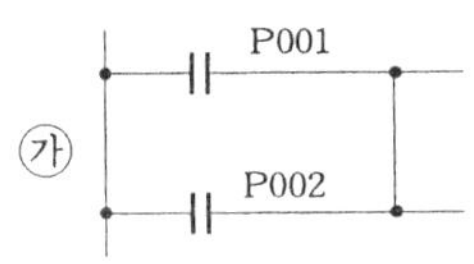

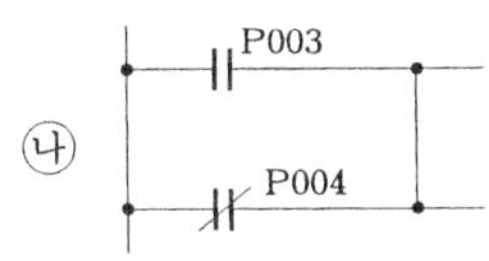

• P002와 P003간에는 직렬 또는 병렬이 아니므로 접속 명령어가 없다. 또 P004와 P005, P002, P004, P006 사이에도 같다(새로 회로 시작).

[2~3 step] ㉯ 회로, 회로 시작 LOAD P003과 병렬 b 접점 OR NOT P004

[4 step] ㉮ 회로와 ㉯ 회로는 그룹간 직렬 회로 ㉱이고 --- AND LOAD

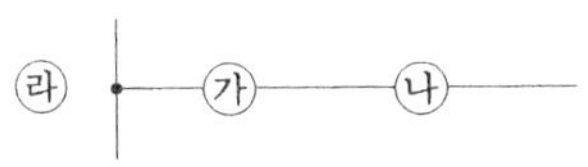

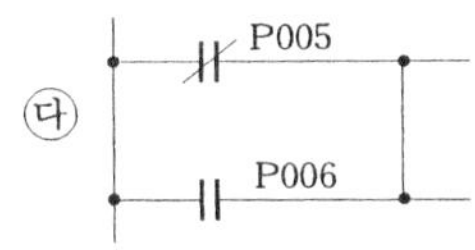

[5~6 step] ㉰ 회로, 회로 시작 b접점 LOAD NOT P005와 병렬 OR P006

[7 step] ㉳ 회로, ㉱ 회로와 ㉰ 회로의 그룹간 직렬 AND LOAD

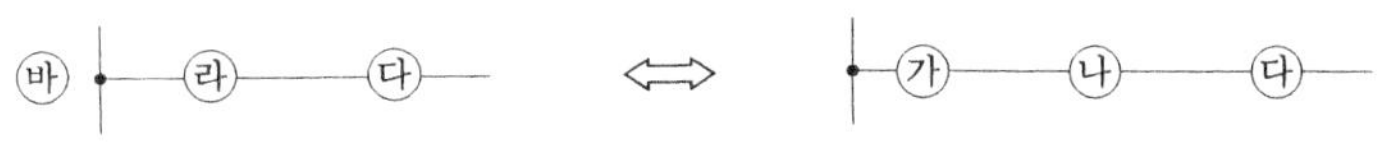

[8~9 step] 병렬 출력은 얼마든지 허용한다. 즉, OUT P010, OUT P011

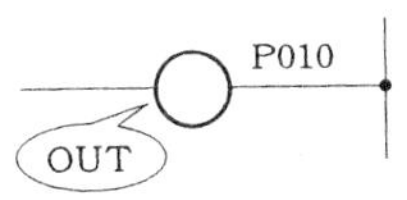

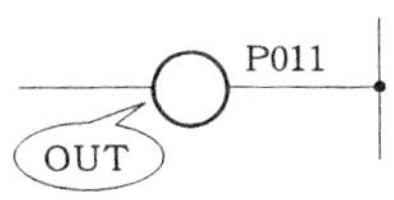

• 그룹간 병렬 처리는 오른쪽 프로그램과 같이 여러 그룹 회로를 모아서 처리하여도 된다. 단, 최대 처리 회로수는 재조 회사마다 다르게 제한되어 있다.

[0~1 step] ㉮ 회로, 회로 시작 LOAD P001과 병렬 OR P002

[2~3 step] ㉯ 회로, 회로 시작 LOAD P003과 병렬 b 접점 OR NOT P004

[4~5 step] ㉰ 회로, 회로 시작 b접점 LOAD NOT P005와 병렬 OR P006

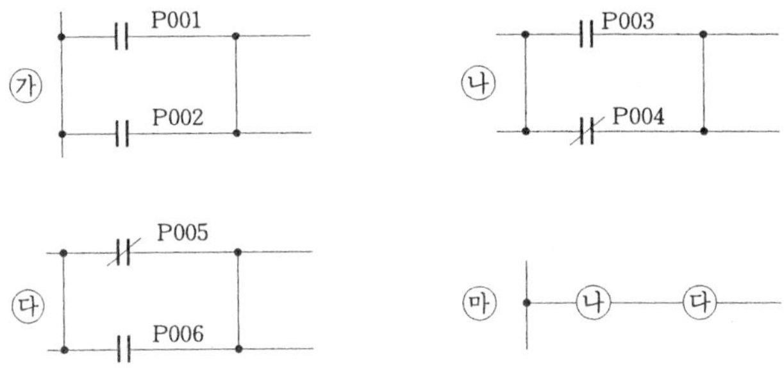

[6 step] ㉯ 회로와 ㉰ 회로는 그룹간 직렬 회로 ㉲이고 - AND LOAD

• 명령어는 바로 앞(위)의 회로와의 관계이므로 (4~5 step)인 ㉰ 회로의 바로 위의 회로는 (2~3 step)인 ㉯ 회로가 되고 두 회로는 직렬이다. 즉, 6 step은 (2~3 step)인 ㉯ 회로와 (4~5 step)인 ㉰ 회로를 접속한 회로가 된다.

[7 step] ㉳ 회로, ㉮ 회로와 ㉲ 회로의 그룹간 직렬이다. - AND LOAD

[8~9 step] 병렬 출력은 2개이다. 즉, OUT P010, OUT P011

⑥ 직·병렬 회로 5

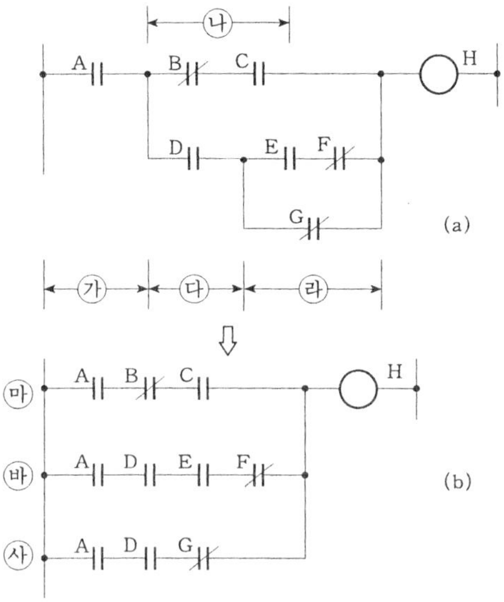

step	명 령	번 지
0	LOAD	P000
1	LOAD NOT	P001
2	AND	P002
3	LOAD	P003
4	LOAD	P004
5	AND NOT	P005
6	OR NOT	P006
7	AND LOAD	–
8	OR LOAD	–
9	AND LOAD	–
10	OUT	P010

※ A~G : P000~P006
H : P010

그림 1.107

step	명 령	번 지
0	LOAD	P000
1	AND NOT	P001
2	AND	P002
3	LOAD	P000
4	AND	P003
5	AND	P004

step	명 령	번 지
6	AND NOT	P005
7	LOAD	P000
8	AND	P003
9	AND NOT	P006
10	OR LOAD	–
11	OR LOAD	–
12	OUT	P010

[0 step] ㉮ 회로 A, 회로 시작 LOAD와 번지 P000 - LOAD P000

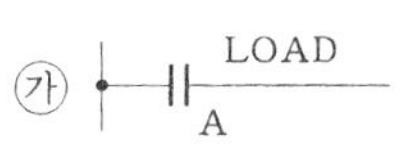

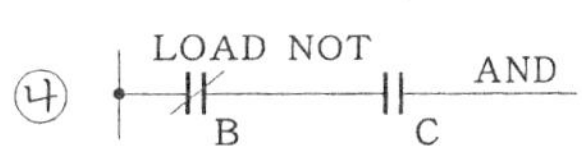

[1~2 step] ㉯ 회로 B C, b접점 회로 시작 B와 직렬 C
- LOAD NOT P001, AND P002

• 접점 B는 접점 A와는 직렬 또는 병렬이 아니므로 접속 명령어가 없다. 따라서 접점 B는 독립으로 다시 회로 시작 명령을 사용한다. 여기서 접점 A는 접점 B, D에 공동으로 사용되므로 A와 B는 직렬이 아니다(그림 (b) 참조).

【3 step】 ㉰ 회로 D, 회로 시작 LOAD와 번지 P003 - LOAD P003

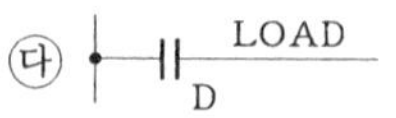

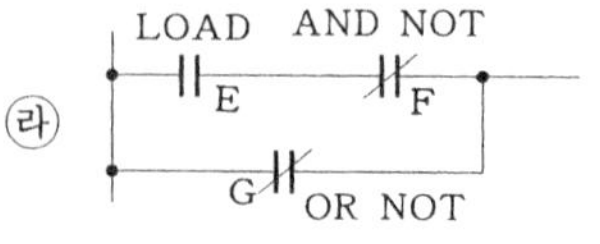

• 접점 D는 C와는 직렬도, 병렬도 아니므로 회로 시작 명령을 사용한다. 또, 접점 D는 접점 E, G에 공동으로 사용된다.

【4~6 step】 ㉱ 회로, 접점 E, F의 직렬과 여기에 접점 G의 병렬이고 E는 회로 시작이다. - LOAD P004, AND NOT P005, OR NOT P006.

【7 step】 ㉰ 회로 D와 ㉱ 회로 EFG는 그룹간 직렬 회로이고 - AND LOAD

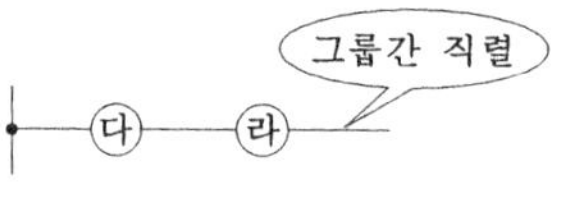

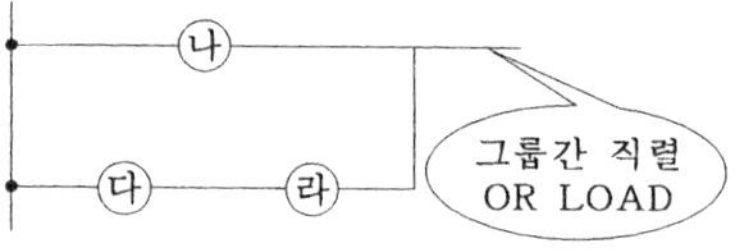

【8 step】 ㉯ 회로 BC와 ㉰, ㉱ 회로 D~G는 그룹간 병렬 회로이며 - OR LOAD

【9 step】 ㉮ 회로 A와 ㉯, ㉰, ㉱ 회로 B~G는 그룹간 직렬이다 - AND LOAD

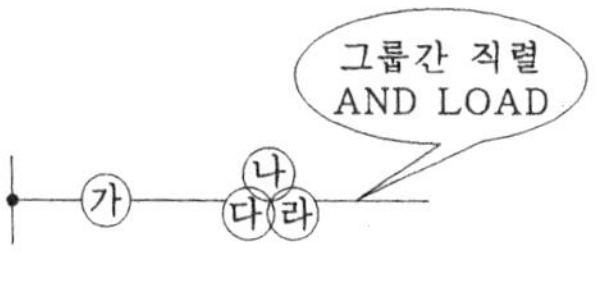

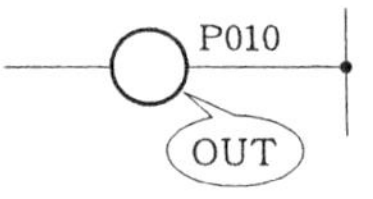

【10 step】 P010은 출력이고 - OUT P010

이 회로를 그림 1.107 (b)와 같이 수정하면 아래와 같다 . 즉,

그림 1.107 (a)에서 출력 H에 흐르는 전류의 통로는 ABC, ADEF, ADG의 3 병렬 회로이므로 그림 1.107 (b)와 같이 수정된다.

여기서 접점 A는 3회로 공통, 접점 D는 2회로 공통으로 사용된다.

【0~2 step】 ㉤ 회로 - LOAD P000, AND NOT P001, AND P002

【3~6 step】 ㉥ 회로 - LOAD P000, AND P003, AND P004, AND NOT P005

【7~9 step】 ㉦ 회로 - LOAD P000, AND P003, AND NOT P006

【10 step】 ㉥ 회로와 ㉦ 회로의 그룹간 병렬 회로이며 - OR LOAD

※ 명령어는 현재 것과 그 바로 위의 것과의 관계이므로 ㉥와 ㉦가 먼저이고 ㉥, ㉦와 ㉤가 그 다음이며 ㉤와 ㉥, ㉤와 ㉦간의 명령은 잘못이다.

【11 step】 ㉥, ㉦ 회로(10 step)와 ㉤ 회로의 그룹간 병렬이다 - OR LOAD

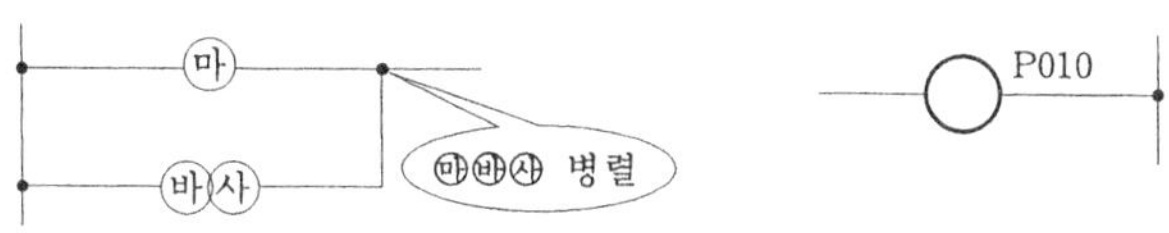

【12 step】 H 즉 P010은 출력이고 - OUT P010

⑦ 공통점 회로, MCS, MCS CLR

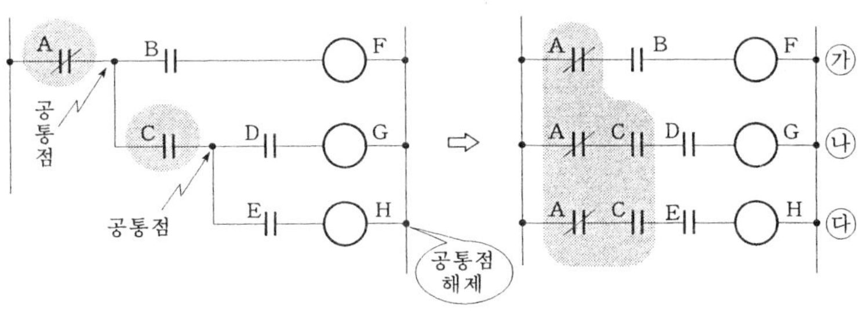

(a) (b)

A~E : P001~P005, F~H : P011~P013

그림 1.108

step	명 령	번 지
0	LOAD NOT	P001
1	MCS	0
2	LOAD	P002
3	OUT	P011
4	LOAD	P003
5	MCS	1
6	LOAD	P004
7	OUT	P012
8	LOAD	P005
9	OUT	P013
10	MCS CLR	1
11	MCS CLR	0

step	명 령	번 지
0	LOAD NOT	P001
1	AND	P002
2	OUT	P011
3	LOAD NOT	P001
4	AND	P003
5	AND	P004
6	OUT	P012
7	LOAD NOT	P001
8	AND	P003
9	AND	P005
10	OUT	P013
11	–	–

【0 step】 회로 시작 b접점 LOAD NOT와 번지 P001 - LOAD NOT P001

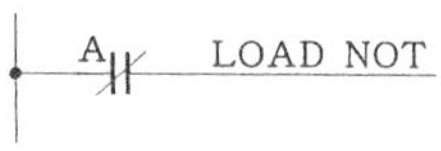

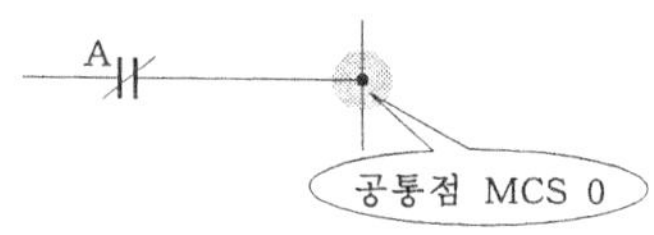

【1 step】 첫 번째 공통점 - MCS 0

이 점에서 접점 A가 출력 F, G, H 회로에 공동 사용(첫 번째 공통점 ← 0)

【2~3 step】 B, F회로 - LOAD P002, OUT P011

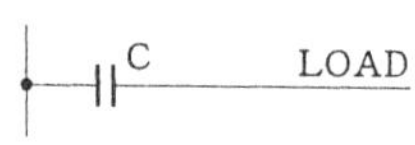

【4 step】 C 회로, 회로 시작 LOAD, 번지 P003 - LOAD P003

【5 step】 2 번째 공통점 - MCS 1

이 점에서 접점 C가 출력 G, H 회로에 공동 사용(2번째 공통점 ← 1)

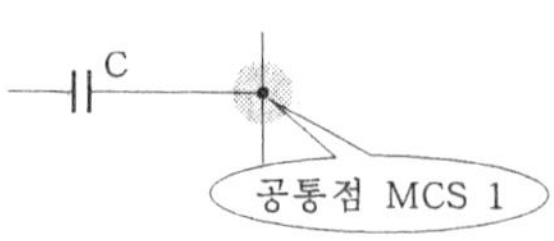

【6~7 step】 D, G 회로 - LOAD P004, OUT P012

【8~9 step】 E, H 회로 - LOAD P005, OUT P013

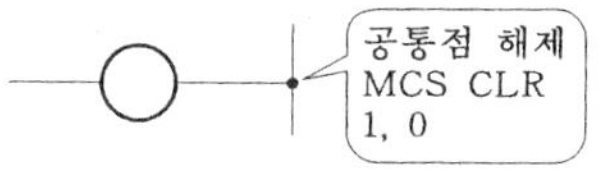

【10 step】 2 번째 공통점 해제 - MCS CLR 1

이 점에서 접점 C의 출력 G, H 회로에 공동 사용 해제(2번째 공통점 ← 1)

【11 step】 첫 번째 공통점 해제 - MCS CLR 0

이 점에서 접점 A의 출력 FGH 회로에 공동 사용 해제(1번째 공통점 ← 0)

• 공동 사용은 0번부터 시작하여 MCS 0, MCS 1, MCS 2 ---
공동 사용 해제는 역순으로 하여 0번으로 끝난다. 즉, --- MCS CLR 3, MCS CLR 2, MCS CLR 1, MCS CLR 0으로 끝난다.

이 회로는 그림 1.108 (b)와 같이 수정하면 아래와 같다 . 즉,
그림 1.108 (a)에서 접점 A는 F, G, H의 3회로에 공통으로 사용되고,
접점 C는 G, H의 2회로에 공통으로 사용되므로 그림 1.108 (b)와 같이 수정된다.

【0~2 step】 ㉮ 회로 - LOAD NOT P001, AND P002, OUT P011

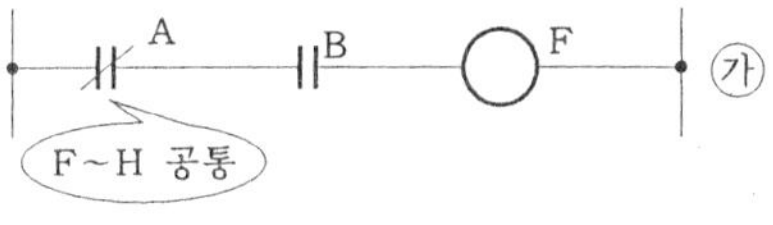

【3~6 step】 ㉯ 회로 - LOAD NOT P001, AND P003, AND P004, OUT P012

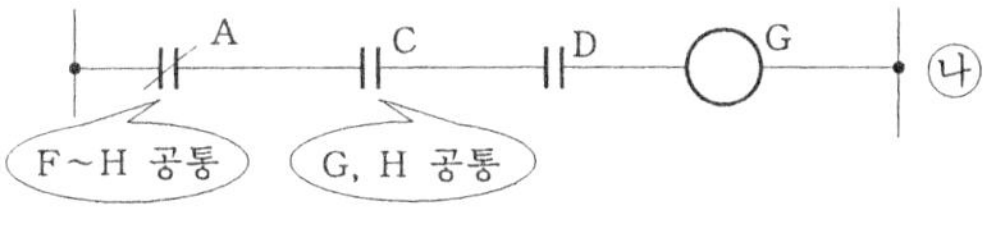

【7~10 step】 ㉰ 회로 - LOAD NOT P001, AND P003, AND P005, OUT P013

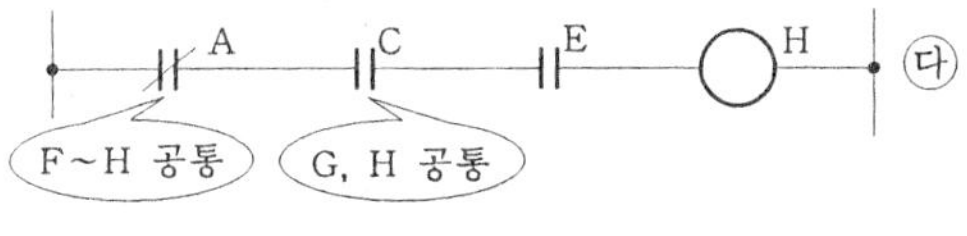

⑧ 직렬 회로(대표 회로 이용)

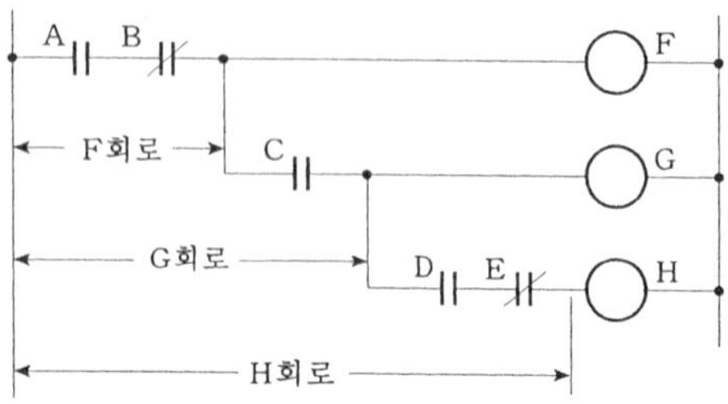

step	명 령	번 지
0	LOAD	P001
1	AND NOT	P002
2	OUT	P011
3	AND	P003
4	OUT	P012
5	AND	P004
6	AND NOT	P005
7	OUT	P013

A~E : P001~P005, F~H : P011~P013

그림 1.109

ⓐ 0 step A와 1 step B가 성립하면 2 step의 출력 F가 성립한다. 즉, 논리식 $F = A\overline{B}$의 직렬 회로이고 또한 F는 $A\overline{B}$를 대표한다.

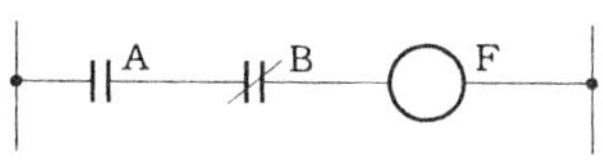

[0 step] 접점 A, 회로 시작 LOAD, 접점 P001 - LOAD P001

[1 step] 접점 B, 직렬 b접점 - AND NOT P002

[2 step] 출력 F - OUT P011

ⓑ 0 step A와 1 step B 및 3 step C가 성립하면 4 step의 출력 G가 성립한다. 즉, 출력 G는 ABC의 직렬로 된다.
여기서 AB 직렬은 F와 같으므로 G는 FC 직렬(ABC 직렬)과 같다.
따라서 3 step의 C는 AND 명령이 된다(G는 F AND C이다). 또,
논리식 $G = A\overline{B}C = FC$이고 또한 G는 $A\overline{B}C(FC)$를 대표한다.

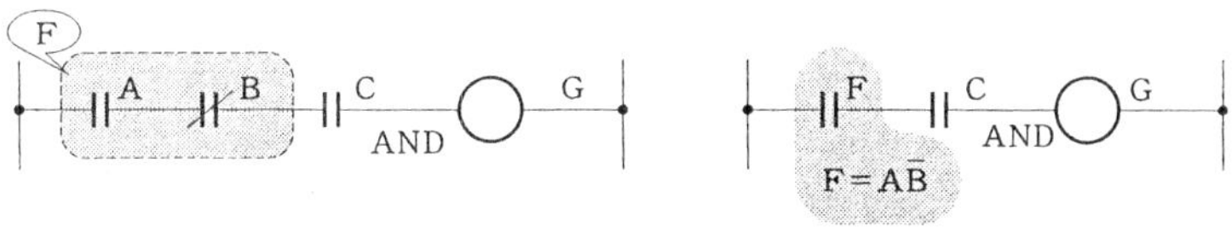

【3 step】 접점 C, 직렬 AND, 접점 P003 - AND P003

【4 step】 출력 G - OUT P012

ⓒ 출력 H는 접점 ABCDE의 직렬로 성립되고 ABC 직렬은 G이므로 출력 H는 GDE 직렬(ABCDE 직렬)과 같다.
논리식 $H = A\overline{B}CD\overline{E} = FCD\overline{E} = GD\overline{E}$이고 H는 $A\overline{B}CD\overline{E}$를 대표한다. 따라서 5, 6 step의 접점 D, E는 G에 각각 직렬이고 AND 명령이 된다.

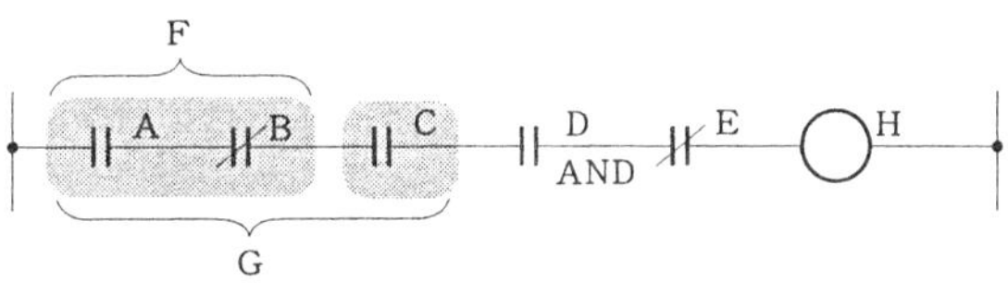

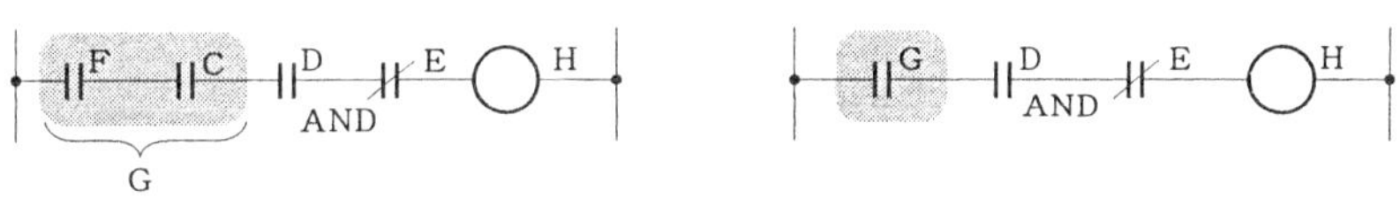

【5 step】 접점 D, 직렬 AND, 접점 P004 - AND P004

【6 step】 접점 E, 직렬 AND, b접점 NOT P005 - AND NOT P005

【7 step】 출력 H - OUT P013

⑨ 신호의 방향

ⓐ PLC 회로의 신호의 흐름(전류의 흐름)은 좌에서 우로 일방향으로만 흐른다.

ⓑ 그림 1.110 (a)의 C 소자는 신호가 양방향으로 흐르므로 일방향으로 수정해야 한다.

ⓒ 그림 1.110 (b)는 C 소자를 2곳으로 분리한 후 소자 A, B를 다시 분리한 것이다.

• X_1 및 X_2에 전류가 흐를 수 있는 통로를 생각하면 된다.

ⓓ 그림 1.110 (c)는 C 소자 다음에 역방향 저지 다이오드 D_0를 접속한다.

ⓔ 그림 1.110 (d)는 (c)의 회로에서 소자 B를 분리하여 다이오드 D_0를 제거하였다.

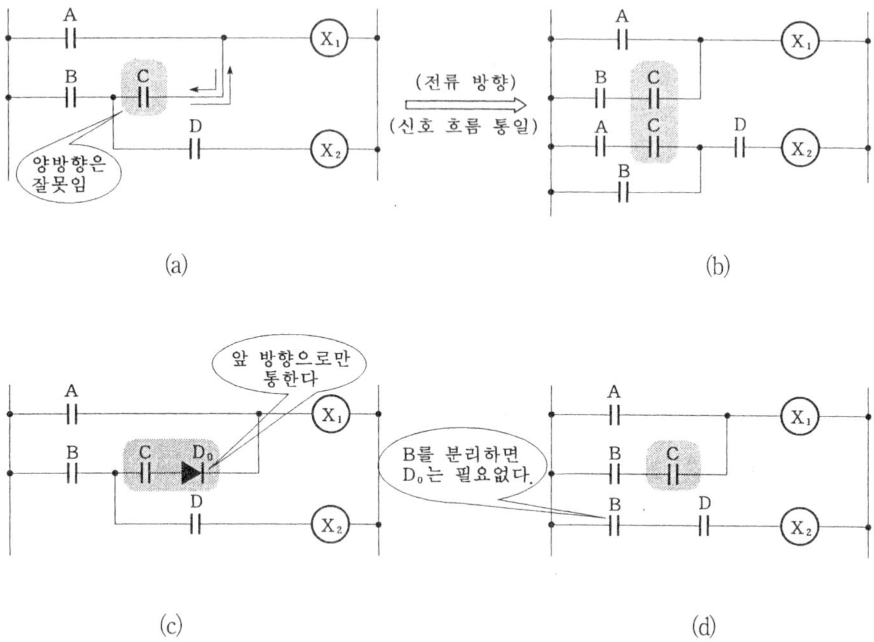

그림 1.110

ⓕ 그림 1.110 (a), (c)는 프로그램이 복잡하므로 각각 그림 1.110 (b), (d)로 수정하여 사용한다.

ⓖ A~D ; P001~P004
X_1 : M001, X_2 : M002로 프로그램하면 아래와 같다.

그림 1.110 (b)에서

[0 step] A 회로, 회로 시작, LOAD P001
[1~2 step] B, C회로, 회로 시작 LOAD P002, 직렬 AND P003
[3 step] (A 회로)와 (B, C 회로)의 그룹간 병렬 OR LOAD
[4 step] X_1, 내부 출력 OUT M001
[5~6 step] A, C 회로, 회로 시작 LOAD 번지 P001, 직렬 AND P003
[7 step] B 회로는 위의 5~6 step과 병렬 OR P002
[8 step] D 회로는 위의 5~7 step 회로와 직렬 AND P004
[9 step] X_2, 내부 출력 OUT M002

step	명　령	번　지
0	LOAD	P001
1	LOAD	P002
2	AND	P003
3	OR LOAD	–
4	OUT	M001
5	LOAD	P001
6	AND	P003
7	OR	P002
8	AND	P004
9	OUT	M002

step	명　령	번　지
0	LOAD	P001
1	LOAD	P002
2	AND	P003
3	OR LOAD	–
4	OUT	M001
5	LOAD	P002
6	AND	P004
7	OUT	M002

그림 1.110 (d)에서 0~4 step은 위와 같다.

【5~7 step】 회로 시작 B, 직렬 D, 내부 출력 X_2에서

LOAD P002, AND P004, OUT M002

※ 내부 출력 X_1의 프로그램에서 BCA순으로 프로그램하면 3번 step이 생략되어 스텝수가 줄어든다. 즉, 그림 1.110 (b)에서

(LOAD P002, AND P003, OR P001, OUT M001)

이 된다.

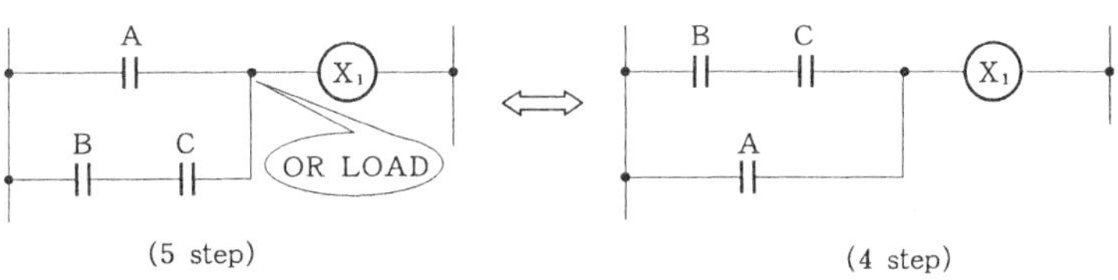

⑩ 회로의 간단화

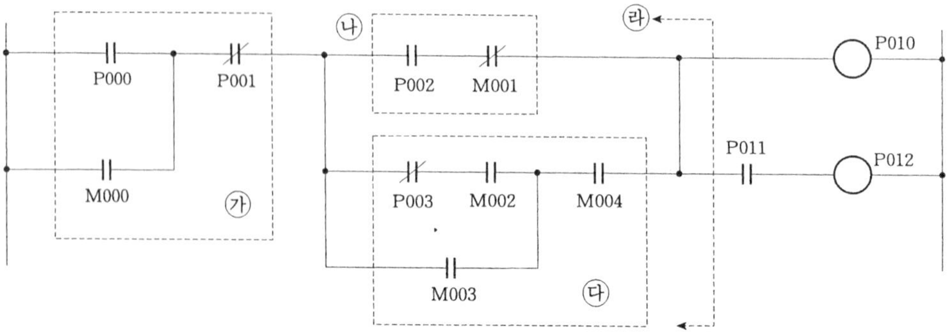

step	명 령	번 지
0	LOAD	P000
1	OR	M000
2	AND NOT	P001
3	LOAD	P002
4	AND NOT	M001
5	LOAD NOT	P003
6	AND	M002

step	명 령	번 지
7	OR	M003
8	AND	M004
9	OR LOAD	–
10	AND LOAD	–
11	OUT	P010
12	AND	P011
13	OUT	P012

그림 1.111

【0~2 step】 ㉮ 회로 - LOAD P000, OR M000, AND NOT P001

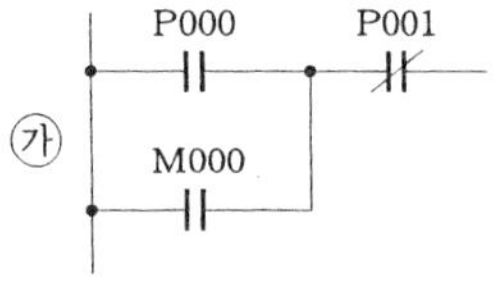

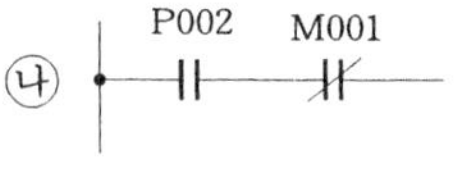

【3~4 step】 ㉯ 회로 - LOAD P002, AND NOT M001

【5~8 step】 ㉰ 회로 - LOAD NOT P003, AND M002, OR M003, AND M004

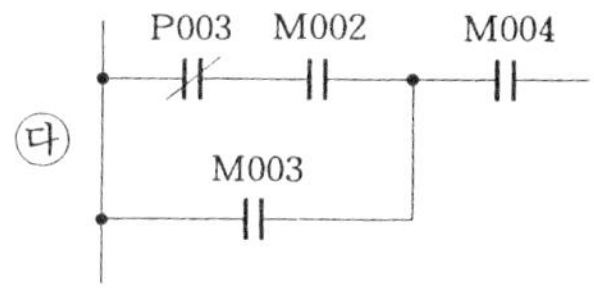

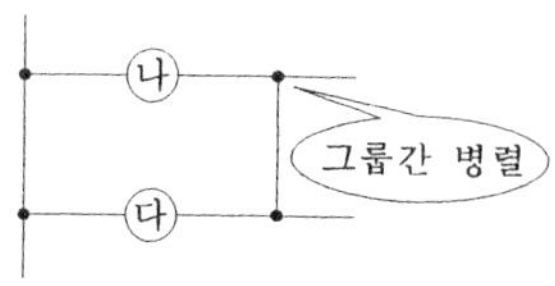

【9 step】 ㉯ 회로와 ㉰ 회로는 그룹간 병렬 회로이고 - OR LOAD

【10 step】 ㉯, ㉰ 회로(9 step)와 ㉮ 회로는 그룹간 직렬 회로이며 - AND LOAD

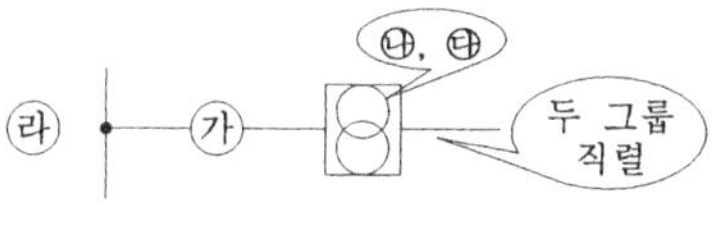

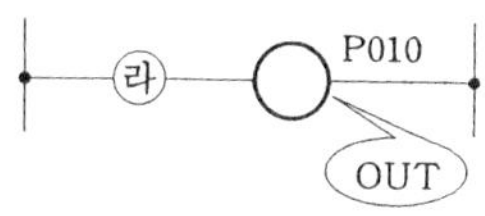

【11 step】 ㉮, ㉯, ㉰ 회로 전부인 회로 ㉱가 성립하면 출력 P010이 성립한다. 즉, 프로그램 - OUT P010이고 이 P010은 앞의 회로 ㉱를 대표한다.

【12 step】 접점 P011은 앞의 회로 전체인 ㉱ 회로에 직렬이므로 - AND P011

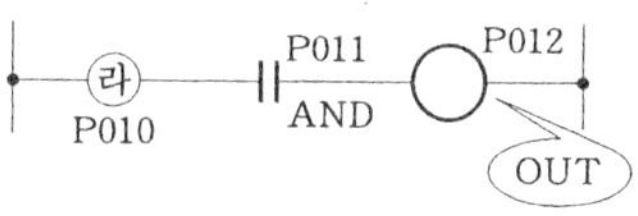

【13 step】 출력 OUT P012

- PLC에서는 위와 같은 복잡한 회로는 사용하지 않는다. 따라서 위의 회로는 다음과 같이 수정하면 스텝수는 많아지지만 회로가 간단 명료해진다.
  위의 회로 ㉮, ㉯, ㉰를 각각 사용하고 있지 않는 내부 출력 M005, M006, M007로 대체하면 아래와 같이 간단화되고 프로그램이 쉬워진다.

  1 ㉮ 회로를 M005로(●3 step) 대체하고
  2 ㉯ 회로를 M006으로(●6 step) 대체하고
  3 ㉰ 회로를 M007로 대체한다(●11 step).
  4 출력 P010은 ㉱ 회로, 즉 ㉯, ㉰의 병렬에 ㉮의 직렬로 된다(●12~14 step).
  5 출력 P012는 P011과 ㉱ 회로(즉 P010)의 직렬로 된다.

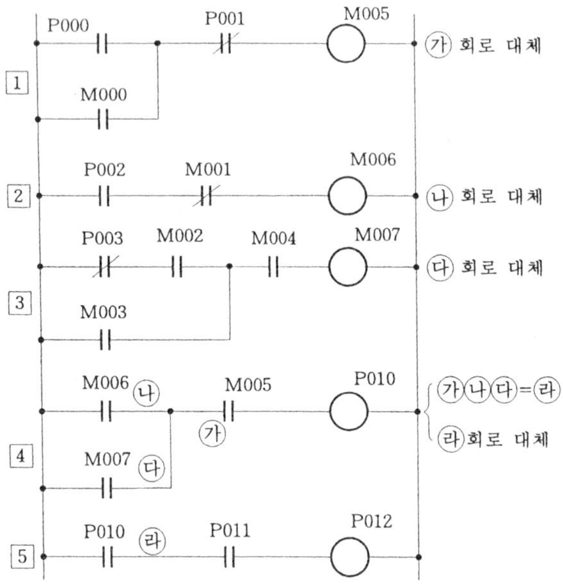

step	명　령	번 지	step	명　령	번 지
0	LOAD	P000	10	AND	M004
1	OR	M000	•11	OUT	M007
2	AND NOT	P001	12	LOAD •	M006
•3	OUT	M005	13	OR •	M007
4	LOAD	P002	14	AND •	M005
5	AND NOT	M001	•15	OUT	P010
•6	OUT	M006	16	LOAD	P010
7	LOAD NOT	P003	17	AND	P011
8	AND	M002	18	OUT	P012
9	OR	M003	19	–	–

그림 1.112

【0~3 step】 1 ㉮ 회로 - LOAD P000, OR M000, AND NOT P001, OUT M005

【4~6 step】 2 ㉯ 회로 - LOAD P002, AND NOT M001, OUT M006

【7~11 step】 3 ㉰ 회로 - LOAD NOT P003, AND M002, OR M003, AND M004, OUT M007

【12~15 step】 4 회로 - ㉯ LOAD M006, ㉰ OR M007, ㉮ AND M005, OUT P010

【16~18 step】 5 회로 - ㉱ LOAD P010, AND P011, OUT P012

3) 타이머 회로

▸PLC용 타이머에는 TON, TOFF, TMON, TMR, TRTG 등이 있다.

① TON : 시한 동작 순시 복구형 타이머(on delay timer)

▸동작(기동) 입력을 준 후 설정 시간 t초가 지나면 타이머 접점이 동작하고 복구(정지) 입력을 주면 곧바로 타이머가 복구하고 접점도 복구한다. 즉, 전기를 주면 t초 후 접점이 동작하고 전기를 끊으면 곧바로 접점이 복구한다.

1 그림에서 기동입력(P000, 전기를 주는 것)을 주면 타이머 T000이 여자된다.
2 설정 시간 t초 후 타이머 접점이 동작한다(a접점은 닫히고 b접점은 열림).
3 타이머 T000의 a접점 T000이 닫혀 부하 출력에 전기를 가한다(출력동작).
4 정지 입력을 주면(P000을 열어 전기를 끊는다) 타이머가 복구하고 접점도 복구한다. 따라서 T000의 a접점이 열려 부하에 전기가 끊어진다(부하 복구).
5 프로그램 순서 :
ⓐ LOAD - 입력 번지
ⓑ TON - 타이머 번지
ⓒ 〈DATA〉 - 설정값(0.1초 단위이고 2 step이 소요된다)

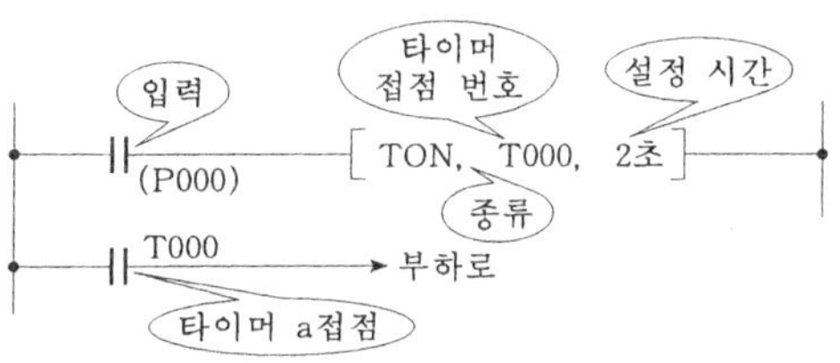

step	명 령	번 지
0	LOAD	P000
1	TON	T000
2	〈DATA〉	0020
4	LOAD	T000
5		

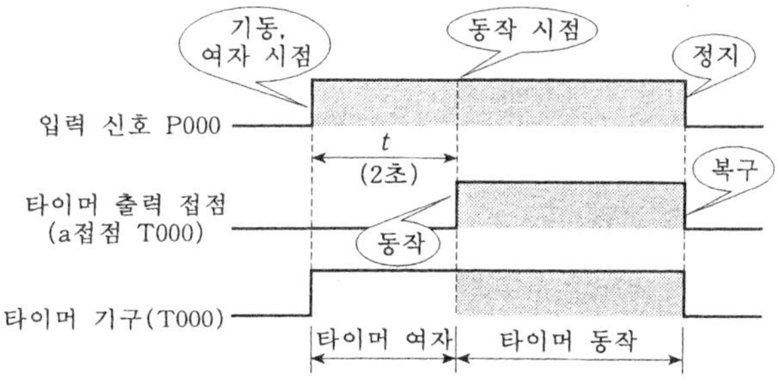

그림 1.113

② TOFF : 순시동작 시한 복구형(off delay timer)

▸동작(기동) 입력을 주면 곧바로 타이머가 동작하고 접점도 동작하며 복구(정지) 입력을 준 후 설정 시간 t 초가 지나면 타이머 접점이 복구한다. 즉, 전기를 주면 곧바로 접점이 동작하고 전기를 끊으면 t초 후 접점이 복구한다.

1. 그림에서 기동입력(P000, 전기를 주는 것)을 주면 타이머 T000이 동작된다.
2. 타이머 T000의 a접점 T000이 닫혀서 부하 출력에 전기를 가한다(출력 동작)
3. 정지 입력을 주면(P000을 열어 전기를 끊는다) 타이머에 전기는 끊어지지만 접점은 복구되지 않는다.
4. 정지 입력을 준 후 설정 시간 t초(2초) 후에 타이머 접점이 복구한다(a접점은 열리고 b접점은 닫힌다).
   따라서 T000의 a접점이 열리므로 부하에 전기가 끊어진다(부하 복구).
5. 프로그램 순서
   ⓐ LOAD - 입력 번지
   ⓑ TOFF - 타이머 번지
   ⓒ <DATA> - 설정값(0.1초 단위이고 2 step이 소요된다)

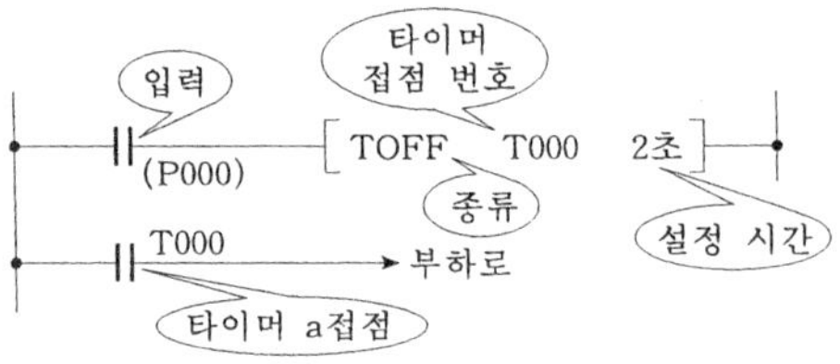

step	명 령	번 지
0	LOAD	P000
1	TOFF	T000
2	〈DATA〉	0020
4	LOAD	T000
5		

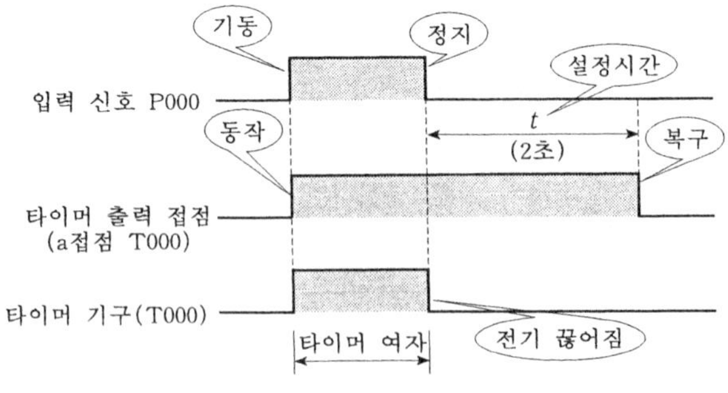

그림 1.114

③ TMON : 단안정형(one shot, monostable timer)

▸동작(기동) 입력을 주면 곧바로 타이머가 동작하고 접점도 동작하며
설정 시간 t초가 지나면 복구(정지) 입력이 없이 타이머와 접점이 복구한다.
즉, 전기를 주면 곧바로 접점이 동작 유지하고
이후 입력에 관계없이 t초 후에 접점이 자동 복구하는 형으로
설정 시간 동안만 동작을 유지하는 형이다.

1. 그림에서 기동입력(P000, 전기를 주는것)을 주면 타이머 T000이 동작된다.
2. 타이머 T000의 a접점 T000이 닫혀서 부하 출력에 전기를 가한다(출력 동작).
3. 설정 시간 t초 후에 타이머 접점이 자동 복구한다(정지 입력이 필요없다).
   따라서 T000의 a접점이 열리므로 부하에 전기가 끊어진다(부하 복구).
4. 설정 시간 이내에 기동 입력이나 정지 입력을 주어도 동작에는 영향이 없다.
5. 단안정형의 입력은 단일 펄스(버튼 스위치를 잠시 눌렀다 놓는 것 등)로 만족하고 유지 회로가 필요없다.
6. 프로그램 순서 :
   ⓐ LOAD - 입력 번지
   ⓑ TMON - 타이머 번지
   ⓒ 〈DATA〉 - 설정값(0.1초 단위이고 2 step이 소요된다)

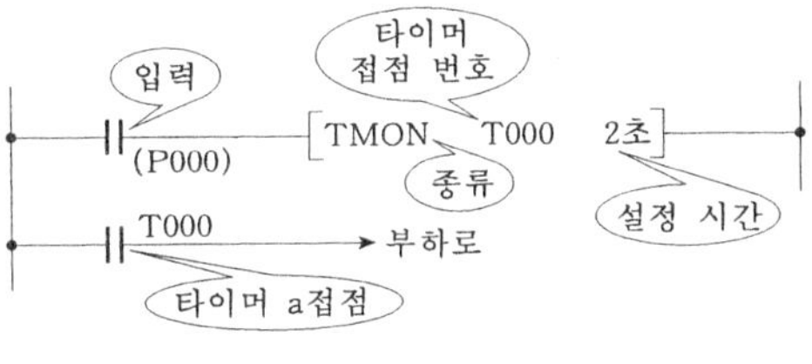

step	명 령	번 지
0	LOAD	P000
1	TMON	T000
2	〈DATA〉	0020
4	LOAD	T000
5		

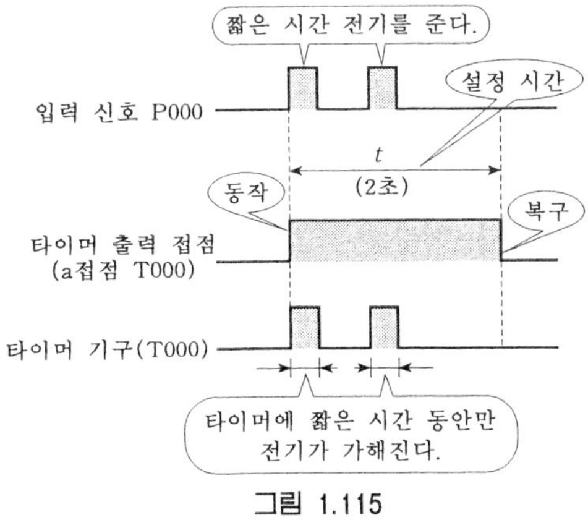

그림 1.115

4) **카운터 회로**

▸카운터에는 CTU, CTD, CTUD, CTR 등이 있다.

▸카운터의 입력 신호는 기동(set) 신호와 정지(리셋) 신호로 되어 있다.

▸입력 신호는 펄스형 신호이고 상승 펄스의 수로 카운트(가산, 감산)한다. 여기서 상승 펄스는 펄스의 상승연(rise edge)(↑, ⎍) 즉, 전압이 가해지는 순간, H 레벨형을 말한다.

① CTU : UP COUNTER

▸1, 2, 3, …… 즉, 1부터 수를 헤아린다.

1 셋 입력(count pulse)을 주면
입력수를 카운트하여 설정값에 도달하면
카운터가 동작하여 출력이 얻어지고(ON) 최대 설정값까지 카운트한다.

2 리셋 입력을 주면 카운터가 복구하여
출력이 없어지고(OFF) 카운터의 현재값을 0으로 한다.

3 그림에서 카운터의 설정값이 4이면

ⓐ Set 입력 P000을 4번 누르면(상승 펄스가 4번째 들어오면 ⎍)
카운터 C000이 동작하며

ⓑ 카운터의 출력 접점 C000이 닫혀(ON) 부하에 전기를 공급한다.

ⓒ 리셋 입력 P001을 누르면(⎍) 카운터가 복구하고
접점 C000이 열려 부하의 전기를 끊는다.
이 때 카운터의 현재값은 0이 된다.

4 프로그램 순서는 아래와 같다.

ⓐ LOAD - 기동 입력 번지

ⓑ LOAD - 정지 입력 번지

ⓒ CTU - 카운터 번지

ⓓ 〈DATA〉 - 설정값

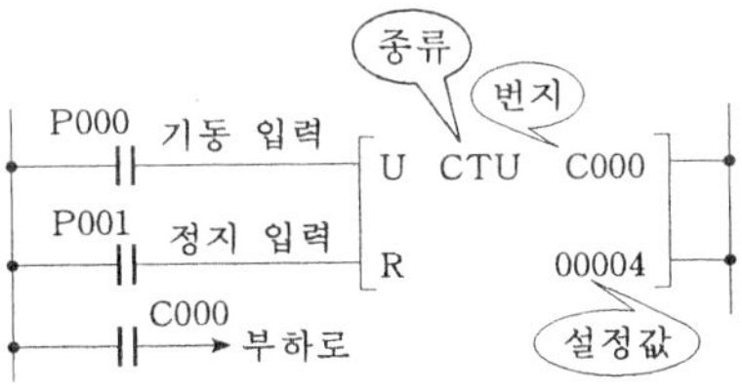

step	명 령	2번 지
0	LOAD	P000
1	LOAD	P001
2	CTU	C000
3	〈DATA〉	00004
5	LOAD	C000

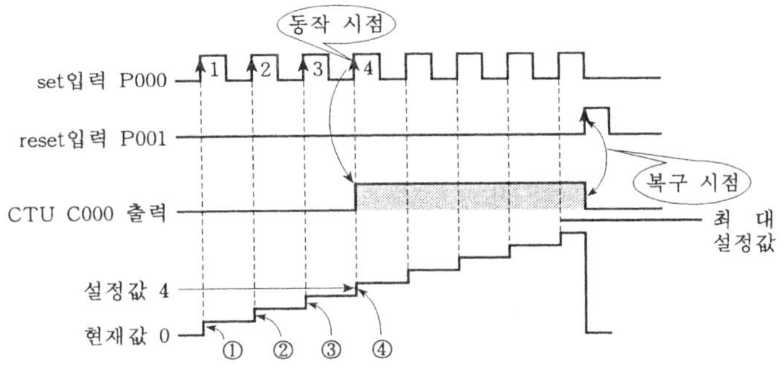

그림 1.116

② CTD : DOWN COUNTER

▸큰 수부터 내리 헤아린다. 즉, 10, 9, 8, ……

1. 셋 입력(count pulse)을 주면 입력수를 카운트 다운(하나씩 감산)하여 설정값에서 0에 도달하면 출력이 얻어진다(ON).
2. 리셋 입력을 주면 출력이 없어지고(OFF) 카운터의 현재값을 설정값으로 한다.

▸그림에서 카운터의 설정값이 3이면

1. set 입력 P000을 3번 누르면(상승 펄스가 3번째 들어오면 ⎍) 카운터 C000이 동작하며
2. 카운터의 출력 접점 C000이 닫혀(ON) 부하에 전기를 공급한다.
3. 리셋 입력 P001을 누르면(⎍) 카운터가 복구하고 접점 C000이 열려 부하의 전기를 끊는다. 이 때 카운터의 현재값은 설정값이 된다.

▸프로그램 순서는 아래와 같다.

ⓐ LOAD - 기동 입력 번지
ⓑ LOAD - 정지 입력 번지
ⓒ CTD - 카운터 번지
ⓓ 〈DATA〉 - 설정값

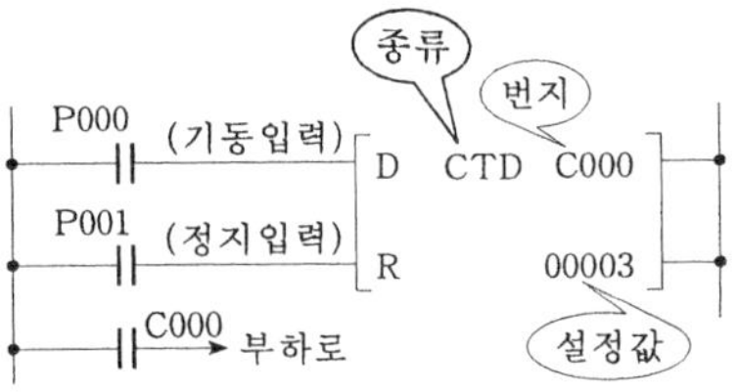

step	명 령	번 지
0	LOAD	P000
1	LOAD	P001
2	CTD	C000
3	〈DATA〉	00003
5	LOAD	C000

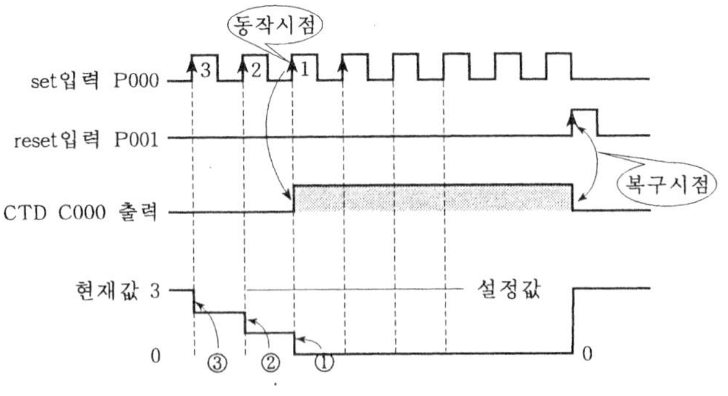

그림 1.117

③ CTUD : UP-DOWN COUNTER

[1] UP의 셋 입력(count pulse)을 주면 입력수를 카운트 업(하나씩 가산)하여 설정값에 도달하면 출력이 얻어지고(ON) 최대 설정값까지 카운트한다.

[2] DOWN의 셋 입력(count pulse)을 주면 입력수를 카운트 다운(하나씩 감산)하여 설정값에서 0에 도달하면 출력이 얻어진다(ON).

[3] 리셋 입력을 주면 출력이 없어지고(OFF) 카운터의 현재값을 설정값으로 한다.

[4] UP, DOWN의 두 입력이 동시에 들어오면 현재값은 변하지 않는다.

[5] 그림에서 카운터의 설정값이 3이면

ⓐ 입력 P000과 P001을 동시에 누르면 현재값 변화는 없다.

ⓑ set 입력 P000을 눌렀다 놓았다를 반복한다. 3번째에서 카운터 C000이 동작하여 카운터의 출력 접점 C000이 닫혀(ON) 부하에 전기를 공급한다.

ⓒ set 입력 P001을 다시 2번 누르면 다운 카운터로 현재값 2가 되며

ⓓ 리셋 입력 P002를 누르면 카운터가 복구하고 접점 C000이 열려 부하의 전기를 끊는다. 이 때 카운터의 현재값은 0이 된다.

[6] 프로그램 순서는 아래와 같다

ⓐ LOAD - 가산 기동 입력 번지

ⓑ LOAD - 감산 기동 입력 번지

ⓒ LOAD - 정지 입력 번지

ⓓ CTUD - 카운터 번지

ⓔ 〈DATA〉 값

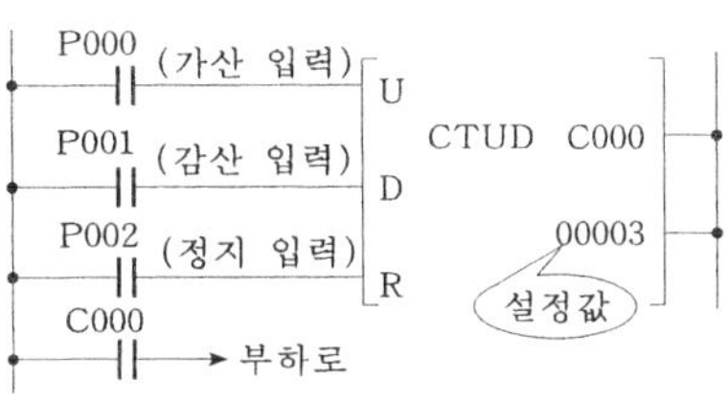

step	명 령	번 지
0	LOAD	P000
1	LOAD	P001
2	LOAD	P002
3	CTUD	C000
4	〈DATA〉	00003
6	LOAD	C000

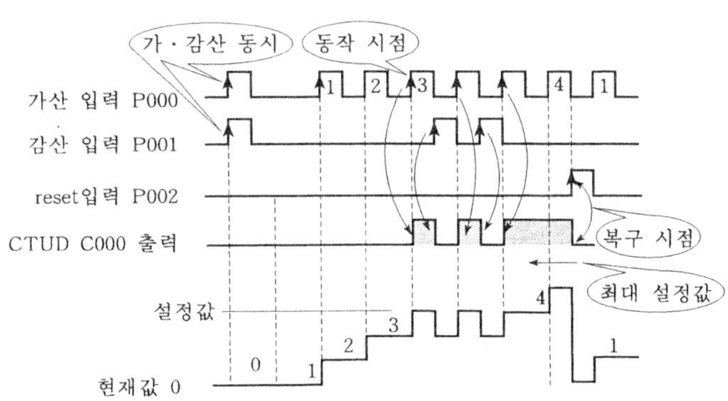

그림 1.118

④ CTR : RING COUNTER

1 셋 입력(count pulse)을 주면 입력수를 카운트하여 설정값에 도달하면 카운터가 동작하여 출력이 얻어진다(ON).

2 카운터가 동작 상태(설정값에 도달한 상태)에서 셋 입력이 하나 더 주어지면 카운터는 복구하여 출력이 없어지며(OFF) 현재값은 0이 된다.

3 리셋 입력을 주면 출력이 없어지고(OFF) 카운터의 현재값을 0으로 한다.

4 그림에서 카운터의 설정값이 4이면

ⓐ set 입력 P000을 눌렀다 놓았다를 반복한다. 4번째에서 카운터 C000이 동작하여 카운터의 출력 접점 C000이 닫혀(ON) 부하에 전기를 공급한다.

ⓑ set 입력 P000을 다시 1번 누르면 카운터는 복구하고 출력이 없어지며 현재값은 0이 되며

ⓒ 리셋 입력 P001을 누르면 카운터가 복구하고 접점 C000이 열려 부하의 전기를 끊는다. 이 때 카운터의 현재값은 0이 된다.

5 프로그램 순서는 아래와 같다.

ⓐ LOAD - 기동 입력 번지 ⓑ LOAD - 정지 입력 번지

ⓒ CTR - 카운터 번지 ⓓ <DATA> - 설정값

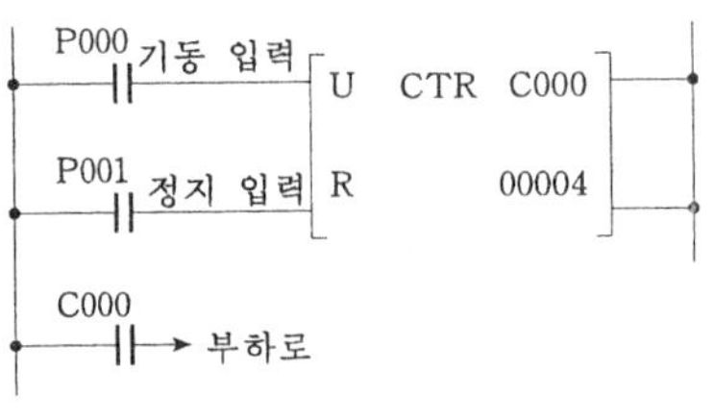

step	명 령	번 지
0	LOAD	P000
1	LOAD	P001
2	CTR	C000
3	<DATA>	00004
5	LOAD	C000

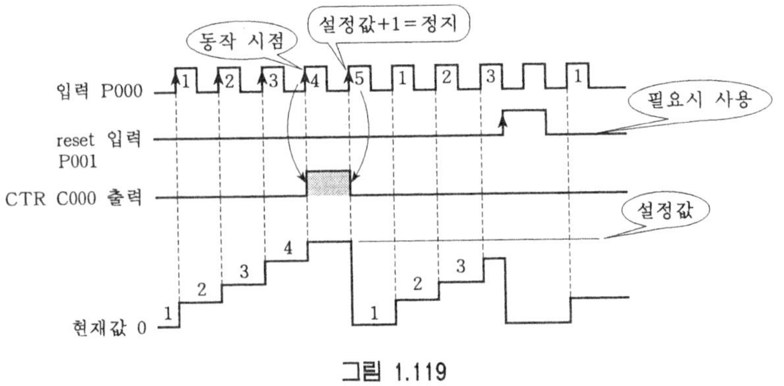

그림 1.119

5.3 Handy Loader에 의한 프로그래밍

▸PLC에서 프로그램 작성이 끝나면 CPU의 메모리에 프로그램을 저장시킨다.
이때 사용하는 장치로 주변 장치인 핸디 로더 또는 그래픽 로더를 사용한다.

▸핸디 로더는 니모닉 코딩이 가능한 데 비하여 그래픽 로더는 니모닉 및 래더 다이어그램으로 코딩된다.

▸그래픽 로더는 PC 또는 노트 북에 PLC용 소프트웨어 패키지를 설치한 것이다.

▸이 절에서는 교육용(LG 제품) 소형 핸디 로더의 기본 코딩 방법을 소개하고 다음 절에서 교육용(LG 제품) 그래픽 로더를 소개한다.

▸그림 1.120은 PLC와 프로그래밍 장치의 시스템 구성도의 일례인데
핸디 로더 또는 컴퓨터를 PLC의 CPU에 접속한 예이다.

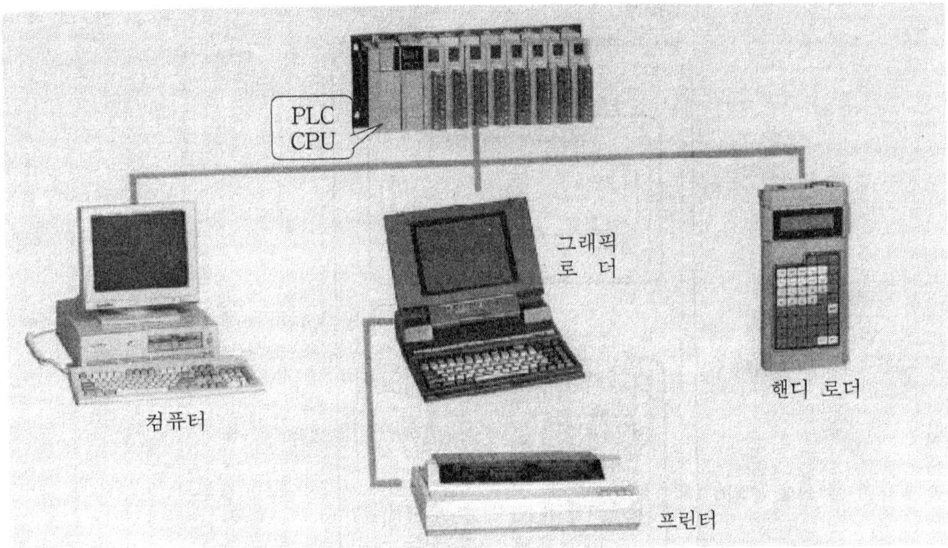

그림 1.120

(1) Handy Loader의 기능과 구성

▸ 핸디 로더로는 니모닉 코딩만이 되므로 보통 래더 다이어그램을 작성한 후에 니모닉 코딩을 하는 것이 편리한데 그 기능과 구성은 다음과 같다.

① 프로그래밍과 편집 : 읽기, 쓰기, 삽입, 삭제 등의 기능

② 모니터 : 외부 입·출력 및 내부 출력의 디스플레이 기능

③ 검색 및 검사 : 어드레스의 검색 표시, 프로그램 문법의 검사 등의 기능

④ 시운전 : 운전 중의 설정값 변경, 강제 출력 on/off 기능 등이 있다.

⑤ 그림 1.121은 로더 구성의 일레인데 각종 명령과 실행키(key)로 프로그램을 코딩한다.

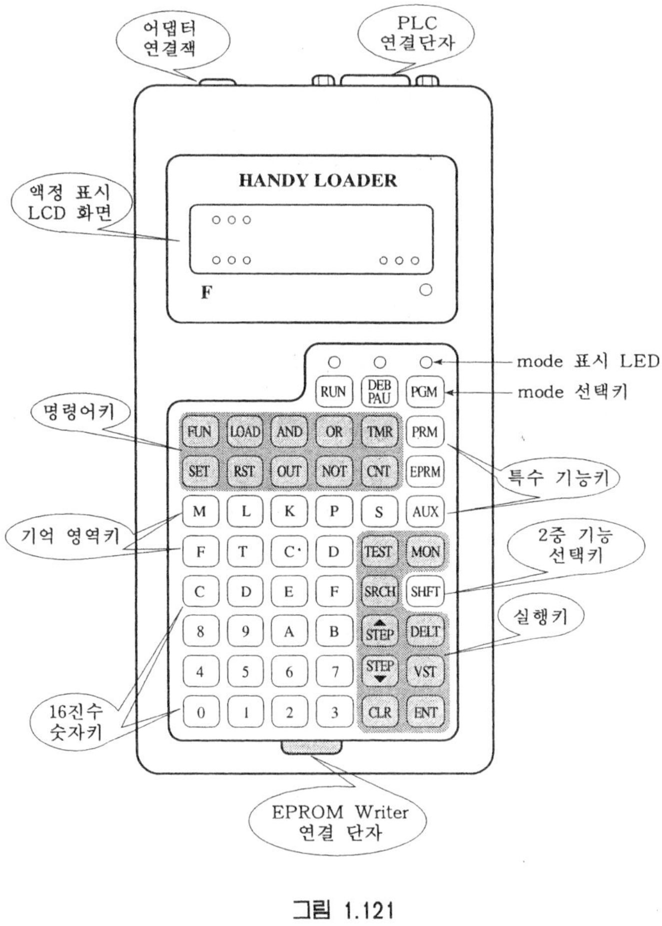

그림 1.121

(2) 동작과 코딩 예

① 전원을 투입(SW-ON)한다. - LCD display(화면)는 다음과 같이 된다.

1 초기 화면이 나타나고 잠시 후 없어진다.

HANDY LOADER
00 / 00 / 00 . VER 0.0

2 다음 화면이 나타난다.

* K50 VER 1.2 *
PROGRAM

MODE ↓ PGM

• 이 때 PGM MODE에 LED Lamp가 점등되어 있다.

② PGM MODE를 눌렀다 놓는다 - 다음 화면이 나타난다.

PROGRAM
MODE

• PASSWORD(비밀 번호)가 있을 때는 PASSWORD DISPLAY가 나타나고 비밀 번호를 입력하면 PROGRAM MODE가 나타난다.

③ CLR Key를 눌렀다 놓는다. - 코딩 준비 작업

1 앞의 프로그램이 기억되어 있지 않을 때에는 다음 화면이 나타난다. 이 때는 0번 step부터 프로그램한다.

0000

2 위의 화면에서 -step Key를 눌렀다 놓을 때 아래 화면이 나타나면 앞의 프로그램이 기억되어 있지 않을 때이다.

이 때에는 CLR Key를 한번 더 눌렀다 놓으면 위의 1번 화면이 나타난다.

0000	
FUN(000)	NOP

0000

3 앞의 프로그램을 지울 필요가 있을 때에는 다음 Key를 차례로 누르면 2번의 상태로 된다.

CLR CLR SHFT DELT --- CLR

ⓐ 앞의 프로그램이 있는 상태(예)

0000	
LOAD	P001

ⓑ 앞의 프로그램이 지워진 상태

0000	
FUN(000)	NOP

0000

④ 프로그램 코딩을 한다.(예)

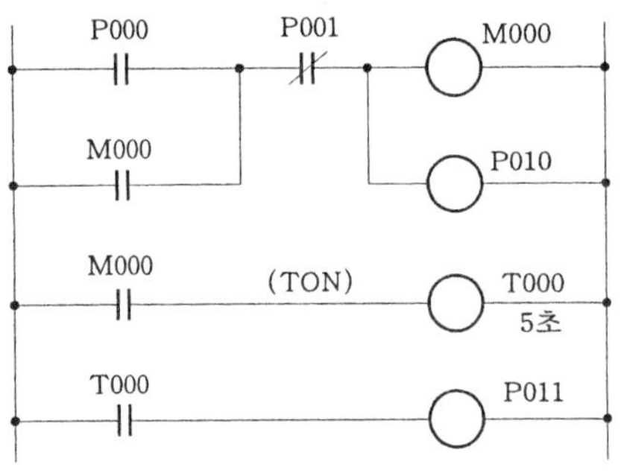

step	명 령	번 지
0	LOAD	P000
1	OR	M000
2	AND NOT	P001
3	OUT	M000
4	OUT	P010
5	LOAD	M000
6	TMR	T000
7	<DATA>	00050
9	LOAD	T000
10	OUT	P011

그림 1.122

【0 step】 회로 시작 a접점 명령 LOAD와 번지 P000 - LOAD P000 ENT

• ENT : 기억완료 Key(enter)이고 이후 자동으로 다음 step으로 이동한다.

0000	
LOAD	P000

0001	
OR	M000

【1 step】 a접점 M000은 위의 접점 P000과 병렬 OR - OR M000 ENT

【2 step】 b접점(NOT) P001은 위 회로와 직렬 AND - AND NOT P001 ENT

0002	
AND NOT	P001

0003	
OUT	M000

【3 step】 출력 명령 OUT와 번지 M000 - OUT M000 ENT

【4 step】 출력 명령 OUT와 번지 P010 - OUT P010 ENT

0004	
OUT	P010

0005	
LOAD	M000

【5 step】 회로 시작 LOAD와 번지 M000 - LOAD M000 ENT

【6 step】 타이머 TMR(TON)과 번지 T000 - TMR T000 ENT

0006	
TON	T000

0007	
〈DATA〉	00050

【7 step】 설정 시간 5초 - 〈DATA〉 00050 ENT → (0.1초 단위, 2스텝 사용)

【9 step】 회로 시작 LOAD와 번지 T000 - LOAD T000 ENT

0009	
LOAD	T000

0010	
OUT	P011

【10 step】 출력 명령 OUT와 번지 P011 - OUT P011 ENT

【11 step】 끝 명령 1 - 1 ENT → 끝(END)의 명령어는 "1"이다.

0011	
FUN(001)	END

0012	
FUN(000)	NOP

【12 step 이하】 프로그램이 없는(NOP 표시) 스텝이다.

⑤ 프로그램이 끝나면 -step Key와 +step Key를 눌렀다 놓았다를 반복하면서 프로그램을 확인한다.

1 수정 : 수정할 스텝에서 그대로 내용을 Key-In하면 된다.

2 삽입 : 삽입할 스텝에서 내용을 Key-In하고 ENT대신 INST Key를 In한다.

【예】 3번 스텝에 AND P003을 삽입할 때
→ 3번 스탭에서 AND P003 INST 한다.

3 삭제 : 삭제할 스텝에서 DELT Key를 In하면 된다.

4 삭제, 삽입 등의 과정에서 스텝은 자동 정리된다.

⑥ 확인이 끝나면 PGM MODE에서 RUN MODE로 전환한다. 즉, RUN MODE의 RUN(운전)을 눌렀다 놓는다. 이 때 RUN MODE에 LED가 점등된다.

1 동작 설명 :

기동 신호 P000을 주면 내부 출력 M000이 동작 유지함과 동시에
타이머 T000이 여자되고 또 출력 램프 P010이 점등한다.
5초 후 접점 T000이 동작하여 출력 램프 P011이 점등한다.
정지 신호 P001을 주면 M000이 복구하여 P010, T000, P011이 복구한다.

2 동작 확인 :

ⓐ PLC의 입・출력 카드에 LED가 점등한다.
외부 입력, 예로서 BS_1을 눌렀다 놓으면 입력 카드의 0번 LED가 깜박한다.
또, 출력 카드의 0번 LED가 점등하며 5초 후에 1번 LED가 점등한다.
BS_2를 눌렀다 놓으면 입력 카드의 1번 LED가 깜박하며,
또 출력 카드의 0번 LED와 1번 LED가 소등한다.

ⓑ −step Key와 +step Key를 눌렀다 놓았다를 반복하면서 아래 그림의 예와 같이 자기 스텝에 ○(정지 표시) → ●(동작 표시)를 확인한다.
이때 P000, P001을 누를 때와 P010, P011, T000(타이머 접점)의 동작시 ●표시가 나타난다.

0004	○
OUT	P010

0004	●
OUT	P010

ⓒ MON(모니터 키)을 이용한다. 즉,
・P000, P001의 동작 표시 : 화면의 0 스텝 상태(그림 a)에서
MON을 눌렀다 놓으면 그림(b)와 같이 되고,
이 상태에서 P001과 MON을 Key-In하면 그림(c)와 같이 된다.
기동 스위치를 누르면(d), 정지 스위치를 누르면 (e)와 같이 ●이 나타난다.

0000	
LOAD	P000

(a)

P000 ○

(b)

P000 ○	P001 ○

(c)

P000 ● P001 ○	P000 ○ P001 ●
(d)	(e)

▸확인 후 CLR을 눌렀다 놓고 이어 −step(또는 +step)을 눌렀다 놓으면 그림(a)의 상태로 된다.
이때 동작 확인이 2개이므로 CLR도 2번 눌렀다 놓는다.

▸M000, P010, P011의 동작 표시 :
화면의 1스텝 상태에서 MON을 눌렀다 놓으면 그림(a)와 같이 되고,
이 상태에서 P010과 MON을, 또 계속해서 P011과 MON을 Key-In하면 그림(b)와 같이 된다(최대 4개 가능).
기동 스위치를 누르면(c), 5초 후에는 (d)와 같이 ●이 나타난다.

M000 ○	M000 ○ P010 ○ P011 ○
(a)	(b)
M000 ● P010 ● P011 ○	M000 ● P010 ● P011 ●
(c)	(d)

▸타이머 접점 T000의 동작 표시 :
화면의 6 스텝(또는 9 스텝) 상태에서 MON을 눌렀다 놓으면 그림(a)와 같고 이 상태에서 기동 스위치를 누르면 5초 계량을 볼 수 있고 그 후 ●이 나타난다(b).

ON T000 ○ 00000	ON T000 ● 00050
(a)	(b)

5.4 컴퓨터의 S/W를 이용한 프로그래밍

(1) 개요

① 작성된 프로그램을 PLC CPU의 메모리에 저장시키는 방법으로 컴퓨터용 소프트웨어 패키지를 이용하여 컴퓨터로 프로그램을 저장시키고, 또 컴퓨터의 조작으로 PLC를 운전 정지시킬 수 있다.
② 제조 회사마다 S/W의 이용 방법이 다르므로 사용 설명서를 참조하여야 한다.
③ 이 방법은 니모닉 및 래더 다이어그램으로 병행 코딩되며 어느 한 방법으로 코딩하면 다른 방법은 자동 편집된다.
④ 기능 : 핸디 로더의 기능 이외에 래더 편집과 니모닉 편집의 상호 변환 기능, 인쇄(주석 포함) 기능, 파일 관리 기능 및 운용 환경 설정 기능 등의 기능이 있다.
⑤ 컴퓨터, 프린터, 통신 링크 등의 하드웨어 사양에 유의해야 한다.
⑥ 이 절에서는 교육용(LG 제품, S/W-GSIKGL) 프로그램의 기본 방법의 일부만을 소개한다.

(2) 코딩 예

아래 시퀀스를 실행한다.

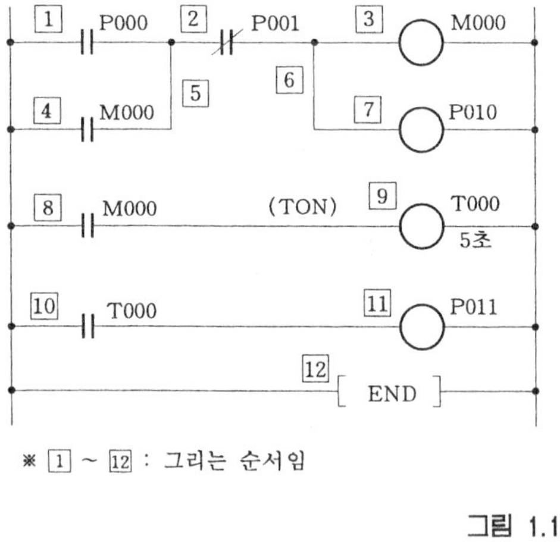

step	명 령	번 지
0	LOAD	P000
1	OR	M000
2	AND NOT	P001
3	OUT	M000
4	OUT	P010
5	LOAD	M000
6	TON	T000
7	〈DATA〉	00050
9	LOAD	T000
10	OUT	P011

그림 1.123

1) 초기 조작

① 전원 투입(starting MS-DOS)

② 초기 화면에서 PLC〔SubDir〕를 선택한 후 Enter Key를 누른다.

③ 화면에서 GSIKGL EXE를 선택한 후 Enter Key를 누른다.

④ 로고 화면(GSIKGL)에서 Enter Key를 누른다.

⑤ 화면(Configuration Select)에서 Loader Configuration을 선택한 후 Enter Key를 누른다.

⑥ 위의 추가 화면(PLC Type)에서 종류(예-Master K50)를 선택한 후 Enter Key를 누른다. 계속하여 COM1을 선택한 후 Enter Key를 누른다.

⑦ 이 상태에서 프로그램 방식〔**2) 래더도 방식** : Alt L, 또는 **3) 니모닉 방식** : Alt N Key〕을 선택하면 초기 화면이 나타난다.

2) **래더도 방식**

▸위의 1)(초기 조작)의 ⑦상태에서 ALT Key와 문자 L을 동시에 누르면 래더형의 프로그램 작성용 초기 화면이 그림 1.124와 같이 나타난다.

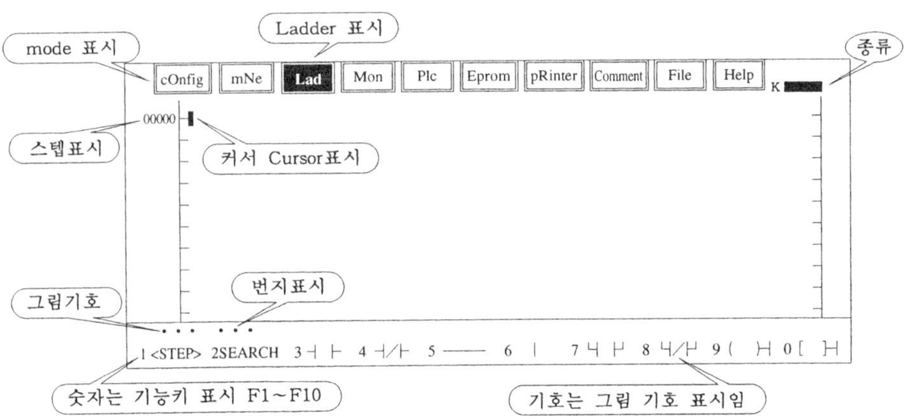

그림 1.124

【작성 순서】

① 0000번 스텝에서 화면 하단의 기능키 표시(3 ㅓㅏ), 즉 F3 Key를 누르면 a접점 표시(ㅓㅏ)가 나타난다.

또, 번지 P000을 누른 후 Enter Key를 누른다.

이때 화면 상단과 하단에 그림 기호와 문자 기호가 나타난다. 이하 전부 같다.

☞ 1 Key In : F3 P 0 0 0 Enter ☞ 2 Key In : F4 P 0 0 1 Enter

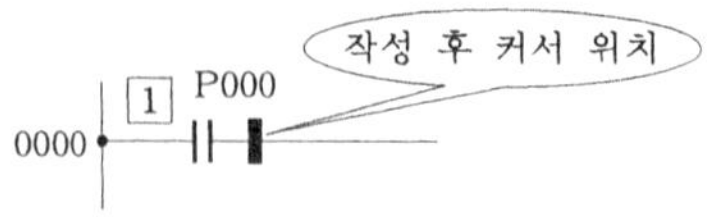

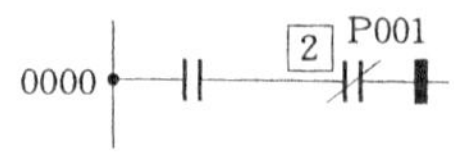

② 커서(cursor)의 위치(█ 표시)에서 기능키 F4(b접점 기호 - 화면 하단 표시), 번지 P001, Enter Key를 차례로 누르면 위의 2번째 그림이 나타난다.

③ 커서의 위치(█ 표시)에서 기능키 F9(출력 표시 기호 - 화면 하단 표시), 번지 M000, Enter Key를 차례로 누르면 아래 그림이 나타난다.

☞ 3 Key In : F9 M 0 0 0 Enter

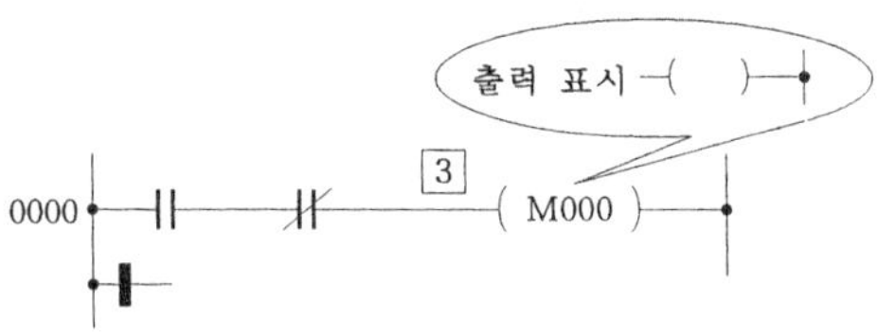

④ 커서의 위치(█ 표시)에서 기능키 F3(a접점 기호 - 화면 하단 표시), 번지 M000, Enter Key를 차례로 누르면 아래 그림이 나타난다.

☞ 4 Key In : F3 M 0 0 0 Enter ☞ 5 Key In : F6 Enter

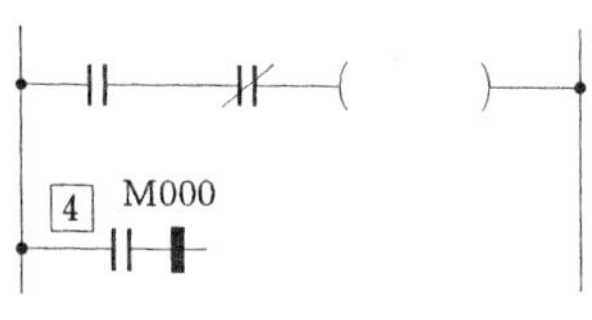

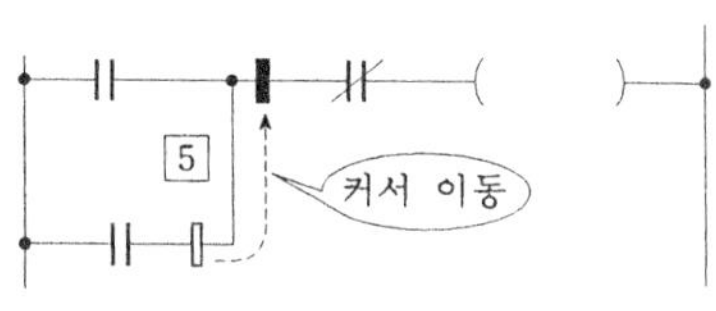

⑤ 커서의 위치(█ 표시)를 위 2번째 그림과 같이 위로 옮기고 기능키 F6(세로선 기호 - 병렬 접속 - 화면 하단 표시), Enter를 차례로 누르면 위와 같다.

⑥ 커서의 위치(█ 표시)를 아래 그림과 같이 옆으로 옮기고 기능키 F6(세로선 기호 - 병렬 접속 - 화면 하단 표시), Enter를 차례로 누르면 아래 첫 번째 그림과 같다.

☞ 6 Key In : F6 Enter

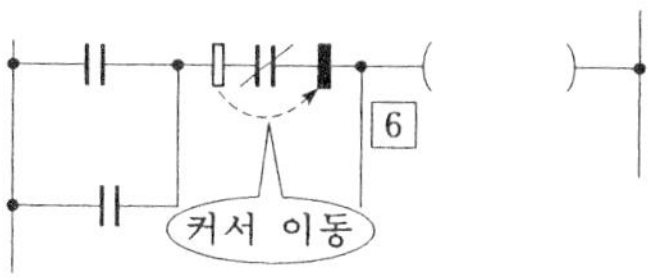

☞ 7 Key In : F9 P 0 1 0 Enter

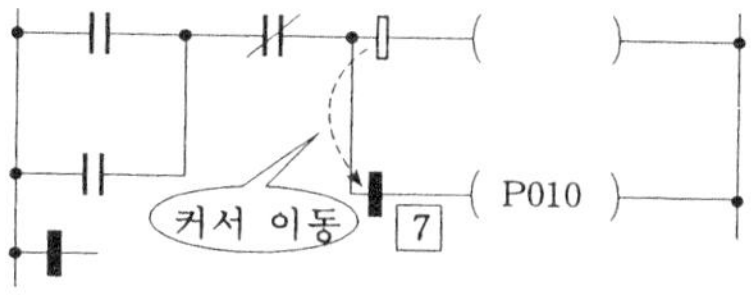

⑦ 커서의 위치(▮ 표시)를 위 2번째 그림과 같이 아래로 옮기고 기능키 F9(출력표시 기호), 번지 P010, Enter Key를 차례로 누르면 위 그림과 같다.

⑧ 커서의 위치(▮ 표시)에서 기능키 F3(a접점 기호-화면 하단 표시), 번지 M000, Enter Key를 차례로 누르면 아래 그림이 나타난다.

☞ 8 Key In : F3 M 0 0 0 Enter

☞ 9 Key In : F10 T O N SP T 0 0 0 SP 0 0 0 5 0 Enter

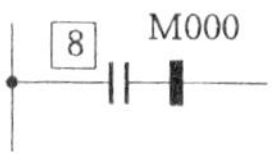

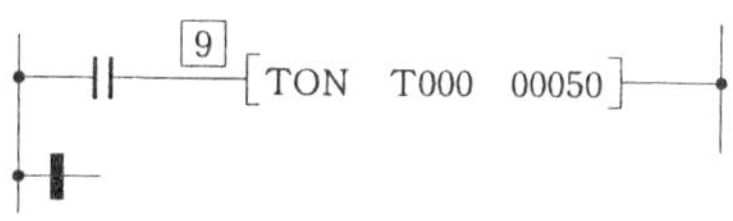

⑨ 커서의 위치(▮ 표시)에서 기능키 F10, 종류 TON, SP, 번지 T000, SP, 시간 00050, Enter Key를 차례로 누르면 위의 그림이 나타난다.
(SP는 spacer 키의 표시이다. 이하 같다.)
여기서 TON 대신에 Shift키와 기능키 F1을 동시에 눌러도 된다.

☞ 9 다른 Key In 방법 : F10 Shift F1 T 0 0 0 SP 0 0 0 5 0 Enter

☞ 여기서 Shift Key를 누르면 기능키 표시 자리가 타이머, 카운터의 기능키로 변환된다. 즉, Shift와 F1을 누르면 TON 표시가 나타난다.

⑩ 커서의 위치(▮ 표시)에서 기능키 F3(a접점 기호-화면 하단 표시), 번지 T000, Enter Key를 차례로 누르면 아래 그림이 나타난다.

☞ 10 Key In : F3 T 0 0 0 Enter

☞ 11 Key In : F9 P 0 1 1 Enter

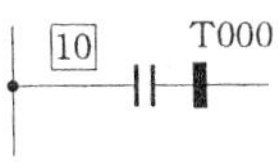

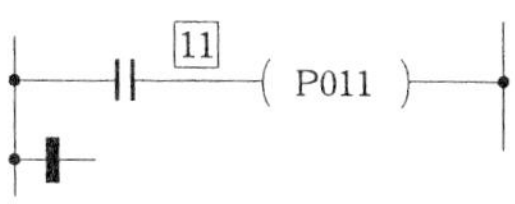

⑪ 커서의 위치(▌ 표시)에서 기능키 F9(출력 표시 기호-화면 하단 표시), 번지 P011, Enter Key를 차례로 누르면 위의 2번째 그림이 나타난다.

⑫ 커서의 위치(▌ 표시)에서 기능키 F10(출력 표시 기호-화면 하단 표시), 문자 END, Enter Key를 차례로 누르면 아래 그림이 나타난다.

☞ ⑫ Key In : F10 E N D Enter

⑬ 스텝 실행(Program Convert)과 완료 :

Alt와 F7 키를 동시에 누르면 Are You Sure ? ⟨Y/N⟩ 가 나타나고

Y를 누르면 회로에 스텝이 나타나고 하단에 Completed가 나타난다.

즉, 그림 1.125와 같은 완성된 도면이 된다.

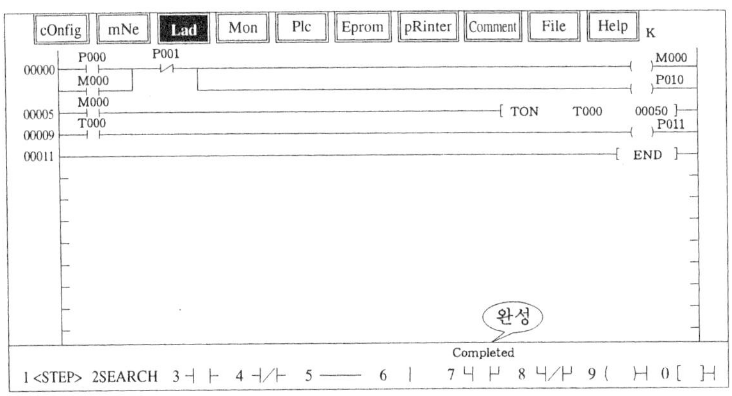

그림 1.125

⑭ Alt와 N을 동시에 누르면 완성된 니모닉 프로그램(그림 1.126)으로 변환된다. 즉, 니모닉 방식(Alt N)과 래더도 방식(Alt L)은 완성된 회로로 상호 변환된다.

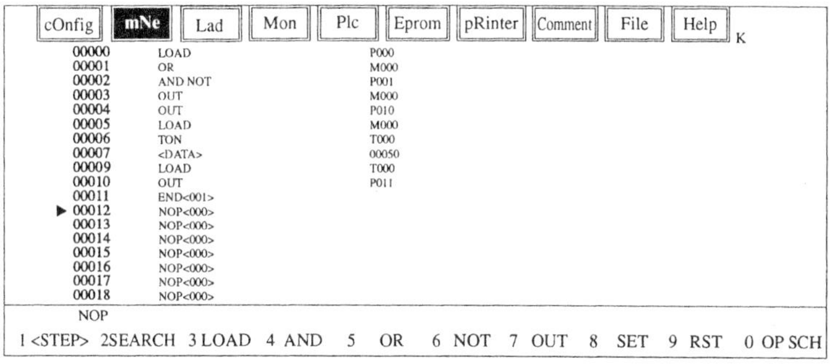

그림 1.126

※ 삽입 : 삽입할 장소에 커서(cursor)를 옮기고 내용을 Key In한다.
수정 : 수정할 장소에 커서를 옮기고 내용을 Key In한다.
삭제 : 삭제할 장소에 커서를 놓고 Ctrl D Key In하면 1스텝이 삭제되고, 또 삭제할 장소에 커서를 놓고 Ctrl L Key In하면 1줄이 삭제된다.

3) 니모닉 방식

위의 1)(초기 조작)의 ⑦상태에서 ALT Key와 문자 N을 동시에 누르면 니모닉 프로그램 작성용 초기 화면이 그림 1.127과 같이 나타난다.

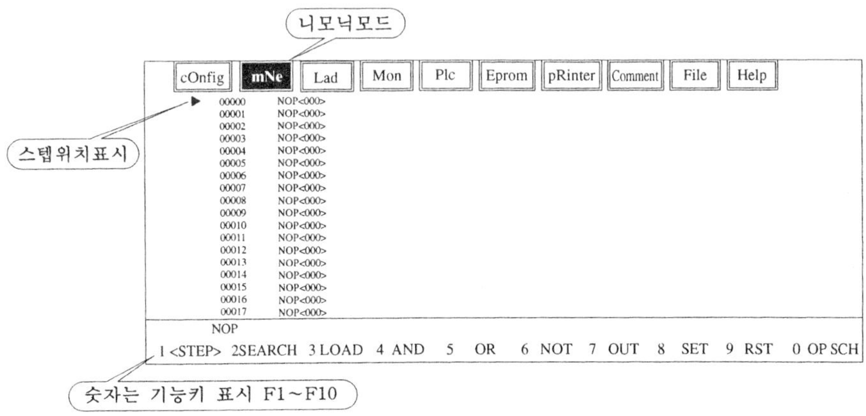

그림 1.127

[작성 순서]

① 0000 스텝 : P000번지부터 입력, [F3] [P 0 0 0 Enter] - LOAD P000

② 0001 스텝 : 병렬, 유지, [F5] [M 0 0 0 Enter] - OR M000

③ 0002 스텝 : 직렬 b접점, 정지, [F4] [F6] [P 0 0 1 Enter] - AND NOT P001

④ 0003 스텝 : 내부 출력, [F7] [M 0 0 0 Enter] - OUT M000

⑤ 0004 스텝 : 출력, [F7] [P 0 1 0 Enter] - OUT P010

⑥ 0005 스텝 : 회로 시작, [F3] [M 0 0 0 Enter] - LOAD M000

⑦ 0006 스텝 : 타이머, [T O N SP T 0 0 0 SP 0 0 0 5 0 Enter] 하면
6 스텝 - TON T000, 7 스텝 - 〈DATA〉 00050이 코딩된다.
☞ 종류 TON 대신에 Shift F1 키를 동시에 눌러도 된다.

⑧ 0009 스텝 : 회로 시작, [F3] [T 0 0 0 Enter] - LOAD T000

⑨ 0010 스텝 : 출력, [F7] [P 0 1 1 Enter] - OUT P011

⑩ 0011 스텝 : 끝, [E N D] [Enter] - END(001)
☞ 이 상태가 프로그램이 완료된 상태이고 그림 1.126과 같이 된다.

⑪ Alt L을 동시에 누르면 그림 1.125와 같이 래더식으로 변환된다.

⑫ PLC mode, Moniter mode, Printer mode, Run mode 등은 생략한다.

2 시퀀스 제어와 기본 회로

1. 유지 회로

   릴레이 회로 / PLC 회로 / 양논리 회로 /

   $\overline{R}\,\overline{S}$-latch / JK-FF / 플립플롭의 종류

2. 우선 회로

   인터록 회로(릴레이 회로 / PLC 회로 / 로직 회로)

   동작 우선 회로(릴레이 회로 / PLC 회로 /로직 회로)

   신입 신호 우선 회로(릴레이 회로 / PLC 회로 / 로직 회로)

3. 시한 제어 회로

   시한 동작 회로(릴레이 회로 / PLC 회로 / 로직 회로)

   시한 복구 회로(릴레이 회로 / PLC 회로 / 로직 회로)

   단안정 회로(릴레이 회로 / PLC 회로 / 로직 회로)

1. 유지 회로

기기를 운전(A 상태의 신호)하고, 정지(B 상태의 신호)할 경우
운전 상태가 계속 유지될 수 있도록 하는 시퀀스를 유지 회로(또는 플립플롭, 기억 회로)라고 하고 아래와 같이 설명된다.

- ▸릴레이 자신의 접점으로 회로를 유지한다. ← 릴레이 회로의 자기 유지 회로
- ▸출력 신호를 Logic-OR 회로의 입력 신호로 되먹임(feed back)하여 회로를 유지한다. ← 로직-양논리 회로
- ▸변화(입력) 신호를 상태(출력) 신호로 변환하는 회로이다(타임 챠트 참조).
- ▸set(기동 입력)하면 출력이 생기고 reset(정지 입력)하면 출력이 없어지는 회로 ←플립플롭, 쌍안정 회로
- ▸어떤 신호를 A 상태에서 B 상태로 바꿀 때
  이를 기억해 둘 필요가 있을 경우의 회로(기억 회로) 등을 말한다.

1.1 릴레이 회로

(1) 회로

▸그림 2.1 (a)는 스위치(입력) SW를 닫으면 램프(출력) Ⓛ이 점등되고 계속 유지된다.
그러나 시퀀스에서는 입력 기구로 유지형 스위치를 사용하지 않고 대신에 푸시버튼 스위치 (BS)를 사용한다.

▸그림 2.1 (b)는 버튼 스위치 BS를 누르면 램프 Ⓛ이 점등되고
스위치 BS를 놓으면 램프 Ⓛ이 소등되어 램프의 점등이 유지되지 못한다.

▸그림 2.1 (c)는 보조 릴레이 Ⓧ를 사용한 시퀀스이고 유지 회로라고 한다.

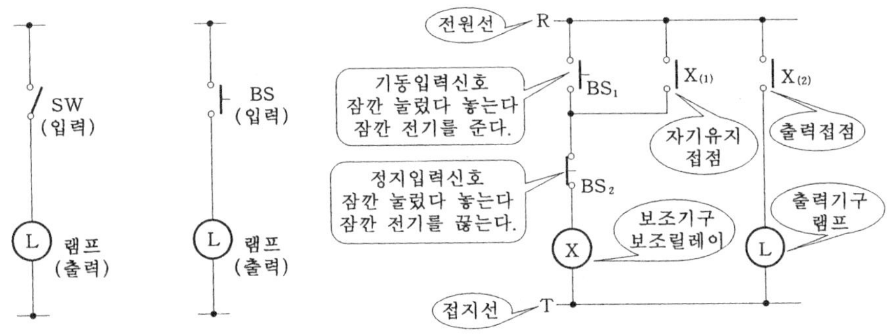

(a) (b) (c)

그림 2.1

① 기동 입력 신호 BS_1을 누르면 Ⓧ에 전기가 통하고
BS_1을 놓으면 전기가 끊어진다.
따라서 기동이란 BS_1을 잠시 동안 눌렀다 놓는 것과 같다.
BS_1을 누르는 순간 릴레이 Ⓧ에 전기가 통하여 Ⓧ가 동작(여자)하고
자기 접점($X_{(1)}$)이 닫혀서 유지(전기를 계속 공급받는다)한다.

② 정지 입력 신호 BS_2를 누르면 Ⓧ에 전기가 끊어지고
BS_2를 놓으면 전기선이 통한다. 따라서
정지 신호란 BS_2를 잠깐 동안 눌렀다 놓는 것과 같다.
BS_2를 누르는 순간 릴레이 Ⓧ에 전기가 끊어져 Ⓧ가 복구한다.

③ 보조 릴레이 Ⓧ는 BS_1을 누르면 전기를 공급받아 순간 동작하고 자기 접점 $(X_{(1)})$으로 유지하며(전기를 계속 받아 동작 중) BS_2를 누르면 전기가 끊겨 순간 복구한다.

④ 접점 $X_{(1)}$은 닫혀서 BS_1 대신에 릴레이 Ⓧ에 전기를 공급하는 자기 유지 접점이다.

⑤ 접점 $X_{(2)}$는 닫혀서 출력 램프 Ⓛ에 전기를 공급하여 램프가 점등된다.

※ 릴레이가 동작(복구)한다는 것은
릴레이 몸체가 전자석이 되어(여자) 접점을 열고 닫는 것을 말한다.
즉, 접점의 개폐 동작이 릴레이의 동작(복구)이 된다.

※ 릴레이 Ⓧ는
입력(BS_1, BS_2)을 주어 출력(램프 Ⓛ)을 얻는 데 도와주는(유지시키는) 역할을 하므로 보조기구, 유지기구, 보조 릴레이라고 한다. 즉,
릴레이 Ⓧ의 사용 목적은 회로를 유지하는 데 있다.
따라서 릴레이 시퀀스는

[입력 기구(BS_1, BS_2) – 보조 기구(Ⓧ) – 출력 기구(Ⓛ)]

로 구성됨을 알 수 있고, 또 보조 기구로 릴레이가 사용됨을 알 수 있다.

(2) 동작

① 그림 2.2 (a)~(e)에서 (e)는 정지 상태이다.

② 기동 : 그림 2.2 (a)에서 기동 입력 BS_1을 눌렀다 놓는다.
BS_1을 누를 때 BS_1 접점이 닫히는 순간 릴레이 Ⓧ에 전기가 공급되어 릴레이 Ⓧ가 동작(여자)된다.

[전원 R – BS_1 닫힘 – BS_2 – Ⓧ – 전원 T]

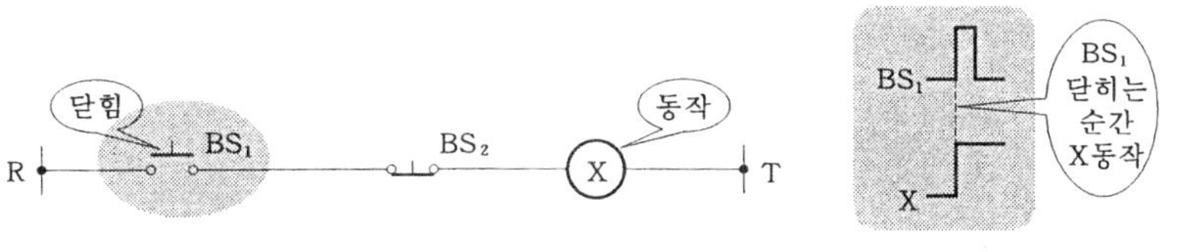

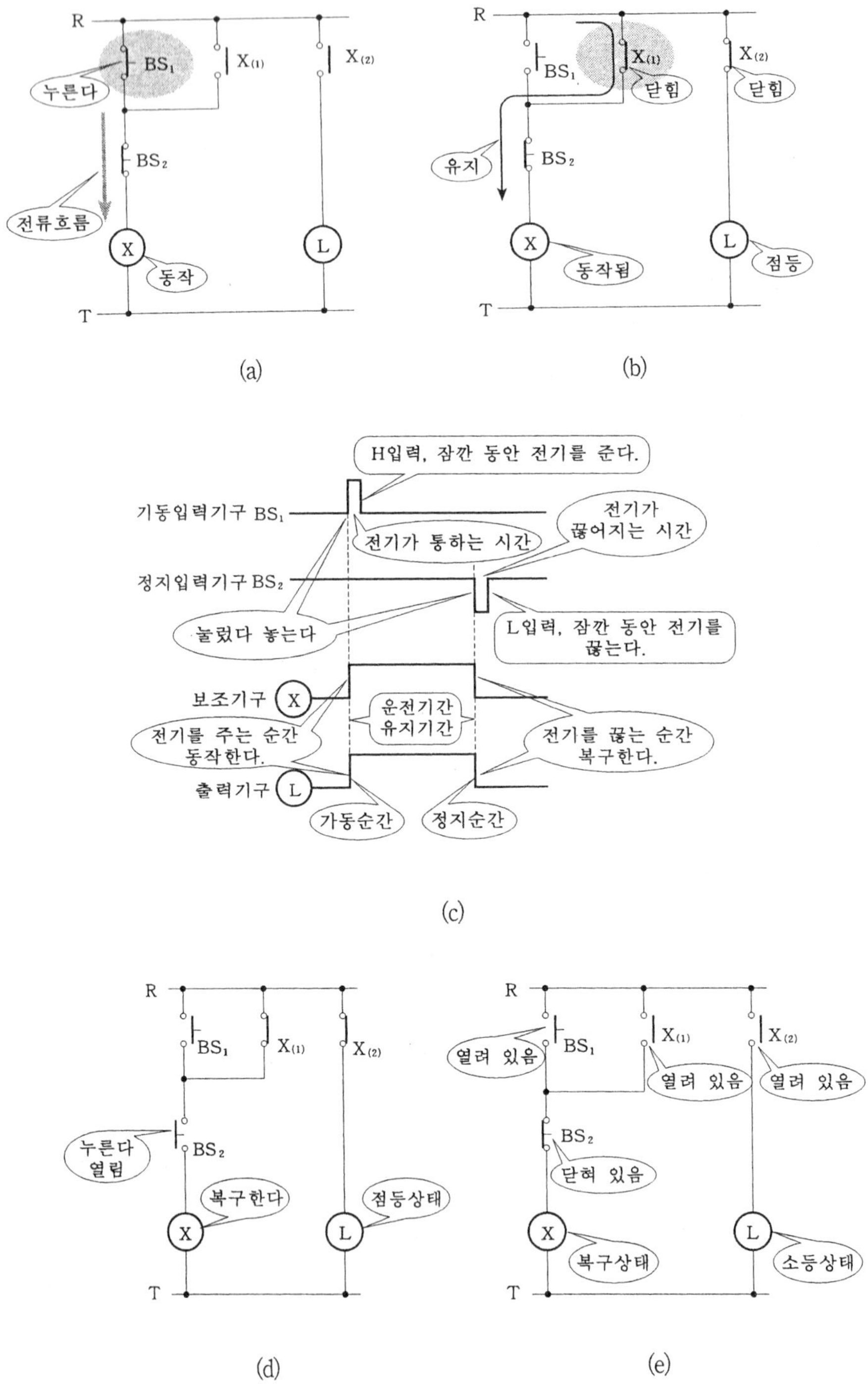
R
BS₁
X(1)
X(2)
누른다
BS₂
전류흐름
X
동작
L
T
(a)
R
BS₁
X(1)
닫힘
X(2)
닫힘
유지
BS₂
X
동작됨
L
점등
T
(b)
H입력, 잠깐 동안 전기를 준다.
기동입력기구 BS₁
전기가 통하는 시간
전기가 끊어지는 시간
정지입력기구 BS₂
눌렀다 놓는다
L입력, 잠깐 동안 전기를 끊는다.
보조기구 X
운전기간 유지기간
전기를 주는 순간 동작한다.
전기를 끊는 순간 복구한다.
출력기구 L
가동순간
정지순간
(c)
R
BS₁
X(1)
X(2)
누른다 열림
BS₂
복구한다
점등상태
X
L
T
(d)
R
BS₁
X(1)
X(2)
열려 있음
열려 있음
열려 있음
BS₂
닫혀 있음
X
복구상태
L
소등상태
T
(e)

그림 2.2

③ 그림 2.2(b)에서 접점 $X_{(1)}$, $X_{(2)}$가 닫힌다.

ⓐ 유지 : 접점 $X_{(1)}$이 닫혀서

BS_1을 놓아도 BS_1 대신에 릴레이 Ⓧ에 계속 전기를 공급(유지)한다.

[전원 R - 접점 $X_{(1)}$ 닫힘 - BS_2 - Ⓧ - 전원 T]

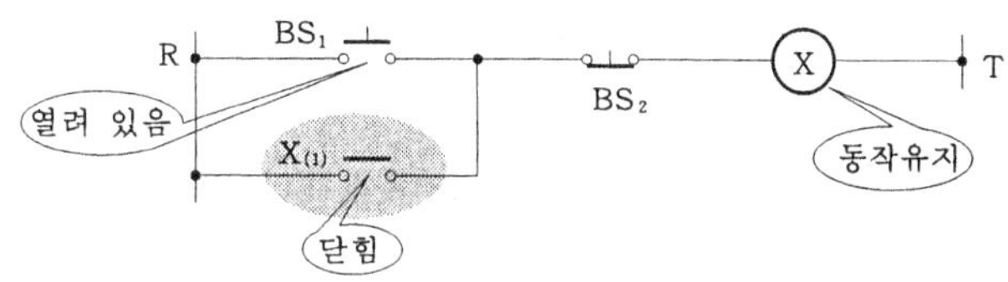

ⓑ 출력 : 접점 $X_{(2)}$가 닫혀서 램프 출력 Ⓛ에 전기를 공급한다.

[전원 R - 접점 $X_{(2)}$ 닫힘 - Ⓛ - 전원 T]

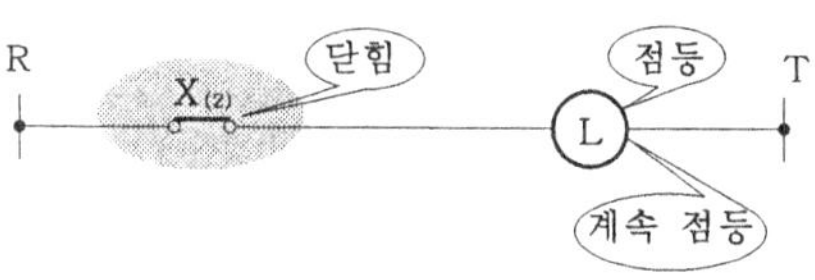

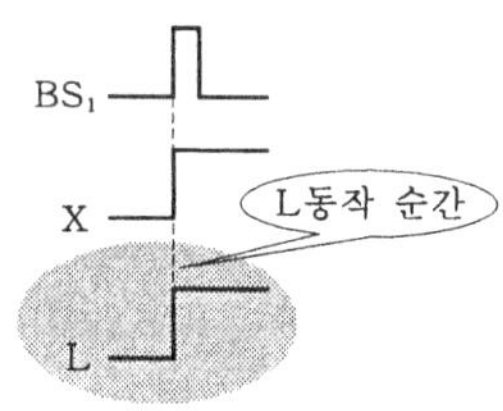

④ 정지 : 그림 2.2(d)에서 BS_2를 눌렀다 놓는다.

BS_2를 누르면 접점이 열리므로 릴레이 Ⓧ에 전기가 끊어져 릴레이 Ⓧ가 복구된다.

[전원 R - 접점 $X_{(1)}$ 닫혀 있음 - BS_2 열림 - Ⓧ 복구 - 전원 T]

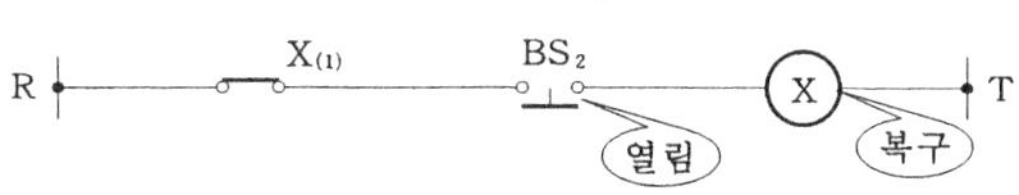

⑤ 그림 2.2(e)에서 접점 $X_{(1)}$, $X_{(2)}$가 열린다.

접점 $X_{(1)}$이 열려 유지가 해제되고,

접점 $X_{(2)}$가 열려 출력 램프 Ⓛ에 전기가 끊어져 램프 Ⓛ이 소등된다.

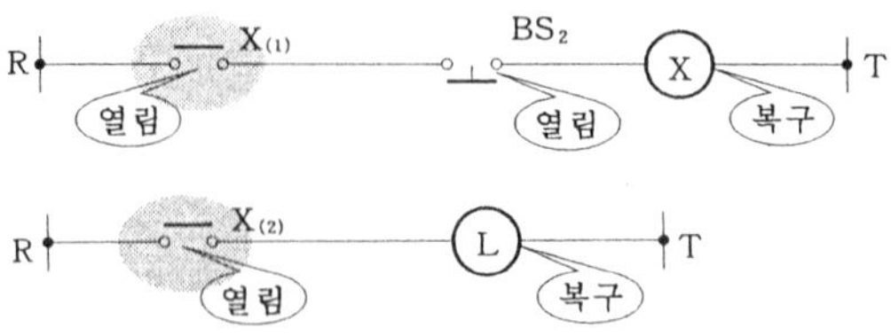

⑥ 그림 2.2(c)는 동작을 표시하는 타임 차트(time chart)이다.

[1] 기동 입력 BS_1을 눌렀다 놓는다.

BS_1을 누르면 릴레이 Ⓧ에 전기가 공급되므로 H 입력(⎍)형이 되고 전기를 통하는 시간은 대단히 짧다(순간).

BS_1을 누르는 순간 릴레이 Ⓧ에 전기가 공급되어 Ⓧ가 동작되고 출력 램프 Ⓛ이 점등된다.

그 후 BS_1을 놓아도 유지 접점($X_{(1)}$)으로 회로가 유지된다.

[2] 정지 입력 BS_2를 눌렀다 놓는다.

BS_2를 누르면 릴레이 Ⓧ에 전기가 끊어지므로 L 입력(⊔)형이 되고 전기가 끊어지는 시간은 대단히 짧다(순간).

BS_2를 누르는 순간 릴레이 Ⓧ에 전기가 차단되어 Ⓧ가 복구되고 출력 램프 Ⓛ이 소등된다. 그 후 BS_2를 놓는다.

[3] 기동 입력은 램프를 점등시키고,
정지 입력은 램프를 소등시키므로
두 입력을 변화 신호(점등 ↔ 소등의 상태 변화를 나타냄)라고 한다. 또,
램프는 일정 시간 점등되어 있으므로 상태 신호라고 한다. 즉,
유지 회로는 변화 신호 입력(기동, 정지 BS)을 주어
상태 신호 출력(Ⓛ)을 얻는 것이 된다.

(3) 그리는 법

① 논리 조건 : 램프 1개를 점등하는 회로

② 사용 기구 :

ⓐ 입력 기구 : 버튼 스위치 2개 − BS_1(1a), BS_2(1b)

ⓑ 출력 기구 : 램프 1개 − Ⓛ

ⓒ 보조 기구 : 보조 릴레이 1개 − Ⓧ(2a)

③ 타임 차트 : BS_1을 주면 Ⓧ와 Ⓛ이 동작하고,
BS_2를 주면 Ⓧ와 Ⓛ이 복구한다.

④ 순서 :

1 기동 입력 BS_1을 주면

2 보조 릴레이 Ⓧ가 동작하고,

3 자기 접점 $X_{(1)}$로 유지하며, 동시에

4 출력 접점 $X_{(2)}$로 출력 램프 Ⓛ이 동작(점등)한다.

5 정지 입력 BS_2를 주면 보조 릴레이 Ⓧ가 복구하여 회로가 전부 복구한다.

※ 보조 릴레이 Ⓧ는 보통 회로 전체를 유지하는 데 사용한다. – 목적

1 기동 : 기동 입력 BS_1을 그린다.

2 유지 기구 : 보조 기구 Ⓧ가 동작한다.

3 유지 : Ⓧ 접점 $X_{(1)}$로 유지한다.

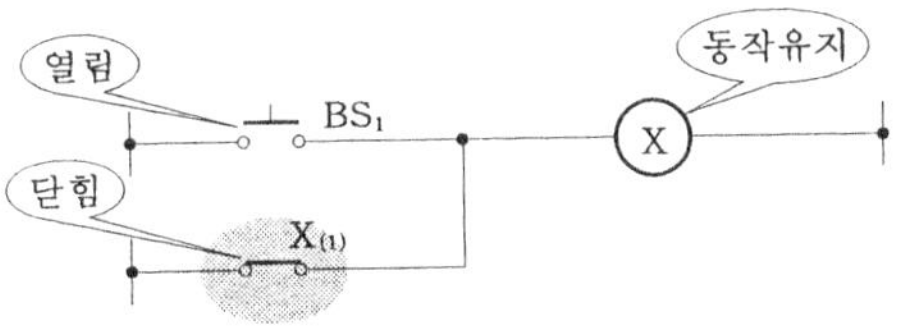

4 출력 : Ⓧ 접점 $X_{(2)}$로 출력 Ⓛ이 생긴다.

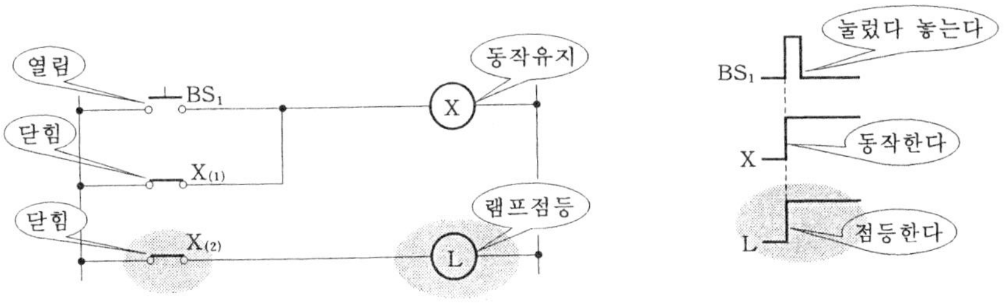

5 정지 : 정지 입력 BS_2로 유지용 보조 기구 Ⓧ를 끊어 정지시킨다.

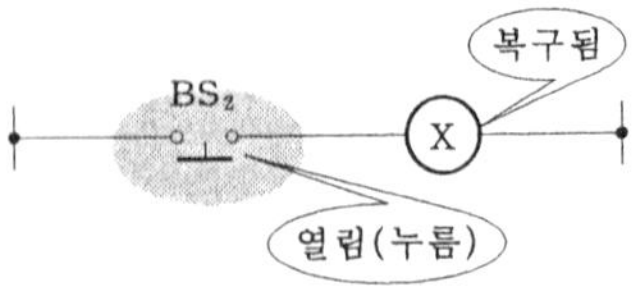

6 정리하면 그림 2.3과 같다.

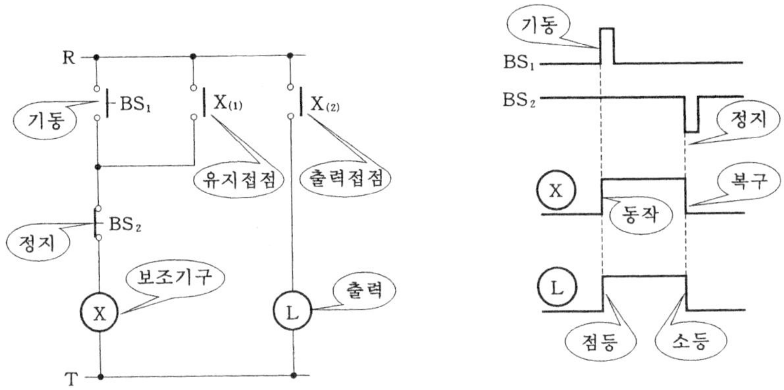

그림 2.3

(4) 연구

① 그림 2.4(a), (b)와 같이 출력 램프 Ⓛ을 접속하여도 되고 회로가 간단하여 많이 사용된다.

② 그림 2.4(c)는 유지 접점(회로)에 직렬로 정지 신호 BS_2를 접속한 것으로 기동 우선 유지 회로라고 하고 특별한 경우에만 사용한다.
그림 2.3은 정지 우선 유지 회로이고 보통 유지 회로라고 한다.

③ 그림 2.4(d)는 정지 신호를 주는 방법이다.

ⓐ BS_2를 Ⓐ에 넣을 때 : 전원선 R의 전기를 끊어 정지시키는 경우로서 회로 전체를 정지시키는 비상 정지, 긴급 정지를 겸하므로 복잡한 회로에 많이 사용된다.

ⓑ BS_2를 Ⓑ에 넣을 때 : 유지 회로를 끊어 정지시키는 경우로서 기동 우선 회로가 된다.

ⓒ BS_2를 Ⓒ에 넣을 때 : 운전선을 끊어
회로 유지용 보조 기구인 Ⓧ를 복구시켜 회로를 정지시키는 경우로서
간단한 회로에 많이 사용한다.

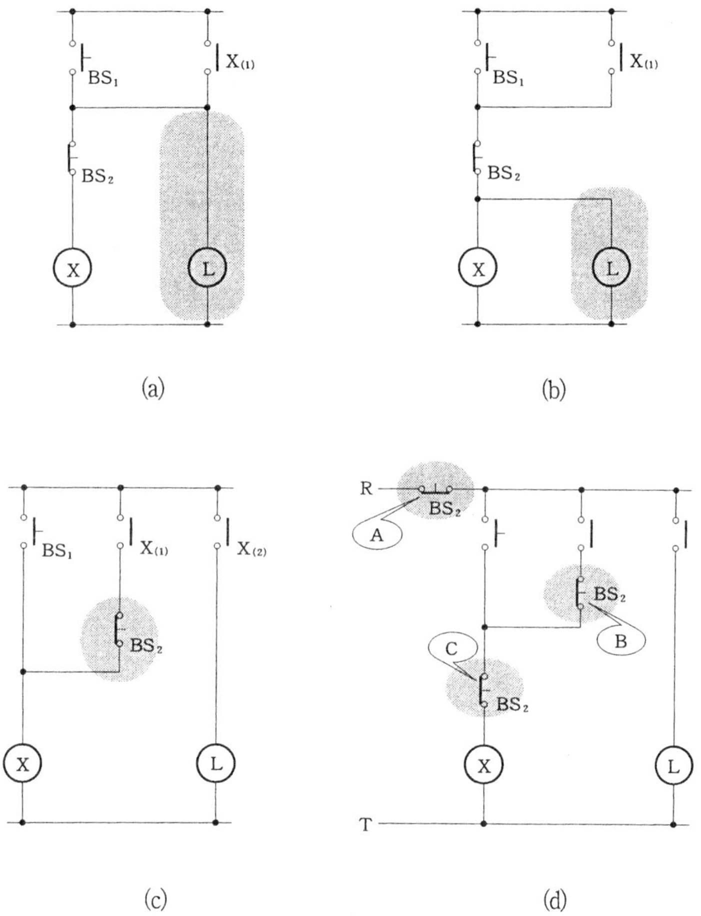

그림 2.4

1.2 PLC 회로

(1) 회로

① 기호 – a접점 : ─┤├─, b접점 : ─┤/├─, 출력 및 코일 : ─○─┤

② 번지 – 입력 : 기동 입력 BS_1 – P001 , 정지 입력 BS_2 – P002

출력 : 램프 Ⓛ – P010, 내부 출력(Ⓧ) – M000

③ 명령어 – 회로 시작 : LOAD, 출력 및 내부 출력 : OUT

직렬 : AND, 병렬 : OR , 부정 : NOT

④ 그림 2.5에서 릴레이 시퀀스 (a)를 참고하면

PLC의 타임 차트(b), 래더도(c), 니모닉 프로그램(program)(d)이 작성된다.
간단한 PLC 회로의 래더도는 릴레이 회로와 모양이 같으므로
초보자는 릴레이 회로에서 기호와 번지만을 바꾸면 된다.

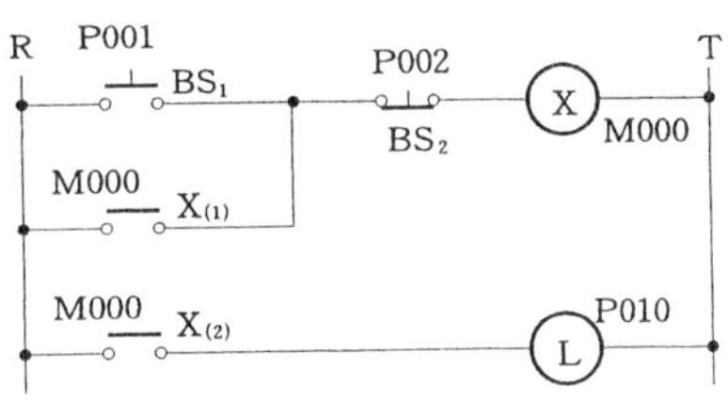

(a)

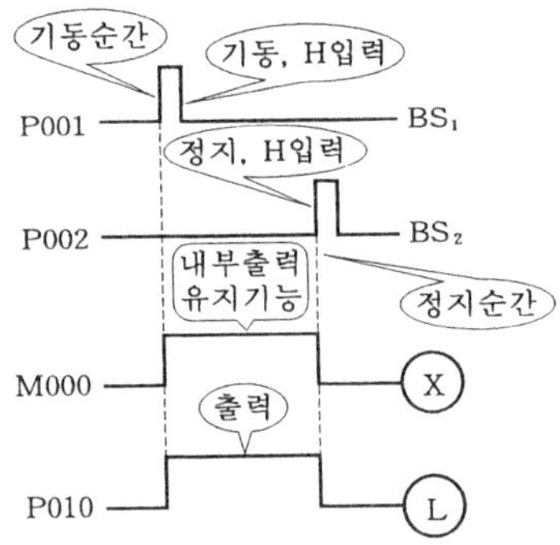

(b)

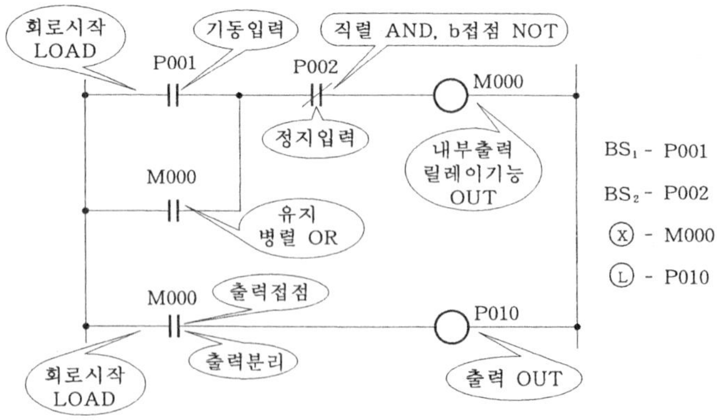

(c)

차 례	명령어	번 지	참 고
0	LOAD	P001	회로 시작, LOAD P001
1	OR	M000	위 번지 P001과 M000은 병렬, OR M000
2	AND NOT	P002	위 병렬 회로와 P002는 직렬 AND, b접점 NOT
3	OUT	M000	내부 출력, OUT M000
4	LOAD	M000	회로 시작, LOAD M000
5	OUT	P010	출력(부하), OUT P010

(d)

그림 2.5

(2) 래더도 그리는 법

① 논리 조건 : Lamp 1개를 점등하는 회로

② 사용 기구 및 번지 부여

ⓐ 입력 기구 : 버튼 스위치 2개 → BS_1 − P001, BS_2 − P002

ⓑ 출력 기구 : 램프 1개 → Ⓛ − P010

ⓒ 보조 기구 : 내부 출력(보조 릴레이−유지기능) 1개 → Ⓧ − M000

③ 순서 :

1 기동 입력 P001(BS_1)을 주면

2 내부 출력(보조 릴레이) M000(Ⓧ)이 동작하고

3 내부 출력 M000으로 유지하며, 동시에

4 내부 출력 M000으로 출력 P010 (램프 Ⓛ)이 동작(점등)한다.

5 정지 입력 P002(BS_2)를 주면
내부 출력 M000(보조 릴레이 Ⓧ)이 복구하여 회로가 전부 복구한다.

1 기동 : 기동 입력 P001(BS_1)을 그린다.

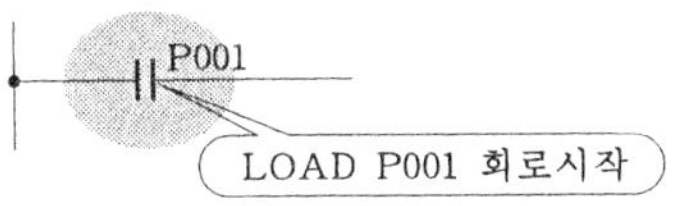

2 유지 기구 : 내부 출력 M000(보조 기구 Ⓧ)이 동작한다.

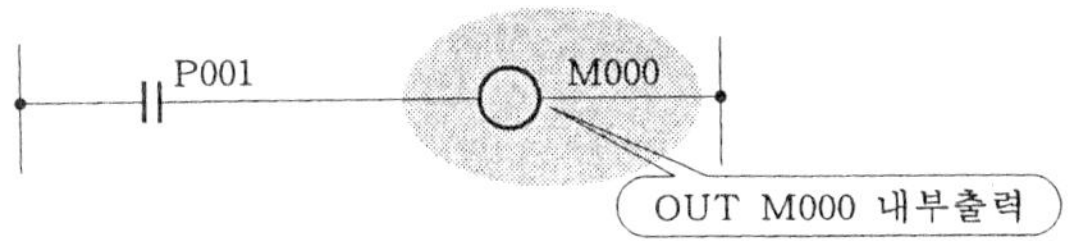

③ 유지 : 내부 출력 M000(Ⓧ접점 $X_{(1)}$)으로 유지한다.

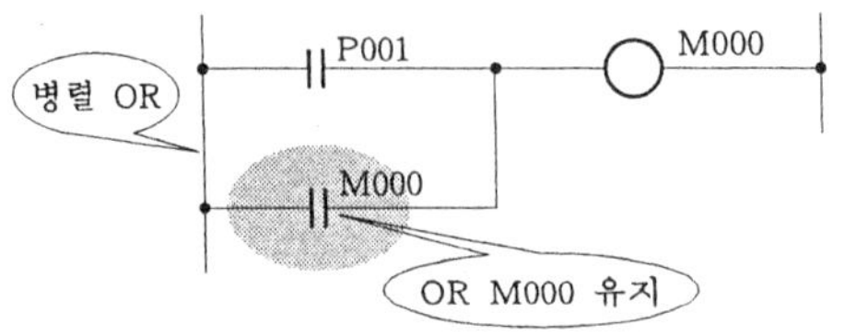

④ 출력 : 내부 출력 M000(Ⓧ접점 $X_{(2)}$)으로 출력 P010(램프 Ⓛ)이 생긴다.

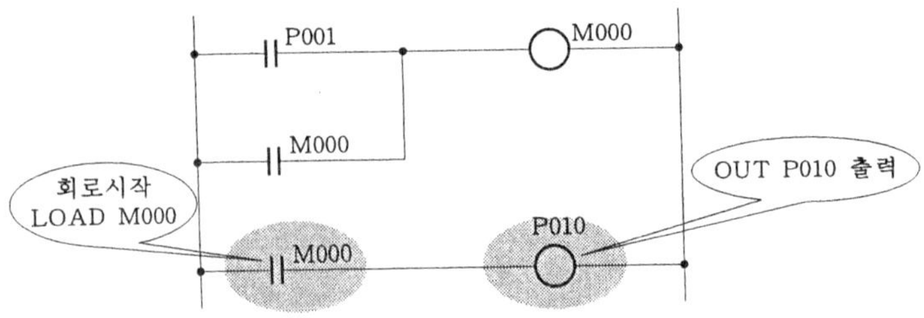

⑤ 정지 : 정지 입력 P002(BS_2)로 내부 출력 M000(Ⓧ)을 끊어 정지시킨다.(완성도)

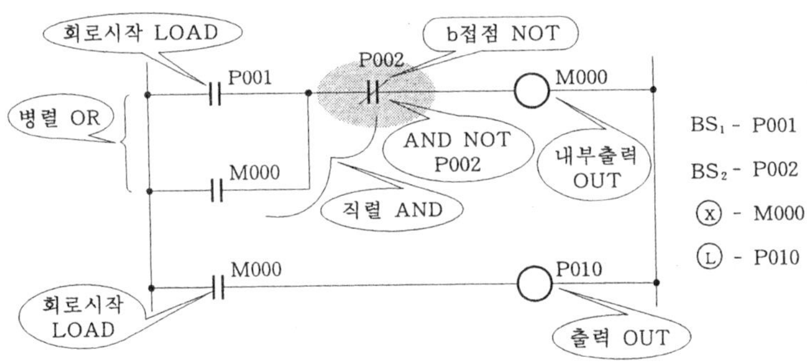

(3) 니모닉 프로그램

① 0 step : LOAD P001

② 1 step : OR M000

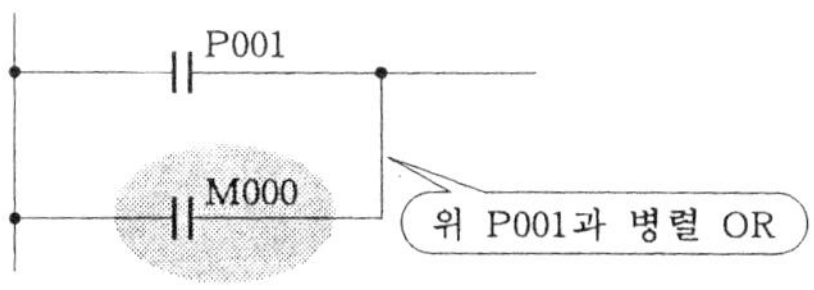

③ 2 step : AND NOT P002

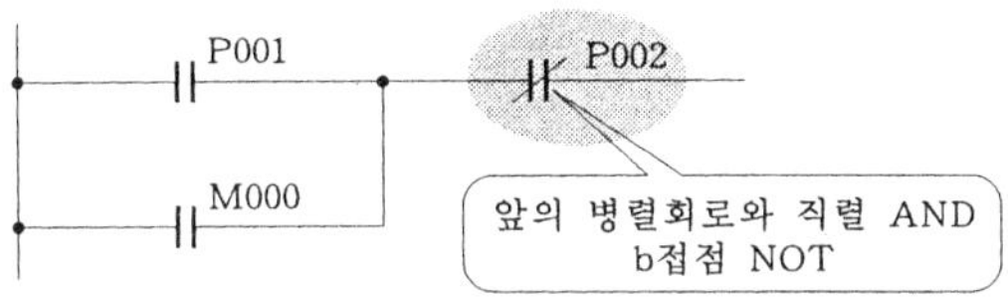

④ 3 step : OUT M000

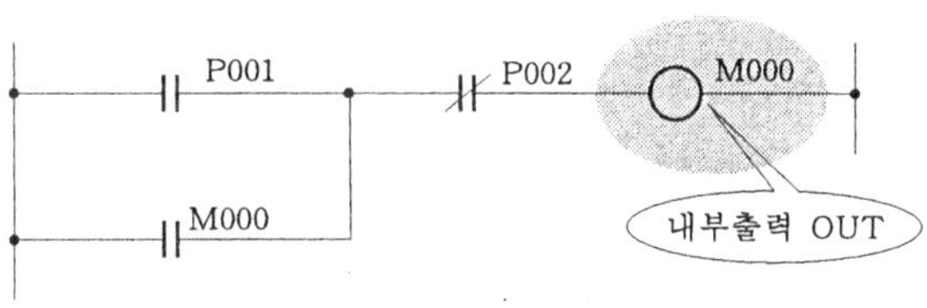

⑤ 4 step : LOAD M000

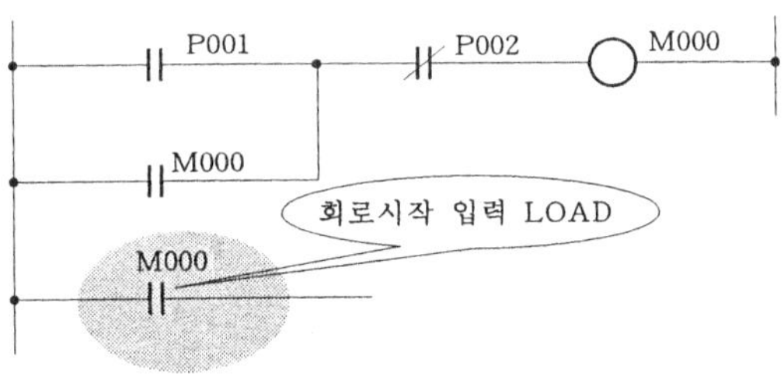

⑥ 5 step : OUT P010

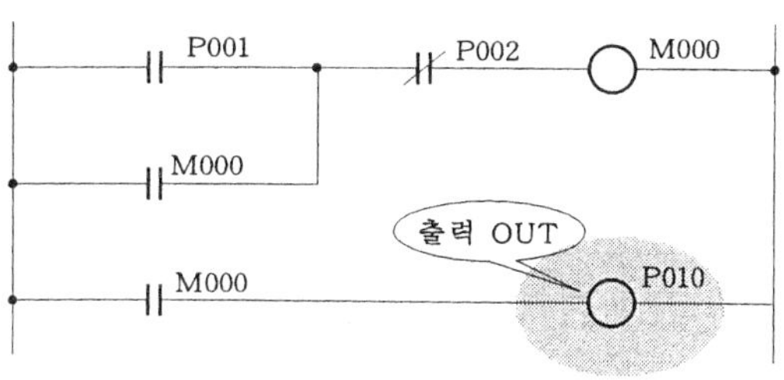

정리하면 표와 같다.

차례(step)	명령어	번 지	비 고
0	LOAD	P001	기동 입력 BS_1 : P001 정지 입력 BS_2 : P002 내부 출력 Ⓧ : M000 출력 Ⓛ : P010
1	OR	M000	
2	AND NOT	P002	
3	OUT	M000	
4	LOAD	M000	
5	OUT	P010	

(4) 동작

① 기동 : 그림 2.6에서 기동 입력 BS_1을 눌렀다 놓는다.
BS_1을 누르면 P001이 닫히고 BS_1을 놓으면 P001이 열린다.
BS_1을 누를 때 P001이 닫히는 순간
내부 출력 M000에 전기가 공급되어 M000(Ⓧ)이 동작(여자)된다.

[전원 R - P001 닫힘 - P002 - M000 - 전원 T]

② 유지 : 유지용 M000($X_{(1)}$)이 닫혀서 내부 출력 M000(Ⓧ)에 계속 전기를 공급(유지)한다.

[전원 R - M000($X_{(1)}$) 닫힘 - P002 - M000 - 전원 T]

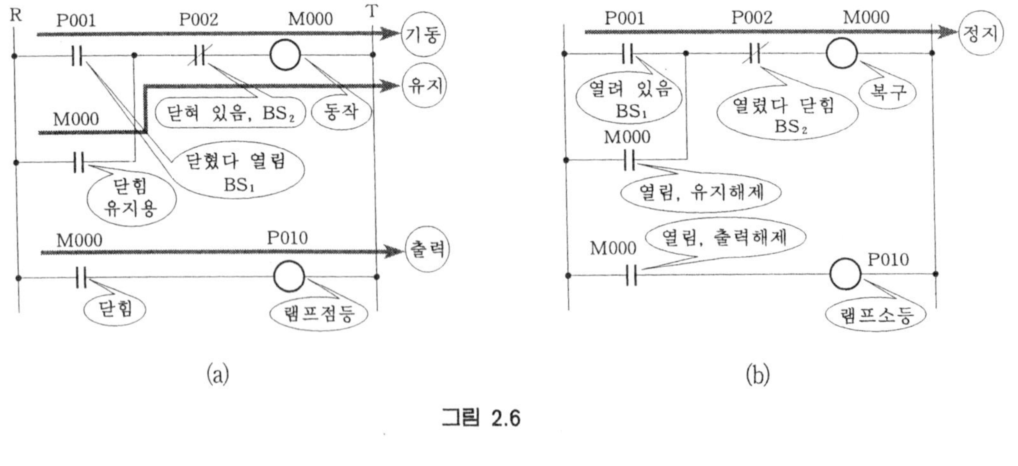

그림 2.6

③ 출력 : 출력용 M000($X_{(2)}$)이 닫혀서 램프 출력 Ⓛ에 전기를 공급한다.

[전원 R - M000($X_{(2)}$) 닫힘 - P010(Ⓛ) - 전원 T]

④ 정지 : 그림 2.6 (b)에서 BS_2를 눌렀다 놓는다.
BS_2를 누르면 P002가 열리므로
내부 출력 M000(Ⓧ)에 전기가 끊어져 내부 출력 M000(Ⓧ)가 복구된다.
유지용M000($X_{(1)}$)이 열려 유지가 해제되고, 또
출력용 M000($X_{(2)}$)이 열려 출력 P010(Ⓛ)에 전기가 끊어져 Ⓛ이 소등된다.

(5) PLC 접속

▸그림 2.7은 8 bit용 PLC의 입·출력 회로의 접속 예이다.

① 그림 2.7 (a)는 PLC 본체(단자대)에
외부 입·출력 기기인 버튼 스위치 BS_1, BS_2 및 램프 Ⓛ을 접속한 예이다.

- 외부 입력 BS_1을 눌렀다 놓으면
  PLC가 작동하여(P001이 닫혀 - M000 동작 - P010 동작)
  외부 출력 램프 Ⓛ이 동작(점등) 유지한다.
- 외부 입력 BS_2를 눌렀다 놓으면
  PLC가 작동하여(P002가 열려 - M000 복구 - P010 복구)
  외부 출력 래프 Ⓛ이 복구(소등)한다.

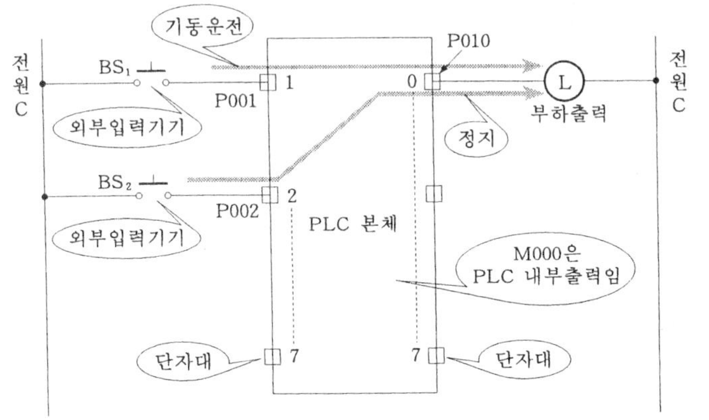

(a)

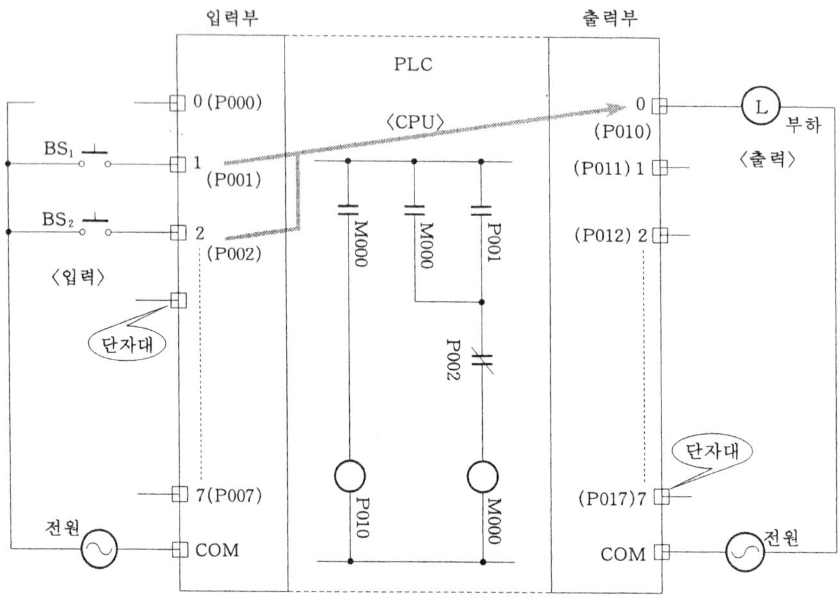
입력부
출력부
PLC
0 (P000)
〈CPU〉
0
(P010)
L
부하
BS₁
1
(P001)
(P011) 1
〈출력〉
BS₂
2
(P002)
(P012) 2
M000
M000
P001
〈입력〉
P002
단자대
단자대
7(P007)
(P017)7
P010
M000
전원
COM
COM
전원

(b)

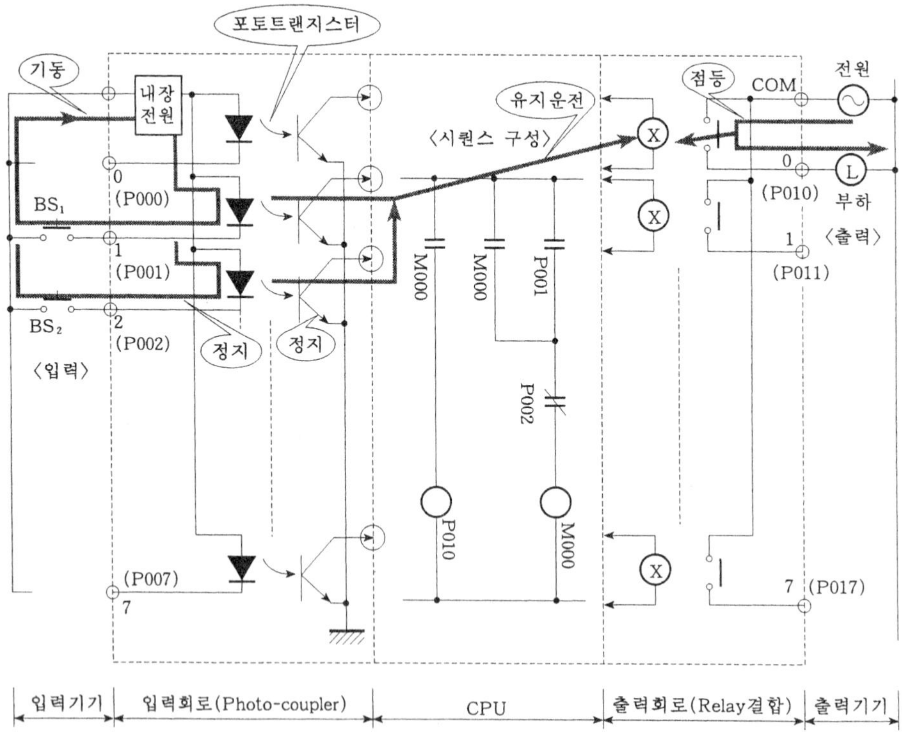
포토트랜지스터
기동
내장 전원
점등
COM
전원
유지운전
〈시퀀스 구성〉
0
(P000)
0
(P010)
L
부하
BS₁
1
(P001)
1
(P011)
〈출력〉
M000
M000
P001
BS₂
2
(P002)
정지
정지
〈입력〉
P002
P010
M000
(P007)
7
7
(P017)
입력기기
입력회로(Photo-coupler)
CPU
출력회로(Relay결합)
출력기기

(c)

그림 2.7

② 그림 2.7 (b)는 PLC 입·출력 카드의 단자대에
외부 입·출력 기기인 버튼 스위치 BS_1, BS_2 및 램프 Ⓛ을 접속한 예이다.
입력 카드 단자대의 ①번에 BS_1, ②번에 BS_2를 접속하고, 또
출력 카드 단자대의 ⓪번에 램프 Ⓛ을 접속한 예이고,
동작 과정은 그림 2.7 (a)와 같다.

③ 그림 2.7 (c)는 입력 결합 회로로 포토-트랜지스터 결합회로(Photo-coupler)를,
또 출력 결합 회로로 릴레이 결합 회로(Relay-coupler)를 사용한 보기이다.

- 외부 입력 기구 BS_1을 누르면
발광 Diode에 전류가 흘러 그 빛이 포토-트랜지스터의 베이스에 비춰지면
포토-트랜지스터가 동작하여(Photo-coupler가 동작) CPU를 동작시킨다.
이는 P001이 접속되어 M000과 P010이 CPU 내부에서 동작되는 것과 같고
릴레이 결합 출력 회로의 릴레이 Ⓧ가 동작된다.
따라서 Ⓧ 접점이 닫혀서 램프 Ⓛ이 전원을 공급받아 점등한다.
- 외부 입력 기구 BS_2를 누르면
위와 같이 Photo-coupler가 동작하여 CPU가 동작한다.
이는 P002가 열려 M000과 P010이 복구하는 것과 같고 릴레이 결합 출력 회로의
릴레이 Ⓧ가 복구하여 Ⓧ 접점이 열려 램프 Ⓛ이 소등된다.

(6) 래더 회로에서 Handy Loader로 니모닉 프로그램을 하면

① 전원을 투입(SW-ON)한다. - LCD display(화면)는 다음과 같이 된다.

ⓐ 초기 화면이 나타나고 잠시 후 없어진다.

HANDY LOADER 00 / 00 / 00 . VER 0.0

ⓑ 다음 화면이 나타난다.

* K50 VER 1.2 * ## PROGRAM ##	MODE ↓ PGM

☞ 이 때 PGM MODE에 LED Lamp가 점등되어 있다.

② PGM MODE를 눌렀다 놓는다 - 다음 화면이 나타난다.

PROGRAM ## MODE

☞ PASSWORD(비밀 번호)가 있을 때는 PASSWORD DISPLAY가 나타나고 비밀 번호를 입력하면 PROGRAM MODE가 나타난다.

③ CLR Key를 눌렀다 놓는다. – 코딩 준비 작업

ⓐ 앞의 프로그램이 기억되어 있지 않을 때에는 다음 화면이 나타난다. 이 때는 0번 step부터 프로그램한다.

0000

ⓑ 위의 화면에서 –step Key를 눌렀다 놓을 때 아래 화면이 나타나면 앞의 프로그램이 기억되어 있지 않을 때이다.
이 때에는 CLR Key를 한번 더 눌렀다 놓으면 위의 ⓐ번 화면이 나타난다.

0000	
FUN(000)	NOP

0000

ⓒ 앞의 프로그램을 지울 필요가 있을 때에는 다음 Key를 차례로 누르면 ⓑ번의 상태로 된다.

CLR CLR SHFT DELT --- CLR

· 앞의 프로그램이 있는 상태(예)

0000	
LOAD	P001

· 앞의 프로그램이 지워진 상태

0000	
FUN(000)	NOP

0000

④ 그림 2.5에서 프로그램 코딩을 한다.

0 스텝 : BS_1, 회로 시작 LOAD P001

1 스텝 : $X_{(1)}$, 위와 병렬 OR M000

0000	
LOAD	P001

0001	
OR	M000

0002	
AND NOT	P002

0003	
OUT	M000

2 스텝 : BS_2, 앞의 회로와 직렬 b접점 AND NOT P002
3 스텝 : X, 내부 출력 OUT M000
4 스텝 : $X_{(2)}$, 회로 시작 LOAD M000
5 스텝 : L, 출력 OUT P010

0004	
LOAD	M000

0005	
OUT	P010

0006	
FUN(001)	END

0007	
FUN(000)	NOP

6 스텝 : 끝, END
7 스텝 : 이하 공번지, NOP ---

⑤ 프로그램이 끝나면 −step Key와 +step Key를 눌렀다 놓았다를 반복하면서 프로그램을 확인 수정한다.

⑥ 확인이 끝나면 PGM MODE에서 RUN MODE로 전환한다. 즉, RUN MODE의 RUN(운전)을 눌렀다 놓는다. 이 때 RUN MODE에 LED가 점등된다.

(7) 컴퓨터의 S/W를 이용한 프로그램

▸그림 2.5의 래더도를 이용하여 컴퓨터 프로그래밍한다.

① 컴퓨터의 초기 조작 :

ⓐ 전원 투입(starting MS-DOS)

ⓑ 초기 화면에서 PLC〔SubDir〕를 선택한 후 Enter Key를 누른다.

ⓒ 화면에서 GSIKGL EXE를 선택한 후 Enter Key를 누른다.

ⓓ 로고 화면(GSIKGL)에서 Enter Key를 누른다.

ⓔ 화면(Configuration Select)에서 Loader Configuration을 선택한 후 Enter Key를 누른다.

ⓔ 위의 추가 화면(PLC Type)에서 종류(예 : Master K50)를 선택한 후 Enter Key를 누른다. 계속하여 COM1을 선택한 후 Enter Key를 누른다.

ⓕ 이 상태에서 ALT Key와 문자 L을 동시에 누르면 래더형의 프로그램 작성용 초기 화면이 그림(그림 1.124 참조)과 같이 나타난다.

작성 초기 화면

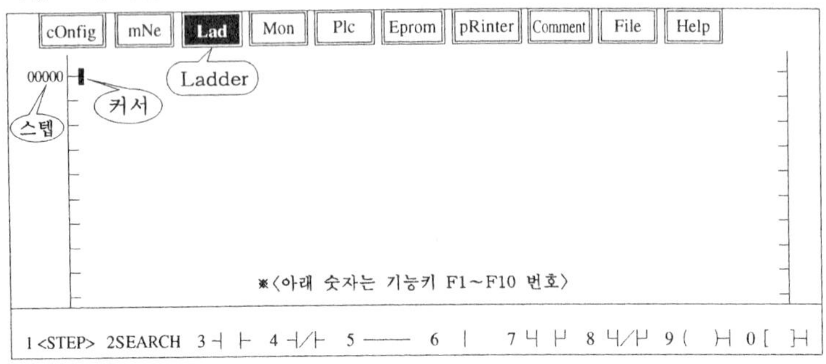

【작성 순서】

① 0000번 스텝에서 화면 하단의 기능키 표시(3 ┤├), 즉 F3 Key를 누르면 a접점 표시(┤├)가 나타난다. 또, 번지 P001을 누른 후 Enter Key를 누른다. 이때 상단과 하단에 그림 기호와 문자 기호가 나타난다(이하 같다).

☞ [1] Key In : [F3] [P][0][0][1][Enter] ☞ [2] Key In : [F4] [P][0][0][2][Enter]

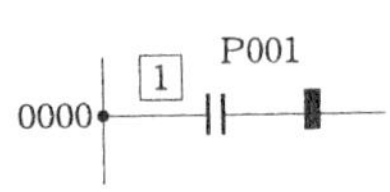

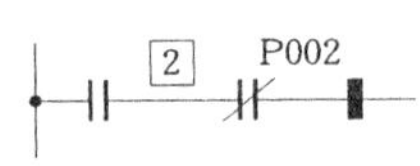

② 커서(cursor)의 위치(▮ 표시)에서 기능키 F4(b접점 기호-화면 하단 표시), 번지 P002, Enter Key를 차례로 누르면 위의 2번째 그림이 나타난다.

③ 커서의 위치(▮ 표시)에서 기능키 F9(출력 표시 기호-화면 하단 표시), 번지 M000, Enter Key를 차례로 누르면 아래 1번째 그림이 나타난다.

☞ [3] Key In : [F9] [M][0][0][0][Enter] ☞ [4] Key In : [F3] [M][0][0][0][Enter]

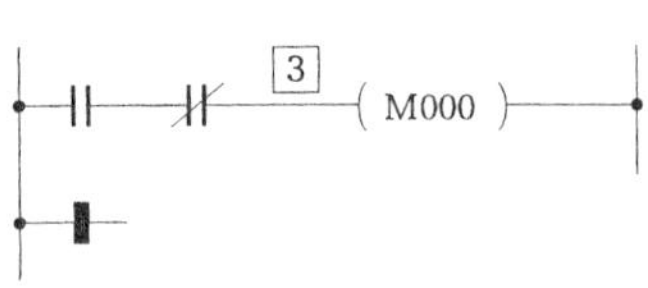

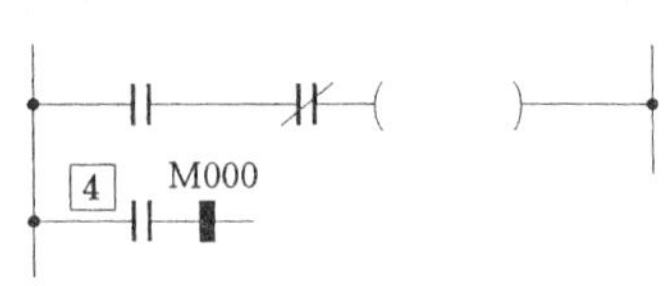

④ 커서의 위치(▮ 표시)에서 기능키 F3(a접점 기호-화면 하단 표시), 번지 M000, Enter Key를 차례로 누르면 위의 2번째 그림이 나타난다.

⑤ 커서의 위치(▮ 표시)를 아래 1번째 그림과 같이 위로 옮기고 기능키 F6(세로선 기호-병렬 접속-화면 하단 표시), Enter를 차례로 누르면 아래와 같다.

☞ 5 Key In : F6 Enter

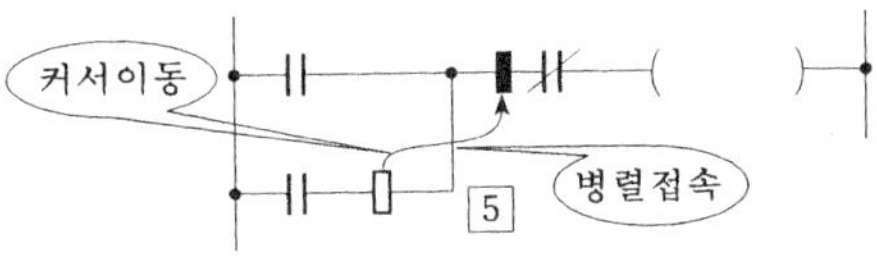

☞ 6 Key In : F3 M 0 0 0 Enter

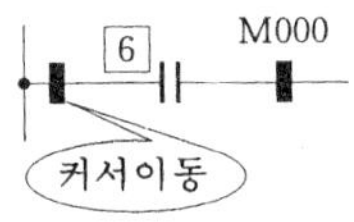

⑥ 커서의 위치(▮ 표시)를 아래 스텝으로 이동하고 기능키 F3(a접점 기호-화면 하단 표시), 번지 M000, Enter Key를 차례로 누르면 위 2번째 그림이 나타난다.

⑦ 커서의 위치(▮ 표시)에서 기능키 F9(출력 표시 기호-화면 하단 표시), 번지 P010, Enter Key를 차례로 누르면 아래 1번째 그림이 나타난다.

☞ 7 Key In : F9 P 0 1 0 Enter

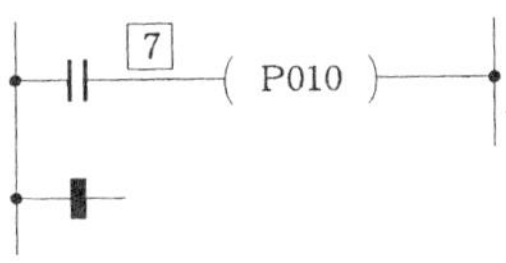

☞ 8 Key In : F10 E N D Enter

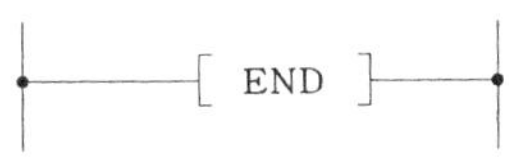

⑧ 커서의 위치(▮ 표시)에서 기능키 F10(출력 표시 기호-화면 하단 표시), 문자 END, Enter Key를 차례로 누르면 위 2번째 그림이 나타난다.

⑨ 스텝 실행(Program Convert)과 완료 : Alt와 F7 키를 동시에 누르면 Are You Sure ? ⟨Y/N⟩ 가 나타나고 Y를 누르면 회로에 스텝이 나타나고 하단에 Completed가 나타난다. 즉, 그림과 같은 완성된 도면이 된다.

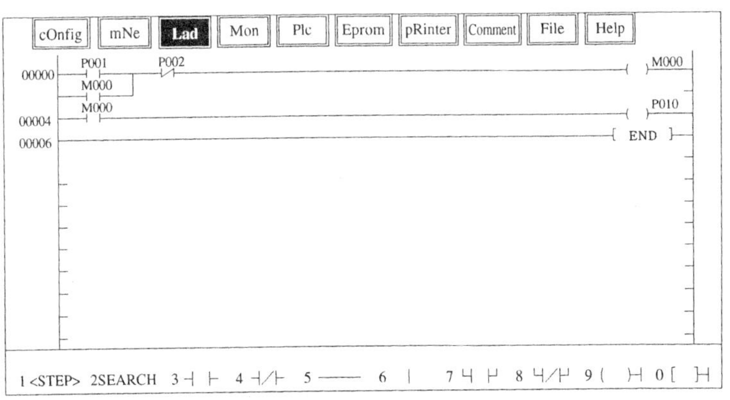

⑩ Alt와 N을 동시에 누르면 완성된 니모닉 프로그램으로 변환된다. 즉, 니모닉 방식(Alt N)과 래더도 방식(Alt L)은 완성된 회로로 상호 변환된다.

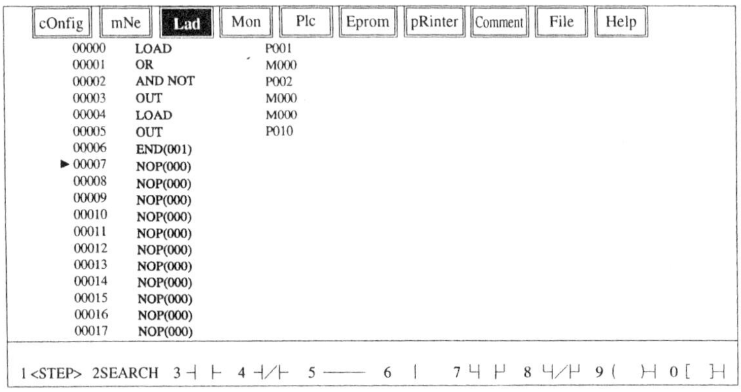

※ 그림 2.8에서와 같이 번지를 할당하고 다음 명령어를 사용할 때 프로그램하여 보자.

STR(회로 시작), OR, AND, NOT, OUT

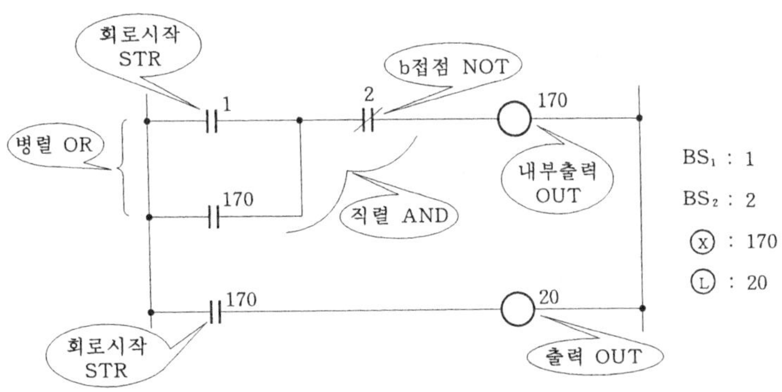

그림 2.8

차례	명령어	번지	참　고(프로그램 방법)
0	STR	1	회로 시작 - STR - 1
1	OR	170	위 1 번지와 170 번지는 병렬 - OR - 170
2	AND NOT	2	위 병렬회로와 2번지는 직렬 - AND - 2, b접점 - NOT
3	OUT	170	내부 출력 - OUT - 170
4	STR	170	회로 시작 - STR - 170
5	OUT	20	출력(부하) - OUT - 20

1.3 양논리 회로

(1) 회로그리기

▸ 디지털 회로나 PLC 회로의 H/W에 사용한다(PLC 프로그램 표현 방식).

▸ 출력 신호를 Logic-OR 회로의 입력 신호로 되먹임(feed back)하여 회로를 유지한다.

▸ 초보자는 로직 회로를 논리 조건에서 직접그리기 ④는 어렵고, PLC 래더도 ⑤ 또는 릴레이 시퀀스 ⑥을 보고 그리면 쉽게 이해가 된다.

① 논리 조건 : 램프 1개를 점등하는 회로

② 사용 기구

ⓐ 입력 기구 : 버튼 스위치 2개 - BS_1 (1a), BS_2 (1a)

ⓑ 출력 기구 : 램프 1개

ⓒ 보조 기구 : 유지 기능의 로직 회로(보조 릴레이 기능 Ⓧ)

③ 타임 차트 : 그림 2.9

ⓐ 기동 입력(H 입력형) BS_1을 주면(set한다고 한다.)
로직 회로(Ⓧ)가 동작하여 출력(Ⓛ)이 생기고(점등한다),

ⓑ 정지 입력(H 입력형) BS_2를 주면(reset한다고 한다.)
로직 회로(Ⓧ)가 복구하여 출력 Ⓛ이 없어진다(소등된다).

ⓒ 입력 BS_1과 BS_2는 모두 H 레벨(Level)(전압 5〔V〕를 가하는 것) 입력 회로를 사용한다.

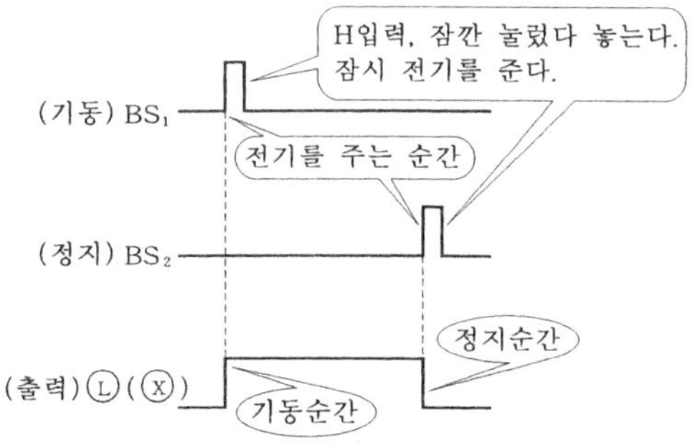

그림 2.9

④ 논리 조건에서 직접그리기 : 그림 2.10

ⓐ 기동(BS_1)과 유지(Ⓧ)는 OR 회로를 사용한다.

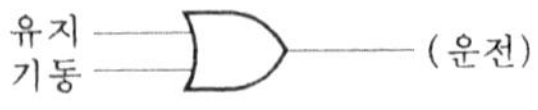

ⓑ 운전(OR 출력)과 정지(BS_2)는 AND 회로를 사용한다.

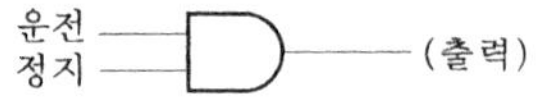

ⓒ 정지 신호(BS_2)에는 NOT 회로를 접속한다.

정지 입력 BS_2는 회로의 전기를 끊는(접지시키는 것 ↔ L 입력 ↔ 릴레이의 b접점) 기능이므로 NOT 회로(—▷○—)를 포함한다. – 이하 항상 같다.

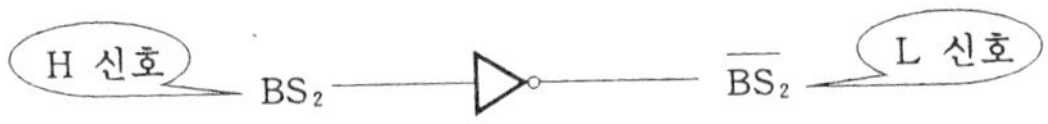

1 OR 회로를 통하여 기동 입력 BS_1을 준다.

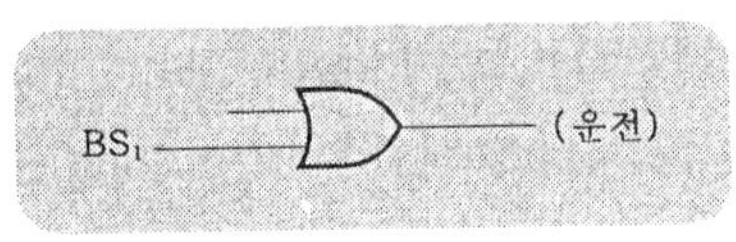

2 AND 회로를 통하여 출력 램프 Ⓛ이 점등한다.

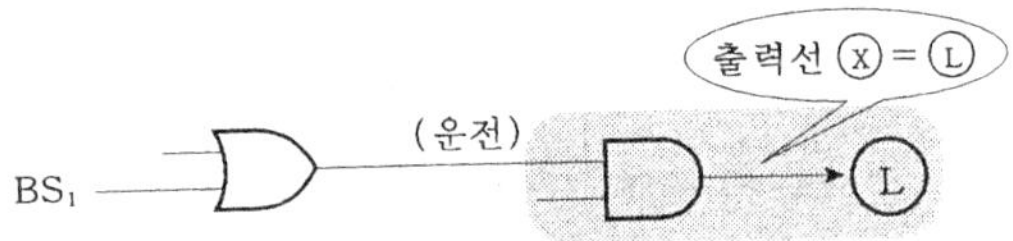

3 AND 회로의 출력을 OR 입력으로 되먹임하여 유지 회로를 구성한다.

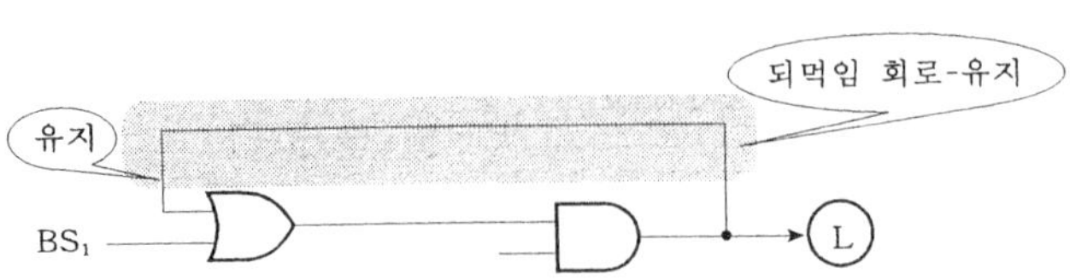

④ 정지 신호 BS_2를 NOT 회로를 통하여 AND 회로에 접속한다.(완성도)

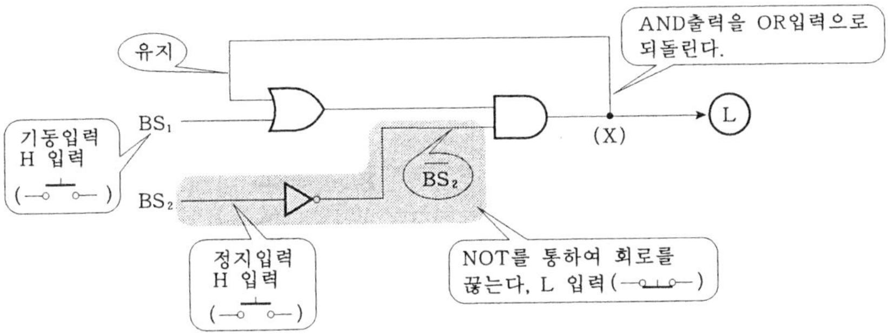

그림 2.10

⑤ PLC 래더도에서 그리기 : 그림 2.11

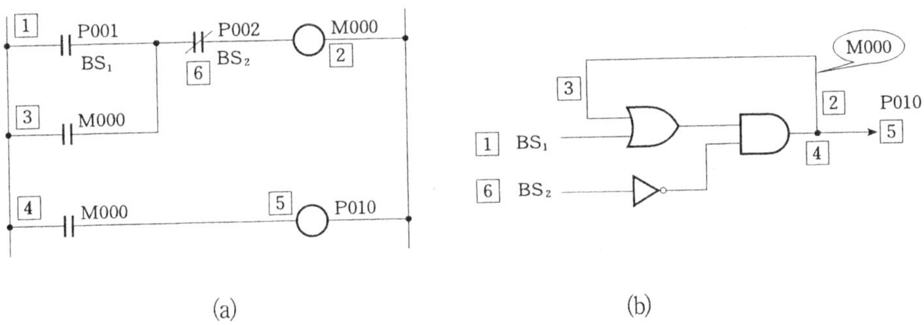

그림 2.11

ⓐ 기동 입력 P001(BS_1 ①)과
유지 번지 M000(③접점 $X_{(1)}$)이 병렬이므로 OR 회로( )이다.

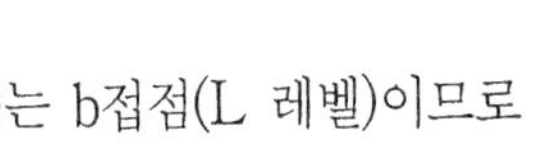

ⓑ 정지 입력 P002(⑥ BS_2)는 b접점(L 레벨)이므로 NOT 회로를 포함한다.

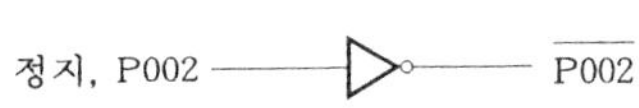

ⓒ 내부 출력 M000(② 릴레이 Ⓧ)는 ⓐ의 OR 회로와 ⓑ의 NOT 회로의 직렬이므로 AND 회로( )로 출력이 생긴다(그림 2.12(a)).

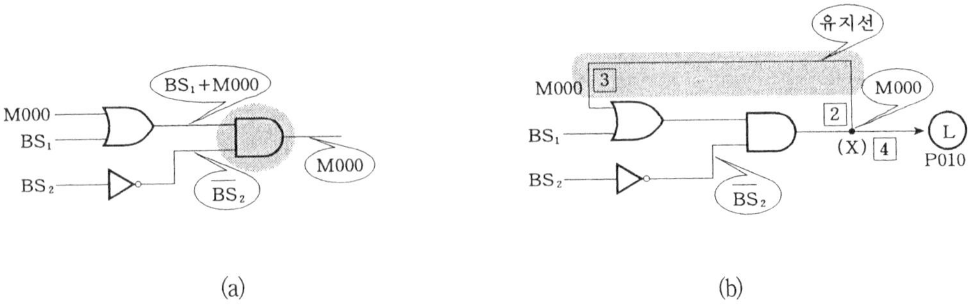

그림 2.12

ⓓ 내부 출력 M000 ②와 유지 번지 M000 ③은 같은 번지이므로 접속하면 출력을 입력으로 되먹인 유지선이 된다(그림 2.12(b)).

ⓔ 또, 내부 출력 M000 ②와 번지 M000 ④는 같은 번지이므로
M000 ②에 출력 단자를 내고(→)
이 단자에 부하 출력Ⓛ(출력 회로를 통하여)을 접속한다(그림 2.12(b)).

ⓕ 정리하면 그림 2.12(b) 및 그림 2.11(b)와 같다.

⑥ 릴레이 시퀀스에서 그리기 : 그림 2.13

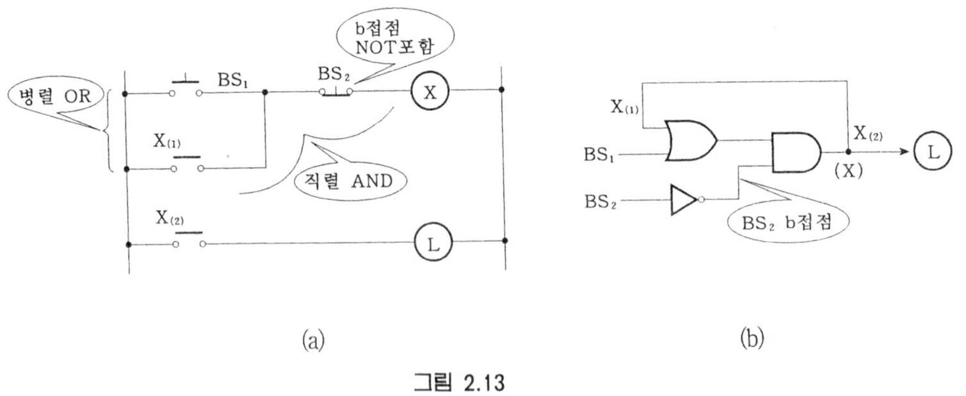

그림 2.13

ⓐ 기동 입력 BS_1과 유지 접점 $X_{(1)}$이 병렬이므로 OR 회로이다.

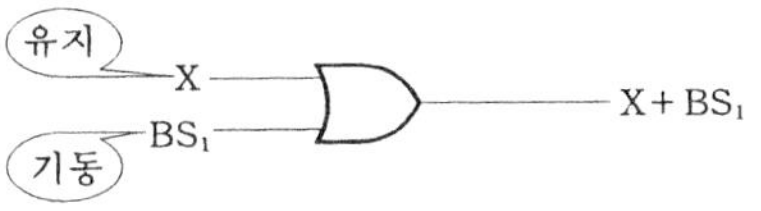

ⓑ 정지 입력 BS_2는 회로의 전기를 끊는(b접점) 기능이므로 NOT 회로를 포함한다.

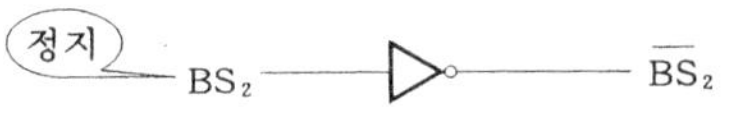

ⓒ 릴레이 Ⓧ는 ⓐ의 OR 회로와 ⓑ의 NOT 회로의 직렬이므로 AND 회로로 출력이 생긴다(그림 2.14(a)).

ⓓ 접점 $X_{(1)}=X$이므로 AND 출력 Ⓧ는 OR 입력($X_{(1)}$)으로 되돌려 접속한다. ← 유지선이 된다(그림 2.14(b)).

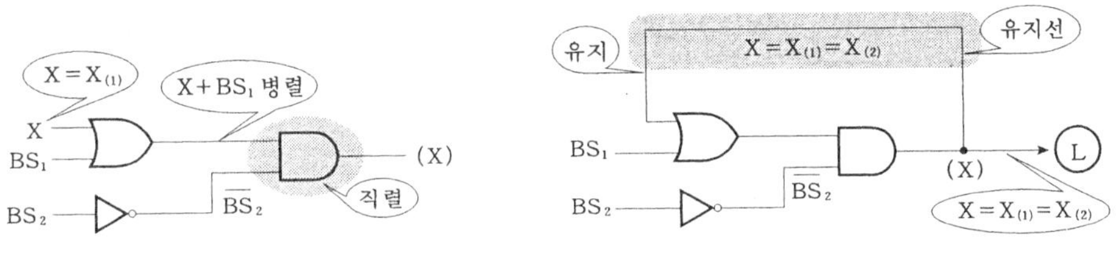

(a) (b)

그림 2.14

ⓔ 접점 $X_{(2)}=X$이므로 Ⓧ 단자가 출력 단자가 되고(→)
이 단자에 부하 출력 Ⓛ(출력 회로를 통하여)을 접속한다.
따라서 논리식은 Ⓧ = Ⓛ, 즉 X=L(램프)이 되고 논리 회로와 릴레이 Ⓧ의 기능은 같다.

ⓕ 논리 출력 X는 BS_1과 $X_{(1)}=X$의 병렬 OR에 $\overline{BS_2}$의 직렬이 된다. 즉,

$$\text{논리식} \quad L = X$$

$$X = (X + BS_1)\cdot\overline{BS_2}$$

여기서, $X=X_{(1)}=X_{(2)}$이고 논리식에서 모두 X로 표현한다.
이것은 릴레이를 사람과 비교하면
코일 Ⓧ는 몸체이고 접점 $X_{(1)}$, $X_{(2)}$는 손발과 같기 때문이다.

⑦ 입·출력 회로 : 그림 2.15

ⓐ 입력 BS_1과 BS_2는 모두 "H"레벨(Level) 입력 회로를 사용한다.

전압 레벨 표시 : "H" 레벨 – 전압 5〔V〕 표시

"L" 레벨 – 접지 0〔V〕 표시임

ⓑ 출력 램프 Ⓛ은 LED를 사용하고 싱크(Sink) 전류 회로를 채용한다.

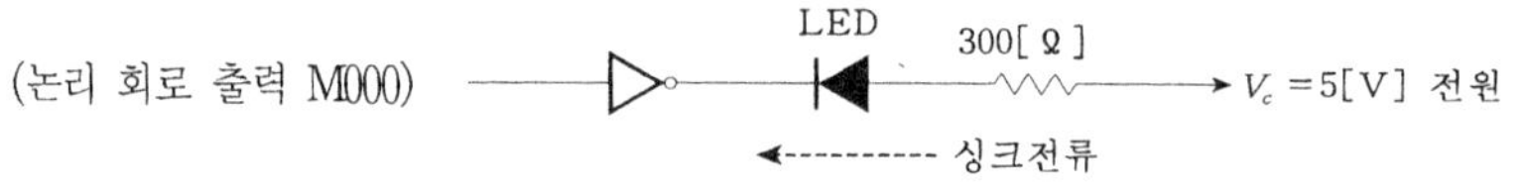

ⓒ 그림 2.15는 LED 램프의 점등 시퀀스의 일례이다.

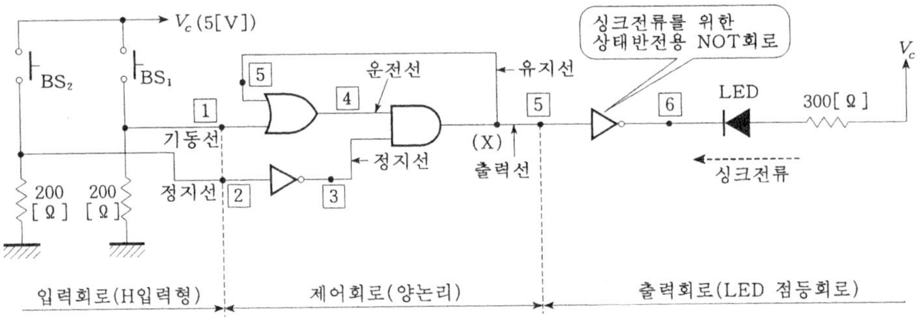

그림 2.15

(2) 동작 [1] 정지(소등▶BS_1 → L 레벨, BS_2 → L 레벨, LED → L 레벨) 상태

▸그림 2.16에서 BS_1과 BS_2는 열려 있고 램프 LED는 소등 상태이다.

① 점 [1] : 입력 BS_1이 열려 있고 200〔Ω〕을 통하여 접지 상태 L 레벨이다.

② 점 [2] : 입력 BS_2는 열려 있고 200〔Ω〕을 통하여 접지 상태 L 레벨이다.

③ 점 [3] : 점 [2]의 L 레벨이 NOT 회로를 통하므로 전압 상태 H 레벨이다.

④ 점 [4] : 정지 상태에서 출력(X), 즉 점 [5]는 L 레벨이고, 되먹임 OR 입력 [6]도 L 레벨이다. 점 [1]과 점 [6]이 모두 L 레벨이므로 OR 출력점 [4]는 L레벨이 된다.

⑤ 점 [5] : 점 [3]이 H 레벨이고, 점 [4]가 L 레벨이므로 AND 출력점 [5]는 L레벨이 된다. ← 출력이 없다(논리식 $X = (X + BS_1) \cdot \overline{BS_2}$).

⑥ 점 [6] : 출력점 [5]가 L레벨이므로 되먹임 OR의 유지입력 점 [6]도 L 레벨이다.

⑦ 점 [7] : 점 [5]의 L 레벨이 NOT 회로를 통하므로 점 [7]은 H 레벨이 된다.

⑧ $V_c = 5$〔V〕, 즉 H 레벨이다. 따라서 점 [7]과 V_c는 전위(전압)가 같으므로 전류가 흐르지 못하고 LED는 소등 상태이다.

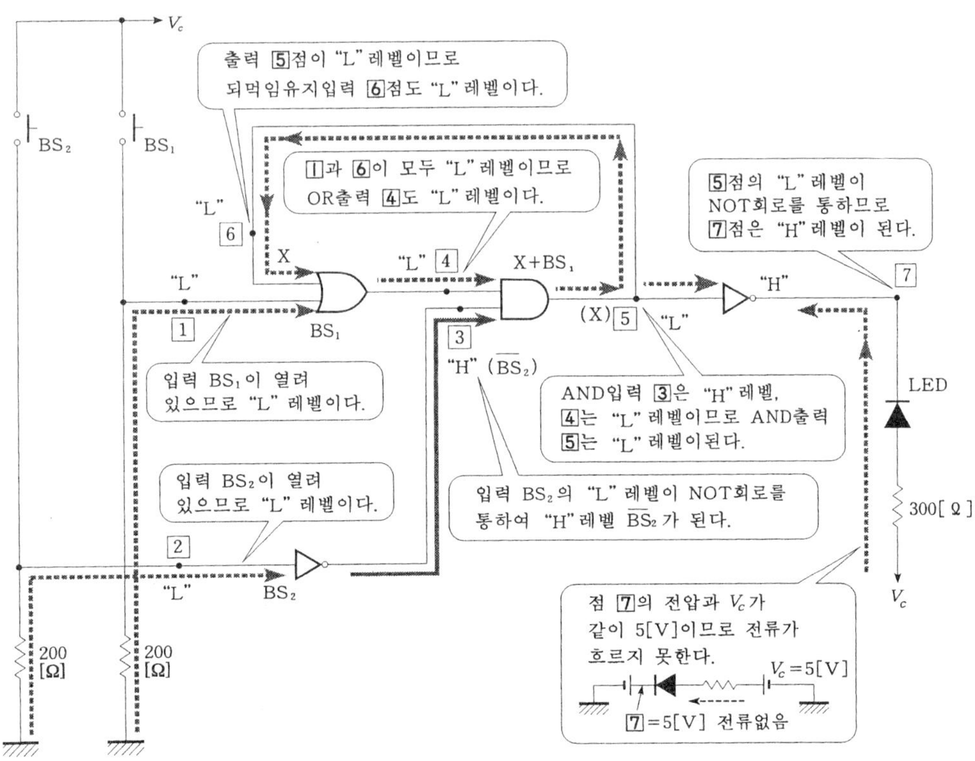

그림 2.16

(3) 동작 ② 운전(점등 ▶ BS_1 → H 레벨, BS_2 → L 레벨, LED → H 레벨) 상태

▸그림 2.17에서 기동 입력 BS_1을 눌렀다 놓으면 LED가 점등한다.

① 점 1 : 입력 BS_1을 누르면 전압 $V_c = 5$ [V]를 통하여 H 레벨이 된다. 이후 BS_1을 놓으면 다시 L 레벨로 돌아온다.

② 점 2 : 입력 BS_2는 열려 있고 200 [Ω]을 통하여 접지 상태 L 레벨이다.

③ 점 3 : 점 2의 L 레벨이 NOT 회로를 통하므로 전압 상태 H 레벨이다.

④ 점 4 : OR 회로는 두 입력 1, 6 중 하나라도 H 레벨이면 출력이 생긴다. 따라서 점 1이 H 레벨이므로 점 4는 H 레벨이 된다.

⑤ 점 5 : AND 입력 점 3과 4가 모두 H 레벨이므로 점 5는 H 레벨이 되고 X 출력이 생긴다.

⑥ 점 6 : 출력 점 5가 H 레벨이므로 되먹임 OR 유지 입력 6도 H 레벨이다. 따라서 BS_1을 놓아도(L 레벨) 점 6의 H 레벨에 의하여 OR 출력점 4는 H 레벨로 유지된다.

⑦ 점 7 : 출력점 5의 H 레벨이 NOT 회로를 통하므로 점 7은 L 레벨이 된다.

⑧ 전원 V_c의 H 레벨에서 점 7의 L 레벨로 싱크(sink) 전류가 흘러 램프 LED가 켜진다.

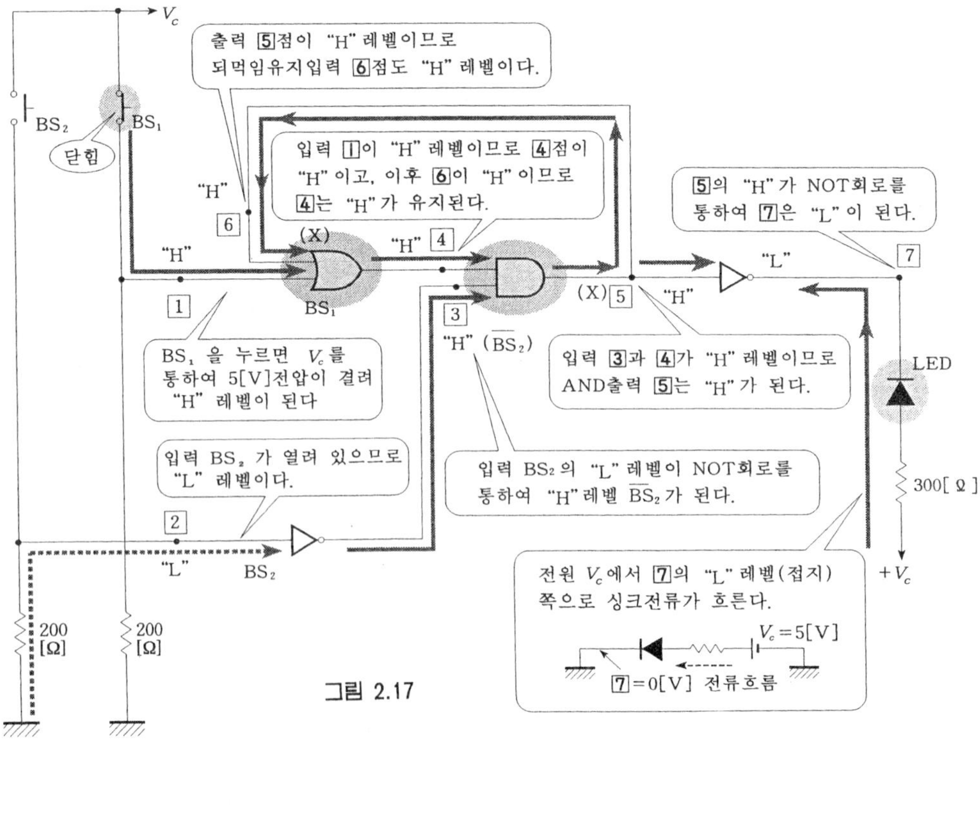

그림 2.17

(4) 동작 3 정지(소등 ▶ BS_1 → L 레벨, BS_2 → H 레벨, LED → L 레벨) 상태

▸그림 2.18에서 정지 입력 BS_2을 눌렀다 놓으면 LED가 소등한다.

① 점 1 : 입력 BS_1이 열려 있고 200〔Ω〕을 통하여 접지 상태 L 레벨이다.

② 점 2 : 입력 BS_2를 누르면 전압 $V_c = 5$〔V〕를 통하여 H 레벨이 된다. 이후 BS_2를 놓으면 다시 L 레벨로 돌아온다.

③ 점 3 : 점 2의 H 레벨이 NOT 회로를 통하므로 접지 상태 L 레벨이다.

④ 점 5 : 점 4가 H 레벨이지만 점 3이 L 레벨이므로 AND 출력점 5는 L 레벨이 된다. 즉, 출력이 없어진다.

⑤ 점 6 : 출력점 5가 L 레벨이므로 되먹임 OR의 유지 입력점 6도 L 레벨이 된다.

⑥ 점 4 : 점 1과 점 6이 모두 L 레벨이므로 OR 출력점 4는 L 레벨이 된다.

⑦ 점 7 : 점 5의 L 레벨이 NOT 회로를 통하므로 점 7은 H 레벨이 된다.

⑧ $V_c = 5$〔V〕, 즉 H 레벨이다. 따라서 점 7과 V_c는 전위(전압)가 같으므로 전류가 흐르지 못하고 LED는 소등된다.

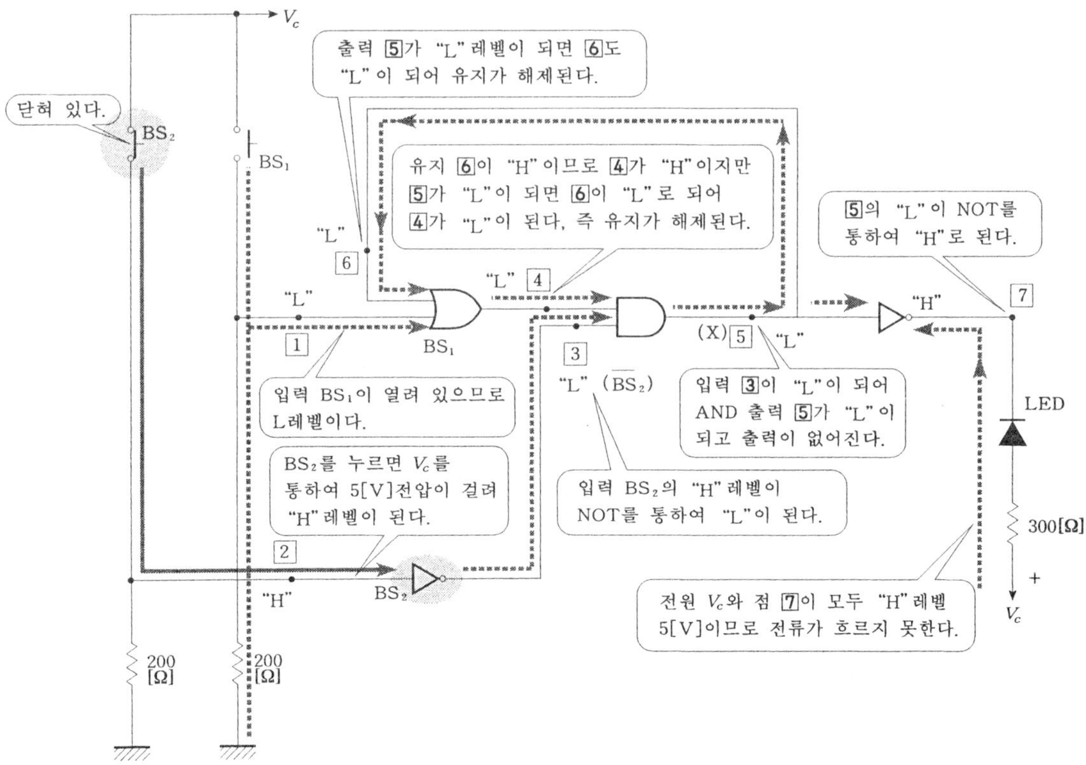

그림 2.18

1.4 $\overline{R}\,\overline{S}$-latch

- set하면 출력이 생기고(H 레벨), reset하면 출력이 없어지는(L 레벨) 회로를 플립플롭(flip-flop, FF) 회로라고 한다.
- 플립플롭 회로는 두 개의 안정된 상태(동작과 복구)를 갖는 쌍안정 회로 특성이고 한 입력 상태에서 출력 상태가 그대로 유지(기억)되는 회로이다.
- $\overline{R}\,\overline{S}$-latch와 JK-FF가 많이 사용된다(FF의 종류 참조).
- 기동 입력을 주는 것을 set(S, $\overline{S}$)한다고 하고,
  정지 입력을 주는 것을 reset(R, $\overline{R}$)한다고 한다.

(1) 기호

① 그림 2.19 (a)는 $\overline{R}\,\overline{S}$-latch의 회로도이고 L 입력 L 레벨로 동작한다. 즉,
L 입력형 L 레벨로 set($\overline{S}$)하면 출력(Q)이 생기고(H 레벨),
L 입력형 L 레벨로 reset($\overline{R}$)하면 출력(Q)이 없어지는(L 레벨) 회로이다.
여기서, $\overline{Q}$는 Q의 반대 출력이고 간혹 사용한다 (그림 2.29 참조).

② 그림 2.19 (b)는 그림 2.19 (a)의 그림 기호이고 보통 FF로 표시한다.
입력 단자 ($\overline{S}$, $\overline{R}$)의 상태 표시(O)는 L 입력을 요구하는 표시로서
L 레벨 입력으로 set, reset됨을 표시한다.

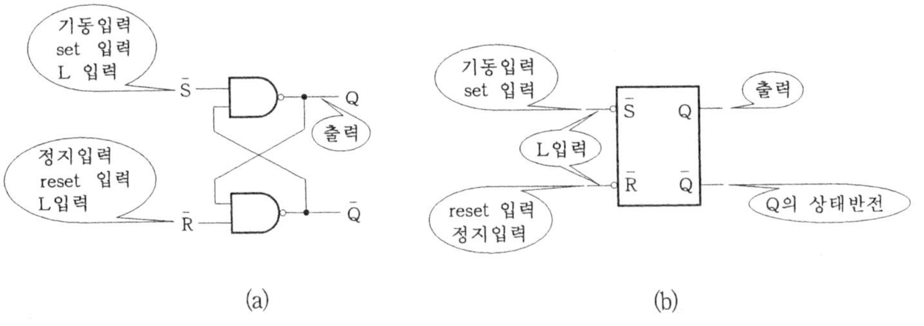

그림 2.19

③ 그림 2.20 (a)는 $\overline{R}\,\overline{S}$-latch의 동작 타임 차트이다.
L 입력형 L 레벨로 set($\overline{S}$)하면 출력(Q)이 생기고(H 레벨),
L 입력형 L 레벨로 reset($\overline{R}$)하면 출력(Q)이 없어진다 (L 레벨).

④ 그림 2.20(b)는 진리표인데 초기 조건이란 회로에 전원을 가할 때, 즉 $\overline{S}$-H 레벨(S-L), $\overline{R}$-H 레벨(R-L) 상태에서 나타나는 출력의 상태를 말한다. L 입력($\overline{S}$-L, S-H)으로 FF를 set하면 출력 Q가 생겨 H 레벨로 되고(동작) L 입력($\overline{R}$-L, R-H)으로 FF를 retset하면 출력 Q가 없어져 L 레벨로 된다(복구). 또, $\overline{S}$와 $\overline{R}$의 입력을 동시에 줄 때 출력 Q의 상태가 불확실한 점이 단점이다.(출력 Q가 H 레벨일 때도 있고, L 레벨일 때도 있다).

⑤ 그림 2.20(c)는 반도체 논리 소자 IC- 74279인데 IC 한 개에 $\overline{R}\,\overline{S}$-latch 회로가 4개 들어 있고 $\overline{S}_1$과 $\overline{S}_2$ 단자는 필요시 묶어서 하나로 사용하면 된다.

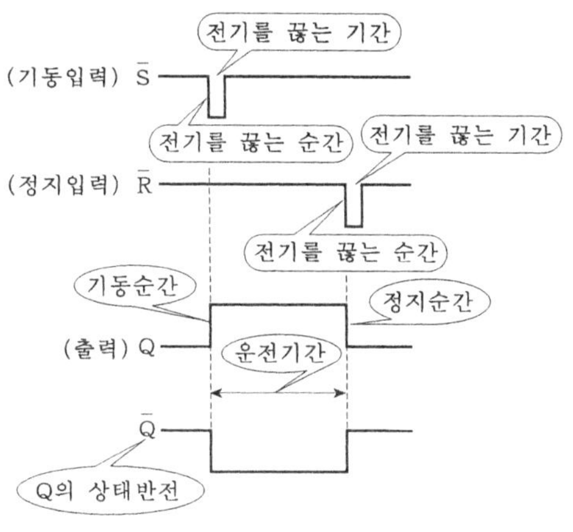

(a)

S	R	$\overline{S}$	$\overline{R}$	Q(출력)
L	L	H	H	Q_N(초기 조건)
H	L	L	H	H(Q, 동작)
L	H	H	L	L($\overline{Q}$, 복구)
H	H	L	L	불확실(L, 혹은 H)

(b)

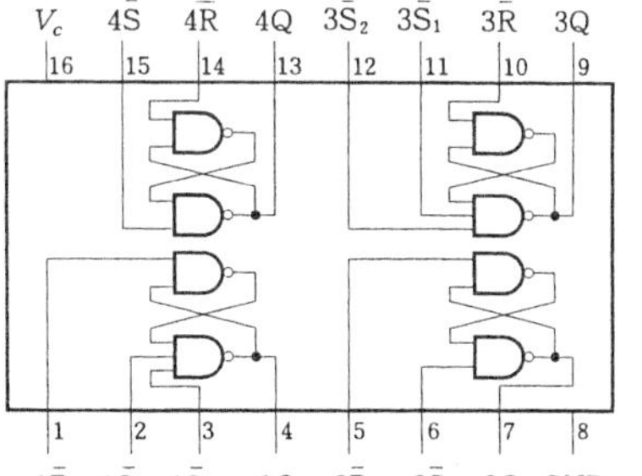

(c)

그림 2.20

(2) 회로 [1] ▶ BS_1 → H 레벨, BS_2 → H 레벨, LED → L 레벨 상태

▸그림 2.21에서

① 점 [1] : 입력 BS_1은 열려 있고 저항 1〔kΩ〕을 통하여 V_c가 걸려 H 레벨이다.

② 점 [2] : 입력 BS_2는 열려 있고 저항 1〔kΩ〕을 통하여 V_c가 걸려 H 레벨이다.

③ 점 [3] : [1]점이 H 레벨이므로 FF가 set되지 않고 Q→L 레벨(출력 없음)이다.

④ 점 [4] : [3]점의 L 레벨이 NOT(상태 반전) 회로를 통하여 H 레벨이 된다.

⑤ 점 [4]와 V_c가 다같이 5〔V〕 전압(H 레벨)이므로 전류가 흐르지 못하고 LED는 꺼져 있다.

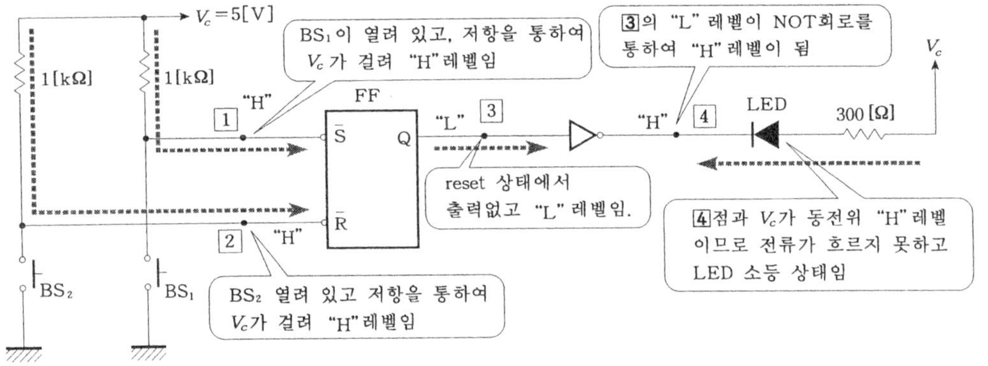

(a)

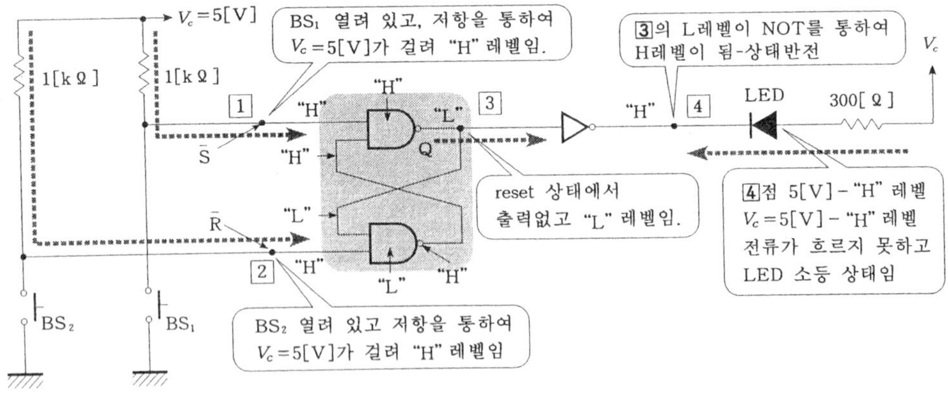

(b)

그림 2.21

(3) 동작 ① 운전(점등 ▶ BS_1 → L 레벨, BS_2 → H 레벨, LED → H 레벨) 상태

▸그림 2.22에서

① 점 ① : 입력 BS_1을 누르면 접지 상태가 되어 L 레벨이 되므로 FF가 set된다. 이후 BS_1을 놓으면 다시 H 레벨로 돌아온다.

② 점 ② : 입력 BS_2는 열려 있고 저항 1〔kΩ〕을 통하여 V_c가 걸려 H 레벨이 된다.

③ 점 ③ : ①점이 L 레벨이므로 FF가 set되어 Q → H 레벨이 되고 출력(5〔V〕 전압)이 생긴다.

④ 점 ④ : ③점의 H 레벨이 NOT 회로를 통하여 L 레벨이 된다.

⑤ 전원 V_c의 H 레벨(5〔V〕 전압)에서 점 ④의 L 레벨(0〔V〕 전압-접지 상태)로 싱크(sink) 전류가 흘러 LED가 점등한다.

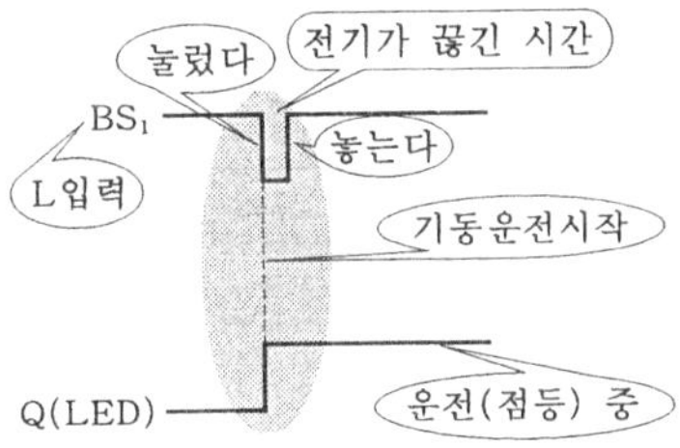

입력 (L 입력형)		출 력
① BS_1	② BS_2	③ Q-LED
L	H	H(점등)
(set하면 출력이 생긴다)		

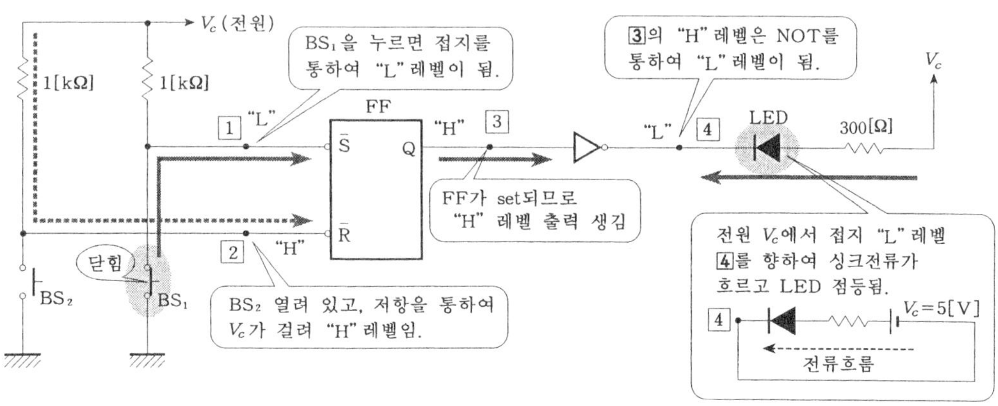

그림 2.22

(4) 동작 [2] 정지(소등 ▶ BS_1 → H 레벨, BS_2 → L 레벨, LED → L 레벨) 상태

▸그림 2.23에서

① 점 [1] : 입력 BS_1은 열려 있고 저항 1〔kΩ〕을 통하여 V_c가 걸려 H 레벨이 된다.

② 점 [2] : 입력 BS_2를 누르면 접지 상태가 되어 L 레벨이 되므로 FF가 reset된다. 이후 BS_2를 놓으면 다시 H 레벨로 돌아온다.

③ 점 [3] : [2]점이 L 레벨이므로 FF가 reset 되고 L 레벨(출력 없음)이 된다.

④ 점 [4] : [3]점의 L 레벨이 NOT 회로를 통하여 H 레벨이 된다.

⑤ 점 [4]의 H 레벨과 V_c가 다같이 5〔V〕(H 레벨)이므로 전류가 흐르지 못하고 LED가 소등된다.

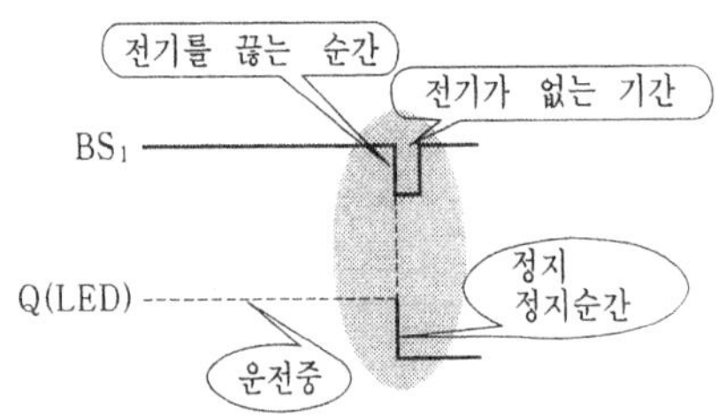

입력 (L 입력형)		출 력
[1] BS_1	[2] BS_2	[3] Q-LED
H	L	L(소등)
(reset하면 출력이 없어진다)		

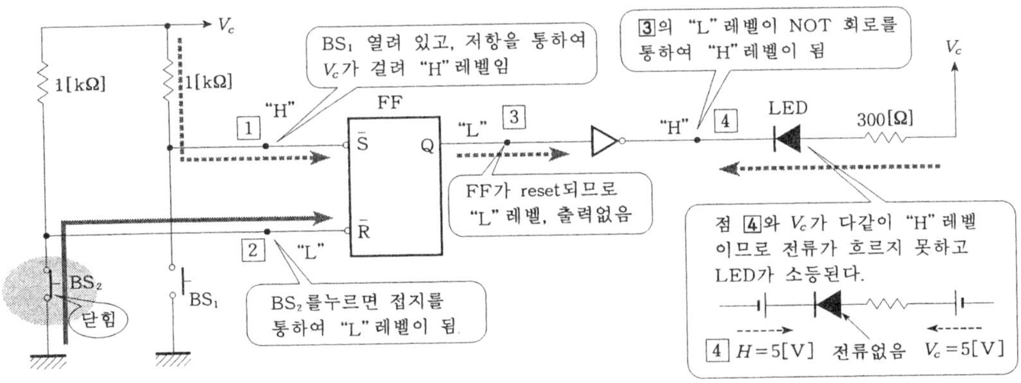

그림 2.23

(1) 기호

그림 2.24는 기호 (a), 타임 차트 (b), 진리표 (c), IC-SN7476(d)을 나타낸다.

▸H 입력형 J(set) 입력과 H 입력형 K(reset) 입력 및 L 입력형 C(clock-클록) 입력으로 되어 있다.

▸하강연(↓)이란 전기(전압)가 없어지는 순간(⎍↓, ↓⎍)을 표시하고 L 레벨이다.

▸set(J 입력)하면 C 입력의 하강연(↓)에서 출력(Q)이 생기고(H 레벨), 또 reset(K 입력)하면 C 입력의 하강연(↓)에서 출력(Q)이 없어진다(L 레벨).

▸두 입력 J와 K를 동시에 줄 때 출력(Q)은 상태 변화(NOT 기능)가 나타난다. 즉, 출력이 없을 때는 출력이 생기고, 출력이 있을 때는 출력이 없어진다.

▸ $\overline{PR}$과 $\overline{CLR}$은 각각 $\overline{R}\,\overline{S}$-latch의 $\overline{S}$, $\overline{R}$의 기능과 같다.

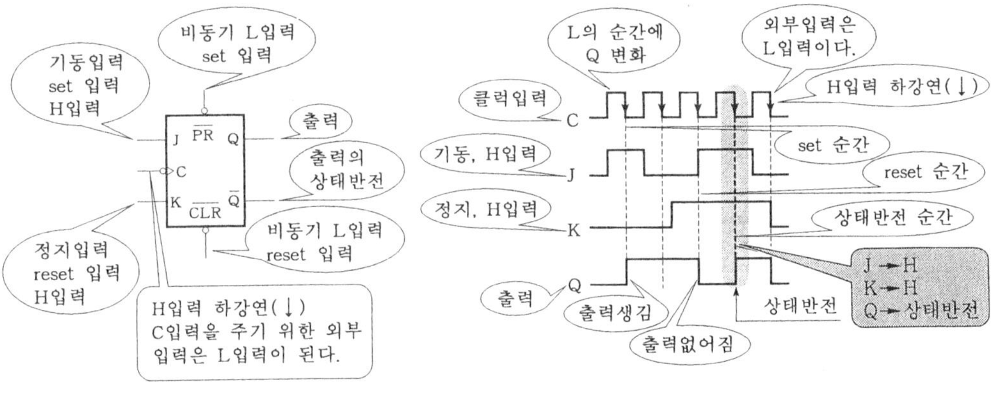

(a) (b)

	C	J	K	Q	
	↓	L	L	Q_n	
set	↓	H	L	H	
reset	↓	L	H	L	
	↓	H	H	$\overline{Q}_n$	상태반전

(c)

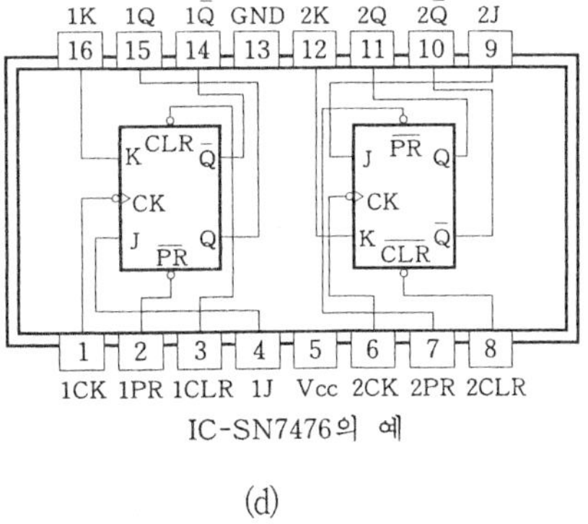

IC-SN7476의 예

(d)

그림 2.24

(2) 회로 ▶ BS_1 → L 레벨, BS_2 → L 레벨, BS_3 → H 레벨, LED → L 레벨 상태

▸그림 2.25에서

① 점 1 : 입력 BS_1이 열려 있고 200〔Ω〕을 통하여 접지 상태 L 레벨이다.

② 점 2 : 입력 BS_2는 열려 있고 200〔Ω〕을 통하여 접지 상태 L 레벨이다.

③ 점 3 : 입력 BS_3은 열려 있고 1〔kΩ〕을 통하여 V_c가 걸려 H 레벨이다.

④ 점 4 : 1점이 L 레벨이므로 FF가 set되지 않고 L 레벨(출력 없음)이다.

⑤ 점 5 : 4점의 L 레벨이 NOT 회로를 통하여 H 레벨이 된다.

⑥ 점 5와 V_c가 다같이 H 레벨이므로 전류가 흐르지 못하고 LED는 꺼져있다.

※ 입력 BS_1과 BS_2는 H 입력이고, 입력 BS_3은 L 입력임에 유의한다.

※ 입력 BS_3이 L 입력형이면 BS_3을 누르는 순간에 출력이 생기고,
BS_3이 H 입력형이면 BS_3을 눌렀다 놓는 순간에 출력이 생긴다.

※ 입력 C의 하강연(↓)에서 출력(Q)가 생김에 유의한다.

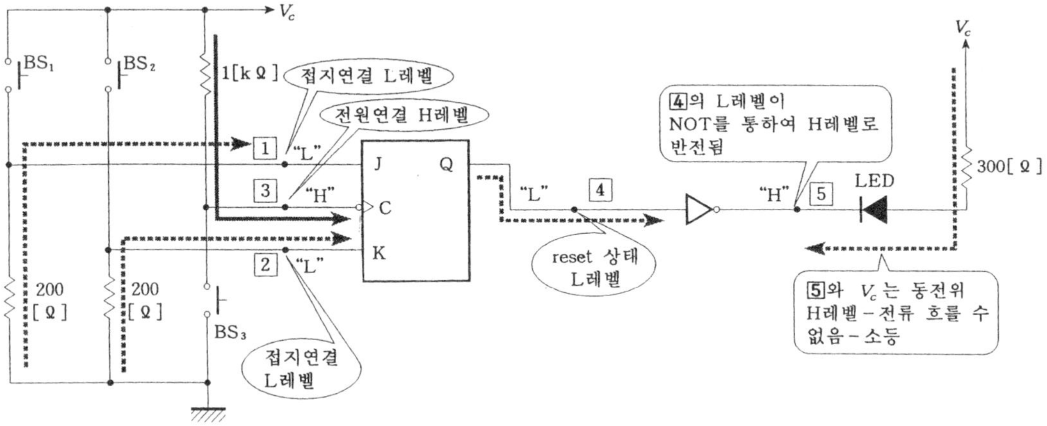

그림 2.25

(3) 동작 [1] 운전

(점등 ▶ BS_1 → H 레벨, BS_2 → L 레벨, BS_3 → L 레벨, LED → H 레벨 상태

▸그림 2.26에서 BS_1을 누른 상태에서 BS_3을 눌렀다 놓는다.

① 점 [1] : 입력 BS_1을 누르면 전원 V_c가 걸려 H 레벨이 되고, FF가 set된 후 BS_1을 놓으면 다시 L 레벨로 돌아온다.

② 점 [2] : 입력 BS_2는 열려 있고 200〔Ω〕을 통하여 접지 상태 L 레벨이다.

③ 점 [3] : 입력 BS_3을 눌렀다 놓는다 – BS_3을 누르면 접지를 통하여 L 레벨이 되고 BS_3을 놓으면 H 레벨로 돌아온다.

④ 점 [4] : BS_1을 누른 상태(H)에서 BS_3을 눌렀다 놓으면 C 입력이 L 레벨이 되는 순간(↓ : 하강연)에 FF가 set(Q - [4] - H레벨)되고 출력이 생긴다.

⑤ 점 [5] : [4]점의 H 레벨이 NOT 회로를 통하여 L 레벨이 된다.

⑥ 전원 V_c의 H 레벨에서 점 [5]의 L 레벨로 싱크(sink) 전류가 흘러 LED가 점등한다.

입 력			출 력
C	J	K	Q(LED)
↓	H	L	H(점등)
↓ : L 레벨로 변하는 순간 표시			

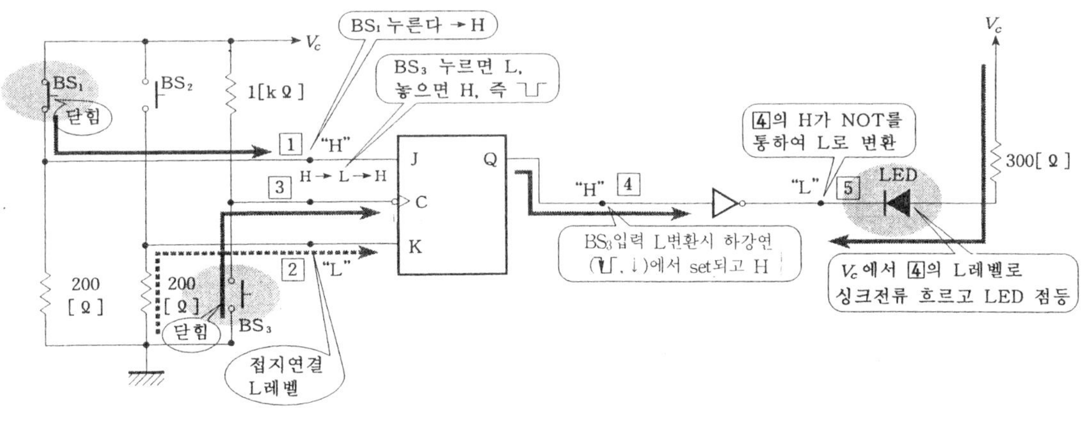

그림 2.26

(4) 동작 [2] 정지
(소등 ▶ BS_1 → L 레벨, BS_2 → H 레벨, BS_3 → L 레벨, LED → L 레벨 상태)

▸그림 2.27에서 BS_2를 누른 상태에서 BS_3을 눌렀다 놓는다.

① 점 [1] : 입력 BS_1이 열려 있고 200〔Ω〕을 통하여 접지 상태 L 레벨이다.

② 점 [2] : 입력 BS_2를 누르면 전원 V_c가 걸려 H 레벨이 된다.
FF가 reset된 후 BS_2를 놓으면 다시 L 레벨로 돌아온다.

③ 점 [3] : 입력 BS_3을 눌렀다 놓는다 - BS_3을 누르면 접지를 통하여 L 레벨이 되고 BS_3을 놓으면 H 레벨로 돌아온다.

④ 점 [4] : BS_2을 누른 상태(H)에서 BS_3을 눌렀다 놓으면 C 입력이 L 레벨이 되는 순간(↓ : 하강연)에 FF가 reset (Q - [4] - L 레벨)되고 출력이 없어진다.

⑤ 점 [5] : 점 [4]의 L 레벨이 NOT 회로를 통하여 H 레벨이 된다.

⑥ 점 [5]와 V_c가 다같이 H 레벨이므로 전류가 흐르지 못하고 LED는 꺼진다.

입 력			출 력
C	J	K	Q(LED)
↓	L	H	L(소등)

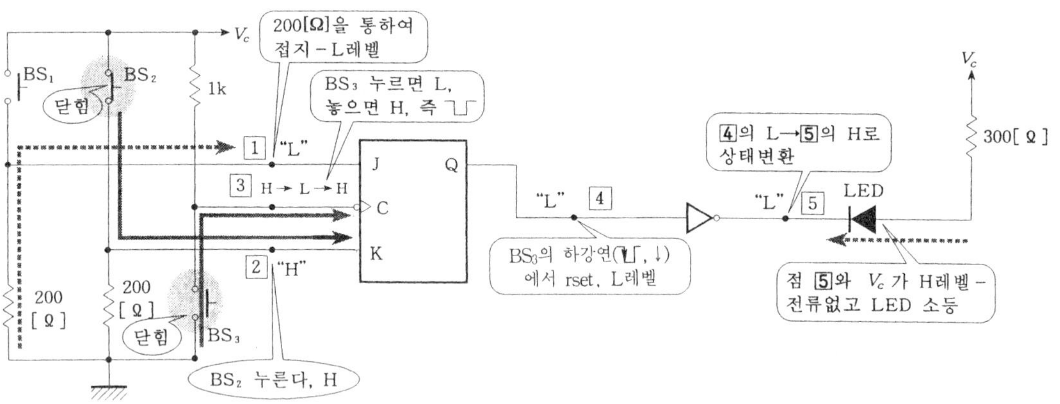

그림 2.27

(5) 동작 3 상태 반전(▶ BS_1 → H 레벨, BS_2 → H 레벨, BS_3 → L 레벨) 상태

▸ 그림 2.28에서 LED가 점등 상태에서 BS_1과 BS_2를 동시에 누르고 BS_3을 눌렀다 놓는다. 이때 출력은 상태가 반전(소등)된다 (H ↔ L).

① 점 1 : 입력 BS_1을 누르면 전원 V_c가 걸려 H 레벨이 된다.

② 점 2 : 입력 BS_2를 누르면 전원 V_c가 걸려 H 레벨이 된다. FF가 set, 혹은 reset된 후 BS_1과 BS_2를 놓으면 다시 각각 L 레벨로 돌아온다.

③ 점 3 : 입력 BS_3을 눌렀다 놓는다 - BS_3을 누르면 접지를 통하여 L 레벨이 되고 BS_3을 놓으면 H 레벨로 돌아온다.

④ 점 4 : BS_1과 BS_2를 누른 상태(H)에서 BS_3을 눌렀다 놓으면 C 입력이 L 레벨이 되는 순간(↓ : 하강연)에 FF가 set(Q - 4 - H 레벨 - 점등) 상태에서 reset 상태(Q - 4 - L - 소등) (또, reset 상태에서는 set 상태로)로 상태 반전된다.

⑤ 점 5 : 4점이 L 레벨이면 5점은 H 레벨이다. 따라서 LED가 꺼진다.

입 력			출 력
C	J	K	Q (LED)
↓	H	H	L (소등)

상태 변환, 반전

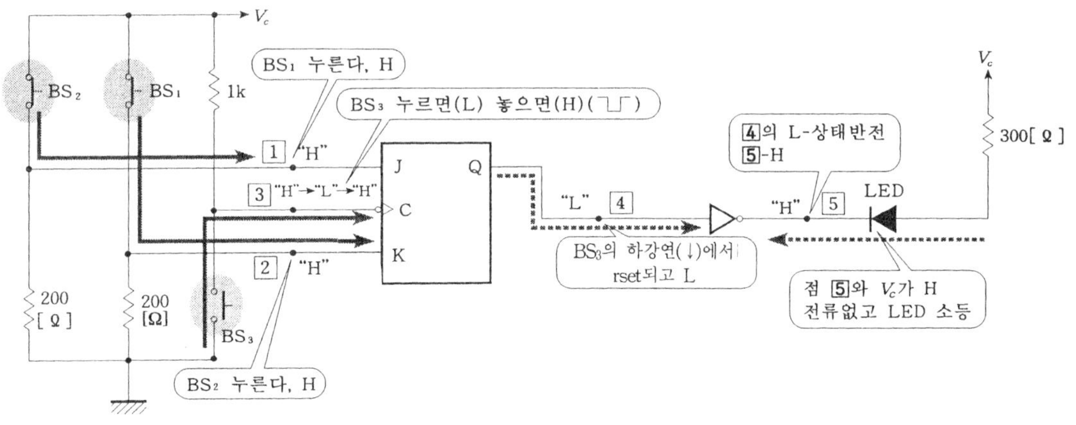

그림 2.28

1.6 플립플롭의 종류

(1) RS-latch와 $\overline{R}\,\overline{S}$-latch

▸그림 2.4 (c)의 기동 우선 유지 회로를 논리 회로로 바꾸면 그림 2.29 (a)와 같다.
그림 2.29 (a)에 이중 부정 회로(2중 NOT)( )를 넣으면 (b)와 같다(이중 부정은 부정이 아니고 긍정인 선과 같다).
그림 (b)를 NAND 회로(,)로 변환하면 그림 (c)와 같다.
그림 (a)와 (c)는 H 입력형이므로 이를 H 입력형 RS-latch라고 한다.
그림 (c)에서 NOT 회로를 없애면 그림 (d)와 같이 L 입력형이 되므로 L 입력형 $\overline{R}\,\overline{S}$-latch라고 하며 이를 IC화하여(예 : SN-74279) 많이 사용한다.

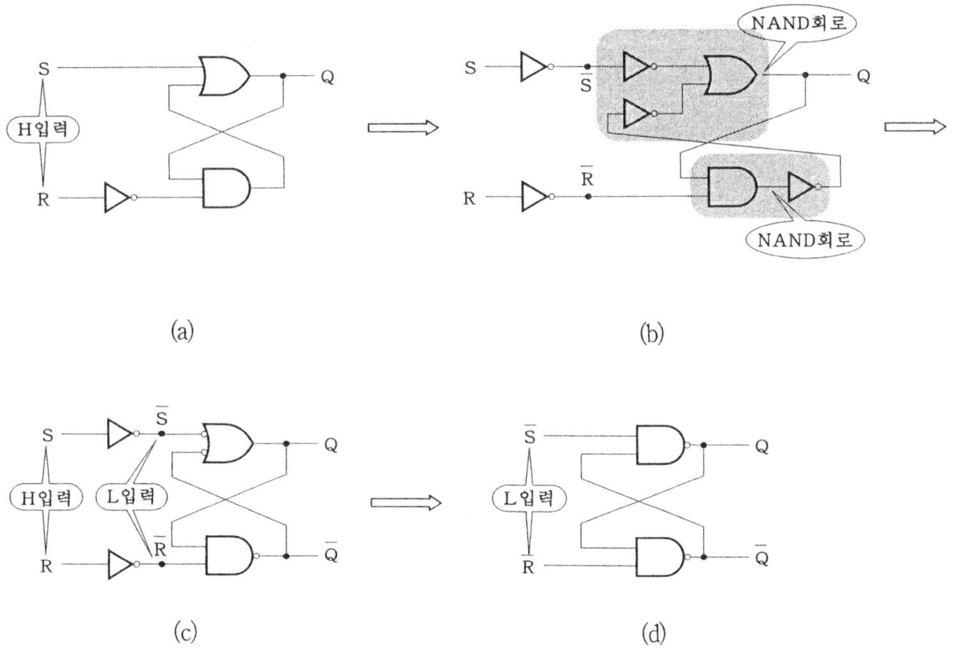

그림 2.29

$\overline{R}\,\overline{S}$-latch의 동작 상태를 레벨로 표시하면 다음과 같다.(그림 2.21 참조)

① 정지 상태 ; $\overline{S}$-H, $\overline{R}$-H, Q-L ② set(운전) 상태 ; $\overline{S}$-L, $\overline{R}$-H, Q-H

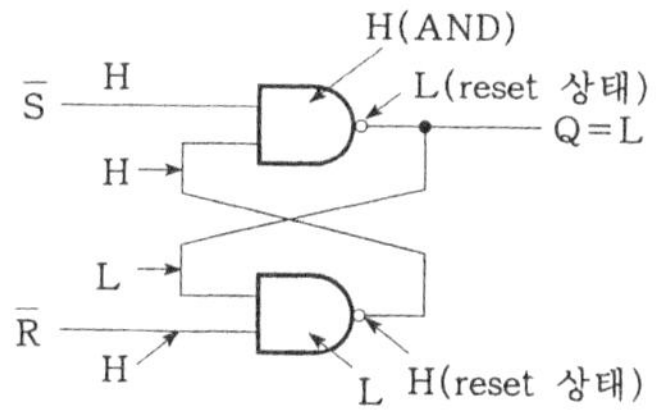

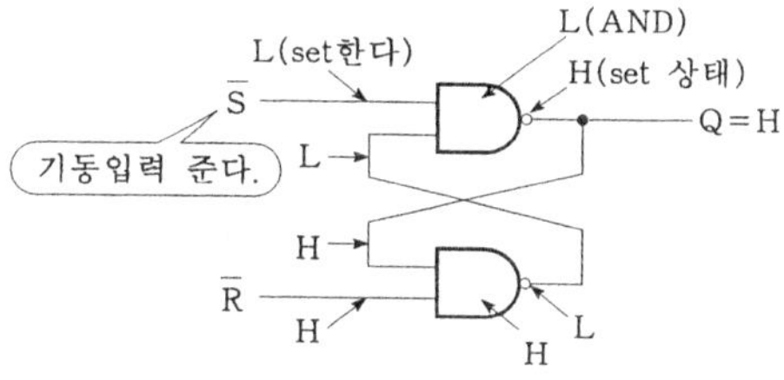

③ reset(정지) 상태 ; $\overline{S}$-H, $\overline{R}$-L, Q-L

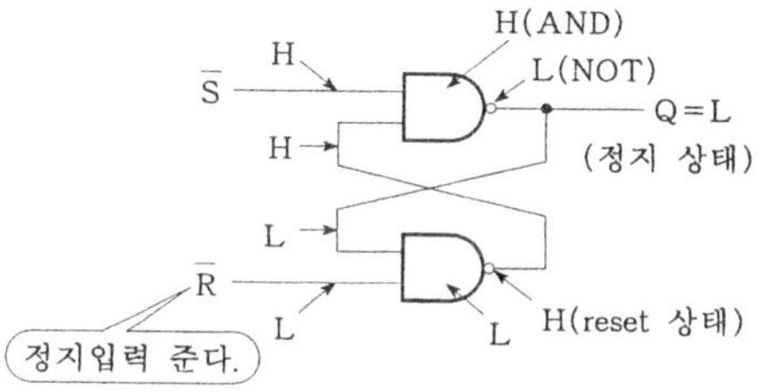

그림 2.30

(2) $\overline{R}\,\overline{S}$-latch의 Initial-reset 회로

① $\overline{R}\,\overline{S}$-latch에 전원 V_c를 투입할 때(초기상태) 출력 Q가 L이 되어야 하는데

② 만일 출력 Q가 H가 되면 부하가 급격하게 동작되어 위험한 상태가 된다.

③ 따라서 초기 상태에서 Q→L이 되도록 Initial-reset 회로를 사용한다.

④ 그림 2.31에서 회로에 전원 V_c를 넣을 때

ⓐ $\overline{S}$ 단자에는 저항을 통하여 곧바로 H 레벨이 되지만

ⓑ $\overline{R}$ 단자에는 저항을 통하여 콘덴서 C가 충전되므로 곧바로 H 레벨이 되지 않고 L 레벨이 걸리고 C가 충전됨에 따라 그림과 같이 서서히 H 레벨로 변한다.

⑤ 따라서 회로에 전원 V_c를 주는 순간 R에 L 레벨이 되므로
$\overline{R}\,\overline{S}$-latch는 Q →L 레벨, 즉 reset 상태가 된다.

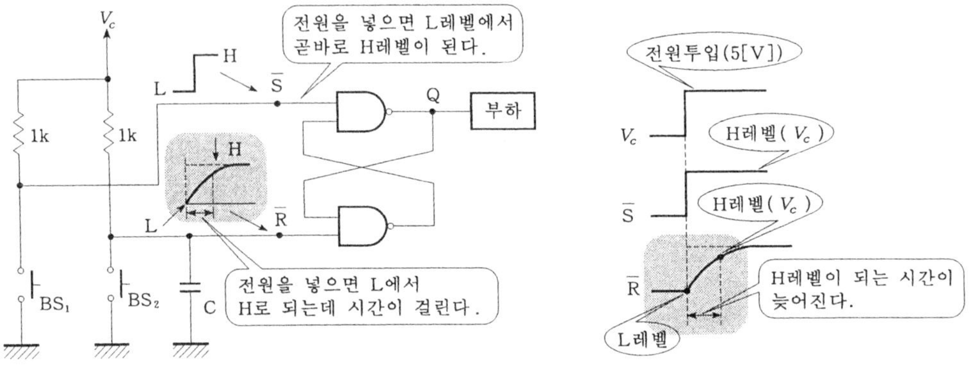

그림 2.31

(3) Reset 우선 $\overline{R}\,\overline{S}$-latch

▸그림 2.20 (b)의 진리표와 같이

$\overline{R}\,\overline{S}$-latch의 set 입력 $\overline{S}$와 reset 입력 $\overline{R}$에 동시에 L 입력을 가할 때

▸출력 Q가 H(set)인지, L(reset)인지 불확실하다.

▸이 때 Q가 L(reset 상태)이 되도록 아래 그림과 같은 회로를 사용한다.

[1] 상태 ① set와 reset을 동시에 줄 때 reset 상태가 된다.

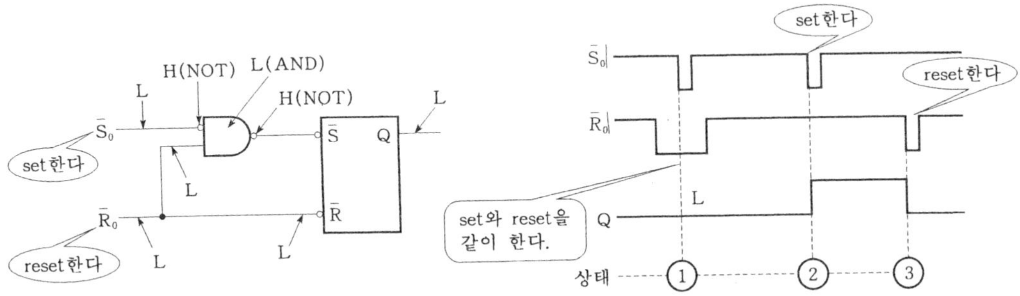

[2] 상태 ② set 상태

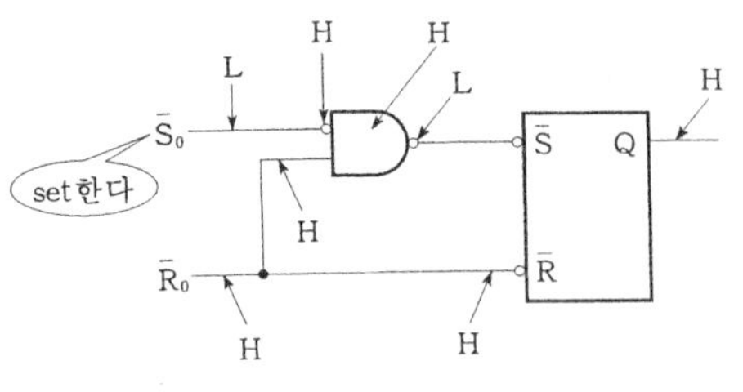

[3] 상태 ③ reset 상태

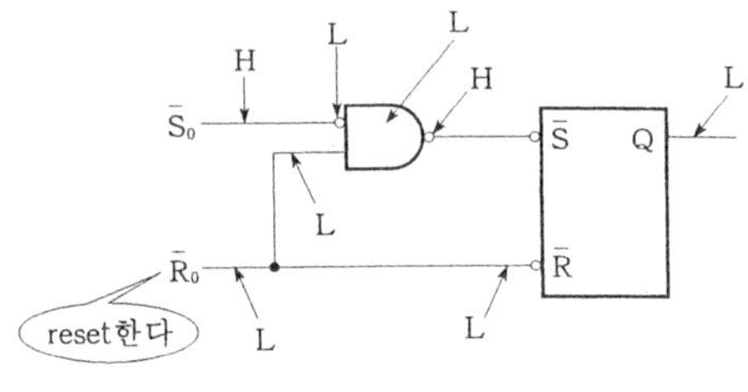

그림 2.32

(4) JK-FF의 Preset

▸그림 2.33은 JK-FF의 프리셋($\overline{PR}$)과 클리어($\overline{CLR}$)의 기능을 나타낸 것이다.

① L입력 $\overline{PR}$을 주면 set되고, 또
L입력 $\overline{CLR}$을 주면 reset 되는 $\overline{R}\,\overline{S}$-latch의 특성을 갖는다.

② $\overline{R}\,\overline{S}$-latch와 비교하면 $\overline{PR}=\overline{S}$ 단자, $\overline{CLR}=\overline{R}$ 단자가 된다.

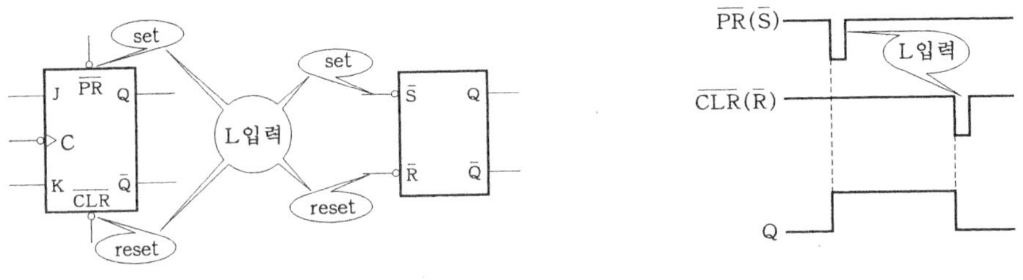

(a) (b)

그림 2.33

(5) FF의 종류

① RS-latch : 비동기형이고 H 입력으로 set(S)하면 출력이 생기고(Q-H 레벨),
H 입력으로 reset(R)하면 출력이 없어진다(Q-L 레벨).

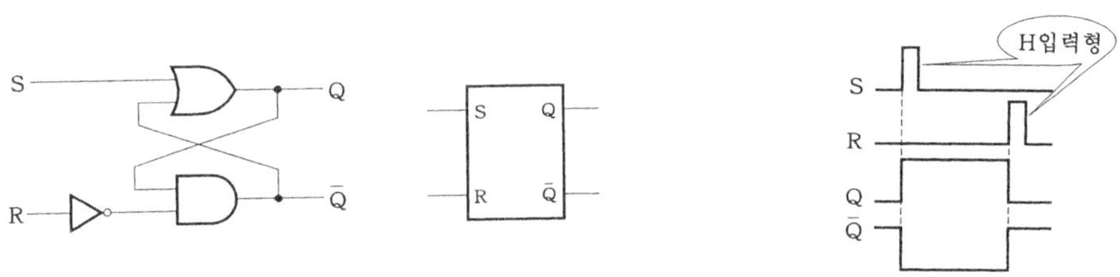

② $\overline{R}\,\overline{S}$-latch : 비동기형이고 L 입력으로 set($\overline{S}$)하면 출력이 생기고(Q-H 레벨), L 입력으로 reset($\overline{R}$)하면 출력이 없어진다(Q-L 레벨).

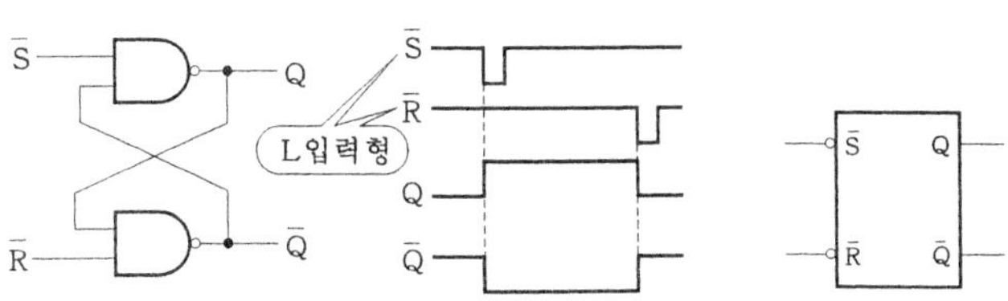

S	R	$\overline{S}$	$\overline{R}$	Q
L	L	H	H	Q_0
L	H	H	L	L
H	L	L	H	H
H	H	L	L	불확실

③ 클록형 RS-latch : 동기화 클록 신호 C가 H일 때 set, reset 된다. 즉, C입력이 있을 때 set하면 출력이 생기고, 또 reset하면 출력이 없어진다.

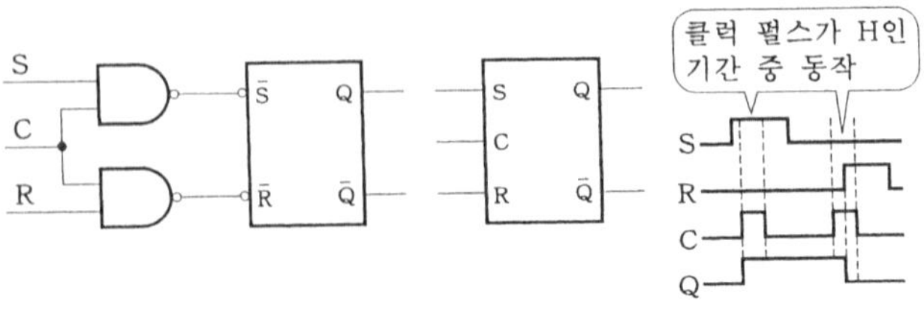

C	S	R	Q
H	L	L	Q_0
H	H	L	H
H	L	H	L
H	H	H	불확실

④ 클록형 RS-FF : 동기 클록 입력 C의 상승연(⎍ - ↑)(그림 2.34 (a)), 또는 하강연(⎍↓ - ↓)(그림 2.34 (b))에서 set, reset된다. 즉,
그림 2.34 (b)의 예에서
set 입력 S(H 레벨)를 주고 또 클록 입력 C(H 레벨)를 동시에 주면
C 입력이 없어지는 순간(하강연↓, L 레벨)에 출력이 생기고(Q-H 레벨),
reset 입력 R(H 레벨)를 주고, 또 클록 입력 C(H 레벨)를 동시에 주면
C 입력이 없어지는 순간(하강연↓, L 레벨)에 출력이 없어진다(Q-L 레벨)

※ C 입력의 외부 입력 C는 L 입력형이고 상태 표시(O)를 통한 C 입력은 H 입력이 된다.

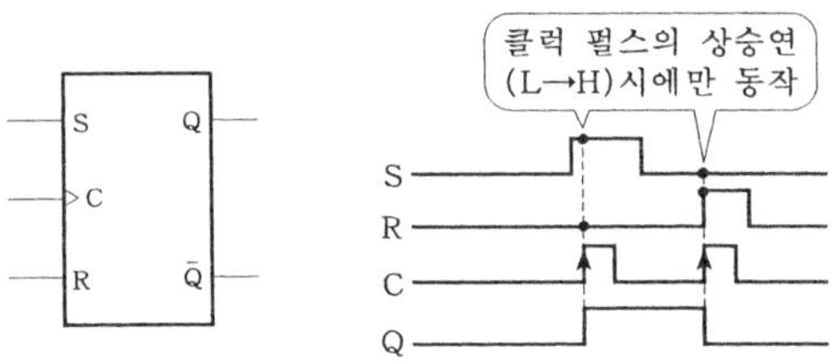

C	S	R	Q
↑	L	L	Q_0
↑	L	H	L
↑	H	L	H
↑	H	H	불확실

(a)

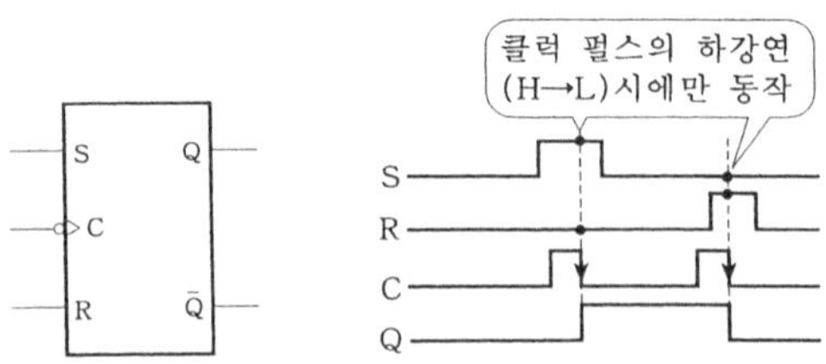

C	S	R	Q
↓	L	L	Q_0
↓	L	H	L
↓	H	L	H
↓	H	H	불확실

(b)

그림 2.34

⑤ JK-FF : RS-FF에서 입력 J-H, K-H에서의 출력의 불확실성을 없애고 이 경우 상태 반전(NOT 기능)이 되도록 개량한 것이다. 즉, C의 하강연(↓)에서 set되고 또 reset된다.
또, $\overline{PR}$와 $\overline{CLR}$ 단자를 두어 $\overline{R}\,\overline{S}$-latch의 기능도 있도록 한 것이다.

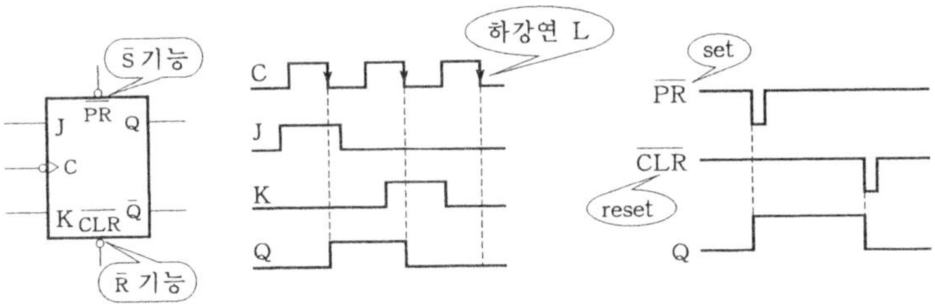

C	J	K	Q
↓	L	L	Q_0
↓	L	H	L
↓	H	L	H
↓	H	H	Q_0

⑥ D-FF : 클록 입력 C의 하강연(↓)에서
D-H이면 Q-H이고 D-L이면 Q-L이 된다. 즉, 시간 지연의 타이머(timer)용이다.
필요시 JK-FF에 NOT 회로를 연결하여 사용한다.

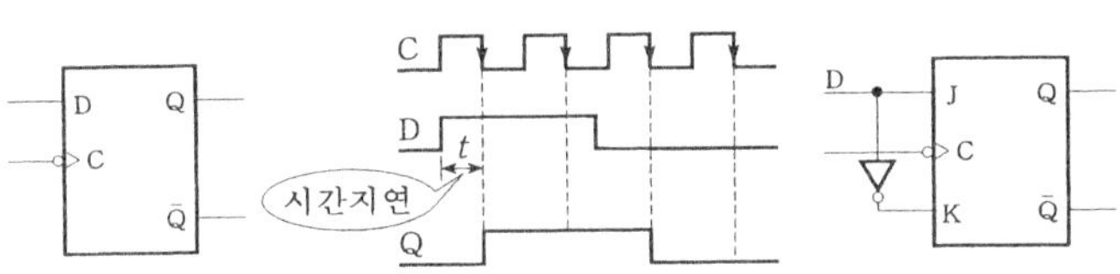

C	D	Q
↓	L	L
↓	H	H

⑦ T-FF : T 입력의 H 레벨에서 C 입력(↓)을 줄 때마다 상태 반전이 생긴다.
타이머, 카운터용으로 사용된다.
보통 JK-FF의 JK 단자를 묶어서 전원에 접속하고 C 입력만 사용하여 C 입력을 줄 때마다 상태 반전이 생긴다(H ↔ L).(⑧ 참조)

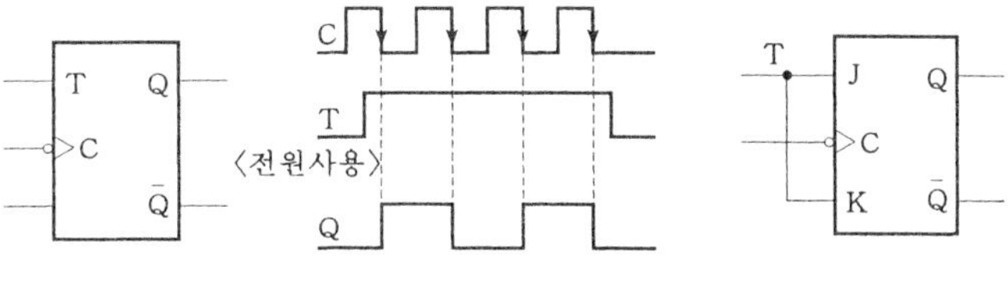

C	T	Q
↓	L	Q_0
↓	H	$\overline{Q_0}$

⑧ 카운터 counter의 기본 구성 예 :

▸그림 2.35와 같이 JK-FF를 T-FF로 사용하고 종속으로 여러 개 접속하여 구성한다.

▸JK 단자를 묶어서 전원 V_c에 접속하면 JK에 H 입력을 연속적으로 가하는 것과 같이 된다. 따라서 C 입력 펄스의 하강연(↓)마다 출력 상태가 변화된다.

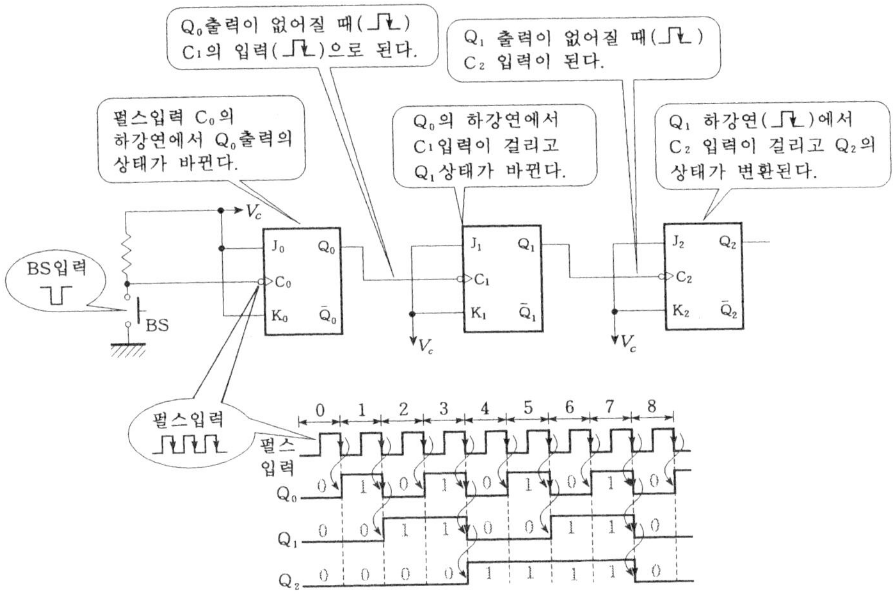

펄스 수	Q_2	Q_1	Q_0	8진수	
0	L	L	L	LLL	000
1	L	L	H	LLH	001
2	L	H	L	LHL	010
3	L	H	H	LHH	011
4	H	L	L	HLL	100
5	H	L	H	HLH	101
6	H	H	L	HHL	110
7	H	H	H	HHH	111
8	L	L	L	LLL	000

그림 2.35

▸여기서, L 입력형 BS를 눌렀다 놓으면(⊔)
BS를 누르는 순간(↓, ↓) 상태가 변화한다.

ⓐ Q_0 : C 입력 펄스의 하강연(↓)마다

출력 펄스 (Q_0)가 생기고(↑) 없어지고 (↓)를 반복한다. (⊓⊓)

ⓑ Q_1 : Q_0 출력이 두 번째 FF의 C 입력에 접속되어 있으므로
Q_0 출력이 없어질 때(⊓↓ − ↓)마다
출력 Q_1이 생기고(↑) 없어지고 (↓)를 반복한다. (⊓⊓)

ⓒ Q_2 : Q_1 출력이 세번째 FF의 C입력에 접속되어 있으므로
Q_1 출력이 없어질 때(⊓↓ − ↓)마다
출력 Q_2가 생기고(↑) 없어지고 (↓)를 반복한다. (⊓⊓ ‥)

ⓓ JK-FF를 여러 개 접속하면 Q_3, Q_4, …… 등은 위와 같이 동작된다.

▸H↔1, L↔0으로 표시하면 펄스의 수에 따라
Q_2, Q_1, Q_0는 2진수(000, 001 등)로 입력 펄스수가 카운트된다.

▸그림 2.36 (a)에서 출력 X의 펄스수는 AND 회로의 입력이

$$Q_2,\ Q_1,\ Q_0,\ -\ H,\ L,\ L-1,\ 0,\ 0$$

이므로 펄스수는 위의 표를 참고하면 4가 된다.

▸그림 2.36 (b)에서 출력 X는 NAND 회로의 입력이 각각 H, H, H일 때
NAND 출력이 L이 되고 SMV가 작동하여 부저 BZ가 5초 동안 울린다.

〔NAND 입력− $Q_2\ Q_1\ Q_0$ − H H H − 1 1 1 → 숫자 7을 나타낸다.〕

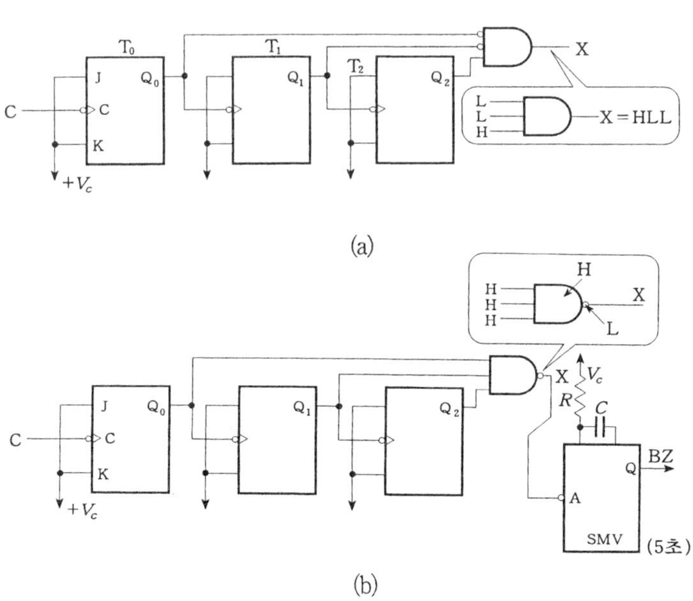

그림 2.36

2. 우선 회로

▸ 우선 회로에는 리셋 우선 회로(유지 회로 참고), 인터록 회로, 순차 동작 회로, 신입 신호 우선 회로, 특정 부하 우선 회로 등이 있다.

▸ 이 절에서는 인터록 회로, 동작 우선 회로, 신입 신호 우선 회로에 대한 각각의 릴레이 시퀀스, PLC 시퀀스, 로직 시퀀스에 대하여 설명한다.

▸ 입력 기구 3개(BS_1, BS_2, BS_3), 출력 기구 2개(램프 L_1, L_2)를 사용한다.

2.1 인터록(interlock) 회로

▸ 두 기기 중 한 기기가 먼저 동작하면 다른 기기는 동작할 수 없다.

▸ 퀴즈 놀이와 같이 먼저 입력한 회로만의 출력이 생긴다.

▸ 인명이나 기기를 보호하기 위하여 자기 회로(또는 접점)로 상대방의 동작을 금지시킨다.

▸ 상대 동작 금지 회로, 선행 동작 우선 회로, 병렬 우선 회로라고도 한다.

▸ 전동기의 정회전·역회전 운전 및 Y-△ 기동 회로 등에 많이 사용한다.

(1) 릴레이 회로

1) 회로

자기 접점(b접점)으로 상대방 회로의 운전 회로를 차단한다. 그림 2.37에서

① BS_1을 BS_2보다 먼저 누르면 릴레이 X_1이 동작하여 램프 L_1이 켜지고
인터록 접점 $X_{1(3)}$이 열려서 릴레이 X_2의 동작선을 끊어
X_2의 동작(L_2의 점등)을 금지시킨다.
정지 신호 BS_3을 주면 릴레이 X_1이 복구하고 램프 L_1이 소등된다.

② BS_2를 먼저 누르면 릴레이 X_2가 동작하여 램프 L_2가 켜지고
인터록 접점 $X_{2(3)}$이 열려서 릴레이 X_1의 동작선을 끊어
X_1의 동작(L_1의 점등)을 금지시킨다.

③ b접점 $X_{1(3)}$과 $X_{2(3)}$이 인터록 접점이 되고 회로선을 끊는 역할을 한다.

④ 기동 입력 BS_1과 BS_2는 H 입력(전기를 준다)이고
정지 입력 BS_3은 L 입력(전기선을 끊는다 - 접지)임에 유의한다.

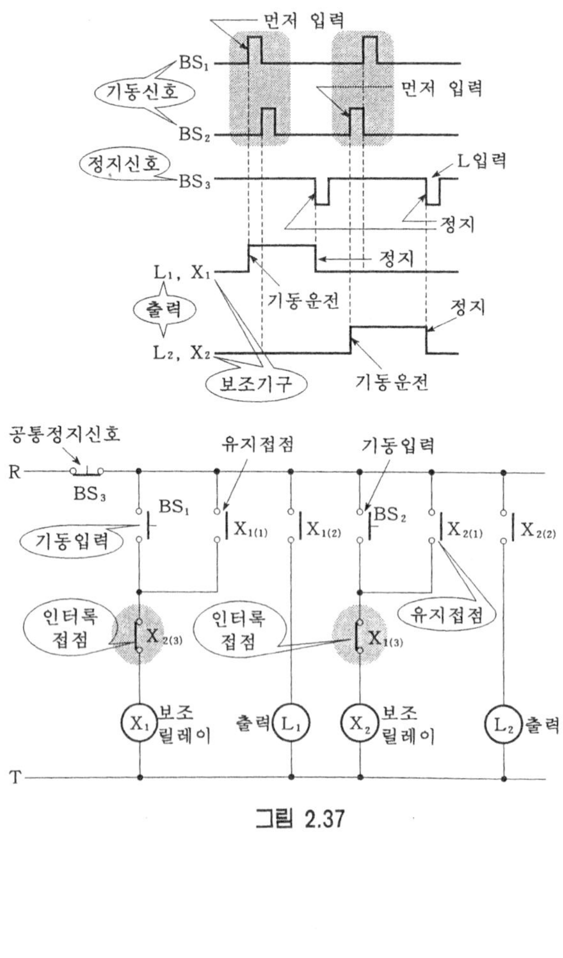

그림 2.37

2) 그리는 법

① 논리 조건 : 램프 2개 중 먼저 입력을 준 회로의 램프만 점등하는 회로

② 사용 기구

ⓐ 입력 기구 : 버튼 스위치 3개 – BS_1 (1a), BS_2 (1a), BS_3 (1b)

ⓑ 출력 기구 : 램프 2개 – L_1, L_2

ⓒ 보조 기구 : 보조 릴레이 2개 – X_1 (2a, 1b), X_2 (2a, 1b)

③ 타임 차트

ⓐ L_1 동작 : H 입력형 BS_1 조작(눌렀다 놓는다)을 먼저 그리고 다음 H 입력형 BS_2 조작(눌렀다 놓는다)을 조금 늦게 그리면 L_1 우선 회로가 되고 BS_1을 누르는 순간에 X_1과 L_1이 동작하도록 그린다.

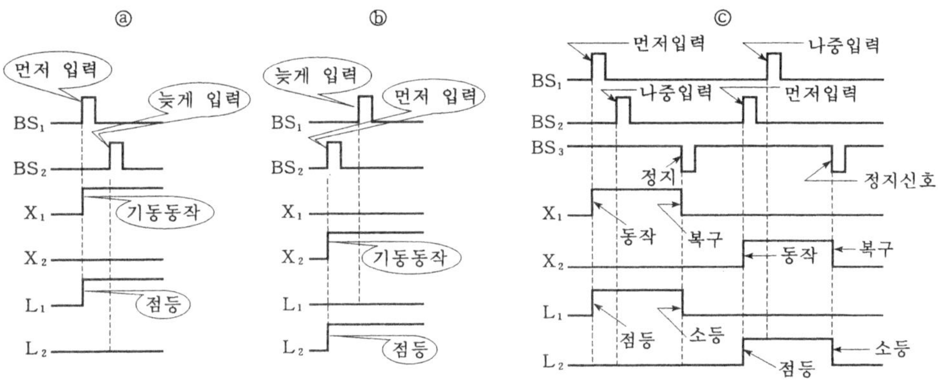

ⓑ L_2 동작 : BS_2 조작을 먼저 그리고 다음 BS_1 조작을 조금 늦게 그리면 L_2 우선 회로가 되고 BS_2를 누르는 순간에 X_2와 L_2가 동작하도록 그린다.

ⓒ 위 ⓐ와 ⓑ의 경우 각각 L 입력형 BS_3을 주면 동작 중인 릴레이와 램프가 복구한다.

④ 동작 순서

ⓐ 기동 – 먼저 준 입력(BS_1, BS_2)으로

ⓑ 유지 기구 – 보조 릴레이 X(X_1, X_2)가 동작하고

ⓒ 자기 유지 – 자기 접점($X_{1(1)}$, $X_{2(1)}$)으로 유지하며,

ⓓ 출력 – 접점($X_{1(2)}$, $X_{2(2)}$)으로 램프 L(L_1, L_2)이 점등한다.

ⓔ 인터록 – 인터록 접점($X_{1(3)}$, $X_{2(3)}$)으로 상대쪽 릴레이 회로를 끊는다.

ⓕ 공통 정지 – 입력 BS_3을 주면 동작 중인 릴레이 X와 램프 L이 복구한다.

1 기동 : 먼저 기동 입력 BS_1을 누른다.

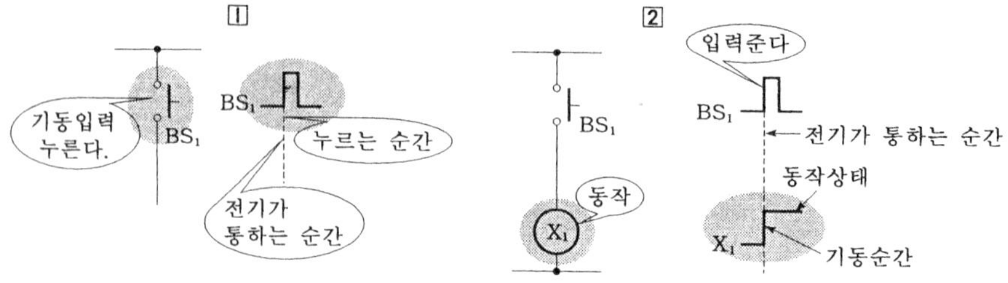

2 유지 기구 : 보조 기구 X_1이 동작한다.

3 유지 : X_1 접점 $X_{1(1)}$로 유지한다.

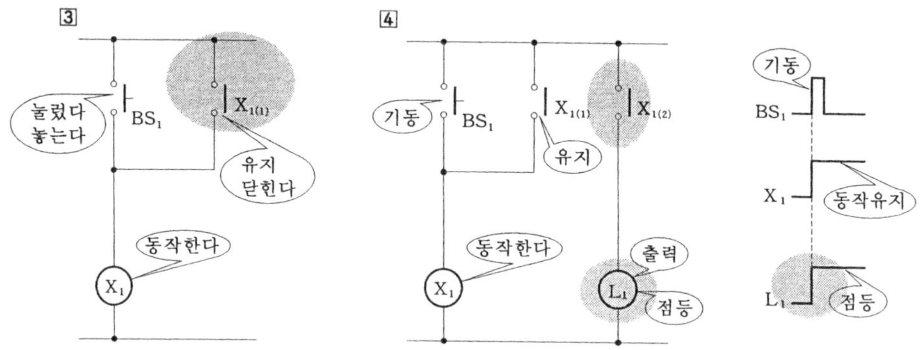

4 출력 : X_1 접점 $X_{1(2)}$로 출력 L_1이 생긴다.

5 램프 L_2 출력을 1 ~ 4와 같은 방법으로 그린다. ← 유지 회로

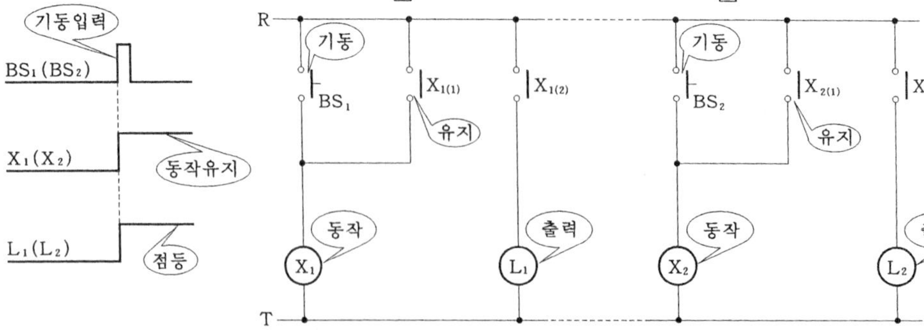

⑥ 인터록 접점($X_{1(3)}$, $X_{2(3)}$)으로 상대쪽 릴레이 L_1, L_2의 회로를 끊는다.

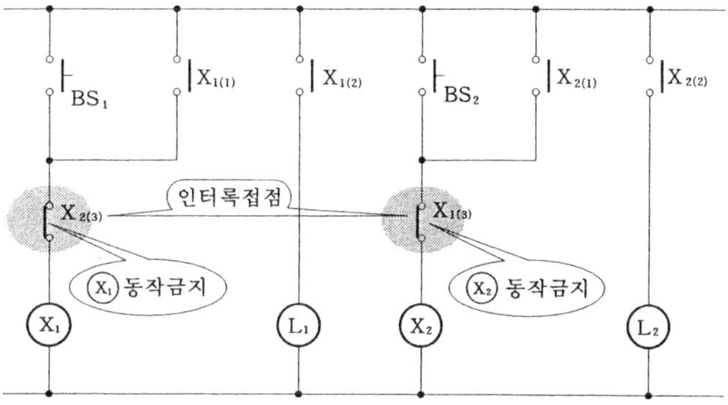

⑦ 공통 정지 입력 BS_3을 전원 R선에 넣는다. ← 도면 완료

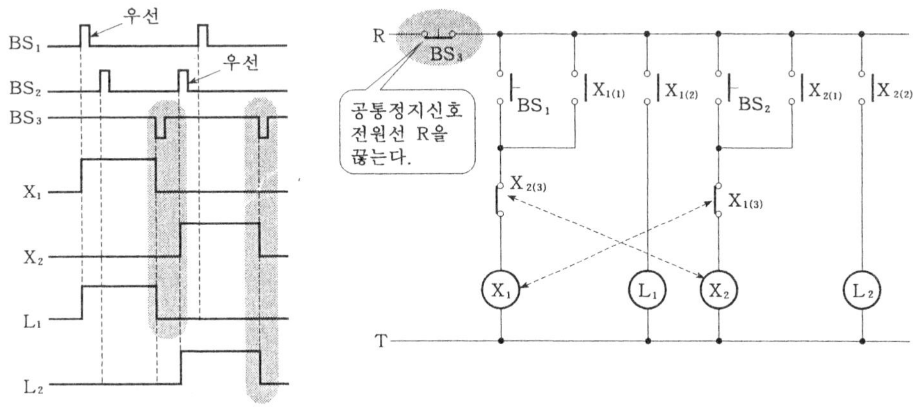

3) 동작 [1], 램프 L_1 우선 동작 ▶ BS_1 → H 레벨, BS_2 → L 레벨 상태

그림 2.38에서

① 기동 : 기동 입력 BS_1을 먼저 눌렀다 놓는다.

BS_1을 누를 때 BS_1 접점이 닫히는 순간 릴레이 X_1에 전기가 공급되어 X_1이 동작(여자)되고 접점 $X_{1(1)}$과 $X_{1(2)}$가 닫히며 접점 $X_{1(3)}$이 열린다.

〔전원 R - BS_3 - BS_1 닫힘 - $X_{2(3)}$ - X_1 - 전원 T〕

①

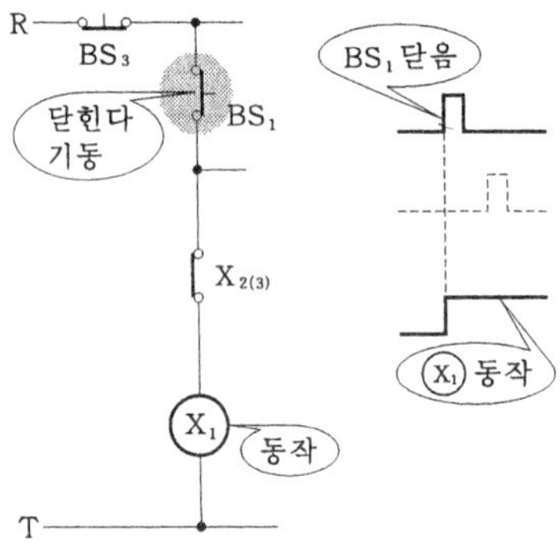

②

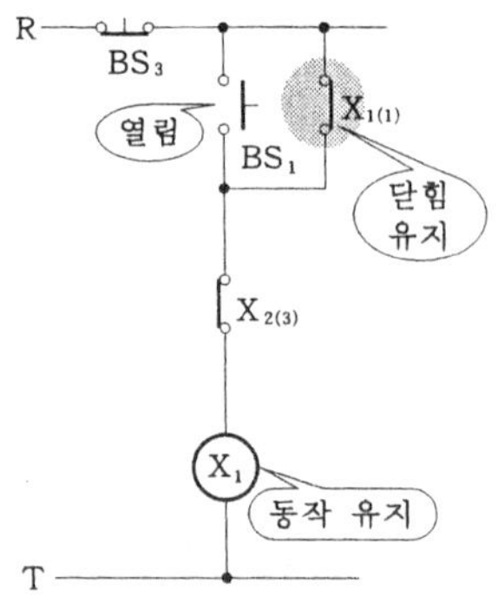

② 유지 : 접점 $X_{1(1)}$이 닫혀서

BS_1을 놓아도 BS_1 대신에 릴레이 X_1에 계속 전기를 공급(유지)한다.

〔전원 R - BS_3 - 접점 $X_{1(1)}$ 닫힘 - $X_{2(3)}$ - X_1 - 전원 T〕

③ 출력 : 접점 $X_{1(2)}$가 닫혀서 램프 출력 L_1에 전기를 공급한다.

〔전원 R - BS_3 - 접점 $X_{1(2)}$ 닫힘 - L_1 - 전원 T〕

③

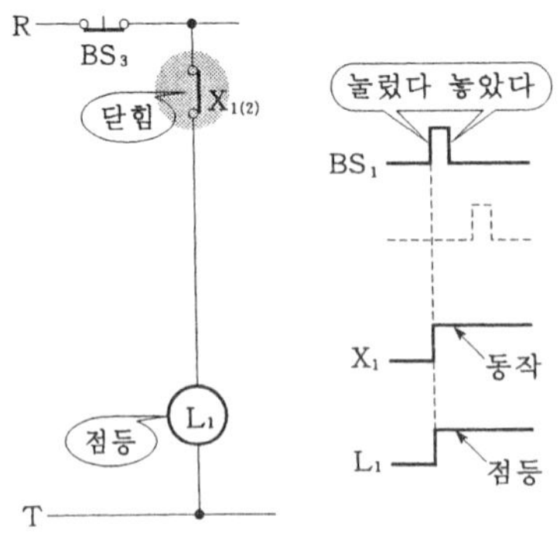

④

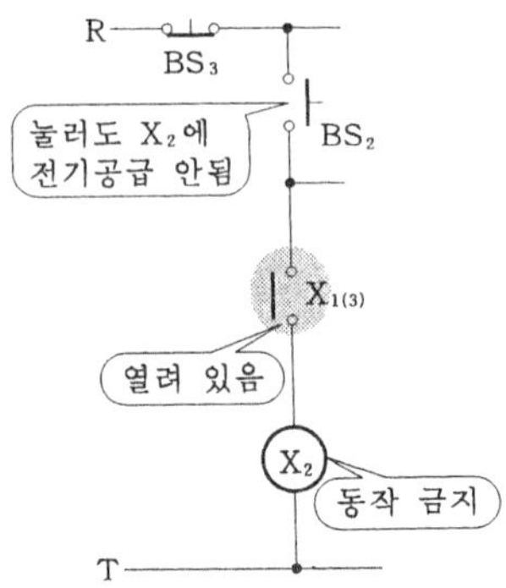

④ 인터록 : 접점 $X_{1(3)}$이 열려서 릴레이 X_2의 전기 공급(동작선)을 끊어 기동 입력 BS_2를 눌러도 릴레이 X_2가 동작할 수 없다.

〔전원 R - BS_3 - BS_2 - $X_{1(3)}$ 열림 - X_2 - 전원 T〕

⑤ 정지 : BS_3을 눌렀다 놓는다.

BS_3을 누르면 접점이 열리므로 릴레이 X_1에 전기가 끊어져 X_1이 복구된다.
접점 $X_{1(1)}$이 열려 유지가 해제되고
접점 $X_{1(2)}$가 열려 출력 램프 L_1에 전기가 끊어져 램프 L_1이 소등되며,
또 인터록 접점 $X_{1(3)}$이 닫혀서 릴레이 X_2의 기동이 준비된다(인터록 해제).

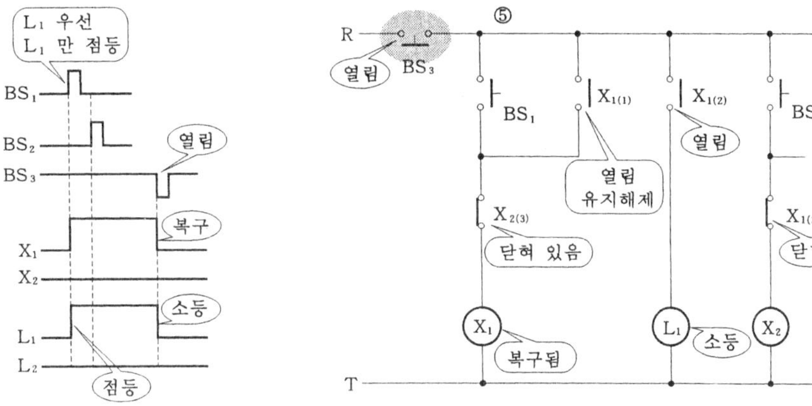

⑥ 그림 2.38은 BS_1을 눌러 X_1이 동작된 상태의 그림이다.

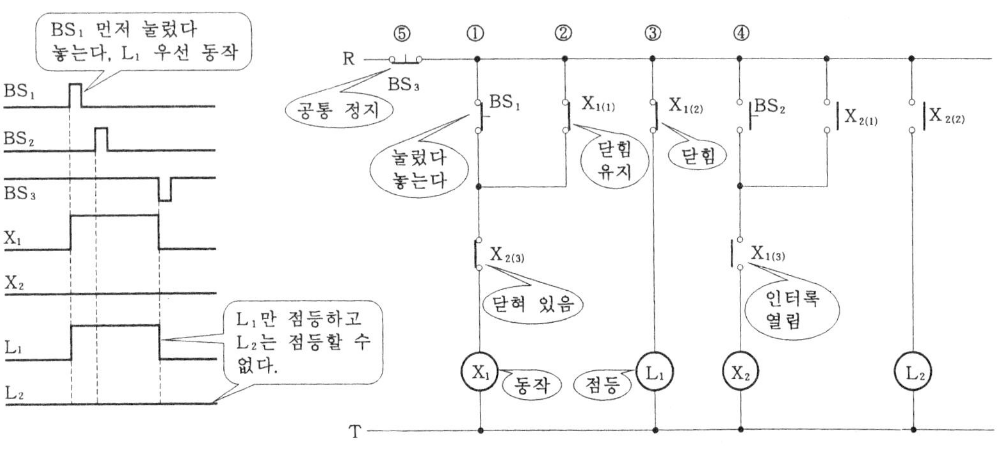

그림 2.38

4) 동작 [2], 램프 L_2 우선 동작 ▶ BS_1 → L 레벨, BS_2 → H 레벨 상태

▸그림 2.39에서

① 기동 : 기동 입력 BS_2를 먼저 눌렀다 놓는다.
BS_2를 누를 때 BS_2 접점이 닫히는 순간 릴레이 X_2에 전기가 공급되어 릴레이 X_2가 동작(여자)되고 접점 $X_{2(1)}$과 $X_{2(2)}$가 닫히며 접점 $X_{2(3)}$이 열린다.

〔전원 R - BS_3 - BS_2 닫힘 - $X_{1(3)}$ - X_2 - 전원 T〕

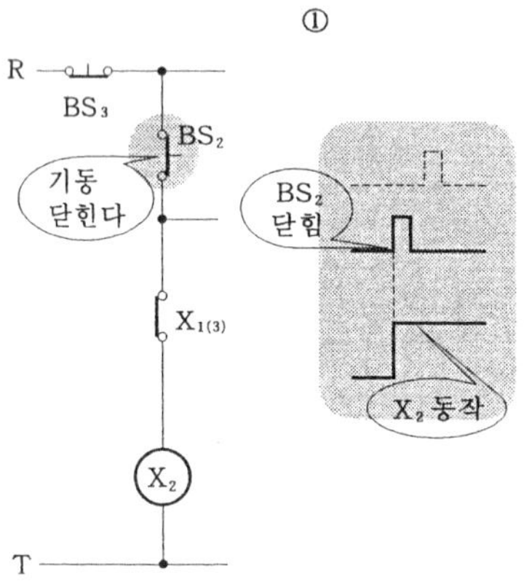

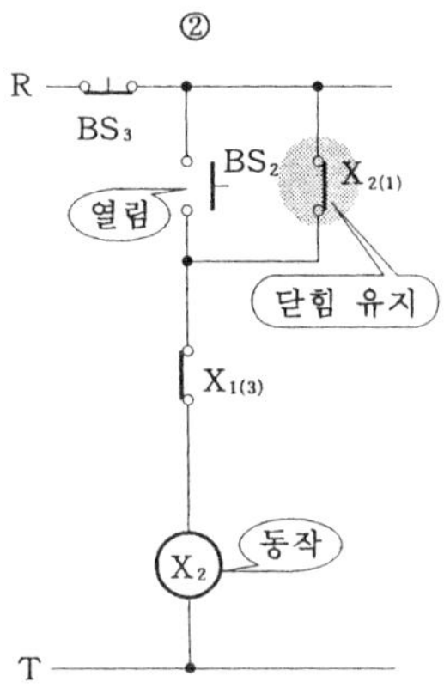

② 유지 : 접점 $X_{2(1)}$이 닫혀서 BS_2를 놓아도 BS_2 대신에 릴레이 X_2에 계속 전기를 공급(유지)한다.

〔전원 R - BS_3 - 접점 $X_{2(1)}$ 닫힘 - $X_{1(3)}$ - X_2 - 전원 T〕

③ 출력 : 접점 $X_{2(2)}$가 닫혀서 램프 출력 L_2에 전기를 공급한다.

〔전원 R - BS_3 - 접점 $X_{2(2)}$ 닫힘 - L_2 - 전원 T〕

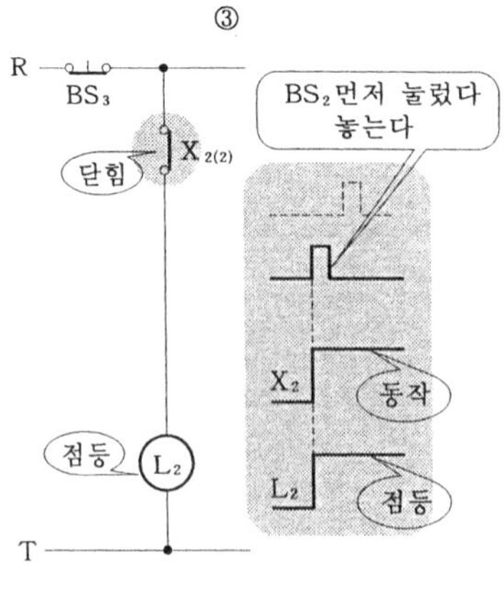

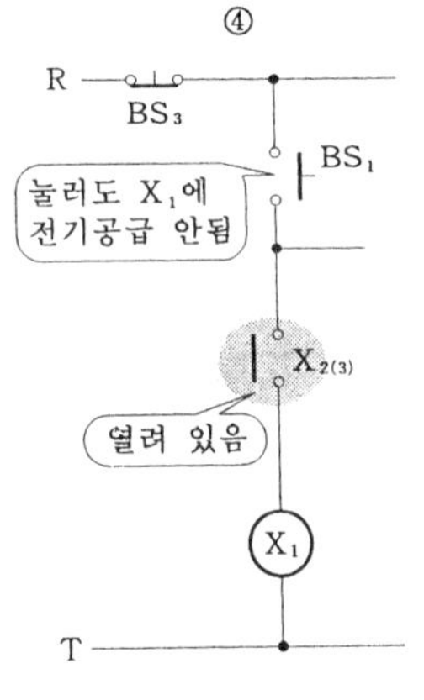

④ 인터록 : 접점 $X_{2(3)}$이 열려서 릴레이 X_1의 전기 공급(동작선)을 끊어 기동 입력 BS_1을 눌러도 릴레이 X_1이 동작할 수 없다.

〔**전원** R - BS_3 - BS_1 - $X_{2(3)}$ **열림** - X_1 - **전원** T〕

⑤ 정지 : BS_3을 눌렀다 놓는다.

BS_3을 누르면 접점이 열리므로 릴레이 X_2에 전기가 끊어져 X_2가 복구된다.
접점 $X_{2(1)}$이 열려 유지가 해제되고
접점 $X_{2(2)}$가 열려 출력 램프 L_2에 전기가 끊어져 램프 L_2가 소등되며,
또 인터록 접점 $X_{2(3)}$이 닫혀서 릴레이 X_1의 기동이 준비된다(인터록 해제).

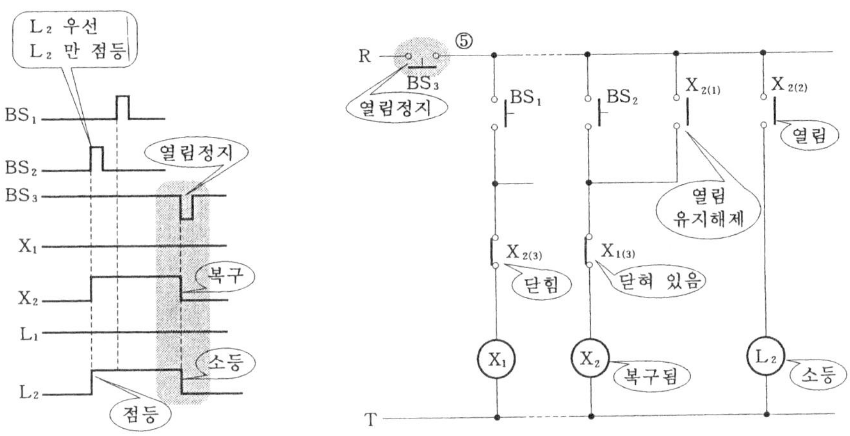

⑥ 그림 2.39는 BS_2를 눌러 X_2가 동작된 상태의 그림이다.

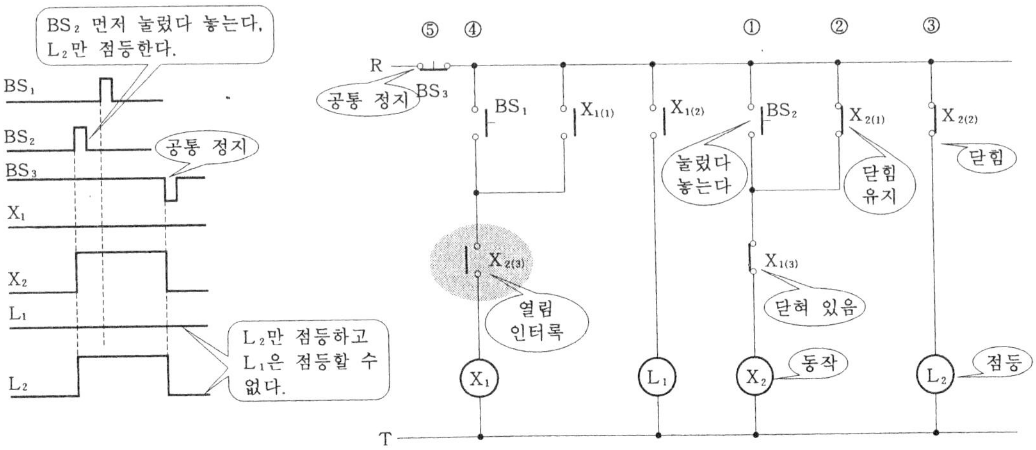

그림 2.39

※ 그림 2.37과 같이

인터록 접점은 보조(유지) 기구 Ⓧ의 동작 회로를 끊도록 한다.

그러나 그림 2.40과 같이

기동 입력(BS_1, BS_2) 회로에 직렬로 넣어 기동 회로를 끊도록 하여도 된다.

보통 인터록 회로는 안전상 전자를 주로 사용한다.

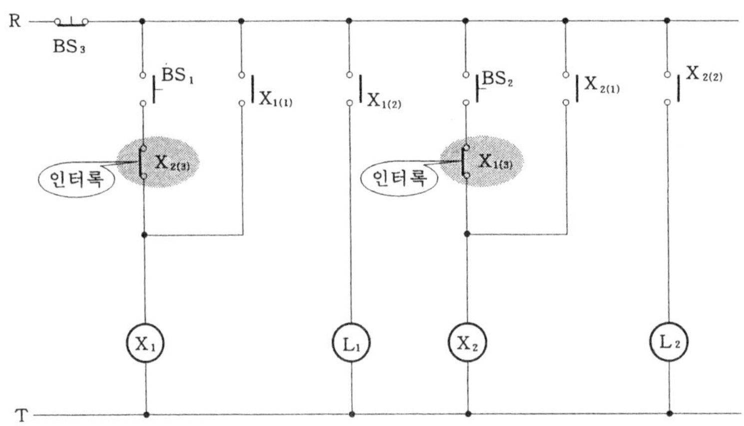

그림 2.40

(2) PLC 회로

1) 래더 회로와 니모닉 프로그램

① 논리 조건 : 램프 2개 중 먼저 입력을 준 회로의 램프만 점등하는 회로

② 사용 기구 및 번지 부여 – 입·출력 회로는 생략한다.

ⓐ 입력 기구 : 버튼 스위치 3개(a 접점용) – BS_1~BS_3 (P001~P003)

ⓑ 출력 기구 : 램프 2개 – L_1(P011), L_2 (P012)

ⓒ 보조 기구 : 내부 출력(보조 릴레이 기능) 2개(M001, M002)

③ 기호 : a접점 : ─┤├, b접점 : ─┤/├, 출력 및 코일 : ─○─┤

④ 명령어 : 회로 시작 : LOAD, 출력 및 내부 출력 : OUT

직렬 : AND, 병렬 : OR, 부정 : NOT

⑤ 타임 차트 : 그림 2.41

ⓐ L_1 동작 : H 입력형 BS_1(P001) 조작(눌렀다 놓는다)을 먼저 그린다.
다음 H 입력형 BS_2(P002) 조작(눌렀다 놓는다)을 조금 늦게 그리면
L_1(P011) 우선 회로가 되고 BS_1을 누르는 순간에 L_1이 동작하도록 그린다.

ⓑ L_2 동작 : BS_2(P002) 조작을 먼저 그린다.
다음 BS_1(P001) 조작을 조금 늦게 그리면 L_2(P012) 우선 회로가 되고
BS_2를 누르는 순간에 L_2가 동작하도록 그린다.

ⓒ 위 ⓐ와 ⓑ의 경우 각각 H 입력형 BS_3을 (P003)을 주면 동작 중인 회로와 램프가 복구한다.

ⓓ 릴레이 회로와 다른 점은 정지 신호 BS_3이 H 입력형인 점이다.

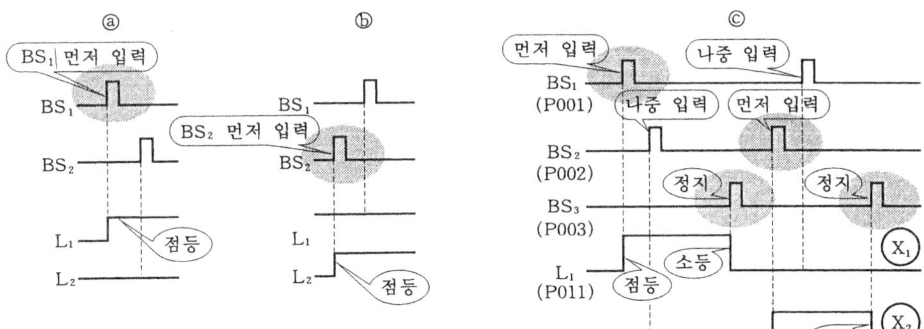

그림 2.41

⑥ 래더도 그리기와 동작 순서

ⓐ 기동 - 먼저 준 기동 입력(P001, P002)으로

ⓑ 유지 기구 - 내부 출력(M001, M002)이 동작하며,

ⓒ 유지 - 내부 출력 번지(M001, M002)로 자체 유지하며,

ⓓ 출력 - 내부 출력(M001, M002)으로 출력(P011, P012)이 동작(점등)한다.

ⓔ 인터록 - 내부 출력(M001, M002)으로 상대쪽 내부 출력 회로를 끊는다.

ⓕ 정지 - 입력 P003을 주면 동작 중인 내부 출력이 복구하고 출력이 없어진다.

1 기동 : 기동 입력 P001(BS_1)을 먼저 그린다.

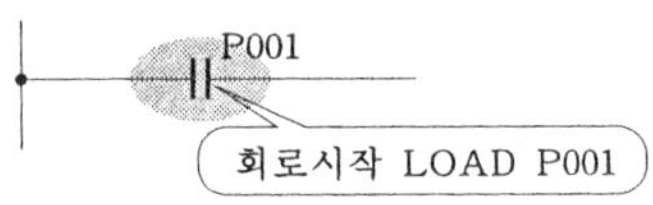

2 유지 기구 : 내부 출력 M001(보조 기구 X_1)이 동작한다.

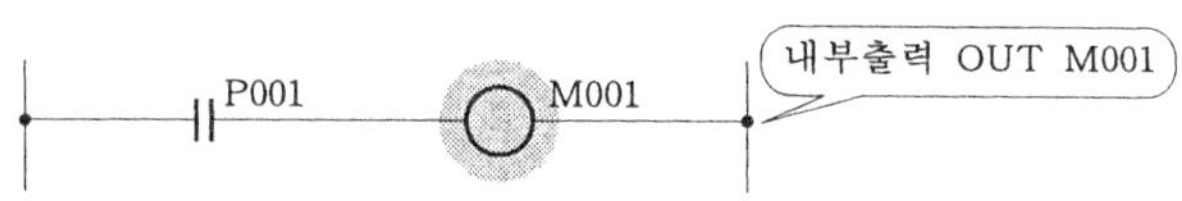

3 유지 : 내부 출력 M001(X_1 접점 $X_{1(1)}$)로 유지한다.

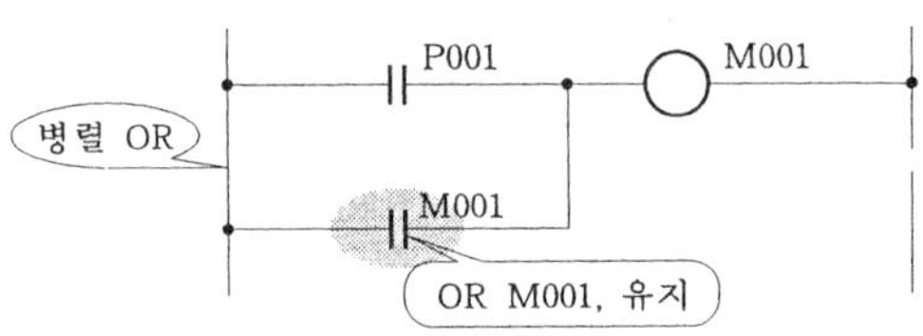

4 출력 : 내부 출력 M001(X_1 접점 $X_{1(2)}$)로 출력 P011(램프 L_1)이 생긴다.
같은 방법으로 출력 P012 회로를 연속하여 그린다.

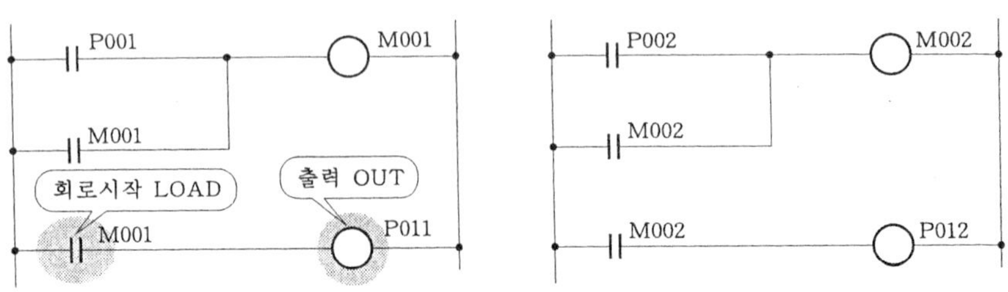

5 인터록 : 내부 출력 M001로 M002의 회로를 끊고,
또 M002로 M001의 회로를 각각 끊는다.

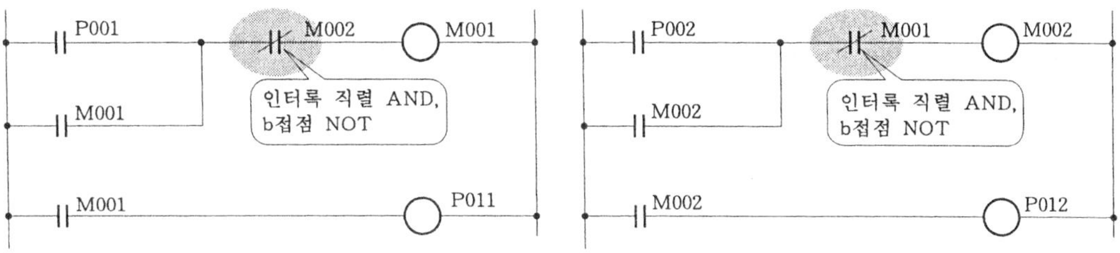

6 정지 : 정지 입력 P003(BS_3)으로 내부 출력 M001과 M002의 회로를 각각 끊어 정지시킨다. 이때 정지 입력 P003은 2번 사용한다. ← 래더도 완료

※ 하나의 번지를 여러 번 사용하여 회로를 분리하면 편리할 때가 많다.

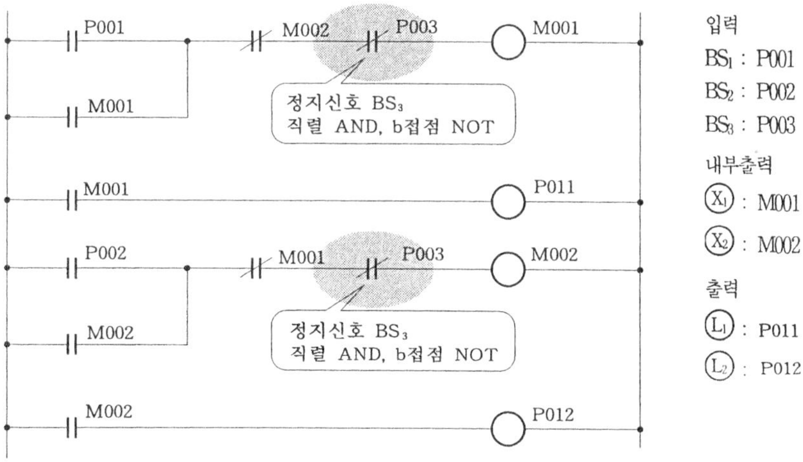

그림 2.42

⑦ 니모닉 프로그램

0 LOAD P001

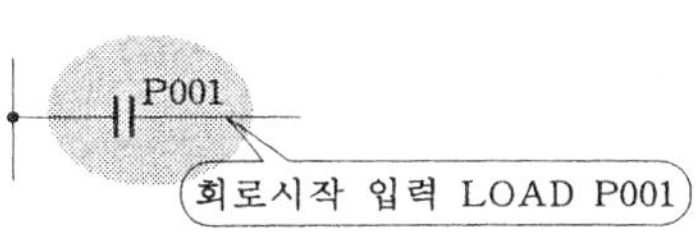

① OR M001

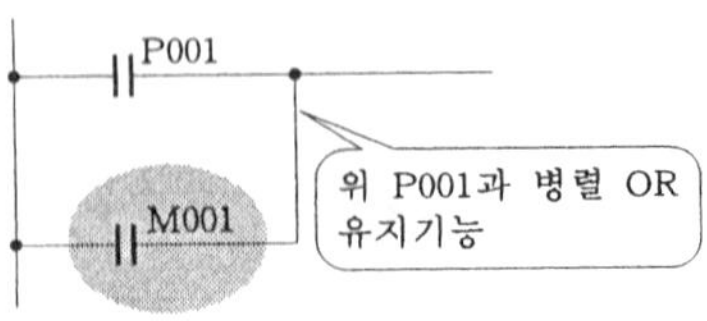

② AND NOT M002

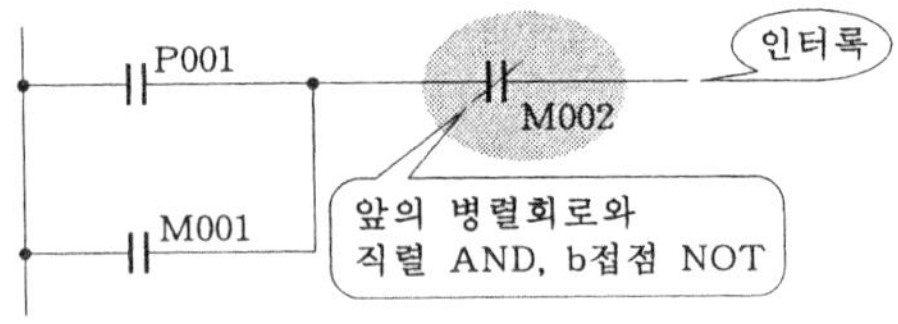

③ AND NOT P003

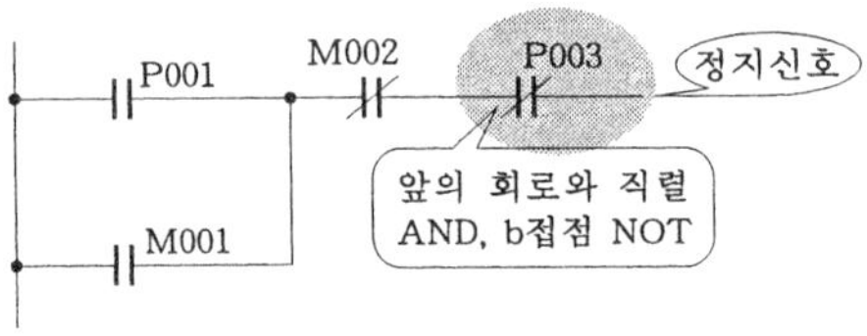

④ OUT M001

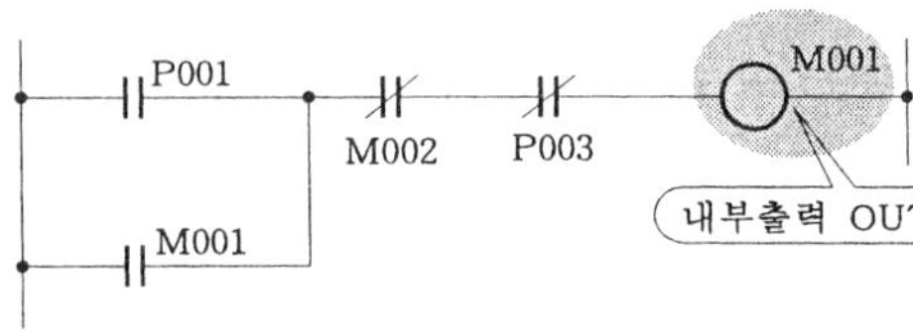

⑤ LOAD M001

⑥ OUT P011

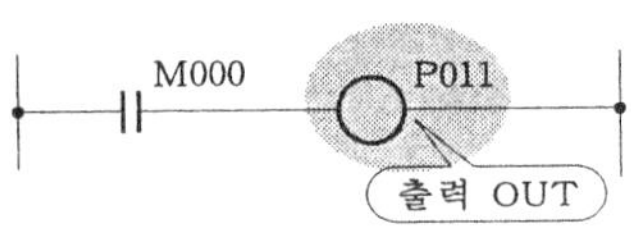

⑦ LOAD P002

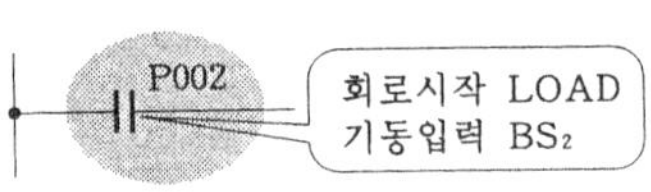

⑧ OR M002

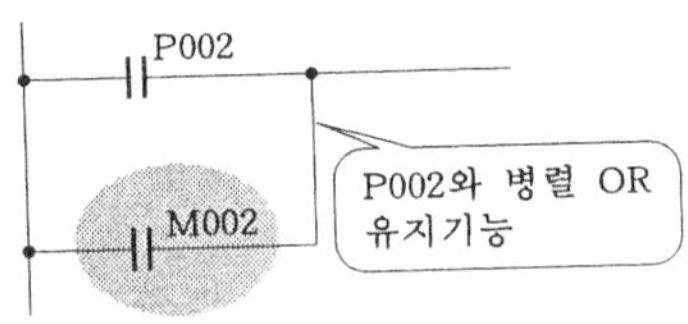

⑨ AND NOT M001

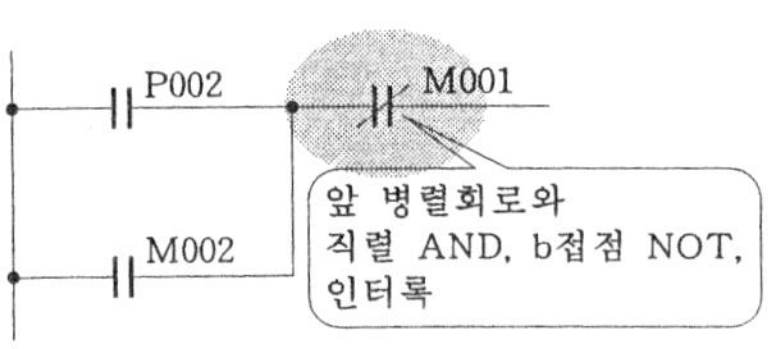

⑩ AND NOT P003

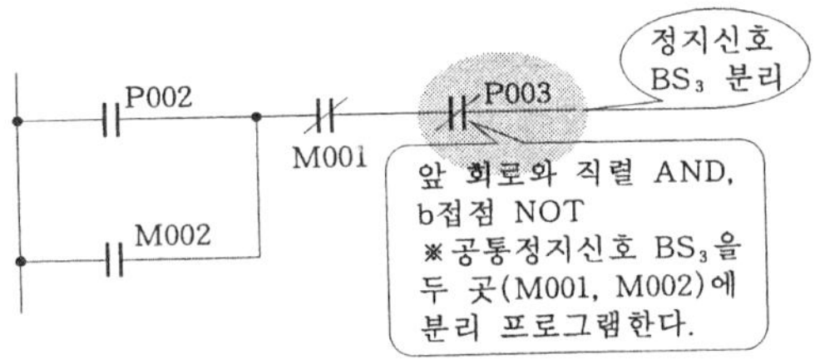

⑪ OUT M002

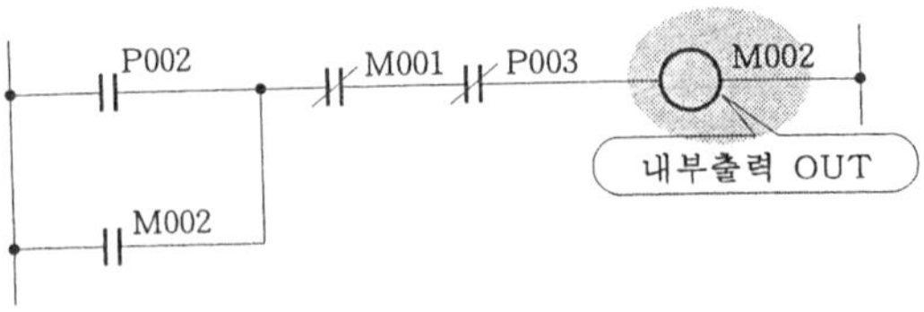

⑫ LOAD M002

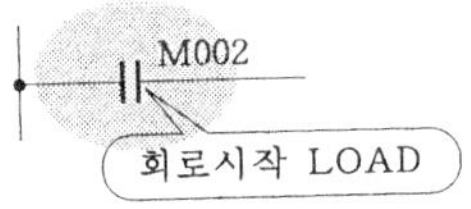

⑬ OUT P012

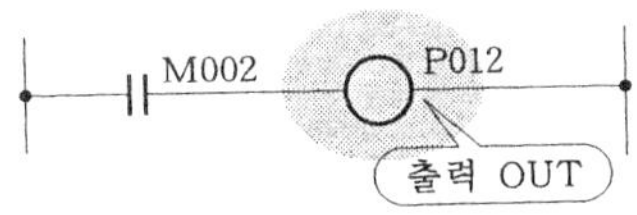

정리하면 표와 같다.

차례	명령어	번지	차례	명령어	번지
0	LOAD	P001	7	LOAD	P002
1	OR	M001	8	OR	M002
2	AND NOT	M002	9	AND NOT	M001
3	AND NOT	P003	10	AND NOT	P003
4	OUT	M001	11	OUT	M002
5	LOAD	M001	12	LOAD	M002
6	OUT	P011	13	OUT	P012

⑧ 릴레이 시퀀스와 비교하여 PLC 시퀀스를 그린다.

ⓐ 그림 2.43 (b)는 P003(BS_3)을 공통으로 하였고 공통 명령어(MCS)가 필요하다.

ⓑ 그림 2.43 (c)는 P003(BS_3)을 각 유지 회로(M001-X_1, M002-X_2)에 분리하여 2번 사용하였다. 이때는 공통 명령어가 필요없고 회로가 간단하여 많이 사용한다(PLC에서는 번지 하나를 여러 번 사용하여도 되는 이점이 있다).

1 X_1(M001) : BS_1(P001), $X_{1(1)}$(M001)의 병렬에 $X_{2(3)}$(M002), BS_3(P003) 직렬

2 L_1(P011) : $X_{1(2)}$(M001)

3 X_2(M002) : BS_2(P002), $X_{2(1)}$(M002)의 병렬에 $X_{1(3)}$(M001), BS_3(P003) 직렬

4 L_2(P012) : $X_{2(2)}$(M002)

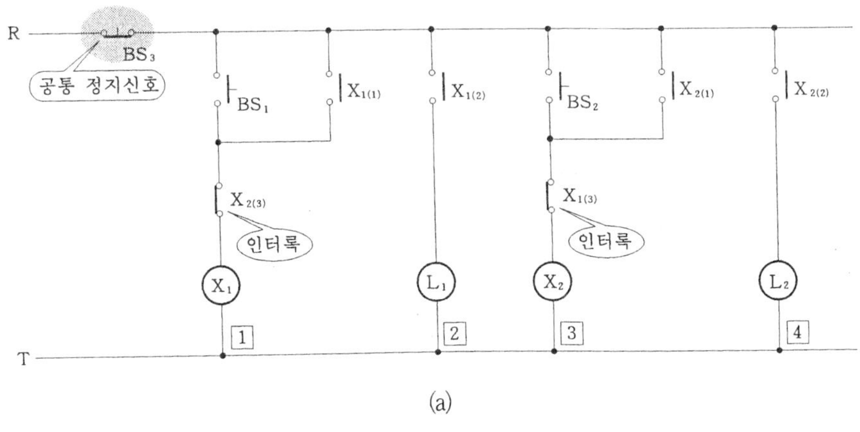

(a)

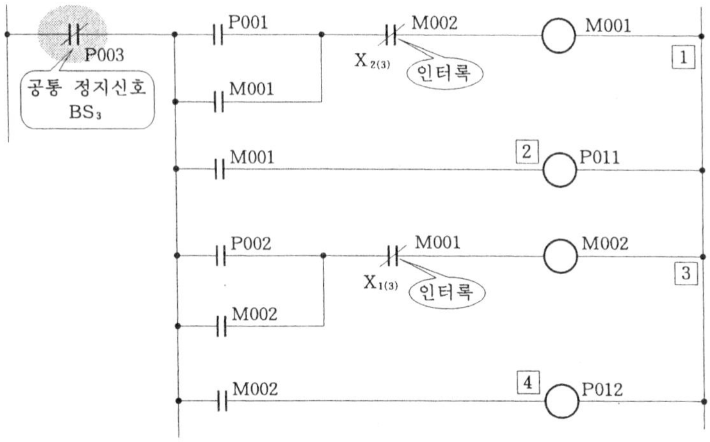

(b)

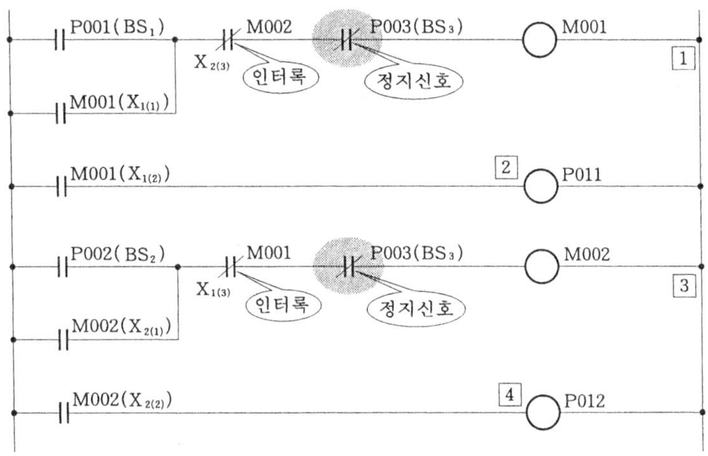

(c)

그림 2.43

⑨ 래더 회로에서 Handy Loader로 니모닉 프로그램을 하면

1 전원을 투입(SW-ON)한다. - LCD display(화면)는 다음과 같이 된다.

ⓐ 초기 화면이 나타나고 잠시 후 없어진다.

HANDY LOADER 00 / 00 / 00 . VER 0.0

ⓑ 다음 화면이 나타난다.

* K50 VER 1.2 *
PROGRAM

MODE
↓
PGM

☞ 이 때 PGM MODE에 LED Lamp가 점등되어 있다.

2 PGM MODE를 눌렀다 놓는다. – 다음 화면이 나타난다.

PROGRAM
MODE

☞ PASSWORD(비밀 번호)가 있을 때는 PASSWORD DISPLAY가 나타나고 비밀 번호를 입력하면 PROGRAM MODE가 나타난다.

3 CLR Key를 눌렀다 놓는다. – 코딩 준비 작업

ⓐ 앞의 프로그램이 기억되어 있지 않을 때에는 다음 화면이 나타난다. 이 때는 0번 step부터 프로그램한다.

0000

ⓑ 위의 화면에서 –step Key를 눌렀다 놓을 때 아래 화면이 나타나면 앞의 프로그램이 기억되어 있지 않을 때이다.
이 때에는 CLR Key를 한번 더 눌렀다 놓으면 위의 ⓐ번 화면이 나타난다.

0000	
FUN(000)	NOP

0000

ⓒ 앞의 프로그램을 지울 필요가 있을 때에는 다음 Key를 차례로 누르면 ⓑ번의 상태로 된다.

CLR CLR SHFT DELT --- CLR

· 앞의 프로그램이 있는 상태(예)

0000	
LOAD	P001

· 앞의 프로그램이 지워진 상태

0000 FUN(000) NOP	0000

④ 그림 2.42에서 프로그램 코딩을 한다.

0 스텝 : BS_1, 회로 시작 LOAD P001

1 스텝 : $X_{1(1)}$, 위와 병렬 OR M001

0000 LOAD P001	0001 OR M001

2 스텝 : $X_{2(3)}$, 앞의 회로와 직렬 b접점 AND NOT M002

3 스텝 : BS_3, 앞의 회로와 직렬 b접점 AND NOT P003

0002 AND NOT M002	0003 AND NOT P003

4 스텝 : X_1, 내부 출력 OUT M001

5 스텝 : $X_{1(2)}$, 회로 시작 LOAD M001

0004 OUT M001	0005 LOAD M001

6 스텝 : L_1, 출력 OUT P011

7 스텝 : BS_2, 회로 시작 LOAD P002

0006 OUT P011	0007 LOAD P002

8 스텝 : $X_{2(1)}$, 위 번지와 병렬 OR M002

9 스텝 : $X_{1(3)}$, 앞의 회로와 직렬 b접점 AND NOT M001

0008 OR M002	0009 AND NOT M001

10 스텝 : BS_3, 앞의 회로와 직렬 b접점 AND NOT P003
11 스텝 : X_2, 내부 출력 OUT M002

0010	
AND NOT	P003

0011	
OUT	M002

12 스텝 : $X_{2(2)}$, 회로 시작 LOAD M002
13 스텝 : L_2, 출력 OUT P012

0012	
LOAD	M002

0013	
OUT	P012

14 스텝 : 끝, END
15 스텝 : 이하 공번지, NOP ---

0014	
FUN(001)	END

00015	
FUN(000)	NOP

5 프로그램이 끝나면 −step Key와 +step Key를 눌렀다 놓았다를 반복하면서 프로그램을 확인 수정한다.
6 확인이 끝나면 PGM MODE에서 RUN MODE로 전환한다. 즉, RUN MODE의 RUN(운전)을 눌렀다 놓는다. 이 때 RUN MODE에 LED가 점등된다.

⑩ 컴퓨터의 S/W를 이용한 프로그램

그림 2.42의 래더도를 이용하여 컴퓨터 프로그래밍한다.

▸컴퓨터의 초기 조작 :

ⓐ 전원 투입(starting MS-DOS)
ⓑ 초기 화면에서 PLC〔SubDir〕를 선택한 후 Enter Key를 누른다.
ⓒ 화면에서 GSIKGL EXE를 선택한 후 Enter Key를 누른다.
ⓓ 로고 화면(GSIKGL)에서 Enter Key를 누른다.
ⓔ 화면(Configuration Select)에서 Loader Configuration을 선택한 후 Enter Key를 누른다.
ⓕ 위의 추가 화면(PLC Type)에서 종류(예 : Master K50)를 선택한 후 Enter Key를 누른다. 계속하여 COM1을 선택한 후 Enter Key를 누른다.

ⓖ 이 상태에서 ALT Key와 문자 L을 동시에 누르면 래더형의 프로그램 작성용 초기 화면이 그림(1.124 참조)과 같이 나타난다.

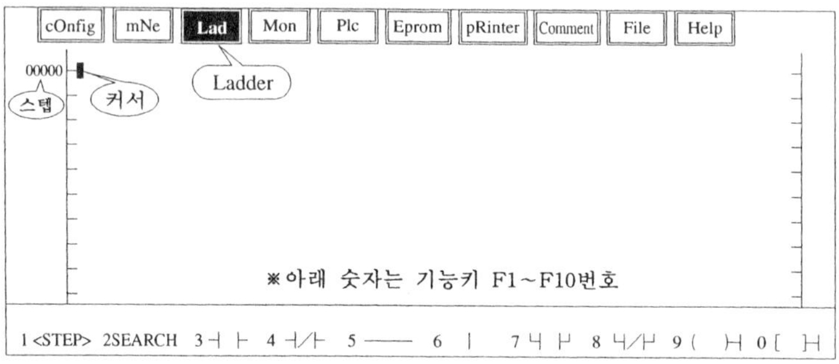

▸작성 순서

1. 0000번 스텝에서 화면 하단의 기능키 표시(3 ┤├), 즉 F3 Key를 누르면 a접점 표시(┤├)가 나타난다. 또, 번지 P001을 누른 후 Enter Key를 누른다. 이때 화면 상단과 하단에 그림 기호와 문자 기호가 나타난다(이하 같다).
2. 커서(cursor)의 위치(▌ 표시)에서 기능키 F4(b접점 기호-화면 하단 표시), 번지 M002, Enter Key를 차례로 누르면 아래 2번째 그림이 나타난다.

☞ 1 Key In : F3 P 0 0 1 Enter ☞ 2 Key In : F4 M 0 0 2 Enter

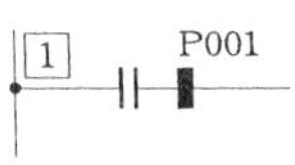

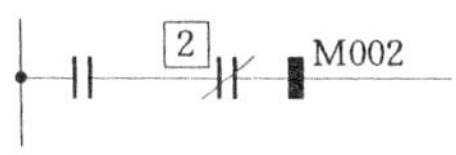

3. 커서(cursor)의 위치(▌ 표시)에서 기능키 F4(b접점 기호-화면 하단 표시), 번지 P003, Enter Key를 차례로 누르면 아래 1번째 그림이 나타난다.
4. 커서의 위치(▌ 표시)에서 기능키 F9(출력 표시 기호-화면 하단 표시), 번지 M001, Enter Key를 차례로 누르면 아래 2번째 그림이 나타난다.

☞ 3 Key In : F4 P 0 0 3 Enter ☞ 4 Key In : F9 M 0 0 1 Enter

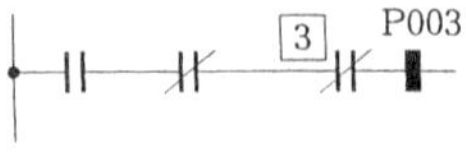

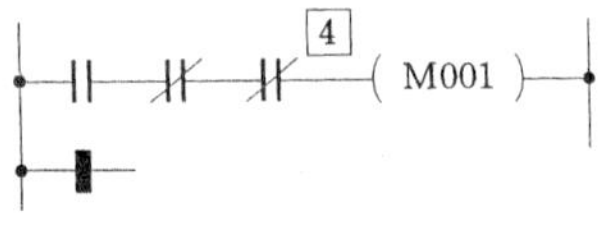

⑤ 커서(cursor)의 위치(▮ 표시)에서 기능키 F3(a접점 기호-화면 하단 표시), 번지 M001, Enter Key를 차례로 누르면 아래 1번째 그림이 나타난다.

⑥ 커서의 위치(▮ 표시)를 아래 2번 그림과 같이 위로 옮기고 기능키 F6(세로선 기호-병렬 접속-화면 하단 표시), Enter를 차례로 누르면 아래와 같다.

☞ ⑤ Key In : F3 | M 0 0 1 Enter ☞ ⑥ Key In : F6 | Enter

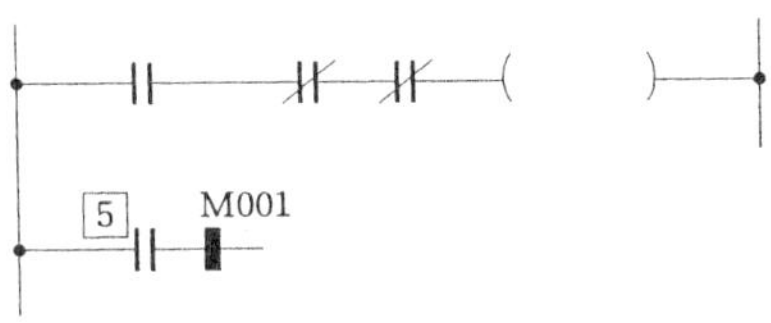

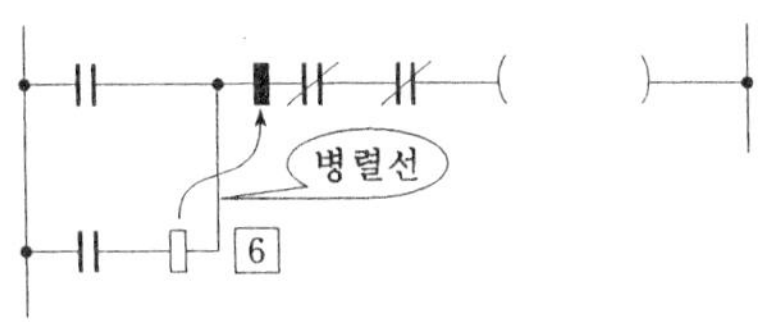

⑦ 커서(cursor)의 위치(▮ 표시)를 아래 스텝으로 이동하고 기능키 F3, 번지 M001, Enter Key를 차례로 누르면 아래 1번째 그림이 나타난다.

⑧ 커서의 위치(▮ 표시)에서 기능키 F9(출력 표시 기호-화면 하단 표시), 번지 P011, Enter Key를 차례로 누르면 아래 2번째 그림이 나타난다.

☞ ⑦ Key In : F3 | M 0 0 1 Enter ☞ ⑧ Key In : F9 | P 0 1 1 Enter

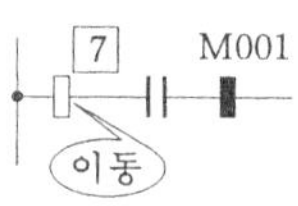

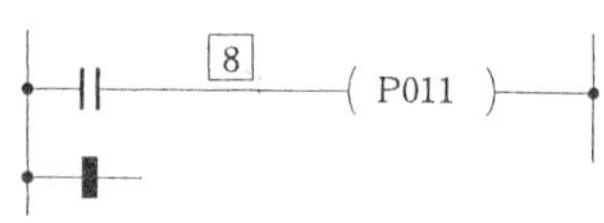

⑨ 커서(cursor)의 위치(▮ 표시)에서 기능키 F3(a접점 기호-화면 하단 표시), 번지 P002, Enter Key를 차례로 누르면 아래 1번째 그림이 나타난다.

⑩ 커서(cursor)의 위치(▮ 표시)에서 기능키 F4(b접점 기호-화면 하단 표시), 번지 M001, Enter Key를 차례로 누르면 아래 2번째 그림이 나타난다.

☞ ⑨ Key In : F3 | P 0 0 2 Enter ☞ ⑩ Key In : F4 | M 0 0 1 Enter

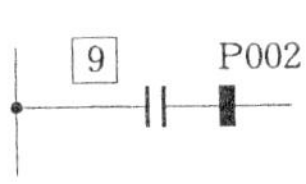

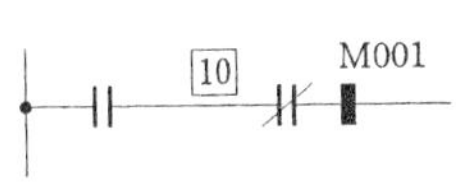

⑪ 커서(cursor)의 위치(▮ 표시)에서 기능키 F4(b접점 기호-화면 하단 표시), 번지 P003, Enter Key를 차례로 누르면 아래 1번째 그림이 나타난다.

⑫ 커서의 위치(▮ 표시)에서 기능키 F9(출력 표시 기호-화면 하단 표시), 번지 M002, Enter Key를 차례로 누르면 아래 2번째 그림이 나타난다.

☞ ⑪ Key In : [F4] [P 0 0 3 Enter] ☞ ⑫ Key In : [F9] [M 0 0 2 Enter]

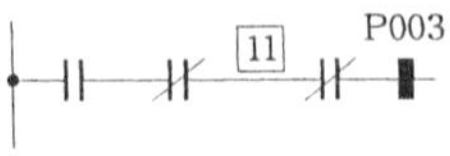

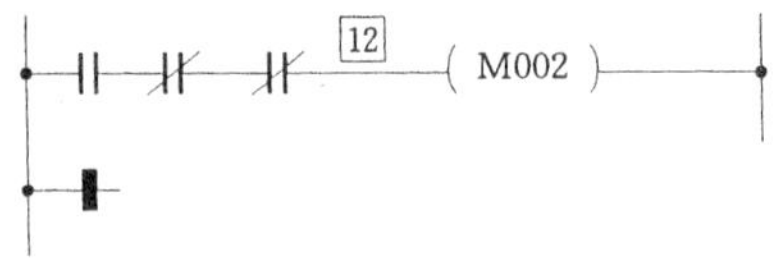

⑬ 커서(cursor)의 위치(▌ 표시)에서 기능키 F3(a접점 기호—화면 하단 표시), 번지 M002, Enter Key를 차례로 누르면 아래 1번째 그림이 나타난다.

⑭ 커서의 위치(▌ 표시)를 아래 2번 그림과 같이 위로 옮기고 기능키 F6(세로선 기호—병렬 접속—화면 하단 표시), Enter를 차례로 누르면 아래와 같다.

☞ ⑬ Key In : [F3] [M 0 0 2 Enter] ☞ ⑭ Key In : [F6] [Enter]

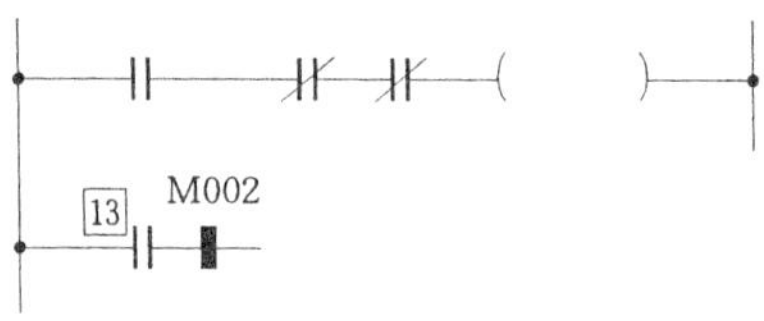

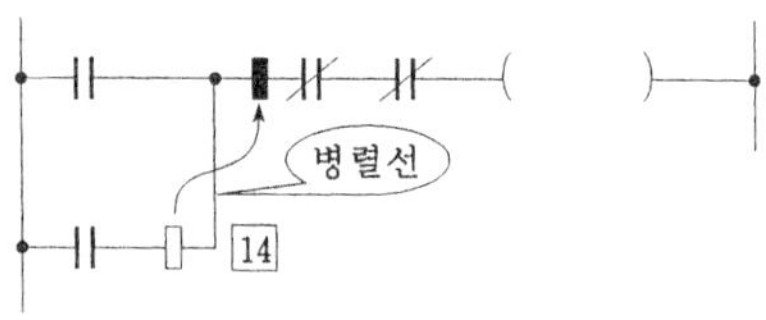

⑮ 커서(cursor)의 위치(▌ 표시)를 아래 스텝으로 이동하고 기능키 F3, 번지 M002, Enter Key를 차례로 누르면 아래 1번째 그림이 나타난다.

⑯ 커서의 위치(▌ 표시)에서 기능키 F9(출력 표시 기호—화면 하단 표시), 번지 P012, Enter Key를 차례로 누르면 아래 2번째 그림이 나타난다.

☞ ⑮ Key In : [F3] [M 0 0 2 Enter] ☞ ⑯ Key In : [F9] [P 0 1 2 Enter]

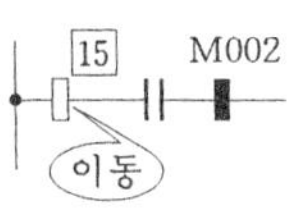

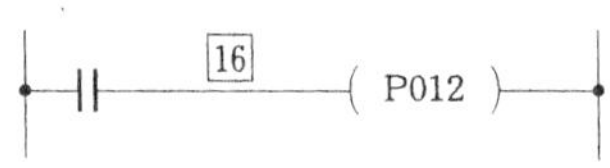

⑰ 커서의 위치(▌ 표시)에서 기능키 F10(출력 표시 기호—화면 하단 표시), 문자 END, Enter Key를 차례로 누르면 아래 그림이 나타난다.

☞ ⑰ Key In : [F10] [E N D Enter]

⑱ 스텝 실행(Program Convert)과 완료

Alt와 F7 키를 동시에 누르면 [Are You Sure ? 〈Y/N〉] 가 나타나고 Y를 누르면 회로에 스텝이 나타나고 하단에 Completed가 나타난다. 즉, 그림 2.44와 같은 완성된 도면이 된다(ALT N하면 니모닉 프로그램이 된다).

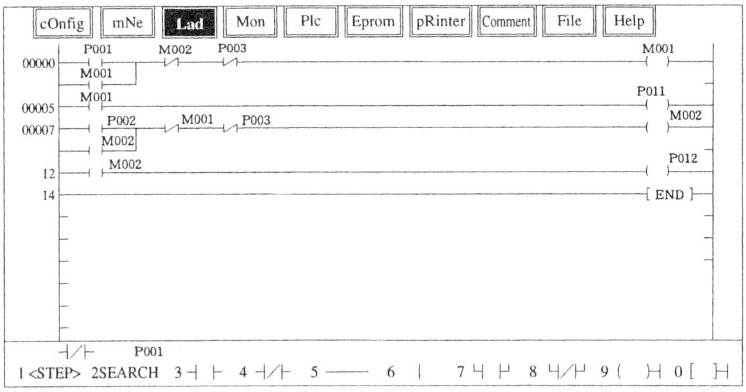

2) 동작

① 기동 입력 P001(BS_1)을 주면

ⓐ 기동 : 내부 출력 M001(X_1)이 동작한다.

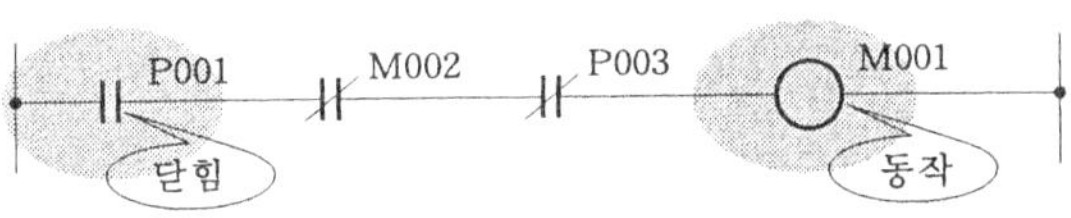

ⓑ 유지 : M001이 닫혀 회로를 유지한다.

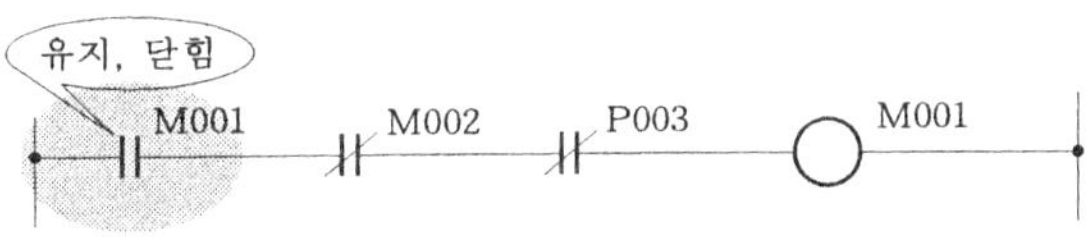

ⓒ 출력 : 동시에 M001이 닫혀서 출력 P011(L_1)이 점등한다.

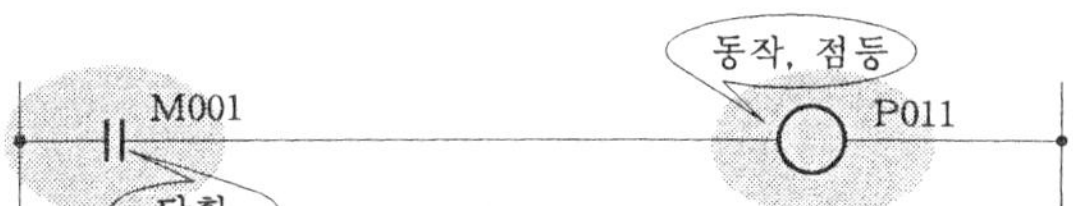

ⓓ 인터록 : 동시에 인터록(M001의 열림)으로 M002(X_2)의 동작이 금지된다.

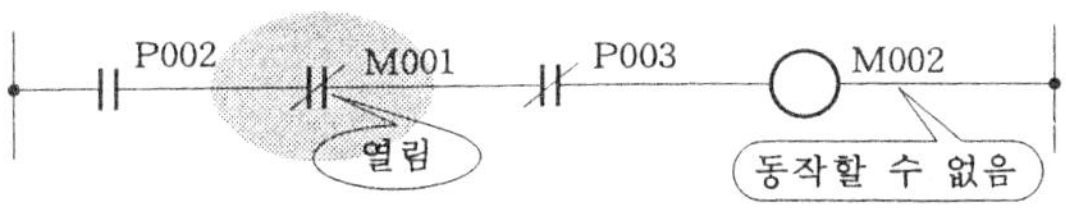

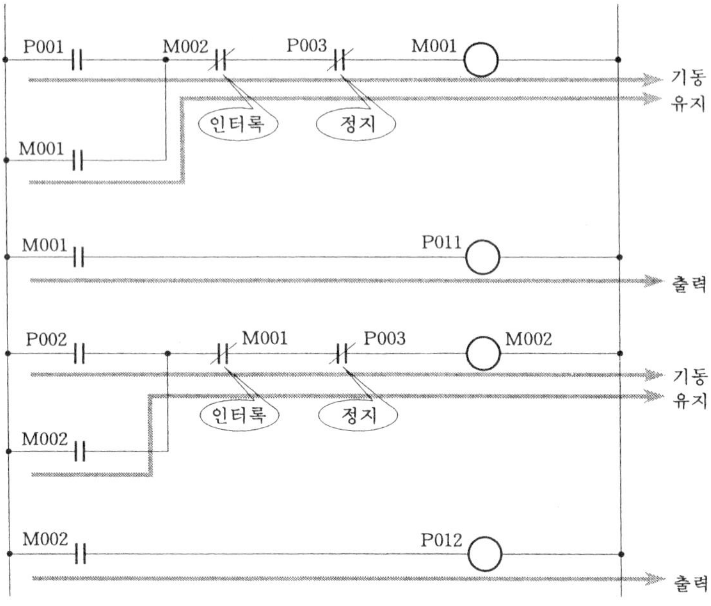

그림 2.44

② 정지 입력 P003(BS_3)을 주면

ⓐ 정지 : 내부 출력 M001(X_1)이 복구한다.

ⓑ 유지 : M001이 열려 유지가 해제된다.

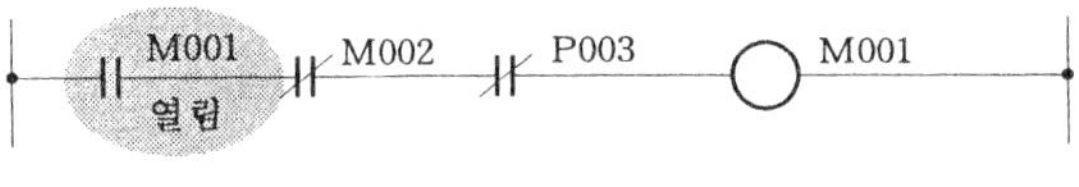

ⓒ 출력 : 동시에 M001이 열려서 출력 P011(L_1)이 소등한다.

ⓓ 인터록 : 동시에 인터록의 해제(M001의 닫힘)로 M002(X_2)의 동작 회로가 준비된다.

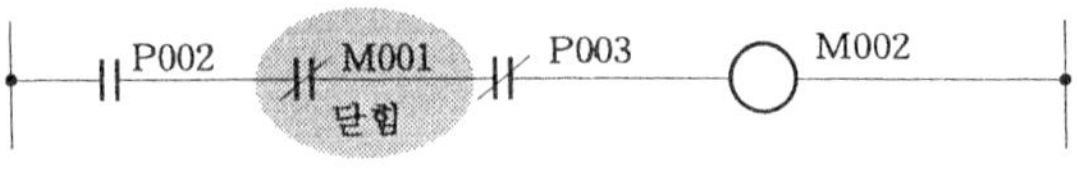

③ 기동 입력 P002(BS$_2$)를 주면

ⓐ 기동 : 내부 출력 M002(X$_2$)가 동작한다.

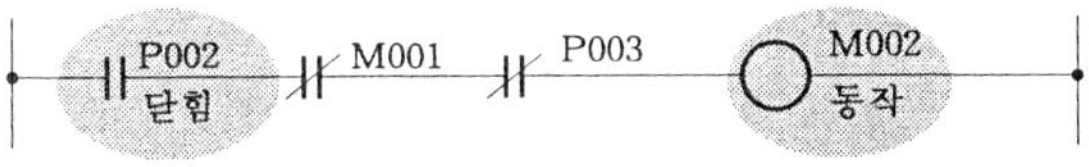

ⓑ 유지 : M002가 닫혀 회로를 유지한다.

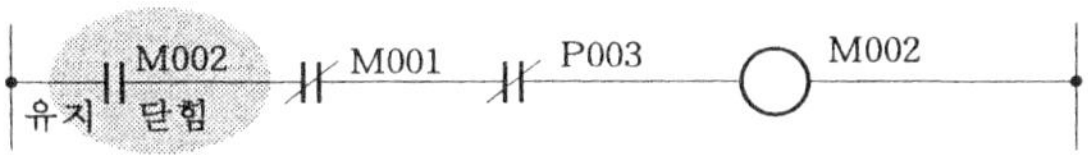

ⓒ 출력 : 동시에 M002가 닫혀서 출력 P012(L$_2$)가 점등한다.

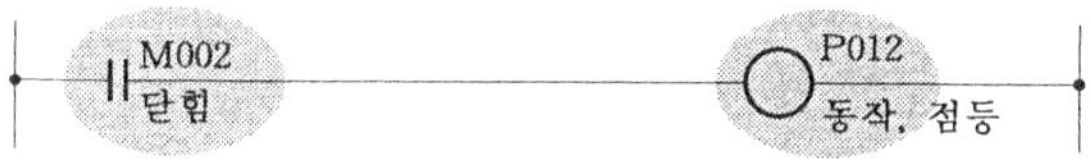

ⓓ 인터록 : 동시에 인터록(M002의 열림)로 M001(X$_1$)의 동작이 금지된다.

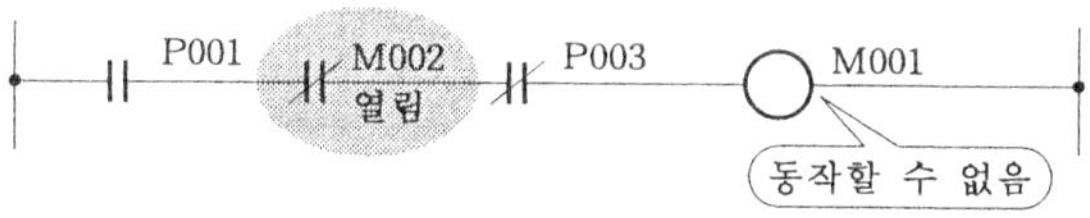

④ 정지 입력 P003(BS$_3$)을 주면

ⓐ 정지 : 내부 출력 M002(X$_2$)가 복구한다.

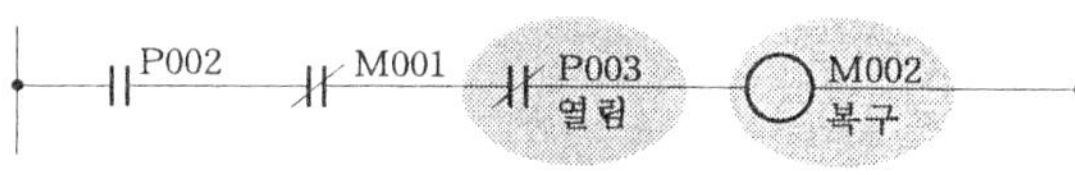

ⓑ 유지 : M002가 열려 유지가 해제된다.

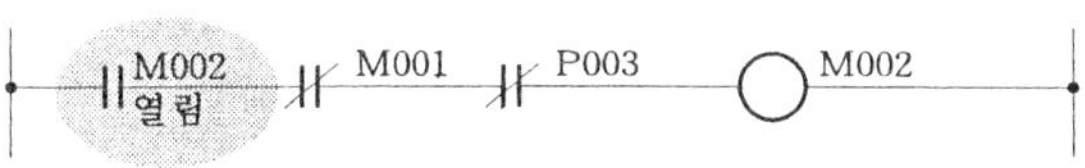

ⓒ 출력 : 동시에 M002가 열려서 출력 P012(L$_2$)가 소등한다.

ⓓ 인터록 : 동시에 인터록의 해제(M002의 닫힘)로 M001(X$_1$)의 동작 회로가 준비된다.

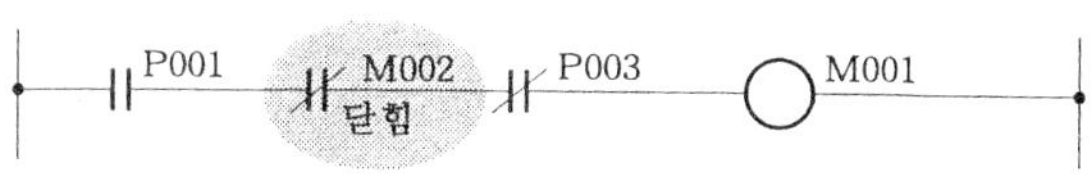

3) 양논리 회로와 그리는 법

▸그림 2.42의 래더도에 의하여 그리는 방법

① P011 : M001에서 출력 회로를 통하여 접속한다.
M001 ; 기동 버튼 P001과 유지 M001의 OR(병렬) 회로에
인터록 M002와 정지 버튼 P003의 3입력 AND(직렬)이다.

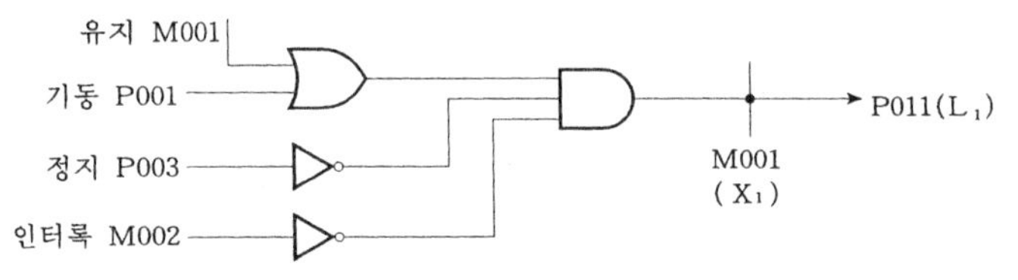

② P012 : M002에서 출력 회로를 통하여 접속한다.
M002 ; 기동 버튼 P002와 유지 M002의 OR(병렬) 회로에
인터록 M001과 정지 버튼 P003의 3입력 AND(직렬)이다.

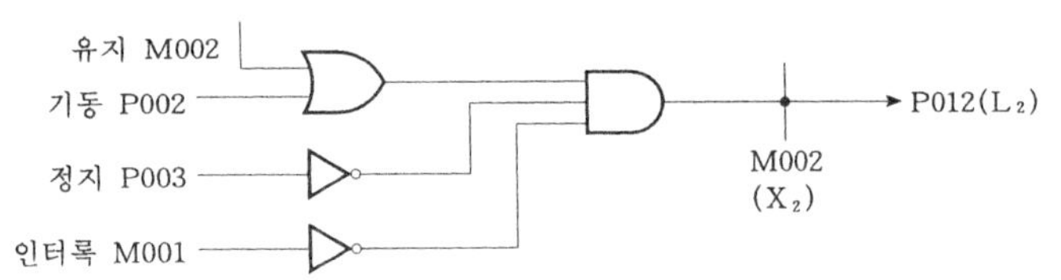

③ 정리하면 그림 2.45와 같다.

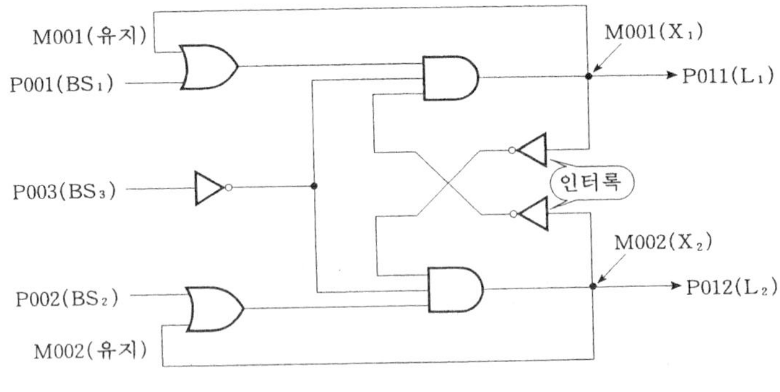

그림 2.45

▸릴레이 회로에 의하여 그리는 방법

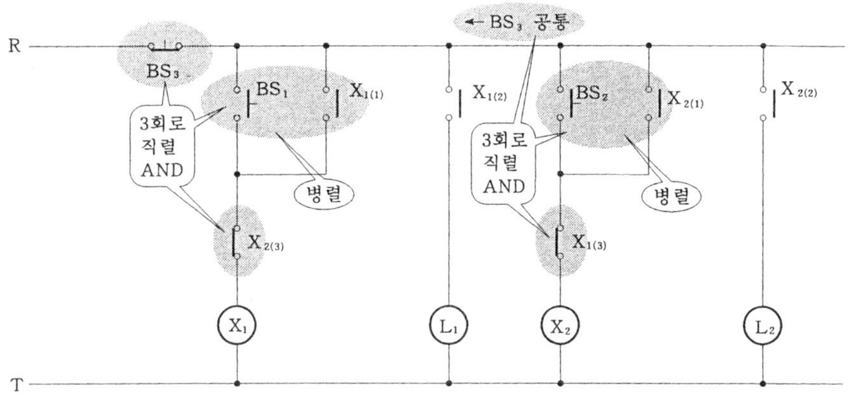

① 기동 입력 BS_1과 유지 접점 $X_{1(1)}$이 병렬이므로 OR 회로이다.
이는 BS_1을 주면 X_1이 동작 유지하므로 처음은 기동 신호 BS_1, 다음은 유지(되먹임) X_1이 되어 OR(병렬)회로가 된다.

② 정지 신호 BS_3, 위 ①의 OR 회로, 인터록 $X_{2(3)}$는 직렬이므로 3입력 AND 회로가 된다. 여기서 BS_3와 $X_{2(3)}$은 b접점이므로 NOT회로를 포함한다.

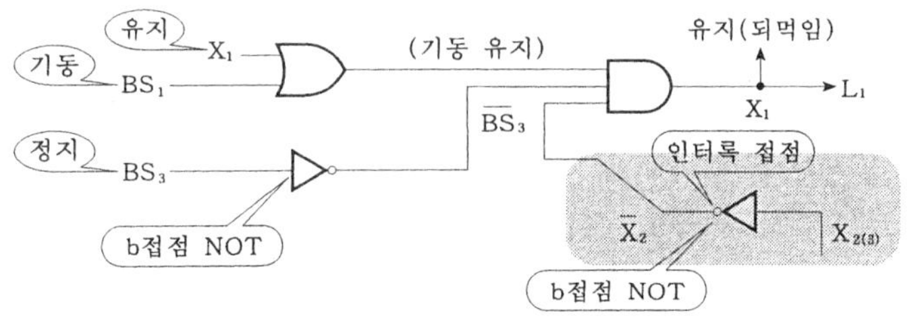

③ 위의 ①, ②와 같이 $X_2(L_2)$ 회로를 그리면 아래와 같다.

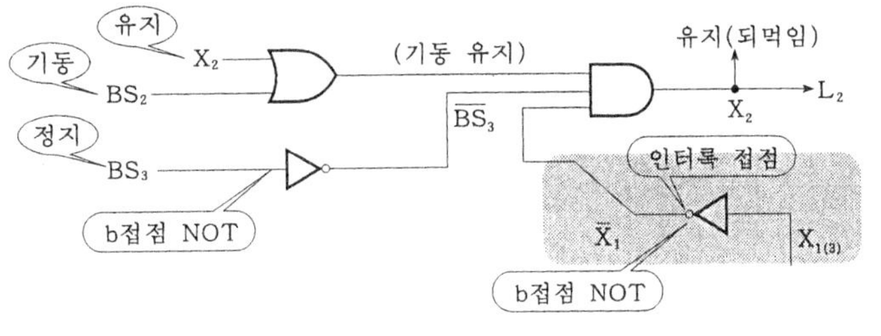

④ ③의 그림을 뒤집어 ②에 붙이면 아래와 같다.
여기서, $X_1 = X_{1(1)} = X_{1(2)} = X_{1(3)}$, $X_2 = X_{2(1)} = X_{2(2)} = X_{2(3)}$임에 유의한다.

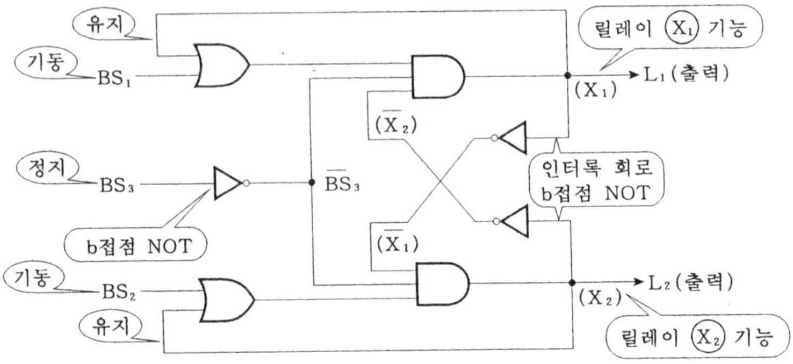

▸논리 조건에 의하여 그리는 방법

① 기동 : OR 회로를 통하여 기동 입력 BS_1을 그린다.
※ 기동(BS_1)과 유지(X_1)는 OR 회로를 주로 사용한다.

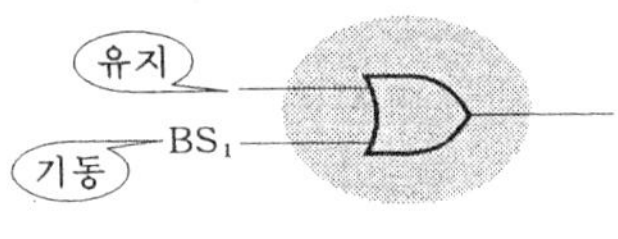

② AND 회로를 통하여 출력 램프 L_1(유지 회로 X_1)이 점등한다.
※ 운전(OR 출력)과 정지(BS_3)는 AND 회로를 사용한다.

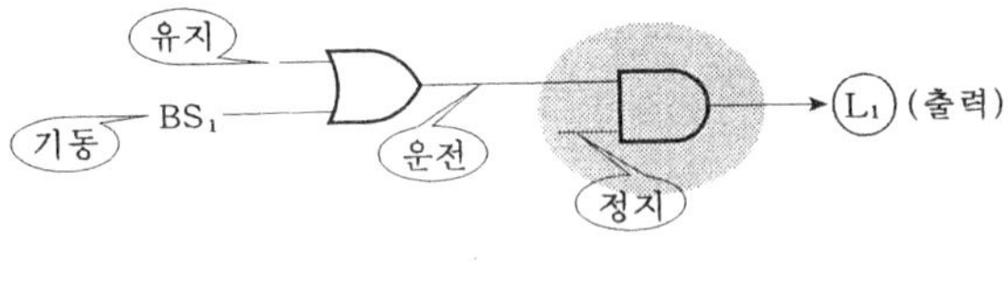

③ AND 회로의 출력을 OR 입력으로 되먹임하여 유지 회로를 구성한다.

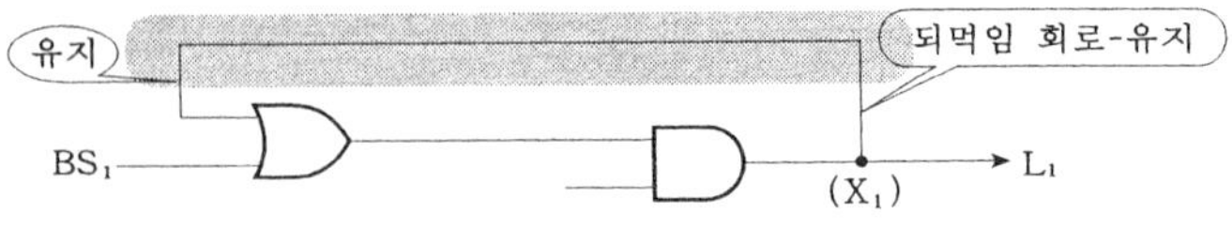

④ 공통 정지 신호 BS_3을 NOT 회로를 통하여 AND 회로에 접속한다.
※ 정지 신호(BS_2)에는 NOT 회로를 접속한다.

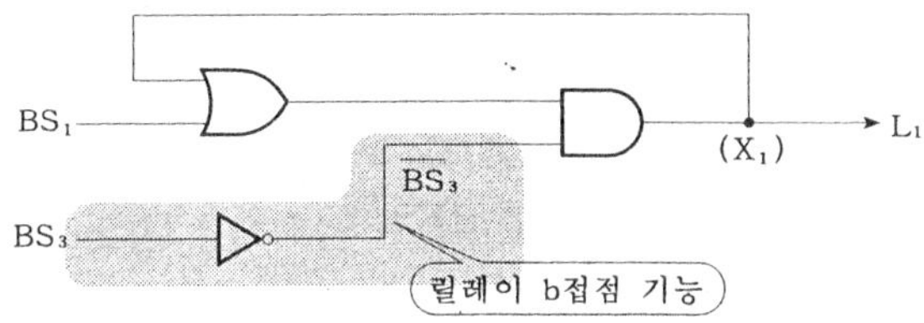

⑤ 램프 L_2 출력을 ① ~ ④와 같은 방법으로(뒤집어) 그린다. ← 유지 회로

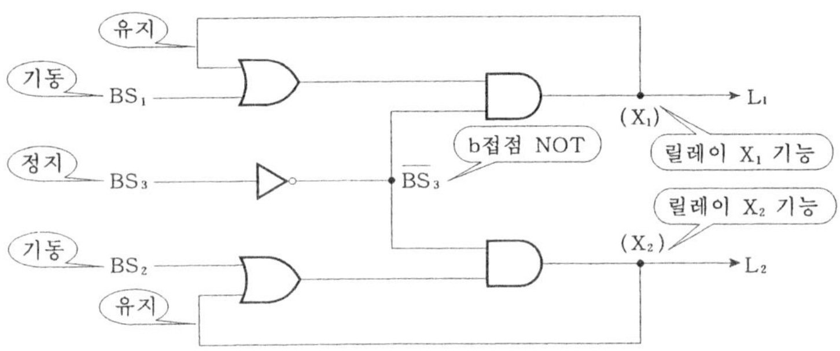

⑥ 인터록(NOT 회로) 회로를 상대쪽 AND 회로의 입력단에 접속한다(회로 완성)
(아래 그림은 H입력과 램프 드라이브 싱크 회로를 접속한 보기이다).

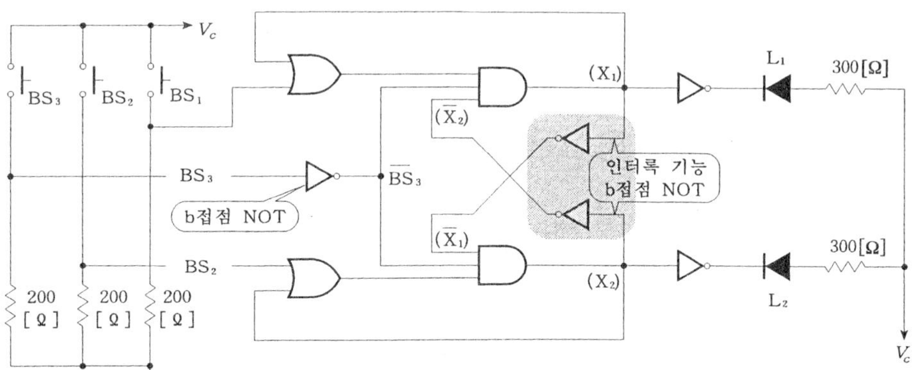

그림 2.46

※ 양논리 회로는 로직 회로로도 사용하지만 PLC의 H/W 및 프로그램 방식으로도 사용된다.

4) 동작 [1] 정지(소등 ▶ BS_1 → L 레벨, BS_2 → L 레벨, BS_3 → L 레벨) 상태

▸그림 2.47에서 BS_1과 BS_2, BS_3이 열려 있고 램프(부하)는 소등 상태이다.

① 점 [1] : 입력 BS_1은 열려 있고 200〔Ω〕을 통하여 접지 상태 L 레벨이다.

② 점 [2] : 입력 BS_2는 열려 있고 200〔Ω〕을 통하여 접지 상태 L 레벨이다.

③ 점 [3] : 입력 BS_3은 열려 있고 200〔Ω〕을 통하여 접지 상태 L 레벨이다.

④ 점 [4] : 점 [3]의 L 레벨이 NOT 회로를 통하므로 [4]는 전압 상태 H 레벨이다.

⑤ 점 [5] : 정지 상태에서 출력(L_1)이 없으므로(L 레벨) 점 [6]과 되먹임 OR 입력 [6]이 L 레벨이다. 점 [1]과 점 [6]이 모두 L 레벨이므로 OR 출력점 [5]는 L 레벨이다.

⑥ 점 [6] : 점 [4] → H 레벨, 점 [5] → L 레벨, 점 [10] → H 레벨이므로 AND 출력 점 [6]은 L 레벨이 된다. 즉, 정지 상태에서 출력은 없고 L 레벨이다.

⑦ 점 [7] : 점 [2]와 점 [8](정지)이 모두 L 레벨이므로 OR 출력점 [7]은 L 레벨이다.

⑧ 점 [8] : 정지 상태에서 출력(L_2)은 없고 L 레벨이다.

⑨ 점 [9] : 점 [6]의 L 레벨이 NOT 회로를 통하므로 [9]는 전압 상태 H 레벨이다.

⑩ 점 [10] : 점 [8]의 L 레벨이 NOT 회로를 통하므로 [10]은 전압 상태 H 레벨이다.
정지 상태에서 부하(램프) L_1과 L_2는 소등 상태이다.

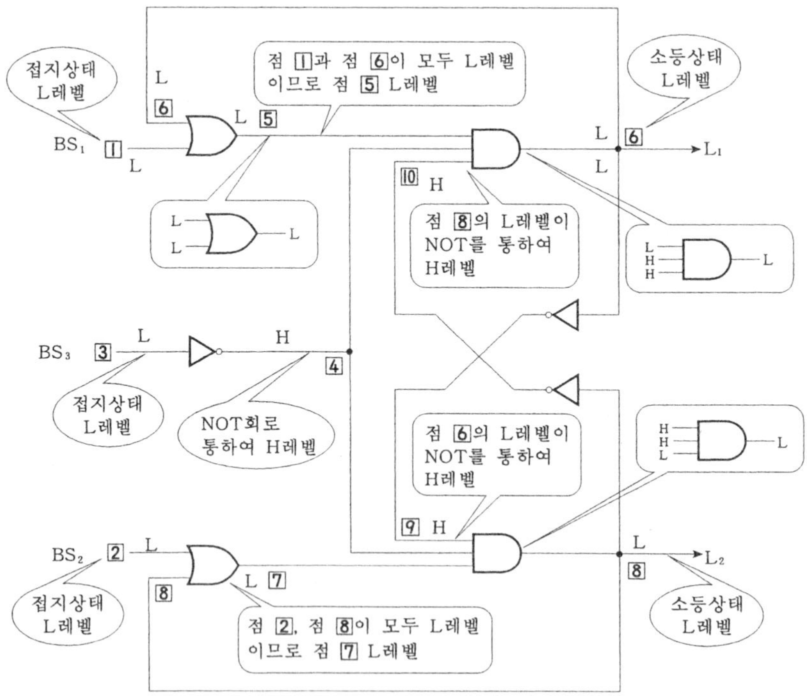

그림 2.47

5) 동작 [2] 운전(L_1 점등 ▶ BS_1 → H 레벨, BS_2 → L 레벨, BS_3 → L레벨) 상태

▸그림 2.48에서 기동 입력 BS_1을 먼저 눌렀다 놓으면 램프 L_1이 점등한다.

① 점 [1] : 입력 BS_1을 누르면 전압 $V_c = 5$ [V]를 통하여 H 레벨이 된다. 이후 BS_1을 놓으면 다시 L 레벨로 돌아온다.

② 점 [2], 점 [3], 점 [7], 점 [8] : 동작 [1] 정지 상태와 같고 L 레벨이다.

③ 점 [4] : 점 [3]의 L 레벨이 NOT 회로를 통하므로 [4]는 전압 상태 H 레벨이다.

④ 점 [5] : 점 [1]의 H 레벨로 점 [5]는 H 레벨이 된다. 이후 되먹임점 [6]의 H 레벨로 점 [5]는 H 레벨이 유지된다.

⑤ 점 [6] : 점 [4] → H 레벨, 점 [5] → H 레벨, 점 [10] → H 레벨이므로 AND 출력 점 [6]은 H 레벨이 된다. 즉, 운전 상태가 되고 출력 램프 L_1이 점등된다.

⑥ 점 [9] : 점 [6]의 H 레벨이 NOT 회로(인터록)를 통하므로 점 [9]는 L 레벨이 되어 이후 BS_2를 눌러 점 [7]이 H 레벨이 되어도 AND 회로는 동작할 수 없다.

⑦ 점 [10] : 점 [8]의 L 레벨이 NOT 회로를 통하므로 [10]은 전압 상태 H 레벨이다.

⑧ 정지 입력 BS_3을 주면 점 [3] → H레벨, 점 [4] → L레벨이 되어 AND 회로가 복구하고 점 [6]이 L레벨이 되며 램프 L_1이 소등한다. 이후 정지 상태로 된다.

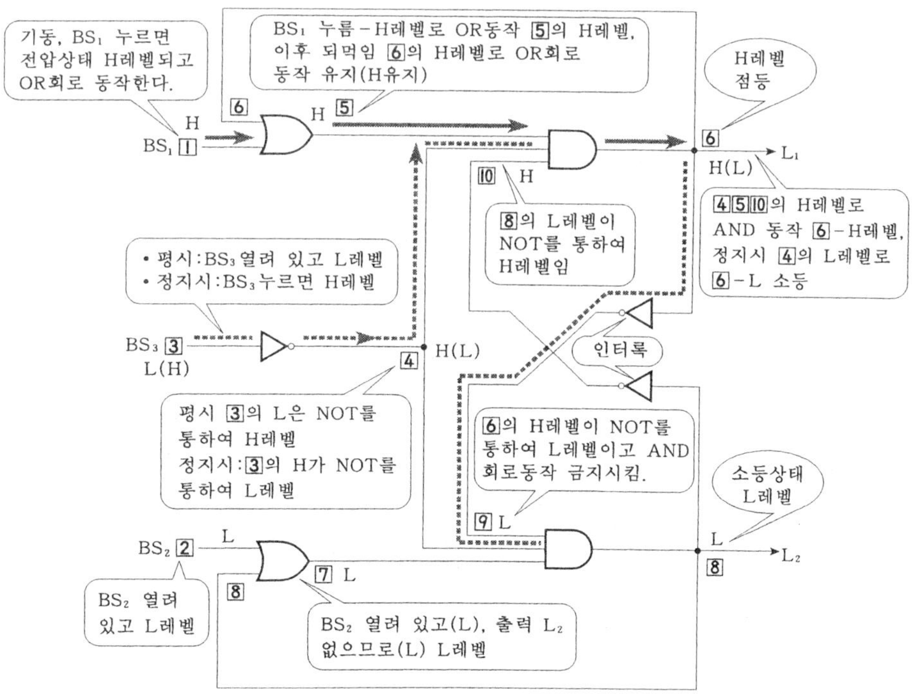

그림 2.48

6) 동작 [3] 운전(L_2 점등 ▶ BS_1 → L 레벨, BS_2 → H 레벨, BS_3 → L 레벨) 상태

▸그림 2.49에서 기동 입력 BS_2를 먼저 눌렀다 놓으면 램프 L_2가 점등한다.

① 점 [1], 점 [3], 점 [5], 점 [6] : 동작 1 정지와 같고 L 레벨이다.

② 점 [2] : 입력 BS_2를 누르면 전압 $V_c = 5$ [V]를 통하여 H 레벨이 된다. 이후 BS_2를 놓으면 다시 L 레벨로 돌아온다.

③ 점 [4] : 점 [3]의 L 레벨이 NOT 회로를 통하므로 [4]는 전압 상태 H 레벨이다.

④ 점 [7] : 점 [2]가 H 레벨(BS_2 누름)이므로 점 [7]은 H 레벨이 된다. 이후 되먹임 OR 입력점 [8]의 H 레벨로 점 [7]은 H 레벨이 유지된다.

⑤ 점 [8] : 점 [4] → H 레벨, 점 [7] → H 레벨, 점 [9] → H 레벨이므로 AND 출력 점 [8]은 H 레벨이 된다. 즉, 운전 상태가 되고 출력 램프 L_2가 점등된다.

⑥ 점 [9] : 점 [6]의 L 레벨이 NOT 회로를 통하므로 [9]는 전압 상태 H 레벨이다.

⑦ 점 [10] : 점 [8]의 H 레벨이 NOT 회로(인터록)를 통하므로 점 [10]은 L 레벨이 되어 이후 BS_1을 눌러 점 [5]가 H 레벨이 되어도 AND 회로는 동작할 수 없다.

⑧ 정지 입력 BS_3을 주면 점 [3] → H 레벨, 점 [4] → L 레벨이 되어 AND 회로가 복구하고, 점 [8]이 L 레벨이 되며 램프 L_2가 소등한다. 이후 정지 상태로 된다.

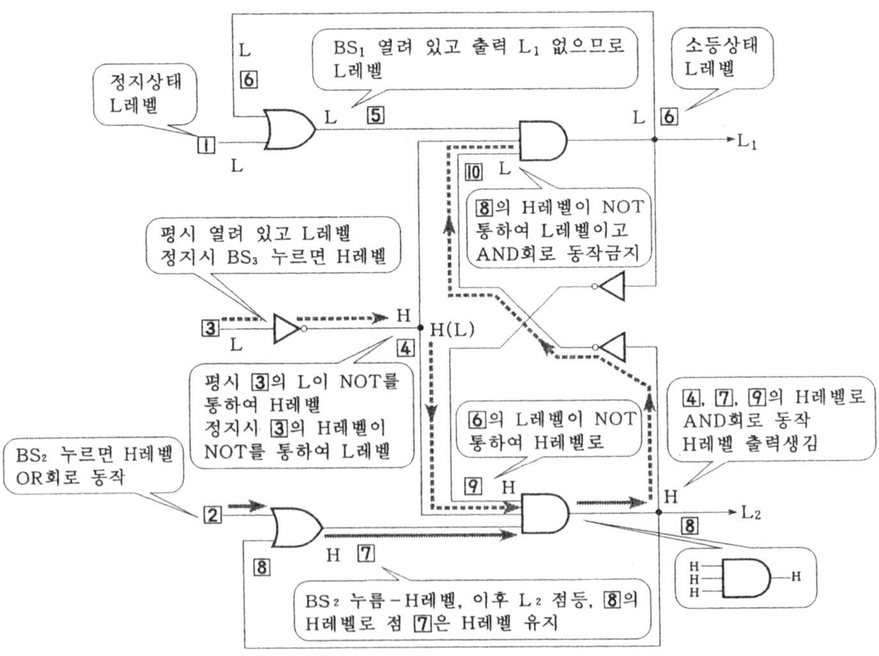

그림 2.49

(3) 로직 회로

1) 회로와 그리는 법

① 논리 조건 : 램프 2개 중 먼저 입력을 준 회로의 램프만 점등하는 회로

② 사용 기구 : 입·출력 회로는 생략한다.

ⓐ 입력 기구 : a접점용 버튼 스위치 3개(BS_1 ~ BS_3, a접점 L 입력용)

ⓑ 출력 기구 : 램프 2개 - L_1, L_2

ⓒ 보조 기구 : 논리 회로(FF, 즉 $\overline{R}\,\overline{S}$-latch 2개와 인터록 회로)

③ 타임 차트 : 그림 2.50

ⓐ L_1 동작 : L 입력형 BS_1 조작(눌렀다 놓는다)을 먼저 그린다.
다음 L 입력형 BS_2 조작(눌렀다 놓는다)을 조금 늦게 그리면
L_1 우선 회로가 되고 BS_1을 누르는 순간에
$\overline{R}\,\overline{S}$-latch-1($FF_1$)이 set 하여 램프 L_1이 점등하도록 그린다.

ⓑ L_2 동작 : BS_2 조작을 먼저 그리고 다음 BS_1 조작을 조금 늦게 그리면
L_2 우선 회로가 되고 BS_2를 누르는 순간에
$\overline{R}\,\overline{S}$-latch-2($FF_2$)가 set 하여 램프 L_2가 동작하도록 그린다.

ⓒ 위 ⓐ와 ⓑ의 경우 각각 L 입력형 BS_3을 주면 동작(set) 중인 FF가 reset하여 램프가 복구한다.

ⓓ Logic 시퀀스는 기동 및 정지 입력이 모두 L 입력형임에 유의한다.

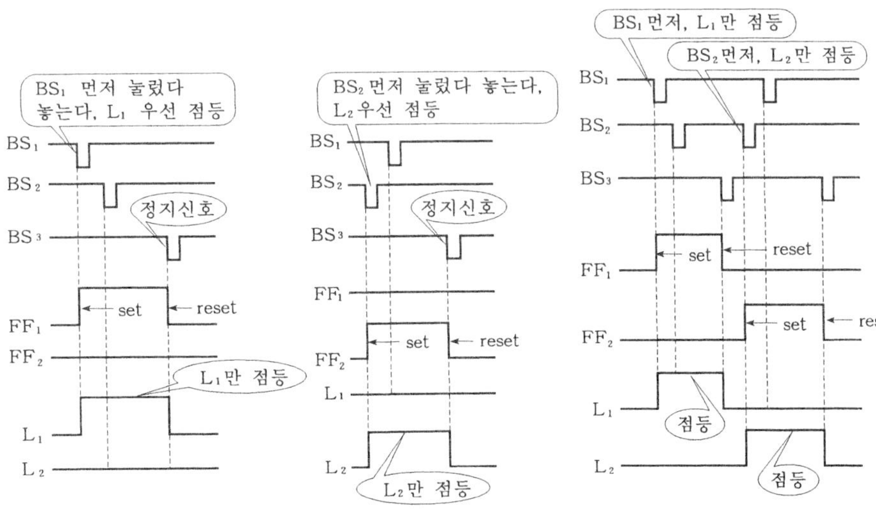

그림 2.50

④ 동작 순서

ⓐ 기동 – 먼저 준 L 입력(BS_1, BS_2)으로 기동

ⓑ 유지 – $\overline{R}\,\overline{S}$-latch($FF_1$, FF_2)가 set(동작)하고 유지하며

ⓒ 출력 – FF의 출력 Q로 램프 L(L_1, L_2)이 점등한다.

☞(BS 준다 - FF set - Ⓛ 점등)

ⓓ 인터록 – 회로(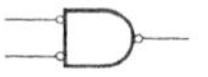)로 상대쪽 $\overline{R}\,\overline{S}$-latch의 set(동작)를 금지시킨다.

ⓔ 정지 – L입력 BS_3을 주면 set 된 $\overline{R}\,\overline{S}$-latch(FF)가 reset 되어 램프가 소등한다.

☞(BS_3을 준다 - FF 리셋 - Ⓛ 소등)

1 기동 : L_1 점등 조건

㉮ "BS_1을 먼저 준다"는 논리 조건은

ⓐ L_2 소등(FF_2 reset 상태 → L 레벨)시에

ⓑ BS_1을 준다(L 레벨)는 것과 같다.

이를 그림 기호로 표현하면 ⓐ와 ⓑ가 동시에 만족해야 하므로

2입력 AND 회로 조건으로 표현된다.

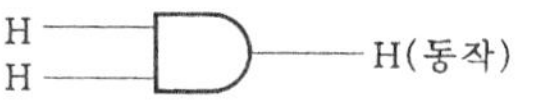

㉯ AND 회로는 H 입력으로 동작한다.

BS를 주는 것과 FF의 reset은 모두 L 레벨 상태이므로

NOT 회로를 통하여 H 레벨로 바꾼다.

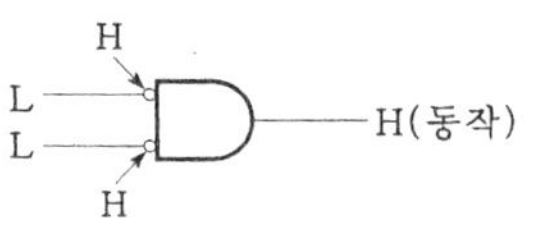

㉰ FF($\overline{R}\,\overline{S}$–latch)가 set 할 때에는 L 레벨 입력이 필요하므로

AND 회로 출력(H)에 NOT 회로를 넣어 L 레벨로 바꾸어야 된다.

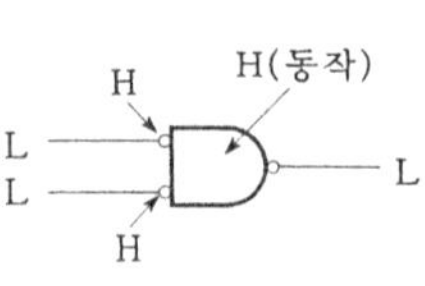

㉣ 위의 ㉮~㉰에서 L_1 동작 조건과 인터록을 인터록 회로라고 하고 아래와 같다.

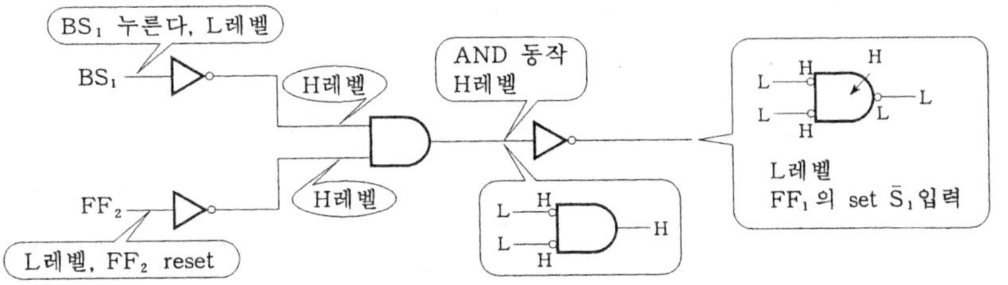

여기서, 부하가 2개 (L_1, L_2)이므로 2입력의 인터록 회로가 2개 필요하다. 즉,
"L_1 점등 조건 -- L_2 소등시 BS_1을 준다."
"L_2 점등 조건 -- L_1 소등시 BS_2를 준다."가 필요하다.

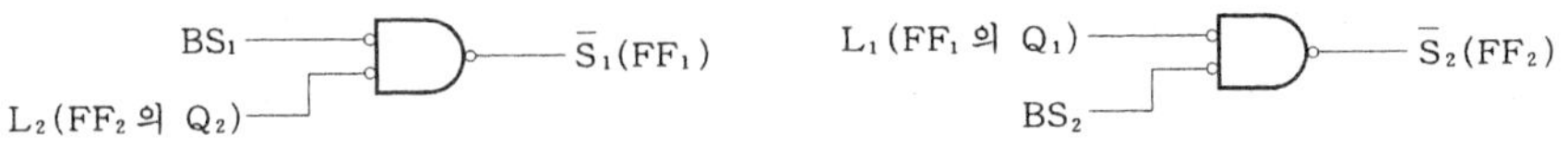

② 동작 유지 : FF($\overline{R}\,\overline{S}$-latch) 2개를 그리고 출력단(Q)에 부하 램프를 접속한다.

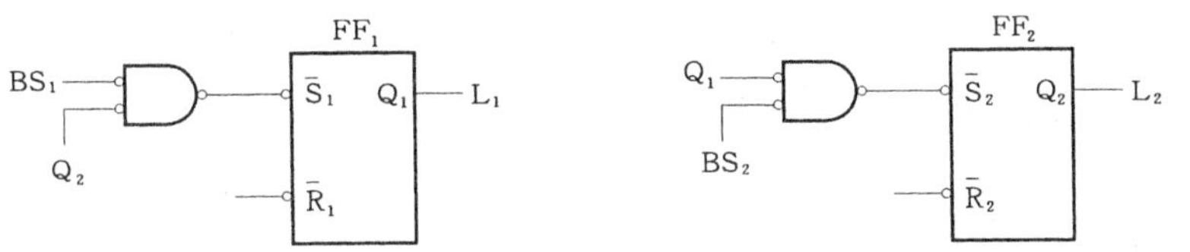

③ 위의 두 FF를 접속하고 정지 신호 BS_3을 접속하면 그림 2.51과 같다.

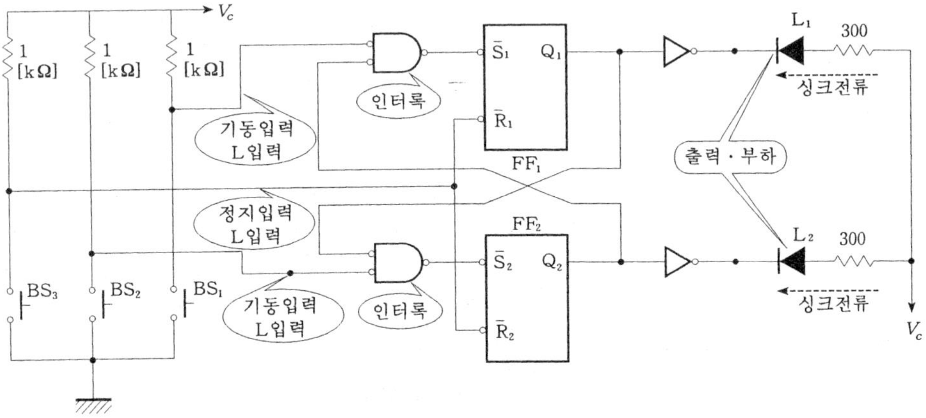

그림 2.51

2) 동작 [1] 정지(소등 ▶ BS_1 ~ BS_3 → H 레벨, L_1 ~ L_2 → L 레벨) 상태

그림 2.52에서 정지 상태이고 램프 출력이 없다.

① 점 [1] : 입력 BS_1은 열려 있고 저항 1〔kΩ〕을 통하여 V_c가 걸려 H 레벨이다.

② 점 [2] : 입력 BS_2는 열려 있고 저항 1〔kΩ〕을 통하여 V_c가 걸려 H 레벨이다.

③ 점 [3] : 입력 BS_3은 열려 있고 저항 1〔kΩ〕을 통하여 V_c가 걸려 H 레벨이다.

④ 점 [4] : 점 [1]의 H 레벨이 NOT(상태 변환)를 통하므로 점 [4]는 L 레벨이다.

⑤ 점 [5] : 점 [13]의 L 레벨(FF_2 reset 상태)이 NOT(상태 변환)를 통하므로 점 [5] (NOT 출력)는 H 레벨이다.

⑥ AND 회로 [6] : 점 [4]–L 레벨, 점 [5]–H 레벨로 AND 회로 [6]은 L 레벨이다.

⑦ 점 [7] : [6]의 L 레벨이 NOT를 통하므로 set 입력 [7]은 H 레벨이다.

⑧ 점 [8] : FF_1이 reset 상태(출력 없음)이므로 점 [8]은 L 레벨이다.

⑨ 점 [9] : 점 [8]의 L 레벨이 NOT를 통하므로 점 [9](NOT 출력)는 H 레벨이다.

⑩ 점 [10] : 점 [2]의 H 레벨이 NOT 회로를 통하므로 점 [10]은 L 레벨이다.

⑪ AND 회로 [11] : 점 [9]-H 레벨, 점 [10]-L 레벨로 AND 회로 [11]은 L 레벨이다.

⑫ 점 [12] : [11]의 L 레벨이 NOT를 통하므로 set 입력 [12]는 H 레벨이다.

⑬ 점 [13] : FF_2가 reset 상태(출력 없음)이므로 점 [13]은 L 레벨이다.

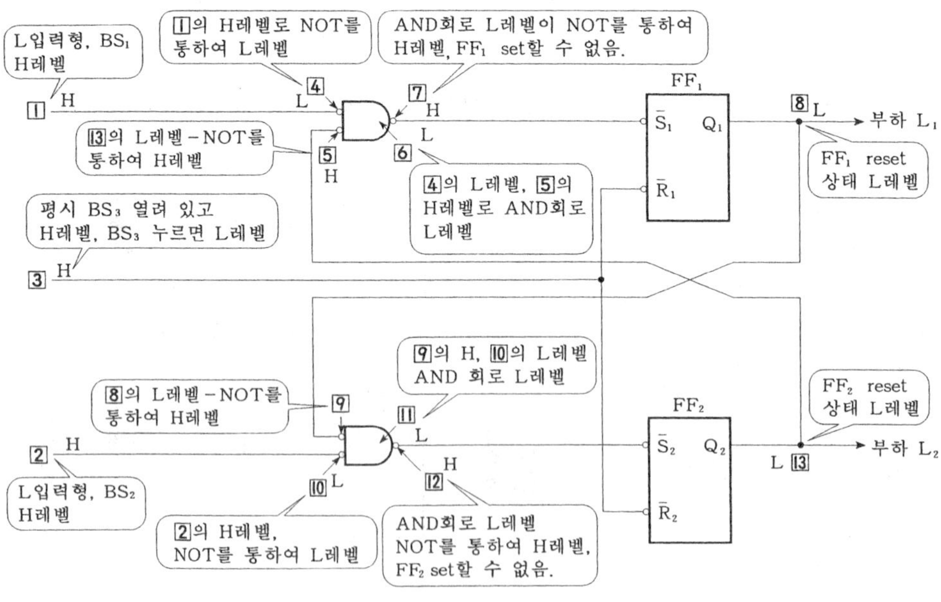

그림 2.52

3) 동작 [2] 운전(L_1 점등 ▶ BS_1 → L 레벨, BS_2 → H 레벨, BS_3 → H레벨) 상태

그림 2.53에서 BS_1을 주면 FF_1이 set되고 램프 출력 L_1이 점등한다 [8].

① 점 [1] : 입력 BS_1을 누르면 접지를 통하여 L 레벨이 되고, 이후 BS_1을 놓으면 다시 H 레벨로 돌아온다.

② 점 [2], 점 [3] : 그림 2.52의 정지상태와 같다.

③ 점 [4] : 점 [1]의 L 레벨이 NOT 회로를 통하므로 점 [4]는 H 레벨이다.

④ 점 [5] : 점 [13]의 L 레벨(FF_2 reset)이 NOT를 통하므로 점 [5]는 H 레벨이다.

⑤ AND 회로 [6] : 점 [4]와 점 [5]가 H 레벨이므로 AND 회로 [6]은 H 레벨이다.

⑥ 점 [7] : [6]의 H 레벨이 NOT를 통하므로 set 입력 [7]은 L 레벨이다.

⑦ 점 [8] : 점 [7]의 L 레벨로 FF_1이 set되어 점 [8]은 H 레벨이고 출력 L_1이 생긴다.

⑧ 점 [9] : 점 [8]의 H 레벨(FF_1 set)이 NOT를 통하므로 점 [9](NOT 출력)는 L 레벨이 된다. 즉, 인터록이 된다. 따라서 이후 BS_2를 주어도 AND 회로 [11]은 동작(H 레벨)하지 못하므로 FF_2가 set하지 못한다.

⑨ 점 [10], 점 [12], 점 [13] : 그림 2.5의 정지상태와 같다.

⑩ AND 회로 [11] : 점 [9]와 [10]이 모두 L 레벨이므로 AND 회로 [11]은 L 레벨이다.

⑪ 정지 : BS_3을 누르면 접지를 통하여 점 [3]이 L 레벨이 되어 FF_1이 reset 되고, 램프 L_1이 꺼지며 점 [8](출력)은 L 레벨, 점 [9](인터록)는 H 레벨로 돌아온다.

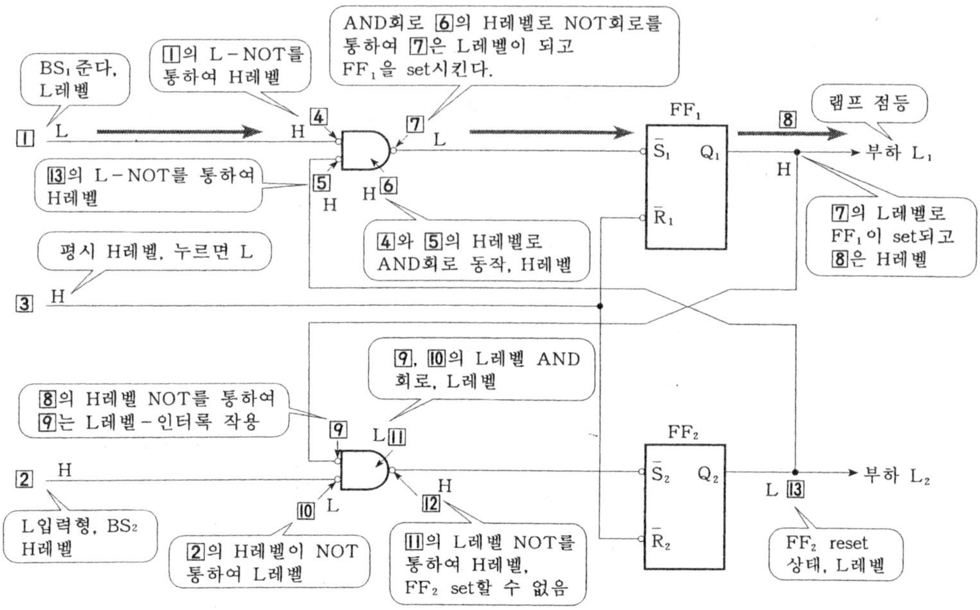

그림 2.53

4) 동작 ③ 운전(L_2 점등 ▶BS_1 → H 레벨, BS_2 → L 레벨, BS_3 → H 레벨) 상태

▸그림 2.54에서 BS_2를 주면 FF_2가 set되고 램프 출력 L_2가 점등한다 ⑬.

① 점 ①: 입력 BS_1은 열려 있고 저항 1〔kΩ〕을 통하여 V_c가 걸려 H 레벨이다.

② 점 ②: 입력 BS_2를 누르면 접지를 통하여 L 레벨이 되고, 이후 BS_2를 놓으면 다시 H 레벨로 돌아온다.

③ 점 ③, 점 ④: 그림 2.52의 정지상태와 같다.

④ 점 ⑤: 점 ⑬의 H 레벨(FF_2 set)이 NOT를 통하므로 점 ⑤(NOT 출력)는 L 레벨이 된다. 즉, 인터록이 된다. 따라서 이후 BS_1을 주어도 AND 회로 ⑥은 동작(H 레벨)하지 못하므로 FF_1이 set하지 못한다.

⑤ AND 회로 ⑥: 점 ④와 ⑤가 모두 L 레벨이므로 AND 회로 ⑥은 L 레벨이다.

⑥ 점 ⑦, 점 ⑧, 점 ⑨: 그림 2.52의 정지상태와 같다.

⑦ 점 ⑩: 점 ②의 L 레벨이 NOT 회로를 통하므로 점 ⑩은 H 레벨이다.

⑧ AND 회로 ⑪: 점 ⑨와 ⑩이 모두 H 레벨이므로 AND 회로 ⑪은 H 레벨이다.

⑨ 점 ⑫: ⑪의 H 레벨이 NOT를 통하므로 set 입력 ⑫는 L 레벨이다.

⑩ 점 ⑬: 점 ⑫의 L 레벨로 FF_2가 set되어 ⑬은 H 레벨이고 출력 L_2가 생긴다.

⑪ 정지: BS_3을 누르면 접지를 통하여 ③점이 L 레벨이 되어 FF_2가 reset 되고 램프 L_2가 꺼지며 점 ⑬(출력)은 L 레벨, 점 ⑤(인터록)는 H 레벨로 돌아온다.

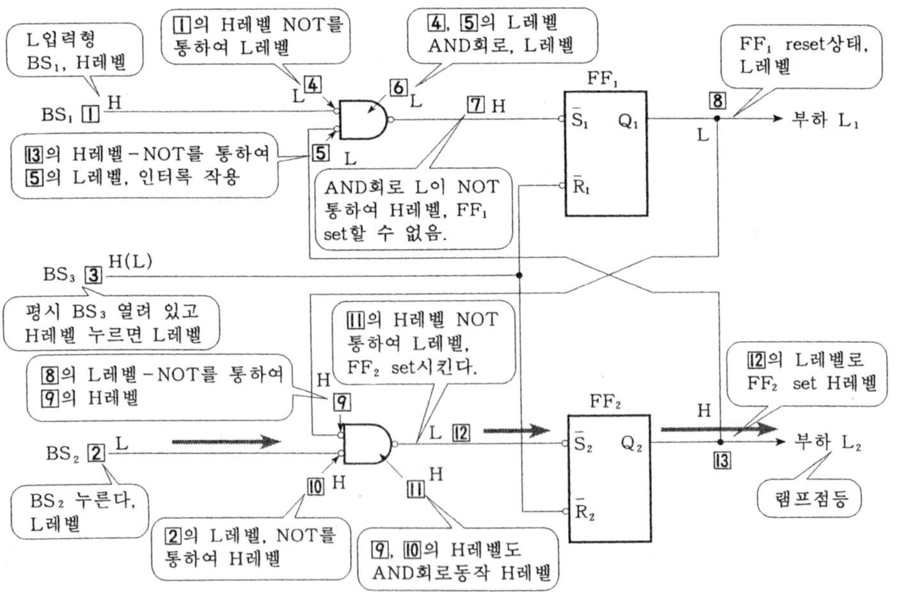

그림 2.54

2.2 동작 우선 회로

▸A, B 두 기기 중 A 기기가 동작한 후 B 기기가 동작할 수 있고, B 기기가 먼저 동작할 수 없다. 즉, A 기기 동작 우선 회로이다.

▸여기서, 부하 기기로 램프 2개(L_1, L_2)를 사용하고 L_1 동작 우선 회로로 한다. 즉, L_1이 점등한 후 L_2가 점등할 수 있고 L_2가 먼저 점등할 수 없다.

(1) 릴레이 회로

1) 회로

▸A 기기의 출력(릴레이 a접점)을 B 기기의 기동 조건(BS_2에 직렬)으로 한다.
그림 2.55에서

① 기동 입력 BS_2를 BS_1보다 먼저 누르면 보조 릴레이 X_1의 접점 $X_{1(3)}$이 열려 있으므로 보조 릴레이 X_2는 기동되지 않는다.

② 기동 입력 BS_1을 누르면 보조 릴레이 X_1이 동작하여 램프 L_1이 켜지고, 우선 동작 접점 $X_{1(3)}$이 닫혀서 보조 릴레이 X_2의 기동을 준비한다.

③ 보조 릴레이 X_1이 동작한 후에 기동 입력 BS_2를 주면 접점 $X_{1(3)}$이 닫혀 있으므로 보조 릴레이 X_2가 동작하고 램프 L_2가 점등한다.

④ 공통 정지 신호 BS_3을 주면 릴레이와 램프 모두 복구한다.

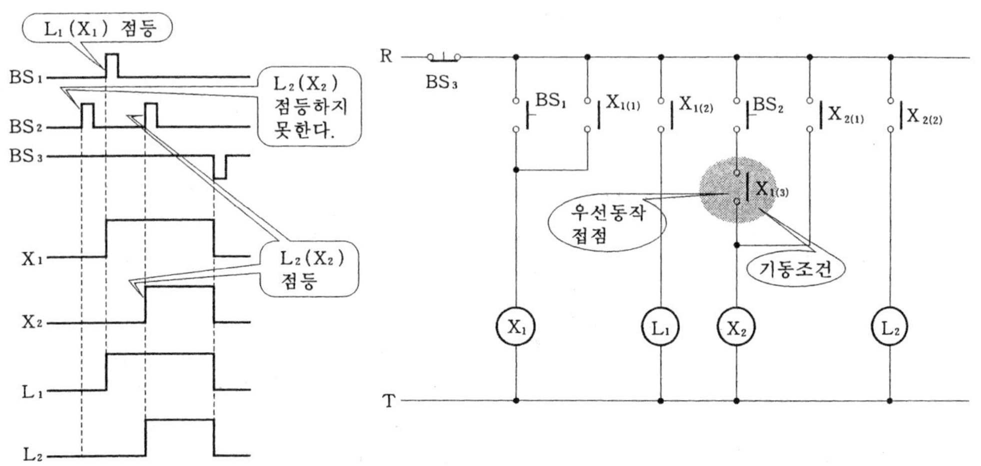

그림 2.55

⑤ 타임 차트에서는 BS_2 - BS_1 - BS_2의 순서로 기동 입력을 주고
L_1 - L_2의 순서로 램프가 점등되며 BS_3을 주면 출력 램프가 소등된다.

⑥ 기동 입력 BS_1과 BS_2는 H 입력(전기를 준다)이고
정지 입력 BS_3은 L 입력(전기선을 끊는다 – 접지)임에 유의한다.

2) 그리는 법

① 논리 조건 : 램프 2개 중 L_1-L_2 순으로 점등하고 L_2가 먼저 점등할 수 없는 회로

② 사용 기구

ⓐ 입력 기구 : 버튼 스위치 3개 – BS_1(1a), BS_2(1a), BS_3(1b)

ⓑ 출력 기구 : 램프 2개 – L_1, L_2

ⓒ 보조 기구 : 보조 릴레이 2개 – X_1(3a), X_2(2a)

③ 타임 차트

ⓐ BS_2 - BS_1 - BS_2의 순서로 기동 입력을 준다 ①.

ⓑ H 입력형 BS_2 조작(눌렀다 놓는다)을 먼저 그린다 ②.
이때 X_2 (L_2)는 동작하지 않는다.

ⓒ L_1 동작 : H 입력형 BS_1 조작(눌렀다 놓는다)을 다음 그린다 ③.
BS_1을 누르는 순간에 X_1과 L_1이 동작하도록 그린다.

ⓓ L_2 동작 : X_1 동작 후 다시 BS_2 조작을 그린다 ④.
BS_2를 누르는 순간에 X_2와 L_2가 동작하도록 그린다.

ⓔ L 입력형 BS_3을 주면 릴레이와 램프가 모두 복구한다 ⑤.

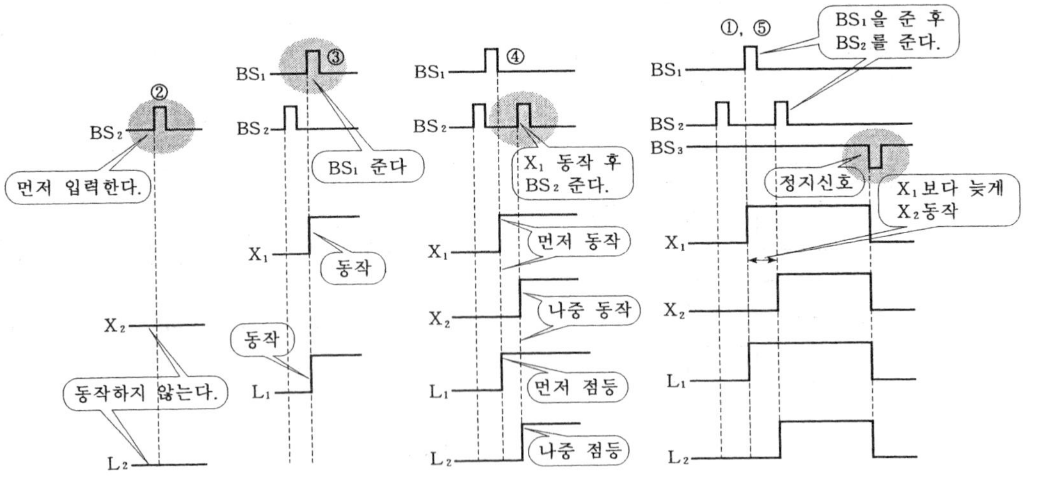

④ 동작 순서

㉮ 기동 입력 BS_1을 누르면 보조 릴레이 X_1이 동작하여 램프 L_1이 켜진다.

㉯ 보조 릴레이 X_1이 동작한 후에 기동 입력 BS_2를 주면 접점 $X_{1(3)}$이 닫혀 있으므로 보조 릴레이 X_2가 동작하고 램프 L_2가 점등한다.

㉰ 공통 정지 신호 BS_3을 주면 릴레이와 램프 모두 복구한다.

ⓐ 기동 : 기동 입력 BS_1을 그린다.

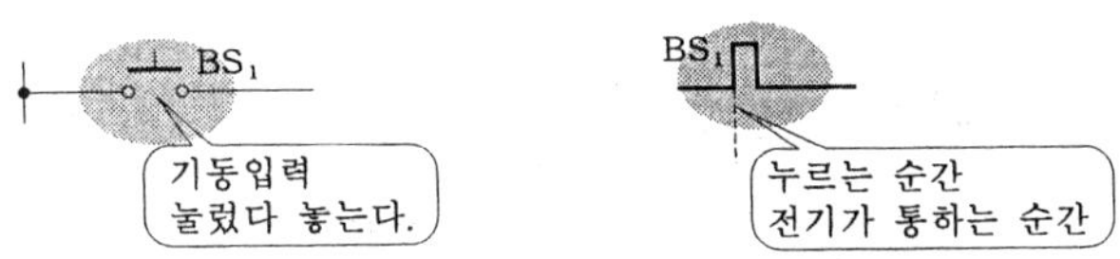

ⓑ 유지 기구 : 보조 기구 X_1이 동작한다.

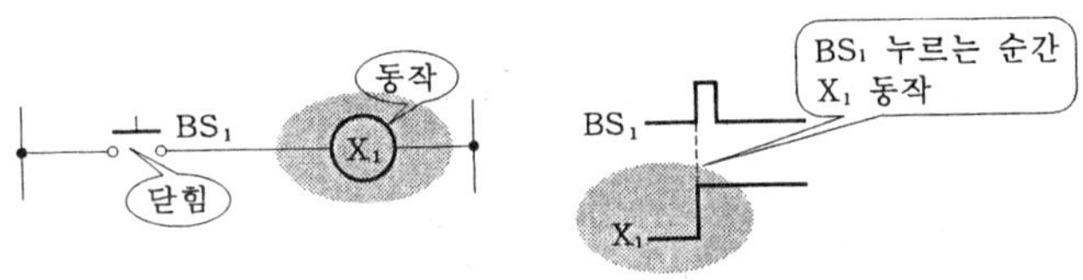

ⓒ 유지 : X_1의 유지 접점 $X_{1(1)}$로 유지한다.

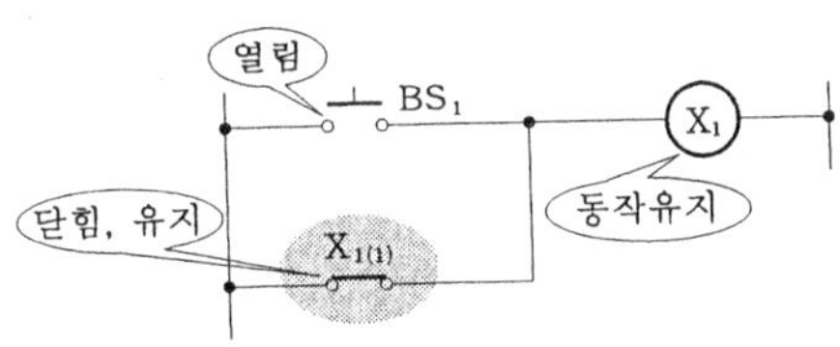

ⓓ 출력 : X_1 접점 $X_{1(2)}$로 출력 L_1이 생긴다.

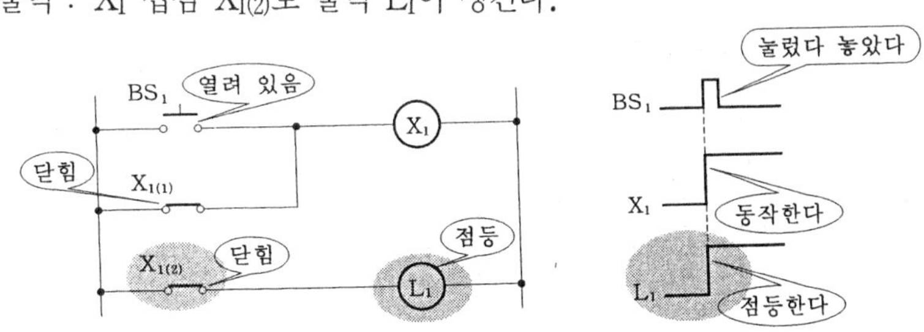

ⓔ 기동 : 기동 입력 BS_2와 X_1의 $X_{1(3)}$ 접점을 직렬로 그린다.

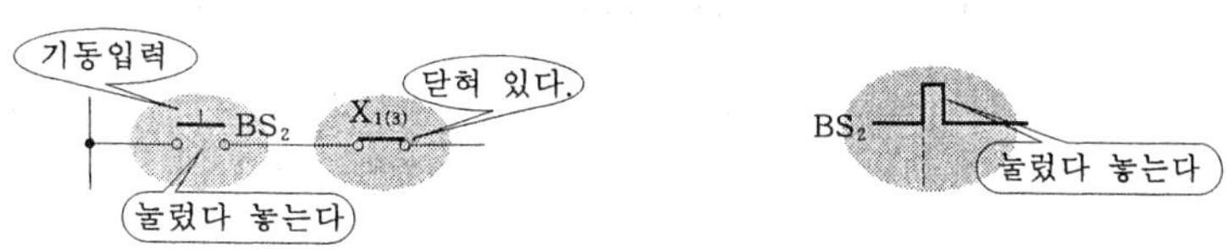

ⓕ 유지 기구 : 보조 릴레이 X_2가 동작한다.

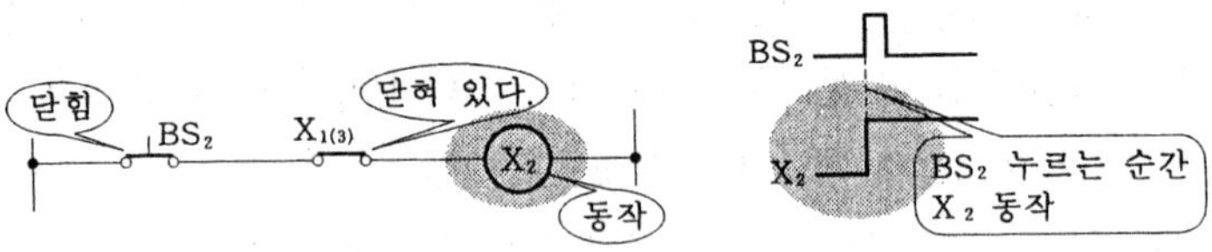

ⓖ 유지 : X_2의 유지 접점 $X_{2(1)}$로 유지한다.

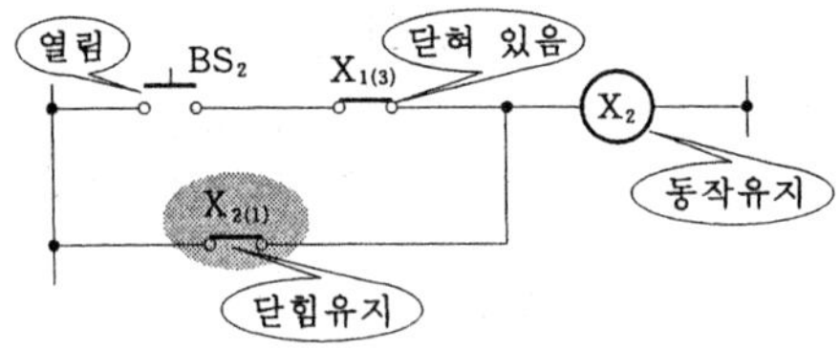

ⓗ 출력 : X_2 접점 $X_{2(2)}$로 출력 L_2가 생긴다.

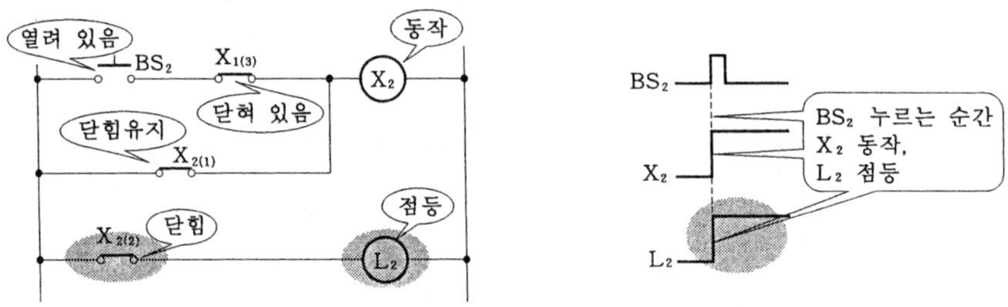

ⓘ 정지 : 정지 입력 BS_3으로 유지용 보조 기구 X_1과 X_2를 끊어 정지시킨다.

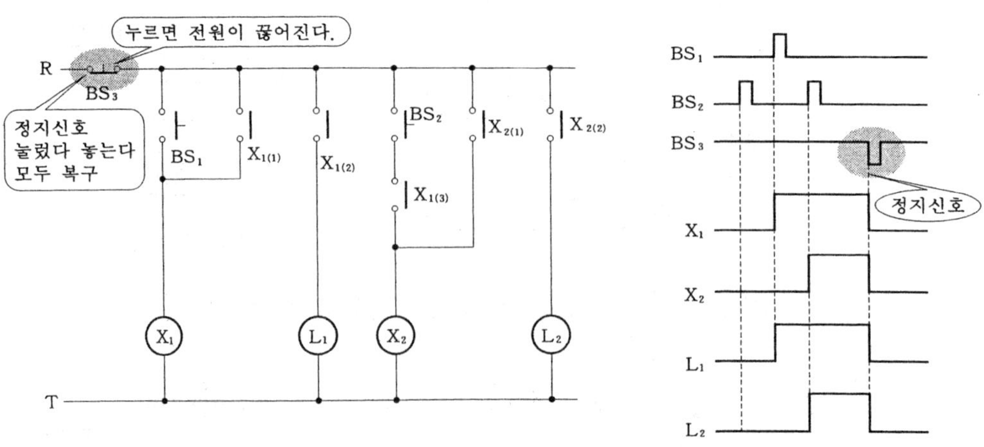

3) 동작 - 램프 L_1 우선 동작

그림 2.55에서

① 기동 : 기동 입력 BS_1을 먼저 눌렀다 놓는다.
BS_1을 누를 때 BS_1 접점이 닫히는 순간 릴레이 X_1에 전기가 공급되어 릴레이 X_1이 동작(여자)되고 접점 $X_{1(1)}$, $X_{1(2)}$ 및 접점 $X_{1(3)}$이 닫힌다.

〔**전원** R - BS_3 - BS_1 **닫힘 - 코일** X_1 - **전원** T〕

② 유지 : 접점 $X_{1(1)}$이 닫혀서
BS_1을 놓아도 BS_1 대신에 릴레이 X_1에 계속 전기를 공급(유지)한다.

〔**전원** R - BS_3 - **접점** $X_{1(1)}$ **닫힘 - 코일** X_1 - **전원** T〕

①

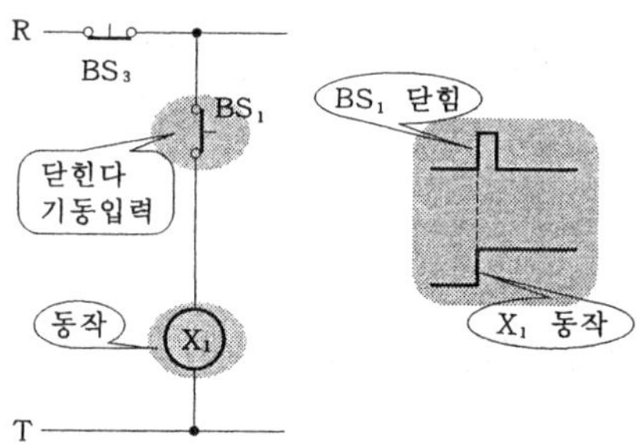

②

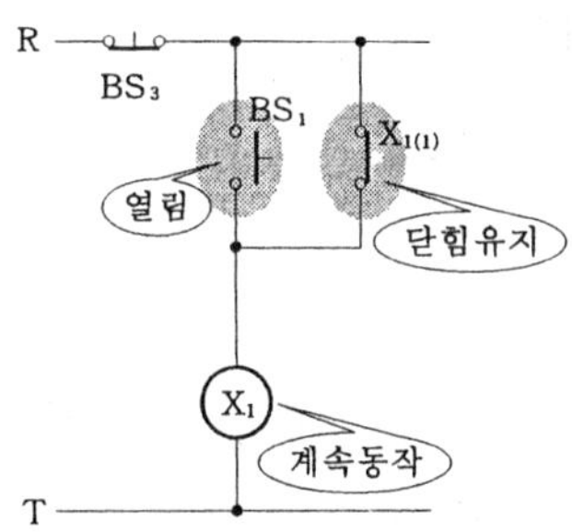

③ 출력 : 접점 $X_{1(2)}$가 닫혀서 램프 출력 L_1에 전기를 공급한다.

〔**전원** R - BS_3 - **접점** $X_{1(2)}$ **닫힘 - 램프** L_1 - **전원** T〕

④ 우선 동작 접점 $X_{1(3)}$이 닫혀서 릴레이 X_2의 기동을 준비한다.

〔**전원** R - BS_3 - BS_2 - $X_{1(3)}$ **닫힘** - X_2 - **전원** T〕

③

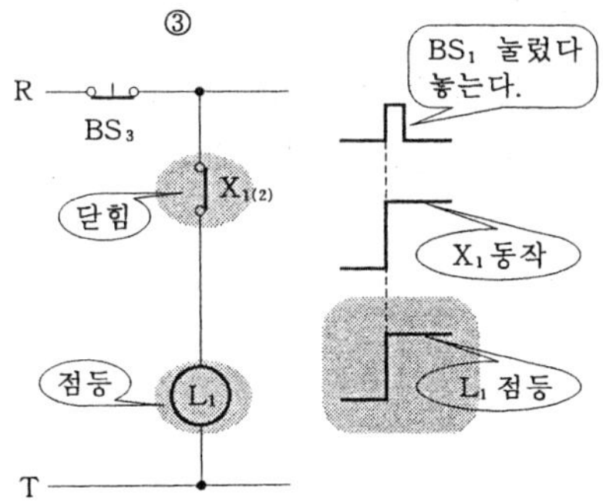

④

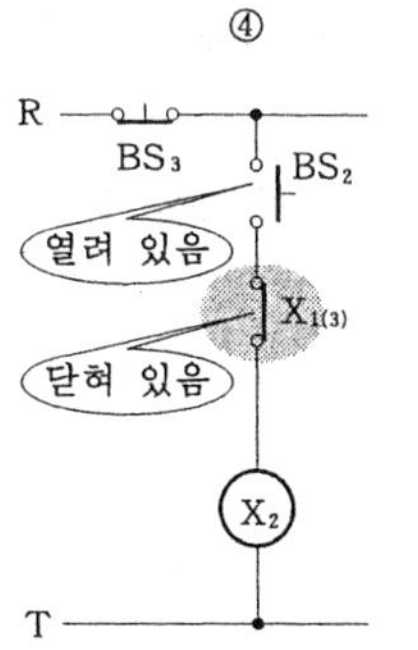

⑤ 기동 : 램프 L_1 점등 후 기동 입력 BS_2를 눌렀다 놓는다.
BS_2를 누를 때 BS_2 접점이 닫히는 순간 릴레이 X_2에 전기가 공급되어 릴레이 X_2가 동작(여자)되어 접점 $X_{2(1)}$과 $X_{2(2)}$ 및 $X_{2(3)}$이 닫힌다.

〔**전원** R - BS_3 - BS_2 **닫힘** - $X_{1(3)}$ **닫혀 있음** - X_2 - **전원** T〕

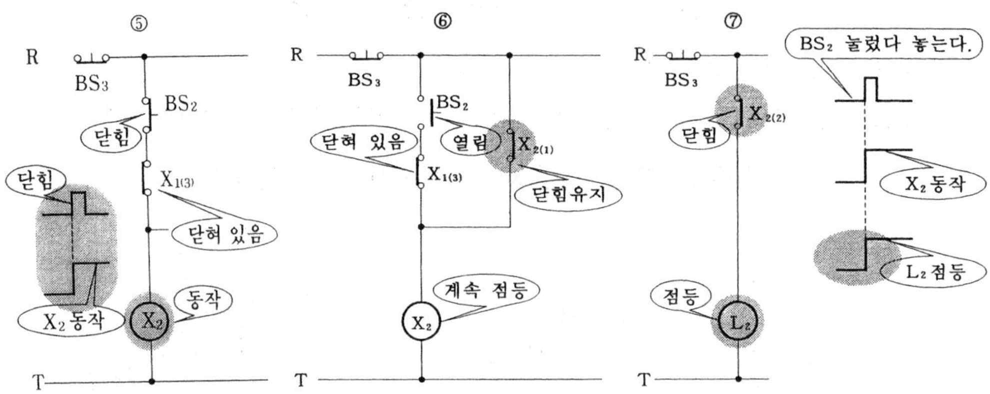

⑥ 유지 : 접점 $X_{2(1)}$이 닫혀서 BS_2를 놓아도 BS_2 대신에 릴레이 X_2에 계속 전기를 공급(유지)한다.

〔**전원** R - BS_3 - **접점** $X_{2(1)}$ **닫힘** - X_2 - **전원** T〕

⑦ 출력 : 접점 $X_{2(2)}$가 닫혀서 램프 출력 L_2에 전기를 공급한다.

〔**전원** R - BS_3 - **접점** $X_{2(2)}$ **닫힘** - L_2 - **전원** T〕

⑧ 정지 : BS_3을 눌렀다 놓는다. BS_3을 누르면 접점이 열리므로
릴레이 X_1과 X_2에 전기가 끊어져 릴레이 X_1과 X_2가 복구된다.
접점 $X_{1(1)}$과 $X_{2(1)}$이 열려 유지가 해제되고
접점 $X_{1(2)}$와 $X_{2(2)}$가 열려 램프 L_1과 L_2에 전기가 끊어져 L_1과 L_2가 소등되며, 또 우선 접점 $X_{1(3)}$이 열려서 릴레이 X_2의 기동을 금지한다.

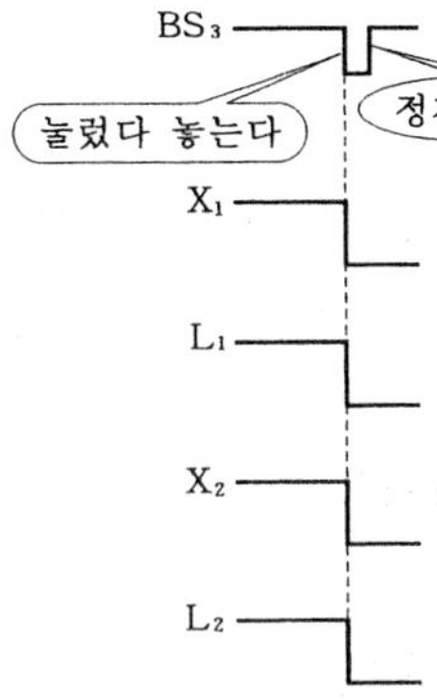

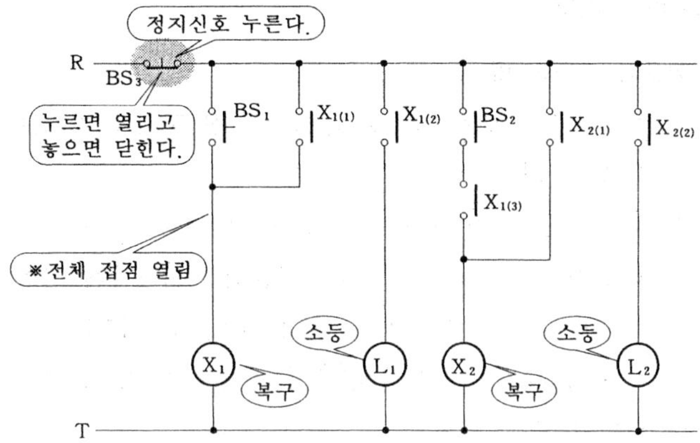

4) 연구

그림 2.55와 같이 우선 동작 접점은 보조(유지) 기구 X_2의 기동 입력(BS_2)과 직렬로 접속한다. 그러나 아래 그림과 같이 보조(유지) 기구 X_2의 동작 회로에 직렬로 넣어 운전 회로가 끊겨 있도록 하여도 된다.

이 회로는 유지용 보조 릴레이 X_1의 고장 등으로 램프 $L_1(X_1)$이 소등하면 $L_2(X_2)$도 함께 소등(복구)되는 결점이 있으므로 전자를 주로 사용한다.

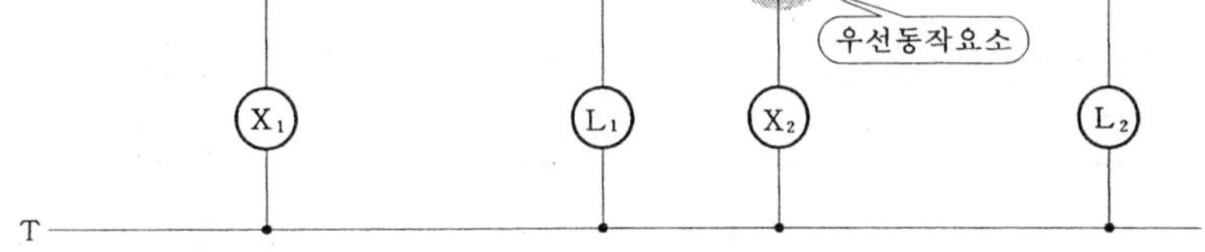

(2) PLC 회로

1) 회로와 그리는 법

① 논리 조건 : 램프 2개 중 L_1이 점등한 후에 L_2가 점등할 수 있으며 L_2가 먼저 점등할 수 없는 회로

② 사용 기구 및 번지 부여 : 입·출력 회로는 생략한다.

ⓐ 입력 기구 : 버튼 스위치 3개(a접점용) − BS_1~BS_3 ; P001~P003

ⓑ 출력 기구 : 램프 2개 − L_1 ; P011, L_2 ; P012

ⓒ 보조 기구 : 내부 출력(유지용, 릴레이 기능) 2개 − M001, M002

③ 명령어

회로 시작 : LOAD, 출력 및 내부 출력 : OUT

직렬 : AND, 병렬 : OR, 부정 : NOT

④ **타임 차트 :** 릴레이 회로와 다른 점은 정지 신호도 H 입력형이다.

ⓐ BS_2 − BS_1 − BS_2의 순서로 기동 입력을 준다.

ⓑ H 입력형 BS_2 조작(눌렀다 놓는다)을 먼저 그린다 ②.

이때 램프(L_2)는 동작하지 않는다.

ⓒ L_1 동작 : H 입력형 BS_1 조작(눌렀다 놓는다)을 다음에 그린다 ③.

BS_1을 누르는 순간에 램프 L_1이 동작하도록 그린다.

ⓓ L_2 동작 : L_1 동작 후 BS_2 조작을 그린다 ④.

BS_2를 누르는 순간에 램프 L_2가 동작하도록 그린다.

ⓔ H 입력형 BS_3을 주면 램프가 모두 복구한다 ⑤.

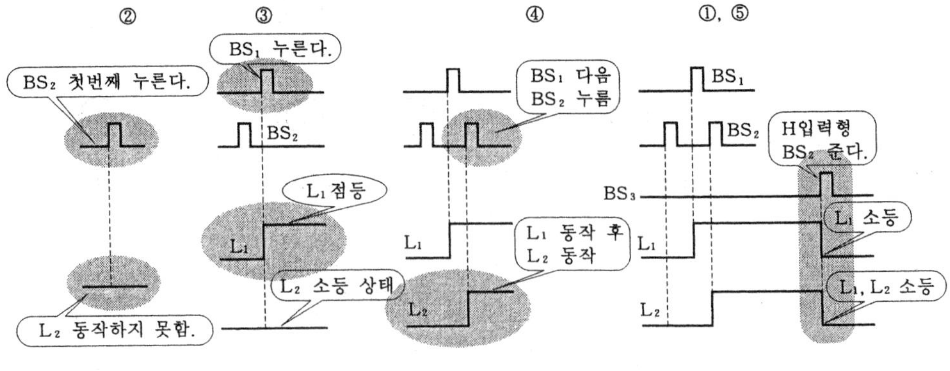

그림 2.56

⑤ **동작 순서**

㉮ 기동 입력 P001(BS_1)로 내부 출력 M001(X_1)이 동작 유지하며,
내부 출력 M001로 출력 P011(L_1)이 동작(점등)함과 동시에, 또
내부 출력 M001로 내부 출력 M002의 기동 회로를 준비한다(우선 요소).

㉯ 기동 입력 P002(BS_2)를 주면 우선 요소(기동 요소) M001을 통하여
내부 출력M002(X_1)이 동작 유지하며,
내부 출력 M002로 출력 P012(L_2)이 동작(점등)한다.

㉰ 정지 입력 P003을 주면 동작 중인 내부 출력 M001과 M002가 복구하고 출력 P011과 P012가 없어진다.

ⓐ 기동 : 기동 입력 P001(BS_1)을 먼저 그린다.

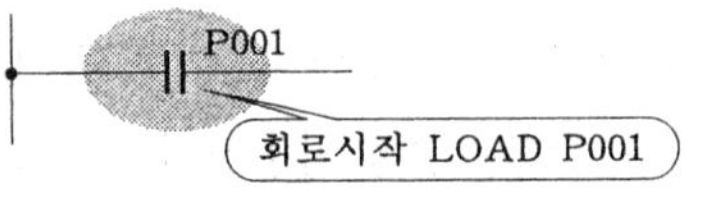

ⓑ 유지 기구 : 내부 출력 M001(보조 기구 X_1)이 동작한다.

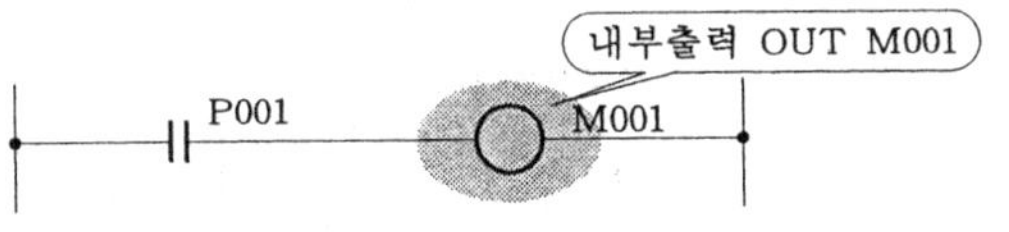

ⓒ 유지 : 내부 출력 M001(X_1 접점 $X_{1(1)}$)로 유지한다.

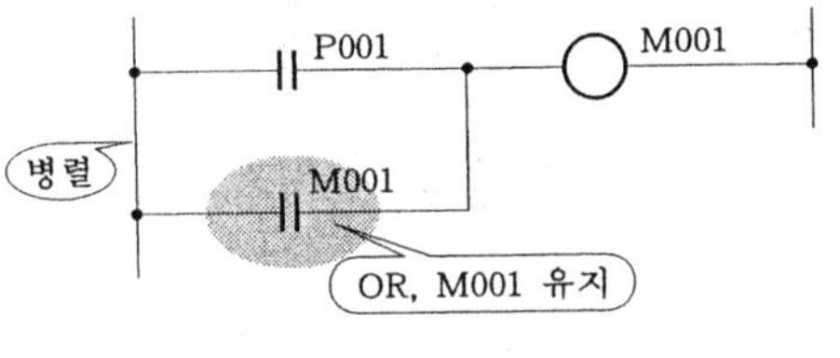

ⓓ 출력 : 내부 출력 M001(X_1접점 $X_{1(2)}$)으로 출력 P011(램프 L_1)이 생긴다.
같은 방법으로 출력 P012 회로를 연속하여 그린다.

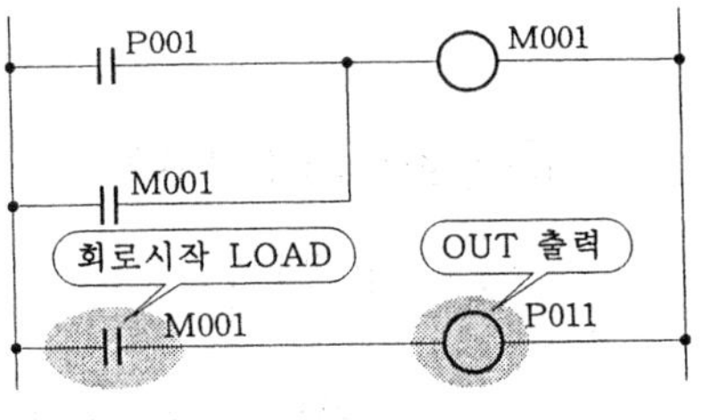

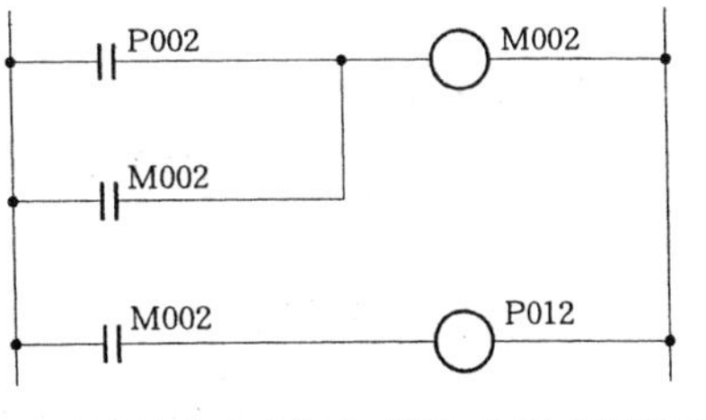

ⓔ 우선 요소 : 기동 입력 P002에 직렬로 기동 요소(우선 요소)인 내부 출력 M001을 직렬로 접속하여 M002의 기동 회로를 준비한다.

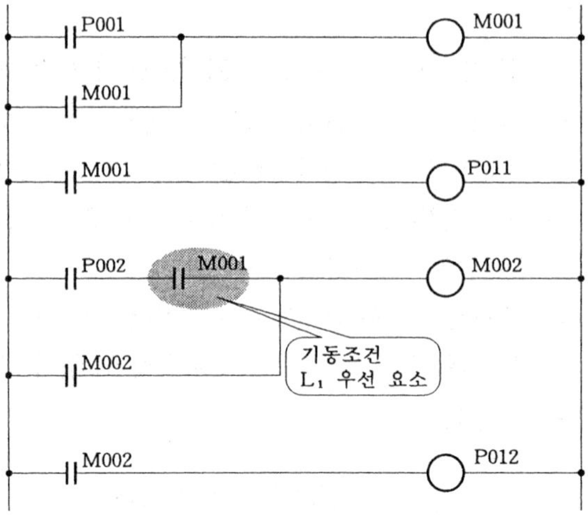

ⓕ 정지 : 정지 입력 P003(BS_3)으로 내부 출력 M001과 M002의 회로를 각각 끊어 정지시킨다. 이때 정지 입력 P003은 2번 사용한다. ← 그림 2.57

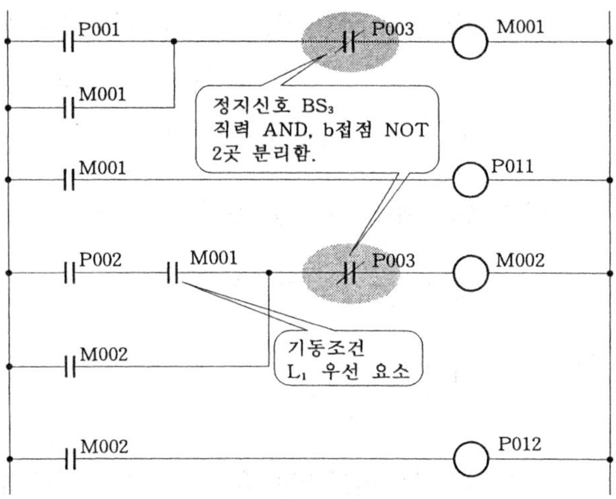

그림 2.57

⑥ 프로그램

0 0 step : LOAD P001

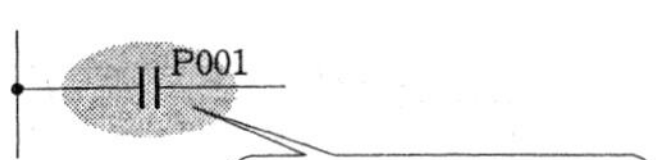

1 1 step : OR M001

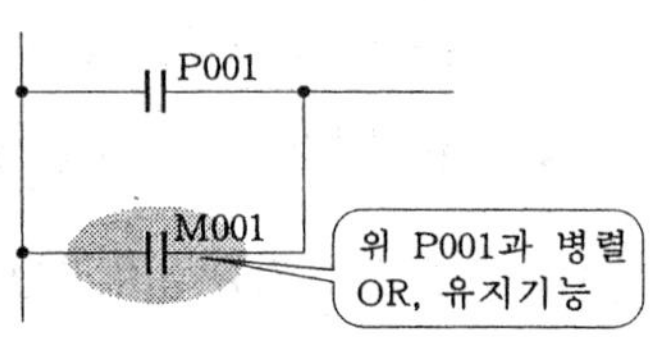

② 2 step : AND NOT P003

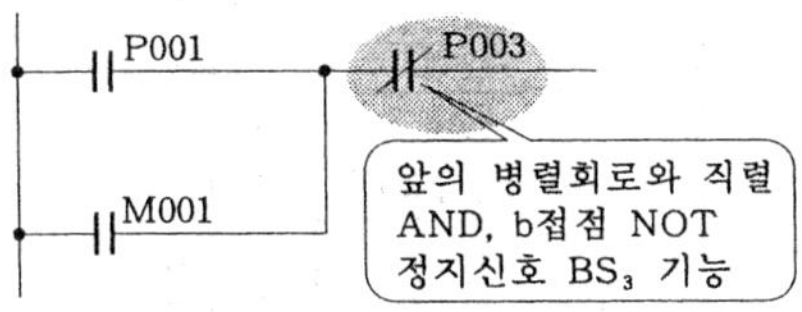

③ 3 step : OUT M001

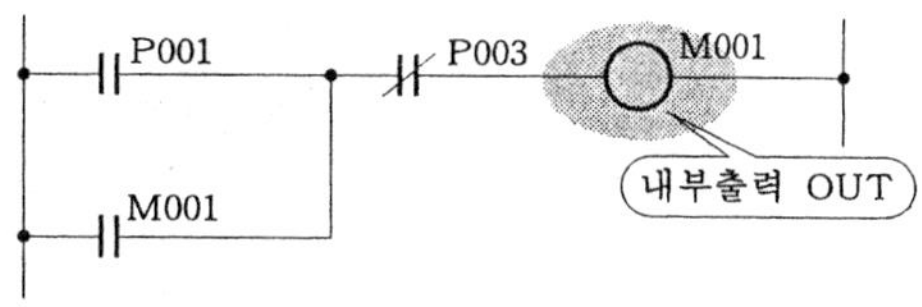

④ 4 step : LOAD M001

⑤ 5 step : OUT P011

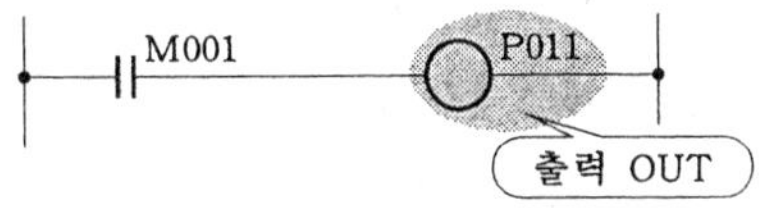

⑥ 6 step : LOAD P002

⑦ 7 step : AND M001

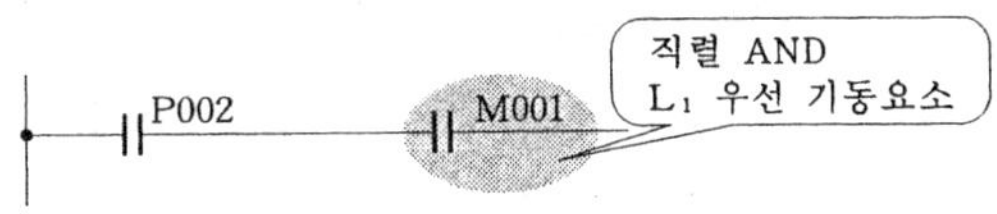

⑧ 8 step : OR M002

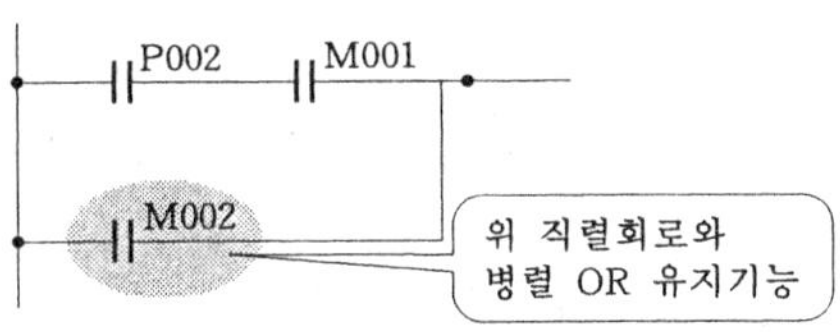

⑨ 9 step : AND NOT P003

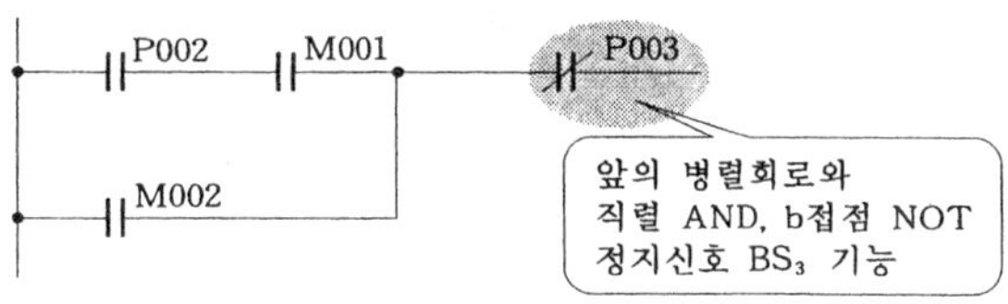

⑩ OUT M002

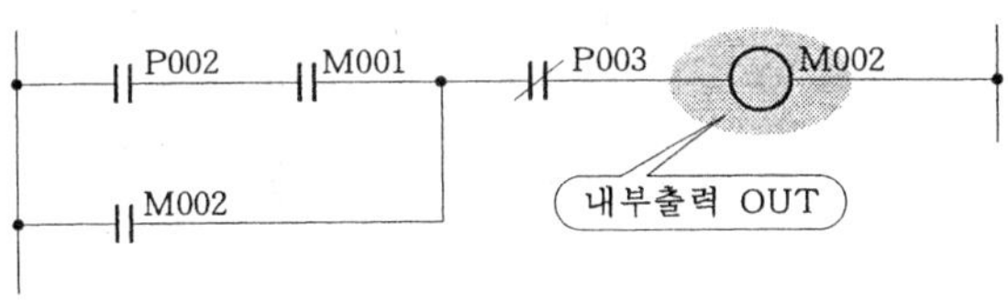

⑪ LOAD M002

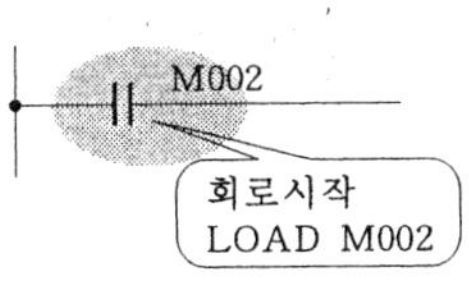

⑫ OUT P012

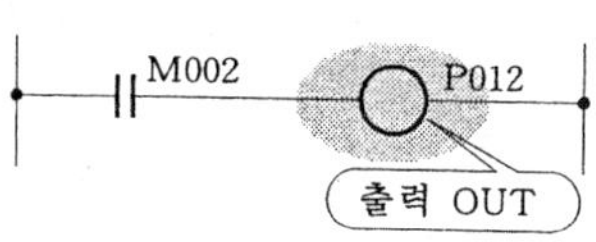

정리하면 표와 같다.

차 례	명령어	번 지	차 례	명령어	번 지
0	LOAD	P001	6	LOAD	P002
1	OR	M001	7	AND	M001
2	AND NOT	P003	8	OR	M002
3	OUT	M001	9	AND NOT	P003
4	LOAD	M001	10	OUT	M002
5	OUT	P011	11	LOAD	M002
–	–	–	12	OUT	P012

⑦ **릴레이 시퀀스와 비교하여 PLC 시퀀스 그리기**

그림 2.58에서 P003(BS_3)을 각 유지 회로(M001-X_1, M002-X_2)에 분리하여 2번 사용하였다. 이때는 공통 명령어가 필요없고 회로가 간단하여 많이 사용한다.

※ PLC에서는 번지 하나를 여러 번 사용하여도 되는 이점이 있다.

1 X_1(M001) : BS_1(P001), $X_{1(1)}$(M001)의 병렬에 BS_3(P003) 직렬, 그리고 L_1(P011) : $X_{1(2)}$(M001)

2 X_2(M002) : BS_2(P002), $X_{1(3)}$(M001)의 직렬에 $X_{2(1)}$(M002)의 병렬, 여기에 BS_3(P003) 직렬, 그리고 L_2(P012) : $X_{2(2)}$(M002)

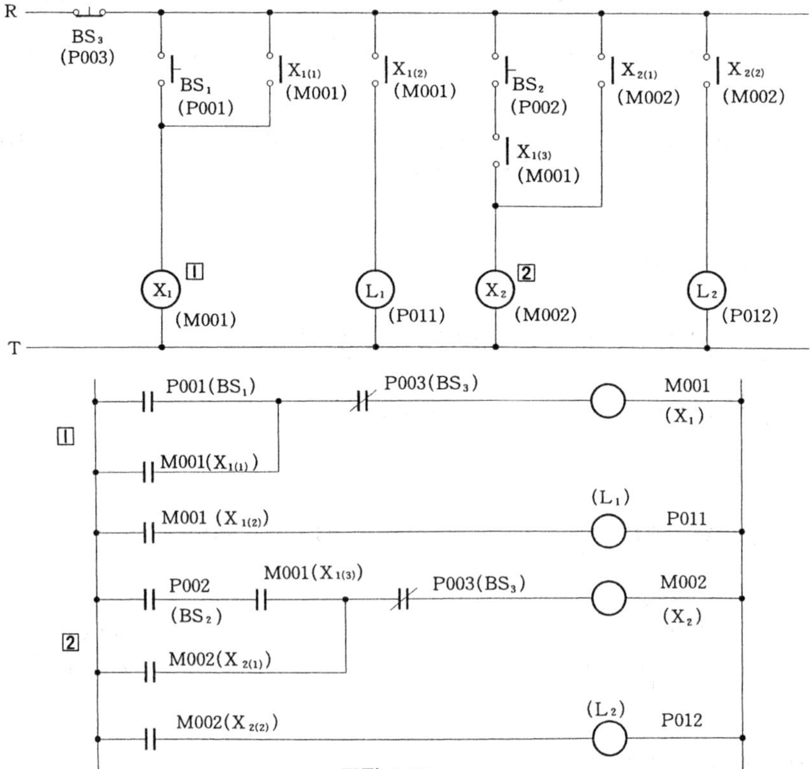

그림 2.58

⑧ **래더 회로에서 Handy Loader에 의한 니모닉 프로그램**

초기 화면(생략)에서 그림 2.57을 프로그램한다.

0 스텝 : BS_1, 회로 시작 LOAD P001

1 스텝 : $X_{1(1)}$, 위와 병렬 OR M001

0000 LOAD P001	0001 OR M001

2 스텝 : BS_3, 앞 회로와 직렬 b접점 AND NOT P003

3 스텝 : X_1, 내부 출력 OUT M001

0002 AND NOT P003	0003 OUT M001

4 스텝 : $X_{1(2)}$, 회로 시작 LOAD M001

5 스텝 : L_1, 출력 OUT P011

0004 LOAD M001	0005 OUT P011

6 스텝 : BS_2, 회로 시작 LOAD P002

7 스텝 : $X_{1(3)}$, 앞 번지와 직렬 AND M001

0006 LOAD P002	0007 AND M001

8 스텝 : $X_{2(1)}$, 위 회로와 병렬 OR M002

9 스텝 : BS_3, 앞 회로와 직렬 b접점 AND NOT P003

0008 OR M002	0009 AND NOT P003

10 스텝 : X_2, 내부 출력 OUT M002

11 스텝 : $X_{2(2)}$, 회로 시작 LOAD M002

0010 OUT M002	0011 LOAD M002

12 스텝 : L_2, 출력 OUT P012
13 스텝 : 끝, END

0012 OUT P012	0013 FUN(001) END

· 프로그램이 끝나면 −step Key와 +step Key를 눌렀다 놓았다를 반복하면서 프로그램을 확인 수정한다.
· 확인이 끝나면 PGM MODE에서 RUN MODE로 전환한다. 즉, RUN MODE의 RUN(운전)을 눌렀다 놓는다. 이 때 RUN MODE에 LED가 점등된다.

⑨ 컴퓨터의 S/W를 이용한 프로그램

초기 화면(생략)에서 그림 2.57의 래더도를 이용하여 프로그래밍한다.

[1] 0000번 스텝(커서 위치 ▮)에서 기능키 F3(a접점 기호−화면 하단 표시), 번지 P001, Enter Key를 차례로 누르면 아래 1번째 그림이 나타난다.

[2] 커서(cursor)의 위치(▮ 표시)에서 기능키 F4(b접점 기호−화면 하단 표시), 번지 P003, Enter Key를 차례로 누르면 아래 2번째 그림이 나타난다.

☞ [1] Key In : [F3] [P][0][0][1][Enter]　　☞ [2] Key In : [F4] [P][0][0][3][Enter]

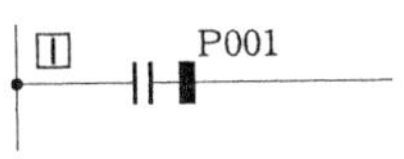

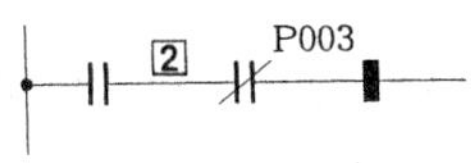

[3] 커서의 위치(▮ 표시)에서 기능키 F9(출력 표시 기호−화면 하단 표시), 번지 M001, Enter Key를 차례로 누르면 아래 그림이 나타난다.

☞ [3] Key In : [F9] [M][0][0][1][Enter]

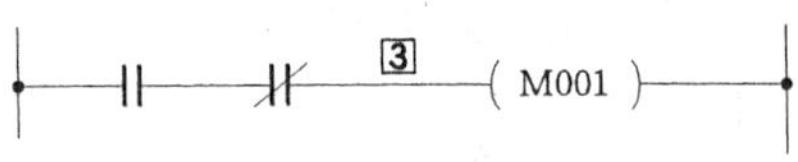

[4] 커서의 위치(▮ 표시)에서 기능키 F3(a접점 표시 기호−화면 하단 표시), 번지 M001, Enter Key를 차례로 누르면 아래 1번째 그림이 나타난다.

[5] 커서의 위치(▮ 표시)를 아래 2번 그림과 같이 위로 옮기고 기능키 F6(세로선 기호−병렬 접속−화면 하단 표시), Enter를 차례로 누르면 아래와 같다.

☞ ④ Key In : F3 M 0 0 1 Enter ☞ ⑤ Key In : F6 Enter

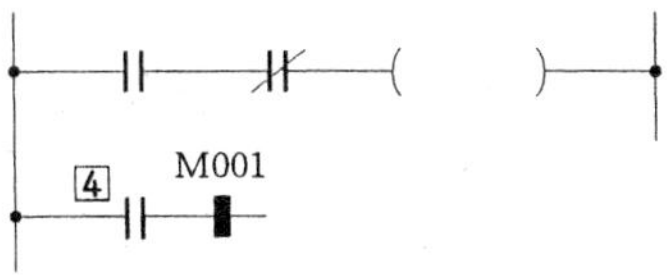

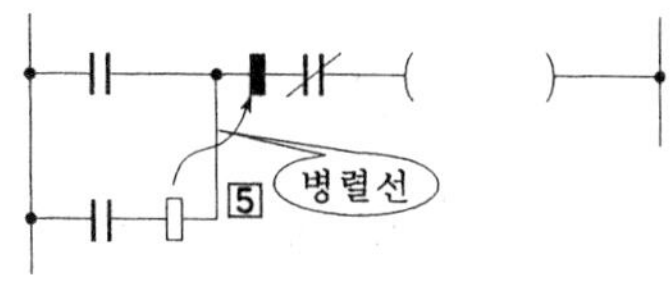

⑥ 커서(cursor)의 위치(▮ 표시)를 아래 스텝으로 이동하고 기능키 F3, 번지 M001, Enter Key를 차례로 누르면 아래 1번째 그림이 나타난다.

⑦ 커서의 위치(▮ 표시)에서 기능키 F9(출력 표시 기호－화면 하단 표시), 번지 P011, Enter Key를 차례로 누르면 아래 2번째 그림이 나타난다.

☞ ⑥ Key In : F3 M 0 0 1 Enter ☞ ⑦ Key In : F9 P 0 1 1 Enter

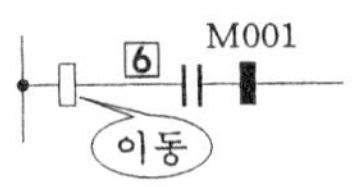

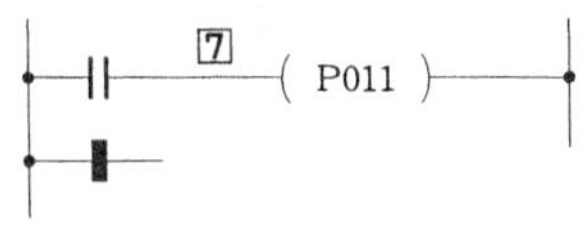

⑧ 커서 위치(▮)에서 기능키 F3, 번지 P002, Enter Key를 차례로 누른다.

⑨ 커서 위치(▮)에서 기능키 F3, 번지 M001, Enter Key를 차례로 누른다.

☞ ⑧ Key In : F3 P 0 0 2 Enter ☞ ⑨ Key In : F3 M 0 0 1 Enter

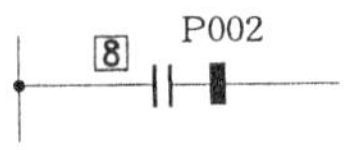

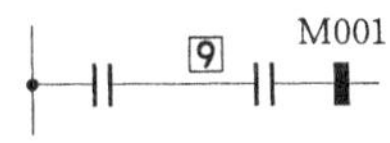

⑩ 커서 위치(▮)에서 기능키 F4, 번지 P003, Enter Key를 차례로 누른다.

⑪ 커서 위치(▮)에서 기능키 F9, 번지 M002, Enter Key를 차례로 누른다.

☞ ⑩ Key In : F4 P 0 0 3 Enter ☞ ⑪ Key In : F9 M 0 0 2 Enter

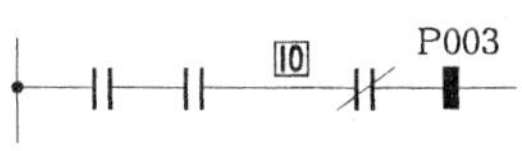

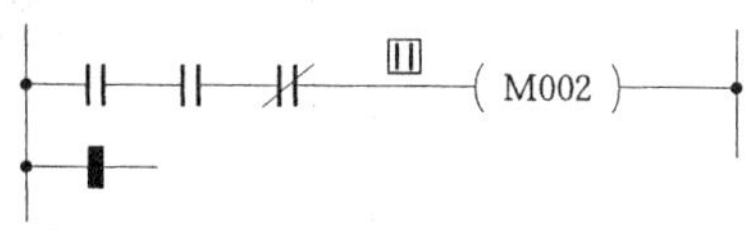

⑫ 커서 위치(▮)에서 기능키 F3, 번지 M002, Enter Key를 차례로 누른다.

⑬ 커서 위치(▮)를 아래 2번째 그림과 같이 위로 옮기고 기능키 F6, Enter를 차례로 누르면 아래와 같다.

☞ ⑫ Key In : [F3] [M][0][0][2][Enter]   ☞ ⑬ Key In : [F6] [Enter]

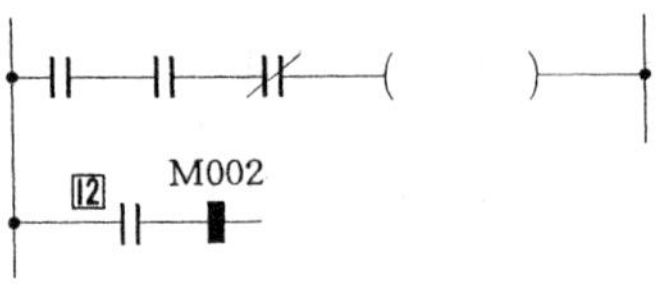

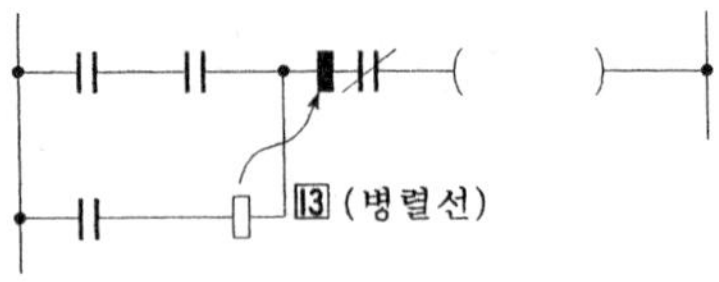

⑭ 커서 위치(▮)를 아래 스텝으로 이동하고 기능키 F3, 번지 M002, Enter Key를 차례로 누른다.

⑮ 커서 위치(▮)에서 기능키 F9, 번지 P012, Enter Key를 차례로 누른다.

☞ ⑭ Key In : [F3] [M][0][0][2][Enter]   ☞ ⑮ Key In : [F9] [P][0][1][2][Enter]

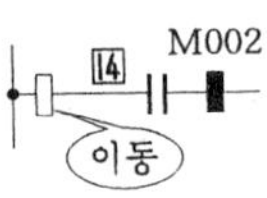

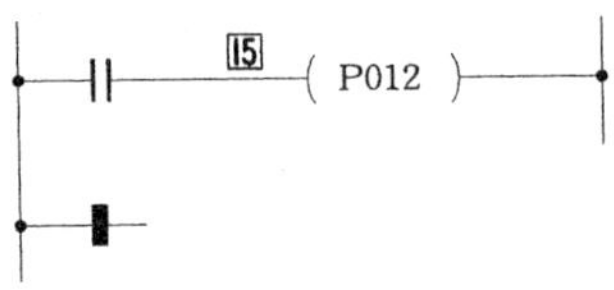

⑯ 커서 위치(▮)에서 기능키 F10, 문자 END, Enter Key를 차례로 누른다.

☞ ⑯ Key In : [F10] [E][N][D][Enter]

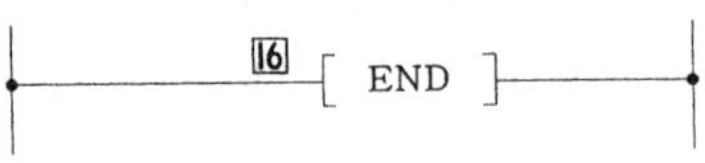

⑰ 스텝 실행(Program Convert)과 완료

Alt와 F7 키를 동시에 누르면 [Are You Sure ? ⟨Y/N⟩] 가 나타나고 Y를 누르면 회로에 스텝이 나타나고 하단에 Completed가 나타난다. 즉, 그림과 같은 완성된 도면이 된다(ALT N하면 니모닉 프로그램이 된다).

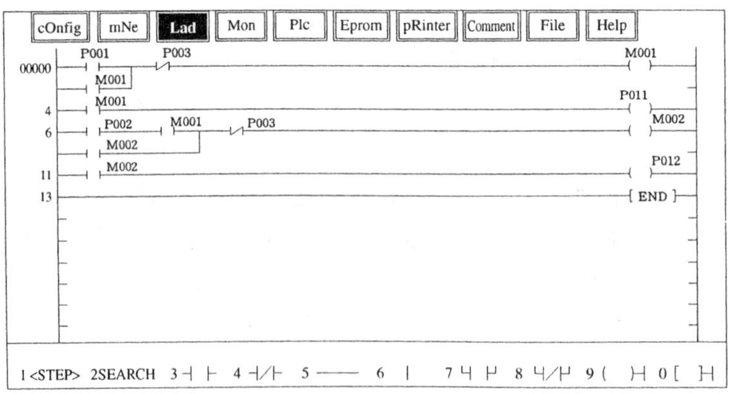

2) 동작

① 기동 입력 P001(BS_1)을 주면

㉮ 기동 : 내부 출력 M001(X_1)이 동작한다.

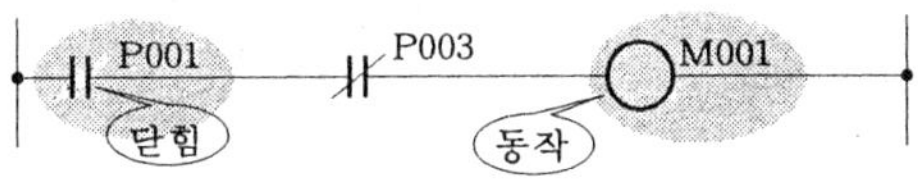

㉯ 유지 : M001이 닫혀 회로를 유지한다.

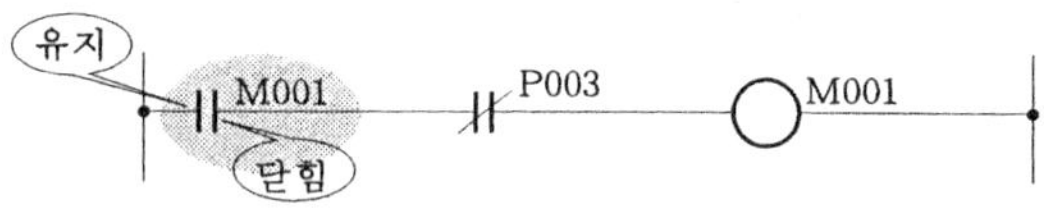

㉰ 출력 : 동시에 M001이 닫혀서 출력 P011(L_1)이 점등한다.

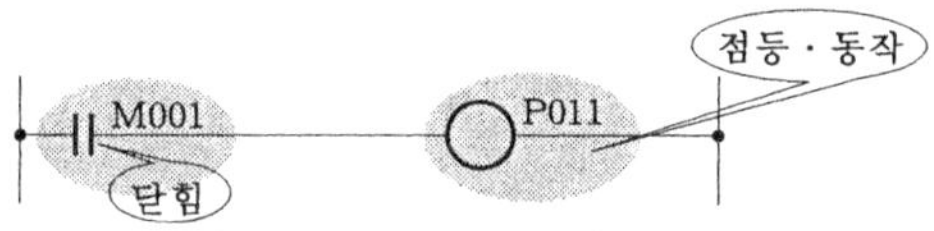

㉱ 기동 요소 : 동시에 기동 요소 M001(닫힘, P002-BS_2와 직렬)로 M002(X_2)의 동작이 준비된다.

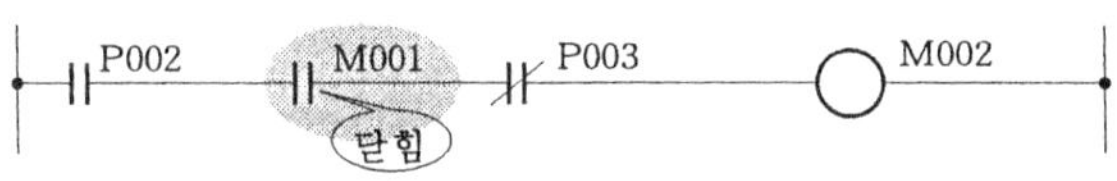

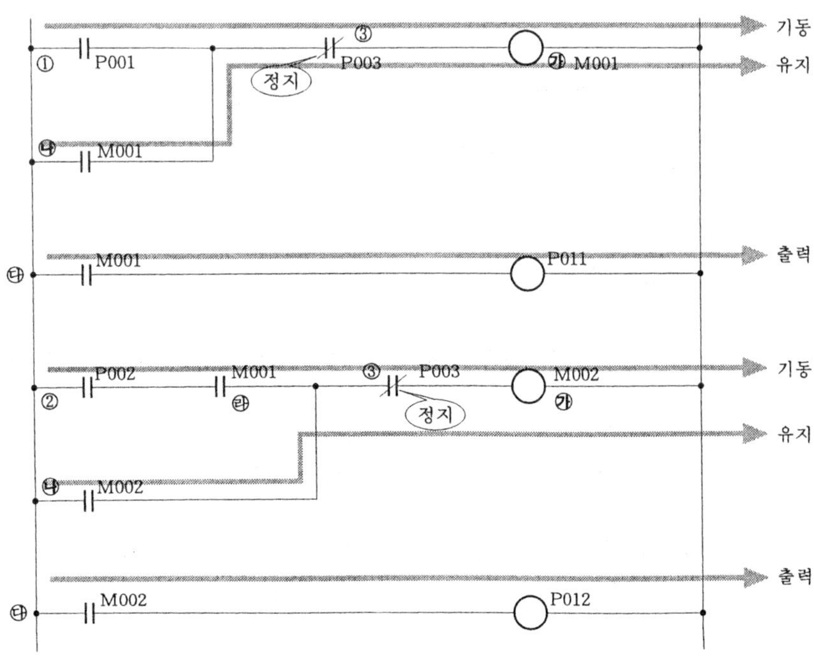

② 기동 입력 P002(BS_2)를 주면

㉮ 기동 : 기동 요소 M001을 통하여 내부 출력 M002(X_2)가 동작한다.

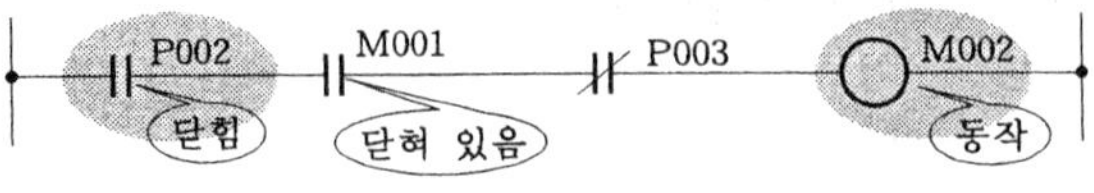

㉯ 유지 : M002가 닫혀 회로를 유지한다.

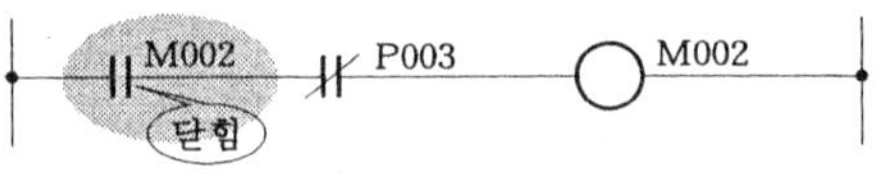

㉰ 출력 : 동시에 M002가 닫혀서 출력 P012(L_2)가 점등한다.

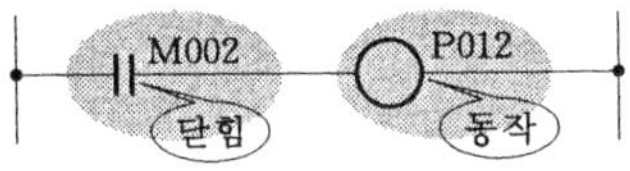

③ 정지 입력 P003(BS_3)을 주면

㉮ 정지 : 내부 출력 M001(X_1)과 M002(X_2)가 각각 복구한다.

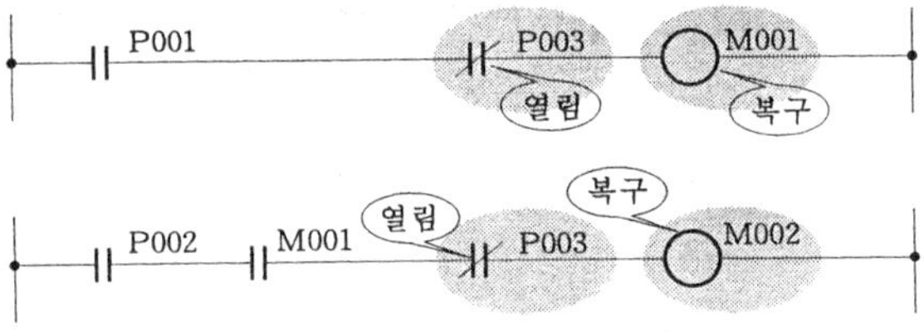

㉯ 유지 : 유지용 M001과 M002가 열려 유지가 각각 해제된다.

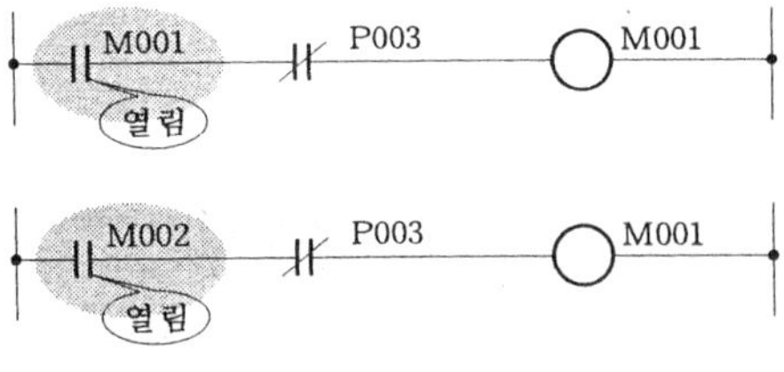

㉰ 출력 : 동시에 출력용 M001과 M002가 열려 출력 P011(L_1)과 P012(L_2)가 소등한다.

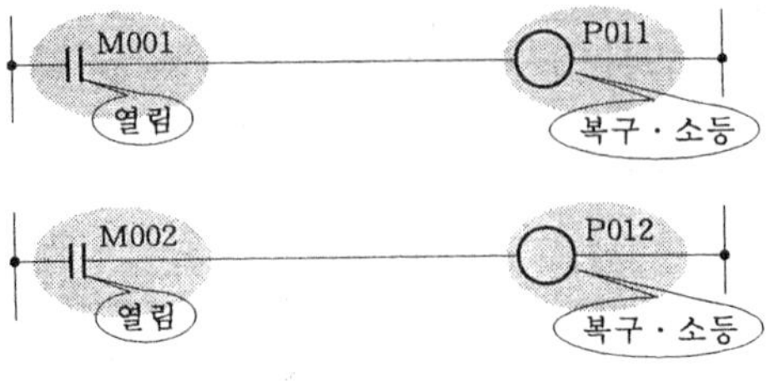

㉣ 기동 요소 : 동시에 우선 요소의 해제(M001의 열림)로 M002(X_2)의 기동 회로가 준비된다.

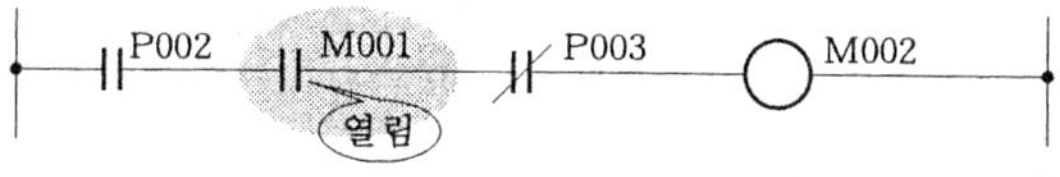

3) **양논리 회로와 그리는 법**

▸그림 2.57의 래더도에서 그리는 법 : 그림 2.57에서

① P011 : M001에서 출력 회로를 통하여 접속한다.
M001 : 기동 버튼 P001과 유지 M001의 OR(병렬) 회로에 정지 버튼 P003의 2입력 AND(직렬)이다.

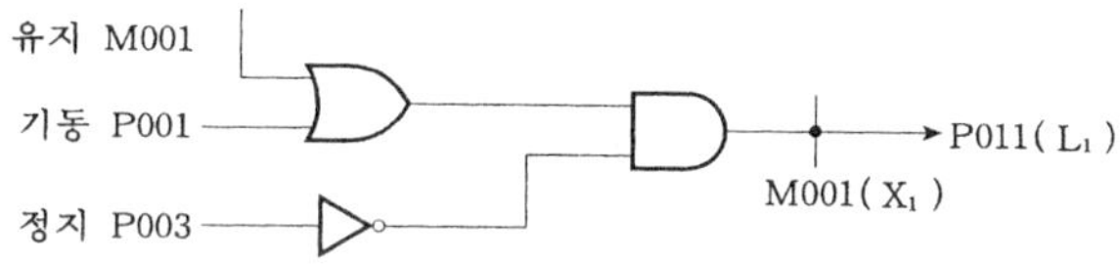

② P012 : M002에서 출력 회로를 통하여 접속한다.
M002 : 기동 버튼 P002와 기동 조건 M001의 직렬 AND에 유지 M002의 OR(병렬) 회로이고 여기에 정지 버튼 P003의 2입력 AND(직렬)이다.

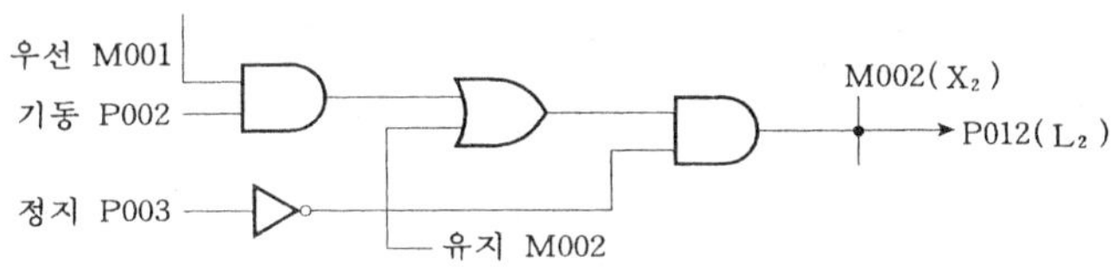

③ 정리하면 그림 2.59와 같다.

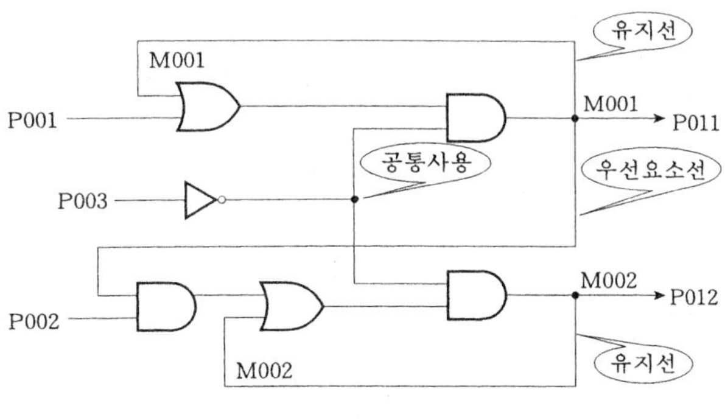

그림 2.59

▸니모닉 프로그램에 따라 그리는 법

① 0′ step : 회로 시작 BS_1

② 1 step : 유지 회로 출력과 병렬

③ 2 step : BS_3 b접점이 앞의 회로와 직렬이고

④ 3 step : 유지선을 연결하면 내부 출력(유지 회로) M001이며

⑤ 4~5 step : 여기에 출력 L_1(P011)을 접속한다.

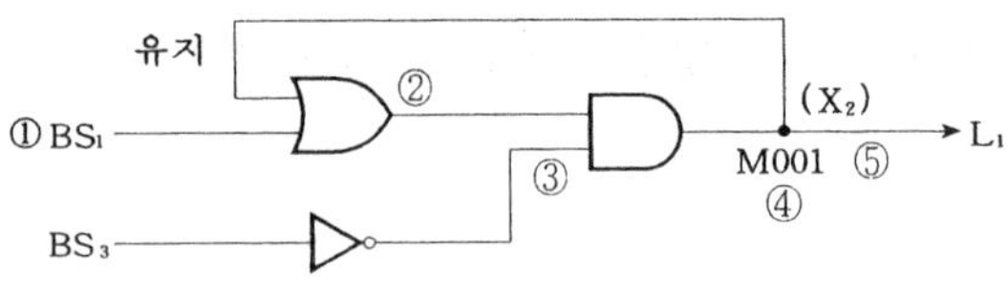

⑥ 6~7 step : BS_2와 M001(우선 요소) 직렬이고

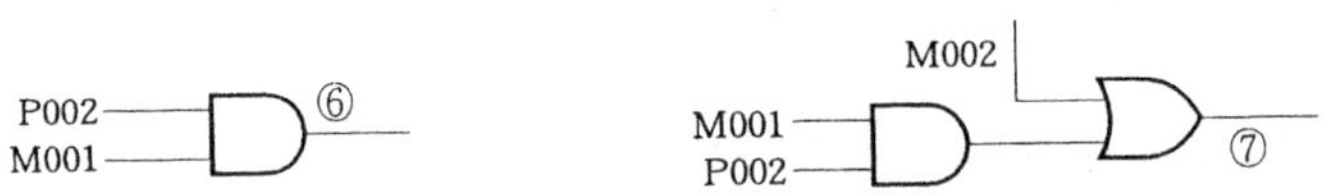

⑦ 8 step : 위 ⑥과 유지 출력(M002)과는 병렬

⑧ 9 step : BS_3 b접점이 앞의 회로와 직렬이고

⑨ 10 step : 유지선을 연결하면 내부 출력(유지 회로) M002이며

⑩ 11~12 step : 여기에 출력 L_2(P012)를 접속한다.

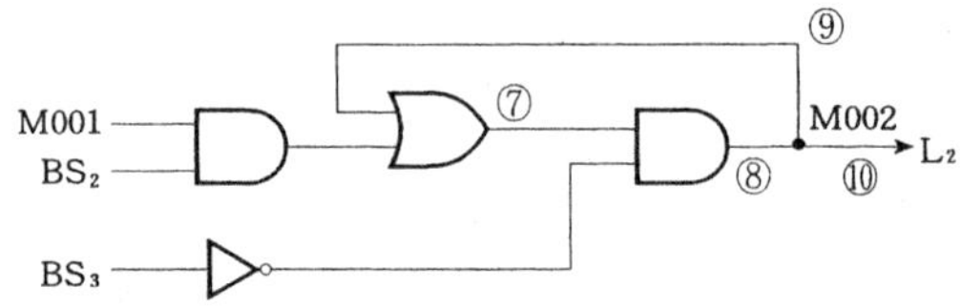

⑪ BS_3을 공통으로 하고 우선 요소 ⑥을 접속하면 아래와 같다.

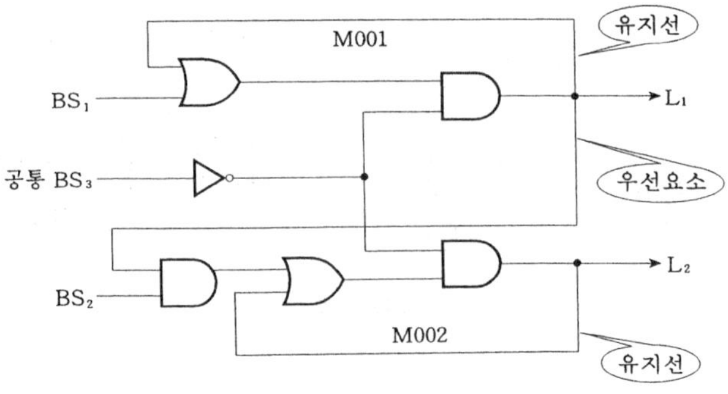

▸논리 조건에 의하여 그리는 방법

① 기동 : OR 회로를 통하여 기동 입력 BS_1을 그린다.

※ 기동(BS_1)과 유지(X_1)는 OR 회로를 주로 사용한다.

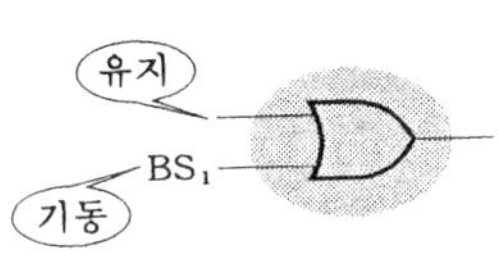

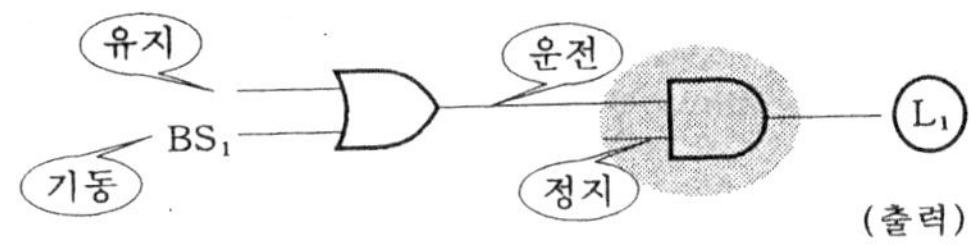

② AND 회로를 통하여 출력 램프 L_1(유지 회로 X_1)이 점등한다.

※ 운전(OR 출력)과 정지(BS_3)는 AND 회로를 사용한다.

③ AND 회로의 출력을 OR 입력으로 되먹임하여 유지 회로를 구성한다.

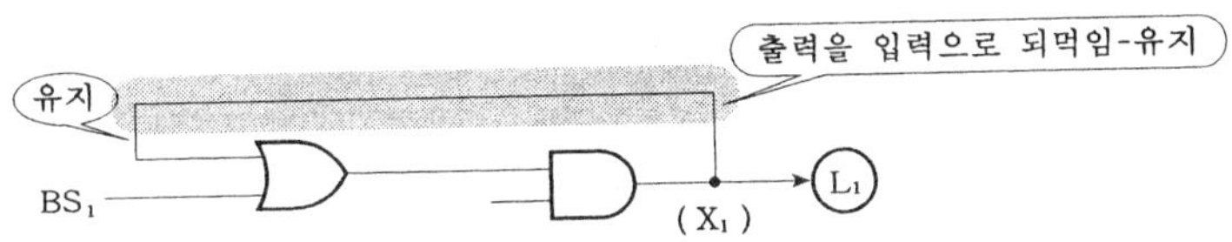

④ 공통 정지 신호 BS_3을 NOT 회로를 통하여 AND 회로에 접속한다.

※ 정지 신호(BS_3)에는 NOT 회로를 접속한다.

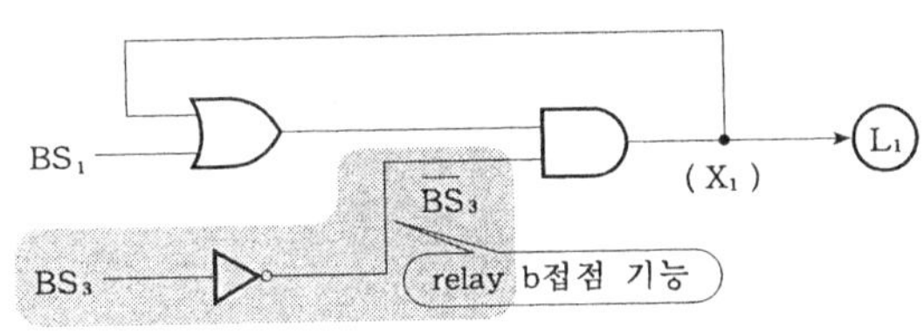

⑤ 램프 L_2 출력(우선 요소)과 기동 입력 BS_2를 직렬 AND 회로로 하여 기동 요소로 한다.

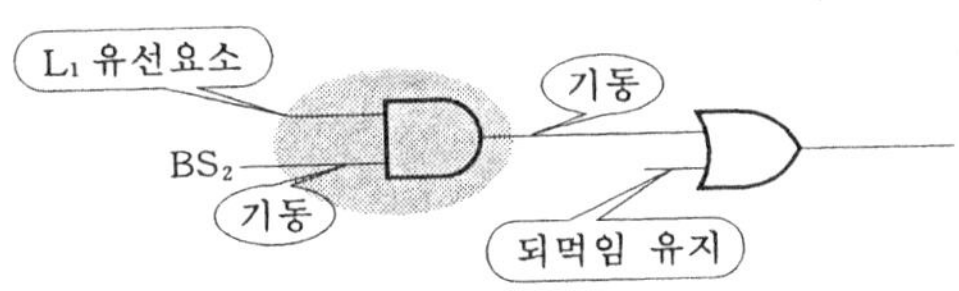

⑥ 램프 L_2 출력을 ①~④와 같은 방법으로(뒤집어) 그린다. ← 유지 회로

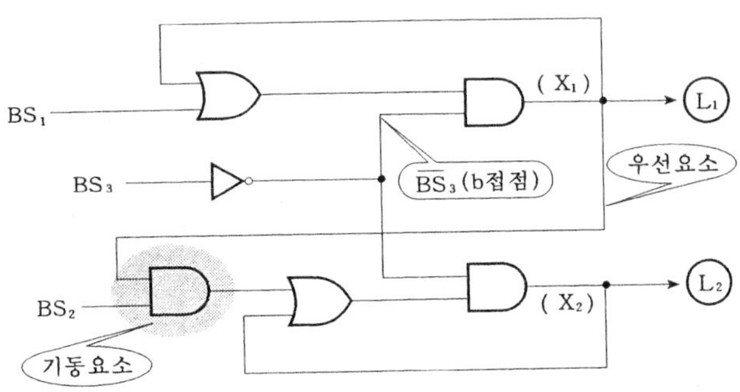

▸초보자는 릴레이 시퀀스와 비교하여 그린다.

① $X_1(L_1)$의 유지 회로를 그린다.

② BS_2와 $X_{1(3)}$의 직렬 AND 회로를 기동 요소로 하여 $X_2(L_2)$의 유지 회로를 그린다. 여기서, $X_1 = X_{1(1)} = X_{1(2)} = X_{1(3)}$, $X_2 = X_{2(1)} = X_{2(2)} = X_{2(3)}$임을 유의한다.

③ 위 ②를 뒤집어서 ①과 연결한다.

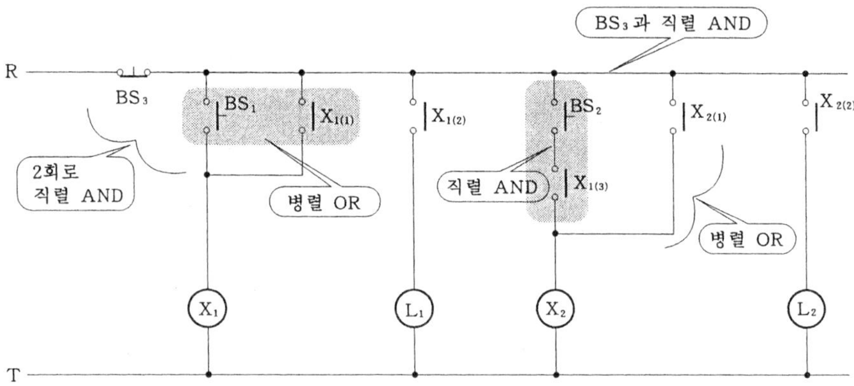

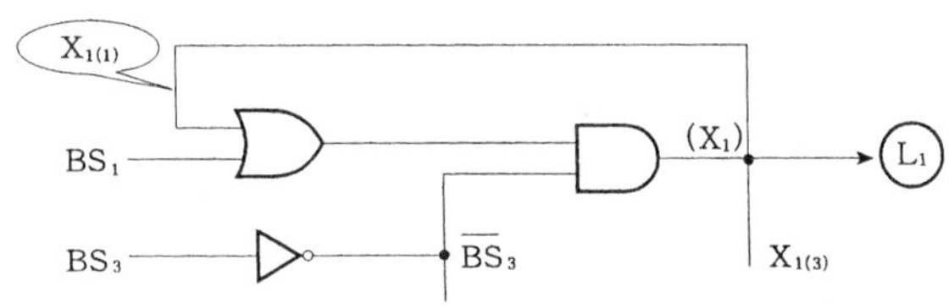

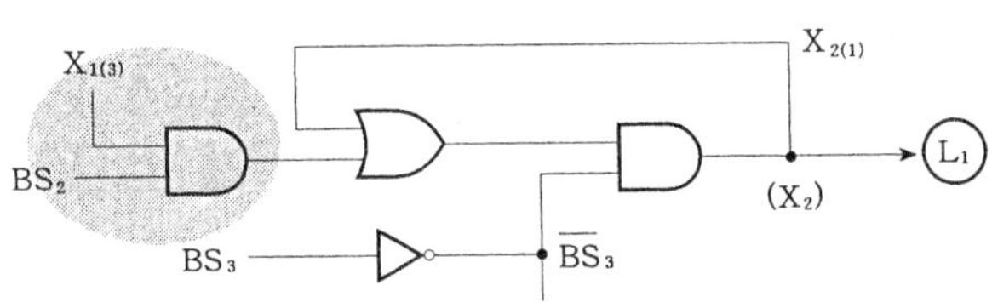

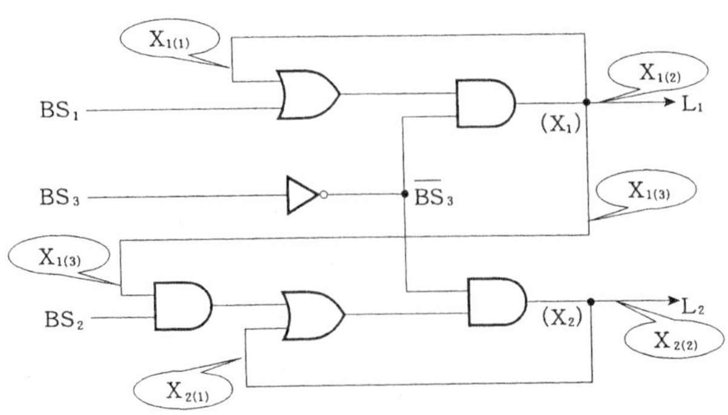

4) 동작 [1] 정지(소등 ▶ BS_1~BS_3 → L 레벨, L_1 ~ L_2 → L레벨)상태

그림 2.60에서 BS_1, BS_2, BS_3이 열려 있고 램프 L_1, L_2는 소등 상태이다.

① 점 [1] : 입력 BS_1은 열려 있고 200〔Ω〕을 통하여 접지 상태 L 레벨이다.

② 점 [2] : 입력 BS_2는 열려 있고 200〔Ω〕을 통하여 접지 상태 L 레벨이다.

③ 점 [3] : 입력 BS_3은 열려 있고 200〔Ω〕을 통하여 접지 상태 L 레벨이다.

④ 점 [4] : [3]의 L 레벨이 NOT 회로를 통하므로 점 [4]는 전압 상태 H 레벨이다.

⑤ 점 [5] : 정지 상태에서 출력(L_1)이 없으므로(L 레벨) 점 [6]과 되먹임 OR 입력 [6]이 L 레벨이다. 점 [1]과 점 [6]이 모두 L 레벨이므로 OR 출력점 [5]는 L 레벨이다.

⑥ 점 [6] : 점 [4]→H 레벨, 점 [5]→L 레벨이므로 AND 출력점 [6]은 L 레벨이 된다. 즉, 정지 상태에서 출력은 없고 L 레벨이다.

⑦ 점 [7] : 점 [2]와 점 [6]이 모두 L 레벨이므로 AND 출력점 [7]은 L 레벨이다.

⑧ 점 [8] : 점 [7]과 점 [9](정지)가 모두 L 레벨이므로 OR 출력점 [8]은 L 레벨이다.

⑨ 점 [9] : 정지 상태에서 출력(L_2)은 없고 L 레벨이다.

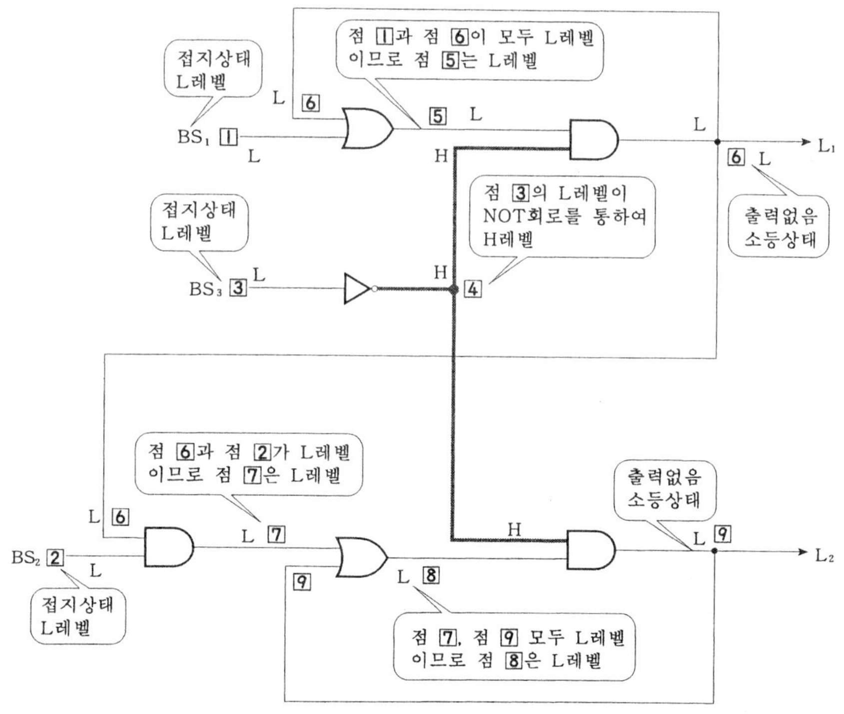

그림 2.60

5) 동작 [2] 운전(L_1 점등 ▶ BS_1 → H 레벨, BS_2 → L 레벨, BS_3 → L 레벨) 상태

그림 2.61에서 기동 입력 BS_1을 눌렀다 놓으면 램프 L_1이 점등한다 .

① 점 [1] : 입력 BS_1을 누르면 전압 $V_c = 5$ [V]를 통하여 H 레벨이 된다. 이후 BS_1을 놓으면 다시 L 레벨로 돌아온다.

② 점 [5] : OR 회로는 두 입력 [1], [6] 중 하나라도 H 레벨이면 출력이 생긴다. 따라서 점 [1]이 H 레벨이므로 점 [5]는 H 레벨이 된다. 이후 [1]은 L 레벨, [6]은 H 레벨이 되어 OR 회로는 유지(H 레벨)된다.

③ 점 [6] : 점 [4]→H 레벨, 점 [5]→H 레벨이므로 AND 출력점 [6]은 H 레벨이 된다. 즉, 운전 상태가 되고 출력 램프 L_1이 점등된다.

④ 점 [2] : 입력 BS_2는 열려 있고 200 [Ω]을 통하여 접지 상태 L 레벨이다.

⑤ 점 [3] : 입력 BS_3은 열려 있고 200 [Ω]을 통하여 접지 상태 L 레벨이다.

⑥ 점 [4] : [3]의 L 레벨이 NOT 회로를 통하므로 점 [4]는 전압 상태 H 레벨이다.

⑦ 점 [7] : 점 [6] - H 레벨, 점 [2] - L 레벨에서 AND 출력점 [7]은 L 레벨이다.

⑧ 점 [8] : 점 [7]과 점 [9](정지)가 모두 L 레벨이므로 OR 출력점 [8]은 L 레벨이다.

⑨ 점 [9] : 정지 상태에서 출력(L_2)은 없고 L 레벨이다.

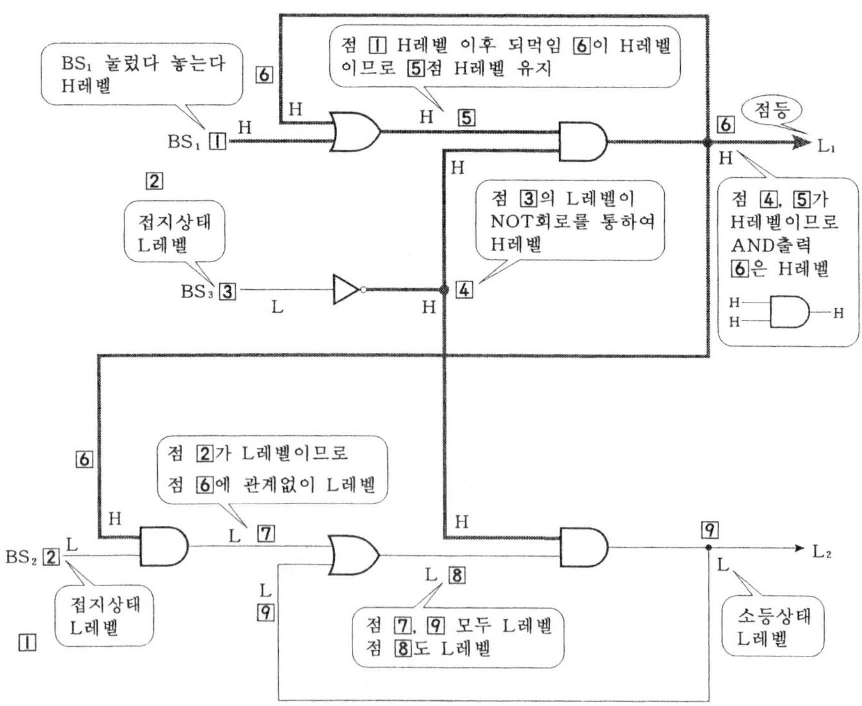

그림 2.61

6) 동작 [3] 운전(L_2 점등 ▶BS_1 → L 레벨, BS_2 → H 레벨, BS_3 → L 레벨) 상태

그림 2.62에서 기동 입력 BS_2를 눌렀다 놓으면 램프 L_2가 점등한다.

① 점 [2] : 입력 BS_2를 누르면 전압 $V_c = 5$ 〔V〕를 통하여 H 레벨이 된다. 이후 BS_2를 놓으면 다시 L 레벨로 돌아온다.

② 점 [7] : 점 [6]과 점 [2]가 모두 H 레벨이므로 AND 출력점 [7]은 H 레벨이다.

③ 점 [8] : OR 회로는 두 입력 [7], [9] 중 하나라도 H 레벨이면 출력이 생긴다. 점 [7]의 H 레벨로 [8]은 H 레벨이 되며 이후 [9]의 H 레벨로 유지된다.

④ 점 [9] : 점 [4] → H 레벨, 점 [8] → H 레벨이므로 AND 출력점 [9]는 H 레벨이 된다. 즉, 운전 상태가 되고 출력 램프 L_2가 점등된다.

⑤ 점 [1] : 입력 BS_1이 열려 있고 200〔Ω〕을 통하여 접지 상태 L 레벨이다.

⑥ 점 [3] : 입력 BS_3은 열려 있고 200〔Ω〕을 통하여 접지 상태 L 레벨이다.

⑦ 점 [4] : [3]의 L 레벨이 NOT 회로를 통하므로 점 [4]는 전압 상태 H 레벨이다.

⑧ 점 [5] : 점 [6]이 H 레벨(램프 L_2 동작 중)이므로 점 [5]도 H 레벨이 된다(유지).

⑨ 점 [6] : 현재 출력 L_1이 점등 중이므로 점 [6]은 H 레벨이다.

⑩ 정지 입력 BS_3을 주면 점 [3] → H 레벨, 점 [4] → L 레벨이 되어 AND 회로 2개가 복구하고 점 [6]과 [9]가 L 레벨이 되며 램프 L_1, L_2가 소등한다. ← 이후 정지 상태로 된다.

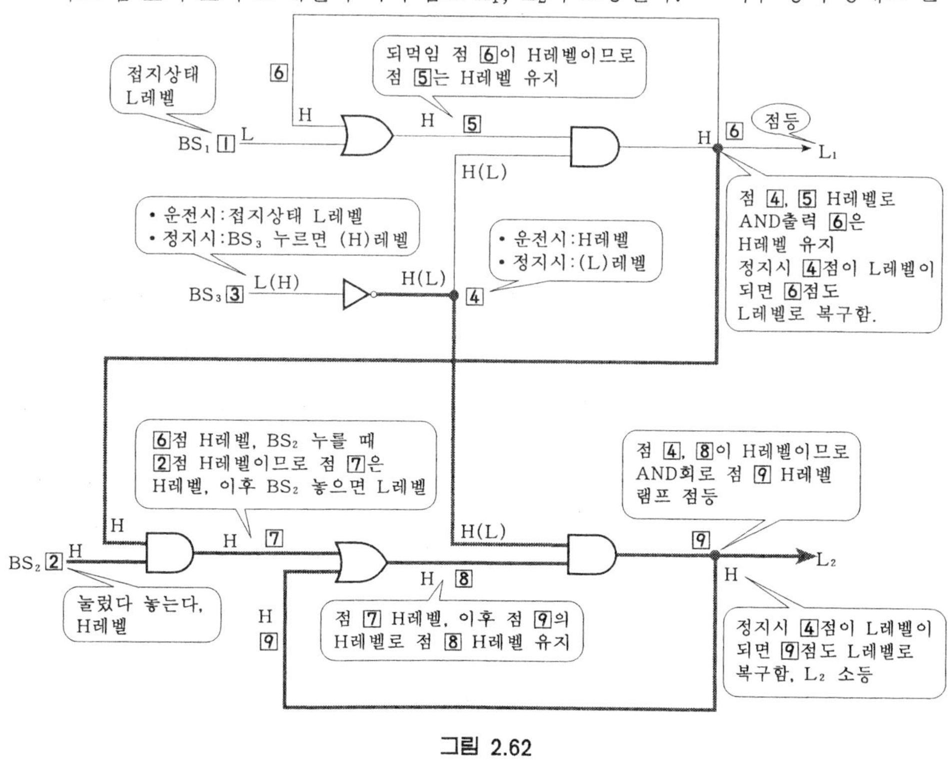

그림 2.62

(3) 로직 회로

1) 회로와 그리는 법

① 논리 조건 : 램프 2개 중 L_1이 점등한 후에 L_2가 점등할 수 있으며 L_2가 먼저 점등할 수 없는 회로

② 사용 기구 : 입·출력 회로는 생략한다.

ⓐ 입력 기구 : 버튼 스위치 3개 − BS_1~BS_3 (a접점용, L입력용)

ⓑ 출력 기구 : 램프 2개 − L_1, L_2

ⓒ 보조 기구 : 논리 회로(우선 요소 포함 $\overline{R}\,\overline{S}$−latch(FF) 2개)

③ 타임 차트

ⓐ BS_2 - BS_1 - BS_2의 순서로 기동 입력을 준다 [1].

ⓑ L입력형 BS_2 조작(눌렀다 놓는다)을 먼저 그린다 [2].
이때 FF_2(램프 L_2)는 동작하지 않는다.

ⓒ L_1 동작 : L 입력형 BS_1 조작(눌렀다 놓는다)을 다음에 그린다 [3].
BS_1을 누르는 순간에 FF_1이 set하여 램프 L_1이 점등하도록 그린다.

ⓓ L_2 동작 : FF_1(램프 L_1) 동작 후 BS_2 조작을 그린다 [4].
BS_2를 누르는 순간에 FF_2가 set하여 램프 L_2가 점등하도록 그린다.

ⓔ L입력형 BS_3을 주면 FF_1과 FF_2가 reset하여 램프 L_1과 L_2가 복구한다 [5].
※ 로직 회로의 입력은 전부 L입력형을 사용함에 유의한다.

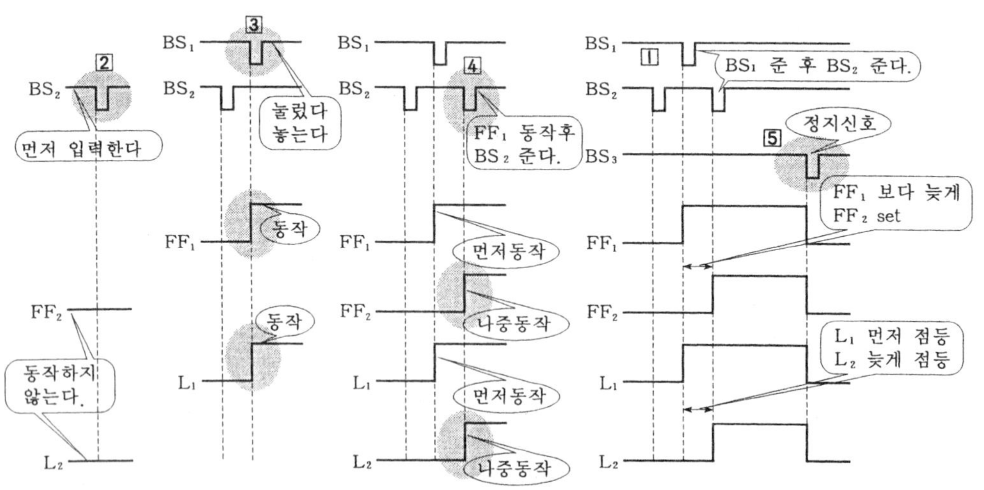

그림 2.63

④ 동작 순서

㉮ 기동 입력 BS_1을 누르면 $\overline{R}\,\overline{S}$-latch($FF_1$-$X_1$)가 set하여 램프 L_1이 켜진다.

㉯ FF_1이 set한 후(램프 L_1이 동작한 후)에 기동 입력 BS_2를 주면
우선 요소 AND 회로를 통하여 FF_2 (X_2)가 set 하여 램프 L_2가 점등한다.

㉰ 공통 정지 신호 BS_3을 주면 FF_1과 FF_2가 reset하여 램프 L_1과 L_2가 복구한다.

ⓐ L_2 기동(FF_2 set) 조건 − L_1 점등(FF_1 set) 후, 기동 입력 BS_2를 준다.
이것은 L_1 점등(FF_1 set)의 H 레벨과
기동 입력 BS_2를 준다는 L 레벨과의 2입력 AND 회로 조건이다.
여기서 BS_2를 누르면 L 레벨이 되고 이
L 레벨은 NOT 회로를 통하여 H 레벨로 바꾸어 AND 회로를 동작시킨다.
또, AND 회로의 출력 H 레벨은 NOT 회로를 통하여 L 레벨로 바꾸어 FF_2 ($\overline{R}\,\overline{S}$−latch)를 set 시킨다.

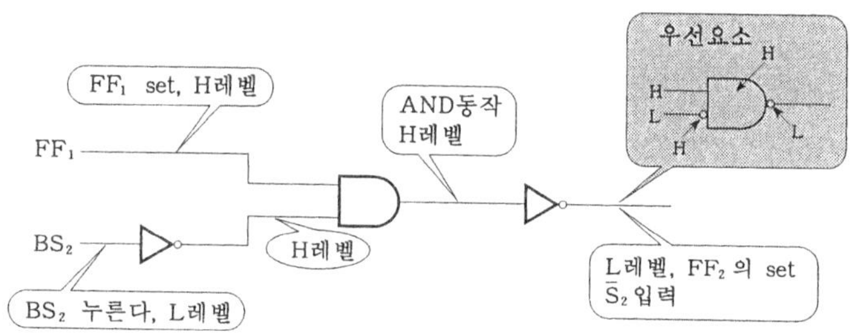

ⓑ L_1 동작 : BS_1을 주면 FF_1이 set 하여 램프 L_1이 점등하고,

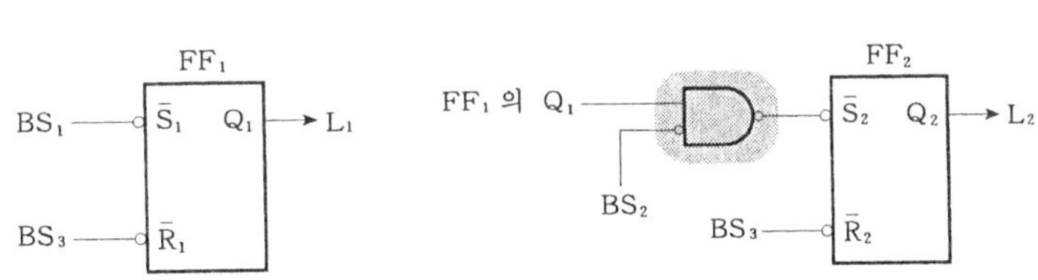

ⓒ L_2 동작 : BS_2를 주면 우선 요소 AND 회로를 통하여 FF_2가 set 하여 램프 L_2가 점등한다.

ⓓ 앞의 두 FF를 접속하고 공통 정지 신호 BS_3을 접속하면 아래와 같다.

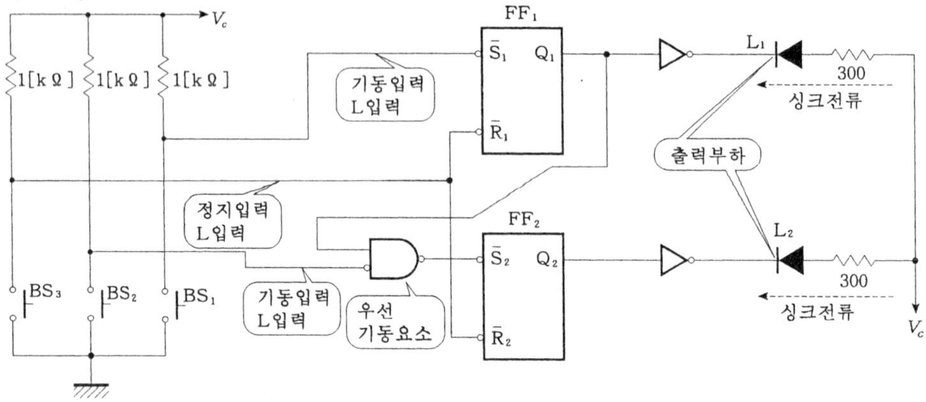

그림 2.64

2) 동작 [1] 정지(소등 ▶ BS_1~BS_3 → H 레벨, L_1~L_2 → L 레벨) 상태

그림 2.65에서 BS 열려 있고 램프 소등 상태이다.

① 점 [1] : 입력 BS_1은 열려 있고 저항 1〔kΩ〕을 통하여 V_c가 걸려 H 레벨이다.

② 점 [2] : 입력 BS_2는 열려 있고 저항 1〔kΩ〕을 통하여 V_c가 걸려 H 레벨이다.

③ 점 [3] : 입력 BS_3은 열려 있고 저항 1〔kΩ〕을 통하여 V_c가 걸려 H 레벨이다.

④ 점 [4] : FF_1이 reset 상태(출력 없음)이므로 출력(Q_1) 점 [4]는 L 레벨이다.

⑤ 점 [5] : 점 [4]와 같으므로 L 레벨이다.

⑥ 점 [6] : 점 [2]의 H 레벨이 NOT 회로를 통하므로 점 [6](NOT 출력)은 L레벨이다.

⑦ 점 [7] : 점 [5]와 점 [6]이 모두 L 레벨이므로 AND 회로 출력 [7]은 L 레벨이다.

⑧ 점 [8] : AND 출력 [7]의 L 레벨이 NOT 회로를 통하므로 점 [8]은 H 레벨이다.

⑨ 점 [9] : FF_2가 reset 상태(출력 없음)이므로 출력(Q_2) 점 [9]는 L 레벨이다.

⑩ 현재 정지 상태이고 램프 출력은 없다.

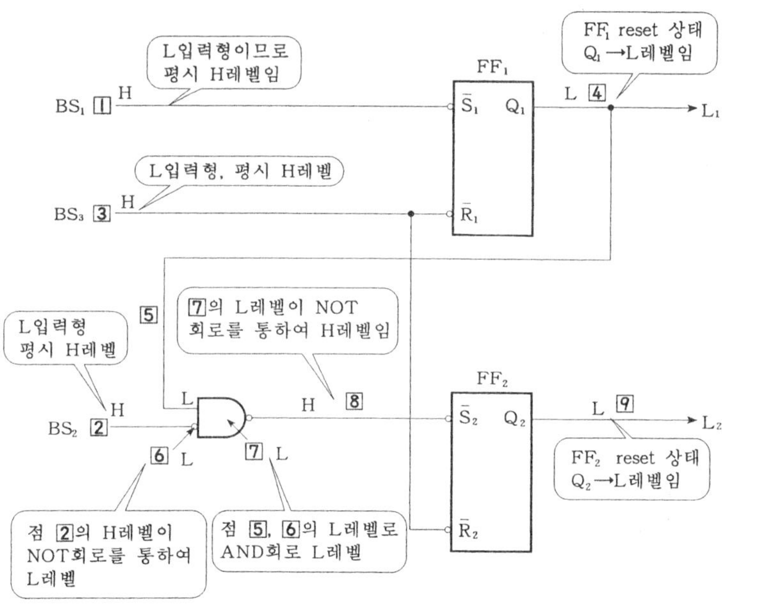

그림 2.65

3) 동작 [2] 운전 (L_1 점등 ▶ BS_1 → L, BS_2 → H, BS_3 → H) 상태

그림 2.66에서 BS_1을 눌렀다 놓으면 FF_1이 set 하여 램프 L_1이 점등한다.

① 점 [1] : 입력 BS_1을 누르면 접지를 통하여 L 레벨이 되고 FF_1이 set 되어 램프 L_1이 점등된다. 이후 BS_1을 놓으면 다시 H 레벨로 돌아온다.

② 점 [4] : 점 [1]의 L 레벨로 FF_1이 set (출력 Q_1-H 레벨)되므로 램프 L_1이 켜지고 출력 (Q_1) 점 [4]는 H 레벨이다.

③ 점 [5] : 점 [4]와 같으므로 H 레벨이고 FF_2의 set 회로를 준비한다(우선 요소).

④ 점 [2] : 입력 BS_2는 열려 있고 저항 1〔kΩ〕을 통하여 V_c가 걸려 H 레벨이다.

⑤ 점 [3] : 입력 BS_3은 열려 있고 저항 1〔kΩ〕을 통하여 V_c가 걸려 H 레벨이다.

⑥ 점 [6] : 점 [2]의 H 레벨이 NOT 회로를 통하므로 [6](NOT 출력)은 L 레벨이다.

⑦ 점 [7] : 점 [5]는 H 레벨, [6]은 L 레벨이므로 AND 회로 출력 [7]은 L 레벨이다.

⑧ 점 [8] : AND 출력 [7]의 L 레벨이 NOT 회로를 통하므로 [8]은 H 레벨이다.

⑨ 점 [9] : FF_2가 reset 상태(출력 없음)이므로 출력(Q_2) 점 [9]는 L 레벨이다.

⑩ 현재 BS_1을 준 상태이고 FF_1이 set 되어 램프 L_1이 점등한 상태이다.

⑪ 정지 : BS_3을 누르면 접지를 통하여 점 [3]이 L 레벨이 되어 FF_1이 reset 되고 램프 L_1이 꺼진다. 이때 점 [4](출력)와 점 [5](우선 요소)는 각각 L 레벨로 돌아온다.

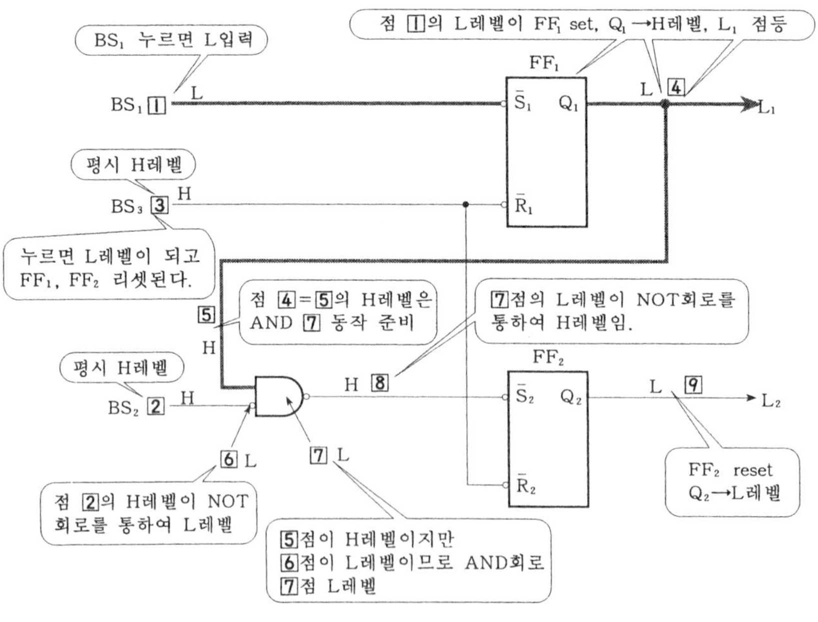

그림 2.66

4) 동작 [3] 운전(L_2 점등 ▶BS_1 → H 레벨, BS_2 → L 레벨, BS_3 → H 레벨) 상태

그림 2.67에서 L_1이 점등 상태이고 BS_2를 주면 L_2(FF_2 set)가 점등한다.

① 점 [1] : 입력 BS_1은 열려 있고 저항 1〔kΩ〕을 통하여 V_c가 걸려 H 레벨이다.

② 점 [2] : 입력 BS_2를 누르면 접지를 통하여 L 레벨이 되고 FF_2가 set되어 램프 L_2가 점등된다. 이후 BS_2를 놓으면 다시 H 레벨로 돌아온다.

③ 점 [5] : 점 [4]와 같으므로 H 레벨이고 FF_2의 set 회로를 준비한다(우선요소).

④ 점 [6] : 점 [2]의 L 레벨이 NOT 회로를 통하므로 [6](NOT 출력)은 H 레벨이다.

⑤ 점 [7] : 점 [5]와 [6]이 모두 H 레벨이므로 AND 회로 출력 [7]은 H 레벨이다.

⑥ 점 [8] : AND 출력 [7]의 H 레벨이 NOT 회로를 통하므로 점 [8]은 L 레벨이다.

⑦ 점 [9] : 점 [8]의 L 레벨로 FF_2가 set(출력 Q_2 − H 레벨)되므로 출력(Q_2) 점 [9]는 H 레벨이 되고 램프 L_2가 점등한다.

⑧ 현재 FF_1이 set되어 램프 L_1이 점등한 상태에서
BS_2를 눌렀다 놓았으므로 FF_2가 set되고 램프 L_2도 점등한 상태이다.

⑨ 점 [3] : 입력 BS_3은 열려 있고 저항 1〔kΩ〕을 통하여 V_c가 걸려 H 레벨이다.

⑩ 점 [4] : FF_1이 set(출력 Q_1-H 레벨)되어 있으므로(램프 L_1이 켜져 있음) 출력(Q_1) 점 [4]는 H 레벨이다.

⑪ 정지 : BS_3을 누르면 접지를 통하여 [3]점이 L 레벨이 되어 FF_1과 FF_2가 각각 reset 되고 램프 L_1과 L_2가 각각 꺼진다. 이때 점 [4](출력)와 점 [5](우선 요소)는 L 레벨, 점 [8](우선 요소)은 H 레벨, 점 [9](출력)는 L 레벨로 돌아온다.

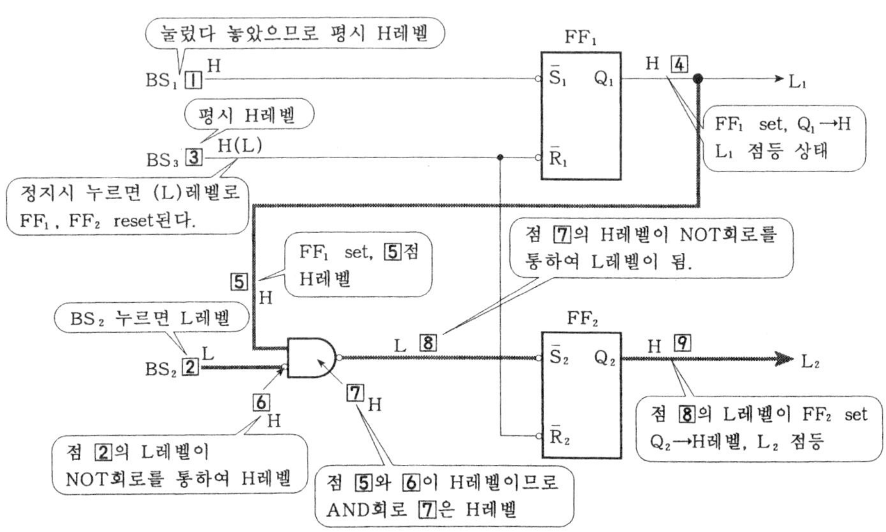

그림 2.67

5) 연구

그림 2.55에서 접점 $X_{1(3)}$이 b접점이면 그림 2.68과 같다.

① 그림 2.68 (a)의 타임 차트에서

램프 L_1이 먼저 동작하면 L_2가 동작할 수 없다.

그러나 램프 L_2가 먼저 동작한 후에는 L_1이 동작할 수 있다.

② 그림 2.68 (b)에서

ⓐ BS_1을 먼저 누르면

릴레이 X_1이 동작 유지(접점 $X_{1(1)}$)하고 접점 $X_{1(2)}$가 닫혀 램프 L_1이 점등한다. 그러나 이후에 BS_2를 눌러도

접점 $X_{1(3)}$이 열려 있으므로 릴레이 X_2가 동작할 수 없다.

ⓑ BS_2를 먼저 누르면

접점 $X_{1(3)}$이 닫혀 있으므로 릴레이 X_2가 동작 유지(접점$X_{2(1)}$)하고 접점 $X_{2(2)}$가 닫혀 램프 L_2가 점등한다.

그 후 BS_1을 누르면 릴레이 X_1이 동작 유지(접점 $X_{1(1)}$)하고 접점 $X_{1(2)}$가 닫혀 램프 L_1이 점등한다.

ⓒ 정지 입력 BS_3을 주면 동작 중인 릴레이(X_1, X_2)와 램프(L_1, L_2)가 복구한다.

③ 그림 2.68 (c)에서

ⓐ BS_1을 먼저 누르면 OR 회로 ①이 동작(H 레벨)하고

이것과 BS_3의 NOT 회로 출력(H 레벨)으로 AND 회로 ②가 동작하여 램프 $L_1(X_1)$이 동작한다.

이후에 BS_2를 눌러도 AND 회로 ②의 NOT(★) 회로 출력(L 레벨)으로 AND 회로 ③이 동작하지 않으므로 (접점 $X_{1(3)}$이 열리므로) 램프 $L_2(X_2)$가 동작할 수 없다.

ⓑ BS_2를 먼저 누르면 이것과 AND 회로 ②의 NOT(★) 회로 출력(H 레벨)(접점 $X_{1(3)}$이 닫혀 있음)으로 AND 회로 ③이 동작(H)하고,

이것으로 OR 회로 ④가 동작(H 레벨)하며

이것과 BS_3의 NOT 회로 출력(H 레벨)으로 AND 회로 ⑤가 동작(H)하여 램프 $L_2(X_2)$가 동작한다.

이후에 BS_1을 누르면 ⓐ와 같이 L_1이 점등한다.

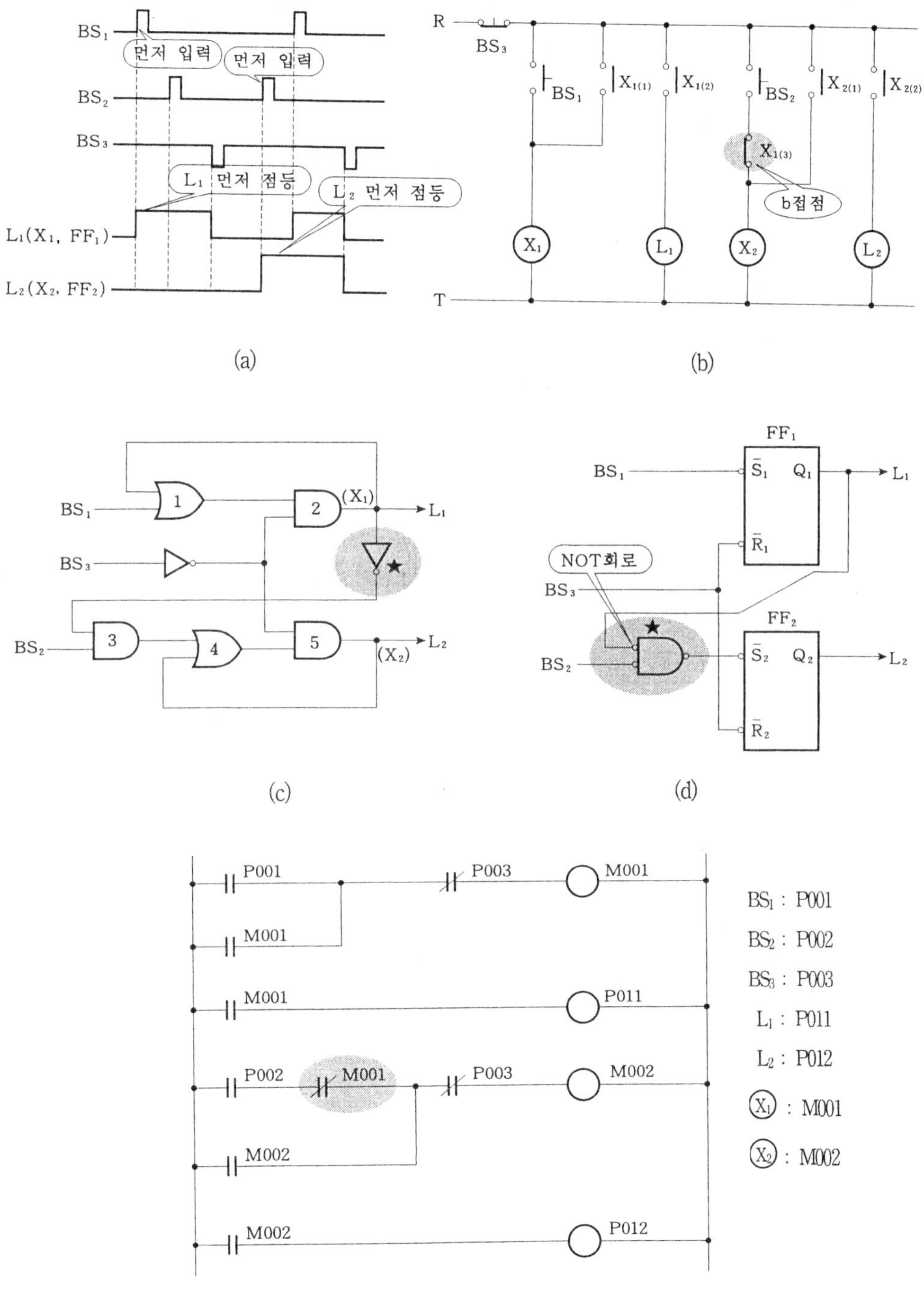
BS1
BS2
BS3
먼저 입력
먼저 입력
L1 먼저 점등
L2 먼저 점등
L1(X1, FF1)
L2(X2, FF2)
(a)
R
T
BS3
BS1
X1(1)
X1(2)
BS2
X2(1)
X2(2)
X1(3)
b접점
X1
L1
X2
L2
(b)
BS1
BS3
BS2
(X1)
(X2)
L1
L2
(c)
FF1
FF2
BS1
BS3
BS2
NOT회로
L1
L2
(d)
P001
P003
M001
P011
P002
M002
P012
BS1 : P001
BS2 : P002
BS3 : P003
L1 : P011
L2 : P012
X1 : M001
X2 : M002
(e)

그림 2.68

ⓒ BS_3을 누르면 NOT 회로를 통하여(L 레벨) AND 회로 ②와 ⑤가 복구하여 램프 (L_1, L_2)가 복구한다.

④ 그림 2.68 (d)에서

ⓐ L입력형 BS_1을 먼저 누르면 FF_1이 set되고 출력 Q_1으로 L_1이 점등한다.
이후에 BS_2를 눌러도 AND 회로의 NOT(★) 회로 출력(L 레벨)으로
AND 회로가 동작하지 않으므로(접점 $X_{1(3)}$이 열리므로) $FF_2(X_2)$가 set할 수 없다.

ⓑ BS_2를 먼저 누르면 이것과 AND 회로의 NOT(★) 회로 출력(H 레벨)으로
AND 회로가 동작(H 레벨)하고(접점 $X_{1(3)}$이 닫혀 있음)
그 NOT 출력(L레벨)으로 $FF_2(X_2)$가 set되며 출력 Q_2로 L_2가 점등한다.
이후에 BS_1을 누르면 FF_1이 set되고 출력 Q_1으로 L_1이 점등한다.

ⓒ L 입력형 BS_3을 누르면 FF_1과 FF_2가 reset되고 램프 L_1과 L_2가 소등된다.

⑤ 그림 2.68 (e)에서

ⓐ 기동 입력 P001(BS_1)로 내부 출력 M001(X_1)이 동작 유지하며,
내부 출력 M001로 출력 P011(L_1)이 동작(점등)함과 동시에,
또 내부 출력 M001로 내부 출력 M002의 기동 회로를 끊는다(우선 요소).
이후에 P002(BS_2)를 주면 우선 요소(기동 요소) M001이 끊어져 있으므로
내부 출력 M002(X_2)가 동작할 수 없다.

ⓑ 기동 입력 P002(BS_2)를 먼저 주면 우선 요소(기동 요소) M001을 통하여
내부 출력M002(X_2)가 동작 유지하며,
내부 출력 M002로 출력 P012(L_2)이 동작(점등)한다.
이후에 P001(BS_1)로 내부 출력 M001(X_1)이 동작 유지하며
내부 출력 M001로 출력 P011(L_1)이 동작(점등)한다.

ⓒ 정지 입력 P003을 주면 동작 중인 내부 출력 M001과 M002가 복구하고
출력 P011과 P012가 없어진다.

2.3 신입 신호 우선 회로

▸A, B 두 기기 중 A 기기가 동작하면 B 기기가 복구하고,
또 B 기기가 동작하면 A 기기가 복구하는 회로, 즉
뒤에 주는 신호(새로운 신호-신입 신호) 우선 회로이다.

▸여기서는 부하 기기로 램프 2개 (L_1, L_2)를 사용하고
BS_1을 주면 램프 L_1이 점등하고 램프 L_2가 소등하며
BS_2를 주면 램프 L_2가 점등하고 램프 L_1이 소등하는(반복 동작) 회로로 한다.

▸자기 회로를 동작시키면서 상대쪽 회로를 복구시키는 방법으로는
① 전원 회로 ② 기동 회로 ③ 유지 회로 ④ 운전 회로 중에서 상대쪽의
③ 유지 회로를 자기 접점(b접점, NOT 회로)으로 차단시키는 방법뿐이다.

(1) 릴레이 회로

1) 회로

▸자기 접점(b접점)으로 상대방 회로의 유지 회로를 차단한다. 그림 2.69에서

① 기동 입력 BS_1을 주면 릴레이 X_1이 동작 유지하고 램프 L_1이 점등한다.

② 이후 기동 입력 BS_2를 주면
릴레이 X_2가 동작 유지하고 램프 L_2가 점등하며
접점 $X_{2(3)}$이 열려서 릴레이 X_1이 복구하고 램프 L_1이 소등한다.

③ 이후 기동 입력 BS_1을 다시 주면
릴레이 X_1이 동작 유지하고 램프 L_1이 점등하며,
접점 $X_{1(3)}$이 열려서 릴레이 X_2가 복구하고 램프 L_2가 소등한다. ← 이하 반복 동작이 된다.

④ b접점 $X_{1(3)}$과 $X_{2(3)}$이 우선 요소 접점이 되고 유지 회로선을 끊는 역할을 한다.

⑤ 타임 차트에서는 $BS_1-BS_2-BS_1$의 순서로 기동 입력을 주면
$L_1-L_2-L_1$의 순서로 램프가 점등되며
공통 정지 신호 BS_3을 주면 동작 중인 릴레이와 램프가 소등된다.

⑥ 기동 입력 BS_1, BS_2는 H 입력형이고,
정지 입력 BS_3은 L 입력형임에 유의한다.

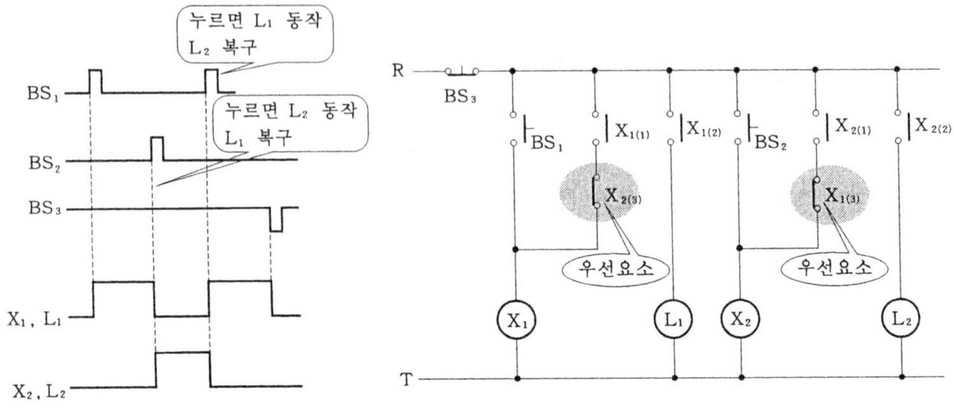

그림 2.69

2) 그리는 법

① 논리 조건 : 램프 2개 중 L_1이 점등하면 L_2가 소등하고, 또 L_2가 점등하면 L_1이 소등하는 것을 반복할 수 있는 회로

② 사용 기구 :

ⓐ 입력 기구 : 버튼 스위치 3개 – BS_1(1a), BS_2(1a), BS_3(1b)

ⓑ 출력 기구 : 램프 2개 – L_1, L_2

ⓒ 보조 기구 : 보조 릴레이 2개 – X_1(2a, 1b), X_2(2a, 1b)

③ 타임 차트

ⓐ BS_1–BS_2–BS_1의 순서로 기동 입력을 준다.

ⓑ L_1 동작 : H 입력형 BS_1 조작(눌렀다 놓는다)을 먼저 그린다. BS_1을 누르는 순간에 X_1과 L_1이 동작하도록 그린다.

ⓒ L_2 동작 : X_1 동작 후 BS_2 조작을 그린다. BS_2를 누르는 순간에 X_2와 L_2가 동작하도록 그린다. 동시에 X_1과 L_1이 복구하도록 그린다.

ⓓ L_1 재동작 : BS_1 조작을 그린다. BS_1을 누르는 순간에 X_1과 L_1이 동작하도록 그린다. 동시에 X_2와 L_2가 복구하도록 그린다.

ⓔ L 입력형 BS_3을 주면 동작 중인 릴레이와 램프가 복구한다.

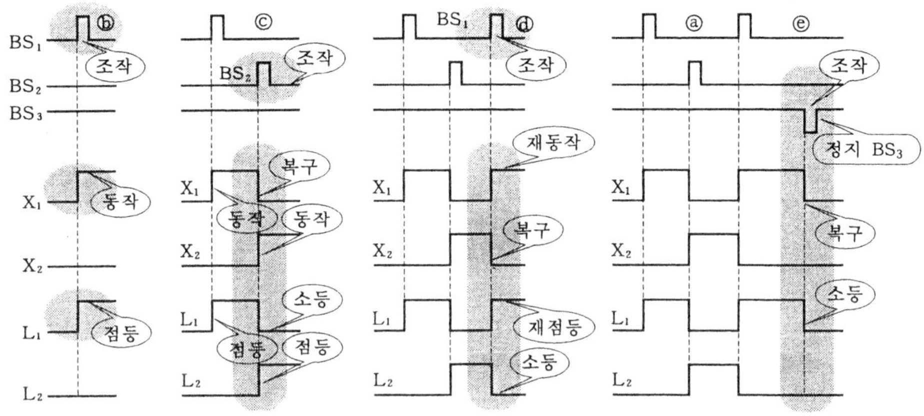

④ 동작 순서

㉮ 기동 입력 BS_1을 주면 릴레이 X_1이 동작 유지하고 램프 L_1이 점등하며 접점 $X_{1(3)}$이 열려서 릴레이 X_2의 유지 회로를 끊는다.

㉯ 이후 기동 입력 BS_2를 주면 릴레이 X_2가 동작 유지하고 램프 L_2가 점등하며, 접점 $X_{2(3)}$이 열려서 릴레이 X_1이 복구하고 램프 L_1이 소등한다.

㉰ 공통 정지 신호 BS_3을 주면 동작 중인 릴레이와 램프가 복구한다.

ⓐ 기동 : 기동 입력 BS_1을 그린다.

ⓑ 유지 기구 : 보조 기구 X_1이 동작한다.

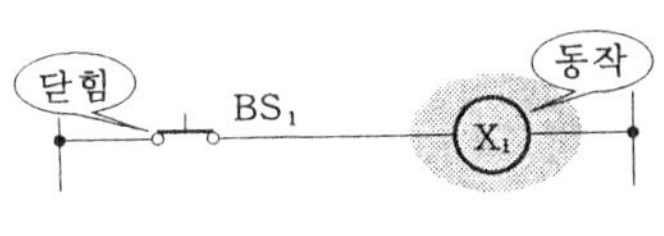

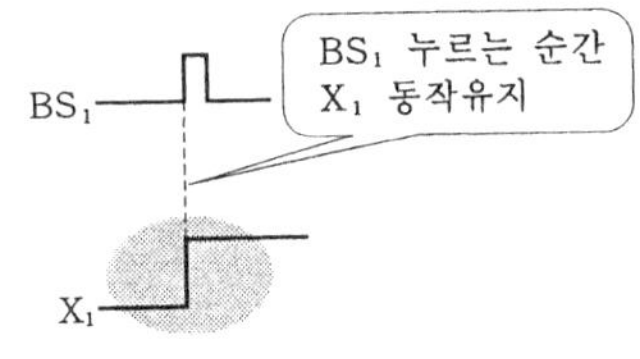

ⓒ 유지 : X_1의 유지 접점 $X_{1(1)}$로 유지한다.

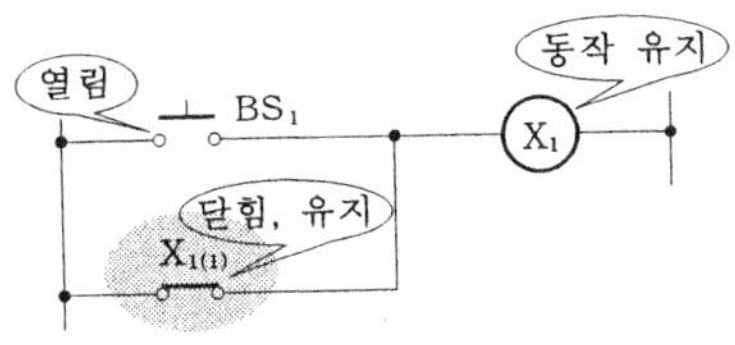

ⓓ 출력 : X_1 접점 $X_{1(2)}$로 출력 L_1이 생긴다.

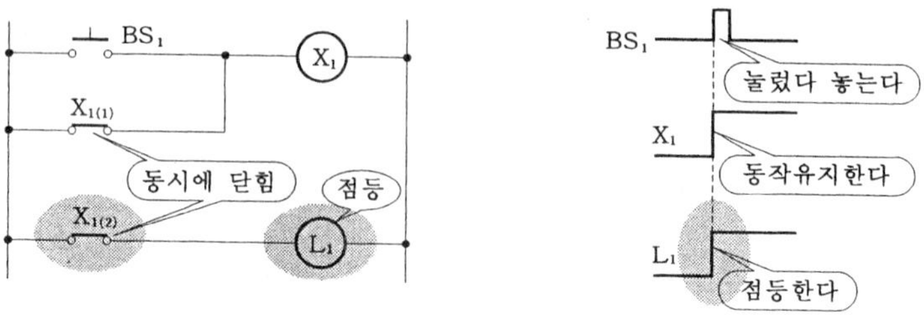

ⓔ 출력 L_2 회로를 위 ⓐ~ⓓ의 방법으로 그린다.

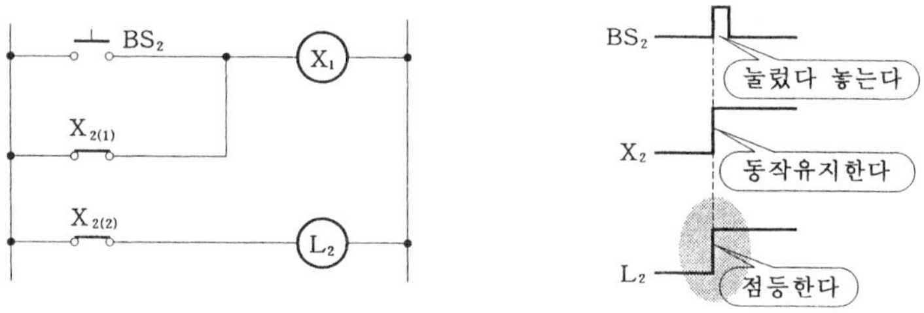

ⓕ 우선 요소 접점($X_{1(3)}$, $X_{2(3)}$)을 상대쪽 릴레이 X_1, X_2의 유지 회로 접점($X_{1(1)}$, $X_{2(1)}$)에 각각 직렬로 넣어 유지 회로를 끊는다.

ⓖ 또, 공통 정지 입력 BS_3을 전원 R선에 넣는다.

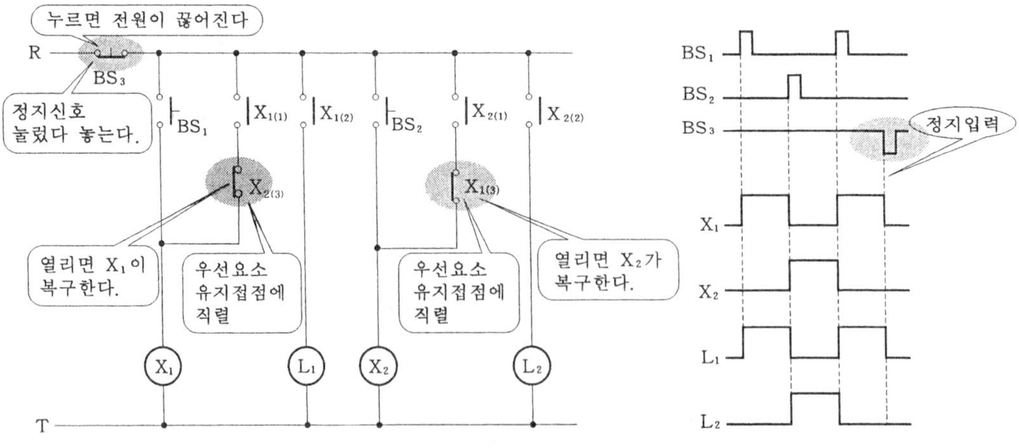

3) 동작 - 램프 L_1 - L_2 - L_1 순서로 동작

그림 2.69에서

① L_1 기동 : 기동 입력 BS_1을 먼저 눌렀다 놓는다.

BS_1을 누를 때 BS_1 접점이 닫히는 순간 릴레이 X_1에 전기가 공급되어 릴레이 X_1이 동작(여자)되고 접점 $X_{1(1)}$, $X_{1(2)}$가 닫히며 접점 $X_{1(3)}$이 열린다.

〔**전원** R - BS_3 - BS_1 **닫힘** - X_1 **동작 - 전원** T〕

② 유지 : 접점 $X_{1(1)}$이 닫혀서 BS_1을 놓아도 BS_1 대신에 릴레이 X_1에 계속 전기를 공급(유지)한다.

〔**전원** R - BS_3 - **접점** $X_{1(1)}$ **닫힘 - 접점** $X_{2(3)}$ **닫혀 있음** - X_1 - **전원** T〕

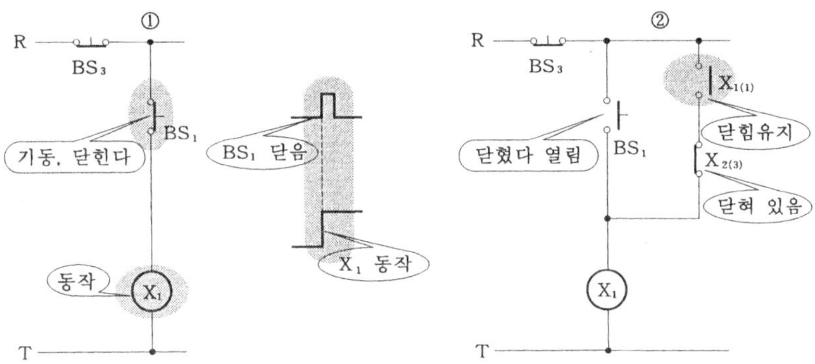

③ 출력 : 접점 $X_{1(2)}$가 닫혀서 램프 출력 L_1에 전기를 공급하여 L_1이 켜진다.

〔**전원** R - BS_3 - **접점** $X_{1(2)}$ **닫힘** - L_1 - **전원** T〕

④ 우선 동작 접점 $X_{1(3)}$이 열려서 릴레이 X_2의 동작 회로를 끊는다 .

〔**전원** R - BS_3 - $X_{2(1)}$ - $X_{1(3)}$ **열림** - X_2 - **전원** T〕

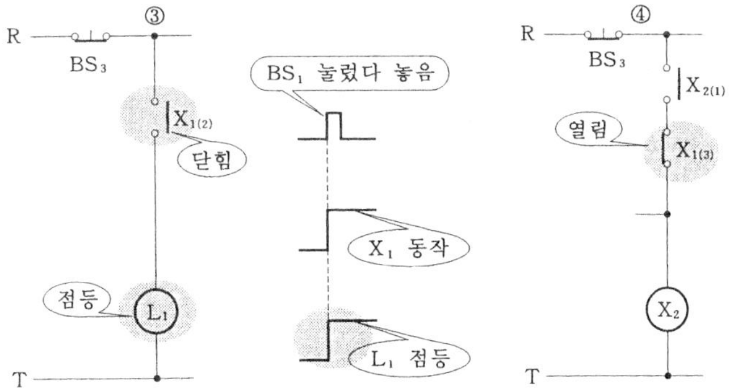

⑤ L_2 기동 : 램프 L_1 점등 후 기동 입력 BS_2를 눌렀다 놓는다.
BS_2을 누를 때 BS_2 접점이 닫히는 순간 릴레이 X_2에 전기가 공급되어 릴레이 X_2가 동작(여자)되고 접점 $X_{2(1)}$과 $X_{2(2)}$가 닫히고 $X_{2(3)}$이 열린다.

〔전원 R - BS_3 - BS_2 닫힘 - X_2 동작 - 전원 T〕

⑥ L_1 복구 : 우선 요소 접점 $X_{2(3)}$이 열려 릴레이 X_1과 램프 L_1이 복구한다.

〔전원 R - BS_3 - 접점 $X_{1(1)}$ - 접점 $X_{2(3)}$ 열림 - X_1 복구 - 전원 T〕

〔전원 R - BS_3 - 접점 $X_{1(2)}$ 열림 - L_1 소등 - 전원 T〕

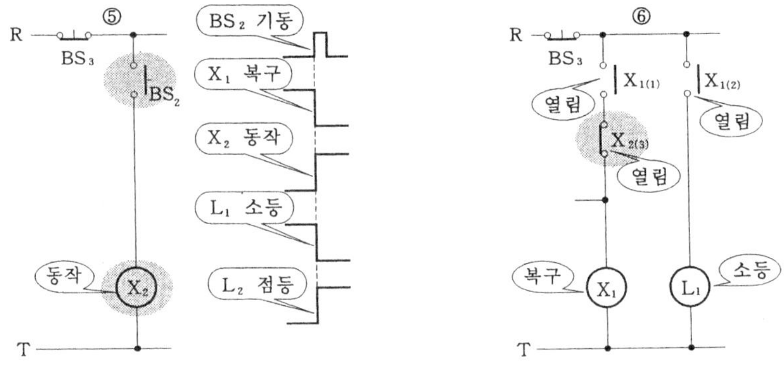

⑦ 유지 : 접점 $X_{2(1)}$과 $X_{1(3)}$이 닫혀서
BS_2를 놓아도 BS_2 대신에 릴레이 X_2에 계속 전기를 공급(유지)한다.

〔전원 R - BS_3 - 접점 $X_{2(1)}$ 닫힘 - 접점 $X_{1(3)}$ 닫힘 - X_2 - 전원 T〕

⑧ 출력 : 접점 $X_{2(2)}$가 닫혀서 램프 출력 L_2에 전기를 공급한다.

〔전원 R - BS_3 - 접점 $X_{2(2)}$ 닫힘 - L_2 점등 - 전원 T〕

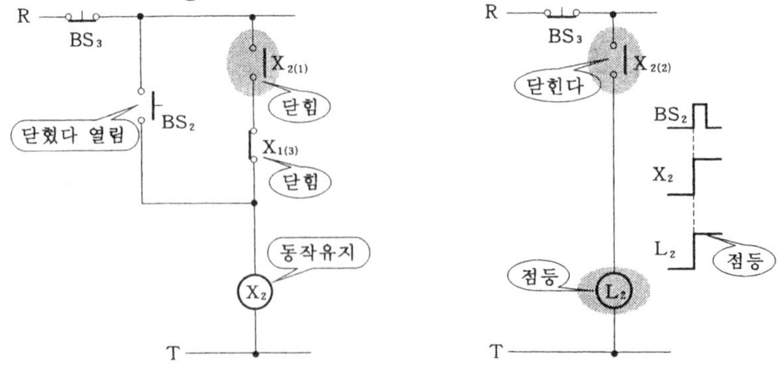

⑨ L_1 재동작 : 기동 입력 BS_1을 다시 눌렀다 놓는다.

BS_1을 누를 때 BS_1 접점이 닫히는 순간 릴레이 $\dot{X}_1$에 전기가 공급되어 릴레이 X_1이 동작되고 접점 $X_{1(1)}$, $X_{1(2)}$가 닫히며 접점 $X_{1(3)}$이 열린다.

〔전원 R - BS_3 - BS_1 닫힘 - X_1 동작 - 전원 T〕

⑩ L_2 복구 : 우선 요소 접점 $X_{1(3)}$이 열려 릴레이 X_2와 램프 L_2가 복구한다.

〔전원 R - BS_3 - $X_{2(1)}$ 열림 - $X_{1(3)}$ 열림 - X_2 복구 - 전원 T〕

〔전원 R - BS_3 - 접점 $X_{2(2)}$ 열림 - L_2 소등 - 전원 T〕

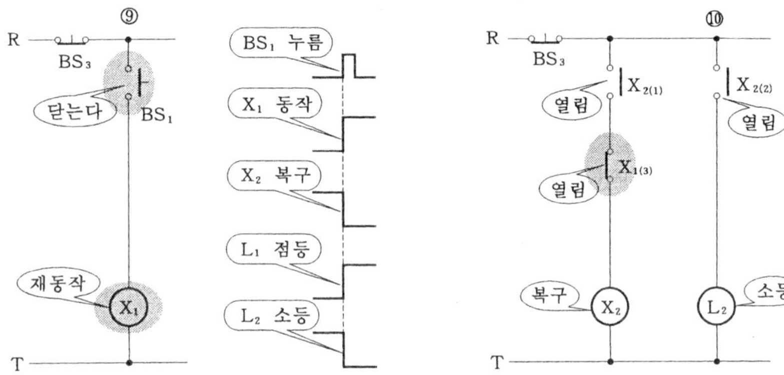

⑪ 정지 : BS_3을 눌렀다 놓는다. BS_3을 누르면 접점이 열리므로

릴레이 X_1(또는 X_2)에 전기가 끊어져 동작 중인 릴레이 X_1 (또는 X_2)이 복구된다.

접점 $X_{1(1)}$ (또는 $X_{2(1)}$)이 열려 유지가 해제되고

접점 $X_{1(2)}$ (또는 $X_{2(2)}$)가 열려 출력 램프 L_1(또는 L_2)에 전기가 끊어져 램프 L_1(또는 L_2)이 소등되며, 또

우선 접점 $X_{1(3)}$(또는$X_{2(3)}$)이 닫혀서 각 릴레이(X_1, X_2)의 재기동을 준비한다.

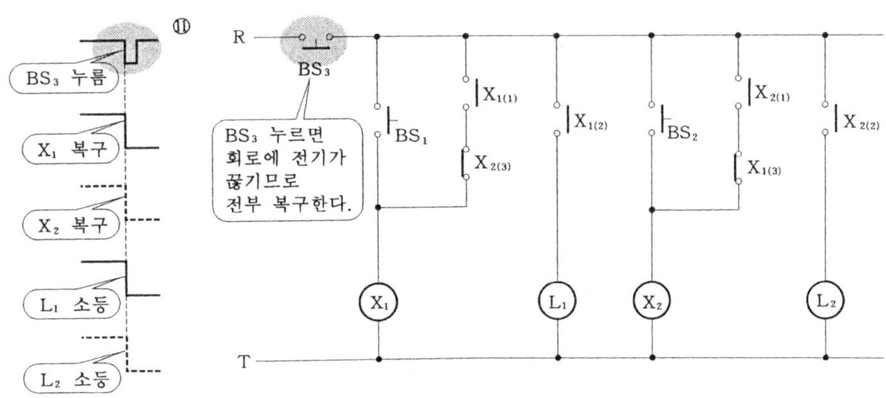

(2) PLC 시퀀스와 프로그램

1) 회로와 그리는 법

① 논리 조건 : 램프 2 개 중 L_1이 점등하면 L_2가 소등하고, 또 L_2가 점등하면 L_1이 소등하는 것을 반복할 수 있는 회로

② 사용 기구 및 번지 부여 : 입·출력 회로는 생략한다.

ⓐ 입력 기구 : 버튼 스위치 3개(a접점용) – BS_1~BS_3 ; P001~P003

ⓑ 출력 기구 : 램프 2개 – L_1 ; P011, L_2 ; P012

ⓒ 보조 기구 : 내부 출력(보조 릴레이 기능) 2개 – M001, M002

③ 명령어

회로 시작 : LOAD, 출력 및 내부 출력 : OUT, 직렬 : AND, 병렬 : OR, 부정 : NOT(b접점 처리), 블럭 접속(직렬 : AND LOAD, 병렬 : OR LOAD)

④ **타임 차트**

ⓐ BS_1–BS_2–BS_1의 순서로 기동 입력을 준다.

ⓑ L_1 동작 : H 입력형 BS_1(P001)조작(눌렀다 놓는다)을 먼저 그린다. BS_1 (P001)을 누르는 순간에 램프 L_1(P011)이 점등하도록 그린다.

ⓒ L_2 동작 : L_1(P011) 점등 후 BS_2(P002) 조작을 그린다. BS_2(P002)를 누르는 순간에 램프 L_2(P012)가 점등하도록 그린다. 동시에 램프 L_1(P011)이 소등하도록 그린다.

ⓓ L_1 재점등 : BS_1(P001) 조작을 그린다. BS_1(P001)을 누르는 순간에 램프 L_1 (P011)이 점등하도록 그린다. 동시에 램프 L_2(P012)가 소등하도록 그린다.

ⓔ H입력형 BS_3을 주면 점등 중인 램프(L_1, P011)가 복구한다.

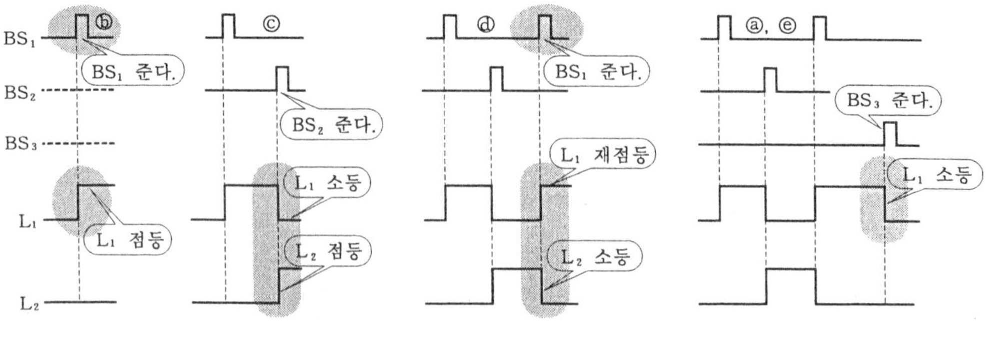

그림 2.70

⑤ **래더 회로 동작 순서**

㉮ 기동 입력 P001(BS_1)로 내부 출력 M001(X_1)이 동작 유지하며,
내부 출력 M001로 출력 P011(L_1)이 동작(점등)함과 동시에, 또
내부 출력 M001로 내부 출력 M002의 유지 회로를 끊어 M002를 복구시킨다(우선 요소).

㉯ 기동 입력 P002(BS_2)를 주면 내부 출력 M002(X_2)가 동작 유지하며,
내부 출력 M002로 출력 P012(L_2)가 동작(점등)함과 동시에, 또
내부 출력 M002로 내부 출력 M001의 유지 회로를 끊어 M001을 복구시킨다(우선 요소).

㉰ 정지 입력 P003(BS_3)을 주면
동작 중인 내부 출력 M001과 M002가 복구하고 출력 P011과 P012가 없어진다.

ⓐ 기동 : 기동 입력 P001(BS_1)을 먼저 그린다.

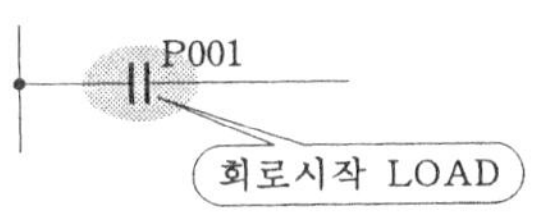

ⓑ 유지 기구 : 내부 출력 M001(보조 기구 X_1)이 동작한다.

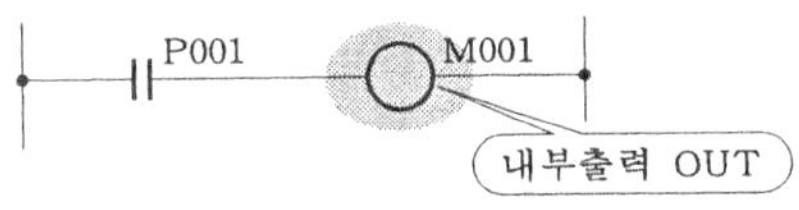

ⓒ 유지 : 내부 출력 M001(X_1 접점 $X_{1(1)}$)로 유지한다.

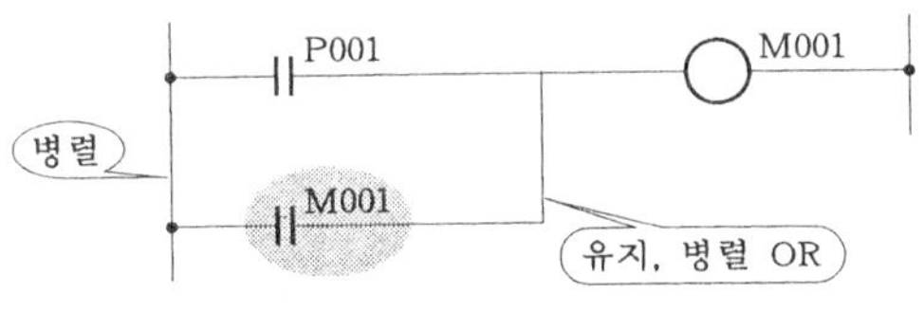

ⓓ 출력 : 내부 출력 M001(X_1 접점 $X_{1(2)}$)로 출력 P011(램프 L_1)이 생긴다.
같은 방법으로 출력 P012 회로를 연속하여 그린다.

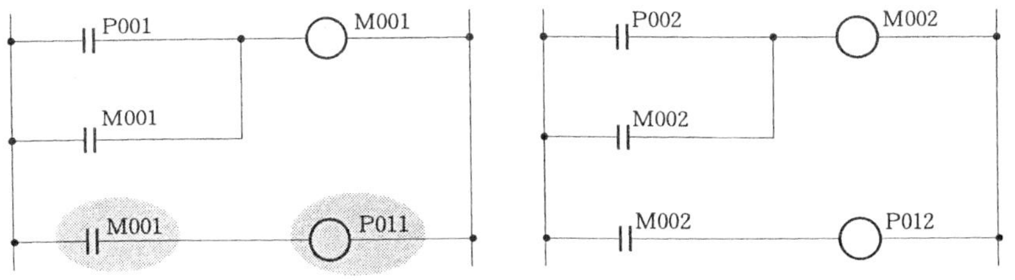

ⓔ 우선 요소 : 정지 요소(우선 요소-내부 출력 M001과 M002의 b접점)를 각각 상대쪽 유지 회로에 직렬로 접속하여
각각의 내부 출력(M001, M002)의 유지 회로를 끊도록 한다.

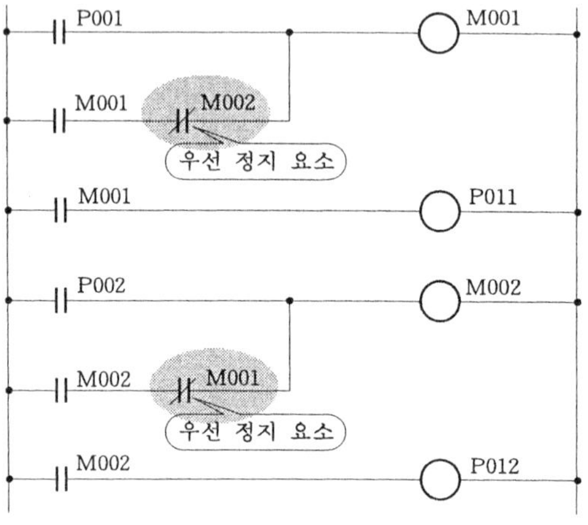

ⓕ 정지 : 공통 정지 입력 P003(BS_3)으로
내부 출력 M001과 M002의 회로를 각각 끊어 정지시킨다.
이때 정지 입력 P003은 2번 사용한다. ← 회로 완료(그림 2.71).

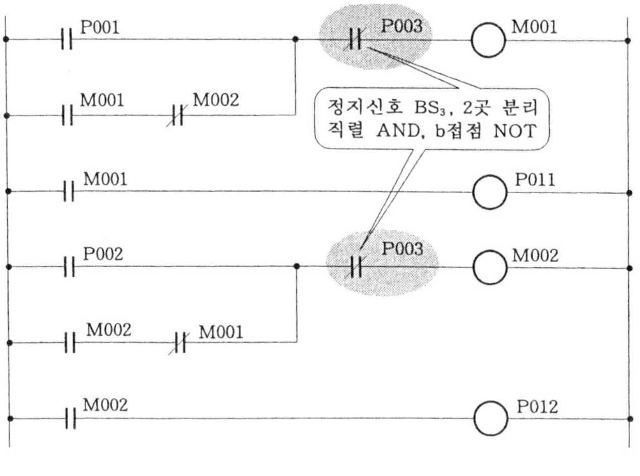

그림 2.71

⑥ **니모닉 프로그램 :** 래더도에서

0 0 step : LOAD P001

1 1 step : LOAD M001

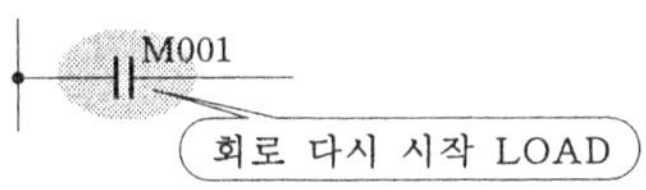

2 2 step : AND NOT M002

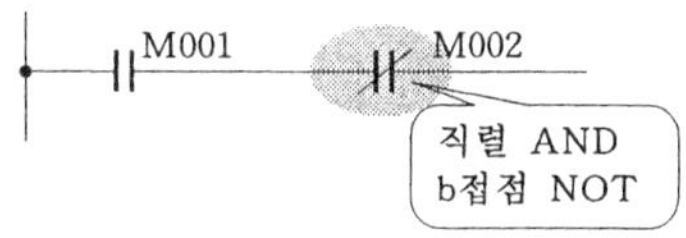

3 3 step : OR LOAD −

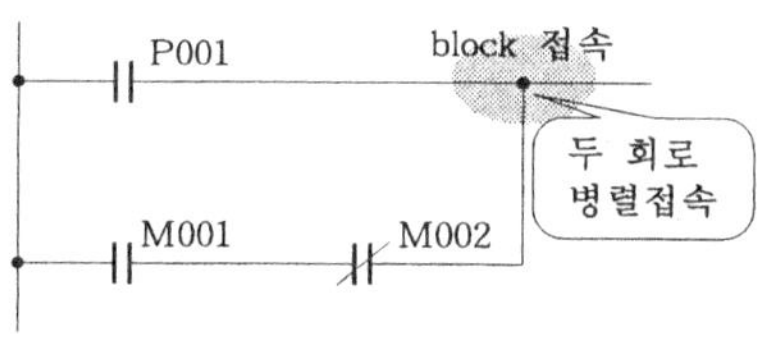

4 4 step : AND NOT P003

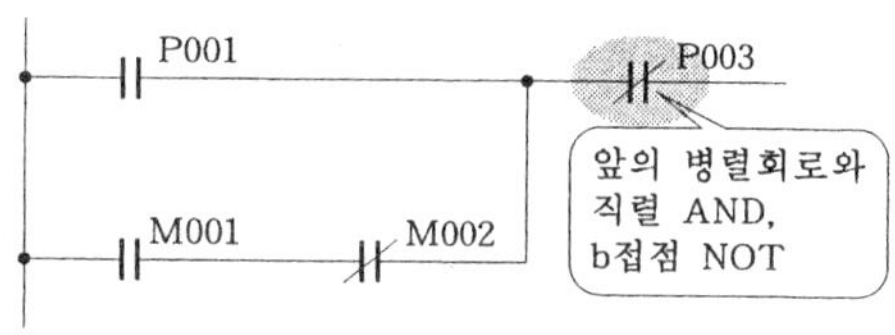

5 5 step : OUT M001

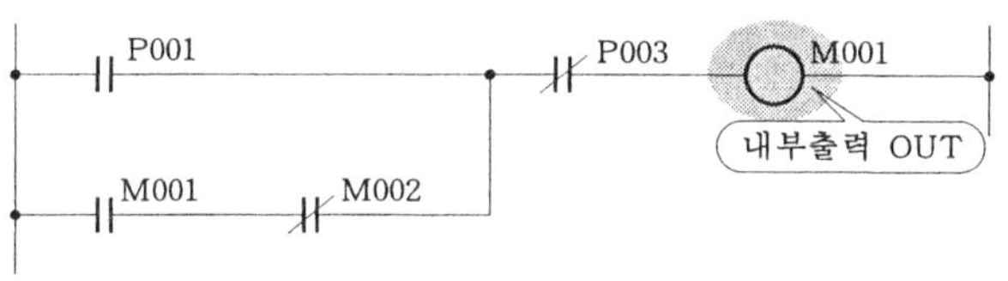

6 6 step : LOAD M001

7 7 step : OUT P011

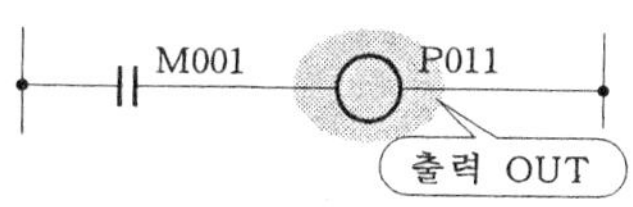

8 8 step : LOAD P002

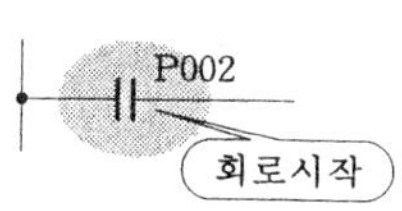

9 9 step : LOAD M002

⑩ 10 step : AND NOT M001

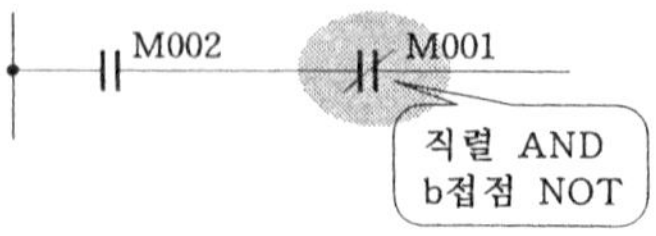

⑪ 11 step : OR LOAD －

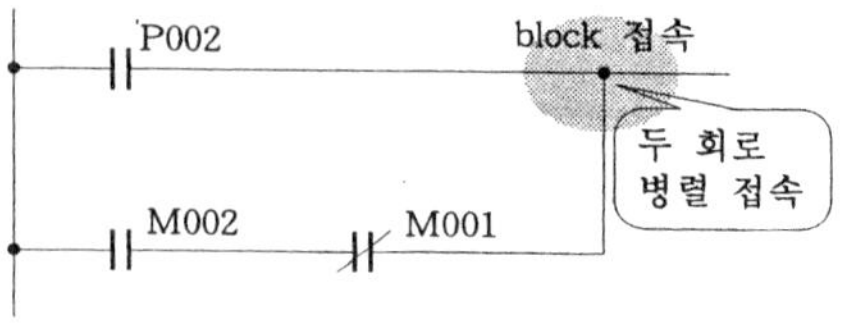

⑫ 12 step : AND NOT P003

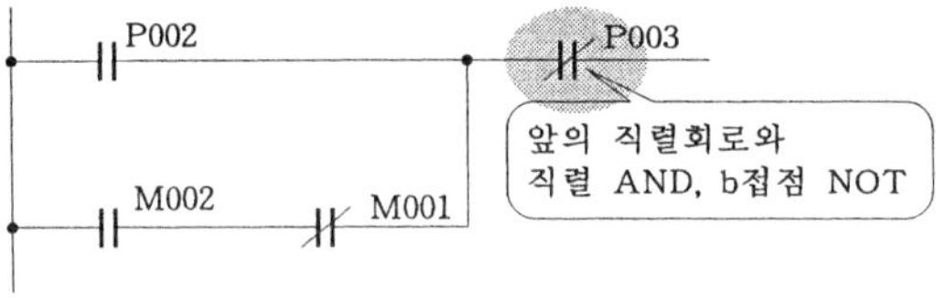

⑬ 13 step : OUT M002

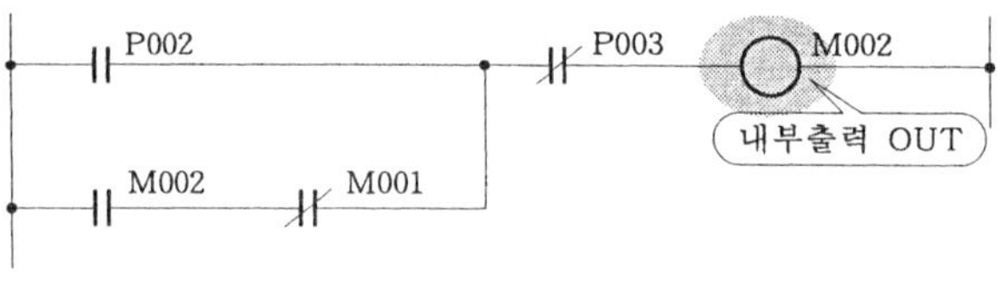

⑭ 14 step : LOAD M002

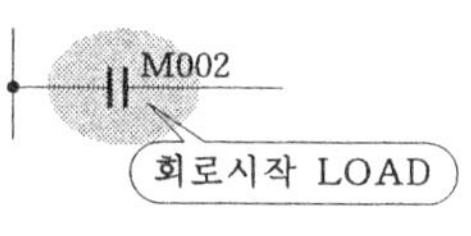

⑮ 15 step : OUT P012

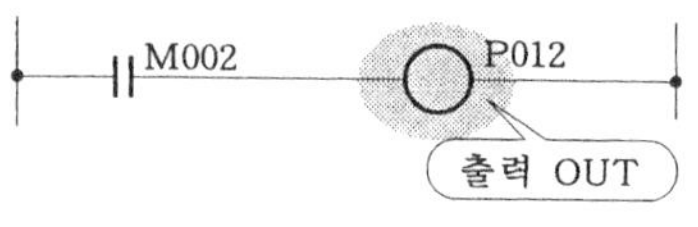

정리하면 표와 같다.

차례	명령어	번지	차례	명령어	번지
0	LOAD	P001	8	LOAD	P002
1	LOAD	M001	9	LOAD	M002
2	AND NOT	M002	10	AND NOT	M001
3	OR LOAD	－	11	OR LOAD	－
4	AND NOT	P003	12	AND NOT	P003
5	OUT	M001	13	OUT	M002
6	LOAD	M001	14	LOAD	M002
7	OUT	P011	15	OUT	P012

⑦ **릴레이 시퀀스와 비교하여 PLC 시퀀스 그리기**

1 X_1(M001) 동작 :
유지 접점 $X_{1(1)}$(M001)과 우선 요소 $X_{2(3)}$(b접점)(M002)을 직렬로 그리고
이것과 입력 BS_1(P001)을 병렬로 그리고, 또
이것과 입력 BS_3(b접점)(P003)을 직렬로 그리면 X_1(M001)이 된다.

2 L_1(P011) 동작 : 접점 $X_{1(2)}$(M001)로 출력 L_1(P011)이 동작한다.

3 X_2(M002) 동작 :
유지 접점 $X_{2(1)}$(M002)와 우선 요소 $X_{1(3)}$(b접점)(M001)을 직렬로 그리고
이것과 입력 BS_2(P002)를 병렬로 그리고 또
이것과 입력 BS_3 (b접점) (P003)을 직렬로 그리면 X_2(M002)가 된다.

4 L_2(P012) 동작 : 접점 $X_{2(2)}$(M002)로 출력 L_2(P012)가 동작한다.

5 그림 2.69와 아래 그림을 비교한다.

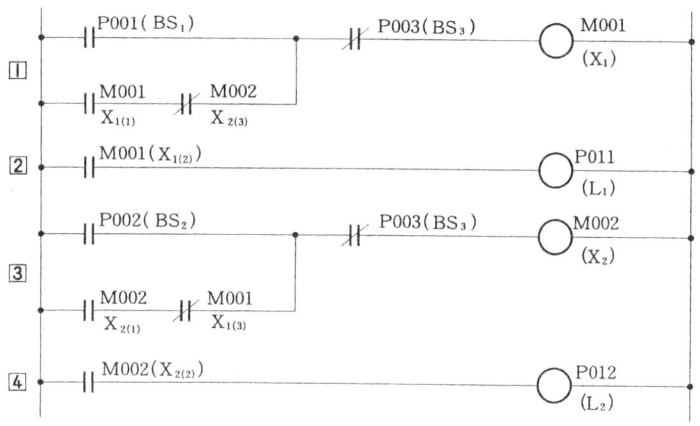

※ 그림에서
P003(BS_3)을 각 유지 회로(M001−X_1, M002−X_2)에 분리하여 2번 사용하였다. 이때는 공통 명령어가 필요없고 회로가 간단하여 많이 사용한다. 또,
$X_1 = X_{1(1)} = X_{1(2)} = X_{1(3)}$, $X_2 = X_{2(1)} = X_{2(2)} = X_{2(3)}$임을 유의하여 각각 접속한다.

⑧ **래더 회로에서 Handy Loader에 의한 니모닉 프로그램**

1 초기 화면(생략)에서 그림 2.71을 프로그램한다.

0 스텝 : BS_1, 회로 시작 LOAD P001

1 스텝 : $X_{1(1)}$, 회로 시작 LOAD M001

0000	
LOAD	P001

0001	
LOAD	M001

2 스텝 : $X_{2(3)}$, 앞 번지와 직렬 b접점 AND NOT M002

3 스텝 : (P001)과 (M001, M002)의 그룹 병렬 OR LOAD –

0002	
AND NOT	M002

0003	
OR LOAD	

4 스텝 : BS_3, 앞 회로와 직렬 b접점 AND NOT P003

5 스텝 : X_1, 내부 출력 OUT M001

0004	
AND NOT	P003

0005	
OUT	M001

6 스텝 : $X_{1(2)}$, 회로 시작 LOAD M001

7 스텝 : L_1, 출력 OUT P011

0006	
LOAD	M001

0007	
OUT	P011

8 스텝 : BS_2, 회로 시작 LOAD P002

9 스텝 : $X_{2(1)}$, 회로 시작 LOAD M002

0008	
LOAD	P002

0009	
LOAD	M002

10 스텝 : $X_{1(3)}$, 앞 번지와 직렬 b접점 AND NOT M002

11 스텝 : (P002)와 (M002, M001)의 그룹 병렬 OR LOAD –

0010	
AND NOT	M001

0011	
OR LOAD	

12 스텝 : BS_3, 앞 회로와 직렬 b접점 AND NOT P003
13 스텝 : X_2, 내부 출력 OUT M002

0012	
AND NOT	P003

0013	
OUT	M002

14 스텝 : $X_{2(2)}$, 회로 시작 LOAD M002
15 스텝 : L_2, 출력 OUT P012

0014	
LOAD	M002

0015	
OUT	P012

16 스텝 : 끝, END

0016	
FUN(001)	END

0017	
FUN(000)	NOP

② 프로그램이 끝나면 －step Key와 ＋step Key를 눌렀다 놓았다를 반복하면서 프로그램을 확인 수정한다.

③ 확인이 끝나면 PGM MODE에서 RUN MODE로 전환한다. 즉, RUN MODE의 RUN(운전)을 눌렀다 놓는다. 이 때 RUN MODE에 LED가 점등된다.

⑨ 컴퓨터의 S/W를 이용한 프로그램

초기 화면(생략)에서 그림 2.71의 래더도를 이용하여 프로그래밍한다.

① 0000번 스텝(커서 위치 ▮)에서 기능키 F3, 번지 P001, Enter Key를 차례로 누른다.

② 커서 위치(▮)에서 기능키 F5(bar —), Enter Key를 차례로 누른다.

☞ ① Key In : [F3] [P][0][0][1][Enter]　　☞ ② Key In : [F5] [Enter]

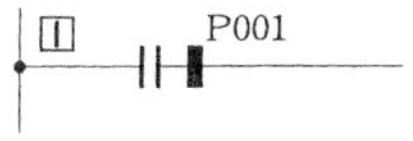

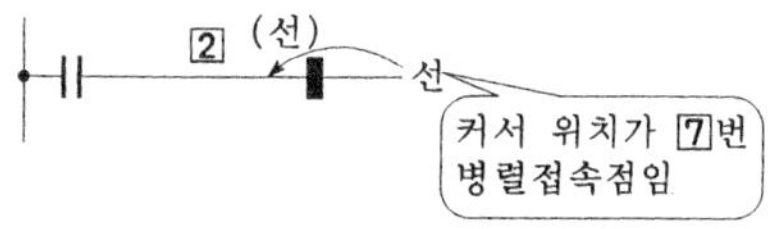

③ 커서 위치(▮)에서 기능키 F4, 번지 P003, Enter Key를 차례로 누른다.

④ 커서 위치(▮)에서 기능키 F9, 번지 M001, Enter Key를 차례로 누른다.

☞ ③ Key In : [F4] [P][0][0][3][Enter] ☞ ④ Key In : [F9] [M][0][0][1][Enter]

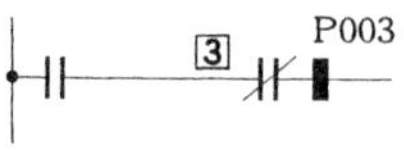

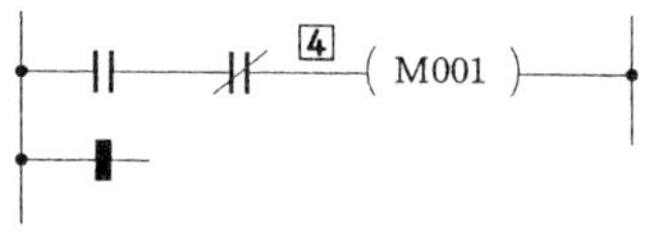

⑤ 커서 위치(▮)에서 기능키 F3, 번지 M001, Enter Key를 차례로 누른다.

⑥ 커서 위치(▮)에서 기능키 F4, 번지 M002, Enter Key를 차례로 누른다.

☞ ⑤ Key In : [F3] [M][0][0][1][Enter] ☞ ⑥ Key In : [F4] [M][0][0][2][Enter]

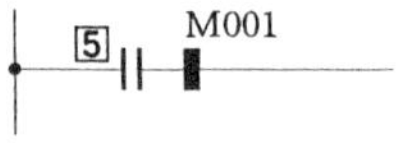

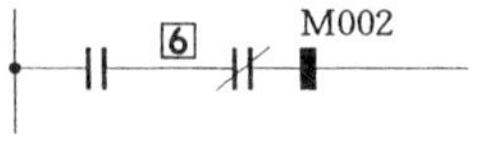

⑦ 커서 위치(▮)를 아래 그림과 같이 위로 옮기고 기능키 F6, Enter를 차례로 누른다.

☞ ⑦ Key In : [F6] [Enter]

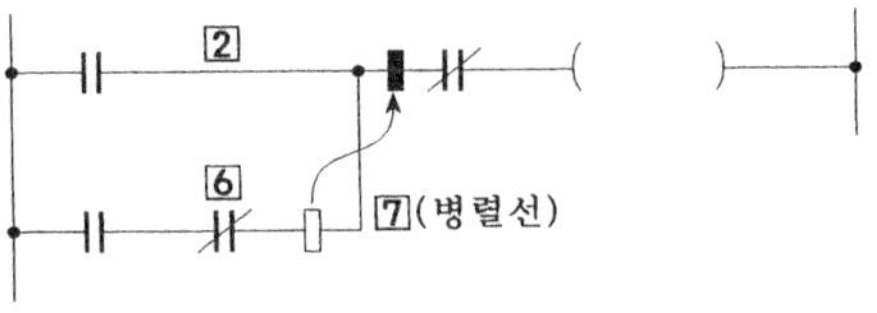

⑧ 커서 위치(▮)를 아래 스텝으로 이동하고 기능키 F3, 번지 M001, Enter Key를 차례로 누른다.

⑨ 커서 위치(▮)에서 기능키 F9, 번지 P011, Enter Key를 차례로 누른다.

☞ ⑧ Key In : [F3] [M][0][0][1][Enter] ☞ ⑨ Key In : [F9] [P][0][1][1][Enter]

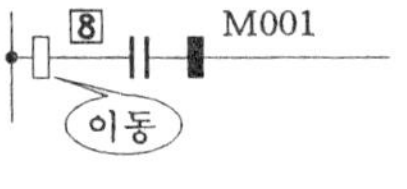

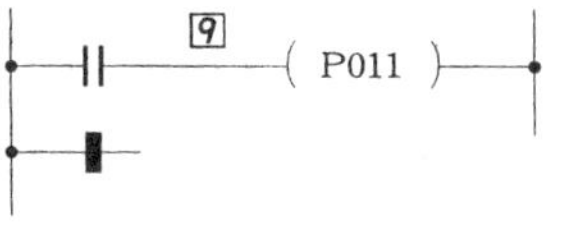

⑩ 커서 위치(▮)에서 기능키 F3, 번지 P002 Enter Key를 차례로 누른다.

⑪ 커서 위치(▮)에서 기능키 F5(bar —), Enter Key를 차례로 누른다.

☞ ⑩ Key In : [F3] [P][0][0][2][Enter] ☞ ⑪ Key In : [F5] [Enter]

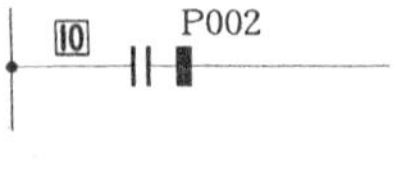

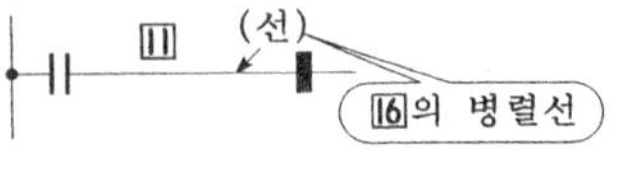

⑫ 커서 위치(▮)에서 기능키 F4, 번지 P003, Enter Key를 차례로 누른다.
⑬ 커서 위치(▮)에서 기능키 F9, 번지 M002, Enter Key를 차례로 누른다.

☞ ⑫ Key In : [F4] [P|0|0|3|Enter]   ☞ ⑬ Key In : [F9] [M|0|0|2|Enter]

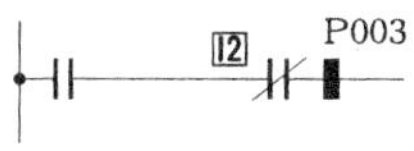

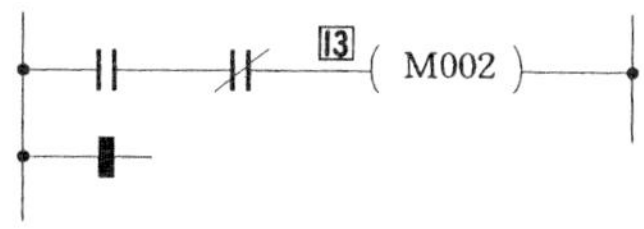

⑭ 커서 위치(▮)에서 기능키 F3, 번지 M002, Enter Key를 차례로 누른다.
⑮ 커서 위치(▮)에서 기능키 F4, 번지 M001, Enter Key를 차례로 누른다.

☞ ⑭ Key In : [F3] [M|0|0|2|Enter]   ☞ ⑮ Key In : [F4] [M|0|0|1|Enter]

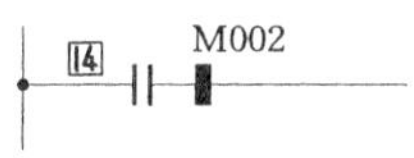

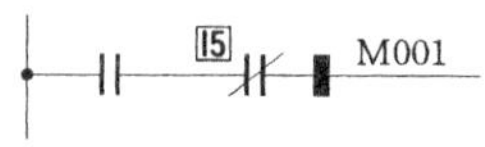

⑯ 커서 위치(▮)를 아래 그림과 같이 위로 옮기고 기능키 F6, Enter를 차례로 누른다.

☞ ⑯ Key In : [F6] [Enter]

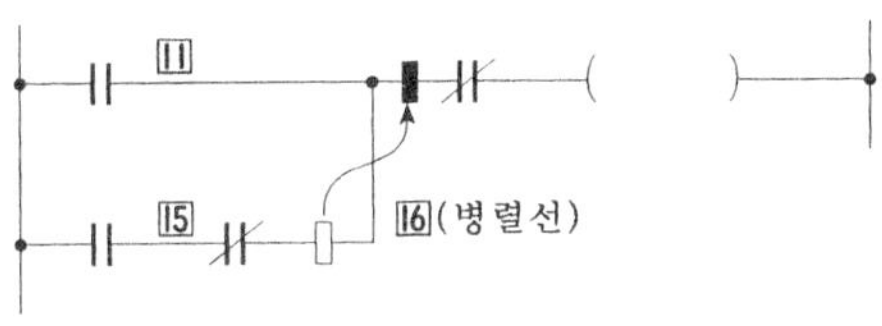

⑰ 커서 위치(▮)를 아래 스텝으로 이동하고 기능키 F3, 번지 M002, Enter Key를 차례로 누른다.
⑱ 커서 위치(▮)에서 기능키 F9, 번지 P012, Enter Key를 차례로 누른다.

☞ ⑰ Key In : [F3] [M|0|0|2|Enter]   ☞ ⑱ Key In : [F9] [P|0|1|2|Enter]

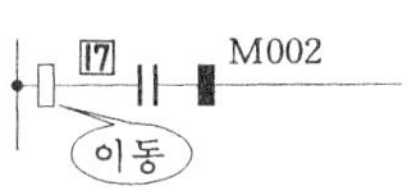

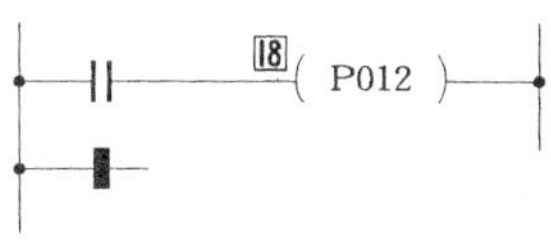

⑲ 커서 위치(▮)에서 기능키 F10, 문자 END, Enter Key를 차례로 누른다.

☞ ⑲ Key In : [F10] [E|N|D|Enter]

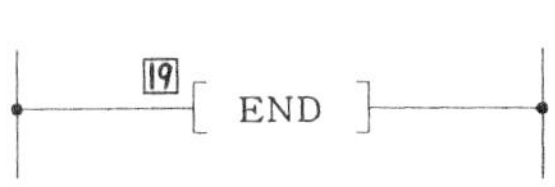

⑳ 스텝 실행(Program Convert)과 완료

Alt와 F7 키를 동시에 누르면 [Are You Sure ? 〈Y/N〉]가 나타나고 Y를 누르면 회로에 스텝이 나타나고 하단에 Completed가 나타난다. 즉, 그림과 같은 완성된 도면이 된다(ALT N하면 니모닉 프로그램이 된다).

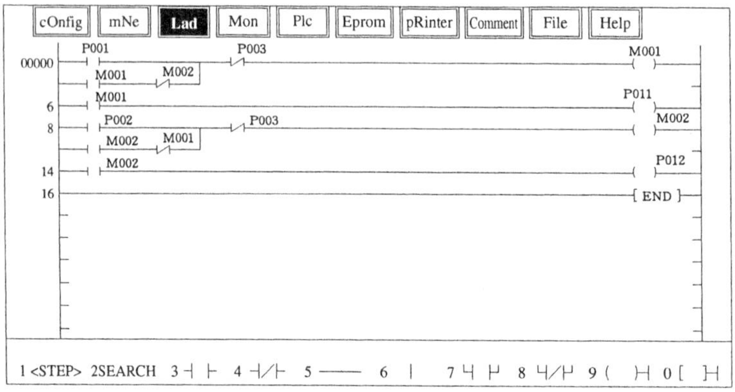

㉑ ALT와 N을 동시에 누르면 완성된 니모닉 프로그램으로 변환된다.

cOnfig | mNe | Lad | Mon | Plc | Eprom | pRinter | Comment | File | Help

Step	Instruction	Operand
00000	LOAD	P001
00001	LOAD	M001
00002	AND NOT	M002
00003	OR LOAD	—
00004	AND NOT	P003
00005	OUT	M001
00006	LOAD	M001
00007	OUT	P011
00008	LOAD	P002
00009	LOAD	M002
00010	AND NOT	M001
00011	OR LOAD	—
00012	AND NOT	P003
00013	OUT	M002
00014	LOAD	M002
00015	OUT	P012
00016	END(001)	
▶ 00017	NOP(000)	

NOP

1 <STEP> 2SEARCH 3 LOAD 4 AND 5 OR 6 NOT 7 OUT 8 SET 9 RST 0 OP SCH

2) 동작

① 기동 입력 P001(BS_1)을 주면

ⓐ 기동 : 내부 출력 M001(X_1)이 동작한다.

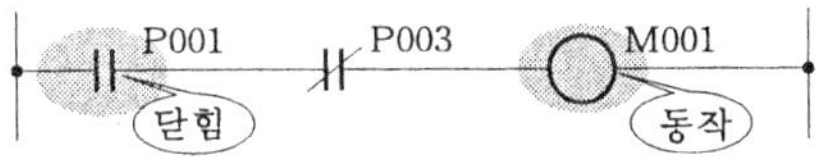

ⓑ 우선 요소 : 우선 요소 M001(유지 M002와 직렬)이 열려 M002(X_2)를 복구시킨다(램프 L_2 소등).

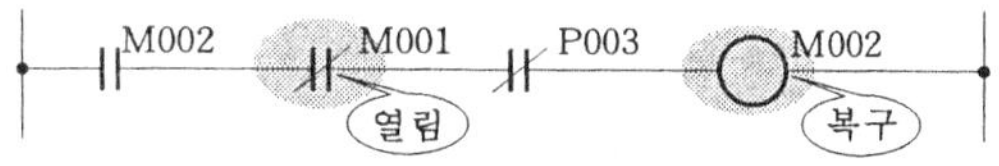

ⓒ 출력 : 동시에 M001이 닫혀서 출력 P011(L_1)이 점등한다.

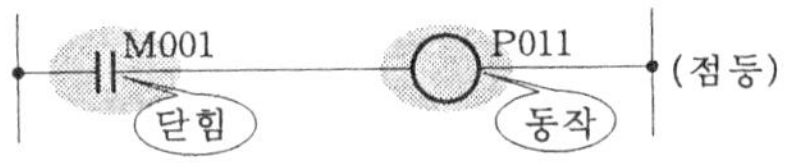

ⓓ 유지 : M001이 닫혀 우선 요소 M002(닫힘)와 직렬로 회로를 유지한다.

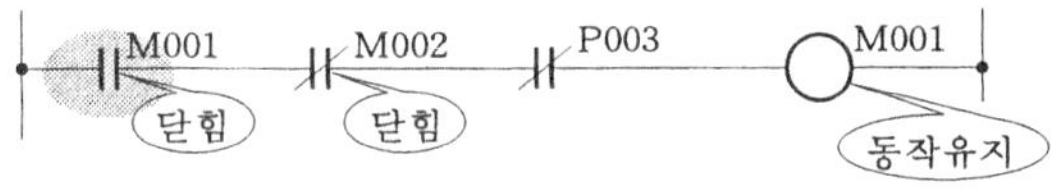

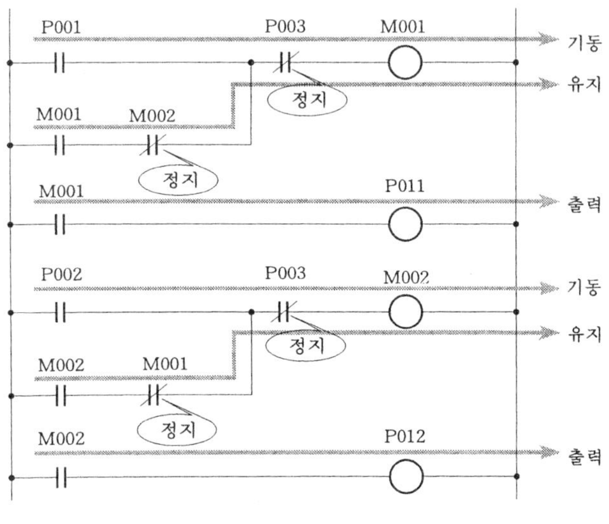

② 기동 입력 P002(BS$_2$)를 주면

ⓐ 기동 : 내부 출력 M002(X$_2$)가 동작한다.

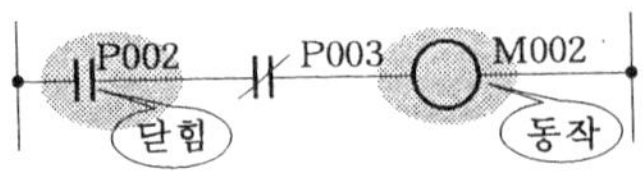

ⓑ 우선 요소 : 우선 요소 M002(유지 M001과 직렬)가 열려 M001(X$_1$)을 복구시킨다(램프 L$_1$ 소등).

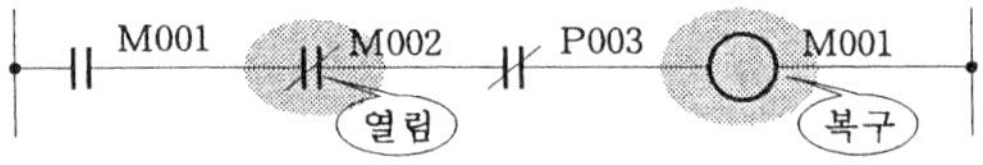

ⓒ 출력 : 동시에 M002가 닫혀서 출력 P012(L$_2$)가 점등한다.

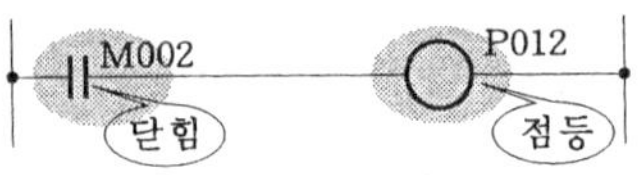

ⓓ 유지 : M002가 닫혀 우선 요소 M001(닫힘)과 직렬로 회로를 유지한다.

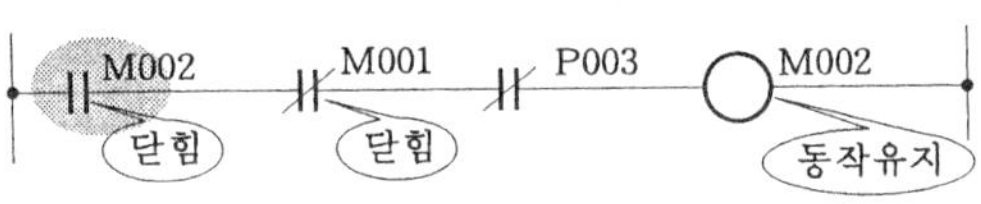

③ 정지 입력 P003(BS$_3$)을 주면

ⓐ 정지 : 동작 중인 내부 출력 M001(X$_1$) 또는 M002(X$_2$)가 복구한다.

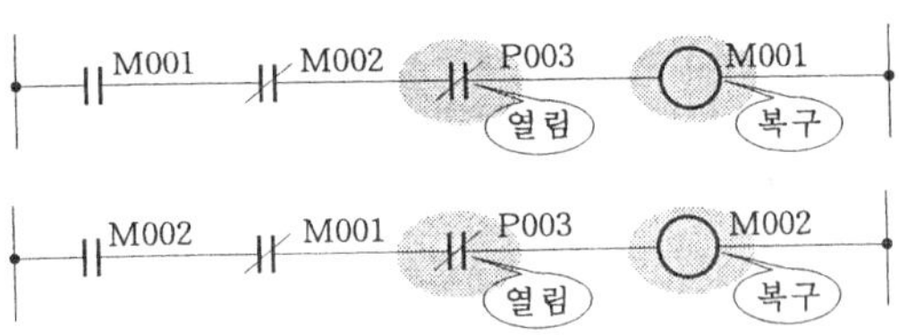

ⓑ 유지 : 동작 중인 유지용 M001 또는 M002가 열려 유지가 해제된다.

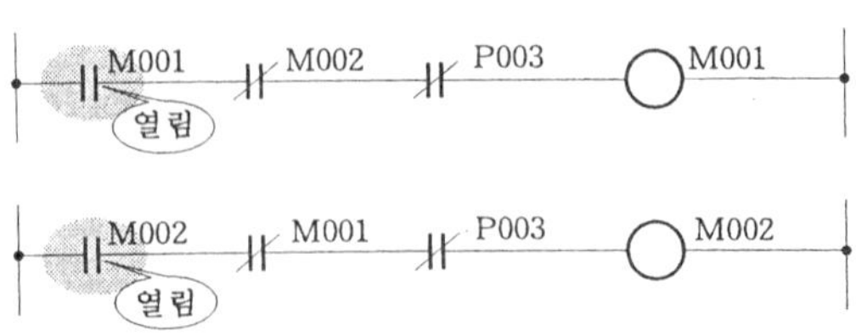

ⓒ 출력 : 동시에 동작 중인 출력용 M001 또는 M002가 열려 출력 P011(L$_1$) 또는 P012(L$_2$)가 소등한다.

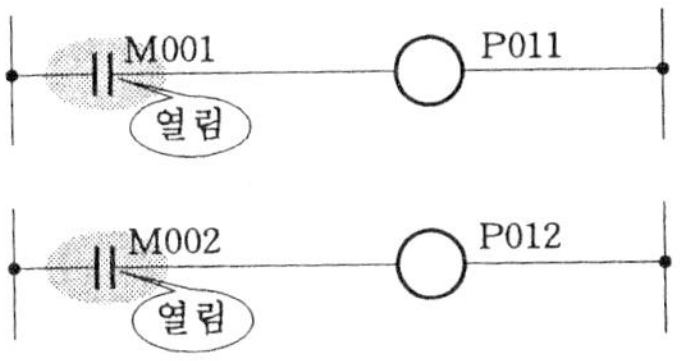

ⓓ 우선 요소 : 동시에 동작 중인 M001 또는 M002의 b접점이 닫혀서 내부 출력 M001(X_1) 또는 M002(X_2)의 유지 회로가 준비된다.

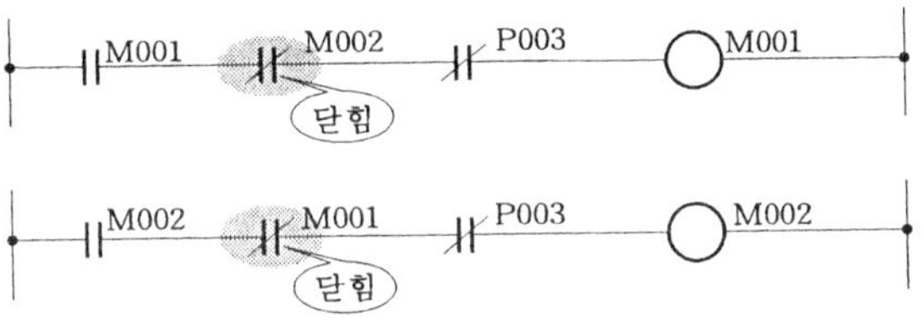

3) 양논리 회로와 그리는 법

▸논리 조건에서

① 기동 : OR 회로를 통하여 기동 입력 BS_1을 그린다 ①.

※ 기동(BS_1)과 유지(Ⓧ)는 OR 회로를 주로 사용한다.

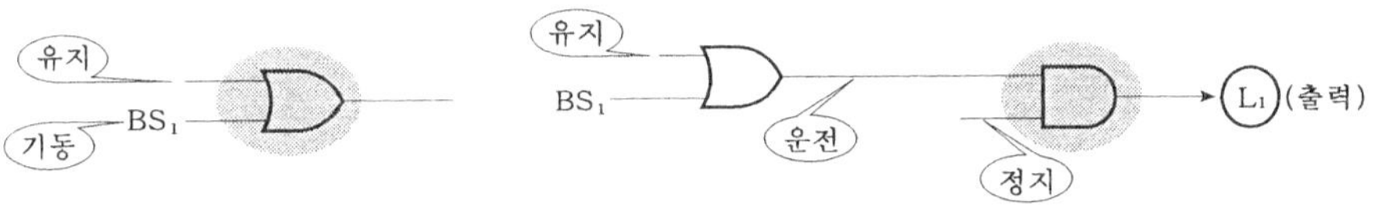

② AND 회로를 통하여 출력 램프 L_1 (유지 회로 X_1)이 점등한다.

※ 운전(OR 출력)과 정지(BS_2)는 AND 회로를 사용한다.

③ 우선 요소는 상대쪽의 유지 회로를 끊으므로 유지 회로 구성은

ⓐ L_1 출력 회로의 되먹임과

ⓑ 우선 요소(L_2 출력 회로의 NOT 회로)의 2입력 AND 회로로 된다.

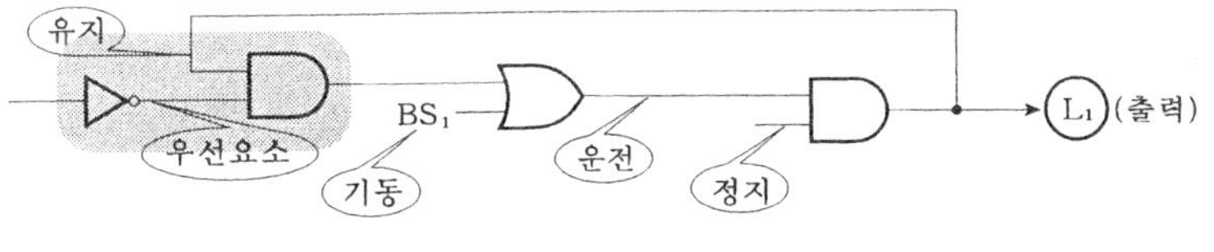

④ 공통 정지 신호 BS_3을 NOT 회로를 통하여 AND 회로에 접속한다.

※ 정지 신호(BS_2)에는 NOT 회로를 접속한다.

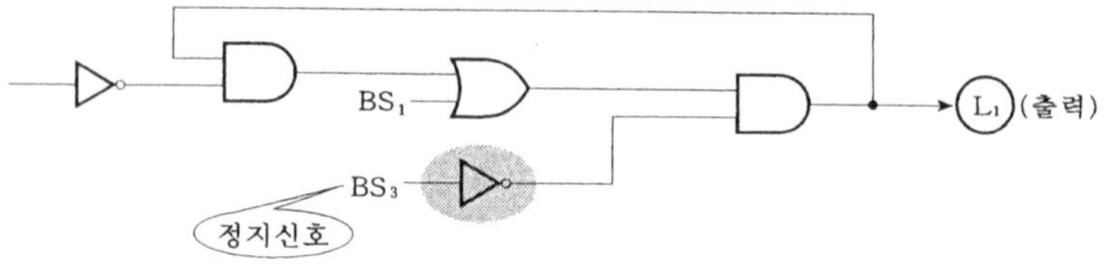

⑤ 램프 L_2 출력을 ①~④와 같은 방법으로 유지 회로를(뒤집어) 그린다.

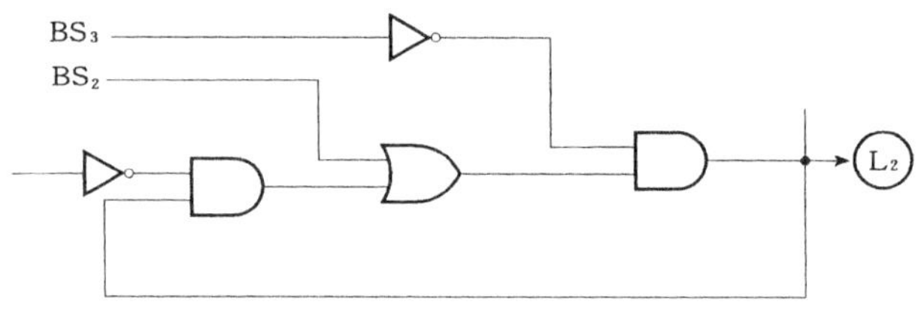

⑥ 정리하면 그림 2.72와 같다.

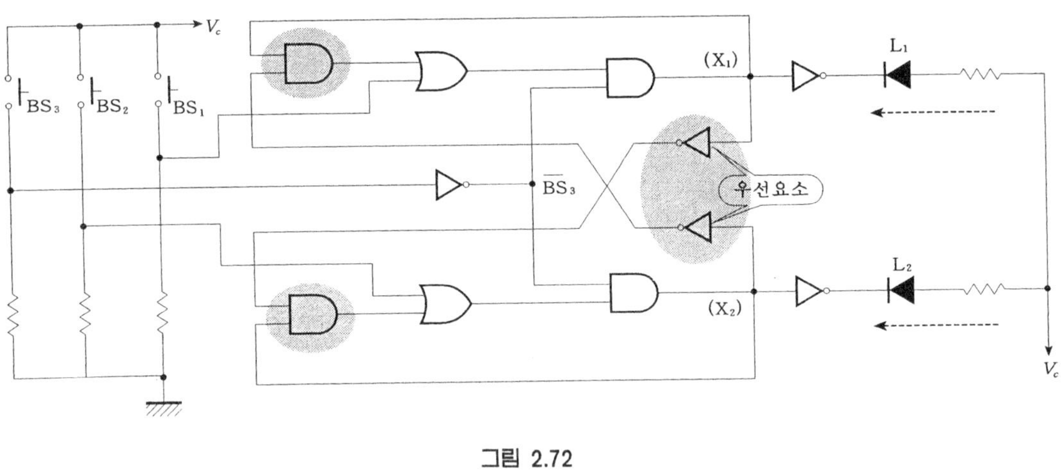

그림 2.72

▸그림 2.71의 래더도에서 그린다.

① P011 : M001에서 출력 회로를 통하여 접속한다.

M001 : 유지 M001과 우선 요소 M002(NOT 포함)의 직렬 AND 회로,

여기에 기동 버튼 P001과의 OR(병렬) 회로,

여기에 정지 버튼 P003의 2입력 AND(직렬)이다.

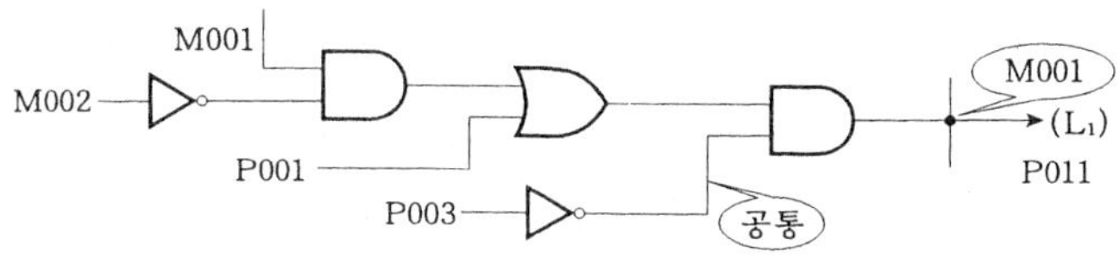

② P012 : M002에서 출력 회로를 통하여 접속한다.

M002 : 유지 M002와 우선 요소 M001(NOT 포함)의 직렬 AND 회로,
여기에 기동 버튼 P002와의 OR(병렬) 회로,
여기에 정지 버튼 P003의 2입력 AND(직렬)이다.
여기서 ②를 뒤집어서 ①과 접속하면 위의 그림 2.72와 같이 된다.

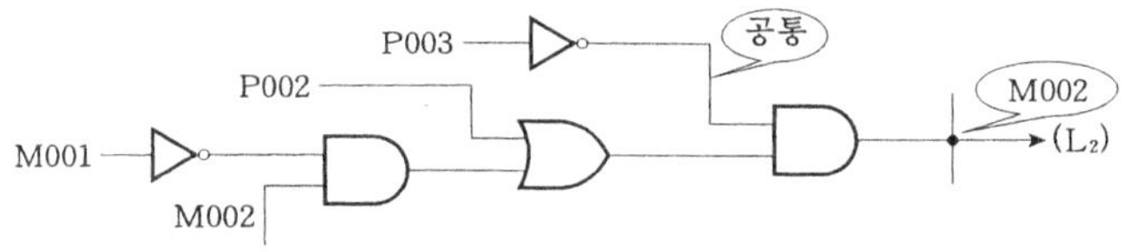

▸릴레이 시퀀스(그림 2.69)와 비교하여 그린다.

① $L_1(X_1)$: 유지 접점 $X_{1(1)}$과 우선 요소 $X_{2(3)}$(b접점 NOT 회로)을 직렬 AND 회로로 그리고
이것과 입력 BS_1을 병렬 OR 회로로 그리고,
또 이것과 입력 BS_3(b접점 NOT 회로)을 직렬 AND 회로로 그린다.

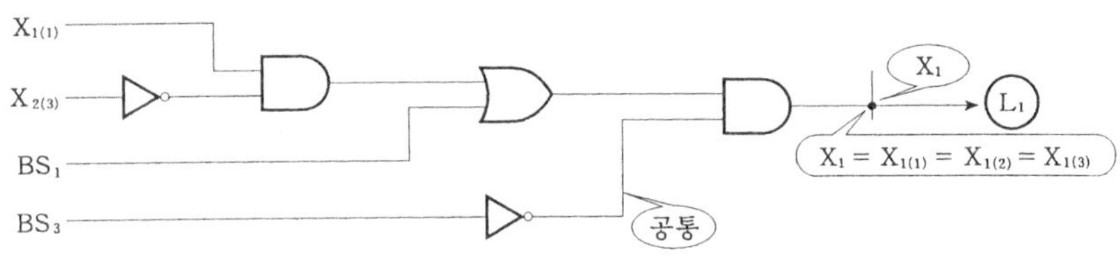

② $L_2(X_2)$: 유지 접점 $X_{2(1)}$과 우선 요소 $X_{1(3)}$(b접점 NOT 회로)을 직렬 AND 회로로 그리고
이것과 입력 BS_2를 병렬 OR 회로로 그리고,
또 이것과 입력 BS_3(b접점 NOT 회로)을 직렬 AND 회로로 그린다.
여기서 ②를 뒤집어서 ①과 접속하면 위의 그림 2.72와 같이 된다.
또, $X_1 = X_{1(1)} = X_{1(2)} = X_{1(3)}$, $X_2 = X_{2(1)} = X_{2(2)} = X_{2(3)}$임을 유의한다.

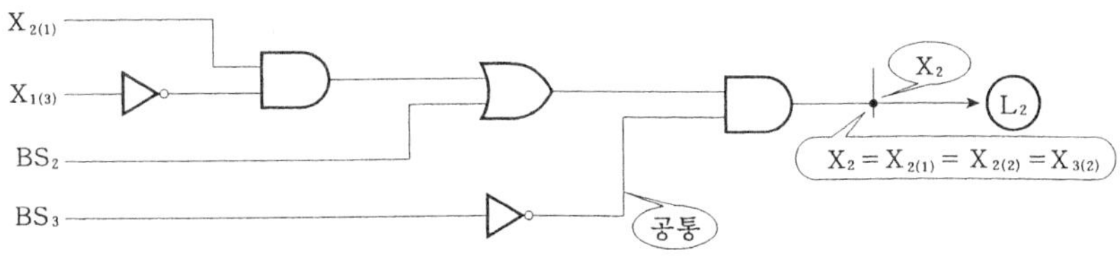

4) 동작 [1] 정지(소등 ▶ BS_1~BS_3 → L 레벨, L_1~L_2 → L 레벨) 상태

그림 2.73에서 BS_1, BS_2, BS_3이 열려 있고 램프(부하) L_1, L_2는 소등 상태이다.

① 점 [1] : 입력 BS_1은 열려 있고 200〔Ω〕을 통하여 접지 상태 L 레벨이다.

② 점 [2] : 입력 BS_2는 열려 있고 200〔Ω〕을 통하여 접지 상태 L 레벨이다.

③ 점 [3] : 입력 BS_3은 열려 있고 200〔Ω〕을 통하여 접지 상태 L 레벨이다.

④ 점 [4] : 점 [3]의 L 레벨이 NOT 회로를 통하므로 [4]는 전압 상태 H 레벨이다.

⑤ 점 [5] : 점 [1]과 점 [9]가 모두 L 레벨이므로 OR 출력점 [5]는 L 레벨이다.

⑥ 점 [6] : 점 [4]→H 레벨, 점 [5]→L 레벨이므로 AND 출력점 [6]은 L 레벨이 된다. 즉, 정지 상태에서 출력은 없고 L 레벨이다.

⑦ 점 [7] : 점 [2]와 점 [10]이 모두 L 레벨이므로 OR 출력점 [7]은 L 레벨이다.

⑧ 점 [8] : 정지 상태에서 출력은 없고 L 레벨이다.

⑨ 점 [9] : 정지 상태에서 점 [6]이 L 레벨이므로 AND 출력점 [9]는 L 레벨이다.

⑩ 점 [10] : 정지 상태에서 점 [8]이 L 레벨이므로 AND 출력점 [10]은 L 레벨이다.

⑪ 점 [11] : 점 [6]의 L 레벨이 NOT 회로를 통하므로 [11]은 전압 상태 H 레벨이다.

⑫ 점 [12] : 점 [8]의 L 레벨이 NOT 회로를 통하므로 [12]는 전압 상태 H 레벨이다.

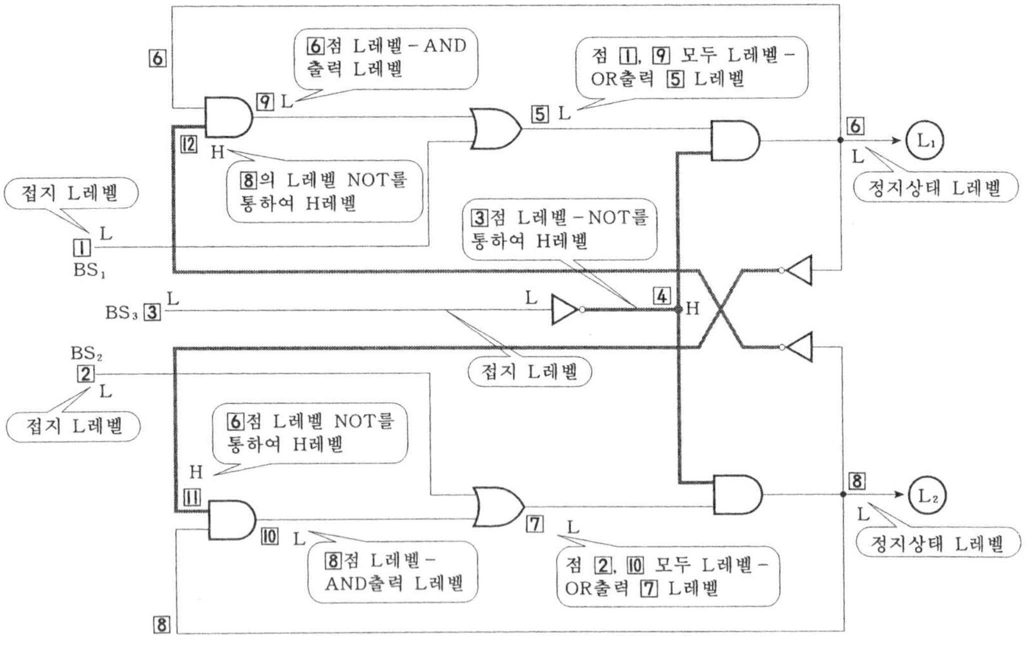

그림 2.73

5) 동작 ② 운전(L_1 점등▶ BS_1 → H 레벨, BS_2 → L 레벨, BS_3 → L레벨) 상태

그림 2.74에서 기동 입력 BS_1을 눌렀다 놓으면 램프 L_1이 점등한다.

① 점 [1] : 입력 BS_1을 누르면 전압 $V_c = 5$ [V]를 통하여 H 레벨이 되고 램프 L_1을 점등시킨다. 이후 BS_1을 놓으면 다시 L 레벨로 돌아온다.

② 점 [5] : 점 [1]의 H 레벨로 OR 출력점 [5]는 H 레벨이 된다. 이후 [1]−L 레벨, [6]−H 레벨, [9]−H 레벨이 되어 OR 회로는 유지(H 레벨)된다.

③ 점 [6] : 점 [4] → H 레벨, [5] → H 레벨이므로 AND 출력점 [6]은 H 레벨이 된다. 즉, 운전 상태가 되고 출력 램프 L_1이 점등된다.

④ 점 [9] : 운전 상태에서 점 [6]이 H 레벨이고, 또 점 [12]가 H 레벨이므로 AND 출력점 [9]는 H 레벨이며 되먹임 유지 회로 [5]를 구성한다.

⑤ 점 [11] : 점 [6]의 H 레벨이 NOT 회로를 통하므로 점 [11]은 접지 상태 L 레벨이 되고 유지 회로 [10], [7]을 차단(L 레벨)하여 램프 L_2가 점등 중이라면 소등된다.

⑥ 점 [12] : 점 [8]의 L 레벨이 NOT 회로를 통하므로 [12]는 전압 상태 H 레벨이다.

⑦ 점 [2], 점 [7], 점 [8], 점 [10]은 L_2 소등 상태에서 4)(그림 2.73)와 같다.

⑧ 점 [3], 점 [4]는 정지 회로이고 4)(그림 2.73)와 같다.

⑨ 정지 신호 BS_3을 주면 점 [3] → H 레벨, 점 [4] → L 레벨이 되어 AND 출력점 [6]이 L 레벨이고 L_1은 소등된다. ← 이하 정지 상태와 같다.

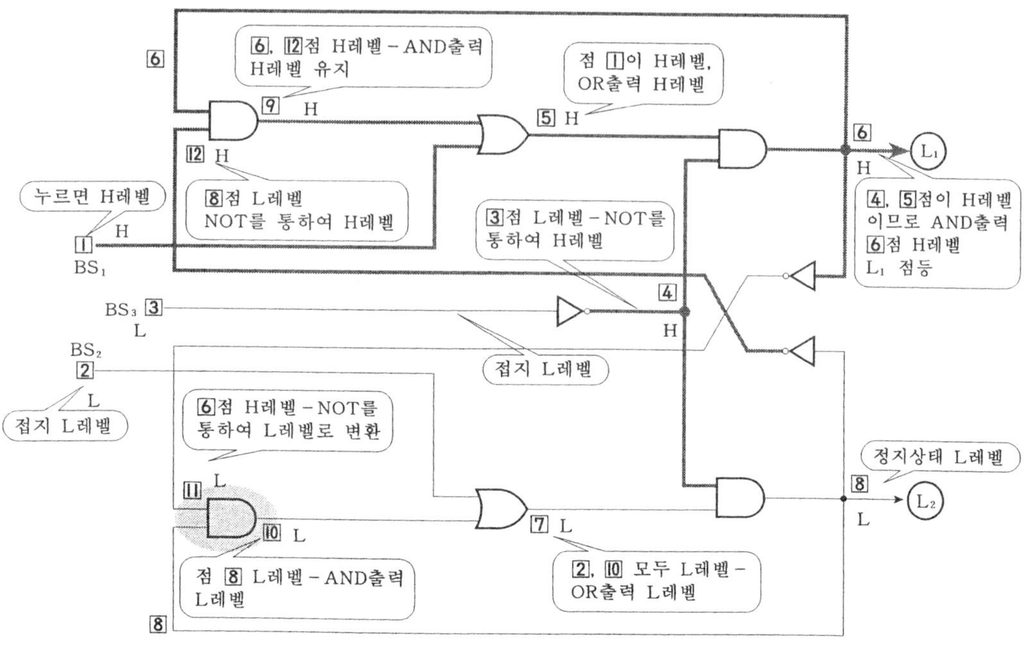

그림 2.74

6) 동작 ③ 운전(L_2 점등 ▶BS_1 → L 레벨, BS_2 → H 레벨, BS_3 → L 레벨) 상태

그림에서 기동입력 BS_2를 눌렀다 놓으면 램프 L_2가 점등하고 L_1이 소등한다.

① 점 1, 점 3은 L 레벨이고 점 4는 H 레벨이다(정지 상태와 같다).

② 점 2 : 입력 BS_2를 누르면 전압 $V_c = 5$ [V]를 통하여 H 레벨이 된다.

③ 점 7 : 점 2가 H 레벨이므로 OR 출력점 7은 H 레벨이다.

④ 점 8 : 점 4→H 레벨, 점 7→H 레벨이므로 AND 출력점 8은 H 레벨이 된다. 즉, 운전 상태가 되고 출력 램프 L_2가 점등된다.

⑤ 점 12 : 점 8의 H 레벨이 NOT 회로를 통하므로 점 12는 L 레벨로 된다.

⑥ 점 9 : 점 12가 L 레벨로 변하므로 AND 출력점 9는 L 레벨로 된다.

⑦ 점 5 : 입력 1, 9가 L 레벨이므로 점 5는 L 레벨이 되어 유지가 해제된다.

⑧ 점 6 : 점 4→H 레벨, 점 5→L 레벨이므로 AND 출력 점 6은 L 레벨이 된다. 즉, 정지 상태가 되고 출력 램프 L_1이 소등된다.

⑨ 점 11 : 점 6의 L 레벨이 NOT 회로를 통하므로 점 11은 H 레벨이 된다.

⑩ 점 10 : 점 8과 11이 모두 H 레벨이므로 AND 회로점 10은 H 레벨이 되고 유지 회로를 구성한다.

⑪ 정지 신호 BS_3을 주면 점 3→H 레벨, 점 4→L 레벨이 되어 AND 출력점 8이 L 레벨이고 L_2은 소등된다. ← 이하 정지 상태와 같다.

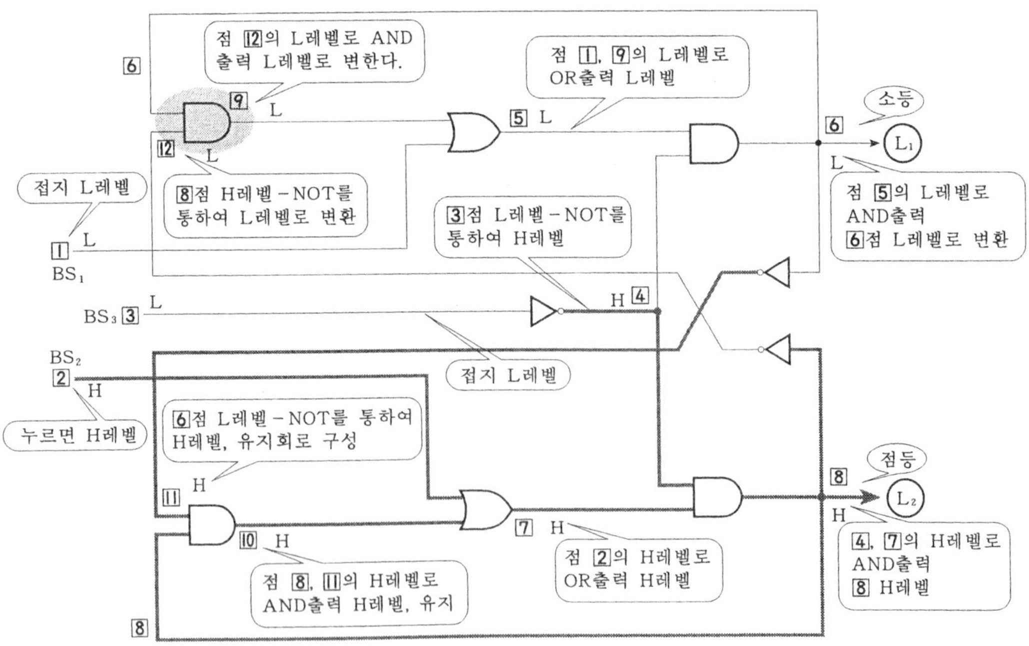

그림 2.75

7) 동작 [4] 운전(L_1 재점등 ▶ BS_1 → H 레벨, BS_2~BS_3 → L 레벨) 상태

입력 BS_1을 다시 눌렀다 놓으면 램프 L_1이 재점등하고 L_2가 소등한다.

① 점 [1] : 입력 BS_1을 누르면 전압 $V_c = 5$ 〔V〕를 통하여 H 레벨이 되고 램프 L_1을 재점등시킨다. 이후 BS_1을 놓으면 다시 L 레벨로 돌아온다.

② 점 [5] : 점 [1]의 H 레벨로 OR 출력점 [5]는 H 레벨이 된다.

③ 점 [6] : 점 [4] → H 레벨, 점 [5] → H 레벨이므로 AND 출력점 [6]은 H 레벨이 된다. 즉, 운전 상태가 되고 출력 램프 L_1이 재점등된다.

④ 점 [11] : 점 [6]의 H 레벨이 NOT 회로를 통하므로 점 [11]은 L 레벨이 된다.

⑤ 점 [10] : 점 [11]이 L 레벨로 변하므로 AND 출력점 [10]은 L 레벨로 된다.

⑥ 점 [7] : 점 [2]와 [10]이 L 레벨이므로 점 [7]은 L 레벨로 변한다(유지 해제).

⑦ 점 [8] : 점 [7]이 L 레벨로 변하므로 AND 출력점 [8]이 L 레벨로 되어 램프 L_2가 소등된다. 즉, 정지 상태가 되고 출력 램프 L_2가 소등된다.

⑧ 점 [12] : 점 [8]의 L 레벨이 NOT 회로를 통하므로 점 [12]는 H 레벨이 된다.

⑨ 점 [9] : 점 [6]과 [12]가 H 레벨이므로 [9]는 H 레벨이며 유지 회로를 구성한다.

⑩ 점 [2], 점 [3]은 L 레벨이고 점 [4]는 H 레벨이다(정지 상태와 같다).

※ 현재 램프 L_1이 점등 중이고 입력 BS_2를 주면 램프 L_2가 점등하고 L_1이 소등된다. 또, 정지 입력 BS_3을 주면 L_1이 소등된다(이하 정지 상태와 같다).

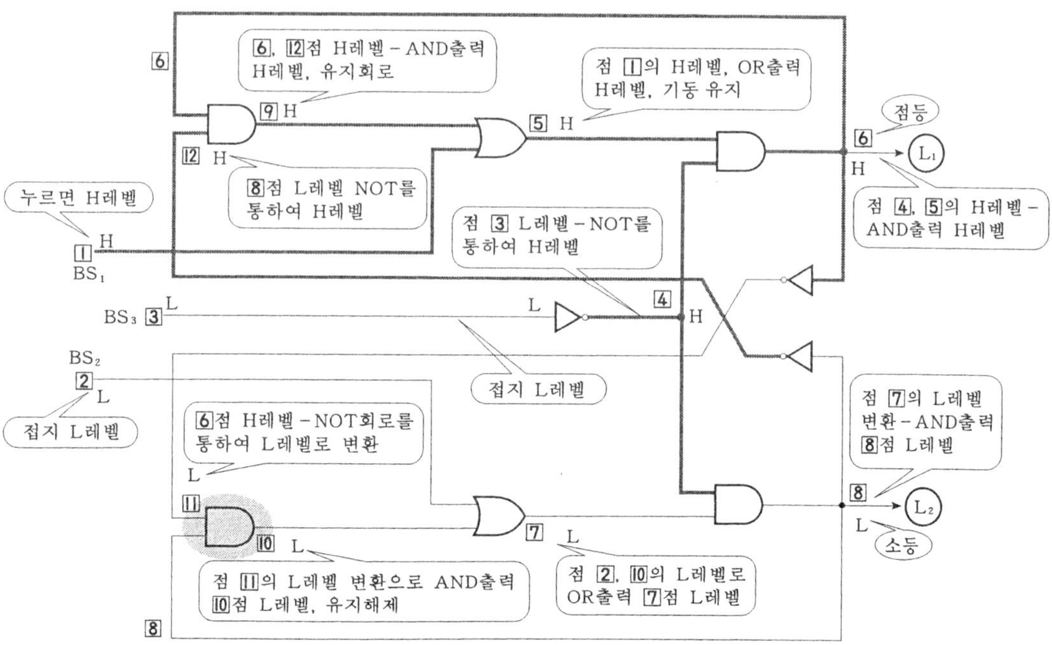

그림 2.76

(3) 로직 회로

1) 회로와 그리는 법

① 논리 조건 : 램프 2개 중 L_1이 점등하면 L_2가 소등하고, 또 L_2가 점등하면 L_1이 소등하는 것을 반복할 수 있는 회로

② 사용 기구 : 입・출력 회로는 생략한다.

ⓐ 입력 기구 : 버튼 스위치 3개 − BS_1(1a), BS_2(1a), BS_3(1a)

ⓑ 출력 기구 : 램프 2개 − L_1, L_2

ⓒ 보조 기구 : 논리 회로(정지 요소 포함 $\overline{R}\,\overline{S}$−latch(FF−유지 회로) 2개

③ 타임 차트 : 그림 2.77

ⓐ BS_1−BS_2−BS_1의 순서로 기동 입력을 준다.

ⓑ L_1 동작 : L 입력형 BS_1 조작(눌렀다 놓는다)을 먼저 그린다. BS_1을 누르는 순간에 FF_1이 set 하여 램프 L_1이 점등하도록 그린다.

ⓒ L_2 동작 : L_1 점등 후 L 입력형 BS_2 조작을 그린다. BS_2를 누르는 순간에 FF_2가 set 하여 램프 L_2가 점등하도록 그린다. 동시에 FF_1이 reset 하여 램프 L_1이 소등하도록 그린다.

ⓓ L_1 재동작 : BS_1 조작을 다시 그린다. BS_1을 누르는 순간에 FF_1이 set 하여 램프 L_1이 점등하도록 그린다. 동시에 FF_2가 reset 하여 램프 L_2가 소등하도록 그린다.

ⓔ L 입력형 공통 정지 신호 BS_3을 주면 set 중인 FF(FF_1)가 reset 하여 점등 중인 램프(L_1)가 복구하도록 그린다.

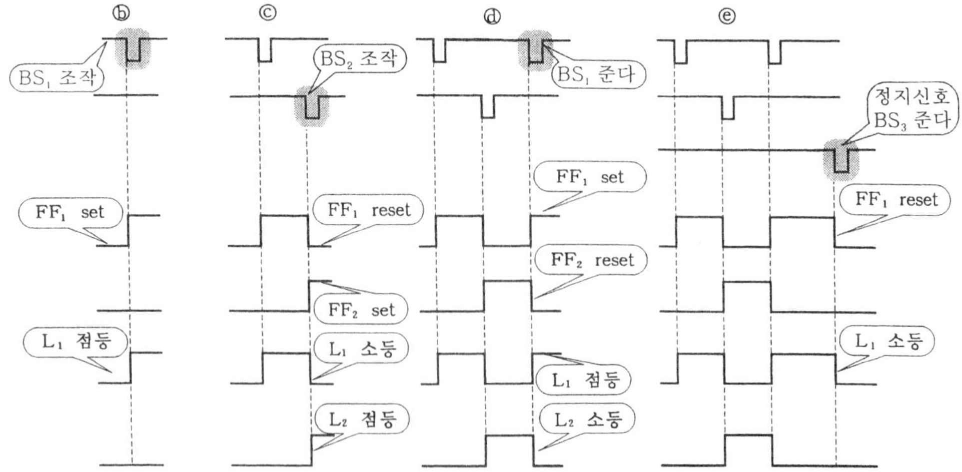

그림 2.77

④ 동작 순서

㉮ 기동 L입력 BS_1을 주면 유지 회로 $FF_1(X_1)$이 set 하여 램프 L_1이 점등한다.

㉯ 이후 기동 L입력 BS_2를 주면
유지 회로 $FF_2(X_2)$가 set 하여 램프 L_2가 점등하며, 동시에
정지 요소(OR 회로)를 통하여 $FF_1(X_1)$이 reset 하여 램프 L_1이 소등된다.

㉰ 이후 다시 입력 BS_1을 주면 $FF_1(X_1)$이 set 하여 램프 L_1이 점등한다. 동시에 정지 요소(OR 회로)를 통하여 $FF_2(X_2)$가 reset 하여 램프 L_2가 소등된다.

㉱ 공통 정지 L입력 BS_3을 주면 $FF_1(X_1)$이 reset 하여 램프(L_1)가 복구한다.

ⓐ L_1 동작 : BS_1을 주면 FF_1이 set(L_1 점등)하고 FF_2가 reset (L_2 소등)한다.

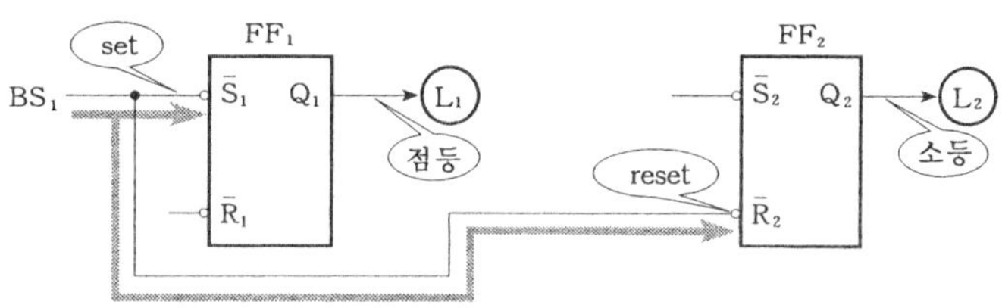

ⓑ L_2 동작 : BS_2를 주면 FF_2가 set(L_2 점등)하고 FF_1이 reset (L_1 소등)한다.

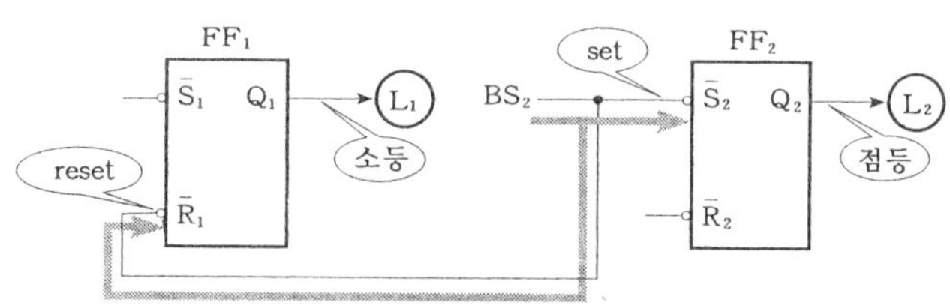

ⓒ 정지 : BS_3을 주면 FF_1 또는 FF_2가 reset(L_1 또는 L_2가 소등)한다.

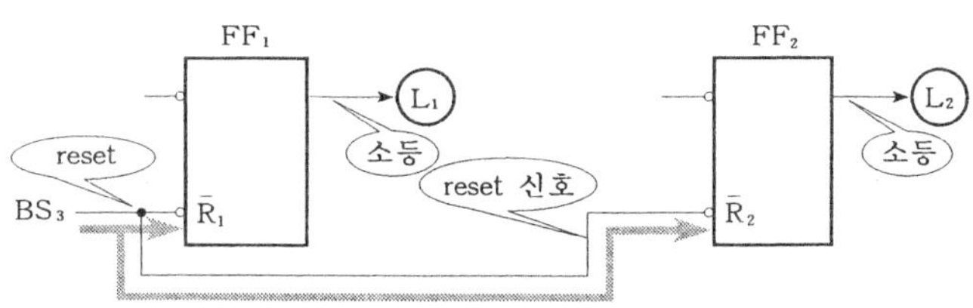

ⓓ 정지 요소 : 위의 ⓐ~ⓒ에서
FF$_1$(램프 L$_1$)의 정지 신호는 BS$_2$ 또는 BS$_3$이 되고,
또 FF$_2$(램프 L$_2$)의 정지 신호는 BS$_1$ 또는 BS$_3$이 된다.
즉 각각 2입력 OR 회로가 된다.
여기서 BS$_1$~BS$_3$은 L 입력형이고, 또
FF$_1$과 FF$_2$는 L입력으로 set 및 reset 되므로 모두 NOT 회로를 포함한다.

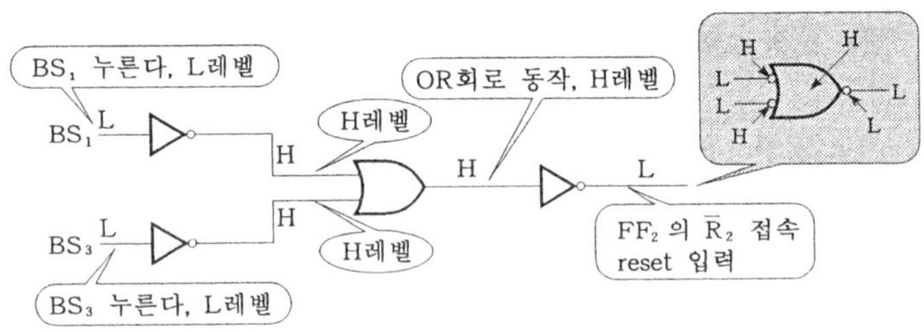

그리고 부하 램프가 2개이므로 정지 요소가 2개 필요하다.

ⓔ 위의 ⓐ~ⓓ를 조합하면 그림 2.78과 같다. ← 회로 완성

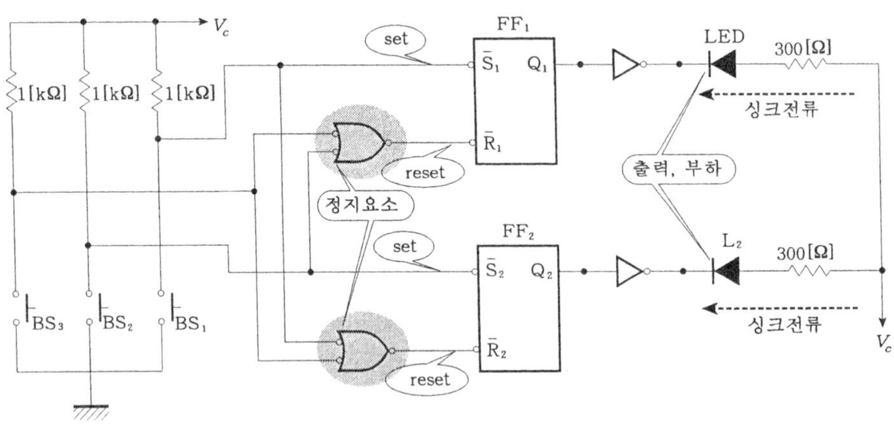

그림 2.78

2) 동작 1 정지(소등 ▶ BS_1~BS_3 → H 레벨, L_1, L_2 → L 레벨) 상태

그림 2.79에서 BS_1, BS_2, BS_3이 열려 있고 램프 L_1, L_2는 소등 상태이다.

① 점 1 : 입력 BS_1은 열려 있고 저항 1〔kΩ〕을 통하여 V_c가 걸려 H 레벨이다.

② 점 2 : 입력 BS_2는 열려 있고 저항 1〔kΩ〕을 통하여 V_c가 걸려 H 레벨이다.

③ 점 3 : 입력 BS_3은 열려 있고 저항 1〔kΩ〕을 통하여 V_c가 걸려 H 레벨이다.

④ 점 4 : FF_1이 reset 상태(출력 없음)이므로 출력(Q_1) 점 4는 L 레벨이다.

⑤ 점 5 : FF_2가 reset 상태(출력 없음)이므로 출력(Q_2) 점 5는 L 레벨이다.

⑥ 점 6 : 점 3의 H 레벨이 상태 표시(O→NOT 회로→ ─▷○─)를 통하므로 점 6 (NOT 출력)은 L 레벨이다.

⑦ 점 7 : 점 2의 H 레벨이 NOT 회로를 통하므로 7(NOT 출력)은 L 레벨이다.

⑧ 점 8 : 점 6과 점 7이 모두 L 레벨이므로 OR 회로 출력 8은 L 레벨이다.

⑨ 점 9 : OR 출력 8의 L 레벨이 NOT 회로를 통하므로 점 9는 H 레벨이다.

⑩ 점 10 : 점 1의 H 레벨이 NOT 회로를 통하므로 10(NOT 출력)은 L 레벨이다.

⑪ 점 11 : 점 6과 점 10이 모두 L 레벨이므로 OR 회로 출력 11은 L 레벨이다.

⑫ 점 12 : OR 출력 11의 L 레벨이 NOT 회로를 통하므로 점 12는 H 레벨이다.

※ 현재 정지 상태이고 램프 출력은 없다.

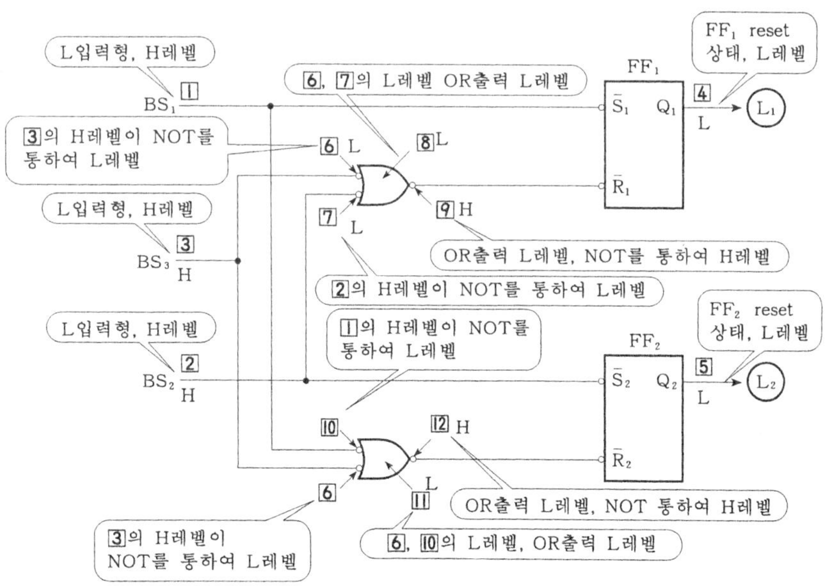

그림 2.79

3) 동작 [2] 운전(L_1 점등 ▶ BS_1 → L 레벨, BS_2~BS_3 → H 레벨) 상태

그림 2.80에서 기동 입력 BS_1을 눌렀다 놓으면 램프 L_1이 점등한다.

① 점 [1] : 입력 BS_1을 누르면 접지를 통하여 L 레벨이 되므로 FF_1이 set 되고(램프 L_1이 점등), 동시에 점 [10]을 통하여 FF_2가(set 중이면) reset 된다.
이후 BS_1을 놓으면 다시 H 레벨로 돌아온다.

② 점 [4] : 점 [1]의 L 레벨로 FF_1이 set(출력 Q_1 [4]-H 레벨)되고 램프 L_1이 켜진다.

③ 점 [10] : 점 [1]의 L 레벨이 NOT 회로(상태 표시 O)를 통하므로 [10]은 H 레벨이다.

④ 점 [11] : 점 [10]이 H 레벨이므로 OR 회로 출력 [11]은 H 레벨이다.

⑤ 점 [12] : OR 출력 [11]의 H 레벨이 NOT 회로를 통하므로 점 [12]는 L 레벨이다.

⑥ 점 [5] : 점 [12]의 L 레벨로 FF_2가 set 중이면 reset 되고 출력(Q_2) 점 [5]는 L 레벨이다.
이때 L_2가 점등 중이면 소등된다.

⑦ 점 [2], 점 [3], 점 [6], 점 [7], 점 [8], 점 [9]는 정지 상태와 같다.
※ 현재 램프 L_1이 점등 중이고 BS_2나 BS_3을 주면 소등된다(다음 참조).

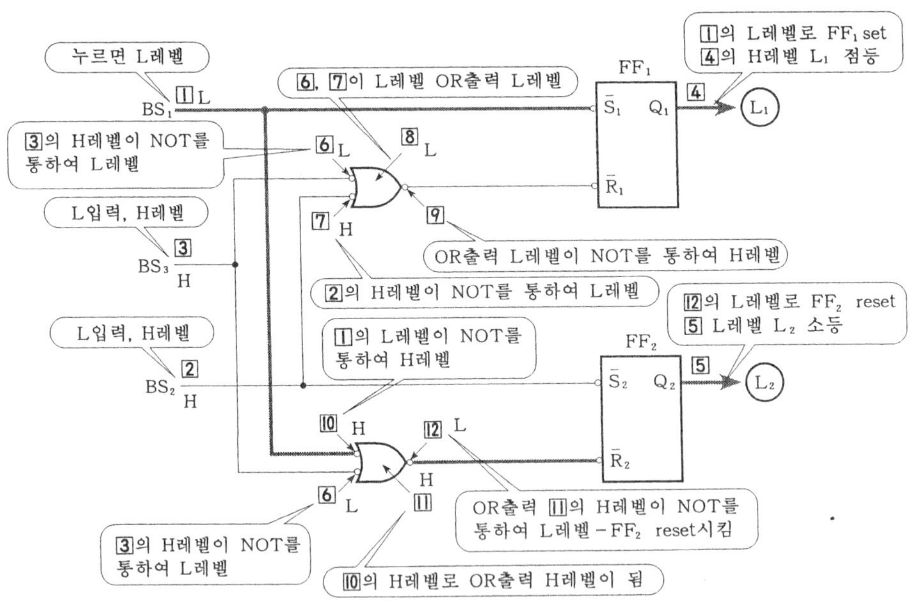

그림 2.80

4) 동작 3 운전(L_2 점등 ▶ BS_1 → H 레벨, BS_2 → L 레벨, BS_3 → H 레벨) 상태

그림 2.81에서 BS_2를 눌렀다 놓으면 램프 L_2가 점등하고 L_1이 소등한다.

① 점 2 : 입력 BS_2를 누르면 접지를 통하여 L 레벨이 되므로 FF_2가 set 되고(램프 L_2 점등) 동시에 점 7을 통하여 FF_1이 reset 된다. 이후 BS_1을 놓으면 다시 H 레벨로 돌아온다.

② 점 5 : 점 2의 L 레벨로 FF_2가 set(출력 Q_2—H 레벨)되고 램프 L_2가 켜지며 출력(Q_2) 점 5는 H 레벨이 된다.

③ 점 7 : 점 2의 L 레벨이 상태 표시를 통하므로 7(NOT 출력)은 H 레벨이다.

④ 점 8 : 점 7이 H 레벨이므로 OR 회로 출력 8은 H 레벨이다.

⑤ 점 9 : OR 출력 8의 H 레벨이 NOT 회로를 통하므로 점 9는 L 레벨이다.

⑥ 점 4 : 점 9의 L 레벨로 FF_1이 reset 되고 램프 L_1이 소등하며 출력(Q_1) 점 4는 L 레벨이 된다.

⑦ 점 1, 점 3, 점 6, 점 10, 점 11, 점 12은 정지 상태와 같다.

※ 현재 램프 L_2가 점등 중이고 BS_1이나 BS_3을 주면 소등된다(다음 참조).

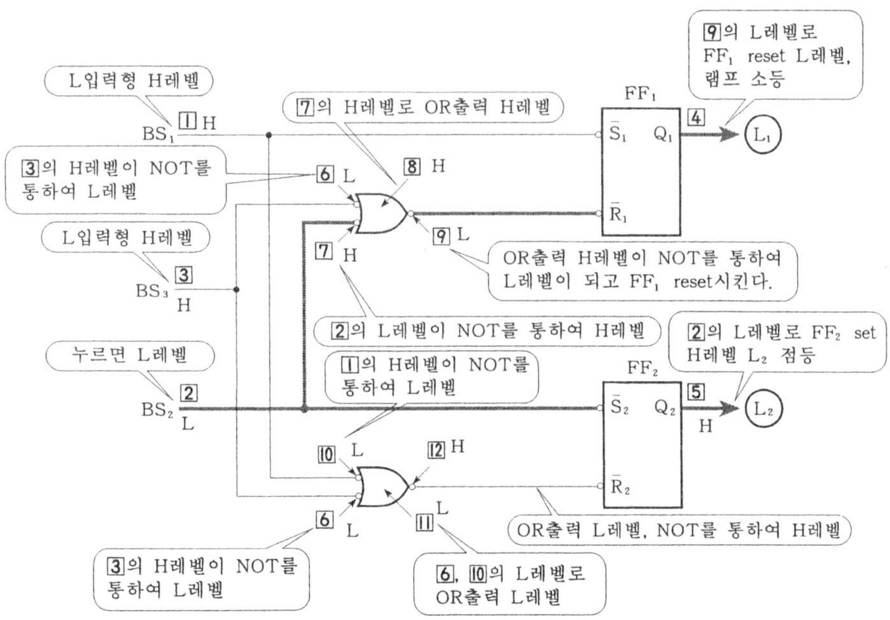

그림 2.81

5) 동작 ④ 정지(소등 ▶ BS_1 → H 레벨, BS_2 → H 레벨, BS_3 → L 레벨) 상태

그림 2.82에서 공통 정지 입력 BS_3을 눌렀다 놓으면
동작 중인 FF가 reset 하고 램프가 소등된다.

① 점 3 : 공통 정지 입력 BS_3을 누르면 접지를 통하여 L 레벨이 되고
점 6을 통하여 FF_1과 FF_2가 reset 된다. 이후 BS_3을 놓으면 다시 H 레벨로 돌아온다.

② 점 6 : 점 3의 L 레벨이 NOT 회로를 통하므로 6(NOT 출력)은 H 레벨이다.

③ 점 8 : 점 6이 H 레벨이므로 OR 회로 출력 8은 H 레벨이다.

④ 점 9 : OR 출력 8의 H 레벨이 NOT 회로를 통하므로 점 9는 L 레벨이다.

⑤ 점 4 : 점 9의 L 레벨로 FF_1이 reset 되고 램프 L_1이 소등되며 출력(Q_1) 점 4는 L 레벨이 된다.

⑥ 점 11 : 점 6이 H 레벨이므로 OR 회로 출력 11은 H 레벨이다.

⑦ 점 12 : OR 출력 11의 H 레벨이 NOT 회로를 통하므로 점 12는 L 레벨이다.

⑧ 점 5 : 점 12의 L 레벨로 FF_2가 reset 되고 램프 L_2가 소등되며 출력(Q_2) 점 5는 L 레벨이 된다.

⑨ 점 1, 점 10, 점 2, 점 7은 정지 상태와 같다.
※ 현재 정지 상태이고 램프 출력은 없다.

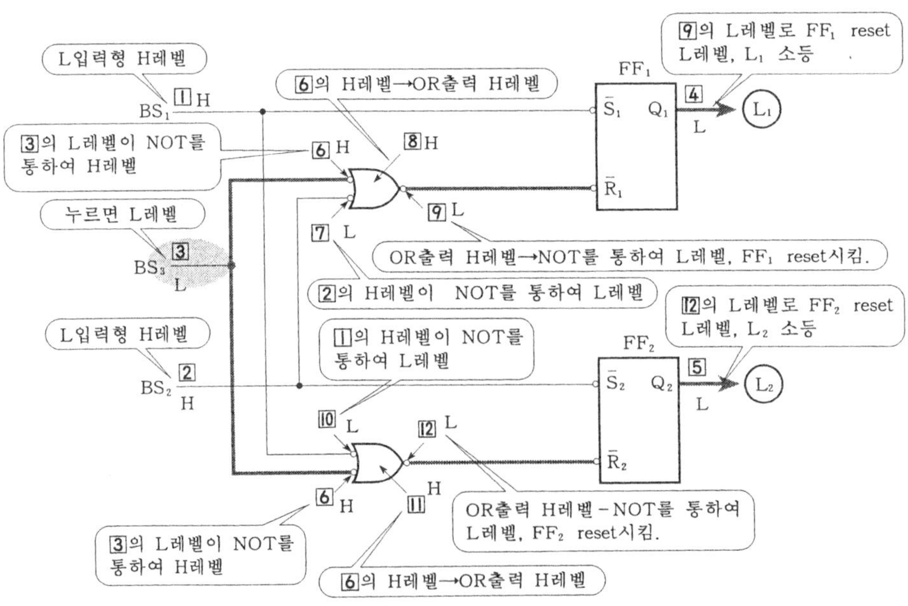

그림 2.82

3. 시한 제어 회로

▸ 입력 신호를 주면 정해진 시간(설정 시간 t)만큼 늦게 출력 신호가 변화하는 회로, 즉 늦게 동작한다든지, 늦게 복구한다든지 또는 일정한 시간 동안만 동작하는 등의 시간적 요소가 있는 회로를 시한(또는 한시) 제어(동작) 회로(time delay circuit- timer circuit)라고 한다.

▸ RC 회로의 충방전과 시상수를 이용하여 접점 또는 회로 출력을 설정 시간(t초)만큼 동작시키든지 또는 설정 시간만큼 늦게 동작(또는 복구)시킨다.

▸ 제어 요소로는 타이머(전자) 릴레이, 반도체 IC 소자인 NE-555, 단안정 소자 SN-74123 등을 사용한다.

▸ 시간 제어 기구로는 다음 4가지가 많이 이용된다(1.3.9절 타이머 소자 참조).

① 동작 시간이 늦은
시한 동작(순시 복구) 회로(on delay timer-TON, 그림 2.83(a))

② 복구 시간이 늦은
(순시 동작) **시한 복구 회로**(off delay timer-TOFF, 그림 2.83(b))

③ 일정한 시간만 동작하는
단안정 회로(single multivibrator, one shot-TMON, 그림 2.38(c))

④ 일정한 시간 동안 동작하고 또 일정한 시간 동안 복구하는 것을 반복하는 **교대 동작 회로** (그림 2.38 (d))

▸이 장에서는 출력 기구로 램프 L(L_1, L_2)를 사용하기로 한다. 또
▸타이머 설정 시간 이외의 시간 지연(늦음)은 무시한다.

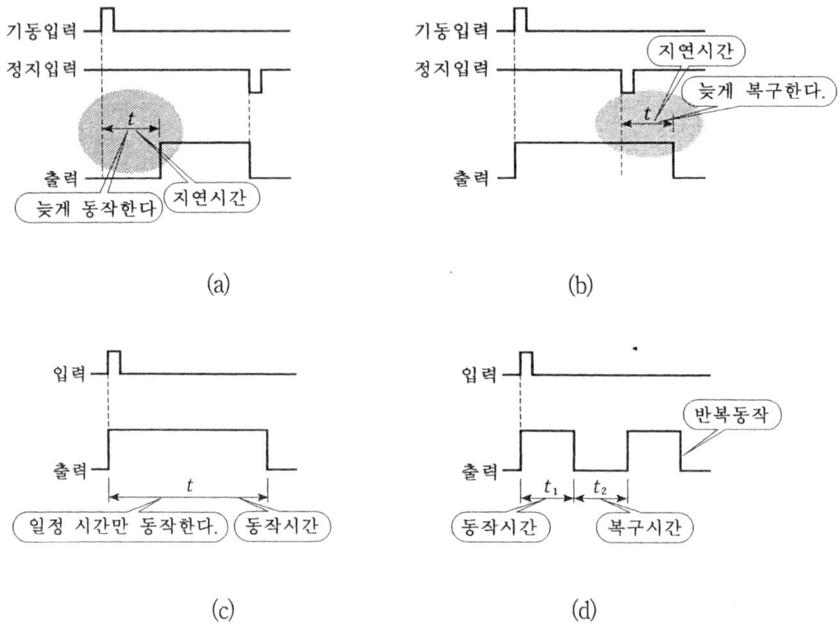

그림 2.83

3.1 시한 동작 회로

▸기동 입력을 주면 일정한 시간이 지난 후에 회로(기기)가 동작한다. 즉, 출력이 늦게 생긴다.
▸정지 입력을 주면 곧바로 기기가 복구(출력이 없어짐)한다.
▸동작 시간이 일정한 시간(이하 설정 시간 t 라 한다)만큼 늦은 시한 동작 순시 복구 회로(TON)이다.

(1) 릴레이 회로

1) 회로 그리기

① 논리 조건 : 기동 입력을 준 후 t초 후에 램프 L_1이 점등하는 회로

② 사용 기구 :

ⓐ 입력 기구 : 버튼 스위치 2개 – BS_1(1a), BS_2(1b)

ⓑ 출력 기구 : 램프 1개 – L_1

ⓒ 보조 기구 : 유지용 보조 릴레이 1개(2a),
시한 동작 타이머 릴레이 TON 1개 (지연 1a – ⌒)

③ 타임 차트 : 그림 2.84

ⓐ 기동 입력 BS_1을 눌렀다 놓는다.

ⓑ BS_1을 누르는 순간 릴레이 X가 동작 유지하고

ⓒ 동시에 타이머 T가 여자된다.

ⓓ 설정 시간 t초 후에 타이머 접점 T_a가 동작(닫힘)하면

ⓔ 출력 램프 L_1이 점등한다.

ⓕ 정지 입력 BS_2를 눌렀다 놓는다.
BS_2를 누르는 순간 전부(X, T, T_a, L_1) 복구한다. 단, 타이머 이외의 시간 늦음은 무시한다.

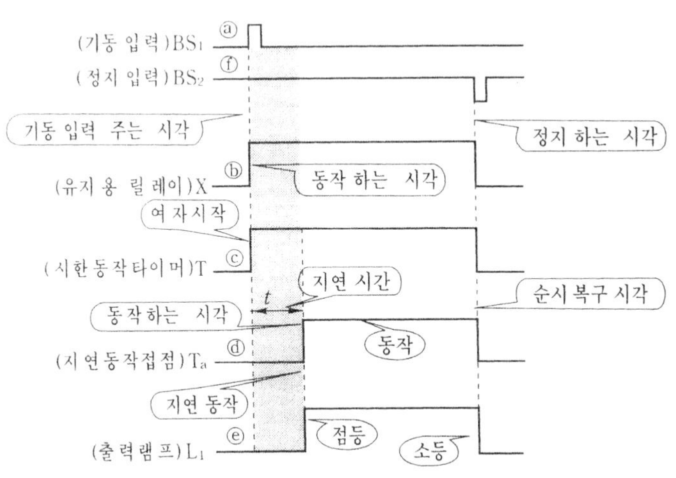

그림 2.84

④ 회로

ⓐ 기동 : 기동 입력 BS_1을 누른다.

ⓑ 유지 기구 : BS_1을 누르는 순간 릴레이 X가 동작한다.

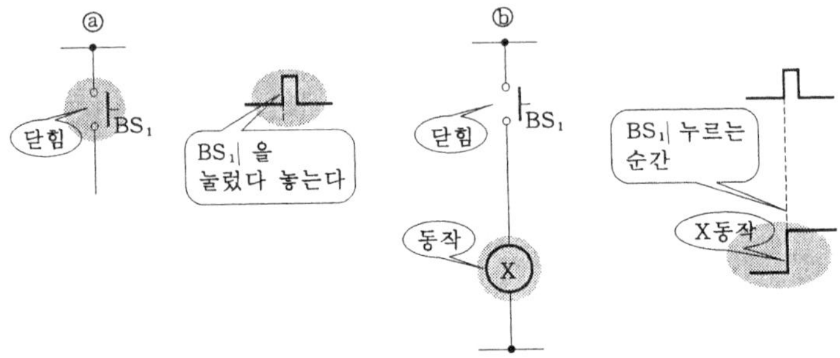

ⓒ 유지 : 접점 $X_{(1)}$로 유지한다.

ⓓ 타이머 : 동시에 타이머 T가 여자된다.

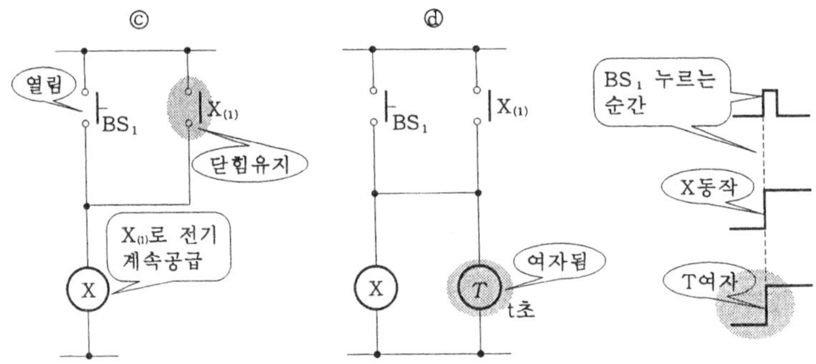

ⓔ 출력 접점 : 설정 시간 t초 후에 타이머 지연 접점 T_a가 닫힌다.

ⓕ 출력 : 접점 T_a가 닫히면 출력 램프 L_1이 점등한다.

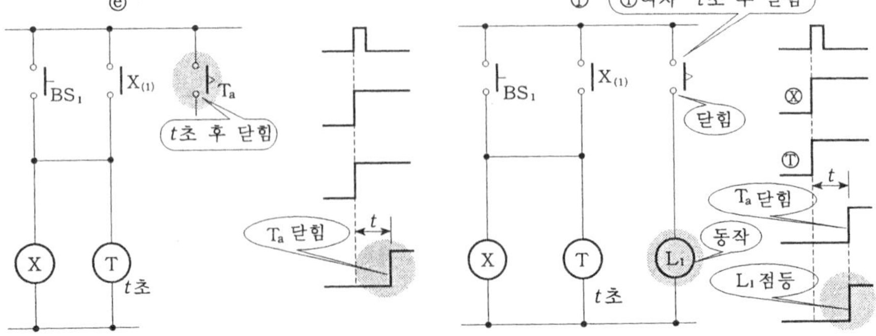

ⓖ 정지 : 정지 입력 BS_2로 유지용 릴레이 X의 전원을 끊는다.
이 순간 릴레이 X, 유지 접점 $X_{(1)}$, 타이머 T, 접점 T_a가 복구하고 출력 램프 L_1이 소등된다. ← 회로 완료

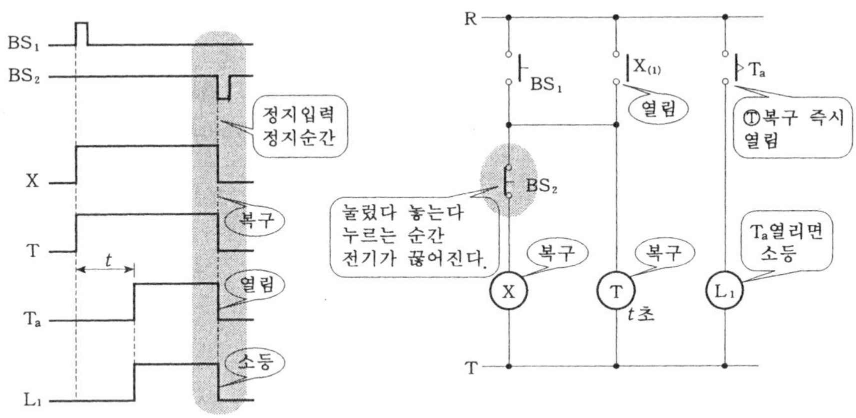

그림 2.85

2) 회로 동작

① 기동 : 기동 입력 BS_1을 누르는 순간 릴레이 X가 동작하고

〔**전원 R – BS_1 닫힘 – BS_2 – X – 전원 T**〕

② 유지 : 릴레이 접점 $X_{(1)}$로 유지한다.

〔**전원 R – $X_{(1)}$ 닫힘 – BS_2 – X – 전원 T**〕

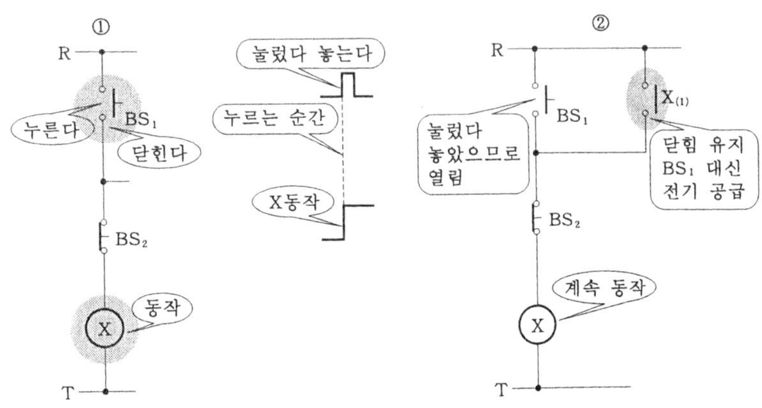

③ 타이머 : 릴레이 X의 동작과 동시에 타이머 T가 여자된다.

〔전원 R - BS_1 닫힘($X_{(1)}$ 닫힘 유지) - T - 전원 T〕

④ 설정 시간 t초 후에 타이머 지연 접점 T_a가 닫히면 출력 램프 L_1이 점등한다.

〔전원 R - T_a 닫힘 - L_1 - 전원 T〕

⑤ 정지 : 그림 2.85에서 정지 입력 BS_2를 누르는 순간

⑥ 릴레이 X가 복구하고 유지 접점 $X_{(1)}$이 열려서 유지가 해제된다.

⑦ 유지 접점 $X_{(1)}$이 열리면 타이머 T가 복구하고 접점 T_a가 열린다(접점 T_a는 지연 동작 순시 복구 접점임).

⑧ 접점 T_a가 열리면 출력 램프 L_1이 소등된다.

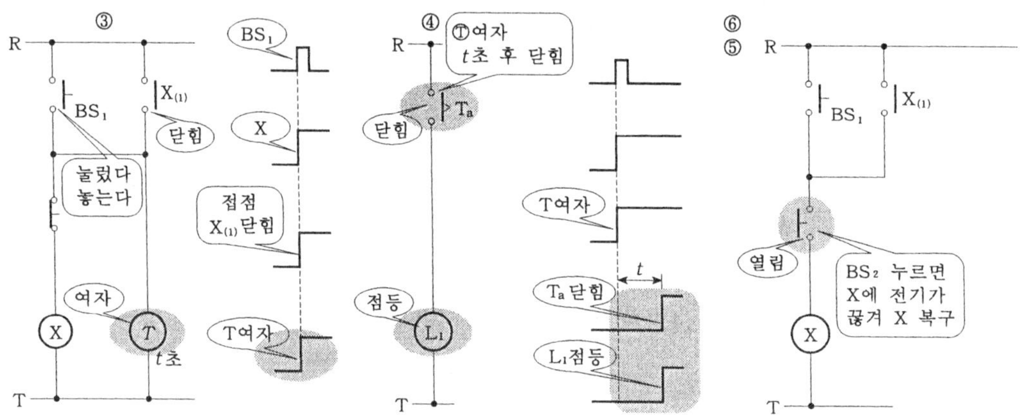

3) 연구

▸그림 2.85의 회로에서 타이머 T의 여자 방법을 그림 2.86과 같이 하여도 된다.

① 그림 2.86(a)는 타이머 T를 릴레이 X에 병렬로 접속한 것으로 많이 사용되며 양논리 회로에 원용되나 유의할 점이 있다.

② 그림 2.86(b)는 릴레이 접점 $X_{(2)}$로 타이머 T를 여자시킨 것으로 PLC 회로에만 원용되고 별로 사용하지 않는다.

③ 그림 2.86(c)는 타이머 기구 T에 유지용 순시 동작 a접점 ($T_{(1)}$)이 있을 때 이것을 유지 접점으로 하고, 유지용 보조 릴레이 X를 생략한 것으로 학교 실습용으로 많이 사용된다.

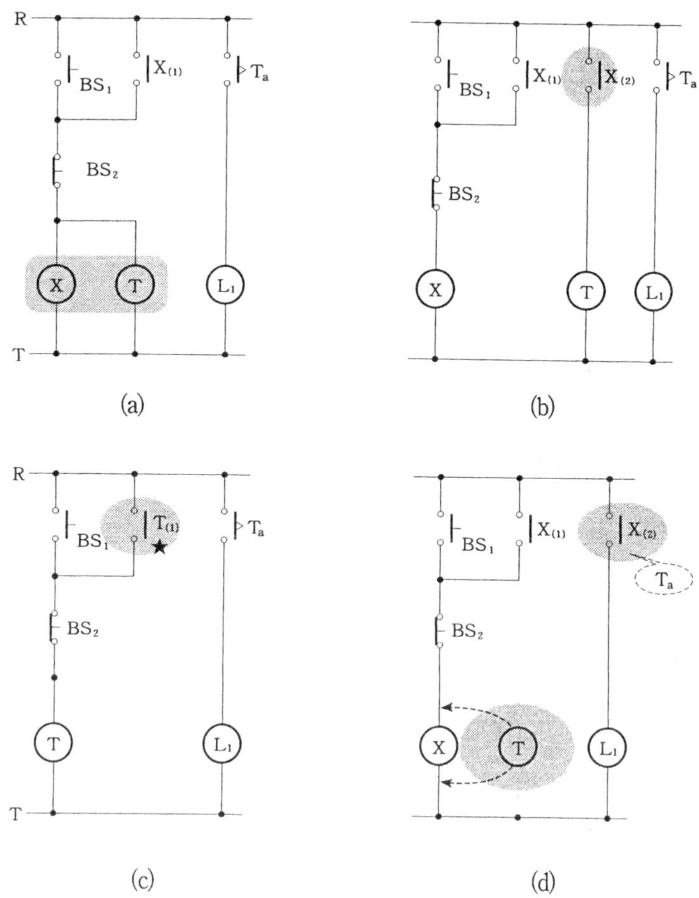

그림 2.86

▸유지 회로를 잘 이해하고 있으면 그림 2.86 (a)와 (d)를 비교하여 보자.
그림 2.86 (d)의 유지 회로에서
릴레이 X에 병렬로 시한 동작 타이머 T를 여자하고, 또
출력 접점 $X_{(2)}$ 대신에 타이머 지연 접점 T_a를 넣은 것과 같다.

(2) PLC 회로

1) 회로와 그리기

① 논리 조건 : 기동 입력을 준 후 t초 후에 램프 L_1이 점등하는 회로

② 사용 기구 및 번지 부여 : 입·출력 회로는 생략한다.

ⓐ 입력 기구 : 버튼 스위치 2개 – P001(BS_1–1a), P002(BS_2–1a)

ⓑ 출력 기구 : 램프 1개 – L_1 – P010

ⓒ 보조 기구 : 내부 출력(유지용 보조 릴레이 기능) 1개 – M000
시한 동작 타이머(Ton) 1개 – T000(설정 시간 : 5초)

③ 명령어

회로 시작 : LOAD, 출력 및 내부 출력 : OUT

직렬 : AND, 병렬 : OR, 부정 : NOT

타이머(Ton) : TMR, 〈DATA〉 (0.1초 단위)

④ **타임 차트 :** 그림 2.87

ⓐ H 입력형 기동 입력 P001(BS_1)을 눌렀다 놓는다.

ⓑ BS_1을 누르는 순간 내부 출력 M000(X)이 동작하고

ⓒ 타이머 T000(T)이 여자하며

ⓓ 설정 시간 t초 후에 타이머 회로 T000(T_a)이 동작하여

ⓔ 출력 회로를 통하여 출력 램프 P010(L_1)이 점등한다.

ⓕ H 입력형 정지 입력 P002(BS_2)를 눌렀다 놓는다. BS_2를 누르는 순간 M000 (X), T000(T)이 복구하여 P010(램프 L_1)이 소등한다.

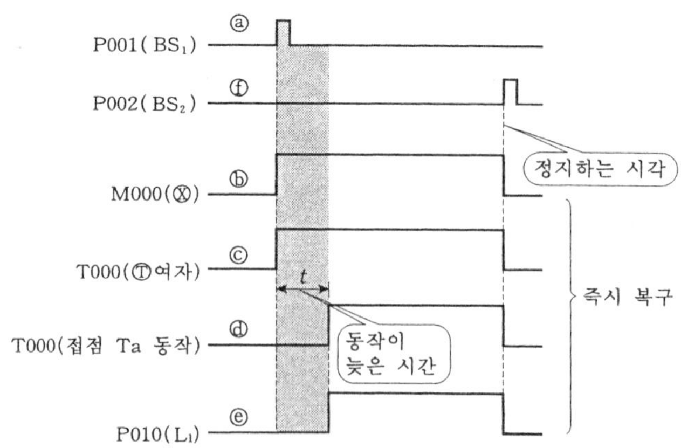

그림 2.87

⑤ **동작 순서**

㉮ H 입력형 기동 입력 P001(BS_1)을 주면
내부 출력 M000이 동작 유지하고 M000으로 타이머 T000(Ton)이 여자된다.

㉯ 설정 시간 5초 후 접점 T000으로 출력 P010(램프 L_1)이 동작한다.

㉰ H 입력형 정지 입력 P002(BS_2)를 주면
내부 출력 M000이 복구하여 T000과 P010이 복구한다.

ⓐ 기동 : 기동 입력 P001(BS_1)을 주면 유지 기구인 내부 출력 M000(보조 기구 X)이 동작한다.

ⓑ 유지 : 내부 출력 M000(보조 기구 X_1 접점 $X_{1(1)}$)으로 유지한다.

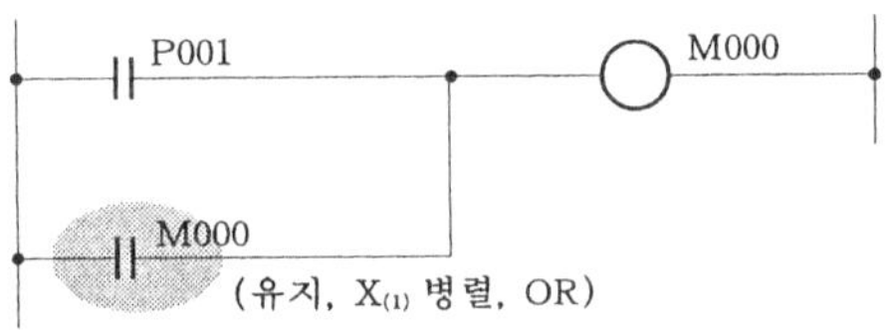

ⓒ 타이머 : 내부 출력 M000(접점 $X_{1(2)}$)으로 Ton 타이머 T000(T)가 여자된다.

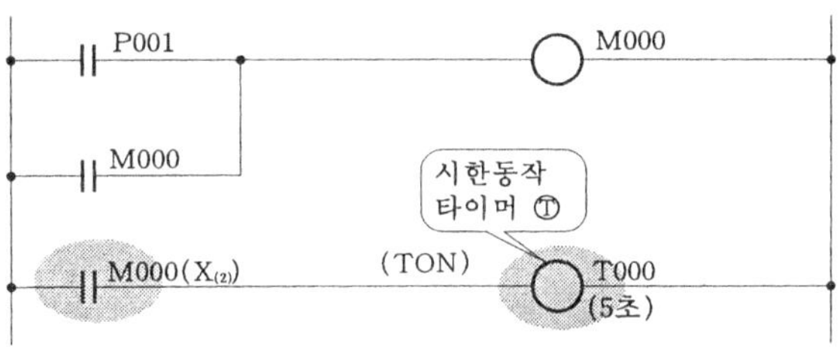

ⓓ 출력 : t초 후 접점 T000(T_a)으로 출력 P010(램프 L_1)이 생긴다.

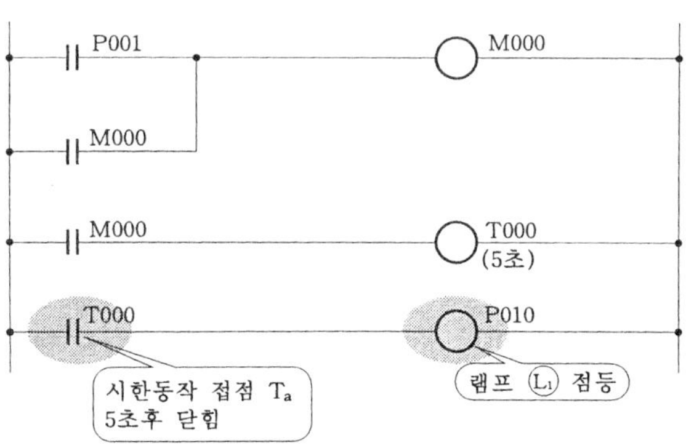

ⓔ 정지 : 정지 입력 P002(BS_2)로 내부 출력 M000의 회로를 끊어 정지시킨다.

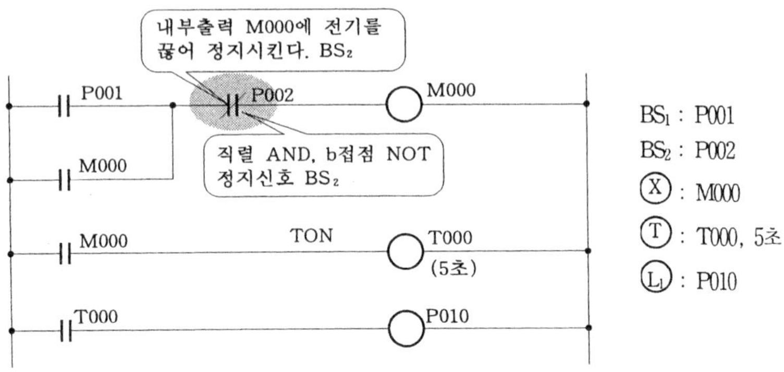

그림 2.88

⑥ 프로그램

0 0 step : LOAD P001

1 1 step : OR M000

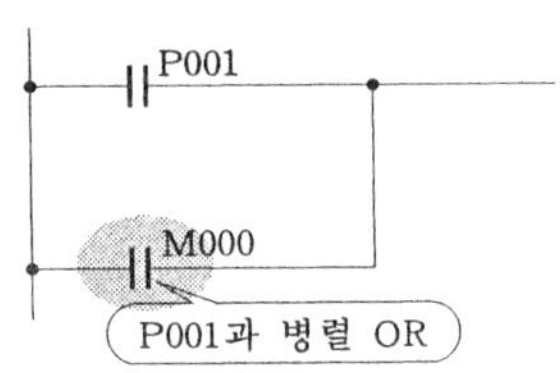

2 2 step : AND NOT P002

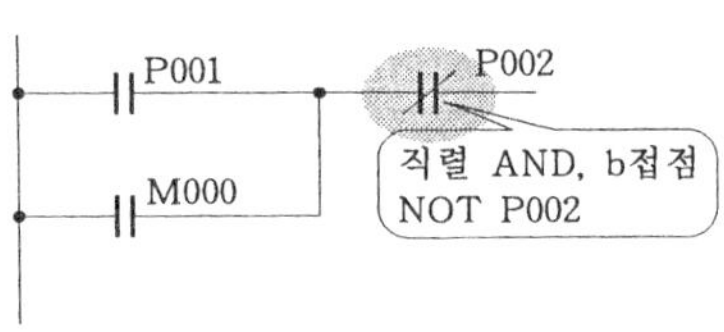

3 3 step : OUT M000

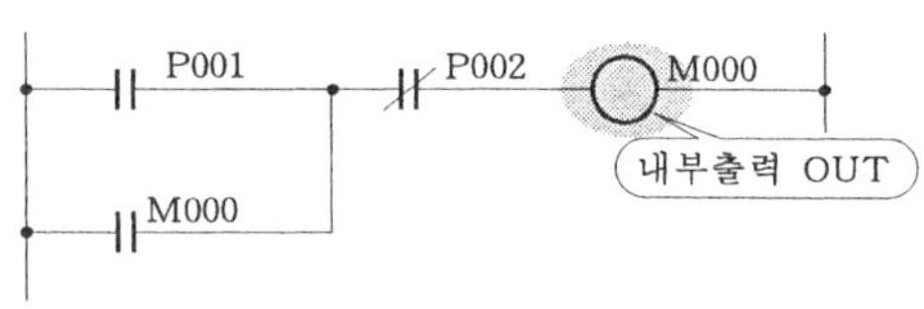

3 4 step : LOAD M000

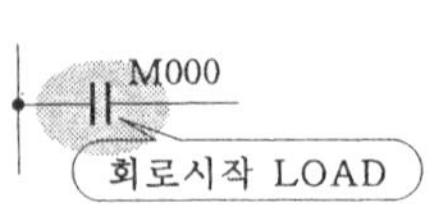

5 5 step : TMR T000

6 6 step : 〈DATA〉 50(2 step 사용)

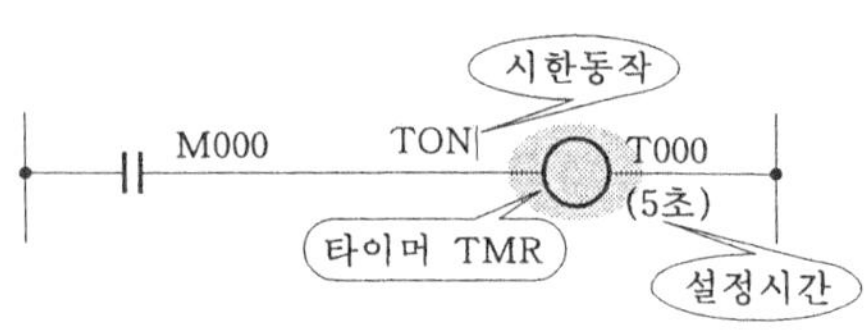

⑦ 8 step : LOAD T000

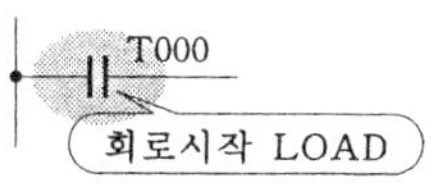

⑧ 9 step : OUT P010

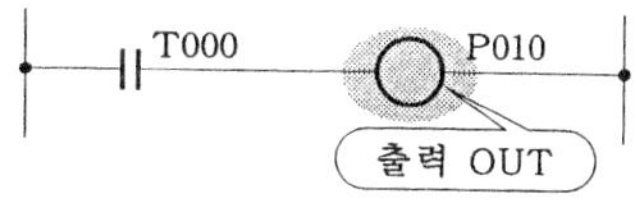

정리하면 표와 같다.

차 례	명령어	번 지	차 례	명령어	번 지
0	LOAD	P001	4	LOAD	M000
1	OR	M000	5	TMR	T000
2	AND NOT	P002	6	〈DATA〉	0050
3	OUT	M000	8	LOAD	T000
–	–	–	9	OUT	P010

※ 또 다른 명령어의 프로그램(예를 들면 삼성 항공 제품)의 예를 들면
〔회로 시작 : STR, 타이머와 접점 : TIM 이고〕
〔입력 기구 : BS_1−1, BS_2−2, 출력 기구 : 램프(L_1) − 20〕
〔내부 출력 : (X)−170, 타이머 : (T) − TIM 600일 때〕

차 례	명령어	번 지	차 례	명령어	번 지
0	STR	1	4	STR	170
1	OR	170	5	TIM	600
2	AND NOT	2	6	–	5
3	OUT	170	7	STR TIM	600
–	–	–	8	OUT	20

▸ 릴레이 시퀀스와 비교하여 PLC 시퀀스를 그리면 다음과 같다.
여기서 타이머는 릴레이 접점 $X_{(2)}$로 여자시키고 릴레이 X와 분리한다.

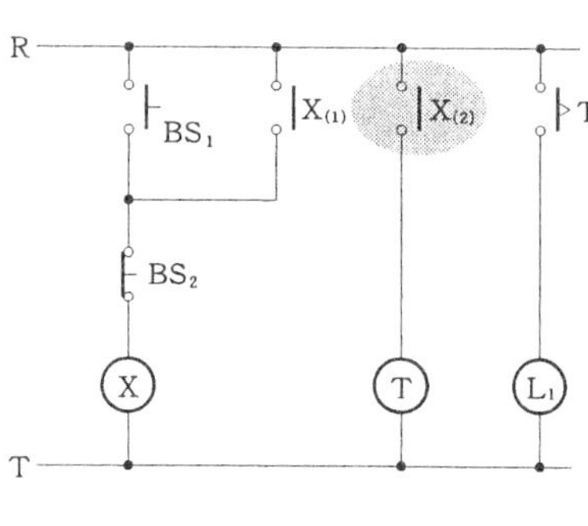

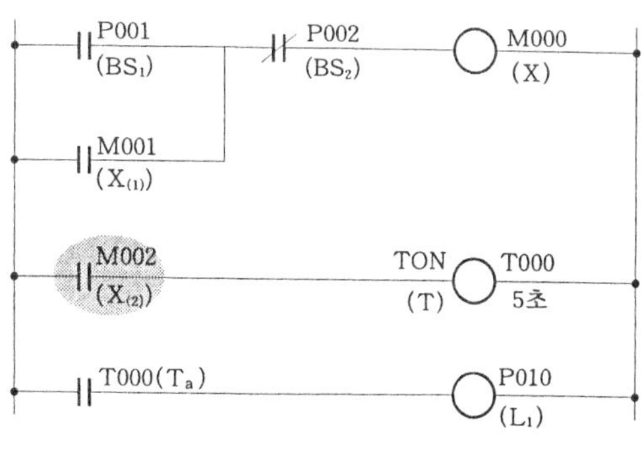

① X(M000) 동작 : 유지 접점 $X_{(1)}$(M000)과 입력 BS_1(P001)을 병렬로, 이것과 정지 입력 BS_2(b접점)(P002)를 직렬로 된다.
② T(T000) 여자 : 접점 $X_{(2)}$(M000)로 타이머 T(T000)를 단독 여자한다.
③ L_1(P010) 동작 : 접점 T_a(T000)로 출력 L_1(P010)이 동작한다.

2) 동작

① 기동 입력 P001(BS_1)을 주면

ⓐ 기동 : 내부 출력 M000(X)이 동작한다.

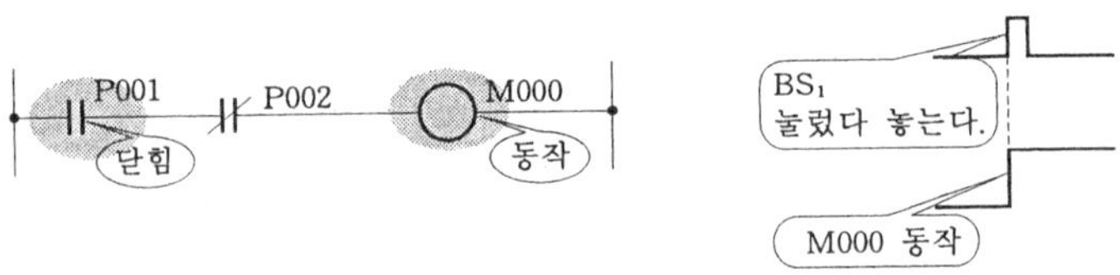

ⓑ 유지 : M000이 닫혀 회로를 유지한다.

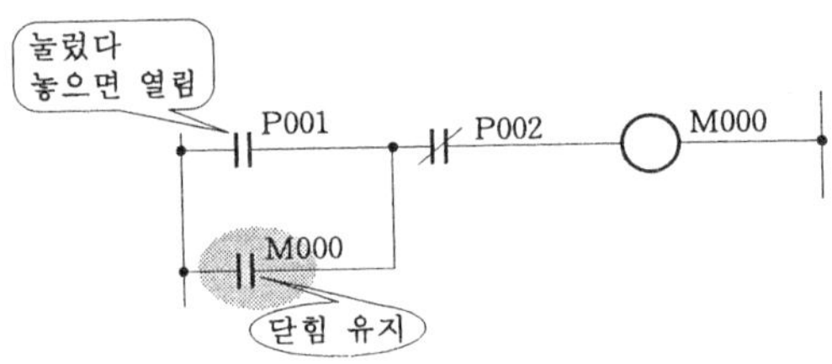

ⓒ 타이머 : M000이 닫혀서 타이머 T000(T)이 여자된다.

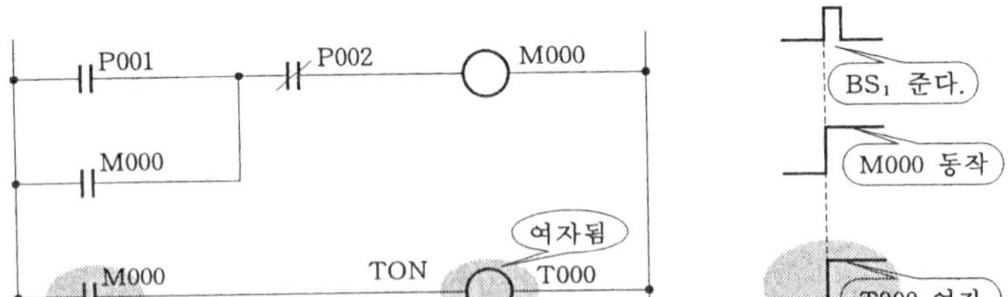

ⓓ 출력 : t초 후에 시한 접점 T000이 닫혀서 출력 P010(L_1)이 점등한다.

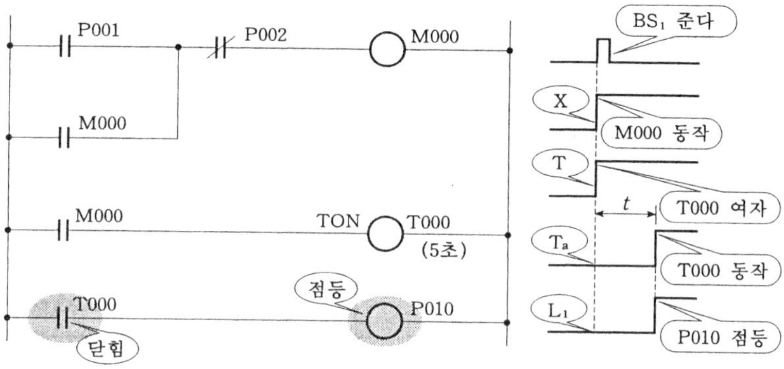

② 정지 입력 P002(BS_2)를 주면

ⓐ 정지 : 내부 출력 M000(X)이 복구한다.

ⓑ 유지 : 유지용 접점 M000($X_{(1)}$)이 열려 유지가 해제된다.

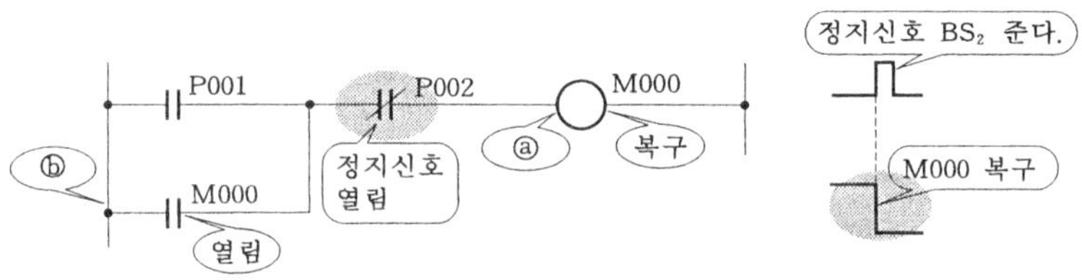

ⓒ 타이머 : 접점 M000($X_{(2)}$)이 열려 타이머 T000(T)이 복구된다.

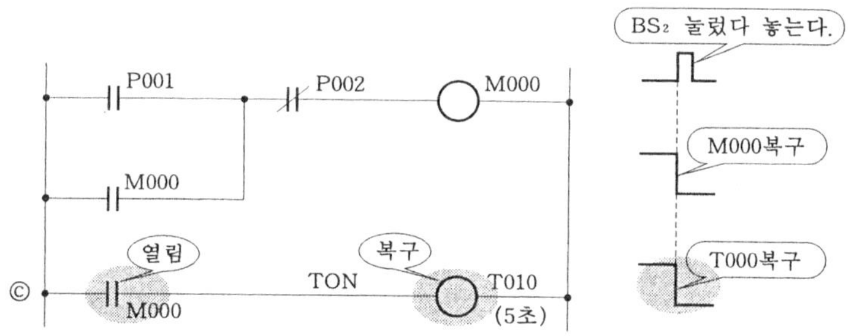

ⓓ 출력 : 동시에 타이머의 시한 접점 T000(T_a)이 열려 출력 L_1이 소등한다.

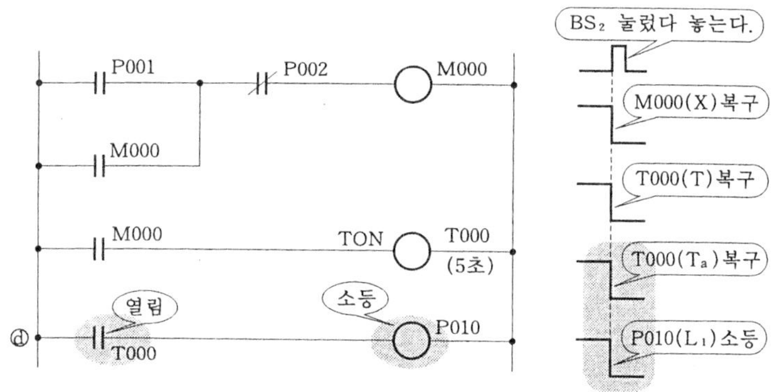

▸래더 회로에서 Handy Loader로 니모닉 프로그램하는 법

초기 화면(생략)에서 그림 2.88을 프로그램 코딩을 한다.

0 step : BS_1, 회로 시작 a접점 LOAD P001 ENT

1 step : $X_{(1)}$ 위 번지와 병렬 OR M000 ENT

0000	
LOAD	P001

0001	
OR	M000

2 step : BS_2, 앞 회로와 직렬 b접점 AND NOT P002 ENT

3 step : X, 내부 출력 OUT M000 ENT

0002	
AND NOT	P002

0003	
OUT	M000

4 step : $X_{(2)}$, 회로 시작 LOAD M000 ENT

5 step : T, 타이머(TON) TMR T000 ENT

0004	
LOAD	M000

0005	
TON	T000

6 step : 설정 시간 5초 〈DATA〉 00050 ENT → (0.1초 단위, 2 스텝 사용)

8 step : T_a, 회로 시작 LOAD T000 ENT

0006	
〈DATA〉	00050

0008	
LOAD	T000

9 step : L_1, 출력 OUT P010 ENT

10 step : 끝, END(001) ENT

0009	
OUT	P010

0010	
FUN(001)	END

▸Computer의 S/W를 이용한 프로그램

초기 화면(생략)에서 그림 2.88의 래더 회로를 이용하여 니모닉 프로그래밍한다.

① 0000번 스텝(커서 위치 ▮)에서 기능키 F3, 번지 P001, Enter Key를 차례로 누른다.

② 커서 위치(▮)에서 기능키 F4,번지 P002, Enter Key를 차례로 누른다.

☞ ① Key In : [F3] [P] [0] [0] [1] [Enter]　　☞ ② Key In : [F4] [P] [0] [0] [2] [Enter]

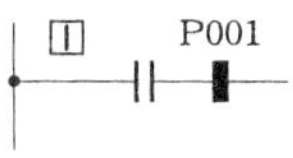

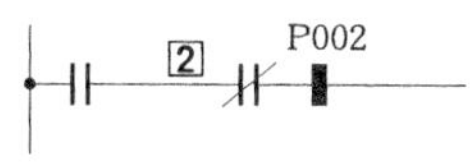

③ 커서 위치(▮)에서 기능키 F9, 번지 M000, Enter Key를 차례로 누른다.

☞ ③ Key In : [F4] [M] [0] [0] [0] [Enter]

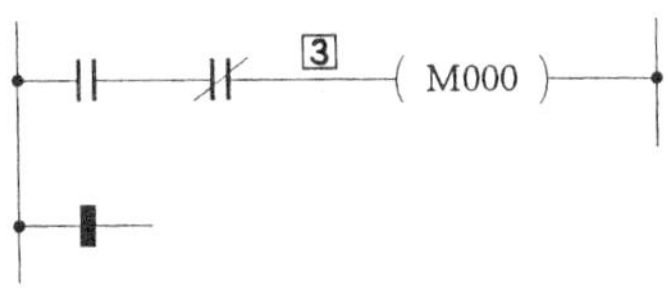

④ 커서 위치(▮)에서 기능키 F3, 번지 M000, Enter Key를 차례로 누른다.

⑤ 커서 위치(▮)를 아래 그림과 같이 위로 옮기고 기능키 F6, Enter를 차례로 누르면 아래와 같다.

☞ ④ Key In : [F3] [M] [0] [0] [0] [Enter]　　☞ ⑤ Key In : [F6] [Enter]

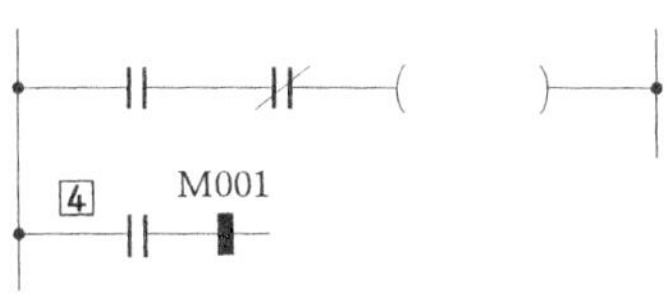

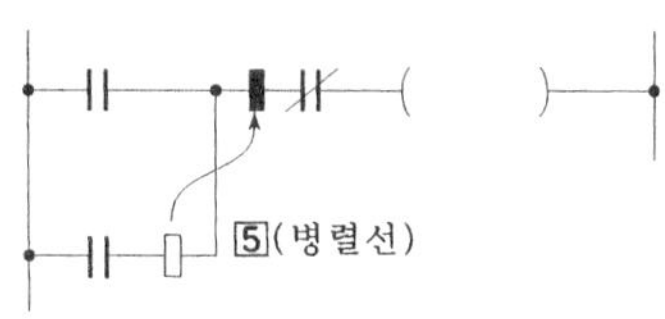

⑥ 커서 위치(▮)를 아래 스텝으로 이동하고 기능키 F3, 번지 M000, Enter Key를 차례로 누른다.

⑦ 커서 위치(▮)에서 기능키 F10(기호), Shift F1(종류 TON), T000(번지), SP(공란 spacer), 00050(시간), Enter Key를 차례로 누른다.

☞ ⑥ Key In : [F3] [M] [0] [0] [0] [Enter]

☞ ⑦ Key In : [F10] [Shift] [F1] [T] [0] [0] [0] [SP] [0] [0] [0] [5] [0] [Enter]

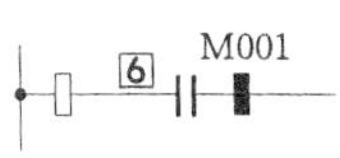

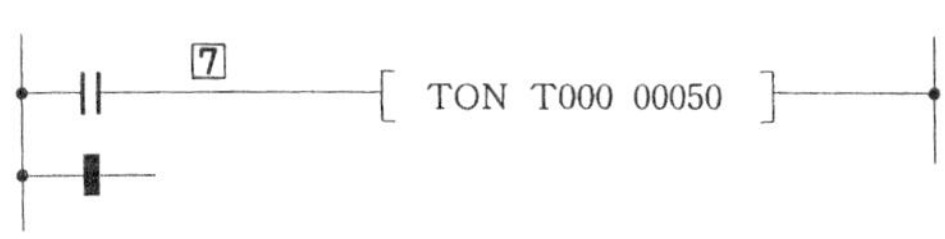

⑧ 커서 위치(▮)에서 기능키 F3, 번지 T000, Enter Key를 차례로 누른다.
⑨ 커서 위치(▮)에서 기능키 F9, 번지 P010, Enter Key를 차례로 누른다.

☞ ⑧ Key In : F3 T 0 0 0 Enter ☞ ⑨ Key In : F9 P 0 1 0 Enter

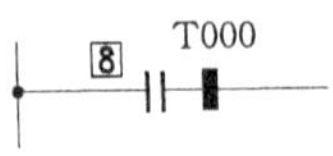

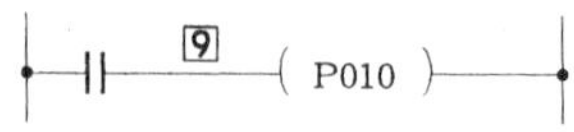

⑩ 커서 위치(▮)에서 기능키 F10, 문자 END, Enter Key를 차례로 누른다.

☞ ⑩ Key In : F10 E N D Enter

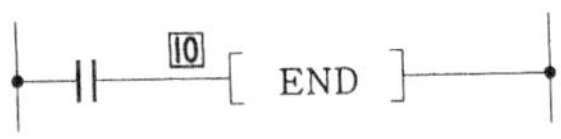

⑪ 스텝 실행(Program Convert)과 완료

Alt와 F7 키를 동시에 누르면 Are You Sure ? ⟨Y/N⟩ 가 나타나고 Y를 누르면 회로에 스텝이 나타나고 하단에 Completed가 나타난다. 즉, 그림과 같은 완성된 도면이 된다 (ALT N하면 니모닉 프로그램이 된다).

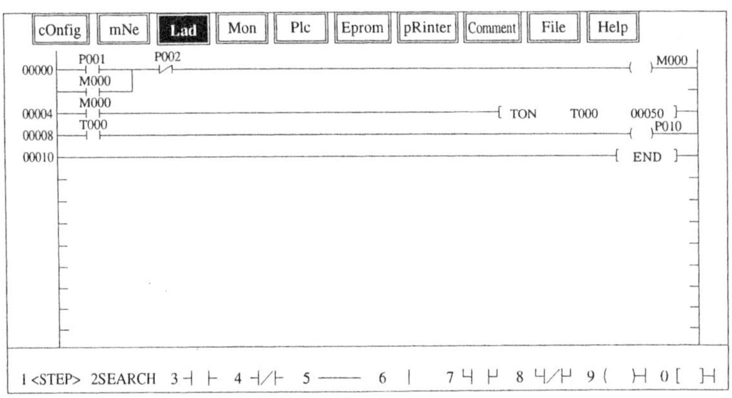

3) 양논리 회로 그리기

① 타이머 여자와 그 유지용 유지 회로를 그린다.

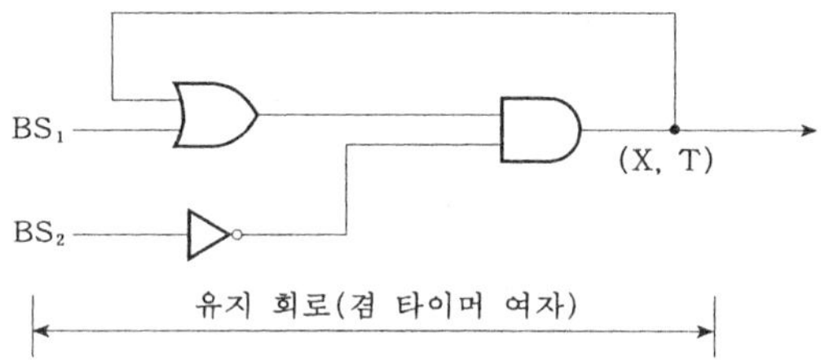

② 유지 회로 출력으로 시한 동작 타이머(T_a,)가 동작한다.

③ 타이머 출력으로 출력 램프 L_1이 점등한다.

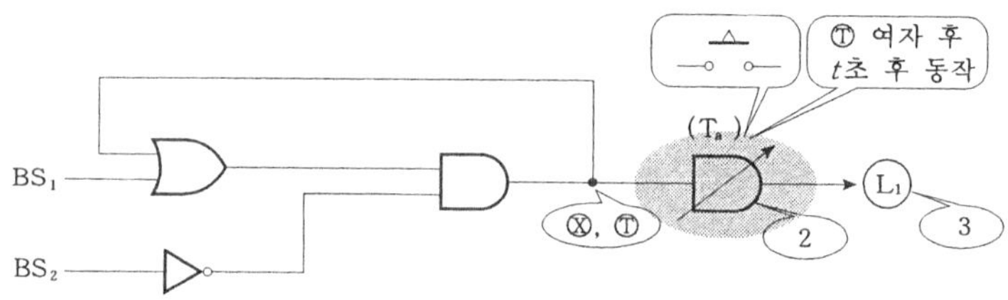

그림 2.89

④ 릴레이 시퀀스 또는 PLC 시퀀스와 비교하여 그리면 다음과 같다.

ⓐ 릴레이 X(내부 출력 M000)는 유지 회로로 동작 복구한다.

ⓑ 타이머 T(T000)는 릴레이 X(M000)와 병렬로 하여 여자, 유지된다.

ⓒ 따라서 유지 회로 출력으로 시한 동작 타이머(T_a,)가 동작한다.

ⓓ 시한 동작 타이머(T000)(T_a,) 출력으로 램프 L_1(P010)이 점등한다.

ⓔ 입·출력 회로를 첨가하면 그림 2.90이 된다.

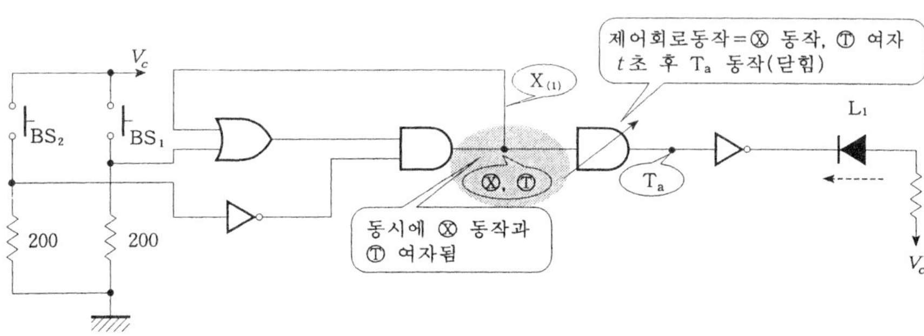

그림 2.90

4) 동작 [1] 정지(소등 ▶ BS_1 → L 레벨, BS_2 → L레벨, L_1 → L 레벨)상태

그림 2.91에서 BS_1과 BS_2는 열려 있고 램프 L_1은 소등 상태이다.

① 점 [1] : 입력 BS_1이 열려 있고 200〔Ω〕을 통하여 접지 상태 L 레벨이다.

② 점 [2] : 입력 BS_2는 열려 있고 200〔Ω〕을 통하여 접지 상태 L 레벨이다.

③ 점 [3] : 점 [2]의 L 레벨이 NOT 회로를 통하므로 전압 상태 H 레벨이다.

④ 점 [4] : 정지 상태에서 출력(X), 즉 점 [5]는 L 레벨이고, 되먹임 OR 입력 [5]도 L 레벨이다. 점 [1]과 점 [5]가 L 레벨이므로 OR 출력점 [4]는 L 레벨이 된다.

⑤ 점 [5] : 점 [3]이 H 레벨이고, 점 [4]가 L 레벨이므로 AND 출력점 [5]는 L 레벨이 된다. 즉, 정지 상태이고 출력은 없다(L 레벨).

⑥ 점 [6] : 점 [5]가 L 레벨이므로 시한 동작 타이머 점 [6]도 L 레벨이 된다.

입 력		출 력		
BS_1	BS_2	X(T)	T_a	L_1
L	L	L	L	L

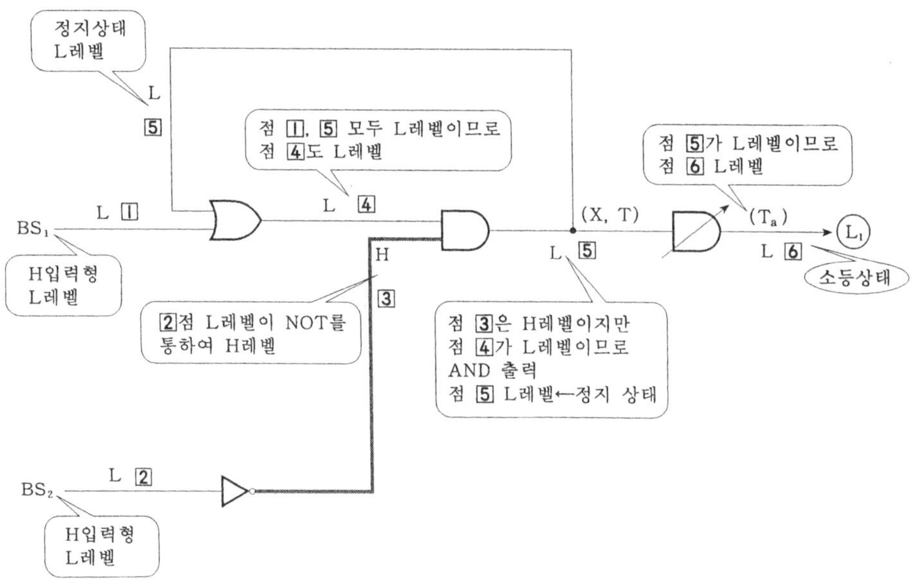

그림 2.91

5) 동작 [2] 운전(점등 ▶ BS_1 → H 레벨, BS_2 → L 레벨) 상태

그림 2.92에서 기동 입력 BS_1을 눌렀다 놓으면 t초 후 램프 L_1이 점등한다.

① 점 [2] : 입력 BS_2는 열려 있고 200〔Ω〕을 통하여 접지 상태 L 레벨이다.

② 점 [3] : 점 [2]의 L 레벨이 NOT 회로를 통하므로 전압 상태 H 레벨이다.

③ 점 [1] : H 입력형 입력 BS_1을 누르면 H 레벨(전압 $V_c = 5$〔V〕를 통하여 H 레벨)이 된다. 이후 BS_1을 놓으면 다시 L 레벨로 돌아온다.

④ 점 [4] : OR 회로는 두 입력 [1], [5] 중 하나라도 H 레벨이면 출력이 생긴다. 따라서 점 [1]이 H 레벨이므로 점 [4]는 H 레벨이 된다. ← 기동

⑤ 점 [5] : AND 입력점 [3]과 [4]가 모두 H 레벨이므로 점 [5]는 H 레벨이 된다.

⑥ 점 [4] : 출력점 [5]가 H 레벨이므로 되먹임 OR 유지 입력 [5]도 H 레벨이다. 따라서 BS_1을 놓아도(L 레벨) 점 [5]의 H 레벨에 의하여 OR 출력점 [4]는 H 레벨로 유지된다. ← 유지

⑦ 점 [6] : 점 [5]가 H 레벨이므로 타이머가 여자 상태이고 t초 후에 시한 동작 타이머 점 [6]이 H 레벨이 된다. 따라서 점 [6]이 H 레벨이므로 램프 L_1이 점등한다.

입 력		출 력		
BS_1	BS_2	X(T)	T_a	L_1
H	L	H	H	H

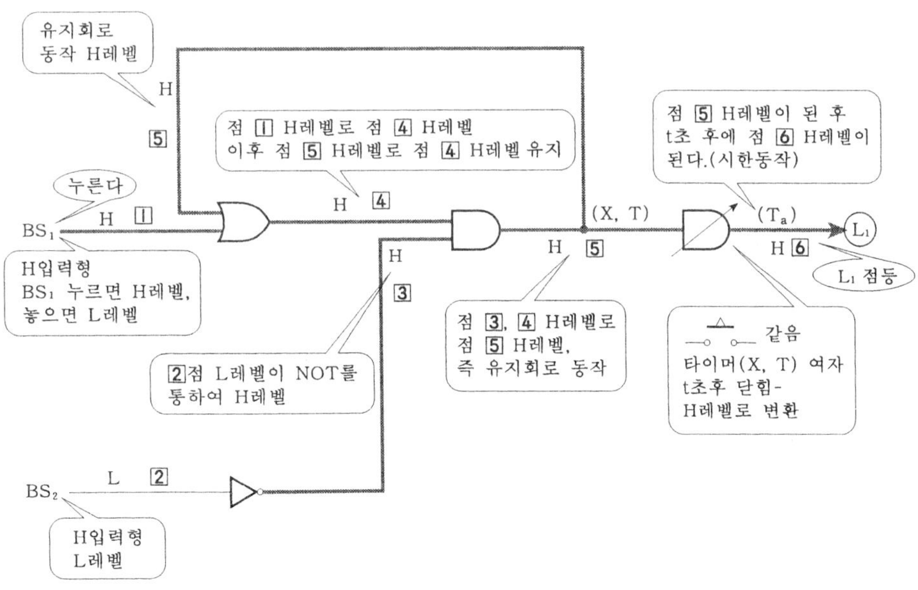

그림 2.92

6) 동작 [3] 정지(소등 ▶ BS_1 → L 레벨, BS_2 → H 레벨) 상태

그림 2.93에서 정지 입력 BS_2을 눌렀다 놓으면 램프 L_1이 소등한다.

① 점 [1] : 입력 BS_1이 열려 있고 200〔Ω〕을 통하여 접지 상태 L 레벨이다.

② 점 [2] : H 입력형 입력 BS_2를 누르면(전압 $V_c = 5$〔V〕를 통하여) H 레벨이 된다. 이후 BS_2를 놓으면 다시 L 레벨로 돌아온다.

③ 점 [3] : 점 [2]의 H 레벨이 NOT 회로를 통하므로 접지 상태 L 레벨이다.

④ 점 [5] : 점 [4]가 H 레벨이지만 점 [3]이 L 레벨이므로 AND 출력점 [5]는 L레벨이 된다. ← 출력이 없어진다.

⑤ 점 [4] : 정지 상태에서 출력(X) 점 [5]는 L 레벨이고, 되먹임 OR 입력 [5]도 L 레벨이 된다. 점 [1]과 점 [5]가 L 레벨이므로 OR 출력점 [4]는 L레벨이 된다. 즉, 유지가 해제된다.

⑥ 점 [6] : 출력점 [5]가 L 레벨이므로 시한 동작 타이머 점 [6]이 L 레벨(복구)이 된다. 따라서 점 [6]이 L 레벨이므로 램프 L_1이 소등한다.

입 력		출 력		
BS_1	BS_2	X(T)	T_a	L_1
L	H	L	L	L

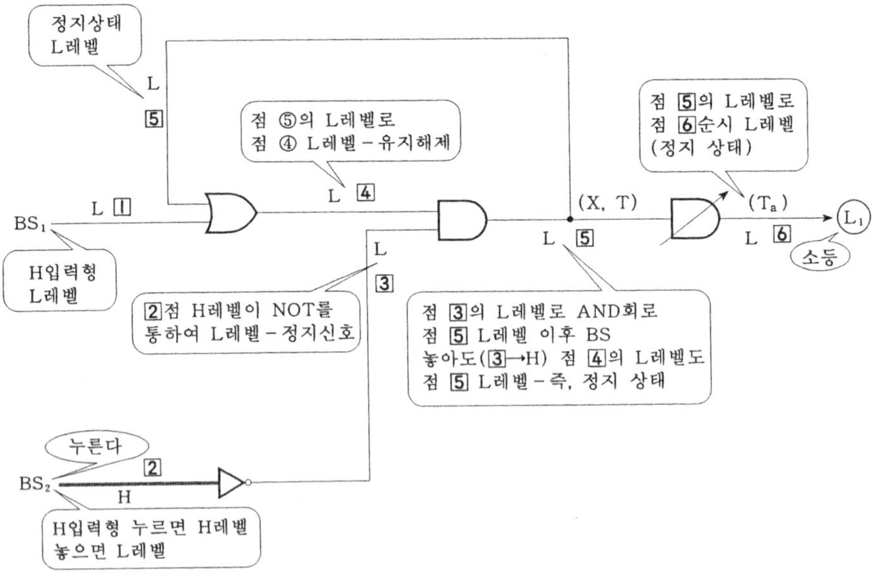

그림 2.93

(3) 로직 회로

1) 회로와 그리기

① 논리 조건 : 기동 입력을 준 후 t초 후에 램프 L_1이 점등하는 회로

② 사용 기구

ⓐ 입력 기구 : 버튼 스위치 2개 - BS_1(1a), BS_2(1a)

ⓑ 출력 기구 : 램프 1개 - L_1

ⓒ 보조 기구 : 유지용 FF($\overline{R}\,\overline{S}$-latch) 1개,
타이머 기구(SMV-SN-74123) 1개

③ 타임 차트 : 그림 2.94

ⓐ L 입력형 기동 입력 BS_1을 눌렀다 놓는다.

ⓑ BS_1을 누르는 순간 SMV(단안정 특성 T)가 set하고

ⓒ 설정 시간 t초 후에 SMV가 reset한다.

ⓓ SMV가 reset하면 유지용 FF가 set하여

ⓔ 램프 L_1이 점등한다.

ⓕ L 입력형 정지 입력 BS_2를 눌렀다 놓는다.

ⓖ BS_2를 누르는 순간 FF가 reset 하고 램프 L_1이 소등한다.

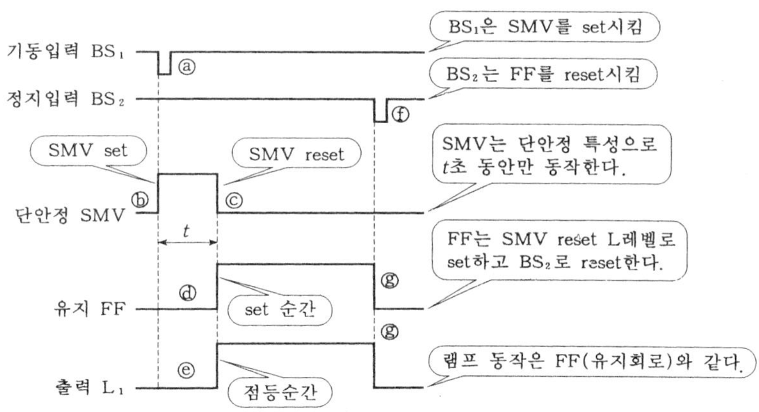

그림 2.94

④ 회로 : 그림 2.96

㉮ 논리 조건에서 ⓐ 기동 입력(BS_1)을 준 후 : BS_1 사용

ⓑ t초 후에 : SMV(단안정 특성 T) 사용

ⓒ L_1이 점등하는 회로 : FF(X, 유지용) 사용으로 생각하여

㉯ BS_1로 SMV를 set 시킨다.

㉰ 미분 회로를 접속한다(㉳ 참조).

㉱ t초 후에 SMV가 reset 하면 미분 회로의 방전 L 레벨로 FF가 set 하여

㉲ 램프 L_1을 점등시킨다.

㉳ BS_2로 FF를 reset 시키면 램프 L_1이 소등된다.

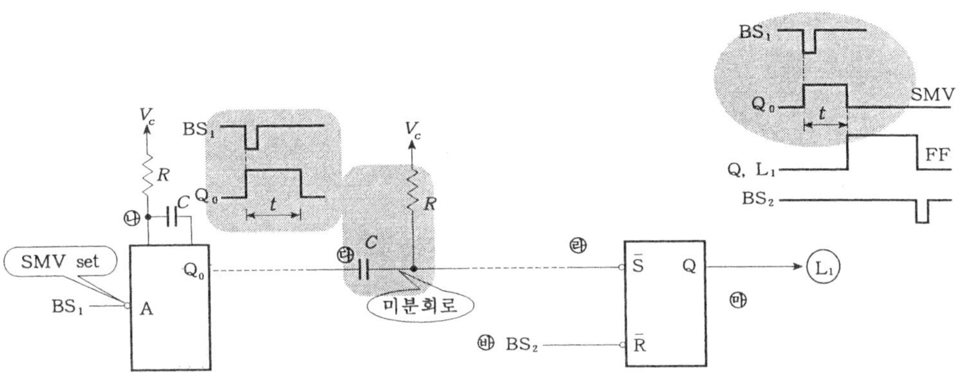

㉳ 미분 회로

ⓐ SMV와 FF를 직접 접속하면
입력 BS_1을 주기 전에 SMV 출력 Q_0는 L 레벨이고
이것이 FF의 입력으로 작용하여 FF가 바로 set 된다(그림 2.95(a)).

ⓑ 따라서 FF의 $\overline{S}$입력단에 미분 회로(RC 회로)를 접속하여
전원 V_c를 충전시켜 평시에 H 레벨이 유지되도록 한다(그림 2.95(b)).

ⓒ FF의 $\overline{S}$입력단에는 평시 및 SMV set 시에는 RC 회로의 충전으로 H 레벨이 된다(그림 2.95(c), (d)).

ⓓ FF의 $\overline{S}$입력단에는
SMV reset 시에 RC 회로의 방전으로 순간적으로 L 레벨이 되고
이 방전 순간 L 레벨로 FF가 set 된다(그림 2.95(c), (e)).

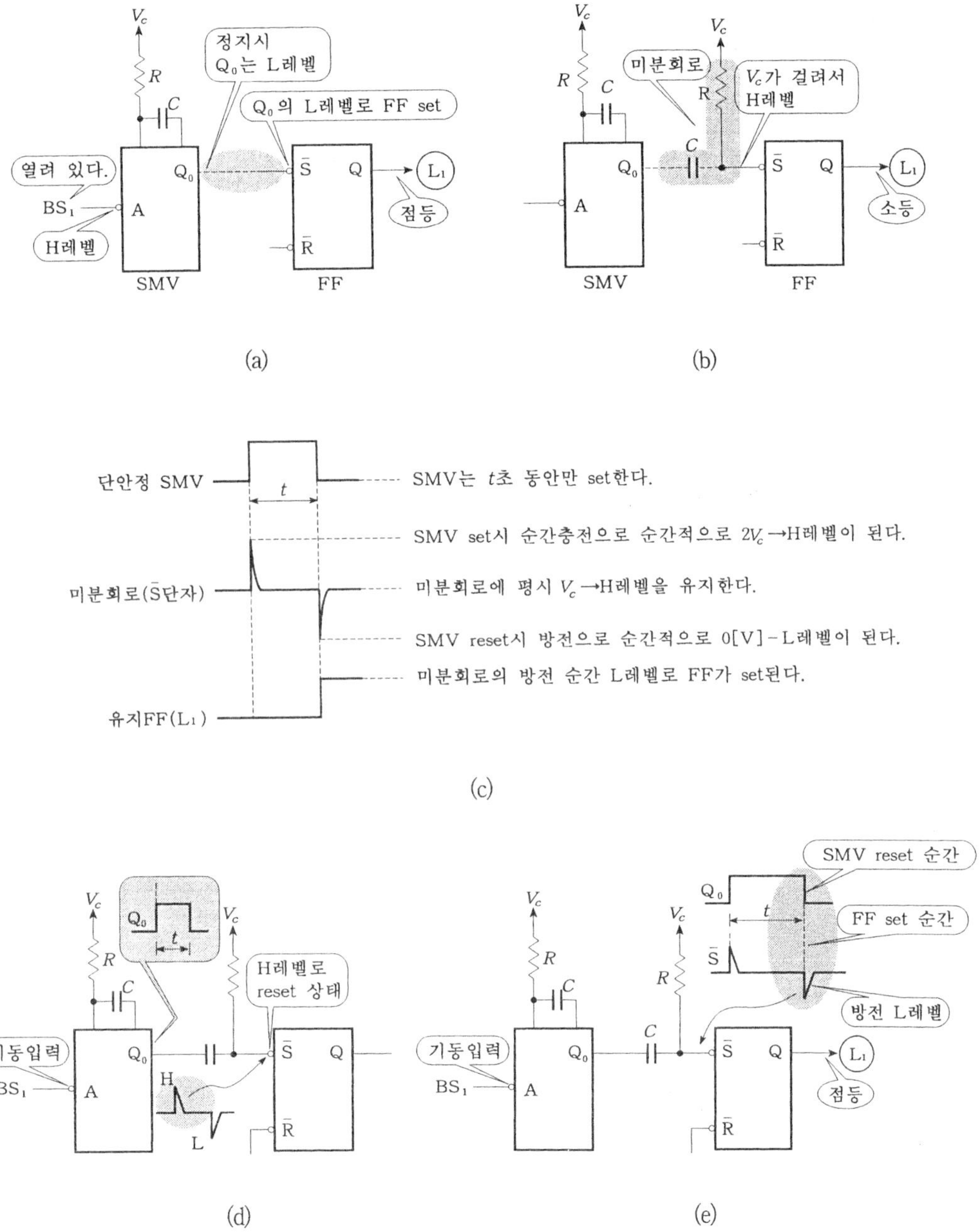
정지시 Q_0는 L레벨
Q_0의 L레벨로 FF set
열려 있다.
H레벨
점등
SMV
FF
(a)
미분회로
V_c가 걸려서 H레벨
소등
SMV
FF
(b)
단안정 SMV
미분회로($\bar{S}$단자)
유지FF(L_1)
SMV는 t초 동안만 set한다.
SMV set시 순간충전으로 순간적으로 $2V_c$ →H레벨이 된다.
미분회로에 평시 V_c →H레벨을 유지한다.
SMV reset시 방전으로 순간적으로 0[V]-L레벨이 된다.
미분회로의 방전 순간 L레벨로 FF가 set된다.
(c)
기동입력
H레벨로 reset 상태
(d)
SMV reset 순간
FF set 순간
방전 L레벨
기동입력
점등
(e)

그림 2.95

㉧ 입·출력 회로를 추가하고 정리하면 그림과 같다.

ⓐ (입력 회로에서) L입력형 기동 입력 BS_1을 눌렀다 놓는다.

ⓑ BS_1을 누르는 순간 SMV(단안정 특성 T)가 set 하고

ⓒ 설정 시간 t초 후에 SMV가 reset 한다.

ⓓ SMV가 reset 하면(미분 회로를 통하여) FF(X, 유지용)가 set 하여

ⓔ (출력 회로를 통하여) 출력 램프 L_1이 점등한다.

ⓕ (입력 회로에서) L입력형 정지 입력 BS_2를 눌렀다 놓는다.

ⓖ BS_2를 누르는 순간 FF가 reset하고

ⓗ 램프(LED) L_1이 소등한다.

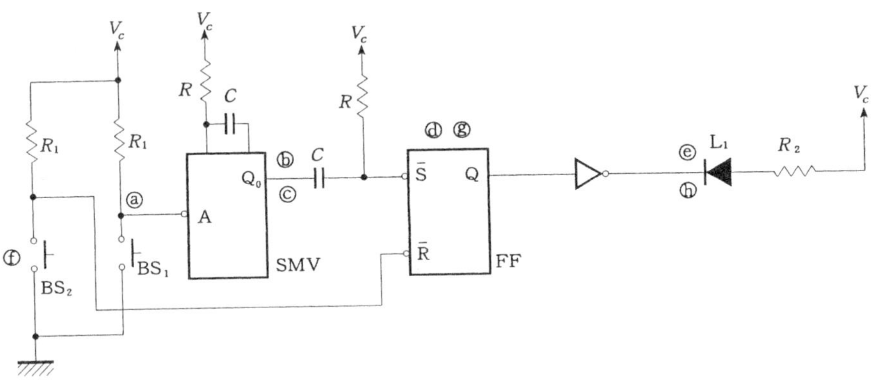

그림 2.96

2) 동작 [1] 정지(소등 ▶ BS_1 → H, BS_2 → H) 상태

▸그림 2.97에서

☞ 정지 상태 : BS_1과 BS_2는 열려 있고 램프 L_1은 소등 상태이다.

① 점 [1] : 입력 BS_1은 열려 있고 저항 1〔kΩ〕을 통하여 V_c가 걸려 H 레벨이다.

② 점 [2] : 입력 BS_2는 열려 있고 저항 1〔kΩ〕을 통하여 V_c가 걸려 H 레벨이다.

③ 점 [3] : SMV가 reset 상태이므로 L 레벨이다.

④ 점 [4] : RC 미분 회로를 통하여 전원 V_c가 충전되어 있으므로 H 레벨이다.

⑤ 점 [5] : 점 [4]가 H 레벨이고 FF가 reset 상태이므로 점 [5]는 L 레벨이다.

⑥ 점 [5]가 L 레벨이므로 램프 L_1은 소등 상태이다.

☞ 동작 정지 : 램프 L_1 점등 상태에서

정지 입력 BS_2를 눌렀다 놓으면 FF가 reset 되어 램프 L_1이 소등한다.

① 점 [1]과 점 [3] 및 점 [4]는 위와 같다.

② 점 [5] : 현재 FF가 set 되어 있고 점 [5]는 H 레벨이며 램프 L_1이 점등 중이다.

③ 점 [2] : L 입력형 정지 입력 BS_2를 누르면 접지를 통하여 L 레벨이 되고 FF를 reset 한다. 이 후에 BS_2를 놓으면 다시 H 레벨로 돌아온다.

④ 점 [5] : 점 [2]의 L 레벨로 FF가 reset 되고 점 [5]는 L 레벨이 되며 램프 L_1이 소등된다.

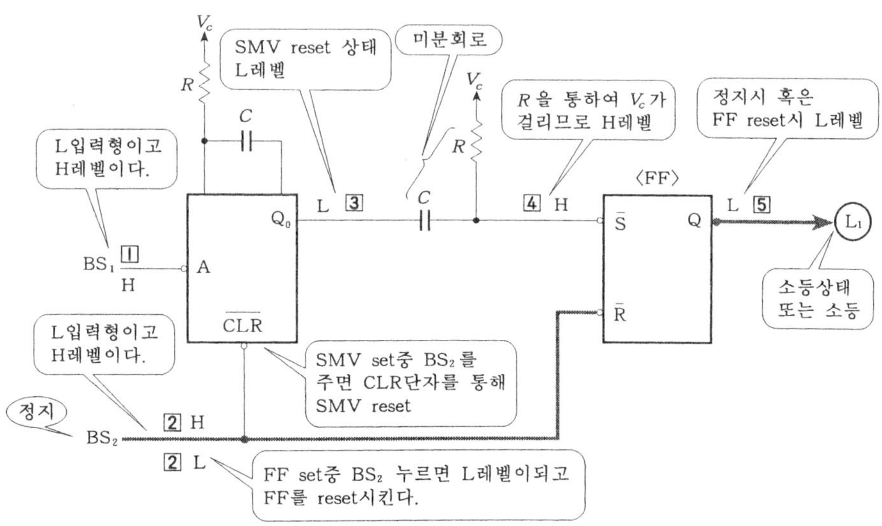

그림 2.97

3) 동작 ② 운전(점등 ▶ BS_1 → L 레벨, BS_2 → H 레벨) 상태

▸그림 2.98에서 입력 BS_1을 눌렀다 놓으면 t초 후 램프 L_1이 점등한다.

① 점 ②: 입력 BS_2는 열려 있고 저항 1[kΩ]을 통하여 V_c가 걸려 H 레벨이다.

② 점 ①: L 입력형 입력 BS_1을 누르면 접지를 통하여 L 레벨이 되고 SMV를 set시킨다. 이 후에 BS_1을 놓으면 다시 H 레벨로 돌아온다.

③ 점 ③: 점 ①의 L 레벨로 SMV가 set 되므로 H 레벨이 된다.

④ 점 ④: RC 미분 회로를 통하여 점 ③의 H 레벨이 순간 충전되지만 역시 H 레벨이다.

⑤ 점 ⑤: 점 ④가 H 레벨이고 FF가 reset 상태이므로 점 ⑤는 L 레벨이다.

⑥ 점 ③: 설정 시간 t초 후에 단안정 특성의 SMV가 reset되므로 L 레벨이 된다.

⑦ 점 ④: 점 ③의 L 레벨로 RC 미분 회로가 순간 방전되어 점 ④는 순간 L 레벨이 된다. 이후 곧 H 레벨이 된다.

⑧ 점 ⑤: 점 ④의 순간적인 L 레벨로 FF가 set 되어 점 ⑤는 H 레벨이 된다.

⑨ 점 ⑤가 H 레벨이므로 램프 L_1은 점등된다.

※ 동작 – BS_1을 누르면 SMV가 set 되고 t초 후 SMV가 reset되면 미분 회로를 통하여 FF가 set 되어 램프 L_1이 점등된다.

– BS_2를 주면 FF가 reset 되어 램프 L_1이 소등된다.

BS_1↑ – SMV↑ – t초 후 – SMV↓ – FF↑ – L_1↑
BS_2↑ – FF↓ – L_1↓

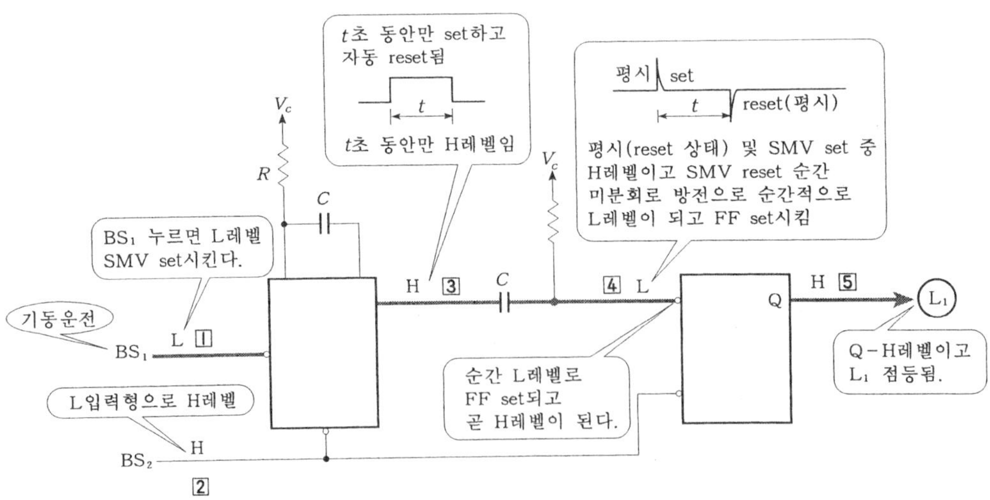

그림 2.98

3.2 시한 복구 회로

▸기동 입력을 주면 회로(기기)가 곧바로 동작하고

▸정지 입력을 주면 일정한 시간이 지난 후에 회로(기기)가 복구한다.
즉, 복구(정지)하는 데 시간이 걸린다.

▸복구 시간이 일정한 시간(이하 설정 시간 t라 한다)만큼 늦은
순시 동작 시한 복구 회로(TOFF)이다.

(1) 릴레이 회로

1) 회로그리기

① 논리 조건 : 기동 입력을 주면 곧바로 램프 L_1이 점등하고
정지 입력을 준 후 t초 후에 램프 L_1이 소등하는 회로

② 사용 기구

ⓐ 입력 기구 : 버튼 스위치 2 개 – BS_1(1a), BS_2(1b)

ⓑ 출력 기구 : 램프 1 개 – L_1

ⓒ 보조 기구 : 유지용 보조 릴레이 1 개(2a),
시한 복구 타이머 릴레이 TOFF 1개(지연 1a – )

③ 타임 차트 : 그림 2.99

ⓐ 기동 입력 BS_1을 눌렀다 놓는다.

ⓑ BS_1을 누르는 순간 릴레이 X가 동작하고 유지하며

ⓒ 동시에 타이머 T가 동작된다.

ⓓ 타이머의 순시 동작 시한 복구 접점 T_a가 동작(닫힘)하면

ⓔ 접점 T_a로 출력 램프 L_1이 점등한다.

ⓕ 정지 입력 BS_2를 눌렀다 놓는다.
BS_2를 누르는 순간 릴레이 X와 타이머 T가 복구한다.

ⓖ 설정 시간 t초 후에
타이머의 시한 복구 접점 T_a가 복구(열림)하면 램프 L_1이 소등한다.

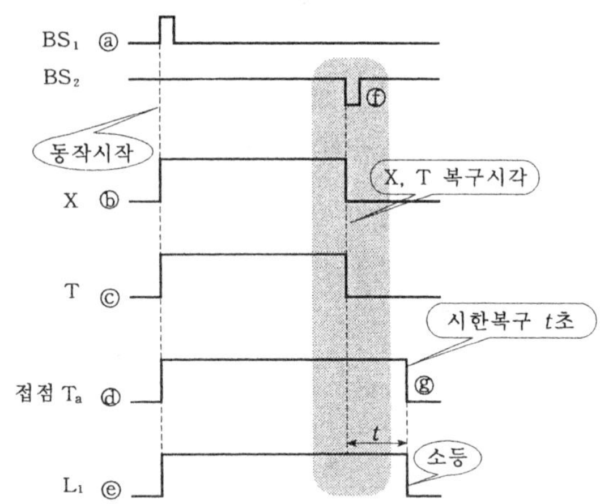

그림 2.99

④ 회로 그리기 : 그림 2.100

ⓐ 기동과 유지 기구 : 기동 입력 BS_1을 누르는 순간 릴레이 X가 동작한다.

ⓑ 유지 기구 : 릴레이 X의 접점 $X_{(1)}$로 유지한다.

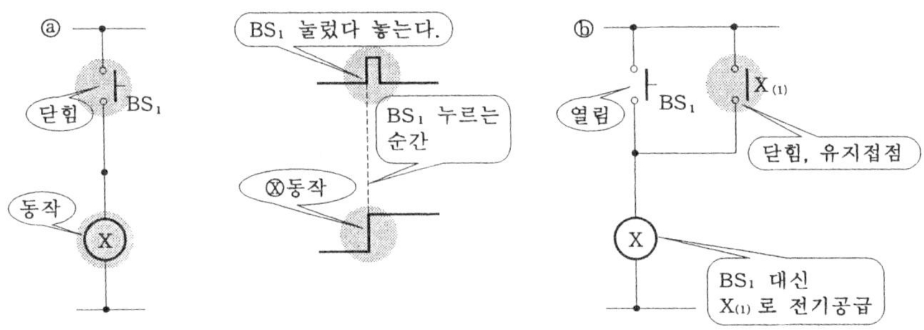

ⓒ 타이머 : 동시에 타이머 T가 동작된다.

ⓓ 출력 : 타이머 접점 T_a가 닫히고 출력 램프 L_1이 점등한다.

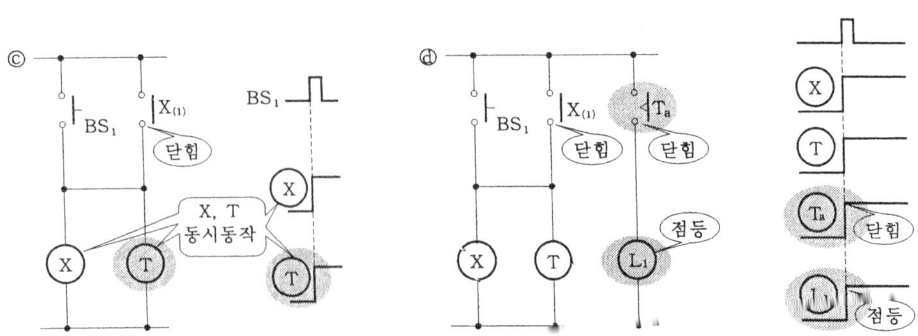

ⓔ 정지 : 정지 입력 BS_2로 릴레이 X와 타이머 T의 전원을 끊어 복구시킨다.

ⓕ 출력 접점 및 출력 : 설정 시간 t초 후에 타이머 지연 복구 접점 T_a가 열린다. 접점 T_a가 열리면 출력 램프 L_1이 소등한다.

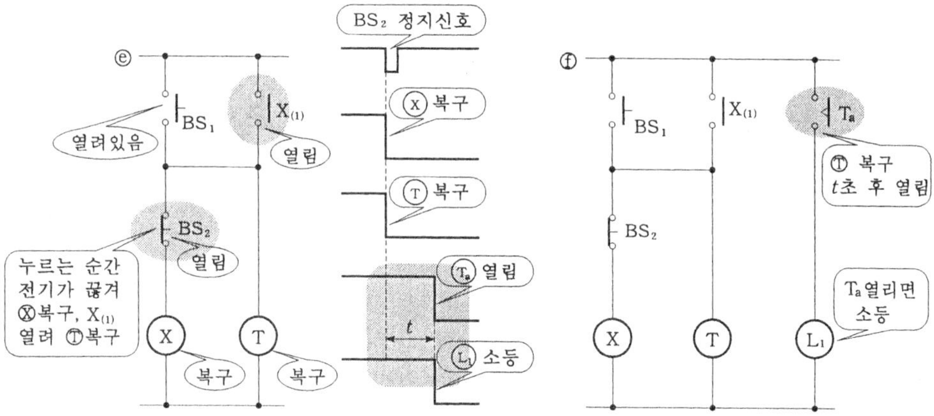

그림 2.100

2) 회로 동작

① 기동 : 기동 입력 BS_1을 누르는 순간 릴레이 X가 동작하고

〔전원 R - BS_1 닫힘 - BS_2 - X - 전원 T〕

② 유지 : 릴레이 접점 $X_{(1)}$로 유지한다.

〔전원 R - $X_{(1)}$ 닫힘 - BS_2 - X - 전원 T〕

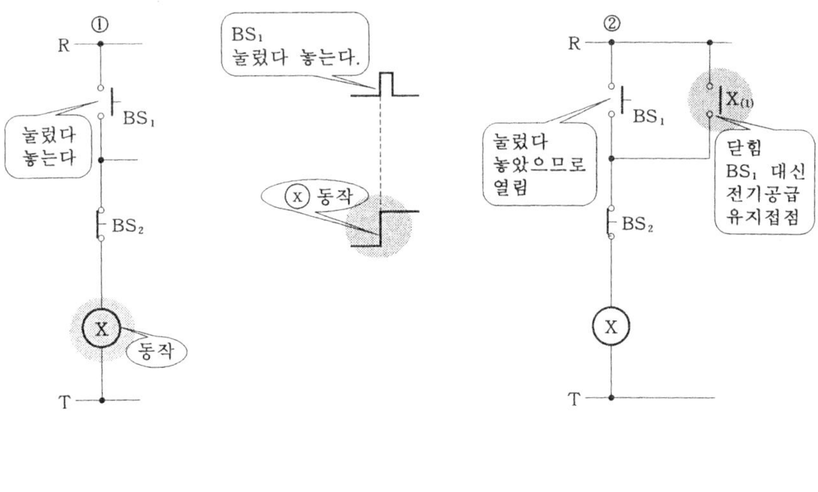

③ 타이머 : 동시에 타이머 T가 동작된다.

〔전원 R - BS_1 닫힘($X_{(1)}$ 닫힘 유지) - T - 전원 T〕

④ 출력 : 타이머 순시 동작 지연 복구 접점 T_a가 닫히면 출력 램프 L_1이 점등한다.

〔전원 R - T_a 닫힘 - L_1 - 전원 T〕

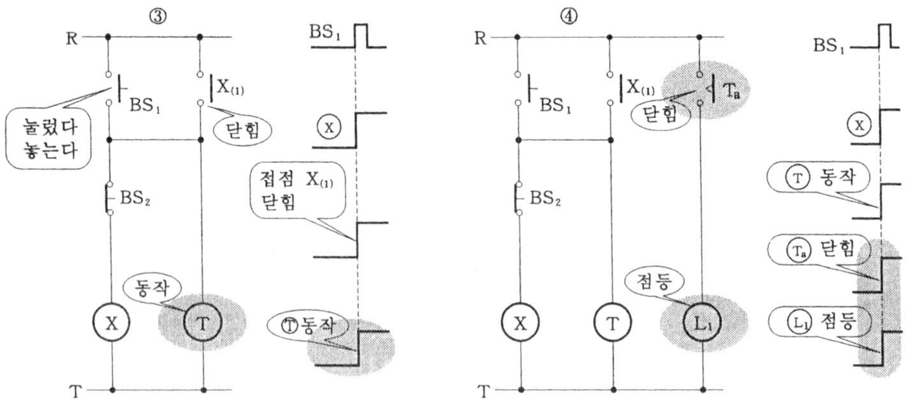

⑤ 정지 : 정지 입력 BS_2를 누르는 순간 릴레이 X가 복구하고

⑥ 유지 접점 $X_{(1)}$이 열려서 유지가 해제된다.

접점 $X_{(1)}$이 열리면 타이머 T는 복구하지만 접점 T_a는 복구하지 않는다(접점 T_a는 순시 동작 지연 복구 접점이므로 타이머 T가 복구한 후 t초 후에 열린다).

⑦ 설정 시간 t초 후에 타이머의 지연 복구 접점 T_a가 열리면 출력 램프 L_1이 소등된다.

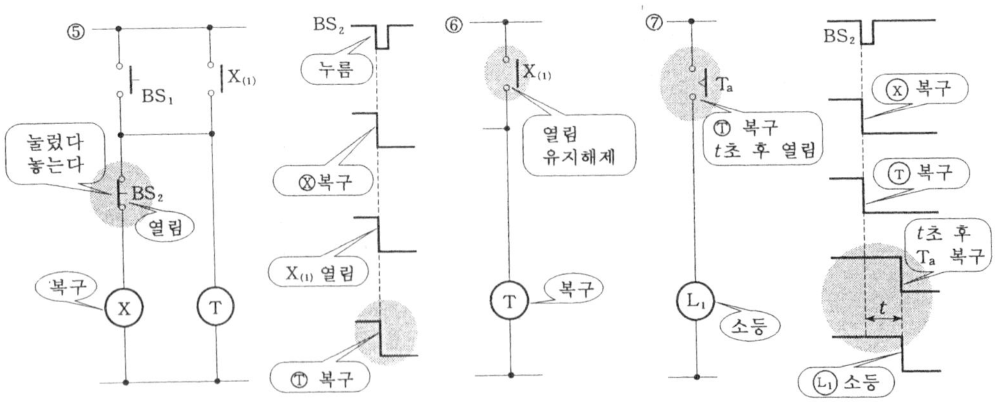

(2) PLC 회로

1) 회로와 그리기

① 논리 조건 : 기동 입력을 주면 곧바로 램프 L_1이 점등하고
정지 입력을 준 후 t초 후에 램프 L_1이 소등하는 회로

② 사용 기구 및 번지 부여 : 입·출력 회로는 생략한다.

ⓐ 입력 기구 : 버튼 스위치 2개 – P001(BS_1–1a), P002(BS_2–1a)

ⓑ 출력 기구 : 램프 1개 – L_1 – P010

ⓒ 보조 기구 : 내부 출력(유지용 보조 릴레이 기능) 1개 – M000
시한 복구 타이머(Toff) 1개 – T000(설정 시간 – 5초)

③ 명령어

회로 시작 : LOAD,　출력 및 내부 출력 : OUT

직렬 : AND,　병렬 : OR,　부정 : NOT

타이머(Toff) : TMR TMR, 〈DATA〉 (0.1초 단위)

④ **타임 차트 :** 그림 2.101

ⓐ H 입력형 기동 입력 P001(BS_1)을 눌렀다 놓는다.

ⓑ BS_1을 누르는 순간 내부 출력 M000(X)이 동작 유지하고

ⓒ Toff 타이머(순시 동작 지연 복구) T000(T)이 동작하며

ⓓ Toff 접점 T000(T_a)이 닫히면

ⓔ 출력 P010(램프 L_1)이 점등한다.

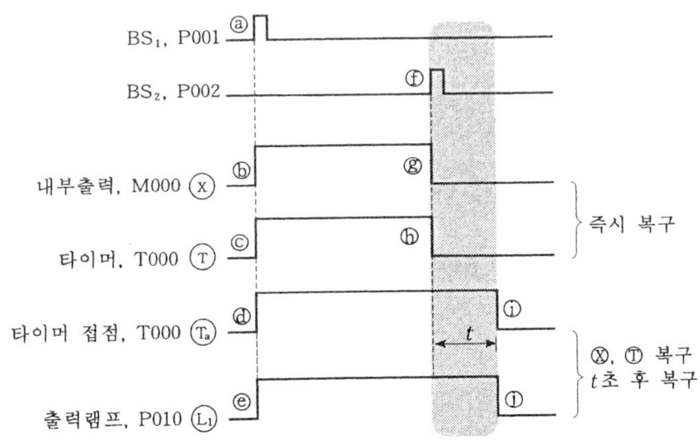

그림 2.101

ⓕ H 입력형 정지 입력 P002(BS_2)를 눌렀다 놓는다.

ⓖ BS_2를 누르는 순간 내부 출력 M000이 복구한다.

ⓗ M000으로 Toff 타이머 T000이 복구한다.

ⓘ 설정 시간 t초 후에 타이머 Toff 접점 T000(T_a)이 복구하여

ⓙ 출력 P010(램프 L_1)이 소등한다.

⑤ **래더도 그리기**

1 H 입력형 기동 입력 P001(BS_1)을 주면
내부 출력 M000(X)이 동작 유지하고 M000으로 Toff 타이머 T000(T)이 동작한다.

2 Toff 타이머 접점 T000(T_a)으로 출력 P010(램프 L_1)이 동작한다.

3 H 입력형 정지 입력 P002(BS_2)를 주면
내부 출력 M000(X)이 복구하고 T000(T)이 복구한다.

4 설정 시간 5초가 지나면
Toff 타이머 접점 T000(T_a)이 열리고 출력 P010(램프 L_1)이 복구한다.

ⓐ 기동 : 기동 입력 P001(BS_1)을 주면
유지 기구인 내부 출력 M000(보조 기구 X)이 동작한다.

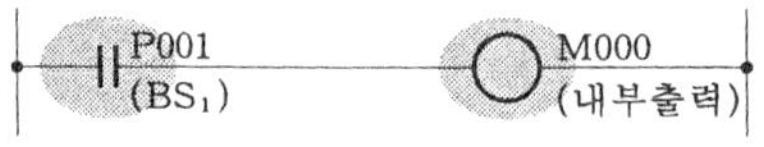

ⓑ 유지 : 내부 출력 M000(보조 기구 X 접점 $X_{(1)}$)으로 유지한다.

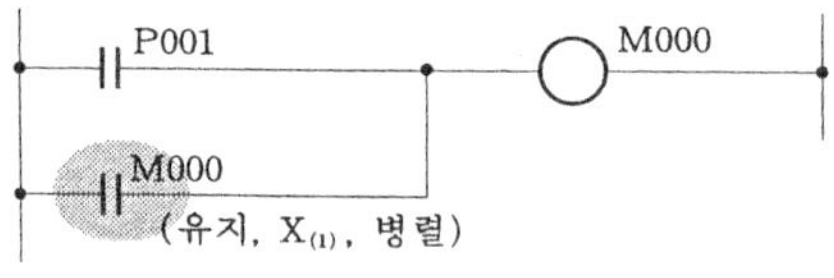

ⓒ 타이머 : 내부 출력 M000(X접점 $X_{(2)}$)으로 타이머 T000(T)가 동작한다.

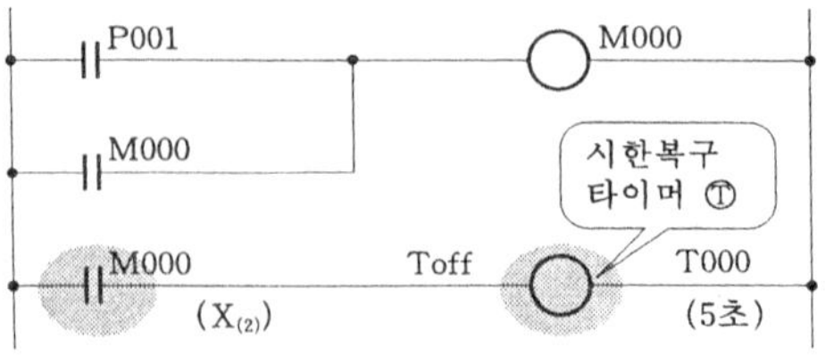

ⓓ 출력 : Toff 타이머 접점 T000(T_a)으로 출력 P010(램프 L_1)이 생긴다.

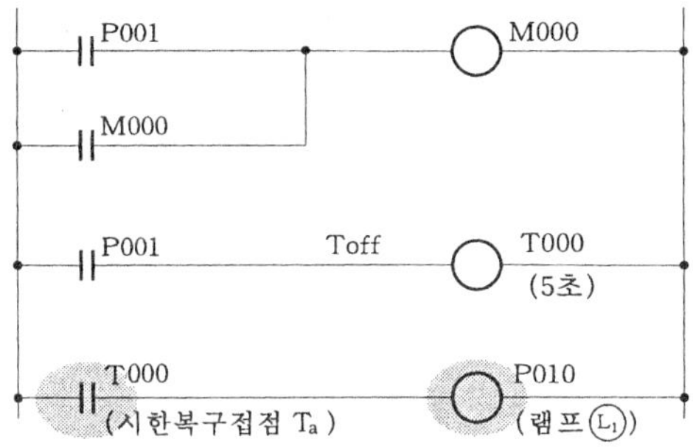

ⓔ 정지 : 정지 입력 P002(BS_2)로

내부 출력 M000의 회로를 끊어 M000와 T000을 정지시킨다.

ⓕ 5초 후에 Toff용 T000(T_a)이 열려 출력 P010(램프 L_1)이 소등된다.

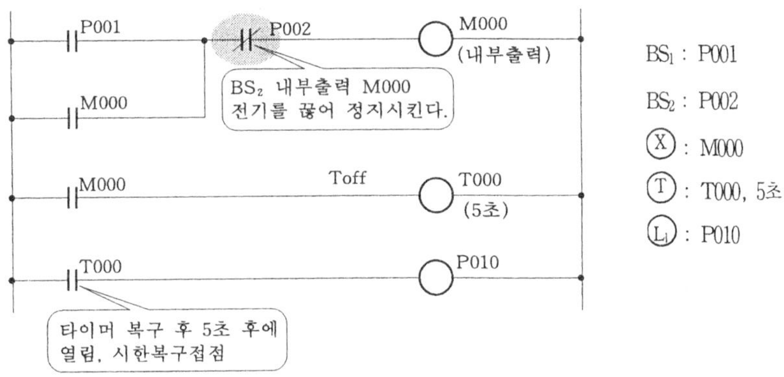

그림 2.102

⑥ **니모닉 프로그램**

0 0 step : LOAD P001

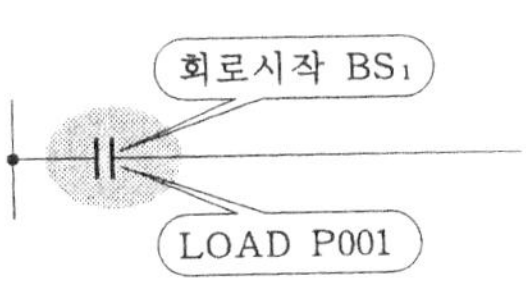

1 1 step : OR M000

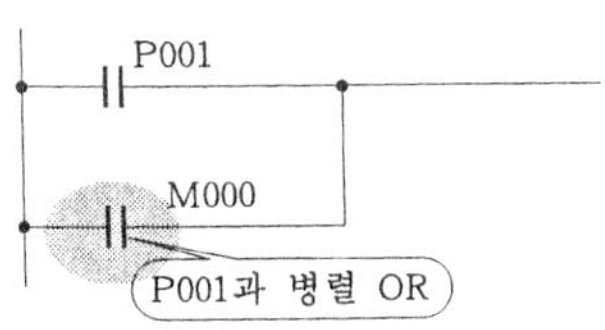

2 2 step : AND NOT P002

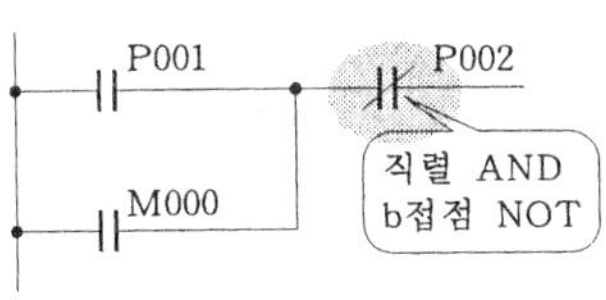

3 3 step : OUT M000

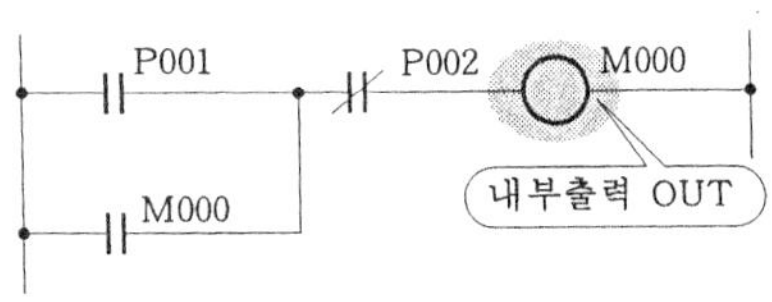

④ 4 step : LOAD M000

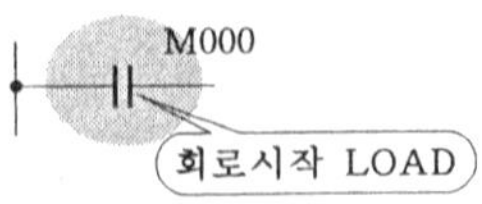

⑤ 5 step : TMR TMR T000

⑥ 6 step : 〈DATA〉 50(2 step 사용)

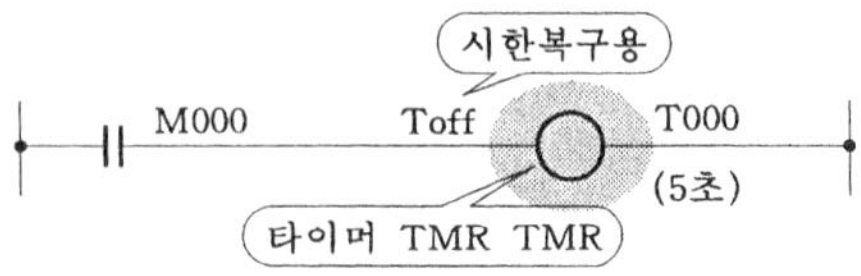

⑦ 8 step : LOAD T000

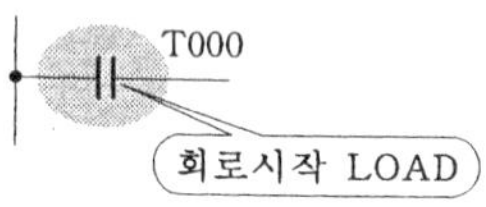

⑧ 9 step : OUT P010

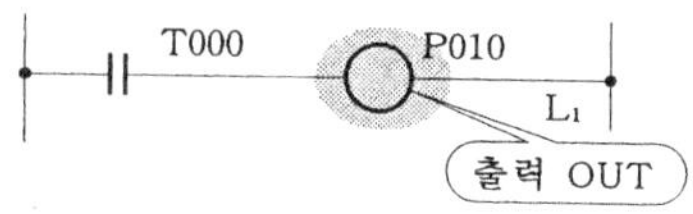

정리하면 표와 같다.

차례	명령어	번지	차례	명령어	번지
0	LOAD	P001	4	LOAD	M000
1	OR	M000	5	TMR TMR	T000
2	AND NOT	P002	6	〈DATA〉	0050
3	OUT	M000	8	LOAD	T000
–	–	–	9	OUT	P010

※ Toff용 타이머의 명령어는 TMR TMR (2번)이다.

▸릴레이 시퀀스와 비교하여 PLC 시퀀스를 그리면 다음과 같다.
여기서, 타이머는 릴레이 접점 $X_{(2)}$로 여자시키고 릴레이 X와 분리한다.

① X(M000) 동작 : 입력 BS_1(P001)과 유지 접점 $X_{(1)}$(M000)은 병렬이고, 이것과 정지 입력 BS_2(b접점)(P002)는 직렬이다.

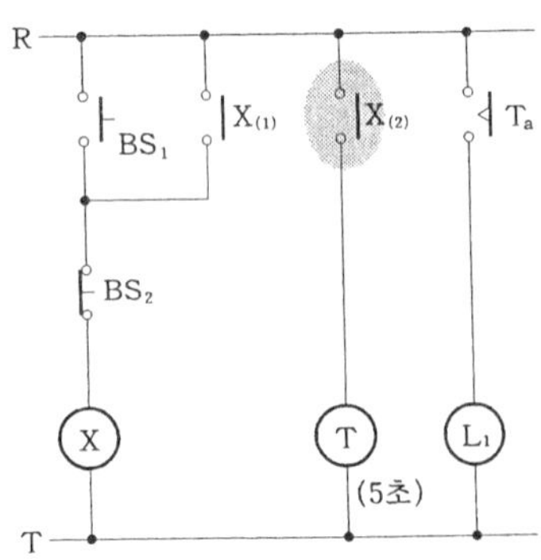

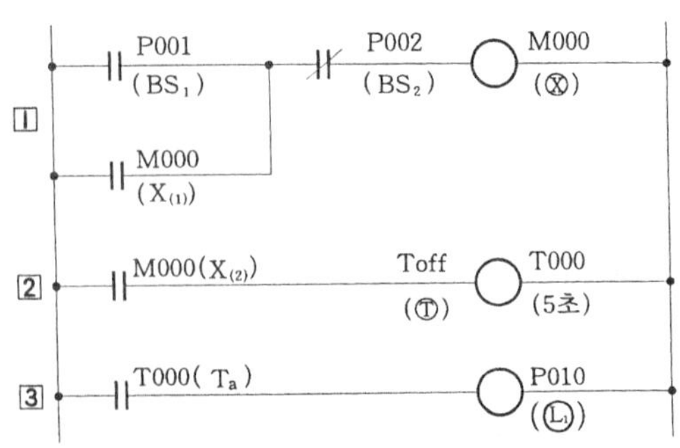

② T(T000) 여자 : 접점 $X_{(2)}$(M000)로 타이머 T(T000)를 단독 여자한다.
③ L_1(P010) 동작 : 접점 T_a(T000)로 출력 L_1(P010)이 동작한다.

▸래더 회로에서 Handy Loader로 니모닉 프로그램하는 법

초기 화면(생략)에서 그림 2.102를 프로그램 코딩을 한다.

0 step : BS_1, 회로 시작 a접점 LOAD P001 ENT
1 step : $X_{(1)}$ 위 번지와 병렬 OR M000 ENT

0000	0001
LOAD P001	OR M000

2 step : BS_2, 앞 회로와 직렬 b접점 AND NOT P002 ENT
3 step : X, 내부 출력 OUT M000 ENT

0002	0003
AND NOT P002	OUT M000

4 step : $X_{(2)}$, 회로 시작 LOAD M000 ENT
5 step : T, 타이머(Toff) TMR TMR T000 ENT

0004	0005
LOAD M000	TOFF T000

6 step : 설정 시간 5초 〈DATA〉 00050 ENT → (0.1초 단위, 2 스텝 사용)
8 step : T_a, 회로 시작 LOAD T000 ENT

0006	0008
〈DATA〉 00050	LOAD T000

9 step : L_1, 출력 OUT P010 ENT
10 step : 끝, END(001) ENT

0009	0010
OUT P010	FUN(001) END

▸ **Computer의 S/W를 이용한 프로그램**

초기 화면(생략)에서 그림 2.102를 프로그램 코딩을 한다.

① 0000번 스텝(커서 위치 ■)에서 기능키 F3, 번지 P001, Enter Key를 차례로 누른다.

② 커서 위치(■)에서 기능키 F4, 번지 P002, Enter Key를 차례로 누른다.

☞ ① Key In : F3 P 0 0 1 Enter ☞ ② Key In : F4 P 0 0 2 Enter

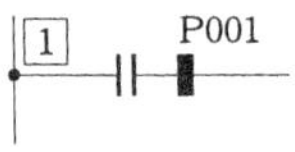

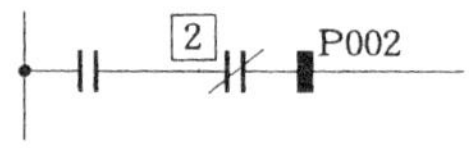

③ 커서 위치(■)에서 기능키 F9, 번지 M000, Enter Key를 차례로 누른다.

☞ ③ Key In : F9 M 0 0 0 Enter

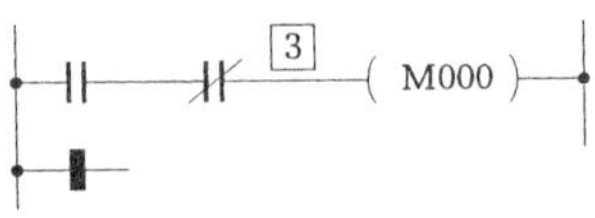

④ 커서 위치(■)에서 기능키 F3, 번지 M000, Enter Key를 차례로 누른다.

⑤ 커서 위치(■)를 아래 그림과 같이 위로 옮기고 기능키 F6, Enter를 차례로 누르면 아래와 같다.

☞ ④ Key In : F3 M 0 0 0 Enter ☞ ⑤ Key In : F6 Enter

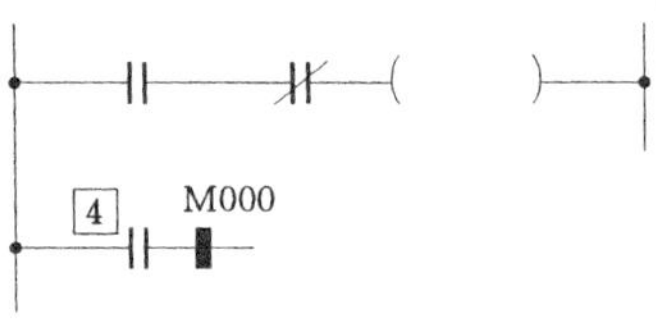

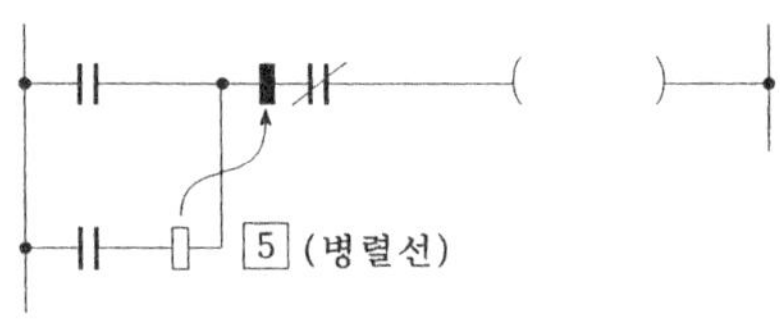

⑥ 커서 위치(■)를 아래 스텝으로 이동하고 기능키 F3, 번지 M000, Enter Key를 차례로 누른다.

⑦ 커서 위치(■)에서 기능키 F10(기호), Shift F2(종류 TOFF), T000(번지), SP(공란 spacer), 00050(시간), Enter Key를 차례로 누른다.

☞ ⑥ Key In : F3 M 0 0 0 Enter

☞ ⑦ Key In : F10 Shift F2 T 0 0 0 SP 0 0 0 5 0 Enter

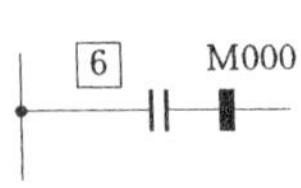

⑧ 커서 위치(▮)에서 기능키 F3, 번지 T000, Enter Key를 차례로 누른다.

⑨ 커서 위치(▮)에서 기능키 F9, 번지 P010, Enter Key를 차례로 누른다.

☞ ⑧ Key In : [F3] [T|0|0|0|Enter] ☞ ⑨ Key In : [F9] [P|0|1|0|Enter]

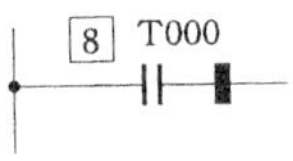

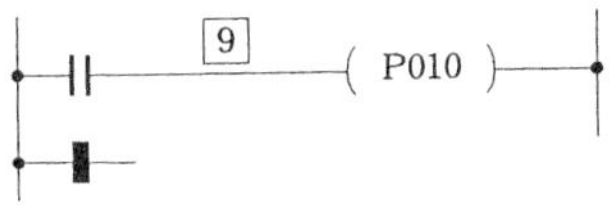

⑩ 커서 위치(▮)에서 기능키 F10, 문자 END, Enter Key를 차례로 누른다.

☞ ⑩ Key In : [F10] [E|N|D|Enter]

⑪ 스텝 실행(Program Convert)과 완료 :

Alt와 F7 키를 동시에 누르면 [Are You Sure ? 〈Y/N〉] 가 나타나고 Y를 누르면 회로에 스텝이 나타나고 하단에 Completed가 나타난다. 즉, 그림과 같은 완성된 도면이 된다 (ALT N하면 니모닉 프로그램이 된다).

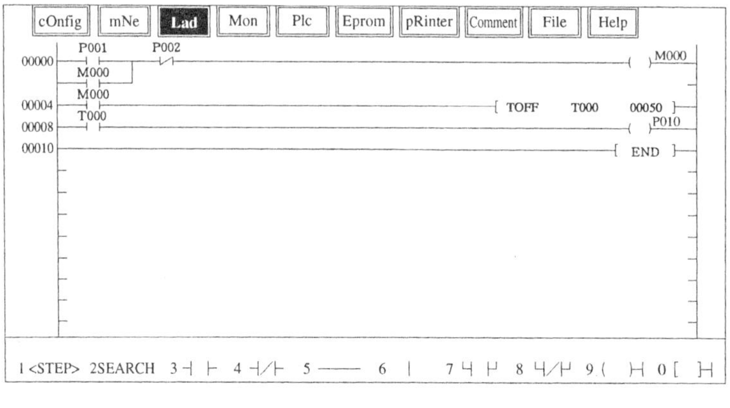

2) 동작

① 기동 입력 P001(BS_1)을 주면

ⓐ 기동 : 내부 출력 M000(X)이 동작한다.

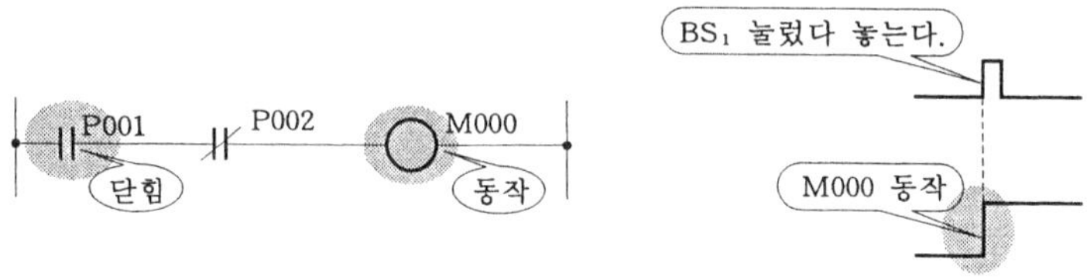

ⓑ 유지 : M000이 닫혀 회로를 유지한다.

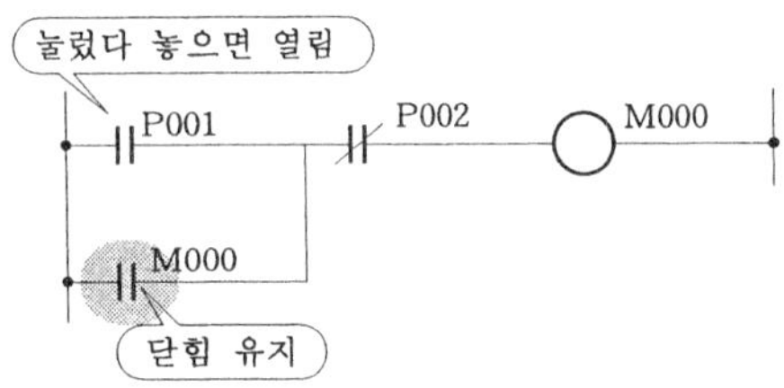

ⓒ 타이머 : M000이 닫혀서 타이머 T000(T)이 동작한다.

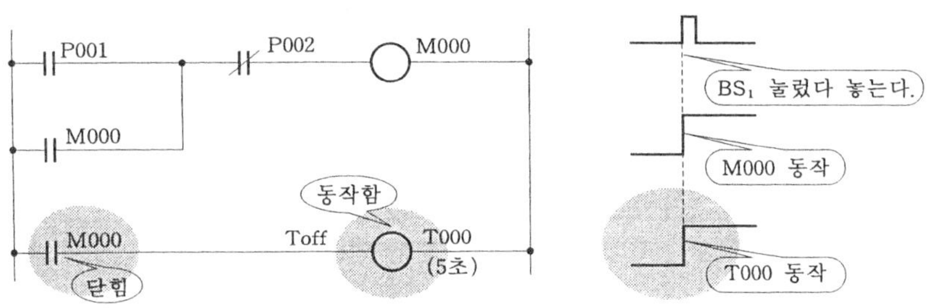

ⓓ 출력 : Toff용 접점 T000(T_a)이 닫혀 출력 P010(램프 L_1)이 점등한다.

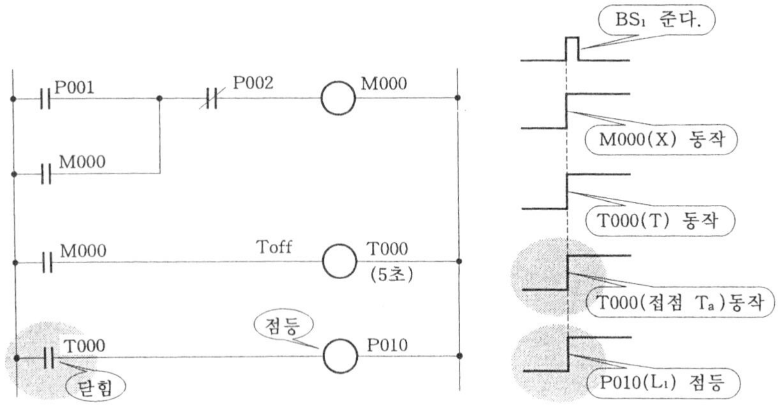

② 정지 입력 P002(BS_2)를 주면

ⓐ 정지 : 내부 출력 M000(X)이 복구한다.

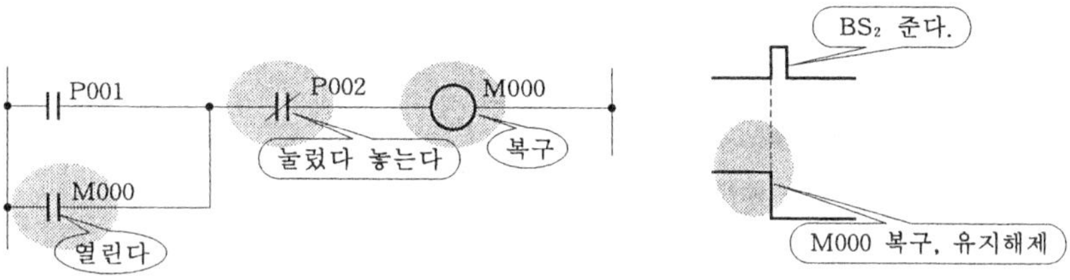

ⓑ 유지 : 유지용 접점 M000($X_{(1)}$)이 열려 유지가 해제된다.

ⓒ 타이머 : 접점 M000($X_{(2)}$)이 열려 타이머 T000(T)이 복구된다.

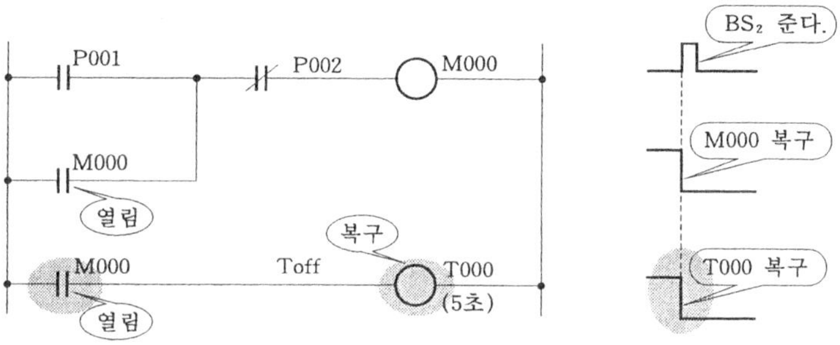

ⓓ 출력 : 5초 후에 시한 복구(Toff) 접점 T000이 열려서 출력 P010(L_1)이 소등한다.

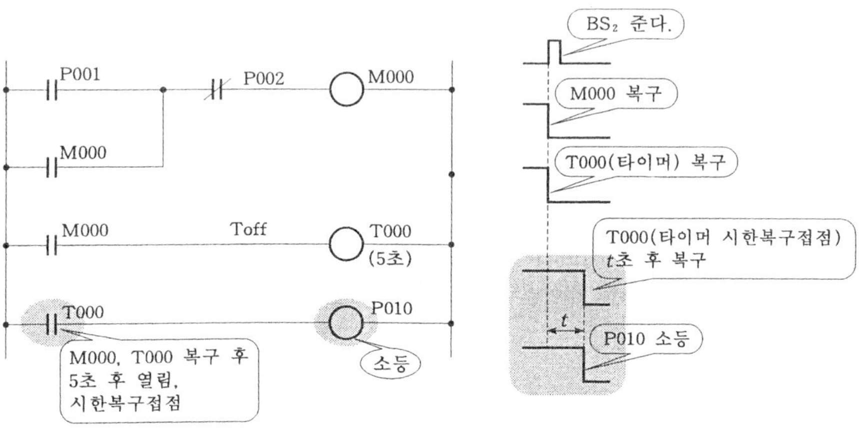

3) 양논리 회로 그리기

① 유지 회로를 그려 타이머 동작과 그 유지용 회로로 한다.

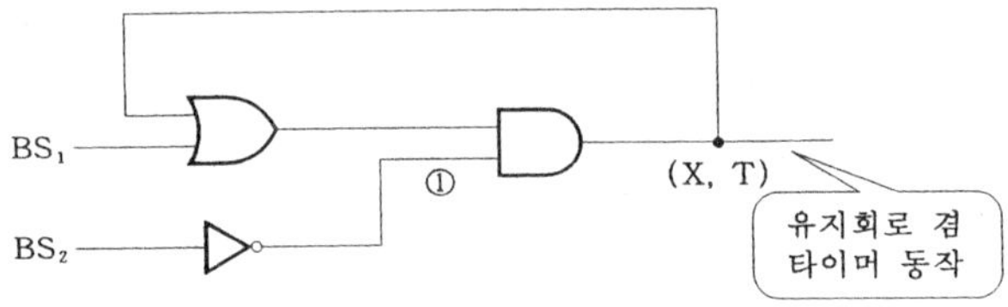

② 유지 회로 출력으로 시한 복구 타이머 Toff(T_a, 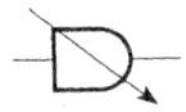)가 동작한다.

③ 타이머 출력으로 출력 램프 L_1이 점등한다.

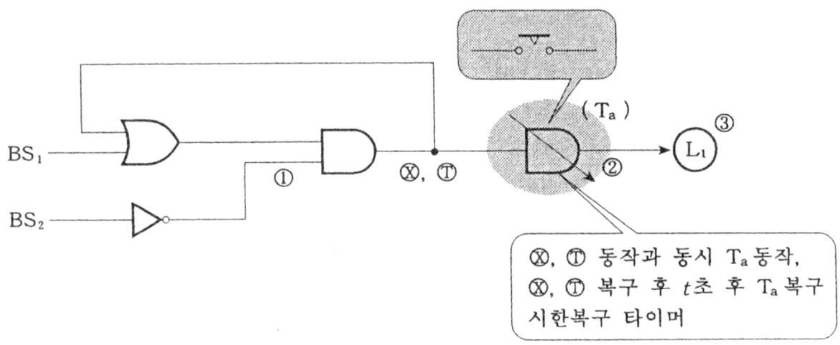

그림 2.103

④ 릴레이 시퀀스 또는 PLC 시퀀스와 비교하여 그리면 다음과 같다.

ⓐ 릴레이 X(M000)는 유지 회로로 동작 복구한다.

ⓑ 타이머 T(T000)는 릴레이 X와 같은 유지 회로로 동작된다.

ⓒ 따라서 유지 회로 출력으로 시한 복구 타이머(T_a, T000, )가 동작한다.

ⓓ 시한 복구 타이머(Ta, T000, 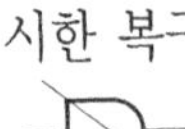) 출력으로 램프 L_1이 점등한다.

ⓔ 입·출력 회로를 첨가하면 다음 그림이 된다.

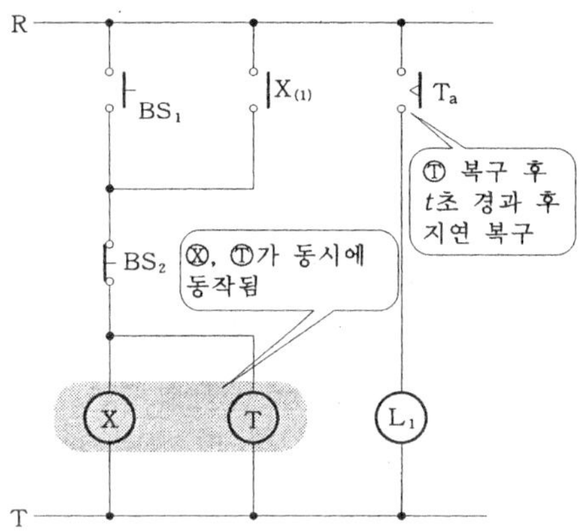
R
BS₁
X(1)
Tₐ
Ⓣ 복구 후
t초 경과 후
지연 복구
BS₂
Ⓧ, Ⓣ가 동시에
동작됨
X
T
L₁
T

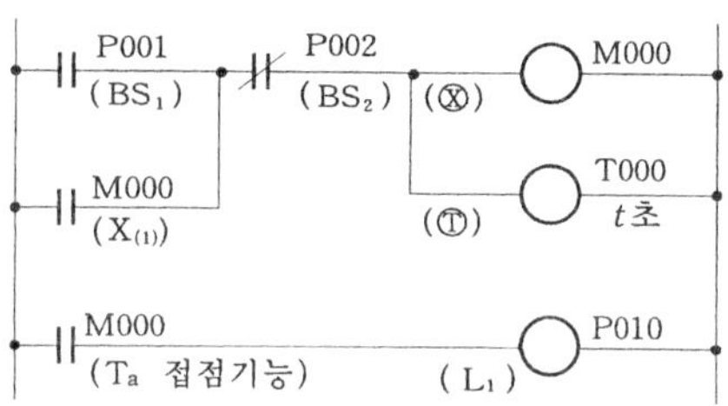
P001
(BS₁)
P002
(BS₂)
(Ⓧ)
M000
M000
(X(1))
(Ⓣ)
T000
t초
M000
(Tₐ 접점기능)
(L₁)
P010

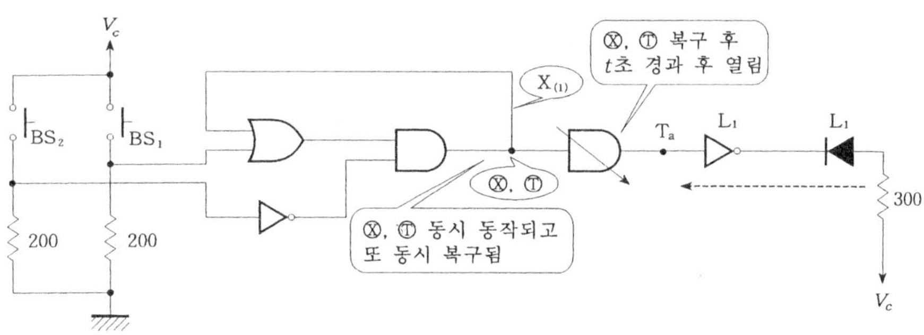
Vc
BS₂
BS₁
200
200
X(1)
Ⓧ, Ⓣ
Ⓧ, Ⓣ 동시 동작되고
또 동시 복구됨
Ⓧ, Ⓣ 복구 후
t초 경과 후 열림
Tₐ
L₁
L₁
300
Vc

4) 동작 [1] 정지(소등 ▶ BS_1 → L 레벨, BS_2 → L 레벨) 상태

그림 2.104에서 BS_1과 BS_2는 열려 있고 램프 L_1은 소등 상태이다.

① 점 [1] : 입력 BS_1이 열려 있고 200〔Ω〕을 통하여 접지 상태 L 레벨이다.

② 점 [2] : 입력 BS_2는 열려 있고 200〔Ω〕을 통하여 접지 상태 L 레벨이다.

③ 점 [3] : 점 [2]의 L 레벨이 NOT 회로를 통하므로 전압 상태 H 레벨이다.

④ 점 [4] : 정지 상태에서 출력(X), 즉 점 [5]는 L 레벨이고, 되먹임 OR 입력 [5]도 L 레벨이다. 점 [1]과 점 [5]가 L 레벨이므로 OR 출력점 [4]는 L 레벨이 된다.

⑤ 점 [5] : 점 [3]이 H 레벨, 점 [4]가 L 레벨이므로 AND 출력점 [5]는 L 레벨이 된다. 즉, 정지 상태이고 출력은 없다(L 레벨).

⑥ 점 [6] : 점 [5]가 L 레벨이므로 시한 복구 타이머 점 [6]도 L 레벨이 된다.

입 력		출 력		
BS_1	BS_2	X(T)	T_a	L_1
L	L	L	L	L

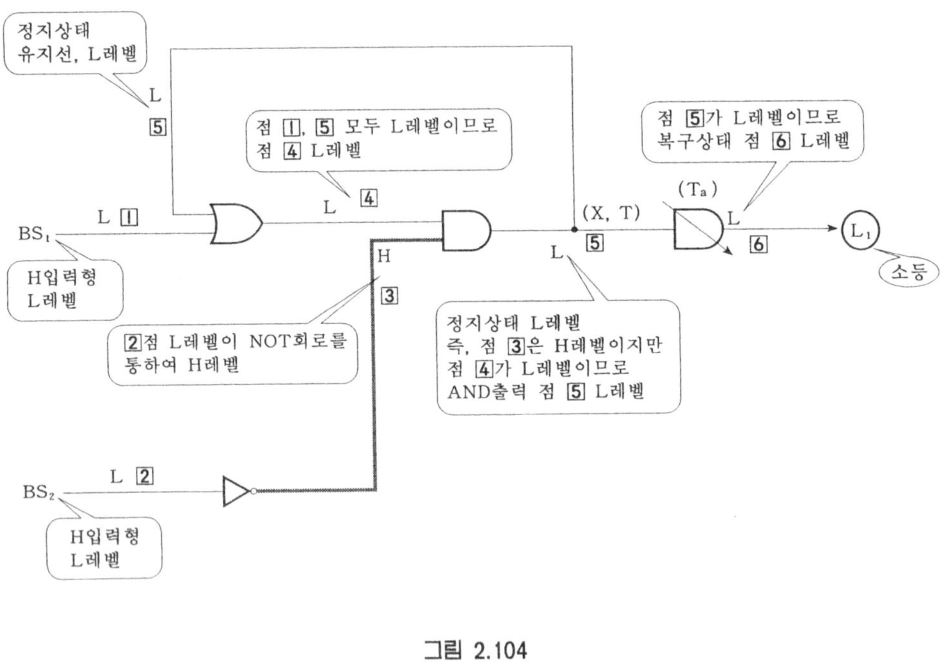

그림 2.104

5) 동작 2 운전(점등 ▶ BS_1 → H 레벨, BS_2 → L 레벨) 상태

그림 2.105에서 기동 입력 BS_1을 눌렀다 놓으면 램프 L_1이 점등한다.

① 점 2 : 입력 BS_2는 열려 있고 200〔Ω〕을 통하여 접지 상태 L 레벨이다.

② 점 3 : 점 2의 L 레벨이 NOT 회로를 통하므로 전압 상태 H 레벨이다.

③ 점 1 : H 입력형 입력 BS_1을 누르면 H 레벨(전압 $V_c = 5$〔V〕를 통하여 H 레벨)이 된다. 이후 BS_1을 놓으면 다시 L 레벨로 돌아온다.

④ 점 4 : OR 회로는 두 입력 1, 5 중 하나라도 H 레벨이면 출력이 생긴다. 따라서 점 1이 H 레벨이므로 점 4는 H 레벨이 된다. ← 기동

⑤ 점 5 : AND 입력점 3과 4가 모두 H 레벨이므로 점 5는 H 레벨이 된다.

⑥ 점 4 : 출력점 5가 H 레벨이므로 되먹임 OR 유지 입력 5도 H 레벨이다. 따라서 BS_1을 놓아도(L 레벨) 점 5의 H 레벨에 의하여 OR 출력점 4는 H 레벨로 유지된다. ← 유지

⑦ 점 6 : 점 5가 H 레벨이므로 시한 복구 타이머(Toff)가 동작하고 점 6이 H 레벨이 된다. 따라서 점 6이 H 레벨이므로 램프 L_1이 점등한다.

입 력		출 력		
BS_1	BS_2	X(T)	T_a	L_1
H	L	H	H	H

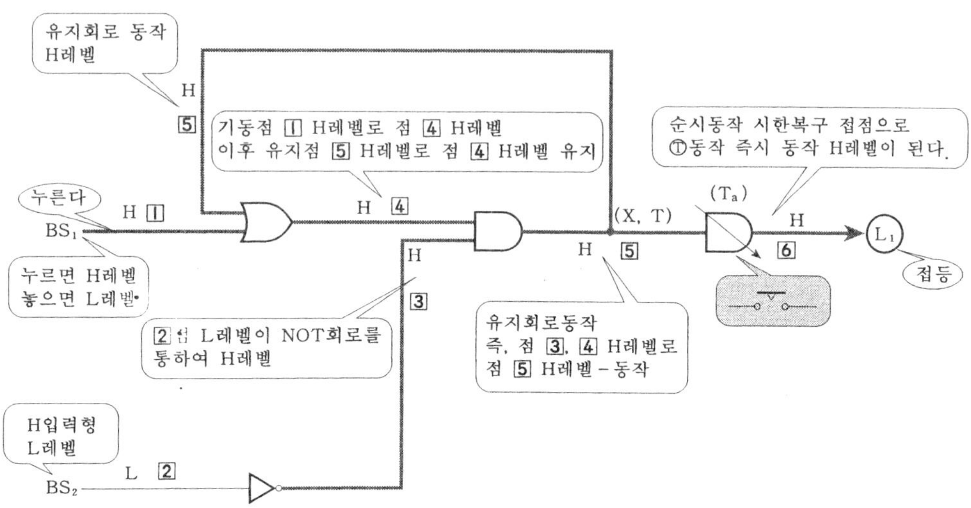

그림 2.105

6) 동작 [3] 정지(소등 ▶ BS_1 → L 레벨, BS_2 → H 레벨) 상태

그림 2.106에서 정지 입력 BS_2을 눌렀다 놓으면 t초 후 램프 L_1이 소등한다.

① 점 [1] : 입력 BS_1이 열려 있고 200〔Ω〕을 통하여 접지 상태 L 레벨이다.

② 점 [2] : H 입력형 입력 BS_2를 누르면(전압 V_c = 5〔V〕를 통하여) H 레벨이 된다. 이후 BS_2를 놓으면 다시 L 레벨로 돌아온다.

③ 점 [3] : 점 [2]의 H 레벨이 NOT 회로를 통하므로 접지 상태 L 레벨이다.

④ 점 [5] : 점 [4]가 H 레벨이지만 점 [3]이 L 레벨이므로 AND 출력점 [5]는 L 레벨이 된다. ← 출력이 없어진다.

⑤ 점 [4] : 정지 상태에서 출력(X) 점 [5]는 L 레벨이고, 되먹임 OR 입력 [5]도 L 레벨이 된다. 점 [1]과 점 [5]가 L 레벨이므로 OR 출력점 [4]는 L 레벨이 된다.
즉, 유지가 해제된다.

⑥ 점 [6] : 출력점 [5]가 L 레벨이므로 시한 복구 타이머점 [6]이 t초 후에 복구된다(L 레벨이 된다). 따라서 점 [6]이 L 레벨이므로 이때 램프 L_1이 소등된다.

입력		출력		
BS_1	BS_2	X(T)	T_a	L_1
L	H	L	t초 후 L	t초 후 L

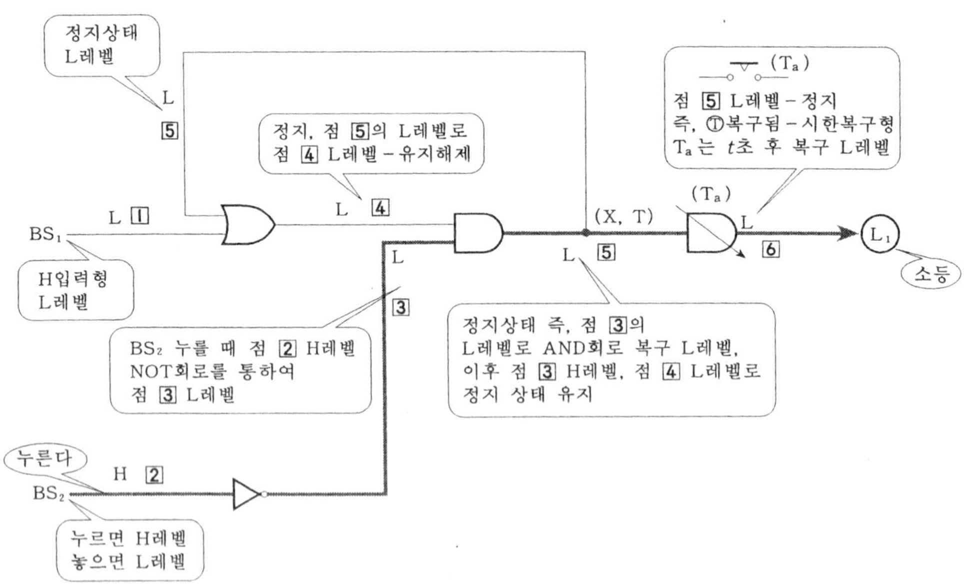

그림 2.106

(3) 로직 회로

① 논리 조건 : 기동 입력을 주면 곧바로 램프 L_1이 점등하고
정지 입력을 주면 t초 후에 램프 L_1이 소등하는 회로

② 사용 기구 : 입·출력 회로는 생략한다.

ⓐ 입력 기구 : 버튼 스위치 2개 – BS_1(1a), BS_2(1a)

ⓑ 출력 기구 : 램프 1개 – L_1

ⓒ 보조 기구 : 유지용 FF($\overline{R}\,\overline{S}$–latch) 1개
타이머 기구(SMV–SN–74123) 1개

1) 회로 그리기

▸ 타임 차트 : 그림 2.107

① L입력형 기동 입력 BS_1을 눌렀다 놓는다.

② BS_1을 누르는 순간 유지용 FF가 set하여

③ 램프 L_1이 점등한다.

④ L 입력형 정지 입력 BS_2를 눌렀다 놓는다.

⑤ BS_2를 누르는 순간 SMV(단안정 특성 T)가 set하고

⑥ 설정 시간 t초 후에 SMV가 reset한다.

⑦ SMV가 reset하면 미분 회로(RC 회로)를 통하여 유지용 FF가 reset하여

⑧ 램프 L_1이 소등한다.

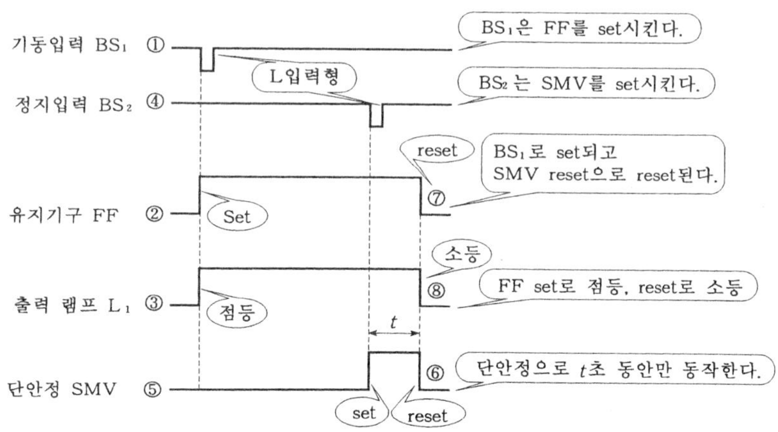

그림 2.107

▸ 회로 동작 : 그림 2.108

논리 조건에서

ⓐ 기동 입력(BS_1)을 주면 곧바로 L_1이 점등하는 회로 – BS_1과 유지용 FF 사용

ⓑ 정지 입력(BS_2)를 주면 t초 후에 L_1이 소등하는 회로 – BS_2와 단안정 SMV 사용

으로 생각하여(참고도 참조)

① BS_1로 FF를 set 시킨다.

② FF로 램프 L_1을 점등시킨다.

③ BS_2로 SMV를 set 시킨다.

④ 미분 회로를 접속한다(⑧ 참조).

⑤ t초 후에 SMV가 reset 할 때
미분 회로의 방전 순간의 L 레벨로 FF가 reset 된다.

⑥ FF가 reset 되면 램프 L_1이 소등된다.

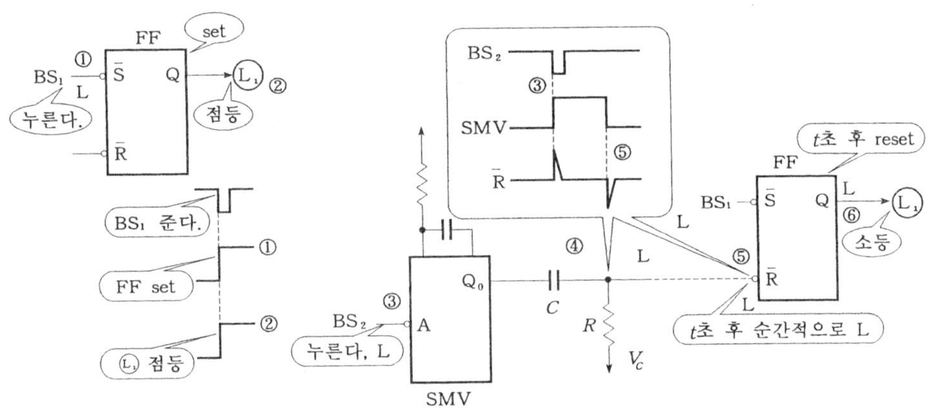

⑦ 정리하면 그림 2.108과 같다.

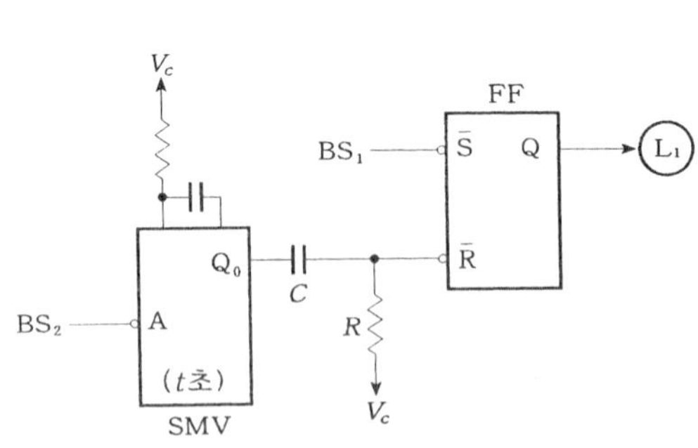

그림 2.108

⑧ 미분 회로 :

ⓐ SMV와 FF를 직접 접속하면(그림 2.109 (a)) 입력 BS_1과 BS_2를 주기 전에 SMV 출력 Q_0는 L 레벨이므로 이것이 FF의 reset 입력으로 계속 작용하여
FF를 set 시킬 수 없게 된다.

ⓑ 따라서 FF의 $\overline{R}$ 입력단에 미분 회로(RC 회로)를 접속하여
전원 V_c를 충전시켜 평시에 H 레벨이 유지되도록 한다(그림 2.109 (b)).

ⓒ FF의 $\overline{R}$ 입력단에는 평시 및 SMV set시에는 RC 회로의 충전으로 H 레벨이 된다(그림 2.109 (c), (d)).

ⓓ FF의 $\overline{R}$ 입력단에는
SMV reset 시에 RC 회로의 방전으로 순간적으로 L레벨이 되고
이 방전 순간 L 레벨로 FF가 reset 된다(그림 2.109 (c), (e)).

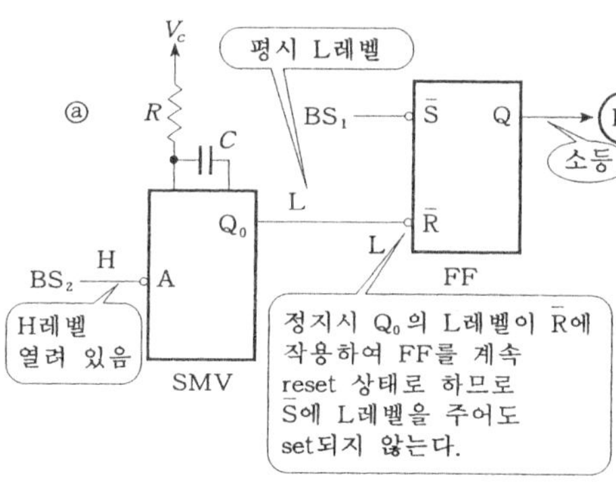

(a)

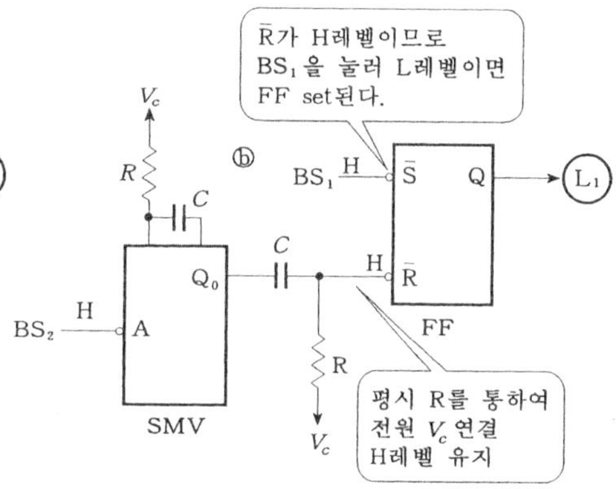

(b)

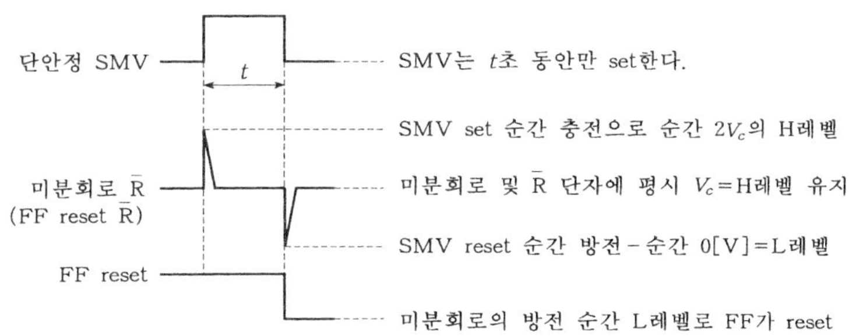

(c)

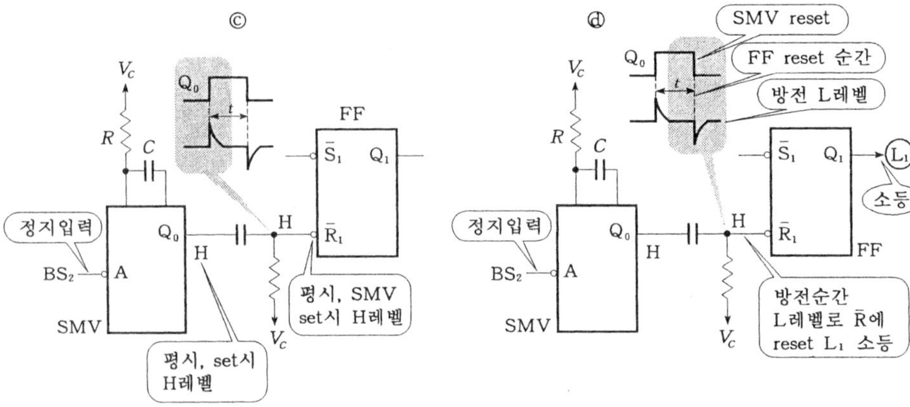

(d) (e)

그림 2.109

⑨ 입 · 출력 회로를 추가하고 정리하면 그림과 같다.

ⓐ (입력 회로에서) L입력형 기동 입력 BS_1을 눌렀다 놓는다.

ⓑ BS_1을 누르는 순간 유지용 FF가 set 한다.

ⓒ FF의 set 으로 출력 회로를 통하여 램프 L_1이 점등한다.

ⓓ (입력 회로에서) L 입력형 정지 입력 BS_2를 눌렀다 놓는다.

ⓔ BS_2를 누르는 순간 SMV(단안정 특성 T)가 set 하고

ⓕ 설정 시간 t초 후에 SMV가 reset 한다.

ⓖ SMV가 reset 하면 미분 회로(RC 회로)를 통하여 유지용 FF가 reset 하여

ⓗ (출력 회로를 통하여)램프 L_1이 소등한다.

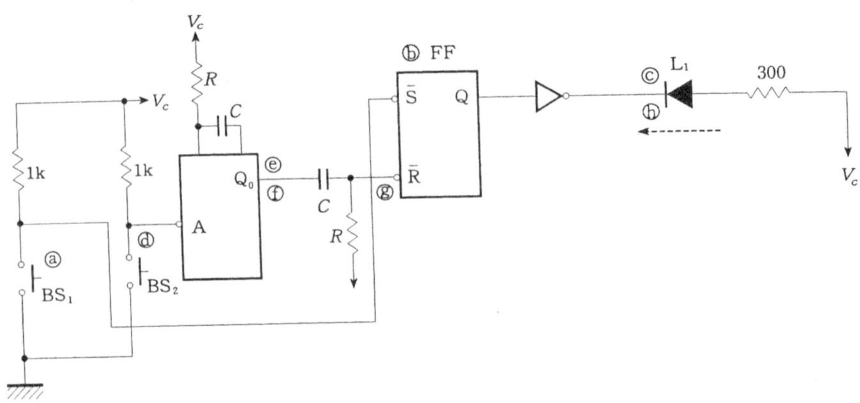

2) 동작 ① 동작(점등 ▶ BS_1 → L 레벨, BS_2 → H 레벨) 상태

▸그림 2.110에서

☞ 정지 상태 : BS_1과 BS_2는 열려 있고 램프 L_1은 소등 상태이다.

① 점 1 : 입력 BS_1은 열려 있고 저항 1〔kΩ〕을 통하여 V_c가 걸려 H 레벨이다.

② 점 2 : 입력 BS_2는 열려 있고 저항 1〔kΩ〕을 통하여 V_c가 걸려 H 레벨이다.

③ 점 3 : SMV가 reset 상태이므로 L 레벨이다.

④ 점 4 : RC 미분 회로를 통하여 전원 V_c가 충전되어 있으므로 H 레벨이다.

⑤ 점 5 : FF가 reset 상태이므로 점 5는 L 레벨이고 램프 L_1은 소등 상태이다.

☞ 동작 상태 : 기동 입력 BS_1을 눌렀다 놓으면 FF가 set 하여 램프 L_1이 점등한다.

⑥ 점 1 : L 입력형 입력 BS_1을 누르면 접지를 통하여 L 레벨이 되고 FF를 set 시킨다. 이 후에 BS_1을 놓으면 다시 H 레벨로 돌아온다.

⑦ 점 5 : 점 1의 L 레벨로 FF가 set 되어 H 레벨이 되고 램프 L_1은 점등된다.

⑧ 점 2, 점 3, 점 4는 위의 정지 상태와 같다.

※ 동작 − BS_1을 누르면 유지용 FF가 set 되어 램프 L_1이 점등된다.

〔BS_1↑-FF↑-L_1↑〕

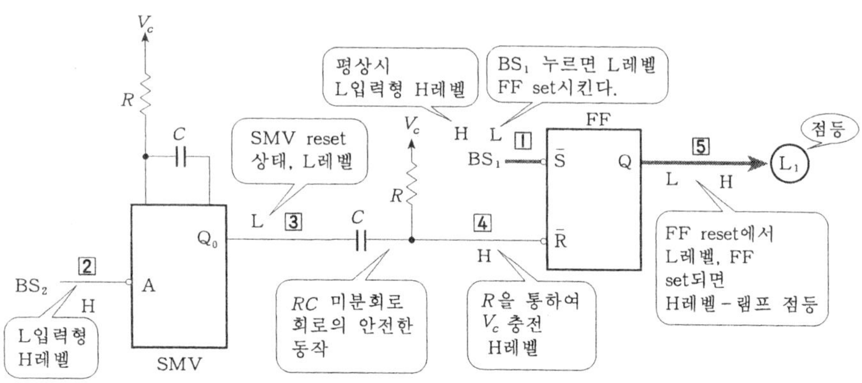

그림 2.110

3) 동작 2 정지(점등 ▶ BS_1 → H 레벨, BS_2 → L 레벨) 상태

▸그림에서 정지 입력 BS_2를 눌렀다 놓으면 t초 후에 램프 L_1이 소등한다.

① 점 1 : 입력 BS_1은 열려 있고 저항 1〔kΩ〕을 통하여 V_c가 걸려 H 레벨이다.

② 점 5 : 현재 FF가 set 되어 있고 점 5는 H 레벨이며 램프 L_1이 점등 중이다.

③ 점 2 : L 입력형 정지 입력 BS_2를 누르면 접지를 통하여 L 레벨이 되고 SMV를 set 시킨다. 이 후에 BS_2를 놓으면 다시 H 레벨로 돌아온다.

④ 점 3 : 점 2의 L 레벨로 SMV가 set 되고 H 레벨이 된다.

⑤ 점 4 : RC 미분 회로를 통하여 점 3의 H 레벨이 순간 충전되지만 계속 H 레벨을 유지한다.

⑥ 점 5 : reset 점 4가 H 레벨이므로 FF가 set 상태를 유지하고 H 레벨이다.

※ 설정 시간 t초 후에

⑦ 점 3 : 설정 시간 t초 후에 단안정 특성의 SMV가 reset 되어 L 레벨이 된다.

⑧ 점 4 : 점 3의 L 레벨로 RC 미분 회로가 순간 방전되어 점 4는 순간 L 레벨이 된다. 이후 곧 H 레벨이 된다.

⑨ 점 5 : reset 점 4의 순간적인 L 레벨로 FF가 reset 되어 L 레벨이 된다.

⑩ 점 5가 L 레벨이므로 램프 L_1은 소등된다.

BS_1↑ − FF↑ − L_1↑ BS_2↑ − SMV↑ − (t초 후) − SMV↓ − (미분 회로) − FF ↓ − L_1↓

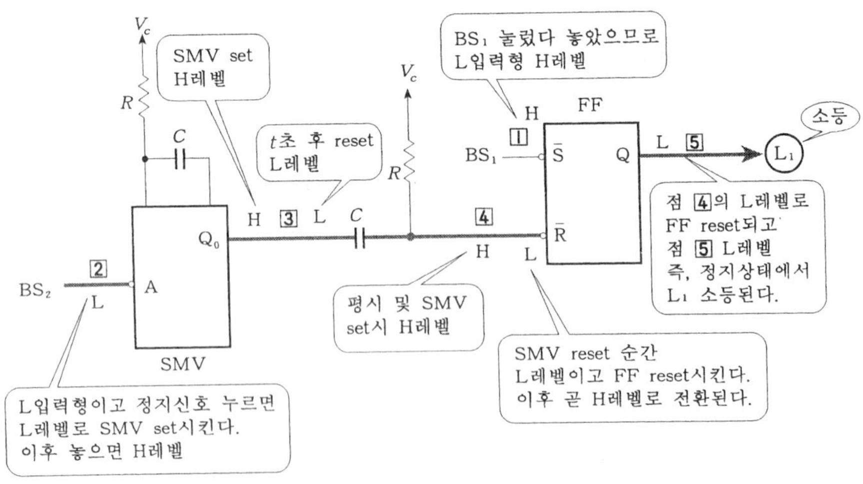

그림 2.111

3.3 단안정 회로

▸ 기동 입력을 주면 일정한 시간 동안만 회로(기기)가 동작하고 정지 입력이 없이 자동으로 정지한다.
▸ 출력이 생기는 시간이 30분, 1시간 등으로 정해져 있다.
▸ 정해진 시간(설정 시간 t)만 동작하는 회로를 단안정 회로(Tmon)라 한다.

(1) 릴레이 회로

1) 회로 그리기

① 논리 조건 : 기동 입력을 주면 t초 동안만 램프 L_1이 점등하는 회로

② 사용 기구

ⓐ 입력 기구 : 버튼 스위치 1개 – BS(1a)

ⓑ 출력 기구 : 램프 1개 – L_1

ⓒ 보조 기구 : 유지용 보조 릴레이 1개(2a),
시한 동작 타이머 릴레이(Ton) 1개(지연 1b – )

③ 타임 차트 : 그림 2.112

ⓐ 기동 입력 BS를 눌렀다 놓는다 ①.

ⓑ BS를 누르는 순간 릴레이 X가 동작 유지하고 ②

ⓒ 동시에 시한 동작 타이머 T가 여자된다 ③.

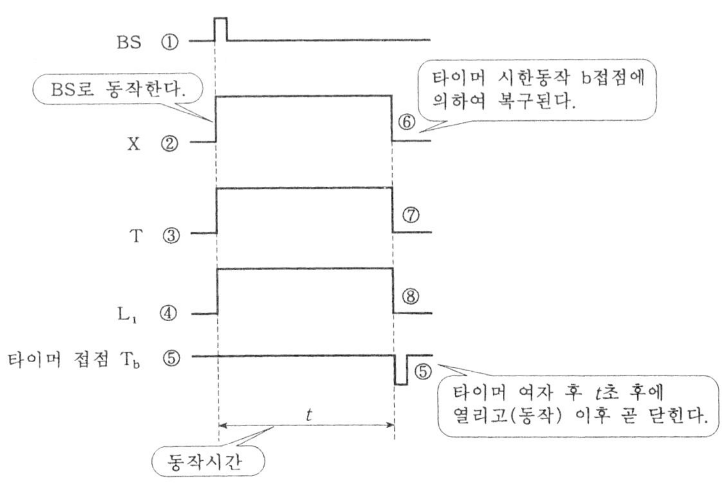

그림 2.112

ⓓ (X 접점이 닫혀) 출력 램프 L_1이 점등한다 ④.

ⓔ 설정 시간 t초 후에 타이머 접점 T_b가 동작(열림)하면 ⑤

ⓕ 유지용 릴레이 X가 복구하고(유지가 해제된다) ⑥

ⓖ 동시에 타이머 T가 복구하며 ⑦

ⓗ (X 접점이 열려) 램프 L_1이 복구한다 ⑧.

④ 회로 그리기 : 그림 2.113

ⓐ 기동과 유지 기구 : 기동 입력 BS를 누르는 순간 릴레이 X가 동작한다 ①.

ⓑ 유지 : 접점 $X_{(1)}$로 유지한다 ②.

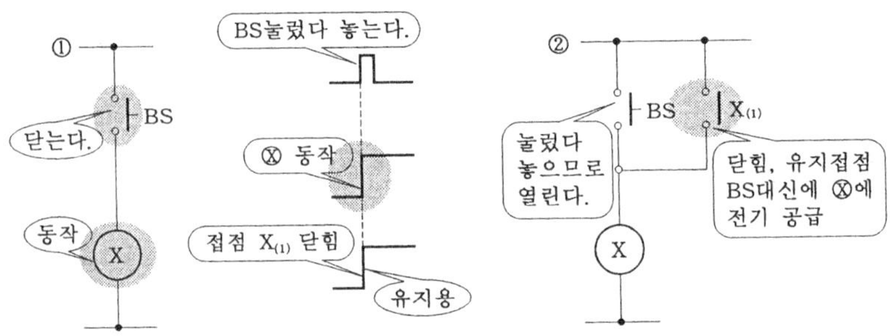

ⓒ 타이머 : X와 동시에 타이머 T가 여자되고 접점 $X_{(1)}$로 유지한다 ③.

ⓓ 출력 : 접점 $X_{(2)}$로 출력 램프 L_1이 점등한다 ④.

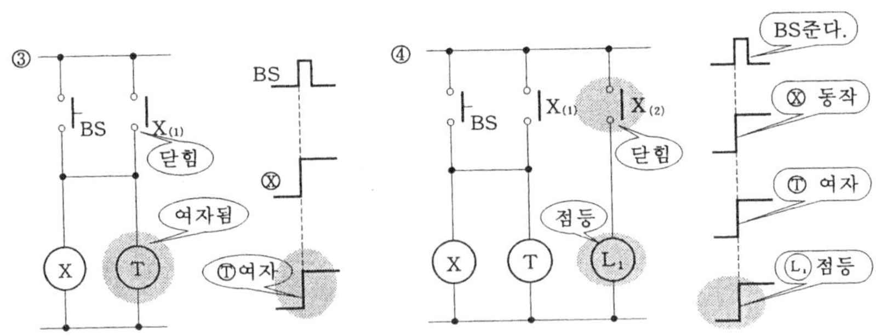

ⓔ 정지 : 설정 시간 t초 후에 타이머 지연 접점 T_b가 열린다 ⑤.

ⓕ 접점 T_b가 열리면 유지용 릴레이 X의 전기를 끊어 릴레이 X가 복구한다. 접점 $X_{(1)}$이 열려 타이머 T가 복구하고, 또 접점 $X_{(2)}$가 열려 출력 램프 L_1이 소등한다(램프 L_1은 t초 동안만 점등) ⑥.

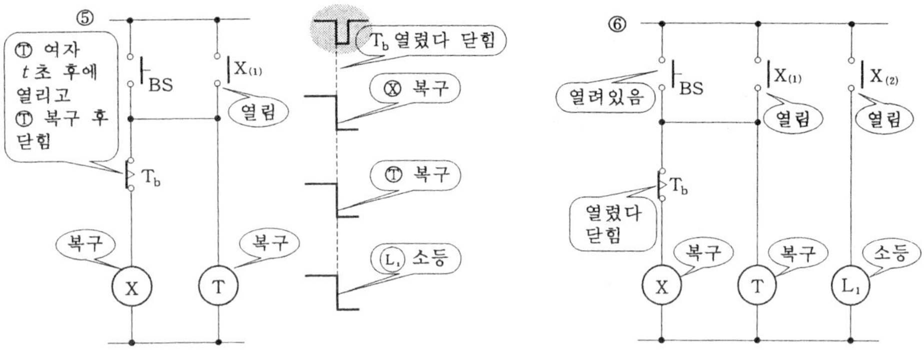

그림 2.113

2) 회로 동작

① 기동 : 기동 입력 BS를 누르는 순간 릴레이 X가 동작하고
〔**전원 R - BS 닫힘 - T_b - X - 전원 T**〕

② 유지 : 릴레이 접점 $X_{(1)}$로 유지한다.
〔**전원 R - $X_{(1)}$ 닫힘 - T_b - X - 전원 T**〕

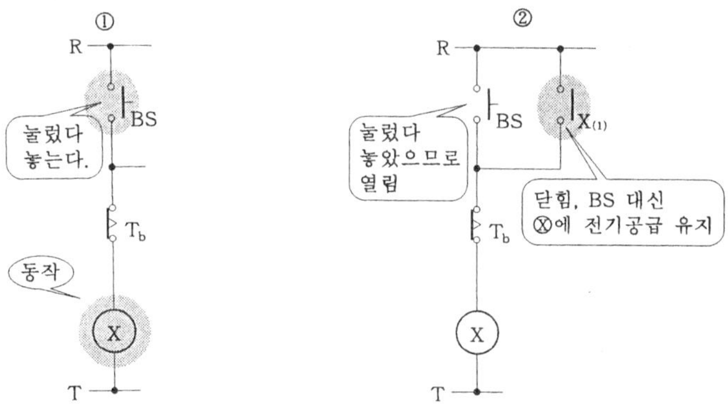

③ 타이머 : 동시에 타이머 T가 여자된다.
〔**전원 R - BS 닫힘($X_{(1)}$ 닫힘 유지) - T - 전원 T**〕

④ 출력 : 접점 $X_{(2)}$가 닫히면 출력 램프 L_1이 점등한다.
〔**전원 R - $X_{(2)}$ 닫힘 - L_1 - 전원 T**〕

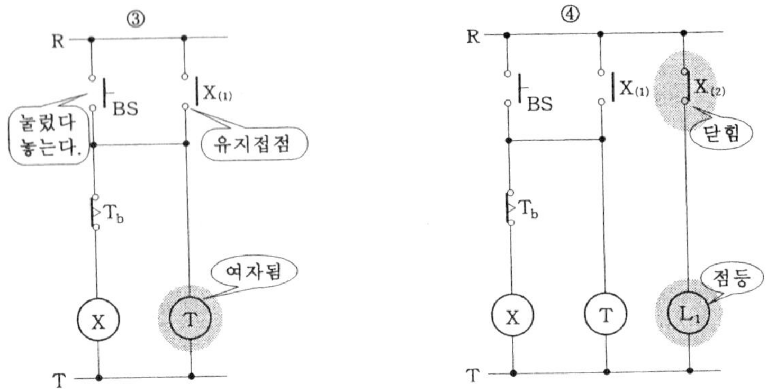

⑤ 정지 : 설정 시간 t초 후에 타이머 지연 접점 T_b가 열리면 릴레이 X가 복구하고 접점 $X_{(1)}$이 열려 유지가 해제된다.

〔**전원 R - $X_{(1)}$ - T_b (열림) - X(복구) - 전원 T**〕

⑥ 유지 접점 $X_{(1)}$이 열리면 타이머 T가 복구하고 접점 T_b가 다시 닫힌다.

〔**전원 R - $X_{(1)}$ (열림) - T - 전원 T**〕

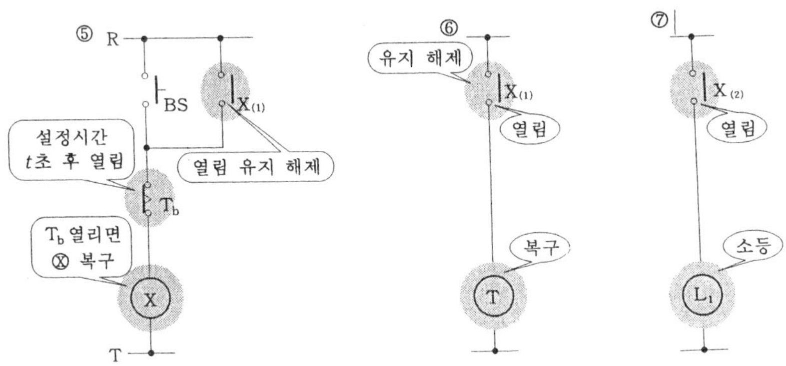

⑦ 접점 $X_{(2)}$가 열리면 출력 램프 L_1이 소등된다.

〔**전원 R - $X_{(2)}$ 열림 - L_1 - 전원 T**

3) 연구

▸그림 2.114(a)와 (b)에서 정지시에 그림 2.114(b)에는 문제가 있다.

① 동작 : BS를 주면 유지용 릴레이 X가 동작 유지하고
동시에 타이머 T가 여자된다. 또, 램프 L_1이 점등한다.

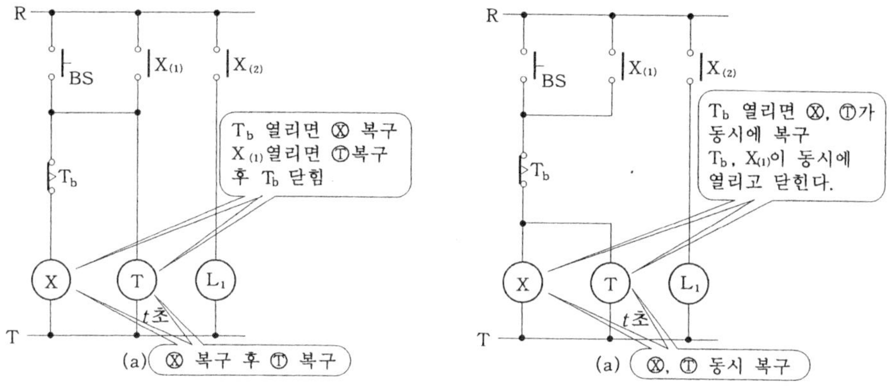

(a) (b)

그림 2.114

② 정지 : 그림 2.114 (a)에서는 X가 복구한 후 T가 복구한다.

ⓐ 동작 t초 후 접점 T_b가 동작(열린다)하면

ⓑ 릴레이 X가 복구한다.

ⓒ 접점 $X_{(1)}$과 $X_{(2)}$가 복구(열림)하고 접점 $X_{(1)}$로 유지가 해제된다.

ⓓ 접점 $X_{(1)}$이 열리면 타이머 T가 복구한다.

ⓔ 접점 $X_{(2)}$가 열리면 램프 L_1이 소등한다 (※ T와 L_1은 동시에 복구한다.)

ⓕ 타이머 T가 복구하면 접점 T_b가 복구(닫힌다)한다.

그림 2.114 (b)에서는 X와 T가 동시에 복구한다.

ⓐ 동작 t초 후 접점 T_b가 동작(열린다)하면

ⓑ 릴레이 X와 타이머 T가 동시에 복구한다 (※ X가 먼저 복구해야 안전함)

ⓒ 이때 접점 $X_{(1)}$의 복구(열림)와 접점 T_b의 복구(닫힘)가 동시에 이루어진다.

ⓓ 여기서 접점 $X_{(1)}$의 복구(열림)가 빠르면 그림(a)와 같이 문제가 없으나

ⓔ 접점 T_b의 복구(닫힘)가 접점 $X_{(1)}$의 복구(열림)보다 빠를 때는 릴레이 X가 재동작한다.

ⓕ 즉, 접점 $X_{(1)}$이 열리기 전에 접점 T_b가 닫혀서(복구하여) 릴레이 X에 전기가 공급되어 X가 다시 동작하게 된다.

ⓖ 따라서 회로 접속을 그림 2.114 (a)와 같이 하여 접점 $X_{(1)}$이 열린 후 타이머 T가 복구하여 접점 T_b가 복구(닫힌다)하도록 하여야 한다.

(2) PLC 회로

1) 회로와 그리기

① 논리 조건 : 기동 입력을 주면 t초 동안만 램프 L_1이 점등하는 회로

② 사용 기구 및 번지 부여 : 입·출력 회로는 생략한다.

ⓐ 입력 기구 : 버튼 스위치 1개 – P000(BS-1a)

ⓑ 출력 기구 : 램프 1개 – L_1 – P010

ⓒ 보조 기구 : 단안정용 타이머(Tmon) 1개 – T000(설정 시간 : 5초)

③ 명령어

회로 시작 : LOAD

출력 및 내부 출력 : OUT

타이머(Tmon) : TMR TMR TMR TMR(4번), 〈DATA〉

④ 타임 차트 : 그림 2.115

ⓐ H 입력형 기동 입력 P000(BS)를 눌렀다 놓는다 ①.

ⓑ BS를 누르는 순간 단안정 타이머(Tmon) T000(T)이 동작하여 설정 시간 5초 동안 유지하고 자동 복구한다 ②.

ⓒ T000으로 출력 P010(램프 L_1)이 점등하고 5초 후에 소등한다 ③.

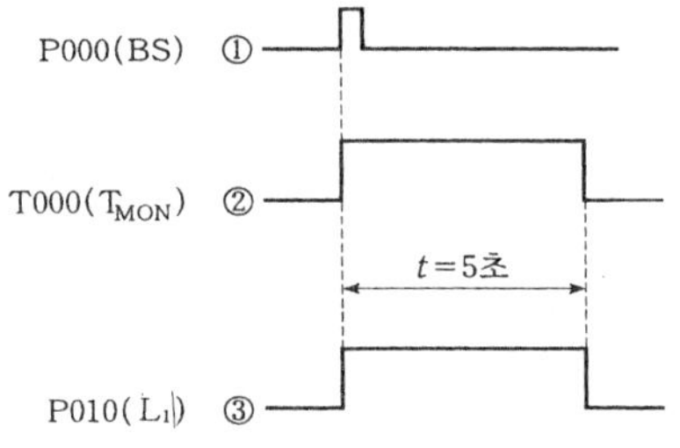

그림 2.115

⑤ 래더도 그리기

1 H 입력형 기동 입력 P000(BS)을 주면

2 단안정 타이머(Tmon) T000(T)이 동작하여 설정 시간 5초 동안 유지하고 복구한다.

3 T000으로 출력 P010(램프 L_1)이 점등하고 5초 후에 소등한다.

ⓐ 기동과 타이머 : 입력 P000(BS)을 주면 단안정용 타이머 T000(T)가 5초동안 동작한다.

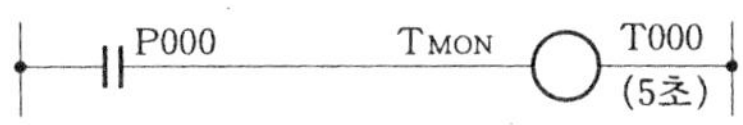

ⓑ 출력 : 타이머 T000로 출력 P010(램프 L_1)이 5초 동안 점등 후 소등한다.

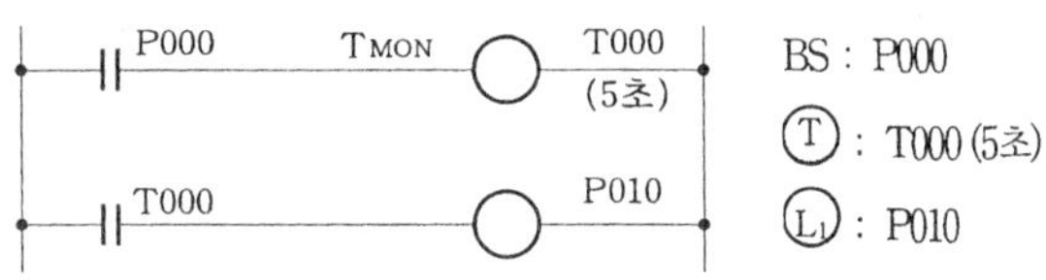

그림 2.116

※ 정지 : 단안정이므로 설정 시간(5초) 후에 타이머(Tmon) T000이 자동 복구한다. 동시에 출력 P010(L_1)이 소등한다.

※ 단안정 특성은 기동하면 설정 시간 후 자동 복구하므로 유지 회로와 정지 신호가 필요 없다.

⑥ 니모닉 프로그램

[0] 0 step : LOAD P000

[1] 1 step : TMR (4번) T000

[2] 2 step : 〈DATA〉 50(2 step 사용)

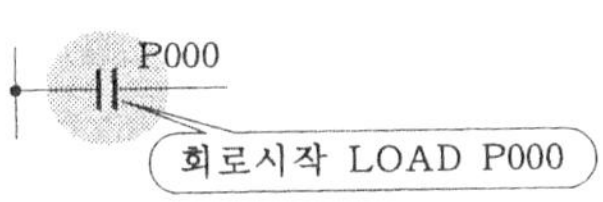

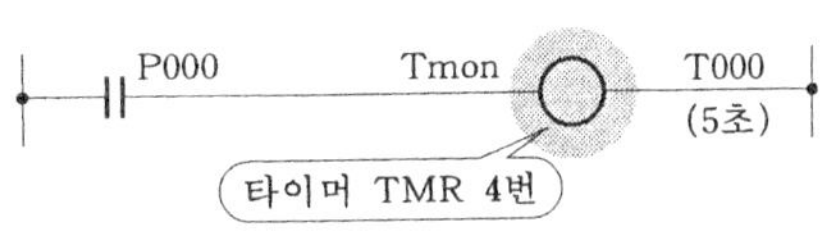

[3] 4 step : LOAD T000

[4] 5 step : OUT P010

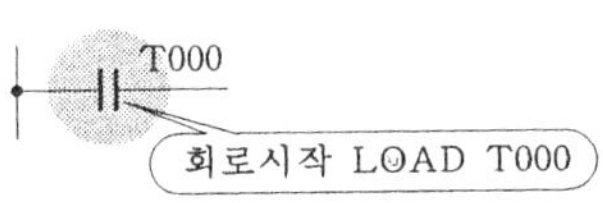

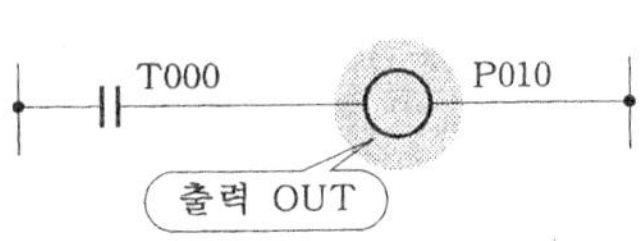

정리하면 표와 같다.

차 례	명령어	번 지	차 례	명령어	번 지
0	LOAD	P000	4	LOAD	T000
1	TMR*4번	T000	5	OUT	P010
2	〈DATA〉	0050	–	–	–

※ Tmon용 타이머의 명령어는 TMR TMR TMR TMR(4번)이다.

2) 시한 동작 타이머 TON을 이용한 회로

① 릴레이 시퀀스와 비교하여 PLC 시퀀스를 그리면 그림 2.117(b)와 같다. 여기서 타이머는 릴레이 접점 $X_{(3)}$으로 여자시키고 릴레이 X와 분리한다.

ⓐ X(M000) 동작 : 입력 BS(P000)와 유지 접점 $X_{(1)}$(M000)은 병렬이고, 이것과 정지용 타이머 번지(b접점)(T000)는 직렬이다.

ⓑ T(T000) 여자 : 접점 $X_{(3)}$(M000)으로 타이머 T(T000)를 단독 여자한다.

ⓒ L_1(P010) 동작 : 접점 $X_{(2)}$(T000)로 출력 L_1(P010)이 동작한다.

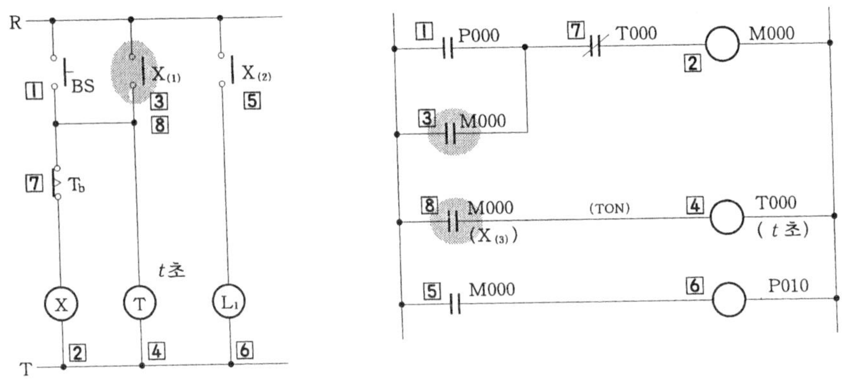

(a) (b)

그림 2.117

② 동작

ⓐ 입력 BS [1] (P000)를 주면 내부 출력 M000 [2] (X)이 동작 유지 [3] ($X_{(1)}$)하고

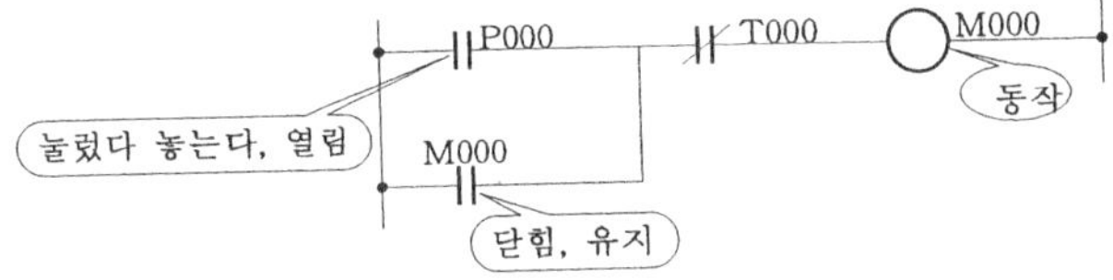

ⓑ M000 [8] ($X_{(3)}$)으로 타이머 T000 [4] (T)이 동작되며 동시에

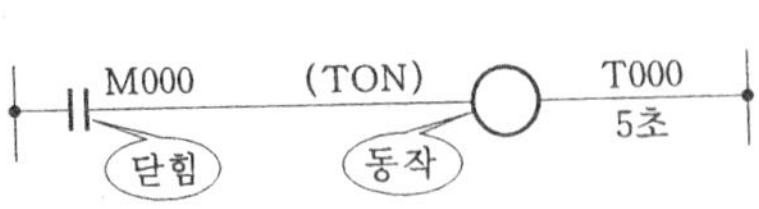

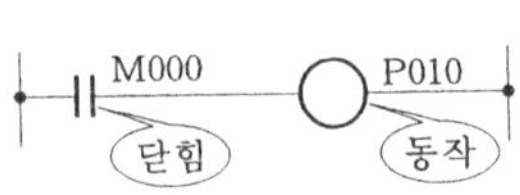

ⓒ M000 [5] ($X_{(2)}$)으로 출력 P010 [6] (L_1)이 동작한다.

ⓓ 설정 시간 5초 후에 타이머 접점 T000 [7] (T_b)이 열리면

내부 출력 M000 [2] (X)이 복구하며, M000 [3]으로 유지 해제

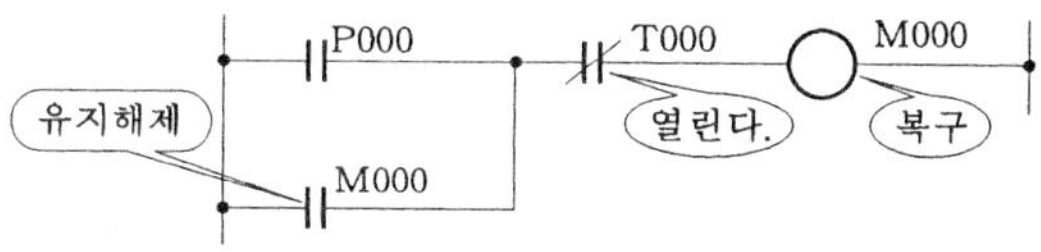

ⓔ M000 [8]으로 T000 [4] 복구, M000 [5]로 P010 [6]이 복구된다.

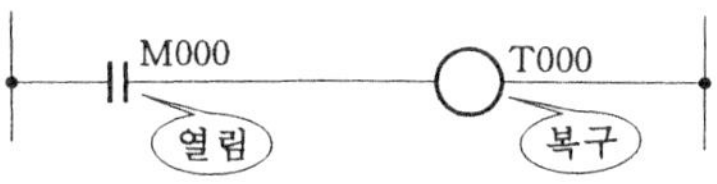

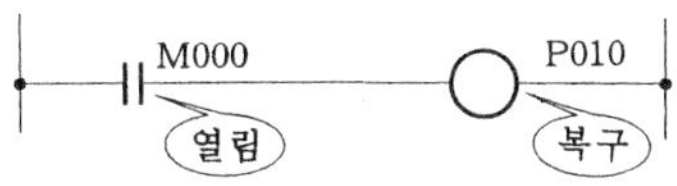

③ 니모닉 프로그램

[0] 0 step : LOAD P000

[1] 1 step : OR M000

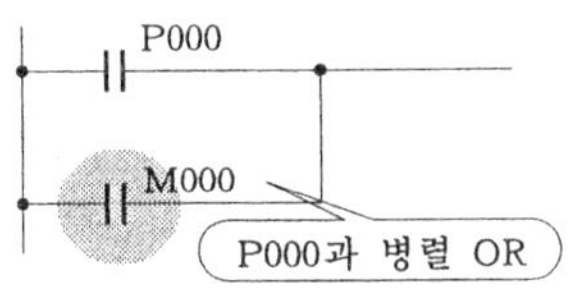

[2] 2 step : AND NOT T000

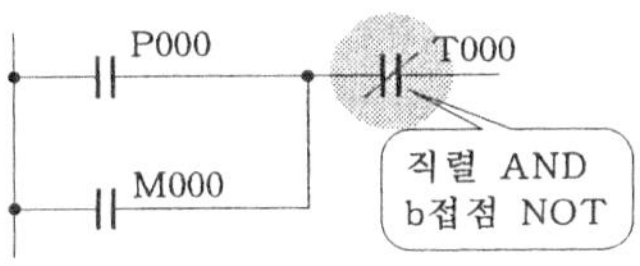

[3] 3 step : OUT M000

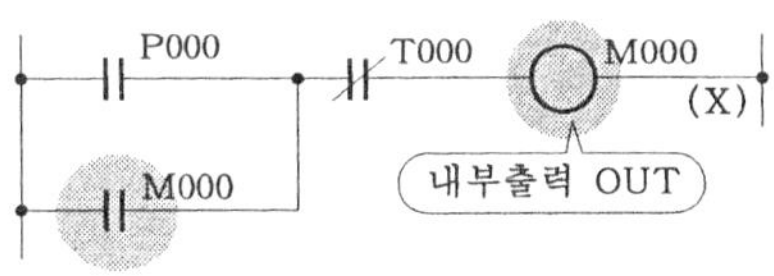

[4] 4 step : LOAD M000

[5] 5 step : TMR T000

[6] 6 step : 〈DATA〉 50(2 step 사용)

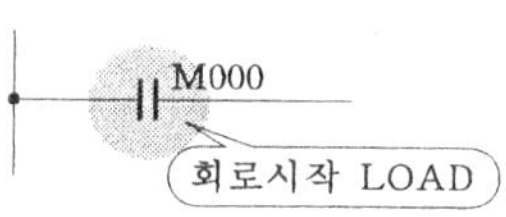

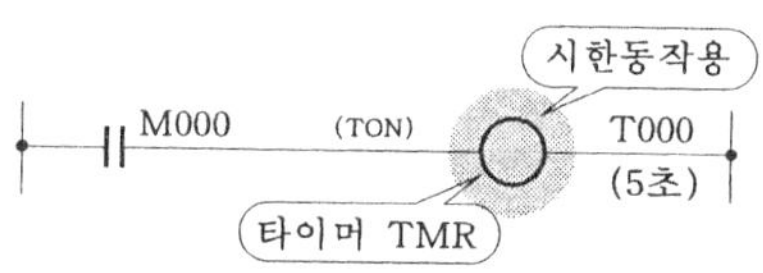

[7] 8 step : LOAD M000

[8] 9 step : OUT P010

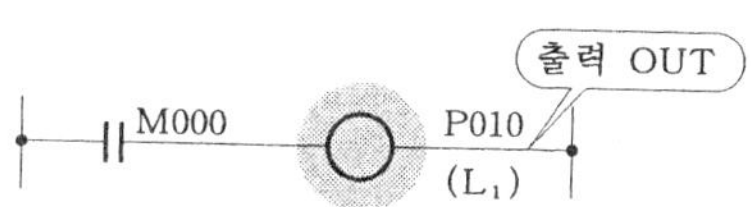

정리하면 표와 같다.

차례	명령어	번지	차례	명령어	번지
0	LOAD	P000	4	LOAD	M000
1	OR	M000	5	TMR	T000
2	AND NOT	T000	6	〈DATA〉	0050
3	OUT	M000	8	LOAD	M000
–	–	–	9	OUT	P010

④ 래더 회로에서 Handy Loader로 니모닉 프로그램하는 법

초기 화면(생략)에서 그림 2.117을 프로그램 코딩을 한다.

0 step : BS_1, 회로 시작 a접점 LOAD P000 ENT

1 step : $X_{(1)}$ 위 번지와 병렬 OR M000 ENT

0000		0001	
LOAD	P000	OR	M000

2 step : T_b, 앞의 회로와 직렬 b접점 AND NOT T000 ENT

3 step : X, 내부 출력 OUT M000 ENT

0002		0003	
AND NOT	T000	OUT	M000

4 step : $X_{(3)}$, 회로 시작 LOAD M000 ENT

5 step : T, 타이머(TON) TMR T000 ENT

0004		0005	
LOAD	M000	TON	T000

6 step : 설정 시간 5초 〈DATA〉 00050 ENT → (0.1초 단위, 2 스텝 사용)

8 step : $X_{(2)}$, 회로 시작 LOAD M000 ENT

0006		0008	
〈DATA〉	00050	LOAD	M000

9 step : L_1, 출력 OUT P010 ENT

10 step : 끝, END(001) ENT

0009		0010	
OUT	P010	FUN(001)	END

11 step 이하 : 프로그램이 없는(NOP 표시) 스텝이다.

0011	
FUN(000)	NOP

⑤ Computer의 S/W를 이용한 프로그래밍

초기 화면(생략)에서 그림 2.117을 프로그램 코딩을 한다.

1. 0000번 스텝(커서 위치 ▮)에서 기능키 F3, 번지 P000, Enter Key를 차례로 누른다.
2. 커서 위치(▮)에서 기능키 F4, 번지 T000, Enter Key를 차례로 누른다.

☞ 1 Key In : F3 | P 0 0 0 Enter　　☞ 2 Key In : F4 | T 0 0 0 Enter

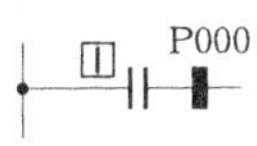

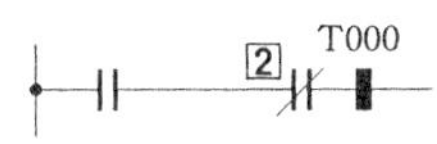

3. 커서 위치(▮)에서 기능키 F9, 번지 M000, Enter Key를 차례로 누른다.

☞ 3 Key In : F9 | M 0 0 0 Enter

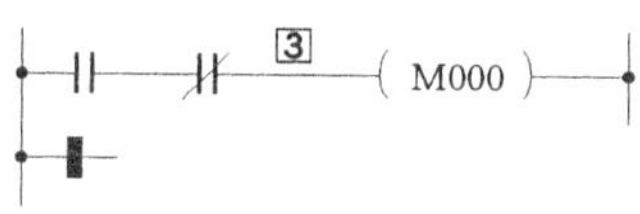

4. 커서 위치(▮)에서 기능키 F3, 번지 M000, Enter Key를 차례로 누른다.
5. 커서 위치(▮)를 아래 그림과 같이 위로 옮기고 기능키 F6, Enter를 차례로 누르면 아래와 같다.

☞ 4 Key In : F3 | M 0 0 0 Enter　　☞ 5 Key In : F6 | Enter

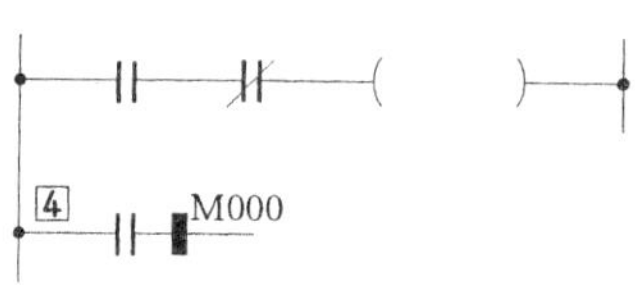

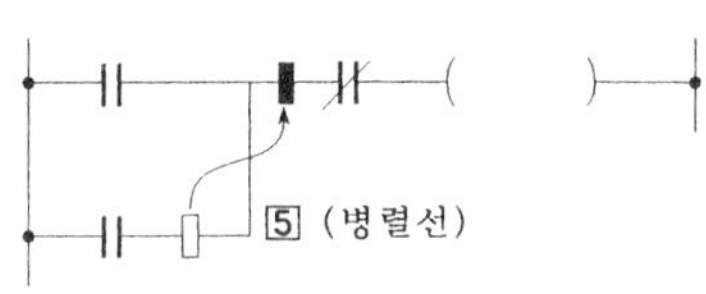

6. 커서 위치(▮)를 아래 스텝으로 이동하고 기능키 F3, 번지 M000, Enter Key를 차례로 누른다.
7. 커서 위치(▮)에서 기능키 F10(기호), Shift F1(종류 TON), T000(번지), SP(공란 spacer), 00050(시간), Enter Key를 차례로 누른다.

☞ 6 Key In : F3 | M 0 0 0 Enter

☞ 7 Key In : F10 | Shift | F1 T 0 0 0 | SP | 0 0 0 5 0 Enter

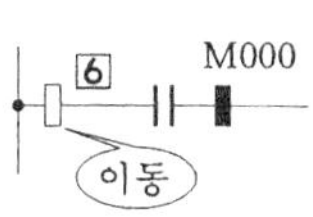

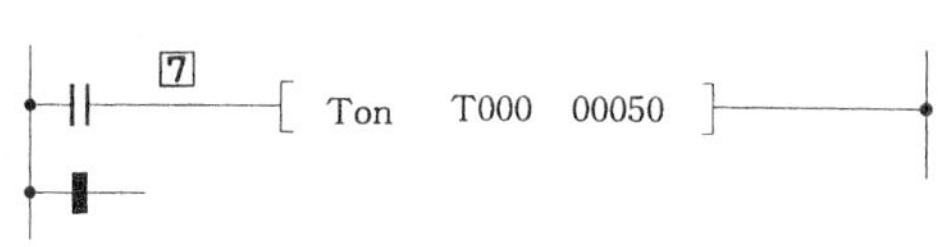

⑧ 커서 위치(▮)에서 기능키 F3, 번지 M000, Enter Key를 차례로 누른다.

⑨ 커서 위치(▮)에서 기능키 F9, 번지 P010, Enter Key를 차례로 누른다.

☞ ⑧ Key In : [F3] [M 0 0 0 Enter]   ☞ ⑨ Key In : [F9] [P 0 1 0 Enter]

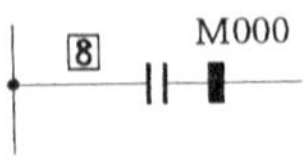

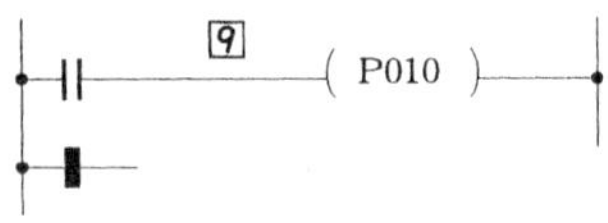

⑩ 커서 위치(▮)에서 기능키 F10, 문자 END, Enter Key를 차례로 누른다.

☞ ⑩ Key In : [F10] [E N D Enter]

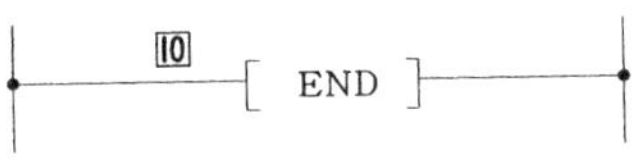

⑪ 스텝 실행(Program Convert)과 완료 :

Alt와 F7 키를 동시에 누르면 [Are You Sure ? 〈Y/N〉] 가 나타나고 Y를 누르면 회로에 스텝이 나타나고 하단에 Completed가 나타난다. 즉, 그림과 같은 완성된 도면이 된다 (ALT N하면 니모닉 프로그램이 된다).

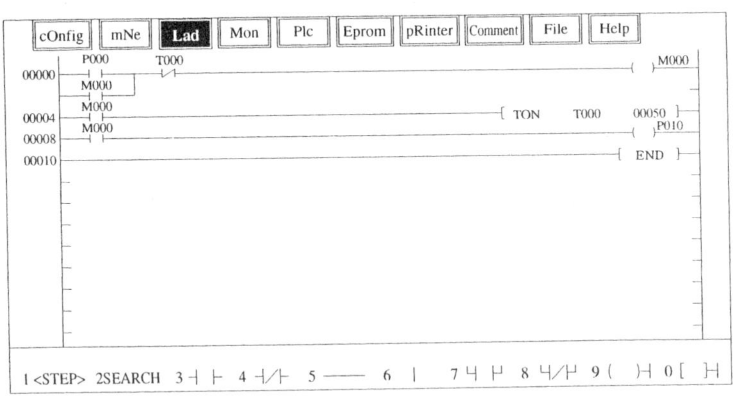

3) 양논리 회로

① BS를 기동 입력으로, 시한 동작 타이머의 b접점(T_b)을 정지 입력으로 하여 유지 회로(X)를 그린다(t초 후에 램프가 소등하므로 타이머 b접점을 정지 신호로 사용한다).

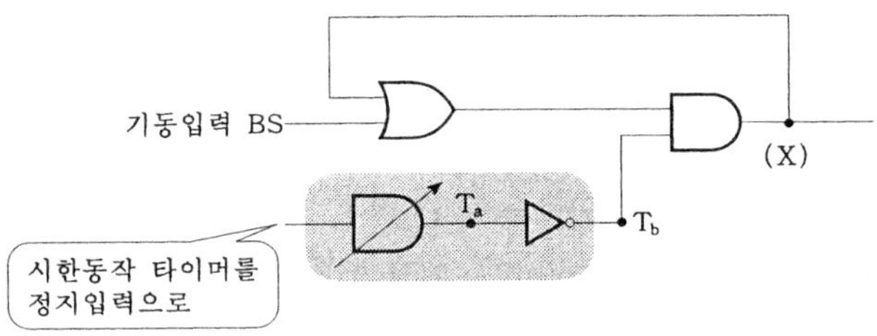

② 유지 회로 출력으로 출력 램프 L_1이 점등한다.

③ 유지 접점으로 시한 동작 타이머(T)를 여자시킨다.

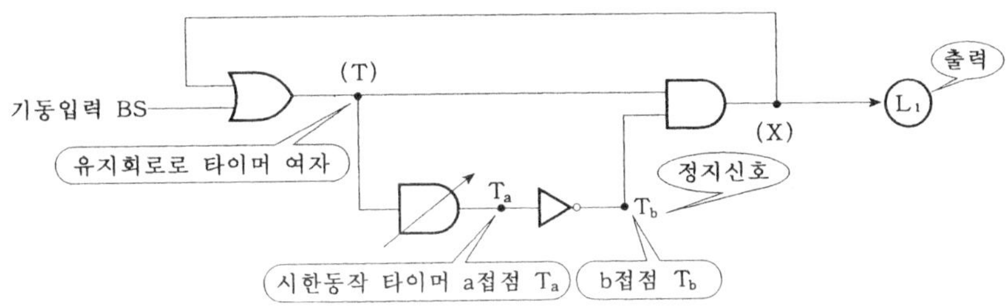

그림 2.118

④ 릴레이 시퀀스 또는 PLC 시퀀스(그림 2.117)와 비교하면 다음과 같다.

ⓐ 릴레이 X(M000)는 유지 회로로 동작 복구한다.

ⓑ 타이머 T(T000)는 유지 회로로 여자된다. 여기서는 $X_{(1)}$ 접점 ③(병렬)으로 유지한다.

ⓒ 유지 회로 출력으로 출력 램프 L_1 (P010)이 점등한다.

ⓓ t초 후에 자동 정지하므로 타이머 b접점(T_b)(T000) ⑦을 정지 신호로 한다.

ⓔ 입·출력 회로를 첨가하면 다음 그림이 된다.

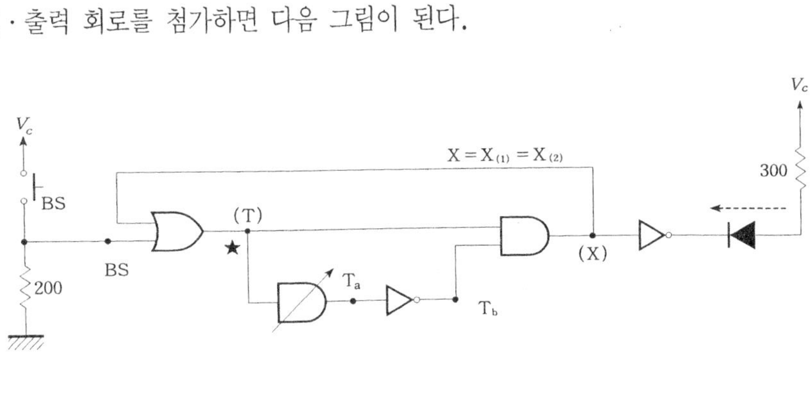

4) 동작 ① 정지(소등 ▶ BS → L 레벨, L_1 → L 레벨) 상태

▸그림 2.119에서 BS는 열려 있고 램프 L_1은 소등 상태이다.

① 점 ① : 입력 BS는 열려 있고 200〔Ω〕을 통하여 접지 상태 L 레벨이다.

② 점 ② : 정지 상태에서 출력(X), 즉 점 ③은 L 레벨이고, 되먹임 OR 입력 ③도 L 레벨이다. 점 ①과 점 ③이 L 레벨이므로 OR 출력점 ②는 L 레벨이 된다.

③ 점 ③ : 정지 상태이므로 L 레벨이다. 즉, 점 ⑤가 H 레벨이지만, 점 ②가 L 레벨이므로 AND 출력점 ③은 L 레벨이 된다.

④ 점 ④ : 정지 상태, 즉 점 ②가 L 레벨이므로 점 ④는 L 레벨이다.

⑤ 점 ⑤ : 점 ④의 L 레벨이 NOT 회로를 통하므로 전압 상태 H 레벨이다.

입 력		출 력		
BS	T_b	X(T)	T_a	L_1
L	H	L	L	L

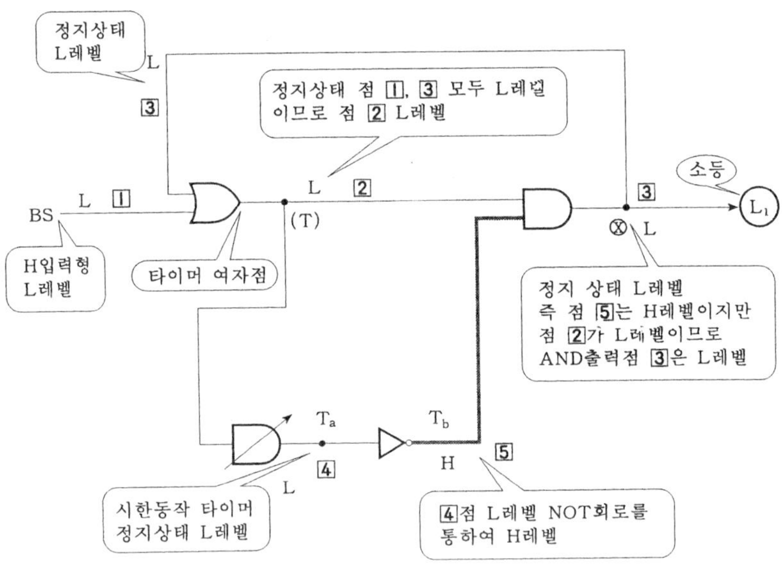

그림 2.119

5) 동작 2 운전(점등 ▶ BS → H 레벨) 상태

▸그림 2.120에서

※ 운전 : 기동 입력 BS를 눌렀다 놓으면 램프 L_1이 t초 동안만 점등한다.

① 점 1 : H 입력형 입력 BS를 누르면 H 레벨(전압 $V_c = 5$ [V]를 통하여)이 된다. ← 기동. 이후 BS를 놓으면 다시 L 레벨로 돌아온다.

② 점 2 : 점 1이 H 레벨이면 OR 회로점 2는 H 레벨이 된다. 이후 출력점 3의 H 레벨로 BS를 놓아도(L 레벨) 점 2는 H 레벨이 유지된다.

③ 점 3 : AND 입력점 2와 5가 모두 H 레벨이므로 점 3은 H 레벨이 된다. 즉, (X) 동작 상태이고 램프 L_1이 점등한다.

④ 점 4 : 기동과 유지 출력점 2가 H 레벨이므로 타이머 T가 여자되어 있지만 t초 후에 동작하므로 지금의 점 4(T_a)는 L 레벨이 유지된다.

⑤ 점 5 : 점 4의 L 레벨이 NOT 회로를 통하므로 5 T_b는 H 레벨이다.

※ 정지 : 설정 시간 후 타이머 접점 T_b로 유지 회로(X)를 복구시킨다.

⑥ 점 4 : 설정 시간(t초) 후 Ton 타이머가 동작하므로 T_a점 4는 H 레벨이다.

⑦ 점 5 : 점 4의 H 레벨이 NOT 회로를 통하므로 5 T_b는 L 레벨이다.

⑧ 점 3 : 점 5의 L 레벨로 AND 회로가 복구되어 점 3은 L 레벨이 된다. 즉, (X) 복구(정지) 상태이고 타이머 T와 램프 L_1이 소등된다.

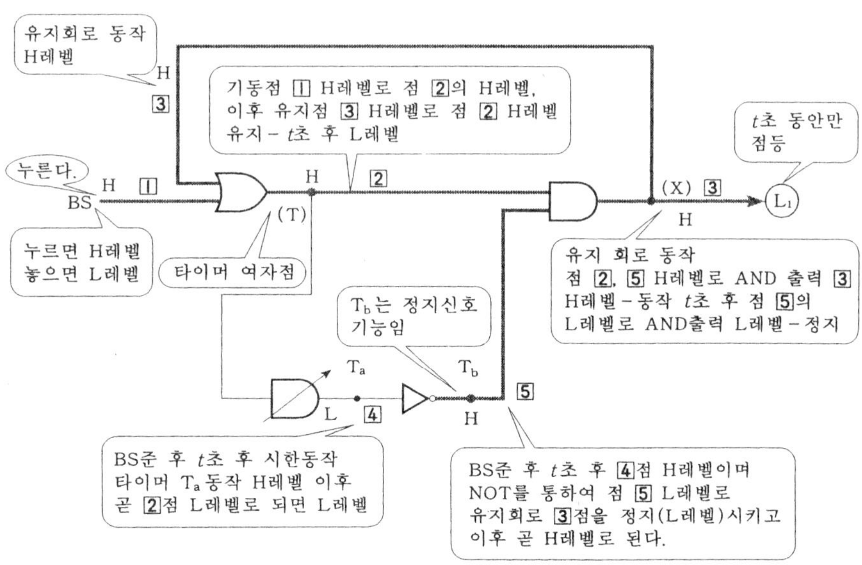

그림 2.120

(3) 로직 회로

▸로직 회로는 단안정 소자 SN-74123 또는 NE-555를 사용하면 된다.

① 그림 2.121 (a)는 SN−74123을 이용한 예이다.
L 입력형 BS를 주면 SMV가 set 하여 출력 램프 L_1이 점등하고
설정 시간 t초가 지나면 SMV가 reset하여 출력 램프 L_1이 소등한다.

② 그림 2.121 (b)는 NE−555를 이용한 예이다.
L 입력형 BS를 주면 555가 set 하여 출력 램프 L_1이 점등하고
설정 시간 t초가 지나면 555가 reset하여 출력 램프 L_1이 소등한다.

③ 그림 2.121 (c)는 NE−555를 이용한 또 다른 예이다.
전원 V_c를 주면 555가 set 하여 출력 램프 L_1이 점등하고
설정 시간 t초가 지나면 555가 reset하여 출력 램프 L_1이 소등한다.

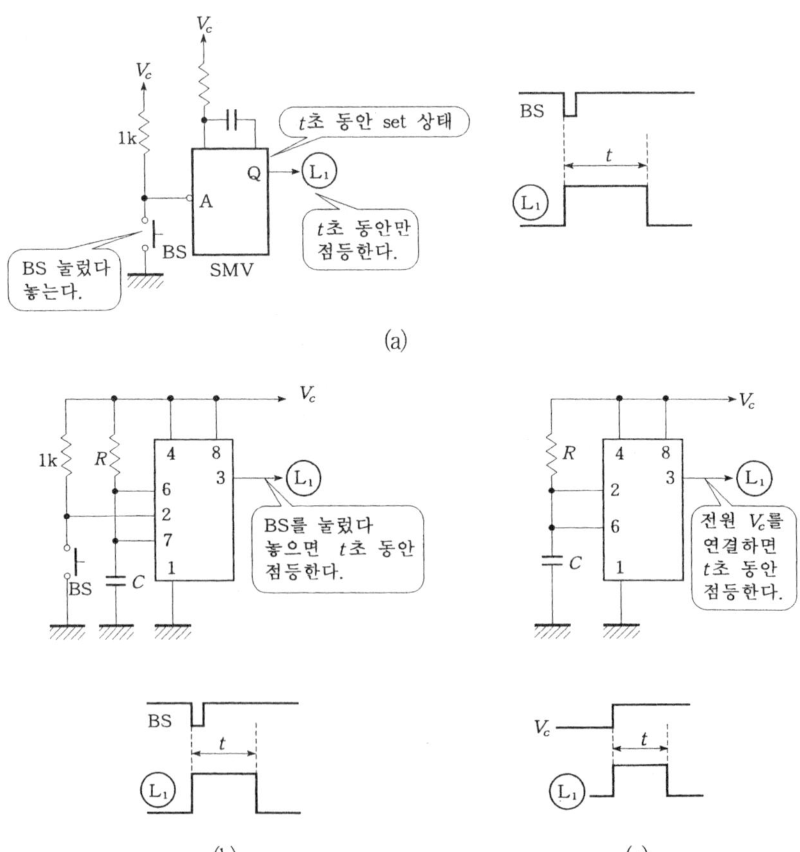

그림 2.121

3

시퀀스 제어와 응용 회로

1. 전동기의 전전압 기동 운전 회로
   주회로 / 전동기 운전의 논리 조건 /
   릴레이 시퀀스 / PLC 시퀀스 / 로직 시퀀스
2. 전동기의 정 · 역 운전 회로
   주회로 / 전동기 운전의 논리 조건 /
   릴레이 시퀀스 / PLC 시퀀스 / 로직 시퀀스
3. 전동기의 Y-Δ 기동 운전 회로
   주회로 / 전동기 운전의 논리 조건 /
   릴레이 시퀀스 / PLC 시퀀스 / 로직 시퀀스
4. 권상 제어 회로
   릴레이 시퀀스 / PLC 시퀀스 / 로직 시퀀스
5. 컨베이어 제어 회로
   릴레이 시퀀스 / PLC 시퀀스 / 로직 시퀀스
6. 전열 온풍기 회로
   릴레이 시퀀스 / PLC 시퀀스 / 로직 시퀀스
7. 양수 펌프 회로
   릴레이 시퀀스 / PLC 시퀀스 / 로직 시퀀스
8. 신호등 제어 회로
   릴레이 시퀀스 / PLC 시퀀스 / 로직 시퀀스
9. 2개소 수전 회로
   릴레이 시퀀스 / PLC 시퀀스 / 로직 시퀀스

1. 전동기의 전전압 기동 운전 회로

1.1 주회로(구동 회로)

▸모든 시퀀스 제어 회로에서 다음이 통용된다.

① 시퀀스 제어에서 전동기, 전열기, 밸브 등을 직접 운전시키는 회로를
주회로 또는 구동 회로라고 하며

② 주회로를 운전 제어하는 것으로는 주로 전자 개폐기 MC를 사용한다.

③ 따라서 시퀀스 제어에서 제어 회로의 주된 출력 기구는 MC가 되고
램프 등은 보조 출력(감시 기구)이 된다.

④ 출력 기구 MC는 주로 유지 회로로 동작 복구된다.

⑤ 시퀀스 제어 회로의 전원은 3상인 경우 R선을 전압선으로, T선을 접지선으로 이용한다.

▸전동기의 전전압 기동 운전 회로는 전동기에 정격 전압을 가하여 기동하는 회로이고 소형 유도 전동기에 사용되는 기동법이다.

▸그림 3.1은 단상 콘덴서 전동기 및 3상 전동기의 주회로를 보인 것이다.
어느 것이나 시퀀스 회로의 출력 MC가 동작하여 그 주접점 MC ⑧가 닫히면 전동기는 전기를 받아 기동 운전된다.

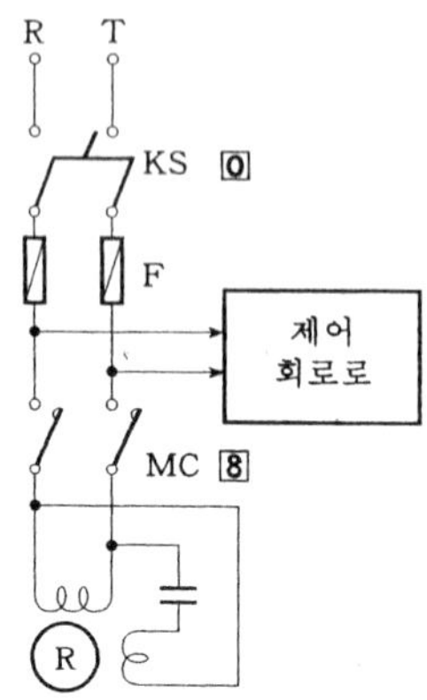

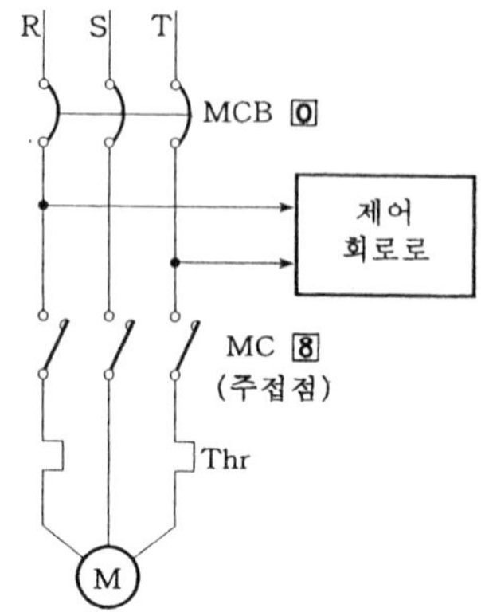

그림 3.1

그림 3.1 (a)에서

① 스위치 KS 0를 닫는다.

② 시퀀스 회로가 동작하여 출력 MC 2가 동작하면
그 주접점 MC 8가 닫혀 전동기 M에 전기가 공급된다.
[전원 R - KS(닫혀 있음) - F(fuse) - 접점 MC 8(닫힘) - 전동기 코일 M - 접점 MC - F - KS - 전원 T]

③ 전동기 M이 기동 운전된다.

④ 시퀀스 회로의 출력 MC 2가 복구하여
그 주접점 MC 8이 열리면 전동기 M은 전기가 끊어져 정지한다.

그림 3.1 (b)에서

① MCB 0를 닫는다.

② 시퀀스 회로가 동작하여 MC 2가 동작하면
그 주접점 MC 8이 닫혀 전동기 M에 전기가 공급된다.
[전원 RST - MCB(닫혀 있음) - 주접점 MC 8(닫힘) - Thr - 전동기 M]

③ 전동기 M이 기동 운전된다.

④ 시퀀스 회로의 출력 MC 2가 복구하면
그 주접점 MC 8이 열려 전동기 M은 전기가 끊어져 정지한다.

1.2 전동기 운전의 논리 조건

▸전동기 등의 기본 논리는 기본 유지 회로와 경보 회로로 구성된다.

(1) 유지 회로(기본 회로)

MC가 동작 유지하고 그 주접점으로 주회로의 전동기가 운전된다.

① 정지시 : 정지 표시 램프 GL이 점등되어 있다(MCB는 투입 상태이다).

② 기동 운전 : 기동 입력(BS)을 주면
출력 MC가 동작하여 전동기 M이 기동 운전된다.

③ 표시 램프 : 정지 표시램프 GL은 소등되고
운전 표시램프 RL은 점등된다.

④ 정지 : 정지 입력(BS)을 주면
출력 MC가 복구하여 전동기 M이 정지한다.
동시에 정지 표시 램프 GL은 점등되고
운전 표시 램프 RL은 소등된다.

(2) 경보 회로

운전 중 과전류 등의 고장 전류가 흐르면
Thr이 트립되어 MC가 복구하여 전동기가 정지된다.

① Thr이 트립되면
그 b접점으로 제어 회로의 전원을 끊어 MC와 전동기를 복구시킨다.
또, a접점으로 경보 표시 램프 OL이 점등하고
경보용 부저 BZ가 울린다.

② 버튼 스위치(BS)를 누르면 보조 기구(X)가 동작 유지하고
그 b접점으로 부저 BZ가 정지한다.

③ 고장이 회복되어 Thr이 자동 복귀하거나 수동 복귀시키면
a접점으로 보조 기구(X)가 복구하며
경보 표시 램프 OL이 소등된다.
b접점으로 제어 회로에 전원 공급을 준비하고
정지 표시 램프 GL이 점등된다.

1.3 릴레이 시퀀스

(1) 그림 3.1과 같이 주회로를 그린다(여기서는 3상의 예로 한다).

(2) 논리 조건에서 기본 유지 회로와 타임 차트를 다음 순서로 그린다.

① 기동 입력 BS_1 1을 주면 출력 기구 MC 2가 동작하고
MC의 a접점 $MC_{(1)}$ 3이 닫혀 유지 회로를 구성함과 동시에
MC의 a접점 $MC_{(2)}$ 4가 닫혀 동작 표시 램프 RL 5이 점등하고
MC의 b접점 $MC_{(3)}$ 6이 열려 정지 표시 램프 GL 7이 소등하며
MC의 주접점 MC 8(주회로)가 닫혀 전동기 M이 기동 운전된다.

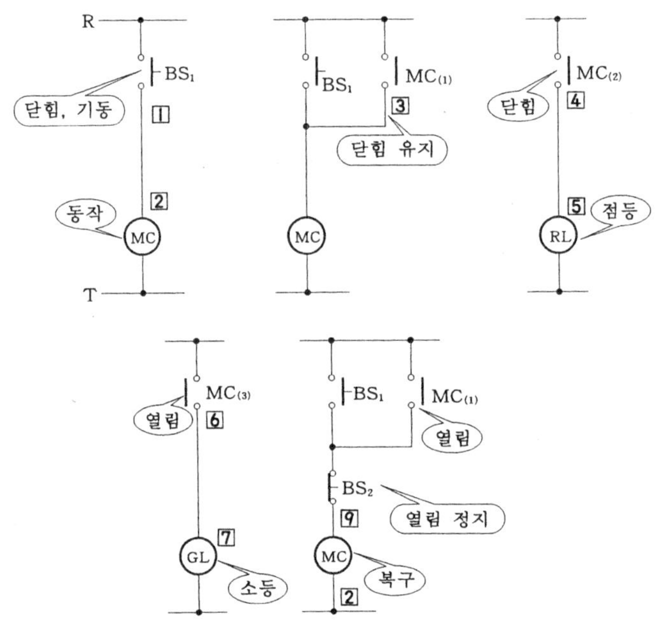

② 정지 입력 BS_2 9를 주면 출력 기구 MC 2가 복구하여
MC의 a접점 $MC_{(1)}$ 3이 열려 유지 회로를 해제함과 동시에
MC의 a접점 $MC_{(2)}$ 4가 열려 동작 표시 램프 RL 5이 소등하고
MC의 b접점 $MC_{(3)}$ 6이 닫혀 정지 표시 램프 GL 7이 점등하며
MC의 주접점 MC 8(주회로)가 열려 전동기 M이 정지한다.

③ 정리하면 그림 3.2와 같다. 여기서,
MC 동작(전원 R − BS_1 1 닫힘 − BS_2 9 − MC 2 동작 − 전원 T)
MC 유지(전원 R − $MC_{(1)}$ 1 닫힘 유지 − BS_2 9 − MC 2 동작 − 전원 T)
MC 정지(전원 R − $MC_{(1)}$ 1 닫힘 − BS_2 9 열림 − MC 2 복구 − 전원 T)

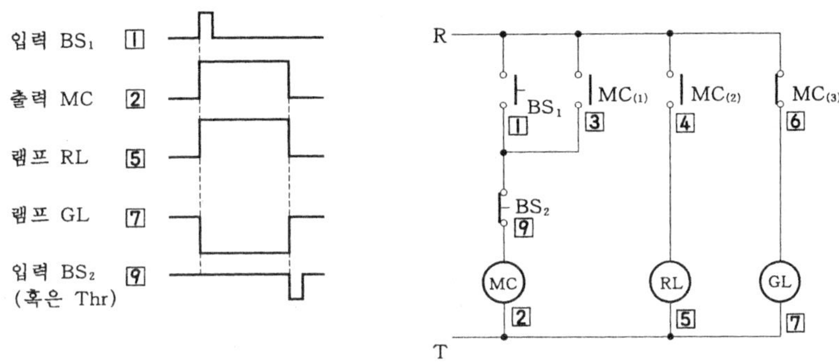

그림 3.2

(3) 논리 조건에서 경보 회로와 타임 차트를 다음 순서로 그린다.

Thr이 트립(trip)되면(Thr 가 → Thr 나로 변환)

① b접점 가는 열려서 제어 회로의 전원을 차단하여 제어 회로를 복구시켜 출력 기구 MC 2와 전동기 M을 복구시킨다.

② 동시에 a접점 나는 닫혀서 경보 회로에 전원을 공급하여 경보 표시용 램프 OL 다이 점등하고 부저 BZ 라가 동작한다.

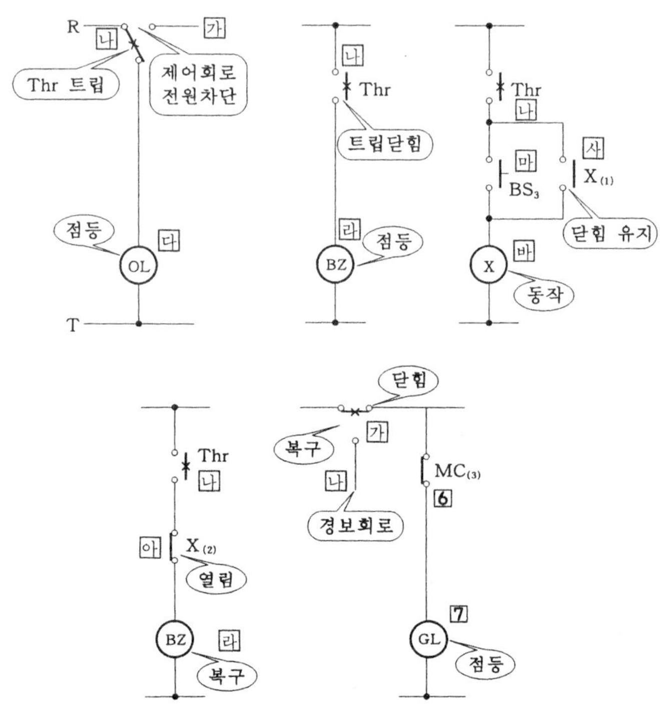

③ 기동 입력 BS_3 [마]를 주면 유지용 보조 기구 Ⓧ [바]가 동작하고

전원 R − Thr [나] 닫힘 − BS_3 [마] 닫힘 − X [바] 동작 − 전원 T

a접점 $X_{(1)}$ [사]이 닫혀서 보조 기구 Ⓧ [바]를 유지하고,

b접점 $X_{(2)}$ [아]가 열려서 부저 BZ [라]를 복구시킨다.

④ 고장이 회복되어 Thr이 자동 복귀하거나 수동 복귀시키면 (Thr [나] → Thr [가])로 변환되어 경보 회로의 전원이 차단되므로 보조 기구Ⓧ [바]가 복구하고, 경보 표시 램프 OL [다]이 소등되고 정지 표시 램프 GL [7]이 점등된다. 여기서, Thr의 복구는 경보 회로의 전원을 끊음과 동시에 제어 회로에 전원 공급을 준비한다.

⑤ 정리하면 그림 3.3과 같다.

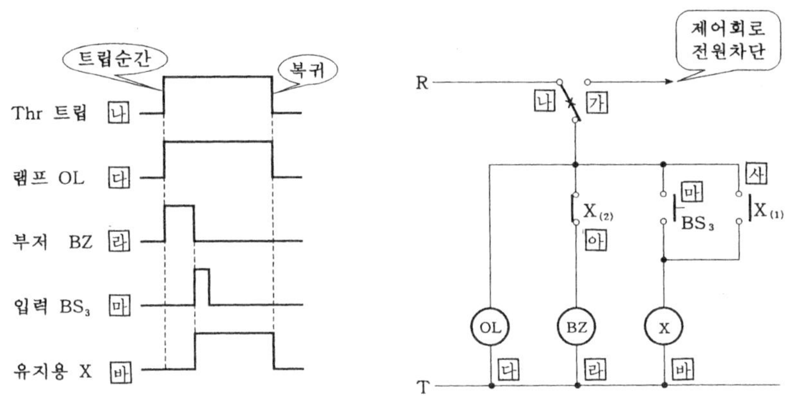

그림 3.3

(4) 그림 3.1, 3.2 및 그림 3.3을 합하면 그림 3.4와 같이 된다. 여기서 정지 입력 BS_2 [9]는 전원 공급선(R선)으로 옮겨 Thr [가]과 직렬로 하고, 또 RL [5]과 GL [7]은 점선의 곳으로 옮기는 것이 좋다.

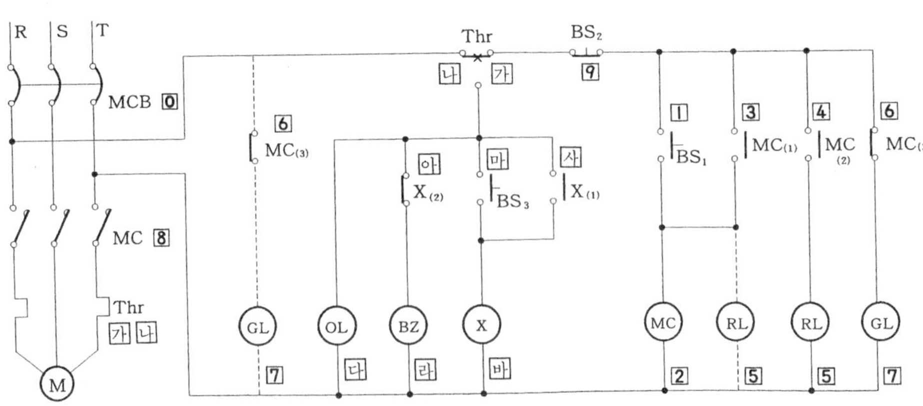

그림 3.4

1.4 PLC 시퀀스

(1) 논리 조건에서 입·출력 기구의 번지를 정하고 PLC 단자대에 그림 3.5 (a)와 같이 접속한다.

입력 기구 : Thr – P000, BS_1 – P001, BS_2 – P002, BS_3 – P003
출력 기구 : MC – P010, RL – P011, GL – P012, OL – P013, BZ – P014
보조 기구(내부 출력) : X – M000(내부 출력이므로 외부 접속 없다).

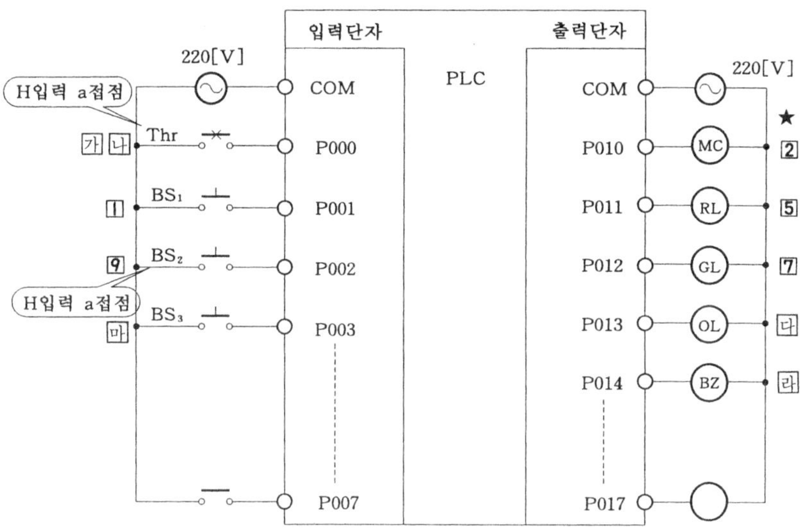

(a)

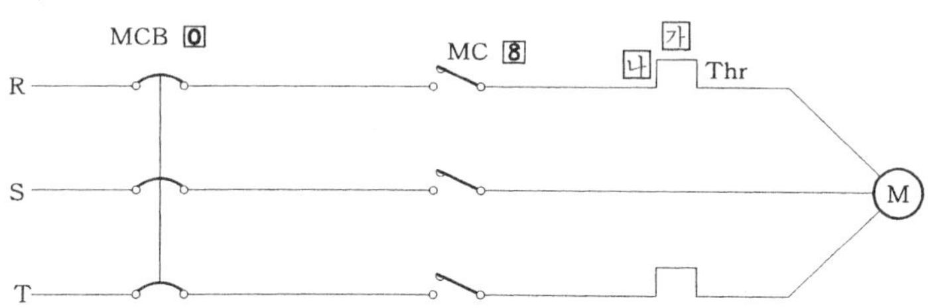

(b)

그림 3.5

(2) 그림 3.1의 주회로를 그림 3.5 (b)와 같이 그린다(여기서는 3상의 예로 한다).

(3) 논리 조건에서 타임 차트와 래더 회로를 다음 순서로 그리고 코딩하면 그림 3.6 (a), (b) 및 표와 같이 된다.

1) 운전 회로에서

① 기동 입력 P001(BS_1 [1])을 주면 출력 기구 P010(즉, MC [2])이 동작하고

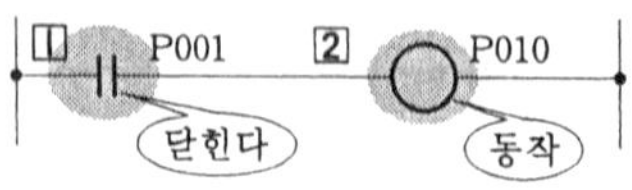

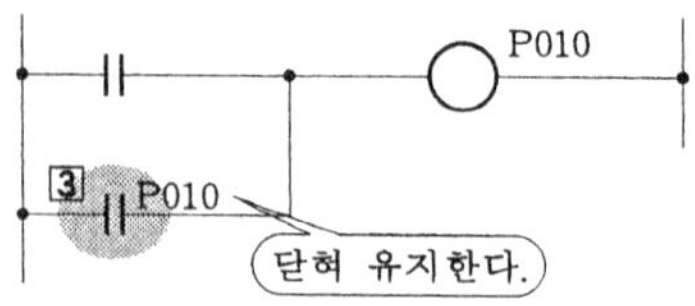

P010(a접점 $MC_{(1)}$ [3]) 번지로 유지 회로를 구성함과 동시에
P010(a접점 $MC_{(2)}$ [4]) 번지로 동작 표시 램프 P011(RL [5])이 점등하고

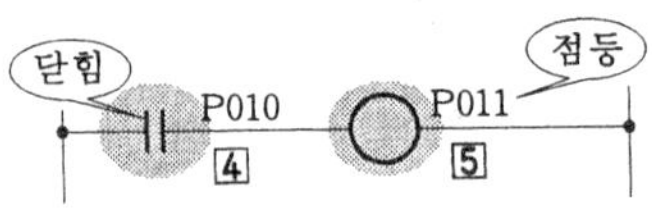

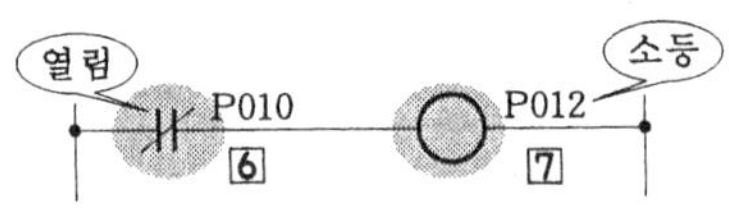

P010 (b접점 $MC_{(3)}$ [6]) 번지로 정지 표시 램프 P012(GL [7])이 소등하며
주회로에서 MC의 주접점 MC [8]가 닫혀 전동기 M이 기동 운전된다.

② 정지 입력 P002(BS_2 [9])를 주면 출력 기구 P010(MC [2])가 복구하여

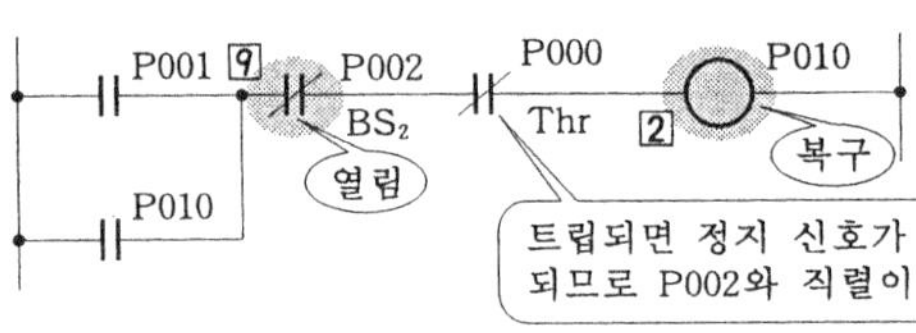

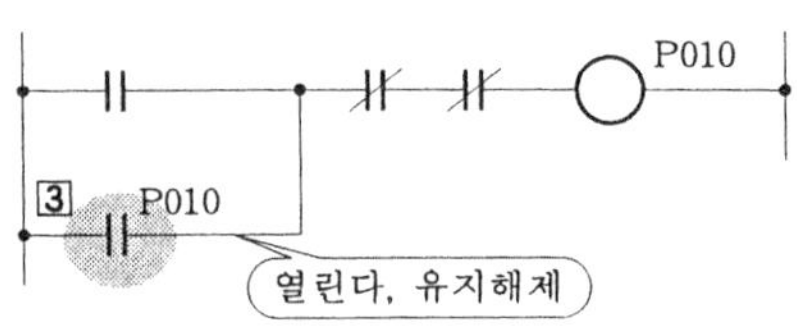

P010(a접점 $MC_{(1)}$ [3]) 번지로 유지 회로를 해제함과 동시에
P010(a접점 $MC_{(2)}$ [4]) 번지로 동작 표시 램프 P011(RL [5])이 소등하고

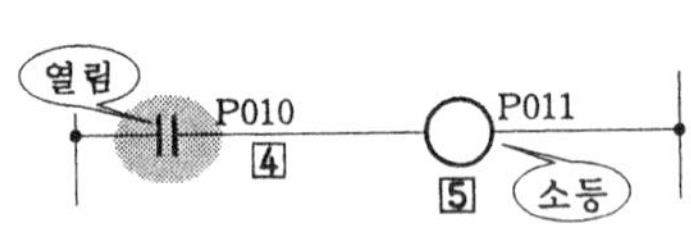

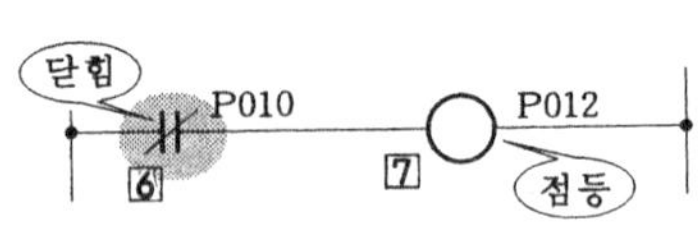

P010(b접점 $MC_{(3)}$ [6]) 번지로 정지 표시 램프 P012(GL [7])이 점등하며
주회로에서 MC의 주접점 MC [8]가 열려 전동기 M이 정지한다.

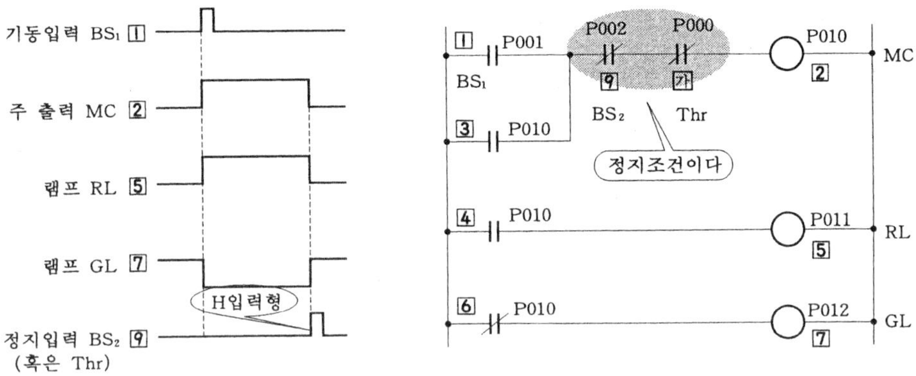

(a)

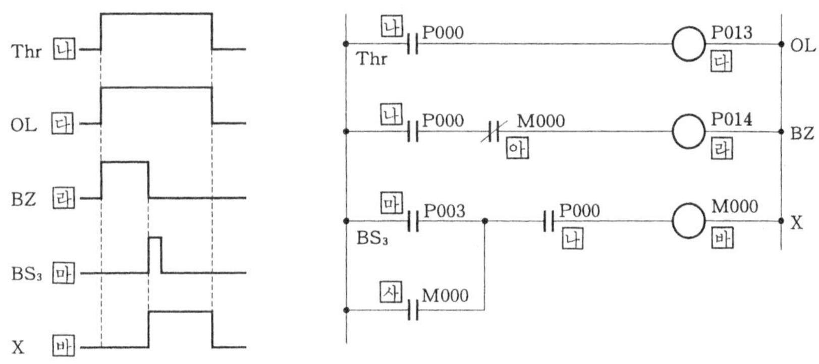

(b)

step	명 령	번 지
0	LOAD	P001
1	OR	P010
2	AND NOT	P002
3	AND NOT	P000
4	OUT	P010
5	LOAD	P010
6	OUT	P011
7	LOAD NOT	P010
8	OUT	P012

step	명 령	번 지
0	LOAD	P000
1	OUT	P013
2	LOAD	P000
3	AND NOT	M000
4	OUT	P014
5	LOAD	P003
6	OR	M000
7	AND	P000
8	OUT	M000

그림 3.6

2) 경보 회로에서 P000(즉, Thr)이 트립(trip-동작)되면

① P000(Thr b접점 ㉮) 번지로 출력 기구 P010이 복구하여
출력 기구 MC ②가 복구되고 전동기 M을 복구시킨다.
동시에 P011(RL)이 소등되고 P012(GL)가 점등된다(그림 a).

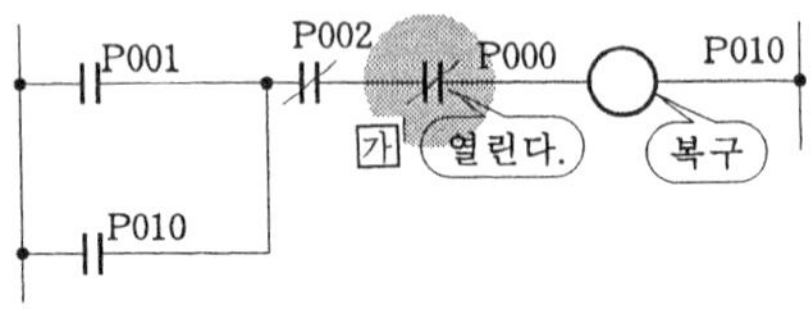

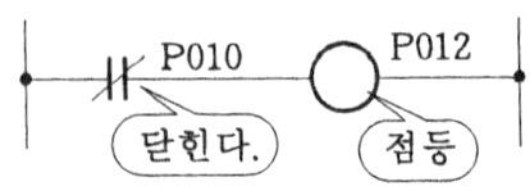

② 동시에 P000(Thr a접점 ㉯) 번지로
경보 표시용 램프 P013(OL ㉰)이 점등하고 부저 P014(BZ ㉱)가 동작한다.

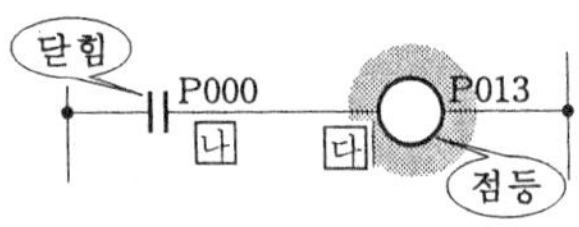

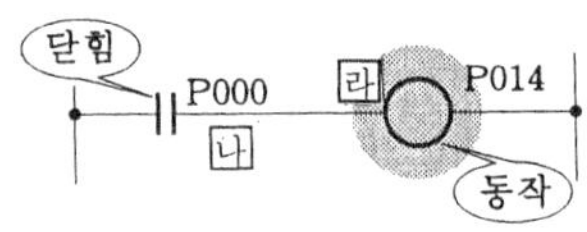

③ 기동 입력 P003(BS_3 ㉲)을 주면 유지용 보조 기구 M000(Ⓧ ㉳)가 동작하고
M000(a접점 $X_{(1)}$ ㉴) 번지로 보조 기구 M000(Ⓧ ㉳)을 유지하고
M000(b접점 $X_{(2)}$ ㉵) 번지로 부저 P014(BZ ㉱)를 복구시킨다.

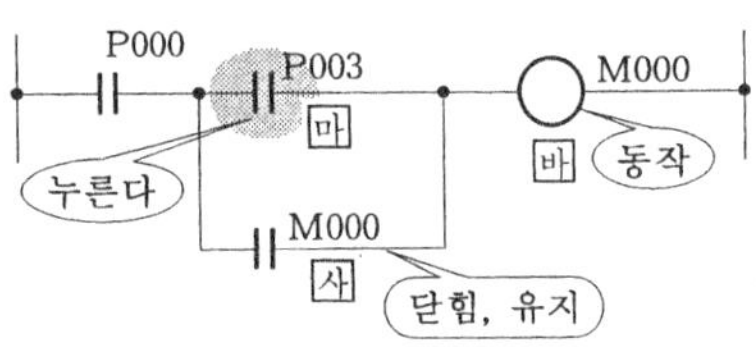

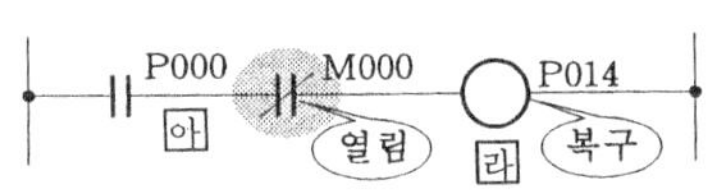

④ 고장이 회복되어 P000(Thr)이 자동 복귀하거나 수동 복귀시키면
보조 기구 M000(Ⓧ ㉳)가 복구하고, 경보 표시 램프 P013(OL ㉰)이 소등된다.

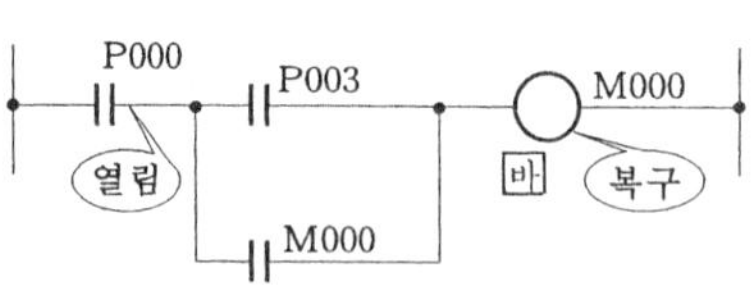

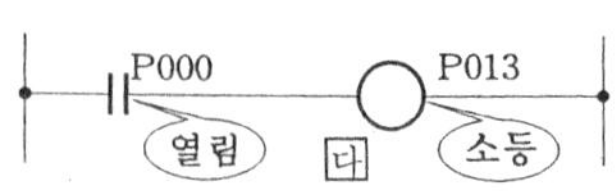

※ 현재 동작 중인 기구로는 전동기가 정지 상태이므로 정지 표시 램프 P012, 즉 GL이 점등 중에 있다.

(4) 래더 회로에서 Handy Loader에 의한 니모닉 프로그램

초기 화면(생략)에서 그림 3.6을 프로그램 코딩을 한다.

0 스텝 : ① BS_1, 회로 시작 LOAD P001

1 스텝 : ③ $MC_{(1)}$, 위와 병렬 OR P010

0000	
LOAD	P001

0001	
OR	P010

2 스텝 : ⑨ BS_2, 앞의 회로와 직렬 b접점 AND NOT P002

3 스텝 : ㉮ Thr, 앞의 회로와 직렬 b접점 AND NOT P000

0002	
AND NOT	P002

0003	
AND NOT	P000

4 스텝 : ② MC, 출력 OUT P010

5 스텝 : ④ $MC_{(2)}$, 회로 시작 LOAD P010

0004	
OUT	P010

0005	
LOAD	P010

6 스텝 : ⑤ RL, 출력 OUT P011

7 스텝 : ⑥ $MC_{(3)}$, 회로 시작 b접점 LOAD NOT P010

0006	
OUT	P011

0007	
LOAD NOT	P010

8 스텝 : ⑦ GL, 출력 OUT P012

9 스텝 : ㉯ Thr, 회로 시작 LOAD P000

0008	
OUT	P012

0009	
LOAD	P000

10 스텝 : ㉰ OL, 출력 OUT P013

11 스텝 : ㉯ Thr, 회로 시작 LOAD P000

0010	
OUT	P013

0011	
LOAD	P000

12 스텝 : [아] $X_{(2)}$, 앞의 회로와 직렬 b접점 AND NOT M000
13 스텝 : [라] BZ, 출력 OUT P014

0012 AND NOT M000	0013 OUT P014

14 스텝 : [마] BS_3, 회로 시작 LOAD P003
15 스텝 : [사] $X_{(1)}$, 위와 병렬 OR M000

0014 LOAD P003	0015 OR M000

16 스텝 : [나] Thr, 앞의 회로와 직렬 AND P000
17 스텝 : [바] X, 출력 OUT M000

0016 AND P000	0017 OUT M000

18 스텝 : 끝, END
19 스텝 이하 ------

0018 FUN(001) END	0019 FUN(000) NOP

(5) 컴퓨터의 S/W를 이용한 프로그램

초기 화면(그림 3.7)에서 그림 3.6의 래더도를 이용하여 컴퓨터 프로그래밍한다.

작성 초기 화면

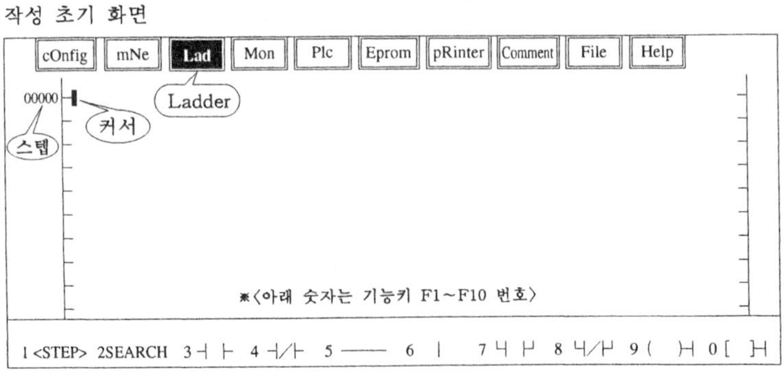

그림 3.7

1 0000번 스텝에서 화면 하단의 기능키 표시(3┤├), 즉 F3 Key를 누르면 a접점 표시(┤├)가 나타난다. 또, 번지 P001을 누른 후 Enter Key를 누른다. 이때 화면 상단과 하단에 그림 기호와 문자 기호가 나타난다(이하 같다).

2 커서(cursor)의 위치(▌표시)에서 기능키 F4(b접점 기호-화면 하단 표시), 번지 P002, Enter Key를 차례로 누르면 아래 2번째 그림이 나타난다.

☞ 1 Key In : F3 P 0 0 1 Enter ☞ 2 Key In : F4 P 0 0 2 Enter

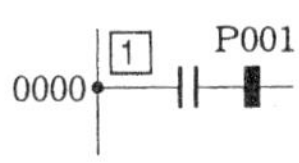

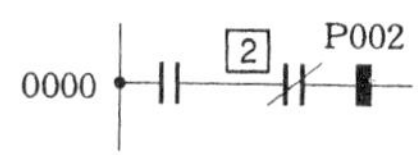

3 커서(cursor)의 위치(▌표시)에서 기능키 F4(b접점 기호-화면 하단 표시), 번지 P000, Enter Key를 차례로 누르면 아래 1번째 그림이 나타난다.

4 커서의 위치(▌표시)에서 기능키 F9(출력 표시 기호-화면 하단 표시), 번지 P010, Enter Key를 차례로 누르면 아래 2번째 그림이 나타난다.

☞ 3 Key In : F4 P 0 0 0 Enter ☞ 4 Key In : F9 P 0 1 0 Enter

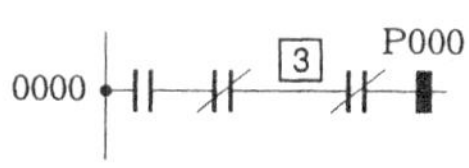

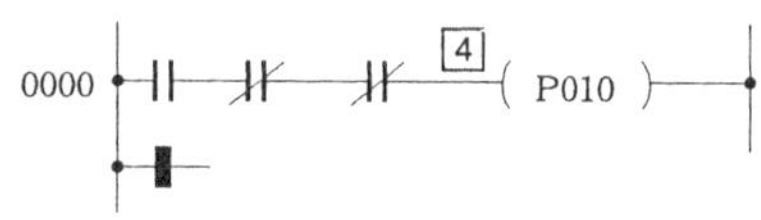

5 커서의 위치(▌표시)에서 기능키 F3(a접점 기호-화면 하단 표시), 번지 P010, Enter Key를 차례로 누르면 아래 그림이 나타난다.

6 커서의 위치(▌표시)를 아래 2번째 그림과 같이 위로 옮기고 기능키 F6(세로선 기호-병렬 접속-화면 하단 표시), Enter를 차례로 누르면 아래와 같다.

☞ 5 Key In : F3 P 0 1 0 Enter ☞ 6 Key In : F6 Enter

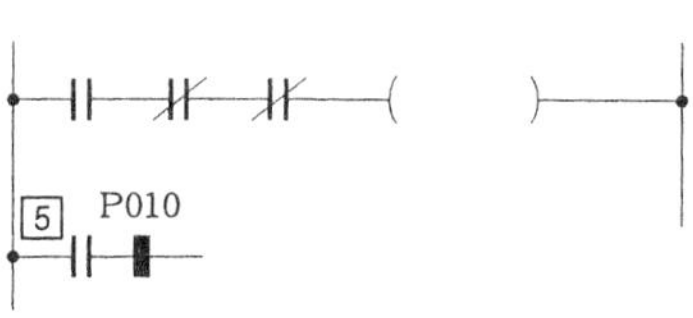

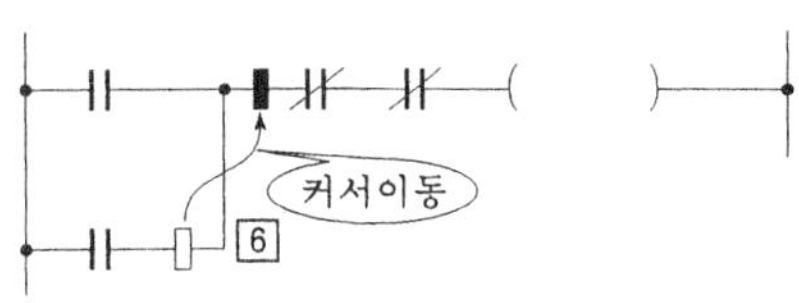

7 커서의 위치(▌표시)를 아래 스텝으로 옮기고 기능키 F3, 번지 P010, Enter Key를 차례로 누르면 아래 그림이 나타난다.

8 커서의 위치(▌표시)에서 기능키 F9(출력 표시 기호-화면 하단 표시), 번지 P011, Enter Key를 차례로 누르면 아래의 2번째 그림이 나타난다.

☞ ⑦ Key In : [F3] [P|0|1|0|Enter] ☞ ⑧ Key In : [F9] [P|0|1|1|Enter]

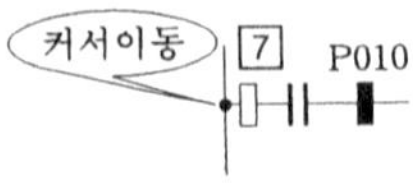

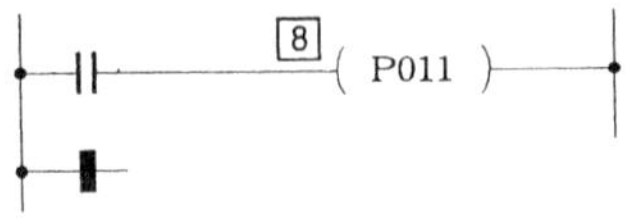

⑨ 커서의 위치(▮ 표시)에서 기능키 F4(b접점 기호－화면 하단 표시), 번지 P010, Enter Key를 차례로 누르면 아래 그림이 나타난다.

⑩ 커서의 위치(▮ 표시)에서 기능키 F9(출력 표시 기호－화면 하단 표시), 번지 P012, Enter Key를 차례로 누르면 아래의 2번째 그림이 나타난다.

☞ ⑨ Key In : [F4] [P|0|1|0|Enter] ☞ ⑩ Key In : [F9] [P|0|1|2|Enter]

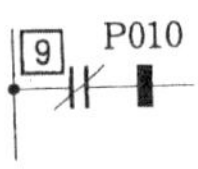

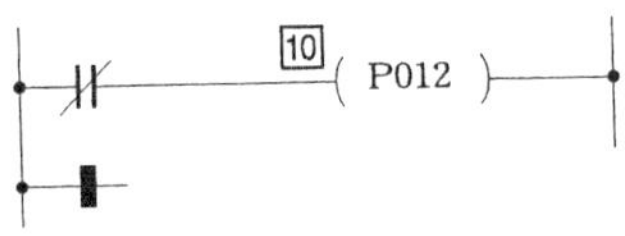

⑪ 커서의 위치(▮ 표시)에서 기능키 F3(a접점 기호－화면 하단 표시), 번지 P000, Enter Key를 차례로 누르면 아래 그림이 나타난다.

⑫ 커서의 위치(▮ 표시)에서 기능키 F9(출력 표시 기호－화면 하단 표시), 번지 P013, Enter Key를 차례로 누르면 아래의 2번째 그림이 나타난다.

☞ ⑪ Key In : [F3] [P|0|0|0|Enter] ☞ ⑫ Key In : [F9] [P|0|1|3|Enter]

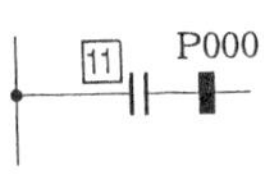

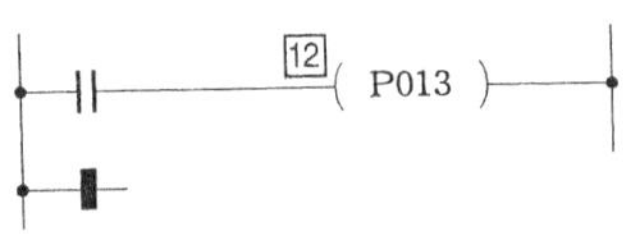

⑬ 커서의 위치(▮ 표시)에서 기능키 F3(a접점 기호－화면 하단 표시), 번지 P000, Enter Key를 차례로 누르면 아래 그림이 나타난다.

⑭ 커서의 위치(▮ 표시)에서 기능키 F4(b접점 기호－화면 하단 표시), 번지 M000, Enter Key를 차례로 누르면 아래의 2번째 그림이 나타난다.

☞ ⑬ Key In : [F3] [P|0|0|0|Enter] ☞ ⑭ Key In : [F4] [M|0|0|0|Enter]

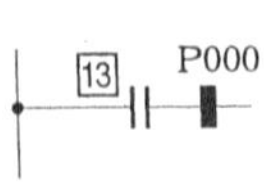

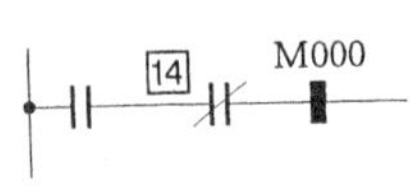

⑮ 커서의 위치(▮ 표시)에서 기능키 F9(출력 표시 기호－화면 하단 표시), 번지P014, Enter Key를 차례로 누르면 아래 1번째 그림이 나타난다.

⑯ 커서의 위치(▮ 표시)에서 기능키 F3(a접점 기호－화면 하단 표시), 번지 P003, Enter Key를 차례로 누르면 아래의 2번째 그림이 나타난다.

☞ ⑮ Key In : [F9] [P 0 1 4 Enter] ☞ ⑯ Key In : [F3] [P 0 0 3 Enter]

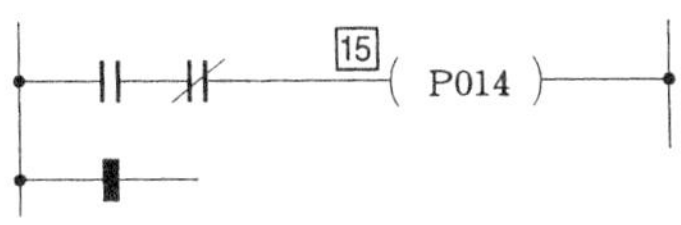

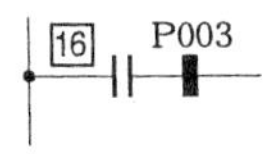

⑰ 커서의 위치(▮ 표시)에서 기능키 F3(a접점 기호－화면 하단 표시), 번지 P000, Enter Key를 차례로 누르면 아래 그림이 나타난다.

⑱ 커서의 위치(▮ 표시)에서 기능키 F9(출력 표시 기호－화면 하단 표시), 번지 M000, Enter Key를 차례로 누르면 아래의 2번째 그림이 나타난다.

☞ ⑰ Key In : [F3] [P 0 0 0 Enter] ☞ ⑱ Key In : [F9] [M 0 0 0 Enter]

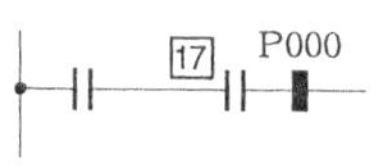

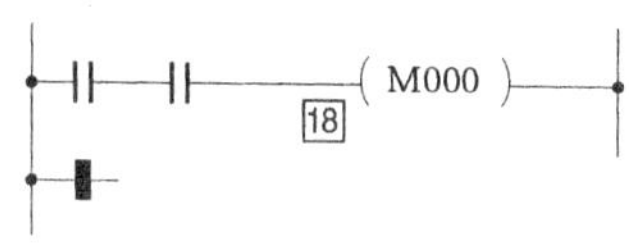

⑲ 커서의 위치(▮ 표시)에서 기능키 F3(a접점 기호－화면 하단 표시), 번지 M000, Enter Key를 차례로 누르면 아래 그림이 나타난다.

⑳ 커서의 위치(▮ 표시)를 아래 2번째 그림과 같이 위로 옮기고 기능키 F6(세로선 기호－병렬 접속－화면 하단 표시), Enter를 차례로 누르면 아래와 같다.

☞ ⑲ Key In : [F3] [M 0 0 0 Enter] ☞ ⑳ Key In : [F6] [Enter]

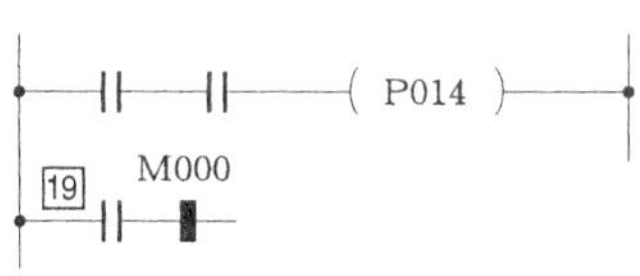

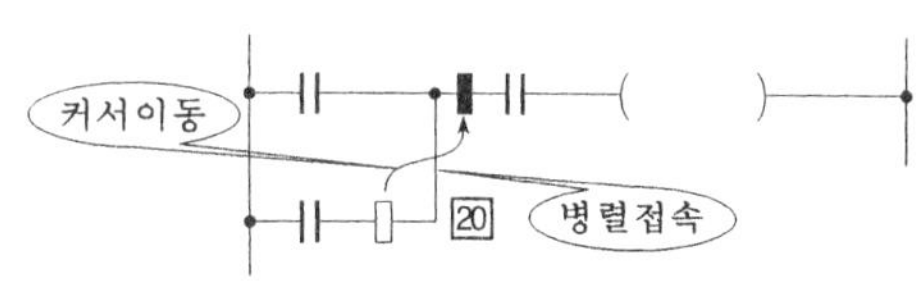

㉑ 커서의 위치(▮ 표시)를 아래 스텝으로 옮기고 기능키 F10(출력 표시 기호－화면 하단 표시), 문자 END, Enter Key를 차례로 누른다.

☞ ㉑ Key In : [F10] [E N D Enter]

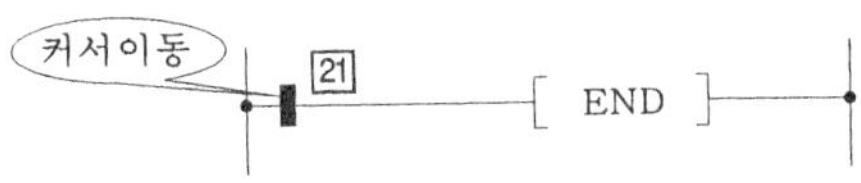

㉒ 스텝 실행(Program Convert)과 완료
Alt와 F7 키를 동시에 누르면 [Are You Sure ? 〈Y/N〉]가 나타나고 Y를 누르면 회로에 스텝이 나타나고 하단에 Completed가 나타난다. 즉, 그림 3.8과 같은 완성된 도면이 된다.

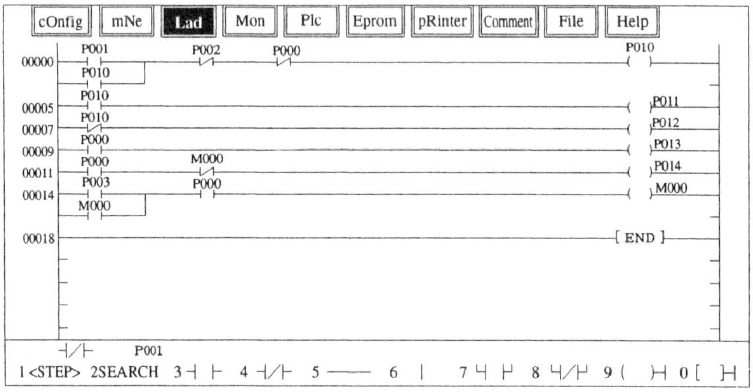

그림 3.8

㉓ Alt와 N을 동시에 누르면 완성된 니모닉 프로그램으로 변환된다. 즉, 니모닉 방식(Alt N)과 래더도 방식(Alt L)은 완성된 회로로 상호 변환된다.

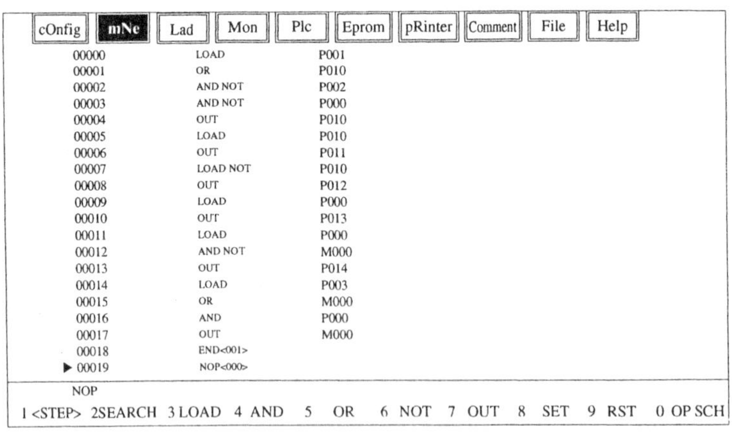

그림 3.9

(6) 양논리 회로

▸ 전동기 운전의 기본 회로는 MC의 유지 회로이다. 즉, 그림 3.10에서

① MC의 유지 회로(제 2장 유지 회로 참조)에 다음을 추가한 경우이다.

· 정지 입력 신호 Thr(정지 신호는 부정 논리로 NOT 회로 포함)

· 출력 신호 RL(운전시, 즉 유지 회로 동작시 점등 동작하므로 긍정 논리)
GL(유지 회로 동작시 소등하므로 부정 논리로 NOT회로 포함)

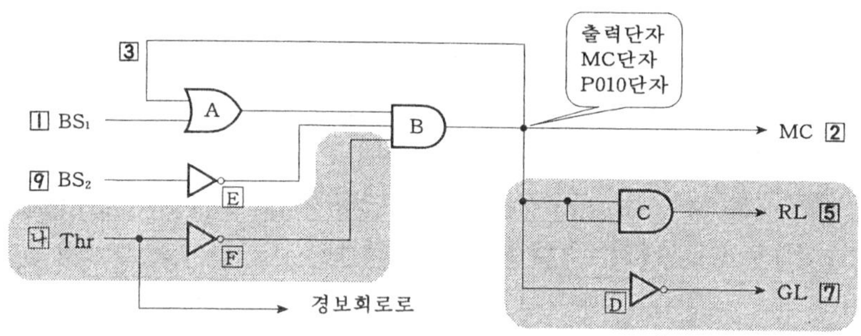

그림 3.10

② 그림 3.10 및 참고도에서 기동 H입력(BS₁ ①)을 주면
OR Ⓐ 회로와 AND Ⓑ 회로가 동작(H 레벨)하여 출력 MC ②가 동작하고
되먹임 OR Ⓐ 회로(a접점 $MC_{(1)}$ ③)로 유지 회로를 구성함과 동시에
AND Ⓒ 회로(a접점 $MC_{(2)}$ ④)의 H 레벨로 동작 표시 램프 RL ⑤이 점등하고,
NOT Ⓓ 회로(b접점 $MC_{(3)}$ ⑥)의 L 레벨로 정지 표시 램프 GL ⑦이 소등하며,
주회로에서 MC의 주접점 MC ⑧가 닫혀 전동기 M이 기동 운전된다.
☞ AND Ⓒ 회로는 보통 생략한다(로직 회로에서도 같다).

〈참고도〉

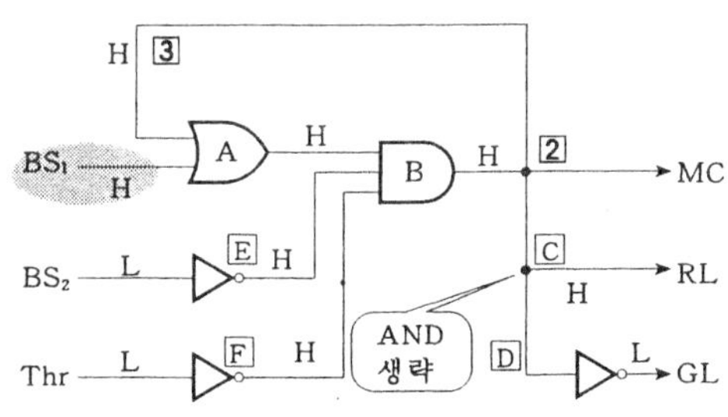

(a)

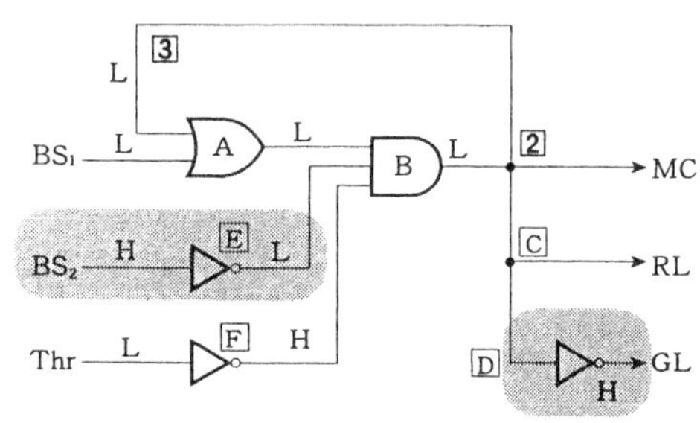

(b)

③ 그림 3.10 및 참고도에서 정지 H입력(BS_2 9 또는 Thr ㉯)를 주면
NOT 회로 E(또는 F)를 통하여 AND B 회로가 복구(L 레벨)하므로,
출력MC 2가 복구하고
되먹임 OR A 회로(a접점 $MC_{(1)}$ 3)로 유지 회로를 해제(L 레벨)함과 동시에
AND C 회로(a접점 $MC_{(2)}$ 4)의 L 레벨로 동작 표시 램프(RL 5)이 소등하고
NOT D 회로(b접점 $MC_{(3)}$ 6)의 H 레벨로 정지 표시 램프(GL 7)이 점등하며
주회로에서 MC의 주접점 MC 8가 열려 전동기 M이 정지한다.

▸경보 회로는 PLC 또는 릴레이 시퀀스에서
Thr이 트립(㉯ 상태, a접점)되면 작동하고
Thr이 회복(㉮ 상태, b접점)되면 복구한다.
즉, 경보 회로의 기동 입력 ㉯과 정지 입력 ㉮이 다같이 Thr이 된다.
그러나 로직 회로에서는 Thr의 a접점(㉯)만을 입력 기구로 사용한다.

① Thr이 트립되면(H 입력을 주는 상태와 같다)
MC 회로가 복구하고, 동시에 OL이 점등하고 BZ가 동작한다
(여기서 정지 표시 램프 GL이 점등된다).
경보 표시 램프 OL은 Thr로 점등하고, 또 소등하므로 1입력 AND회로로 출력한다.
경보 BZ는 Thr로 점등하고, BS_3에 의한 유지 회로(보조 기구 X)로 소등하므로 2입력 AND 회로로 출력한다.

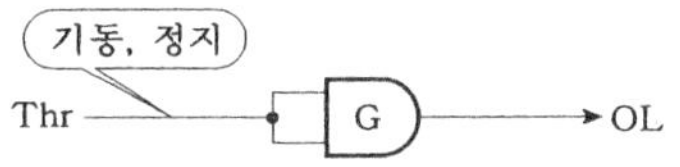

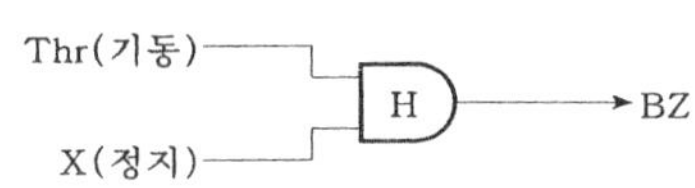

② BS_3을 주면 유지 회로(X)가 동작 유지하고
그 L 출력(b접점)으로 BZ를 정지시키므로 일반 유지 회로를 그리면 된다.
단, 정지 입력이 Thr 복귀로 된다.

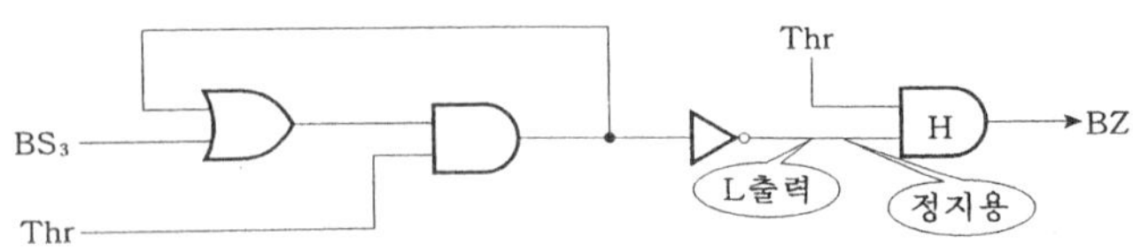

③ 정리하면 그림 3.11과 같다.

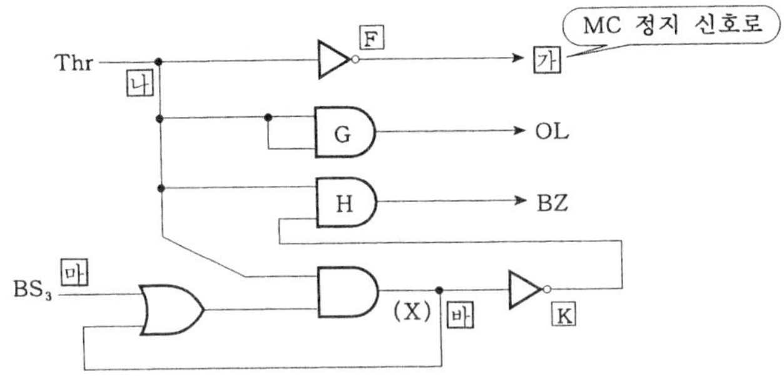

그림 3.11

④ Thr이 트립되면(H 레벨) NOT Ⓕ(b접점)의 L 레벨로 운전 회로 AND Ⓑ가 복구하여 출력 MC ②가 복구되고 전동기 M을 복구시킨다.
또, RL이 소등되고 GL이 점등됨은 위 운전 회로와 같다.

⑤ 동시에 AND 회로 Ⓖ의 H 레벨로 경보 표시 램프 OL ㉰이 점등되며
AND 회로 Ⓗ의 H 레벨로 경보용 부저 BZ ㉱가 동작한다(그림 3.12 (a)).

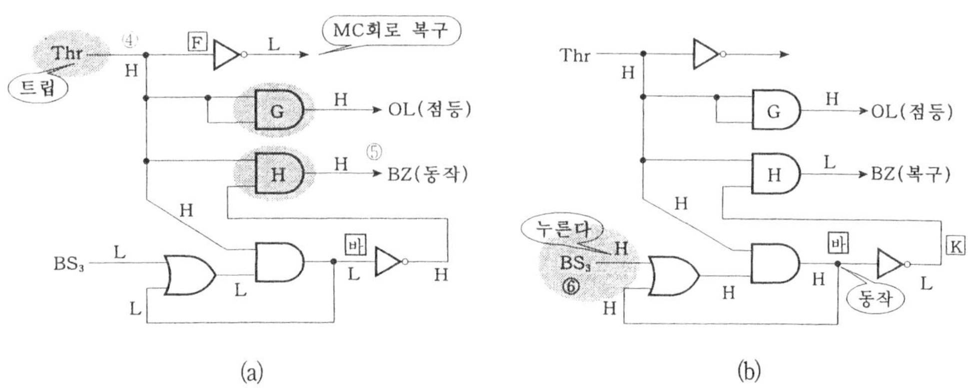

(a) (b)

그림 3.12

⑥ 기동 입력(BS_3 마)을 주면(H 레벨)(그림 3.12(b))
유지용 회로(보조 기구 Ⓧ 바)가 동작(H 레벨) 유지하고
NOT 회로 K(b접점)의 L 레벨로 AND 회로 H를 복구(L 레벨)시켜 경보용 부저 BZ 라를 복구시킨다.
참고 그림은 AND 회로 H의 동작 표시이다.

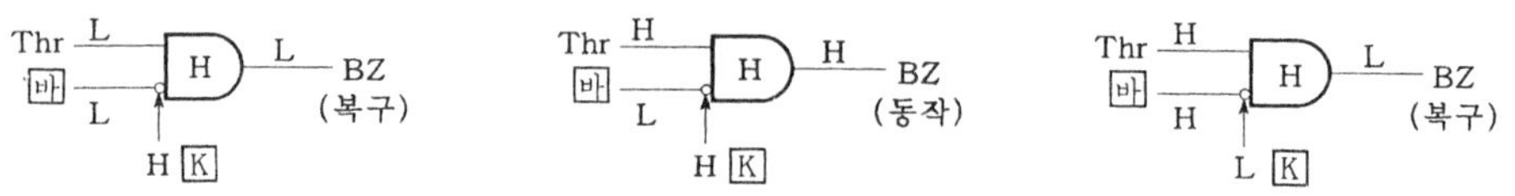

ⓐ 평시 ⓑ Thr 트립시 ⓒ BS_3을 줄 때

ⓐ 평시 : Thr-L 레벨, 바-L 레벨, K-H 레벨이므로
AND 회로 H는 L 레벨이고 부저 BZ는 복구 상태이다.
ⓑ Thr 트립시 : Thr이 트립되면 H 레벨이 되고, 바-L 레벨, K-H 레벨이므로
AND 회로 H는 동작하여 H 레벨이 되고 부저 BZ는 동작한다.
ⓒ BS_3을 줄 때 : Thr-H 레벨이고, BS_3을 주면 바-H 레벨, K-L 레벨이 되므로
AND 회로 H는 복구하여 L 레벨이 되고 부저 BZ는 복구된다.

⑦ 고장이 회복되어 Thr이 자동 복귀(H 레벨)하거나 수동 복귀시키면
유지용 회로(Ⓧ 바)가 복구(L 레벨)하고 경보 표시 램프(OL 다)이 소등된다.
※ 현재 동작 중인 기구로는 GL뿐이다(전동기가 정지 상태이다).

1.5 로직 시퀀스

1) 그림 3.1과 같이 주회로를 그린다(생략).
2) 타임 차트는 PLC 회로에서 H 입력을 L 입력으로 바꾸면 그림 3.13과 같다.
3) 전동기 운전의 기본 회로는 MC의 유지 회로이다. 즉, 그림 3.13에서

① MC의 유지 회로(제 2장 $\overline{R}\,\overline{S}$-latch 참조)에 다음을 추가한 경우이다.
정지 입력 신호 Thr,
출력 신호 RL(MC 회로 동작시 점등하므로 긍정 논리)과
GL(MC 회로 동작시 소등하므로 부정 논리로 NOT 회로 포함)

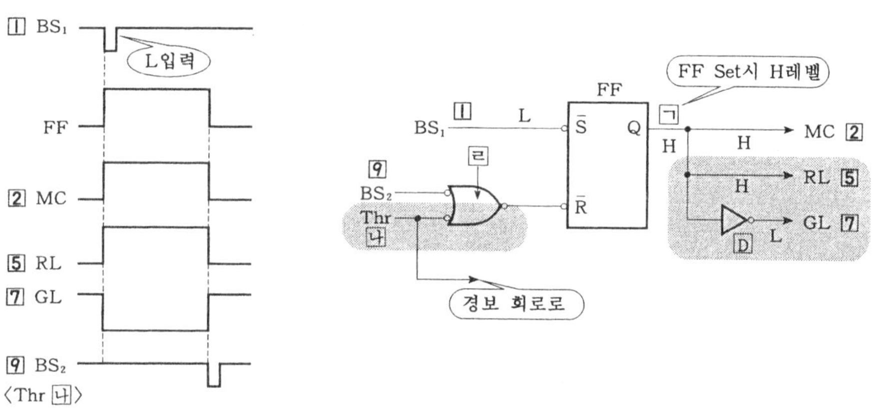

그림 3.13

② 기동 L 입력(BS_1 1)을 주면 $\overline{R}\,\overline{S}$-latch(FF)가 셋(set)하여 위 그림에서
출력단 ㄱ이 H 레벨이 되므로
출력 MC 2가 동작하고 접점 MC로 전동기는 기동 운전된다.
동시에 동작 표시 램프(RL 5)이 점등하고
NOT D 회로의 L 레벨로 정지 표시 램프(GL 7)이 소등된다

③ 정지 신호는 BS_2 9와 Thr 나의 2개로서 둘 중 하나만 주어도(OR기능)되고
L입력으로 FF가 reset되므로 상태 표시 "0" 즉 NOT 회로가 필요하다. 즉,
정지 L입력(BS_2 9 또는 Thr 나)를 주면
OR 기능 회로 ㄹ를 통하여 FF가 reset된다.
그림 3.14 (a)는 정지 상태, (b)는 reset 신호(BS_2 9)를 주는 상태의 레벨 표시이다.

그림 3.14(a)의 정지 상태에서

(BS₂ ⑨ − H, ㄴ − L이고, 또 Thr 나 − H, ㄷ − L이므로
OR ㄹ − L, 출력 ㅁ − H 레벨로 FF는 리셋되지 않는다.)

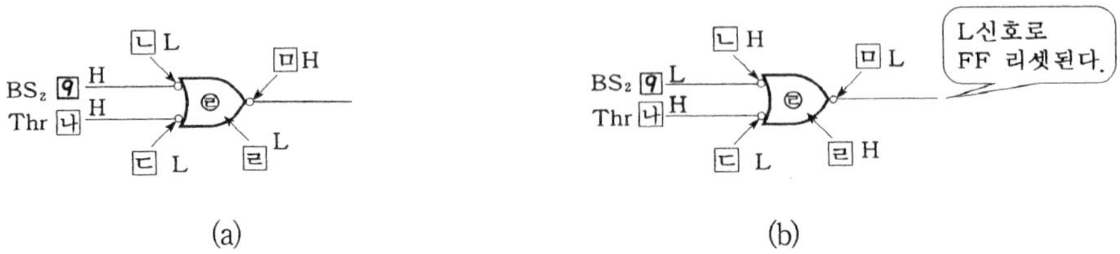

그림 3.14

그림 3.14(b)에서 출력 ㅁ−L 레벨로 FF가 리셋된다.

(BS2 ⑨를 주면

⑨−L, ㄴ−H, OR ㄹ−H, 출력 ㅁ−L 레벨로 FF는 리셋된다.)

(또는 Thr 나를 주면

나−L, ㄷ−H, OR ㄹ−H, 출력 ㅁ−L 레벨로 FF는 리셋된다.)

④ BS_2 ⑨를 주어 FF가 리셋되면 그림에서

출력 ㄱ의 L 레벨로 출력 MC ②가 복구하고 동작 표시 램프(RL ⑤)이 소등하며,

NOT D 회로의 H 레벨로 정지 표시 램프(GL ⑦)이 점등한다.

또한, 주회로에서 MC의 주접점 MC ⑧가 열려 전동기 M이 정지한다.

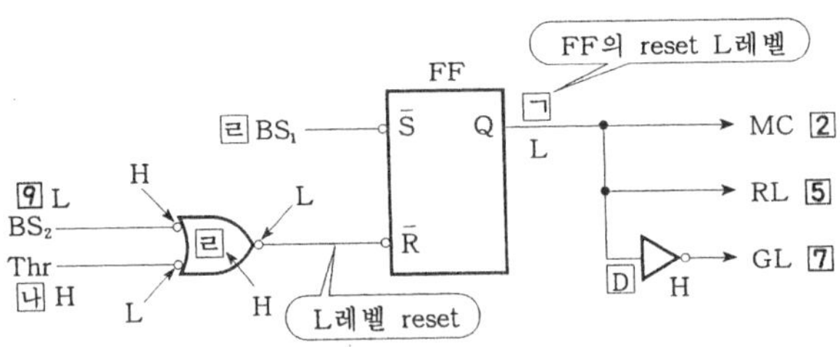

4) 경보 회로는 로직 회로에서는 a접점(나) 기구만을 사용한 L 입력형이다.

① Thr이 트립되면(L 입력을 주는 것과 같다)

OR 기능 회로 ㄹ를 통하여 FF가 리셋되어 MC 회로가 복구한다(여기서 정지 표시 램프 GL이 점등된다).

동시에 OL이 점등하고 BZ가 동작한다.

경보 표시 램프 OL은 Thr로 점등하고, 또 소등하므로 1입력 AND 회로로 출력한다.

경보 BZ는 Thr로 동작하고, 유지 회로(보조 기구 X-$\overline{R}\,\overline{S}$-latch)로 복구하므로 2입력 AND 회로로 출력한다.

☞ 로직 회로는 L 입력형이므로 NOT 회로를 첨가해야 한다.

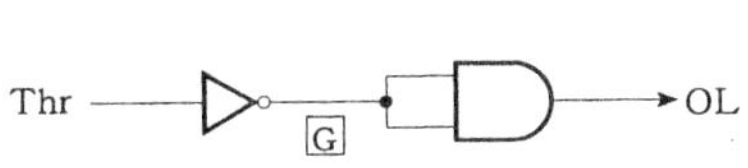

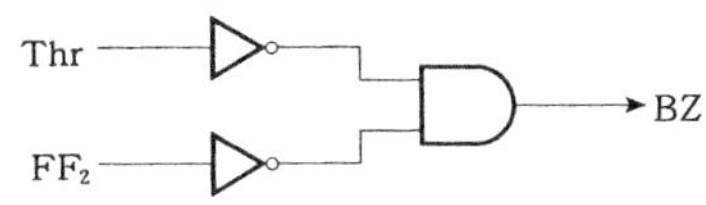

② BS_3을 주면 $\overline{R}\,\overline{S}$-latch가 셋하고
그 L 출력(NOT 회로)으로 BZ를 정지시키면 된다. 단, 리셋 입력은 Thr 복귀로 된다.

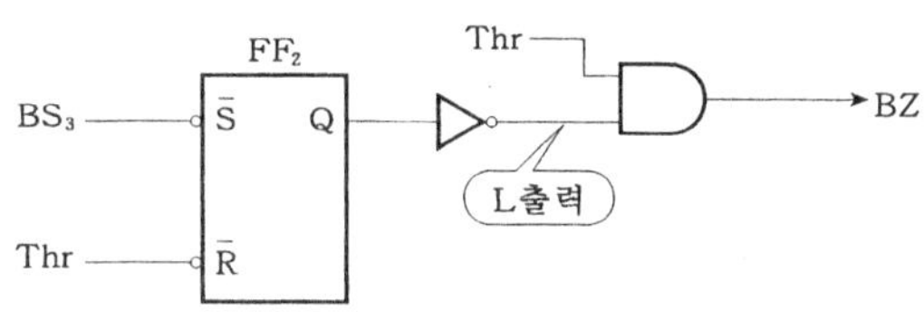

③ 정리하면 그림 3.15와 같다.

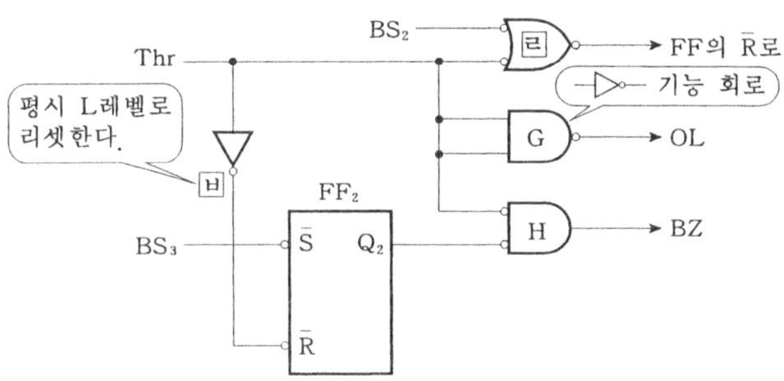

그림 3.15

④ Thr이 트립(L 레벨)되면 위의 그림 3.14(b)의 경우와 같이
OR 기능 회로 [마]의 L 레벨로 운전 회로의 FF가 리셋하여
출력 MC [2]가 복구되고 전동기 M을 복구시킨다.
또, RL이 소등되고 GL이 점등된다. 동시에

⑤ 또 NOT 회로(AND 회로 [G])의 H 레벨로 경보 표시 램프 OL [다]이 점등되며
NOT 회로 [M], AND 회로 [H]의 H 레벨로 경보용 부저 BZ [라]가 동작한다.

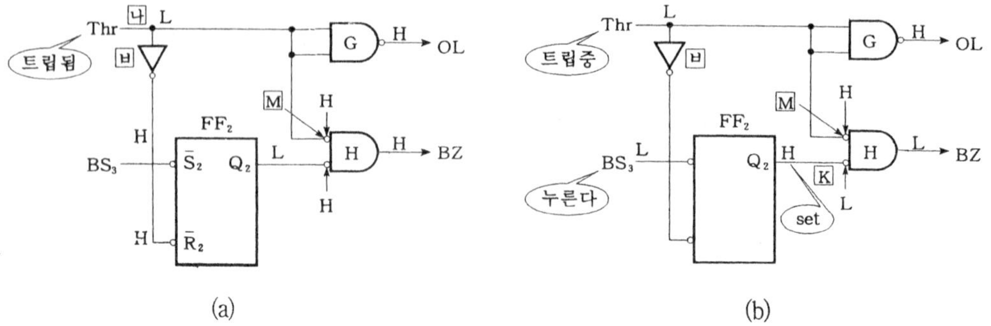

그림 3.16

⑥ 기동 입력(BS_3 마)을 주면 FF_2 (보조 기구 Ⓧ 바)가 셋(H 레벨)되고
NOT 회로 K의 L 레벨로 AND 회로 H를 복구(L 레벨)시켜 경보용 부저 BZ 라를 복구시킨다.

⑦ 고장이 회복되어 Thr이 자동 복귀(H 레벨)하거나 수동 복귀시키면
NOT 회로 바의 L 레벨로 유지용 회로 FF_2(Ⓧ 바)가 리셋하고 경보 표시 램프(OL 다)이 소등된다.

⑧ 참고도는 BZ 동작 회로(AND 회로 H)의 동작을 표시한 것이다.
Thr의 트립 L 레벨로 AND 회로가 동작하여 BZ가 동작하고
FF_2의 셋의 H 레벨로 AND 회로가 복구하여 BZ가 복구한다.

[참고도]

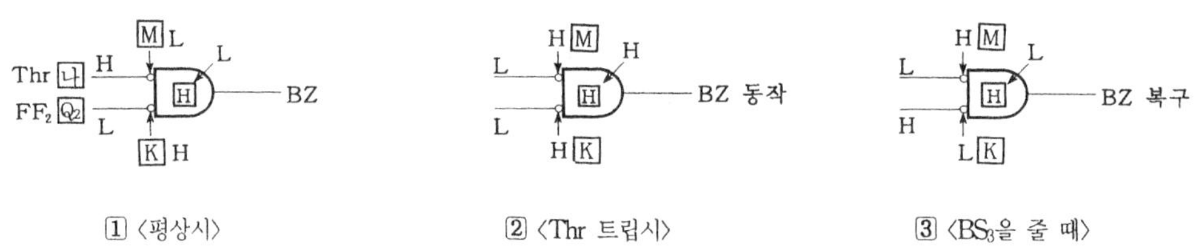

1 평시 : Thr－H 레벨, M－L 레벨, Q_2－L 레벨, K－H 레벨이므로
AND 회로 H는 L 레벨이고 부저 BZ는 복구 상태이다.

2 Thr 트립시 : Thr이 트립되면 Thr－L 레벨, M－H 레벨, Q_2－L 레벨, K－H 레벨이므로
AND 회로 H는 동작하여 H 레벨이 되고 부저 BZ는 동작한다.

3 BS_3을 줄 때 : Thr－L 레벨, M－H 레벨이고, BS_3을 주면 Q_2－H 레벨, K－L 레벨이 되므로
AND 회로 H는 복구하여 L 레벨이 되고 부저 BZ는 복구된다.

2. 전동기의 정 · 역 운전 회로

2.1 주회로(구동 회로)

▸ 제어 장치의 좌우, 전후, 상하 이동은 전동기의 정역 운전 회로를 이용한다.
전동기의 정회전 회로 : 우회전, 전진, 상승 운전
역회전 회로 : 좌회전, 후진, 하강 운전에 이용된다.

▸ 전동기의 정회전 및 역회전 운전을 보통 정 · 역 운전이라고 하고
MC를 사용하여 전동기의 회전 방향을 바꾼다.

▸ 전동기의 회전 방향을 바꾸는 방법으로 회전 자장의 방향을 바꾸는데,
3상 유도 전동기에서는 전원의 3단자 중 2단자의 접속을 바꾼다. 보통 R선과 T선을 교환한다.

▸ 단상 콘덴서 전동기에서는 주로 기동 권선의 접속을 바꾼다.

▸ 그림 3.17은 단상 콘덴서 전동기 및 3상 전동기의 주회로를 보인 것이다.
어느 것이나 시퀀스 회로의 출력 MC가 동작하여 그 주접점 MC [8](또는 MC [사])가 닫히면 전동기는 전기를 받아 정회전(또는 역회전) 기동 운전된다.

① MCB [0]를 닫는다.

② 정회전 :

ⓐ 시퀀스 회로가 동작하여 MC_1 [2]이 동작하면

ⓑ 그 주접점 MC_1 [8]이 닫혀 전동기 M에 전기가 공급된다.

(a) : 전원 RST − MCB(닫혀 있음) − 주접점 MC_1(닫힘) − Thr −전동기 M

(b) : 전원 RT − MCB(닫혀 있음) − Thr − 주접점 MC_1 (닫힘) −전동기 M

ⓒ 전동기 M이 정회전 기동 운전된다.

ⓓ 시퀀스 회로의 출력 MC_1 [2]이 복구하면

ⓔ 그 주접점 MC_1 [8]이 열려 전동기 M은 전기가 끊어져 정지한다.

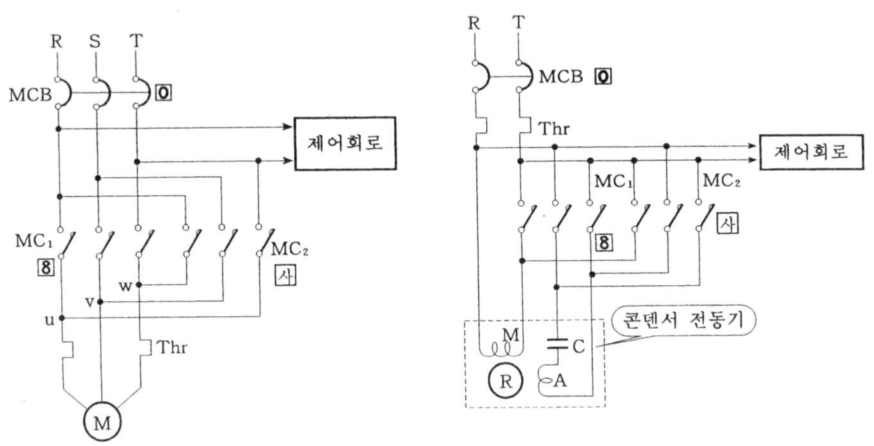

(a) (b)

그림 3.17

③ 역회전

ⓐ 시퀀스 회로가 동작하여 MC_2 [개]가 동작하면

ⓑ 그 주접점 MC_2 [사]가 닫혀 전동기 M에 전기가 공급된다.

(a) : 전원 RST − MCB(닫혀 있음) − 주접점 MC_2 (닫힘) − Thr − 전동기 M

(b) : 전원 RT − MCB(닫혀 있음) − Thr − 주접점 MC_2 (닫힘) − 전동기 M

ⓒ 전동기 M이 역회전 기동 운전된다.

ⓓ 시퀀스 회로의 출력 MC_2 [개]가 복구하면

ⓔ 그 주접점 MC_2 [사]가 열려 전동기 M은 전기가 끊어져 정지한다.

[참고도]

▸(a) 정회전

그림 (a)와 같이 MC_1이 닫히면 전원 단자가 R→U, S→V, T→W로 접속되어 전동기 M에 전기가 공급되므로

회전 자장의 방향이 RST 순의 정회전(시계 방향)이 된다.

▸(b) 역회전 :

그림 (b)와 같이 MC_2가 닫히면 전원 단자가 R→W, S→V, T→U로 접속되어 전동기 M에 전기가 공급되므로

회전 자장의 방향이 RST순의 역회전(TSR순의 정회전)이 된다.

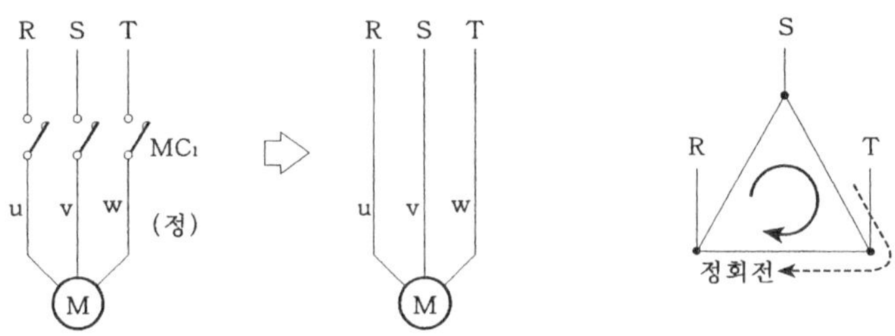

(a)

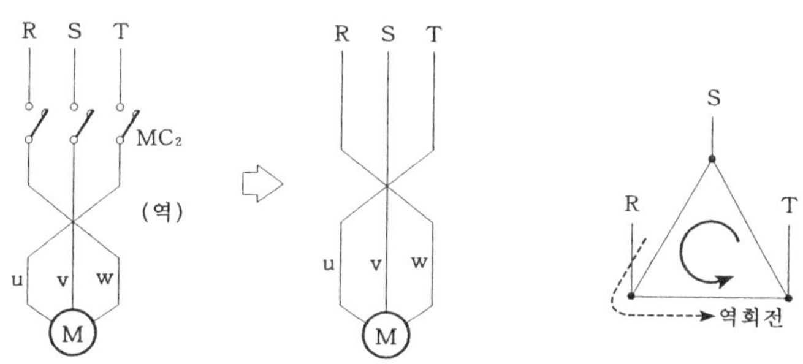

(b)

2.2 전동기 운전의 논리 조건

전동기의 정역 논리는 유지 회로와 인터록 회로 및 경보 회로로 구성된다.

① 유지 회로 : MC 2개로 각각 정회전 및 역회전 운전 유지 회로를 구성한다.

② 표시 램프 : 운전 표시 램프 RL, 정지 표시 램프 GL

③ 경보 회로 : Thr이 트립되면 경보 표시 램프 OL만 점등하는 것으로 한다.

④ 인터록 : MC 2개가 동시에 동작하여 전원 R, T선이 합선됨을 방지한다. 즉, 위의 참고도에서 정회전시 R → U, T → W로 접속되고 역회전시 R → W, T →U로 접속되므로 MC 2개가 동시에 동작하면 R−MC_1−U−MC_2−T−MC_1−W−MC_2−R로 R, T선의 전기 합선 사고가 난다.

2.3 릴레이 시퀀스

1) 그림 3.17과 같이 주회로를 그린다(여기서는 3상의 예로 한다).

2) 정역 논리는 유지 회로에 인터록 회로를 넣은 것과 같으므로

① 정역 회로의 유지 회로 2개와 인터록 접점 회로를 그린다. [참고도]
여기에 정지 신호 BS_3은 공통으로 하여 R선에 넣는다.

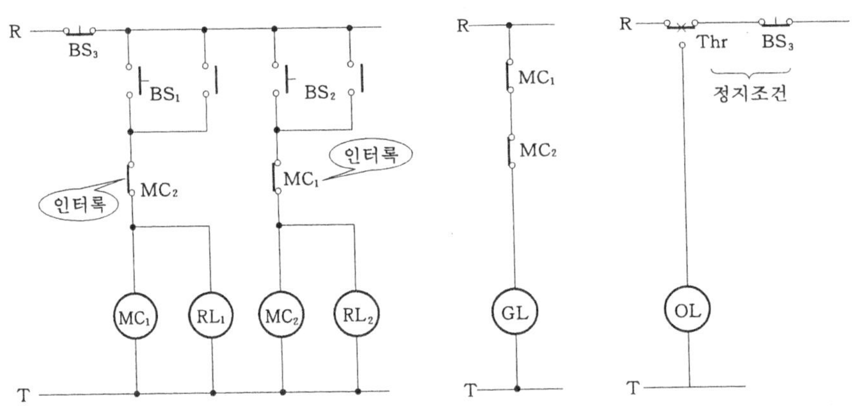

② 운전 표시 램프 RL은 각 MC에 병렬로 접속한다.
또, 정지 표시 램프 GL은 정역의 두 MC 중 하나만 동작하여도 소등되므로 두 MC의 b접점의 직렬 회로로 한다.

③ 열동 계전기 Thr은 공통 정지 신호 BS_3과 직렬로 R선에 접속하고, 또 그 a접점으로 고장 표시 램프 OL이 점등되도록 한다.

정리하면 그림 3.18과 같다(그림 2.37 인터록 회로 참조).

① 정회전 : 기동 입력 BS_1 [1]을 먼저 주면 출력 기구 MC_1 [2]이 동작하고

[전원 R-Thr [아](b)-BS_3 [9]-BS_1 [1] 닫힘-$MC_{2(2)}$ [바]-MC_1 [2]-전원 T]

MC_1의 a접점 $MC_{1(1)}$ [3]이 닫혀 유지 회로를 구성함과 동시에

[전원 R-Thr [아](b)-BS_3 [9]-$MC_{1(1)}$ [3] 닫힘-$MC_{2(2)}$ [바]-MC_1 [2]-전원 T]

MC_1 [2]과 병렬로 접속한 동작 표시 램프 RL_1 [4]이 점등하고
MC_1의 b접점$MC_{1(3)}$ [5]이 열려 정지 표시 램프 GL [7]이 소등하며

[전원 R-Thr [아](b)-BS_3 [9]-$MC_{1(3)}$ [5] 열림-$MC_{2(3)}$ [마]-GL [7]-전원 T]

MC_1의 b접점 $MC_{1(2)}$ [6]가 열려 인터록 회로(MC_2 동작 금지)를 구성하고
MC_1의 주접점 MC_1 [8](주회로)이 닫혀 전동기 M이 정회전 기동 운전된다.

[전원 RST-MCB [0](닫혀 있음)-주접점 MC_1 [8](닫힘)-Thr-전동기 M]

② 공통 정지 입력 BS_3 [9]을 주면 출력 기구 MC_1 [2]가 복구하여

[전원 R-Thr [아](b)-BS_3 [9]열림-$MC_{1(1)}$ [3]-$MC_{2(2)}$ [바]-MC_1 [2]-전원 T]

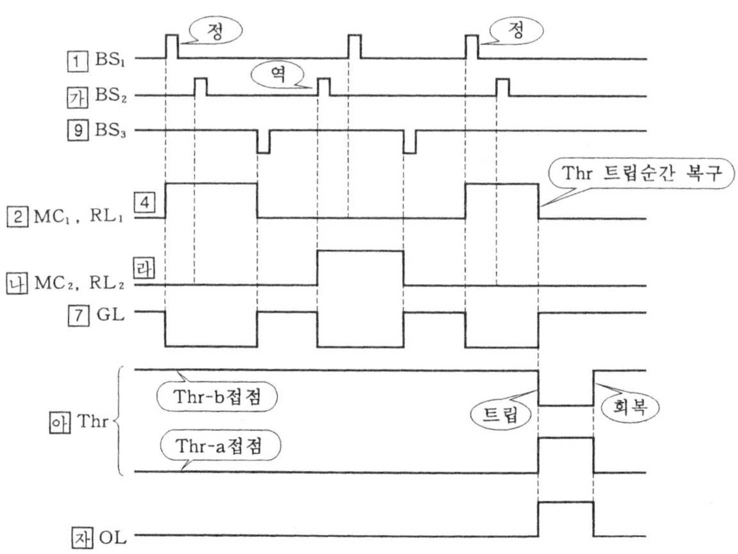

(a)

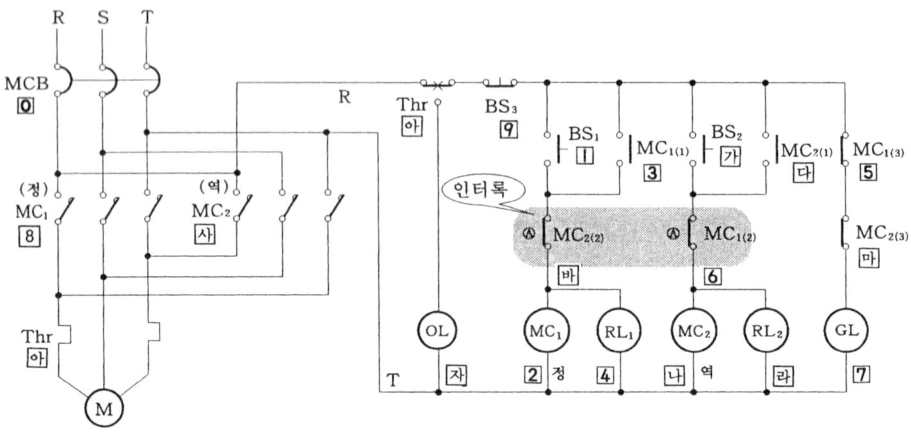

(b)

그림 3.18

MC_1의 a접점 $MC_{1(1)}$ 3이 열려 유지 회로를 해제함과 동시에
MC_1 2과 병렬로 접속한 동작 표시 램프 RL_1 4이 소등하고
MC_1의 b접점 $MC_{1(3)}$ 5이 닫혀 정지 표시 램프 GL 7이 점등하며

[전원 R－Thr 아 (b)－BS_3 9－$MC_{1(3)}$ 5 복구－$MC_{2(3)}$ 마－GL 7－전원 T]

MC_1의 b접점 $MC_{1(2)}$ 6이 닫혀 인터록 회로를 해제(MC_2 동작 준비)하고
MC_1의 주접점 MC 8(주회로)가 열려 전동기 M이 정지한다.

[전원 RST－MCB 0 (닫혀 있음)－주접점 MC_1 8(열림)－Thr－전동기 M]

③ 역회전 : 기동 입력 BS_2 가를 먼저 주면 출력 기구 MC_2 나가 동작하고

[전원 R－Thr 아 (b)－BS_3 9－BS_2 가 닫힘－$MC_{1(2)}$ 6－MC_2 나－전원 T]

MC_2의 a접점 $MC_{2(1)}$ 다이 닫혀 유지 회로를 구성함과 동시에

[전원 R－Thr 아 (b)－BS_3 9－$MC_{2(1)}$ 다 닫힘－$MC_{1(2)}$ 6－MC_2 나－전원 T]

MC_2 나와 병렬로 접속한 동작 표시 램프 RL_2 라가 점등하고,
MC_2의 b접점 $MC_{2(3)}$ 마이 열려 정지 표시 램프 GL 7이 소등하며

[전원 R－Thr 아 (b)－BS_3 9－$MC_{1(3)}$ 5－$MC_{2(3)}$ 마 열림－ GL 7－전원 T]

$MC_{1(2)}$의 b접점 $MC_{2(2)}$ 바가 열려 인터록 회로(MC_1 동작 금지)를 구성하고
MC_2의 주접점 MC_2 사(주회로)가 닫혀 전동기 M이 역회전 기동 운전된다.

[전원 RST−MCB(닫혀 있음)−주접점 MC_2 사(닫힘)−Thr−전동기 M]

④ 공통 정지 입력 BS_3 9을 주면 출력 기구 MC_2 나가 복구하고

[전원 R−Thr 아(b)−BS_3 9 열림−$MC_{2(1)}$ 다−$MC_{1(2)}$ 6−MC_2 나−전원 T]

MC_2의 a접점 $MC_{2(1)}$ 다이 열려 유지 회로를 해제함과 동시에
MC_2 나와 병렬로 접속한 동작 표시 램프 RL_2 라가 소등하고
MC_2의 b접점 $MC_{2(3)}$ 마이 닫혀 정지 표시 램프 GL 7이 점등하며

[전원 R−Thr 아(b)−BS_3 9−$MC_{1(3)}$ 5−$MC_{2(3)}$ 마 복구−GL 7−전원 T]

MC_2의 b접점 $MC_{2(2)}$ 바가 닫혀 인터록 회로를 해제(MC_1 동작 준비)하고,
MC_2의 주접점 MC_2 사(주회로)가 열려 전동기 M이 정지한다.

[전원 RST − MCB(닫혀 있음) − 주접점 사 MC_2 (열림)−Thr−전동기 M]

⑤ 전동기 운전 중(예 정회전) Thr 아이 트립되면
Thr이 b접점에서 a접점으로 전환되므로
b접점으로 제어 회로에 전기가 끊어져 MC가 복구하고 전동기는 정지한다.
동시에 a접점으로 램프 OL 자이 점등한다.

[전원 R − Thr 아 (a)닫힘 − OL 자 − 전원 T]

Thr의 트립이 회복되면 그 a접점으로 램프 OL이 소등되고
그 b접점으로 제어 회로의 전원선이 접속된다.

2.4 PLC 시퀀스

(1) 논리 조건에서 입·출력 기구의 번지를 정하고
PLC 단자대에 그림 3.19와 같이 접속한다.

입력 기구 : Thr−P000, BS_1−P001, BS_2−P002, BS_3−P003

출력 기구 : MC_1−P011, RL_1−P013, GL−P015

MC_2−P012, RL_2−P014, OL−P010

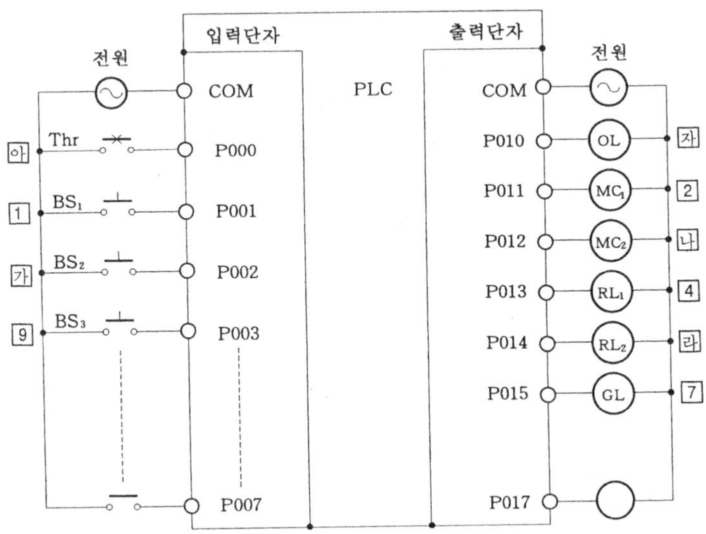

그림 3.19

(2) 그림 3.17의 주회로를 그린다(여기서는 생략한다).

(3) 논리 조건에서 타임 차트와 래더 다이어그램을 작성할 때

① 유지 회로 2개와 인터록 접점 회로를 먼저 그린 후에
정지 신호 P003(BS_3)을 정역 회로에 각각 분리하여 코딩한다. 또,
운전 표시 램프 RL은 각 MC에 병렬로 접속한다.

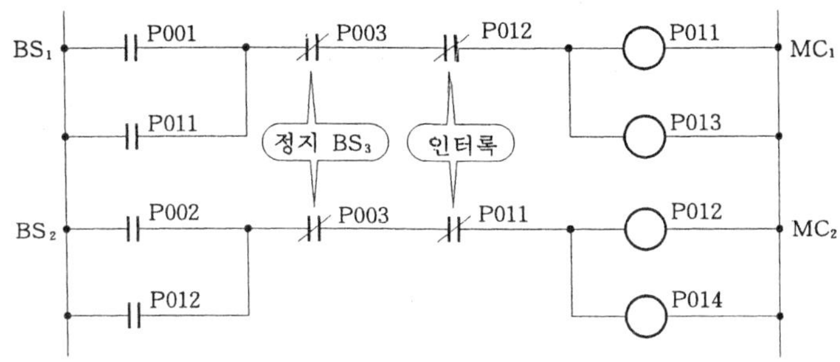

② 정지 표시 램프 P015(GL)은 정역의 두 MC 중 하나만 동작하여도 소등되므로 두 MC의 b접점의 직렬 회로로 한다.

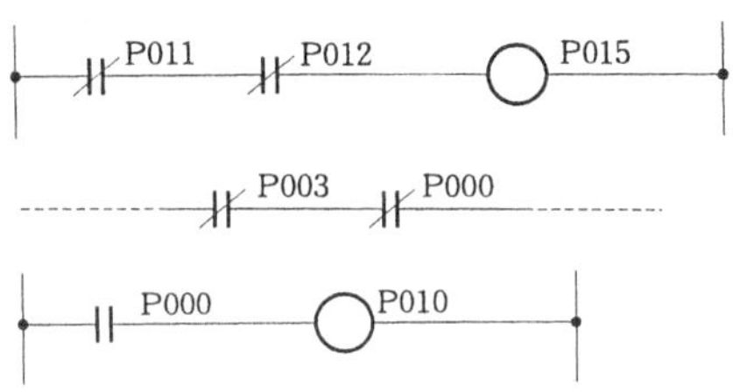

③ 열동 계전기 P000(Thr)은 공통 정지 신호 P003(BS_3)과 직렬로 하고, 또 그 a접점으로 고장 표시 램프 P010(OL)이 점등되도록 한다.

정리하면 그림 3.20과 같다.

1) 정회전 운전 회로에서

① 기동 입력 P001(BS_1 1)을 주면 출력 기구 P011(즉, MC1 2)이 동작하고
P011(a접점 $MC_{1(1)}$ 3) 번지로 유지 회로를 구성함과 동시에
P011(MC_1 2)과 병렬로 접속한 동작 표시 램프 P013(RL_1 4)이 점등하고
P011(b접점 $MC_{1(3)}$ 5) 번지로 정지 표시 램프 P015(GL 7)가 소등하며
P011(b접점 $MC_{1(2)}$ 6) 번지로 인터록 회로(P012 MC_2 동작 금지)를 구성하고
주회로에서 MC_1의 주접점 MC_1 8이 닫혀 전동기 M이 정회전 기동 운전된다.

② 정지 입력 P003(BS_3 9)을 주면 출력 기구 P011(MC_1 2)이 복구하여
P011(a접점$MC_{1(1)}$ 3) 번지로 유지 회로를 해제함과 동시에
P011(MC_1 2)과 병렬로 접속한 동작 표시 램프 P013(RL_1 4)이 소등하고

P011(b접점 $MC_{1(3)}$ 5) 번지로 정지 표시 램프 P015(GL 7)가 점등하며 P011(b접점 $MC_{1(2)}$ 6) 번지로 인터록 회로(P012 MC_2 동작 금지)를 해제하고 주회로에서 MC_1의 주접점 MC_1 8이 열려 전동기 M이 정지한다.

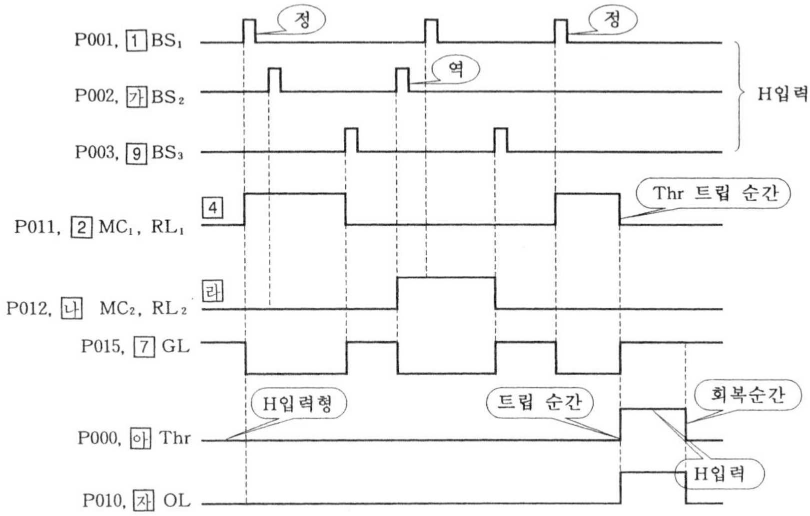

(a)

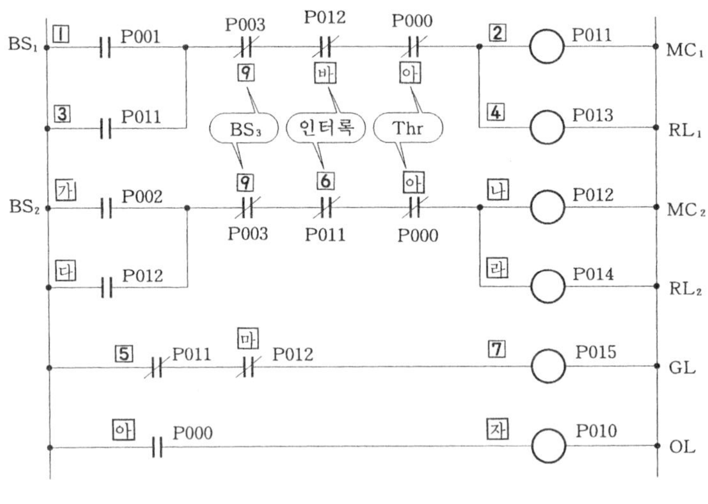

(b)

그림 3.20

step	명령	번지
0	LOAD	P001
1	OR	P011
2	AND NOT	P003
3	AND NOT	P012
4	AND NOT	P000
5	OUT	P011
6	OUT	P013
7	LOAD	P002
8	OR	P012
9	AND NOT	P003

step	명령	번 지
10	AND NOT	P011
11	AND NOT	P000
12	OUT	P012
13	OUT	P014
14	LOAD NOT	P011
15	AND NOT	P012
16	OUT	P015
17	LOAD	P000
18	OUT	P010
19	–	–

2) 역회전 운전 회로에서(정회전 회로와 같다)

① 기동 입력 P002(BS_2 가)를 주면 출력 기구 P012(즉, MC_2 나)가 동작하고
P012(a접점 $MC_{2(1)}$ 다) 번지로 유지 회로를 구성함과 동시에
P012(MC_2 나)와 병렬로 접속한 동작 표시 램프 RL_2 라가 점등하고
P012(b접점 $MC_{2(3)}$ 마) 번지로 정지 표시 램프 P015(GL ⑦)이 소등하며
P012(b접점 $MC_{2(2)}$ 바) 번지로 인터록 회로(P011 MC_1 동작 금지)를 구성하고
주회로에서 MC_2의 주접점 MC_2 사가 닫혀 전동기 M이 역회전 기동 운전된다.

② 정지 입력 P003(BS_3 ⑨)를 주면 출력 기구 P012(즉, MC_2 나)가 복구하고,
P012(a접점 $MC_{2(1)}$ 다) 번지로 유지 회로를 해제함과 동시에
P012(MC_2 나)와 병렬로 접속한 동작 표시 램프 RL_2 라가 소등하고,
P012(b접점 $MC_{2(3)}$ 마) 번지로 정지 표시 램프 P015(GL ⑦)이 점등하며,
P012(b접점 $MC_{2(2)}$ 바)번지로 인터록 회로(P011 MC_1 동작 금지)를 구성하고,
주회로에서 MC_2의 주접점 MC_2 사가 열려 전동기 M이 정지한다.

3) 경보 회로에서 P000(즉, Thr)이 트립(trip-동작)되면

① P000(Thr b접점 아) 번지로 동작 중인 출력 P011 또는 P012가 복구하여
출력(운전 중인 MC_1 또는 MC_2)이 복구되고 전동기 M을 복구시킨다.
동시에 점등 중인 P013 또는 P014가 소등되고 P015(GL)가 점등된다.

② 동시에 P000(Thr a접점 아) 번지로 경보 표시용 램프 P010(OL 자)이 점등하고

③ 고장이 회복되어 P000(Thr)이 자동 복귀하거나 수동 복귀시키면
경보 표시 램프 P010(OL 자)이 소등된다(현재 P015 GL만 점등 중이다).

(4) 래더 회로에서 Handy Loader에 의한 니모닉 프로그램을 하면

초기 화면(생략)에서 그림 3.20을 프로그램한다.

0 스텝 : [1] BS_1, 회로 시작 LOAD P001

1 스텝 : [3] $MC_{1(1)}$, 위와 병렬 OR P011

0000	0001
LOAD P001	OR P011

2 스텝 : [9] BS_3, 앞의 회로와 직렬 b접점 AND NOT P003

3 스텝 : [바] $MC_{2(2)}$, 앞의 회로와 직렬 b접점 AND NOT P012

0002	0003
AND NOT P003	AND NOT P012

4 스텝 : [아] Thr, 앞의 회로와 직렬 b접점 AND NOT P000

5 스텝 : [2] MC_1, 출력 OUT P011

0004	0005
AND NOT P000	OUT P011

6 스텝 : [4] RL_1, 출력 OUT P013

7 스텝 : [가] BS_2, 회로 시작 LOAD P002

0006	0007
OUT P013	LOAD P002

8 스텝 : [다] $MC_{2(1)}$, 위와 병렬 OR P012

9 스텝 : [9] BS_3, 앞의 회로와 직렬 b접점 AND NOT P003

0008	0009
OR P012	AND NOT P003

10 스텝 : [6] $MC_{1(2)}$, 앞의 회로와 직렬 b접점 AND NOT P011

11 스텝 : [아] Thr, 앞의 회로와 직렬 b접점 AND NOT P000

0010 AND NOT P011	0011 AND NOT P000

12 스텝 : 나 MC_2, 출력 OUT P012
13 스텝 : 라 RL_2, 출력 OUT P014

0012 OUT P012	0013 OUT P014

14 스텝 : 5 $MC_{1(3)}$, 회로 시작 b접점 LOAD NOT P011
15 스텝 : 마 $MC_{2(3)}$, 앞 회로와 직렬 b접점 AND NOT P012

0014 LOAD NOT P011	0015 AND NOT P012

16 스텝 : 7 GL, 출력 OUT P015
17 스텝 : 아 Thr, 회로 시작 LOAD P000

0016 OUT P015	0017 LOAD P000

18 스텝 : 자 OL, 출력 OUT P010
19 스텝 : 끝, END

0018 OUT P010	0019 FUN(001) END

· 프로그램이 끝나면 −step Key와 +step Key를 눌렀다 놓았다를 반복하면서 프로그램을 확인 수정한다.
· 확인이 끝나면 PGM MODE에서 RUN MODE로 전환한다. 즉, RUN MODE의 RUN(운전)을 눌렀다 놓는다. 이 때 RUN MODE에 LED가 점등된다.

(5) 컴퓨터의 S/W를 이용한 프로그래밍은

초기 화면(생략)에서 그림 3.20의 래더도를 이용하여 프로그래밍한다.

1 0000번 스텝(커서 위치 ▮)에서 기능키 F3, 번지 P001, Enter Key를 차례로 누른다.

2 커서 위치(▮)에서 기능키 F4, 번지 P003, Enter Key를 차례로 누른다.

☞ 1 Key In : [F3] [P|0|0|1|Enter] ☞ 2 Key In : [F4] [P|0|0|3|Enter]

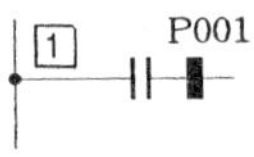

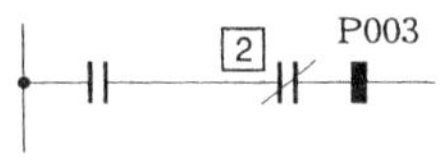

3 커서 위치(▮)에서 기능키 F4, 번지 P012, Enter Key를 차례로 누른다.

4 커서 위치(▮)에서 기능키 F4, 번지 P000, Enter Key를 차례로 누른다.

☞ 3 Key In : [F4] [P|0|1|2|Enter] ☞ 4 Key In : [F4] [P|0|0|0|Enter]

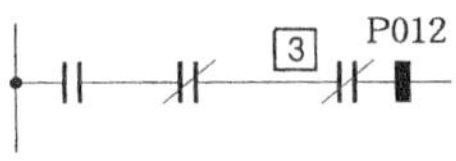

5 커서 위치(▮)에서 기능키 F9, 번지 P011, Enter Key를 차례로 누른다.

☞ 5 Key In : [F9] [P|0|1|1|Enter]

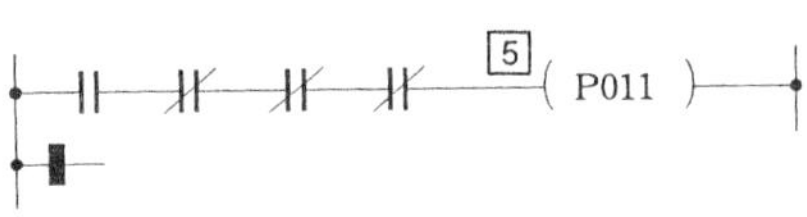

6 커서 위치(▮)에서 기능키 F3, 번지 P011, Enter Key를 차례로 누른다.

7 커서 위치(▮)를 아래의 그림과 같이 위로 옮기고 기능키 F6, Enter를 차례로 누르면 아래와 같다.

☞ 6 Key In : [F3] [P|0|1|1|Enter] ☞ 7 Key In : [F6] [Enter]

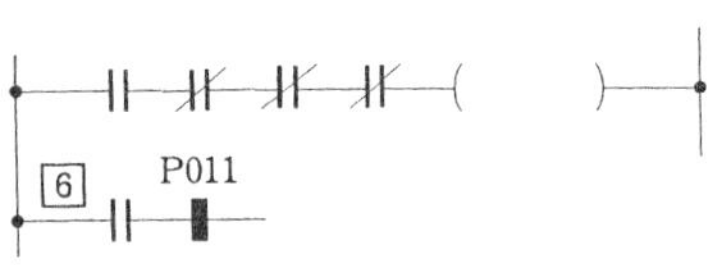

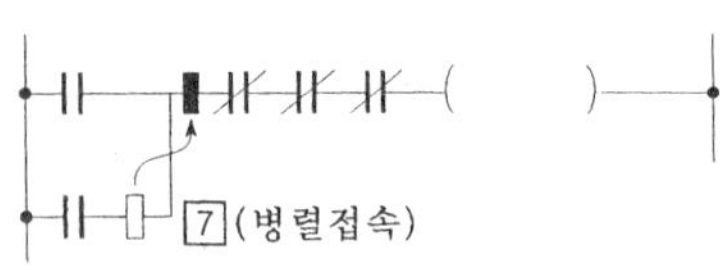

8 커서 위치(▮)를 옆으로 옮기고 기능키 F6, Enter를 차례로 누르면 아래와 같다.

9 커서 위치(▮)를 아래로 옮기고 기능키 F9, 번지 P013, Enter Key를 차례로 누르면 아래 그림과 같다.

☞ 8 Key In : [F6] [Enter] ☞ 9 Key In : [F9] [P|0|1|3|Enter]

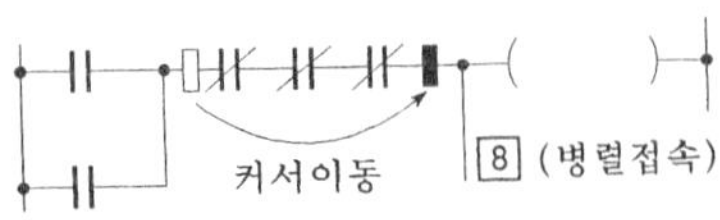

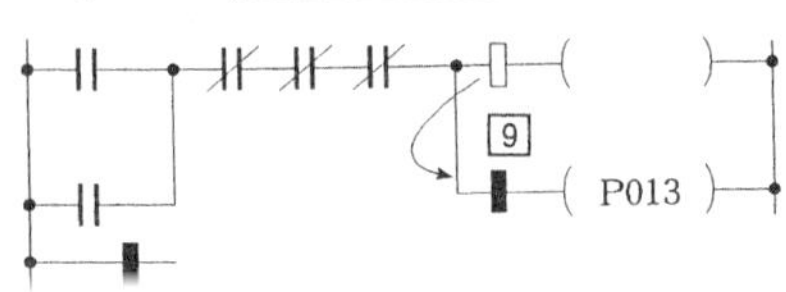

⑩ 커서 위치(▮)에서 기능키 F3, 번지 P002, Enter Key를 차례로 누른다.

⑪ 커서 위치(▮)에서 기능키 F4, 번지 P003, Enter Key를 차례로 누른다.

☞ ⑩ Key In : F3 P 0 0 2 Enter ☞ ⑪ Key In : F4 P 0 0 3 Enter

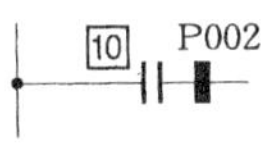

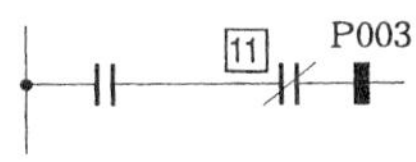

⑫ 커서 위치(▮)에서 기능키 F4, 번지 P011, Enter Key를 차례로 누른다.

⑬ 커서 위치(▮)에서 기능키 F4, 번지 P000, Enter Key를 차례로 누른다.

☞ ⑫ Key In : F4 P 0 1 1 Enter ☞ ⑬ Key In : F4 P 0 0 0 Enter

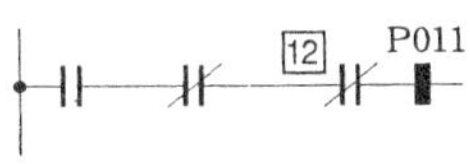

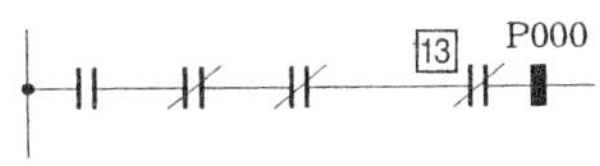

⑭ 커서 위치(▮)에서 기능키 F9, 번지 P012, Enter Key를 차례로 누른다.

☞ ⑭ Key In : F9 P 0 1 2 Enter

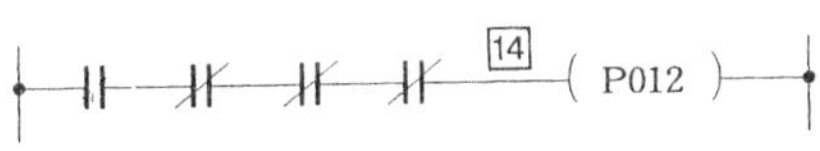

⑮ 커서 위치(▮)에서 기능키 F3, 번지 P012, Enter Key를 차례로 누른다.

⑯ 커서 위치(▮)를 아래의 그림과 같이 위로 옮기고 기능키 F6, Enter를 차례로 누르면 아래와 같다.

☞ ⑮ Key In : F3 P 0 1 2 Enter ☞ ⑯ Key In : F6 Enter

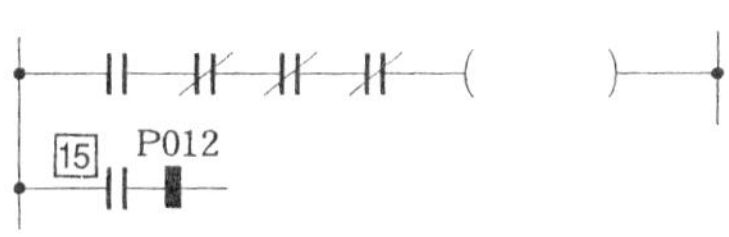

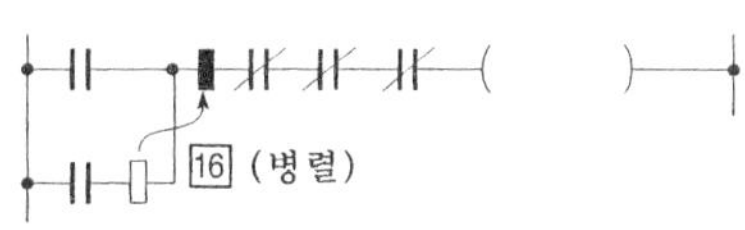

⑰ 커서 위치(▮)를 옆으로 옮기고 기능키 F6, Enter를 차례로 누르면 아래와 같다.

⑱ 커서 위치(▮)를 아래로 옮기고 기능키 F9, 번지 P014, Enter Key를 차례로 누르면 아래 그림과 같다.

☞ ⑰ Key In : F6 Enter ☞ ⑱ Key In : F9 P 0 1 4 Enter

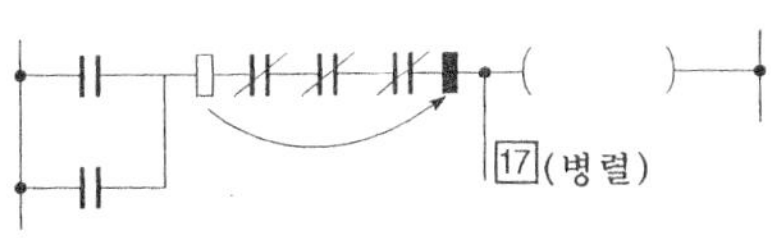

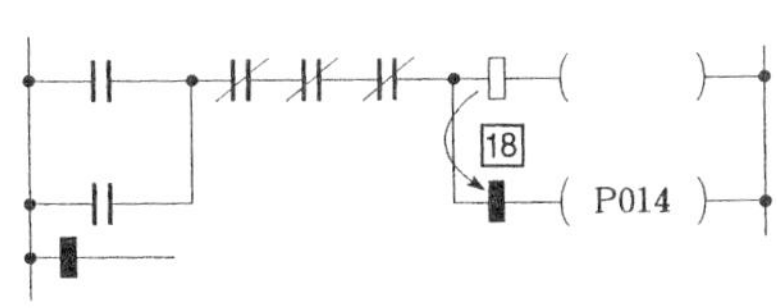

⑲ 커서 위치(▮)에서 기능키 F4, 번지 P011, Enter Key를 차례로 누른다.

⑳ 커서 위치(▮)에서 기능키 F4,번지 P012, Enter Key를 차례로 누른다.

☞ ⑲ Key In : [F4] [P 0 1 1 Enter] ☞ ⑳ Key In : [F4] [P 0 1 2 Enter]

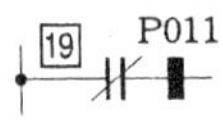

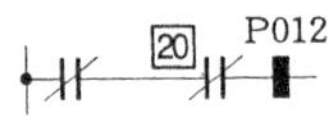

㉑ 커서 위치(▮)에서 기능키 F9, 번지 P015, Enter Key를 차례로 누른다.

㉒ 커서 위치(▮)에서 기능키 F3, 번지 P000, Enter Key를 차례로 누른다.

☞ ㉑ Key In : [F9] [P 0 1 5 Enter] ☞ ㉒ Key In : [F3] [P 0 0 0 Enter]

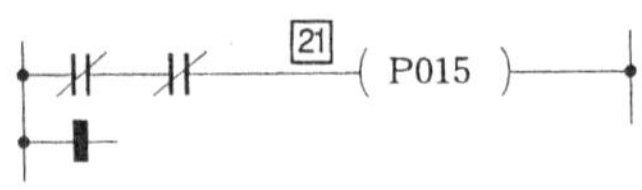

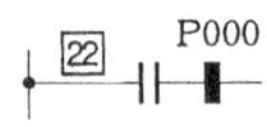

㉓ 커서 위치(▮)에서 기능키 F9, 번지 P010, Enter Key를 차례로 누른다.

㉔ 커서 위치(▮)에서 기능키 F10, 문자 END, Enter Key를 차례로 누른다.

☞ ㉓ Key In : [F9] [P 0 1 0 Enter] ☞ ㉔ Key In : [F10] [E N D Enter]

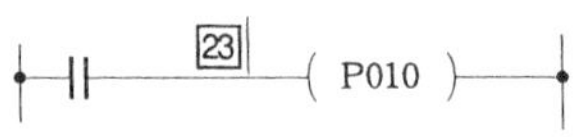

㉕ 스텝 실행(Program Convert)과 완료

Alt와 F7 키를 동시에 누르면 [Are You Sure ? ⟨Y/N⟩] 가 나타나고 Y를 누르면 회로에 스텝이 나타나고 하단에 Completed가 나타난다. 즉, 그림과 같은 완성된 도면이 된다(ALT N 하면 니모닉 프로그램이 된다).

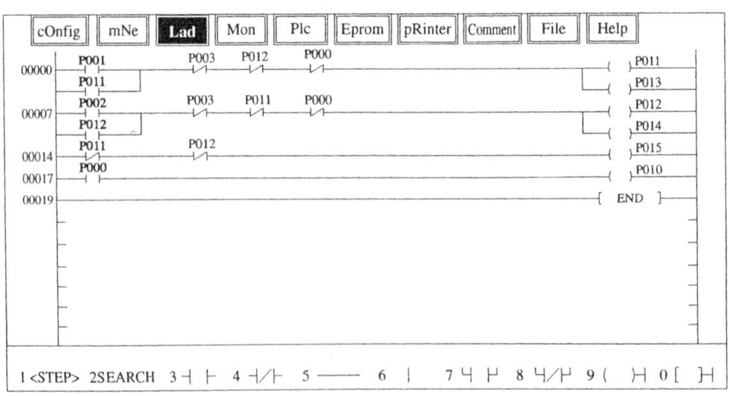

(6) 양논리 회로

1) 정역 논리는 유지 회로에 인터록 회로를 접속한 것과 같으므로 유지 회로 2개와 인터록 회로를 먼저 그린 후에 아래 순서로 정리하면 그림 3.21과 같다(그림 2.40 인터록 회로 참조).

① 정역 회전용 MC 2개의 유지 회로 2개를 대칭으로 그린다. 이때 정지 신호(BS_3)는 공통으로 사용하고 운전 표시 램프 RL 2개는 각 MC에 병렬로 접속한다.

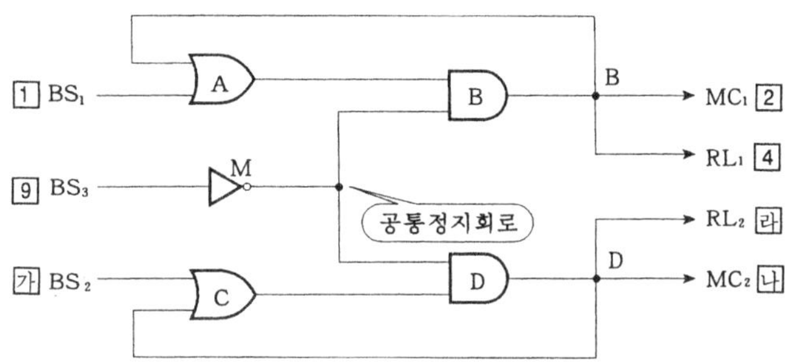

② 정지 표시 램프 GL은 두 MC 중 하나만 동작하여도(OR 논리) 소등(NOT 부정)되는 OR-NOT 논리, 즉 NOR 논리가 된다. 또는, 그림 3.18(b) 및 3.20(b)와 같이 두 MC의 b접점의 직렬이 되므로 NOT AND, 즉 NOR 논리의 회로가 된다.

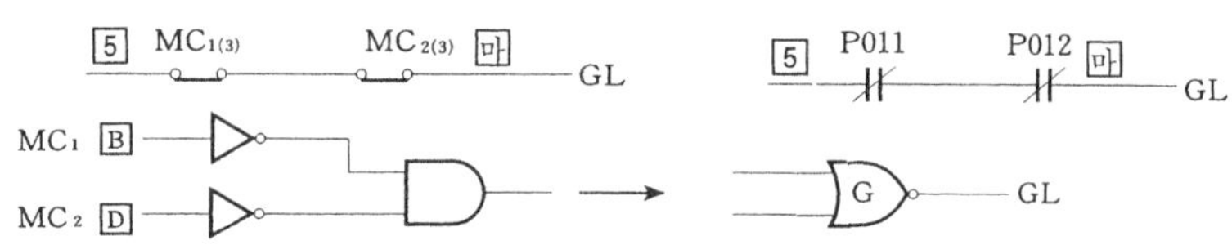

③ 인터록은 운전 금지 논리이므로 그림 2.40과 같이 운전 AND 회로의 입력에 상대 MC의 NOT 회로를 접속한다.

④ Thr은 두 MC의 공통 정지(고장시) 입력이므로
정지 신호 BS_3과 같이 운전 AND 회로의 직렬 입력이 된다.
따라서 두 정지 신호를 NOR 회로로 묶으면 운전 AND 회로의 입력수가 3개로 줄어든다.

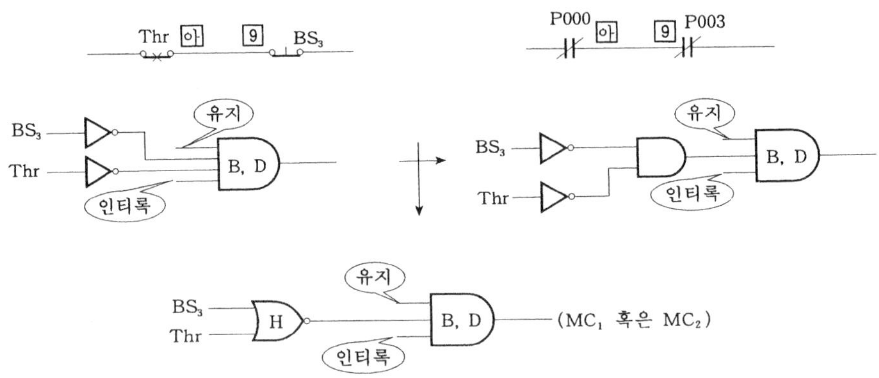

⑤ 경보 표시 램프 OL은 Thr이 트립되면 그 H 레벨로 점등하므로
Thr에 직접 접속 또는 AND 회로에 접속한다.

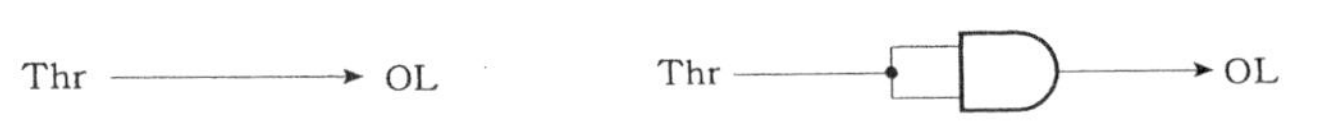

⑥ 정리하면 그림 3.21과 같이 된다.

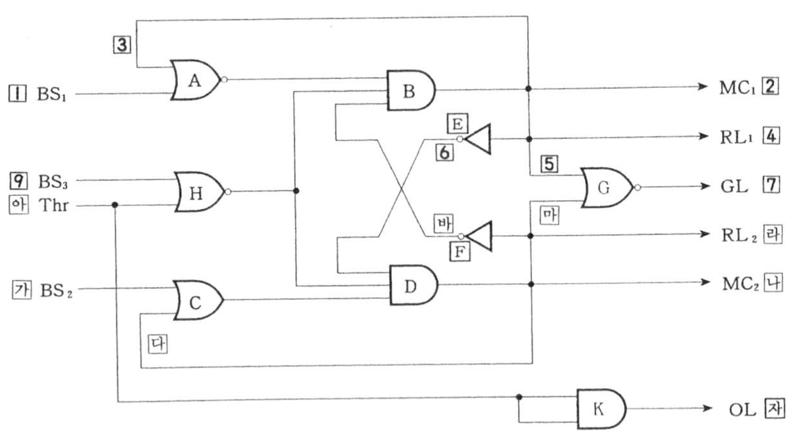

그림 3.21

1 전원을 투입하면 정지 표시 램프 GL이 점등한다.

2 정회전 운전 :

ⓐ 입력 BS_1 1을 먼저 주면(H 레벨)
OR 회로 A와 AND 회로 B가 동작(H 레벨) 유지하고,
출력 MC_1 2이 동작하여 전동기 Ⓜ을 정회전 기동 운전시킨다.

ⓑ 동시에 RL_1이 점등하고 GL이 NOR 회로 G의 L 레벨로 소등된다.

ⓒ 동시에 인터록 회로 NOT E의 L 레벨이 역회전 운전 AND 회로 D에 걸려 MC_2의 동작을 금지한다.

3 역회전 운전 :

ⓐ 입력 BS_2 가를 먼저 주면(H 레벨)
OR 회로 C와 AND 회로 D가 동작(H 레벨) 유지하고
출력 MC_2 나가 동작하여 전동기 Ⓜ을 역회전 기동 운전시킨다.

ⓑ 동시에 RL_2가 점등하고 GL이 NOR 회로 G의 L 레벨로 소등된다.

ⓒ 동시에 인터록 회로 NOT F의 L 레벨이 역회전 운전 AND 회로 B에 걸려 MC_1의 동작을 금지한다.

4 정지 신호 BS_3 9을 주면(H 레벨)
NOR 회로 H의 L 레벨로 운전 중인 AND 회로 B, D가 복구(L 레벨)하여
동작 중인 MC와 전동기가 복구한다. 또,
점등 중인 RL이 소등되고 GL이 점등된다.

5 고장 신호 Thr이 트립되면 위 4와 같이 되고
동시에 AND 회로 K를 통하여 OL 램프가 점등한다 .
(OL 램프는 Thr이 회복되면 소등된다.)

2.5 로직 시퀀스

1) 그림 3.17과 같이 주회로를 그린다(생략).

2) 타임 차트는 PLC 회로에서 H 입력을 L 입력으로 바꾸면 그림 3.22와 같다.

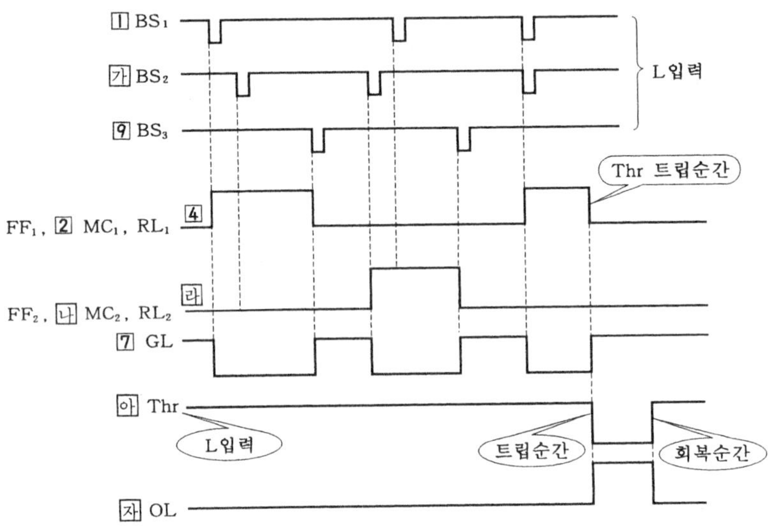

그림 3.22

3) 정역 논리는 유지 회로에 인터록 회로를 접속한 것과 같으므로,
유지 회로($\overline{R}\,\overline{S}$-latch) 2개와 인터록 회로를 먼저 그린 후에
아래 순서로 정리하면 그림 3.23과 같다(그림 2.46 인터록 회로 참조).

① 유지 회로($\overline{R}\,\overline{S}$-latch FF) 2개를 그린다. FF는 L 레벨에 set됨에 유의한다.

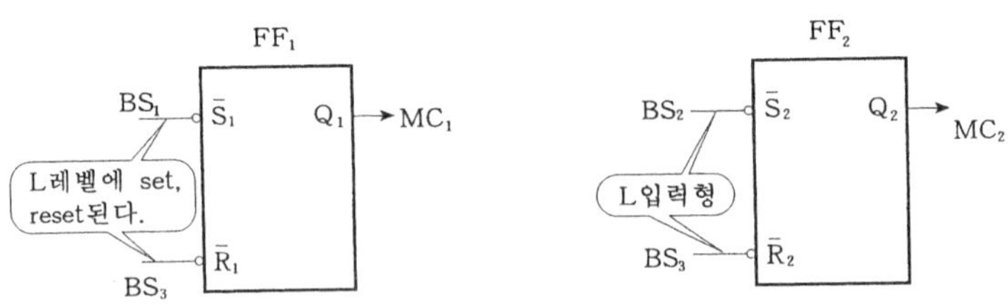

② 인터록은 기동 입력 조건이다. 즉, 각 입력과 출력의 L 레벨 AND 논리이다.

ⓐ MC_2(즉, FF_2) 정지 L 레벨 상태(인터록 해제 상태)에서

ⓑ 기동 입력 BS_1을 주면(L 레벨)

BS_1을 BS_2보다 먼저 주는 상태가 되므로 MC_1만 동작된다.

따라서 MC_1 동작, 즉 FF_1의 셋(L 레벨) 조건은
인터록 [1]과 BS_1 [2]가 동시에 필요한 AND 논리(L 입력과 L 출력이다)이고 그림과 같이 된다.

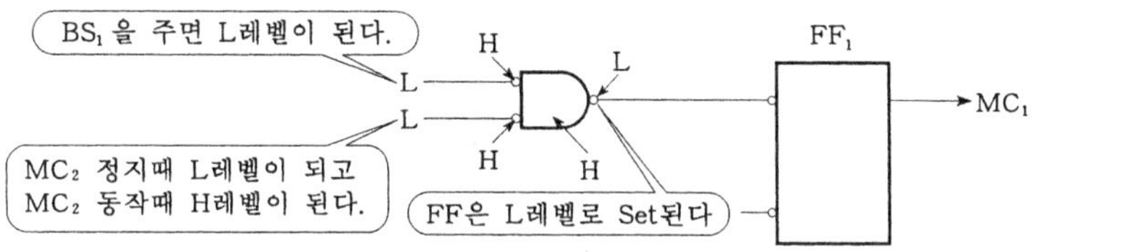

③ 정지 신호는 일반 정지용 BS_3 [1]과 고장시 정지용 Thr [2] 중 어느 하나만으로도 정지되므로 2입력 OR 회로 논리이고 L 입력 및 L 출력 회로가 된다.

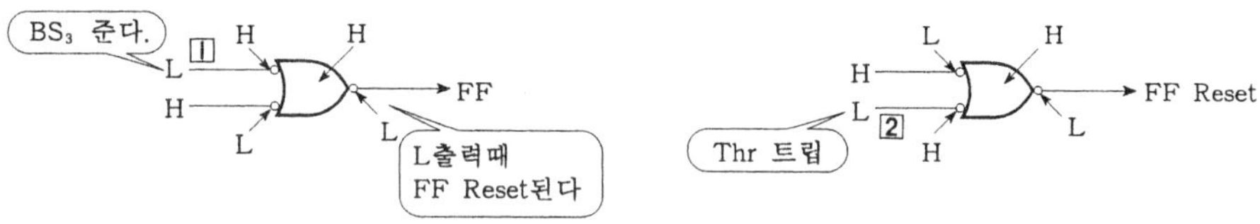

④ 출력 MC는 각각 FF의 출력 Q에 접속하고(출력 회로 생략)
RL은 각각 MC에 병렬로,
GL은 RL과는 반대 논리이므로 NOT 회로를 통하여 접속한다.
그러나 GL은 두 MC 중 하나만 동작하여도(OR 논리) 소등(NOT 부정)되는 OR-NOT 논리(또는 NOT AND 논리), 즉 NOR 논리가 된다.

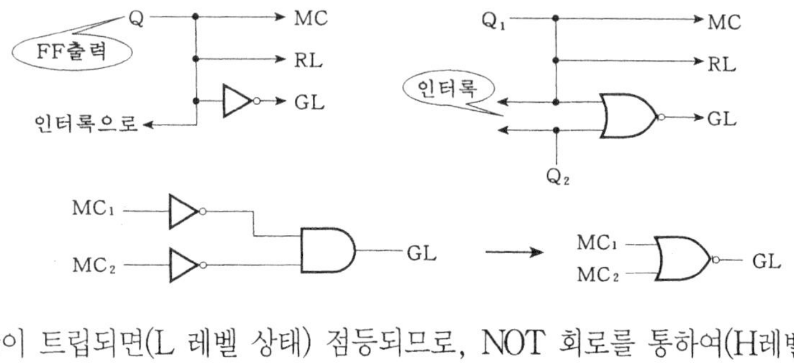

⑤ OL은 Thr이 트립되면(L 레벨 상태) 점등되므로, NOT 회로를 통하여(H레벨) 접속한다. 보통 NAND 회로를 입력을 묶어서 사용한다.

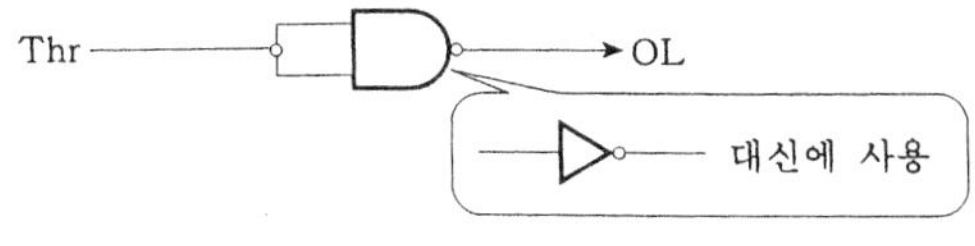

⑥ 정리하면 그림 3.23과 같고 레벨 표시는 정지 상태의 경우이다.

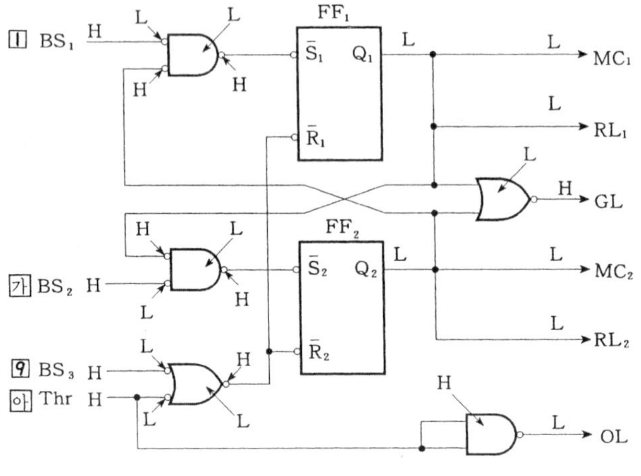

그림 3.23

⑦ 그림은 BS_1을 먼저 주어 MC_1이 동작한 상태의 레벨 표시이다.

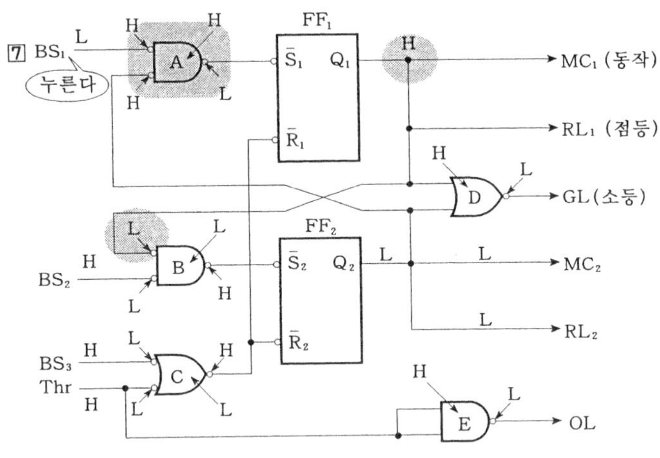

정회전 동작 :
BS_1(L 레벨)↑ − A(L 레벨)↑ − FF_1↑ − MC_1↑, RL_1 ↑, B(L 레벨)↑, D↑ − GL↓
BS_3(L 레벨)↑ − C(L 레벨)↑ − FF_1↓ − MC_1↓, RL_1 ↓, B(H 레벨)↓, D↓ − GL↑
※ Thr↑(L 레벨) − E↑(H 레벨) − OL↑

⑧ 그림은 BS_2를 먼저 주어 MC_2가 동작한 상태의 레벨 표시이다.

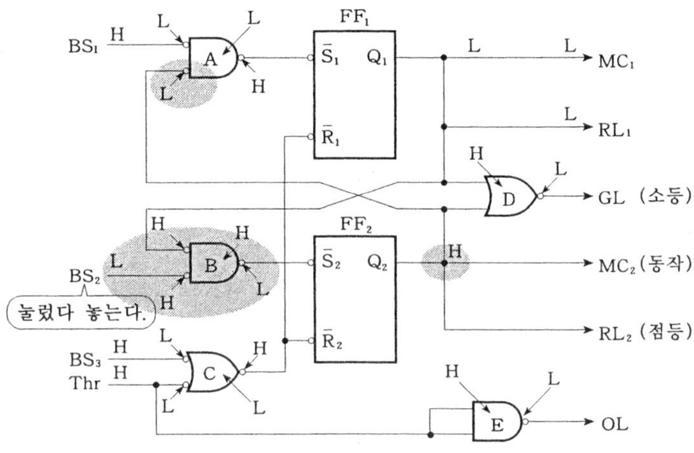

역회전 동작 :
BS_2 (L 레벨)↑ − B(L 레벨)↑ − FF_2↑ − MC_2↑, RL_2↑, A(L 레벨)↑, D↑ − GL↓
BS_3 (L 레벨)↑ − C(L 레벨)↑ − FF_2↓ − MC_2↓, RL_2↓, A(H 레벨)↓, D↓ − GL↑

3. 전동기의 Y-△ 기동 운전 회로

▸ 10 [kW] 전후의 3상 유도 전동기의 기동법으로 사용된다.
▸ 유지 회로, 인터록, 타이머 회로 등 기본 회로를 이용하는 좋은 보기이다.

3.1 주회로(구동 회로)

▸ 그림 3.24는 3상 유도 전동기의 주회로이다.

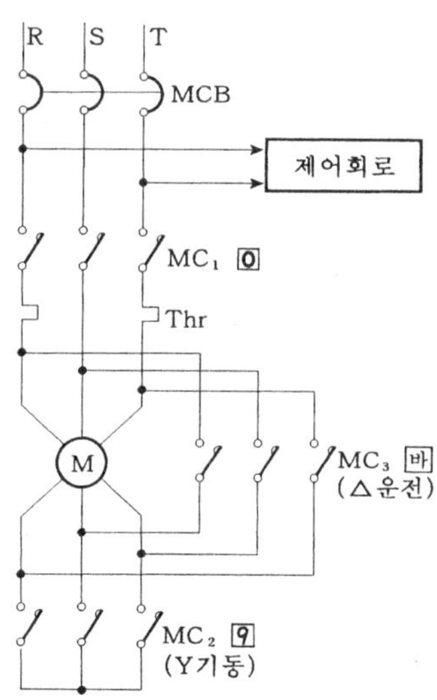

그림 3.24

① MCB를 닫는다.

② 모선 접속

ⓐ 먼저 시퀀스 회로의 MC_1 2이 동작하면

ⓑ 주접점 MC_1 0이 닫혀 전동기 M에 전기를 공급하는 모선을 접속한다.

③ Y 기동

ⓐ 이어 제어 회로의 MC_2 5가 동작하고

ⓑ 그 주접점 MC_2 9가 닫혀 전동기 M을 Y결선하여 기동시킨다.

[전원 RST − MCB − MC_1 0 (닫힘) − Thr − 전동기 M−Y결선용 MC_2 9 닫힘]

ⓒ 5초 후에 제어 회로의 MC_2 5가 복구하고

ⓓ 그 주접점 MC_2 9가 열려 전동기 M의 Y결선 기동을 끝낸다.

③ △ 운전

ⓐ 이어 제어 회로의 MC_3 다이 동작하고

ⓑ 그 주접점 MC_3 바이 닫혀 전동기 M을 △결선하여 운전시킨다.

[전원 RST−MCB−MC_1 0 닫힘−Thr−전동기 M−△결선용 MC_3 바 닫힘]

④ 정지

ⓐ 시퀀스 회로의 출력 MC_1 2과 MC_3 다이 복구하면

ⓑ 주접점 MC_1 0과 MC_3 바이 열려 전동기 M은 전기가 끊어져 정지한다.

☞ MC_1은 유지 기능으로 보조 기구 Ⓧ로 대신하여도 된다.
그러나 MC_1을 사용하여 개방 전압을 먼저 전동기 코일 M에 가한 후
MC_2로 Y결선 기동하면 코일에 과도 전류가 줄어드는 이점이 있어
모선 접속 기능을 추가한다.

[참고도]

① 그림 3.25 (a)는 Y결선 접속도인데 3상의 3코일을 중성점에서 MC_2로 묶었다. 여기서 기호 Ⓜ은 3상 코일을 나타낸 것에 유의한다.

② 그림 3.25 (b)는 △결선 접속도인데 3코일이 끊김없이 MC_3으로 연결되어 있다. 즉,

[R점−MC_3 접점−V점−코일 Ⓜ−S점−MC_3 접점−W점−코일 Ⓜ−T점− MC_3 접점−U점−코일 Ⓜ−R점]

으로 3코일을 MC_3 접점 3개로 각각 접속하여 △결선하였다.

③ 종래에는 그림 3.25 (c)와 같이
MC₃의 첫 번째 접점을 R선과 W선 사이에 접속하여 △결선을 하였다.
그러나 지금은 그림 3.25 (b)와 같이
MC₃의 첫 번째 접점을 R선과 V선 사이에 접속하여 △결선함으로써
기동 순간의 과도(돌입) 전류를 줄이고 있다.

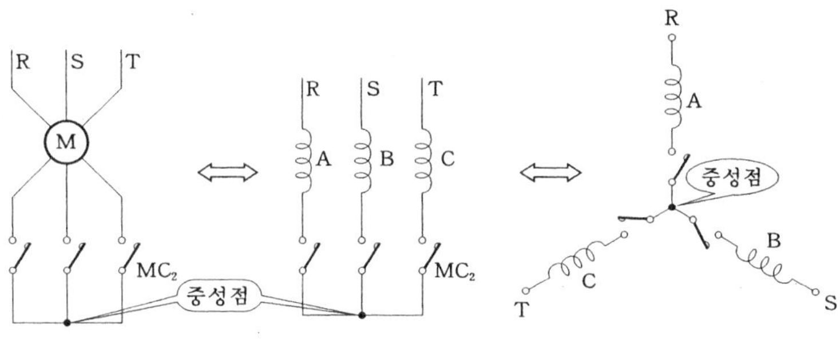

(a)

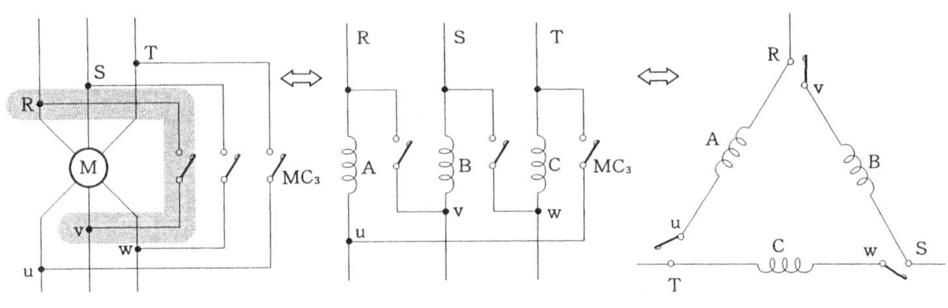

(b)

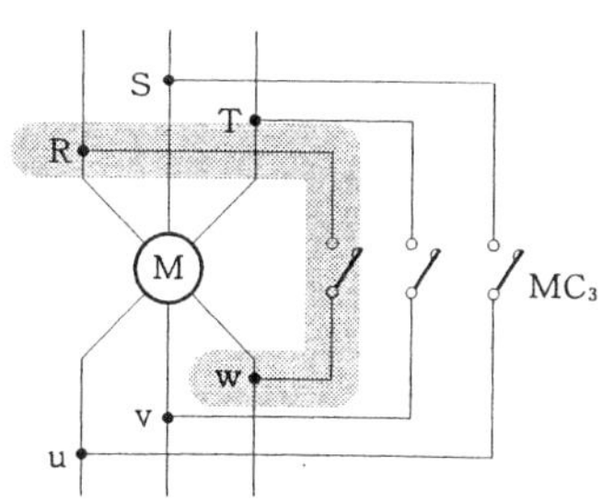

(c)

그림 3.25

3.2 전동기 운전의 논리 조건

▸전동기의 Y-△ 기동 회로는 유지 회로, 인터록 회로, 타이머 회로, 경보 회로로 구성된다.

① 모선 접속과 유지 회로 : MC_1 사용
② Y기동 : MC_2로 Y결선 기동하고 WL 램프가 점등하며 타이머 T가 여자된다.
③ △운전 : 5초 후에 MC_3으로 △결선 운전되고 RL이 점등하고 GL이 소등한다.
④ 정지 : BS_2 또는 Thr로 정지한다.
⑤ 경보 회로 : Thr이 트립되면 경보 표시 램프 OL만 점등하는 것으로 한다.
⑥ 인터록 회로 : MC_2, MC_3이 동시에 동작하면 Y결선 중성점에서 전원 R, S, T 3선이 합선된다.
⑦ 운전 중 MC_1, MC_3, RL만 동작하고 타이머는 복구된다.

3.3 릴레이 시퀀스

1) 그림 3.24와 같이 주회로를 그린다.(생략함)
2) Y-△ 기동 회로는 유지 회로에 인터록과 타이머 회로를 넣은 것과 같다.

1 MC_1의 유지 회로를 먼저 그린다[참고도].
여기서 정지 신호 BS_2와 Thr을 직렬로 하여 R선에 접속한다.

2 MC_1 접점으로 MC_2가 동작하여 Y 기동하고
t초 후 타이머 접점 T_b로 복구하며, 또 인터록을 넣는다.

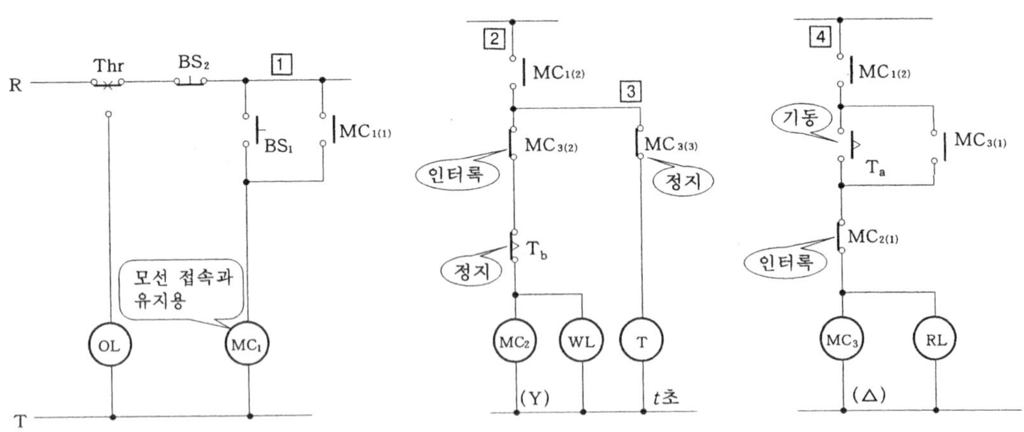

3 타이머는 MC_1로 여자하고 MC_3으로 복구한다.

4 MC_3은 t초 후 타이머 접점 T_a로 동작 유지하고 인터록을 넣는다. 여기서 모선 접속용 MC_1의 접점으로 기동 준비를 하면 정지 신호로도 작용된다.

5 정리하면 그림 3.26과 같다.

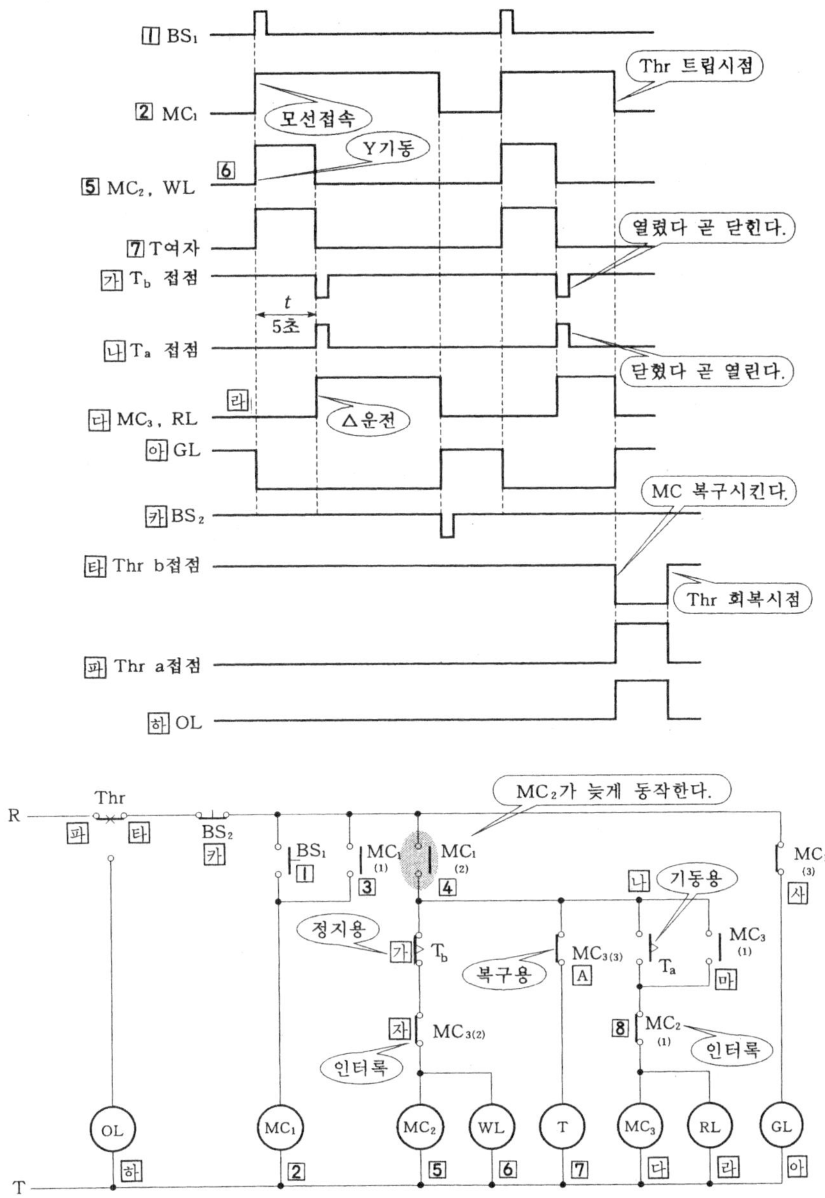

그림 3.26

① 모선 접속과 유지 :

기동 입력 BS_1 $\boxed{1}$을 먼저 주면 출력 기구 MC_1 $\boxed{2}$이 동작하고

[전원 R－Thr $\boxed{\text{타}}$ － BS_2 $\boxed{\text{카}}$ － BS_1 $\boxed{1}$ 닫힘 － MC_1 $\boxed{2}$ － 전원 T]

접점 $MC_{1(1)}$ $\boxed{3}$이 닫혀 유지하고 동시에

접점 $MC_{1(2)}$ $\boxed{4}$가 닫혀 기동 운전 회로를 준비(유지)하며 동시에

접점 $MC_{1(3)}$ $\boxed{\text{사}}$가 열려 GL $\boxed{\text{아}}$이 소등하며 동시에

주접점 MC_1 $\boxed{0}$이 닫혀 주회로 모선을 접속하여 전동기 Ⓜ에 전기 공급을 준비한다.

☞ 접점 $MC_{1(2)}$ $\boxed{4}$는 MC_2 $\boxed{5}$보다 MC_1 $\boxed{2}$이 먼저 동작하도록 시간차를 준다. 또, GL은 편의상 MC_1로 점등 회로를 준비하는 것으로 한다.

② Y결선 기동 :

접점 $MC_{1(2)}$ $\boxed{4}$가 닫혀 있으므로 Y결선 출력 MC_2 $\boxed{5}$가 동작하여

[전원 R－Thr $\boxed{\text{타}}$－BS_2 $\boxed{\text{카}}$－$MC_{1(2)}$ $\boxed{4}$－T_b－$MC_{3(2)}$ $\boxed{\text{자}}$－MC_2 $\boxed{5}$－전원 T]

그 주접점 MC_2 $\boxed{9}$가 닫혀 전동기 Ⓜ이 Y결선 기동하고 동시에

MC_2 $\boxed{5}$와 병렬로 WL $\boxed{6}$이 점등하며

동시에 타이머 T $\boxed{7}$가 여자된다.

동시에 접점 $MC_{2(1)}$ $\boxed{8}$이 열려 △결선 출력 MC_3 $\boxed{\text{다}}$에 인터록을 만든다.

③ △결선 운전 :

설정 시간 $t=5$초 후에 타이머가 동작하고

b접점 T_b가 열리면 MC_2 $\boxed{5}$(WL $\boxed{6}$)가 복구하여

그 주회로 접점 MC_2 $\boxed{9}$가 열려 전동기 Ⓜ이 Y결선 기동을 끝낸다. 이어서

a접점 T_a가 닫혀 △결선 출력 MC_3 $\boxed{\text{다}}$의 동작을 준비한다. 이어서

인터록 접점 $MC_{2(1)}$ $\boxed{8}$이 닫히면(복구) 출력 MC_3 $\boxed{\text{다}}$이 동작하고

[전원 R－Thr $\boxed{\text{타}}$－BS_2 $\boxed{\text{카}}$－$MC_{1(2)}$ $\boxed{4}$－T_a－$MC_{2(1)}$ $\boxed{8}$－MC_3 $\boxed{\text{다}}$－전원 T]

접점 $MC_{3(1)}$ $\boxed{\text{마}}$이 닫혀 유지된다. 동시에

MC_3 $\boxed{\text{다}}$과 병렬인 RL $\boxed{\text{라}}$ 램프가 점등한다. 동시에

주회로의 주접점 MC_3 $\boxed{\text{바}}$이 닫혀 전동기 Ⓜ이 △결선 운전된다. 동시에

접점 $MC_{3(2)}$ $\boxed{\text{자}}$가 열려 Y결선 출력 MC_2 $\boxed{5}$에 인터록을 만든다. 동시에, 또

접점 $MC_{3(3)}$ $\boxed{\text{A}}$가 열려 타이머 T $\boxed{7}$를 복구시킨다.

☞ 현재 동작 중인 기구는 MC_1 $\boxed{2}$, MC_3 $\boxed{\text{다}}$, RL $\boxed{\text{라}}$의 3개다.

④ 정지 :

전원 R선을 b접점형 BS_2 카로 끊으면
제어 회로는 전부 복구하고 전동기도 정지하며 GL 아 램프가 점등한다. 또,
전원 R선에 접속된 Thr 타이 트립(동작, b접점에서 a접점으로 전환)되면
Thr 파로 전환하여 제어 회로는 복구하고 GL 아 램프가 점등한다. 동시에
OL 하 램프가 점등되고 Thr 타이 회복(a접점에서 b접점으로 전환)되면 소등된다.

3.4 PLC 시퀀스

1) 논리 조건에서 입·출력 기구의 번지를 정한다.

입력 기구 : Thr−P000, BS_1−P001, BS_2−P002

출력 기구 : MC_1−P011, MC_2−P012, MC_3−P013

WL−P014, RL−P015, GL−P016, OL−P010

내부 출력 : 타이머 TON, T000, T001. 〈DATA〉 00050(5초), 00055(5.5초).

2) 그림 3.24의 주회로와 PLC 단자대 접속을 그린다[생략].

3) 논리 조건에서 타임 차트와 래더 다이어그램을 작성할 때 다음 순서로 그리고 정리하면 그림 3.27과 같다[참고도 참조].

① P001을 주면 P011이 동작 유지하고

P012, P013, T000, T001의 동작을 준비한다.

② P011로 P012(P014)가 동작하여 Y기동하고 동시에 T000과 T001이 여자된다.

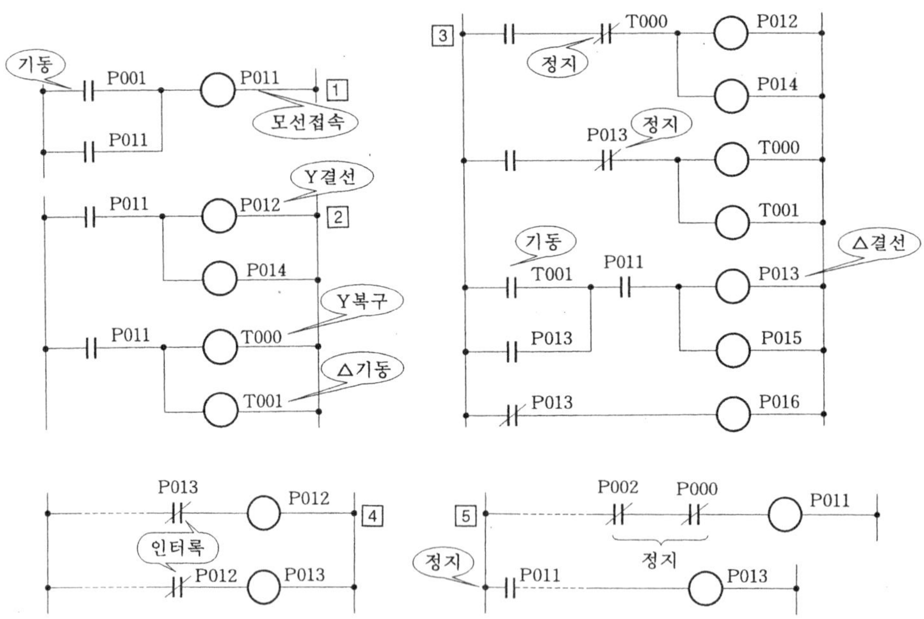

③ 5초 후에 T000으로 P012를 복구시켜 Y기동을 끝내고

5.5초 후에 T001로 P013(P014)이 동작하여 △운전한다.

이때 P013으로 T000, T001이 복구하고 P016이 소등한다.

④ P012와 P013간에 인터록을 넣는다.
⑤ P002와 P000의 직렬로 P011을 복구(정지)시킨다.

① 모선 접속과 유지 회로 : 기동 입력 P001(BS_1 ①)을 주면
출력 기구 P011(즉, MC_1 ②)이 동작하고
P011(a접점 $MC_{1(1)}$ ③) 번지로 유지함과 동시에
주회로에서 MC_1의 주접점 MC_1 ⓪이 닫혀 전동기 코일 M에 개방 전압이 인가된다.

② Y결선 기동 : P011을 기동 운전 회로의 유지 회로로 한다. 즉,
P011 ④($MC_{1(2)}$) 번지로 P012 ⑤(MC_2)가 동작하고, 동시에
P012와 병렬로 P014 ⑥(WL)가 점등하며, 동시에
P011 ④($MC_{1(2)}$)로 T000 ⑦(T_1, TON)과 T001 차(T_2, TON)이 여자된다. 또,
주회로에서 MC_2의 주접점 MC_2 ⑨가 닫혀 전동기 M이 Y결선 기동한다.

☞ 로직 회로나 PLC에서는 접점 요소의 동작 시간이 [μs] 이상이고
MC 접점의 동작 속도는 [ms] 이하이므로
로직과 PLC의 출력으로 MC에 인터록을 할 수가 없으므로
타이머 T_1로 MC_2를 복구시킨 후 0.5초의 여유를 준 후에
타이머 T_2로 MC_3을 동작시켜서 인터록을 명확히 한다.

③ △ 운전 : 설정 시간 5초 후에 타이머 T000 ⑦ (TON)이 동작하면
T000 가 (b접점) 번지로 P012 ⑤ (MC_2)가 복구하고 P014 ⑥ (WL)가 소등한다. 또,
주회로에서 MC_2의 주접점 MC_2 ⑨가 열려 전동기 M의 Y결선 기동이 끝난다.
설정 시간 5.5초 후에 타이머 T001 차 (TON)이 동작하면
T001 나 (a접점) 번지로 P013 다(MC_3)이 동작하고 동시에
P013과 병렬로 P015 라 (RL)가 점등한다. 이어서
P013 마 번지로 P013 다이 유지된다. 동시에
주회로에서 MC_3의 주접점 MC_3 바이 닫혀 전동기 M이 △결선 운전된다.
P013 사 (b접점) 번지로 P016 아 (GL)이 소등한다. 동시에
P013 A (b접점) 번지로 타이머 T000 ⑦과 T001 차을 복구시킨다(임무 완료).

④ 인터록 : R, T선의 합선 사고를 방지하기 위하여
P012 ⑤ (MC_2)와 P013 [다](MC_3)에 인터록 P013 [재]와 P012 ⑧를 넣는다.

⑤ 정지 : 정지 입력 P002(BS_2 [카]) 또는 열동 계전기 P000(Thr [타])이 트립되면
출력(유지 기능) P011(MC_1 ②)을 복구시킨다. 따라서
P011 ③과 P011 ④번지로 유지 해제와 동시에
P013 [다], P015 [라]가 복구하고(P012, P014, T000, T001은 이미 복구됨), 동시에
P013 [사]으로 P016 [아] (GL)이 점등한다. 동시에
주회로에서 MC_1 [0], MC_3 [바]이 열려 전동기 M이 정지한다. 여기서
P013 [다]의 동작 준비와 정지 기구로 P011을 사용한다(P002도 가능함).

⑥ P000 [타](Thr)이 트립되면 P000 [타]는 P000 [파]로 전환되고,
⑤의 정지와 동시에 P010 [하](OL)이 점등되고 P000 [타]로 회복되면 소등된다.

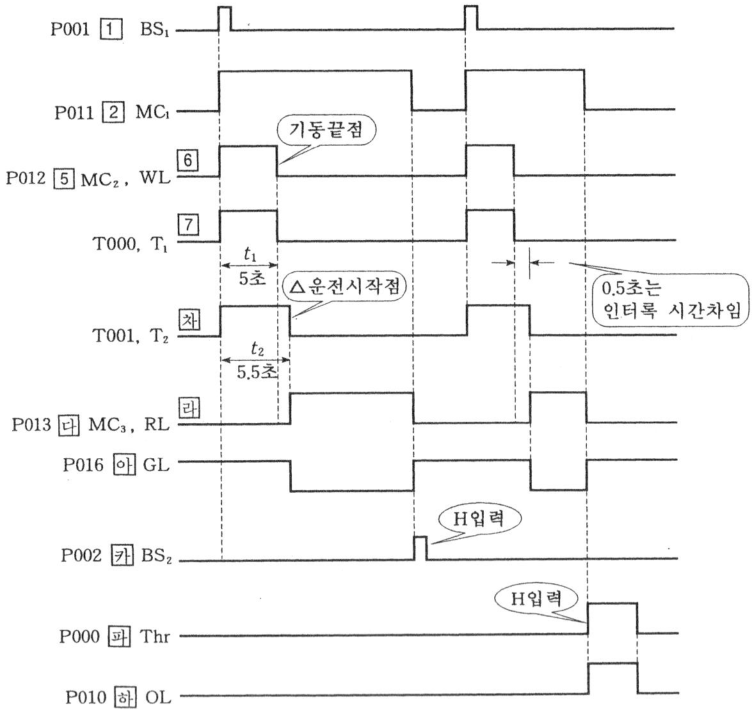

(a)

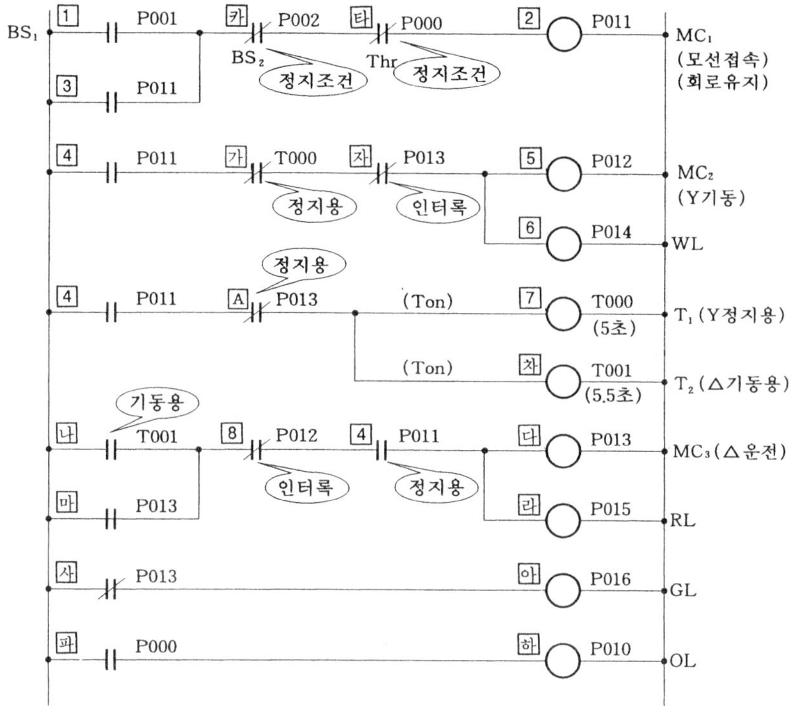

(b)

그림 3.27

step	명령	번지
0	LOAD	P001
1	OR	P011
2	AND NOT	P002
3	AND NOT	P000
4	OUT	P011
5	LOAD	P011
6	AND NOT	T000
7	AND NOT	P013
8	OUT	P012
9	OUT	P014
10	LOAD	P011
11	AND NOT	P013
12	TMR	T000
13	〈DATA〉	00050
15	TMR	T001
16	〈DATA〉	00055
18	LOAD	T001
19	OR	P013
20	AND NOT	P012
21	AND	P011
22	OUT	P013
23	OUT	P015
24	LOAD NOT	P013
25	OUT	P016
26	LOAD	P000
27	OUT	P010

4) **래더 회로에서 Handy Loader에 의한 니모닉 프로그램을 하면**

초기 화면(생략)에서 그림 3.27을 프로그램한다.

0 스텝 : ① BS_1, 회로 시작 LOAD P001

1 스텝 : ③ $MC_{1(1)}$, 위와 병렬 OR P011

0000 LOAD P001	0001 OR P011

2 스텝 : ㉿ BS_2, 앞 회로와 직렬 b접점 AND NOT P002

3 스텝 : ㉬ Thr, 앞 회로와 직렬 b접점 AND NOT P000

0002 AND NOT P002	0003 AND NOT P000

4 스텝 : ② MC_1, 출력 OUT P011

5 스텝 : ④ MC_1, 회로 시작 LOAD P011

0004 OUT P011	0005 LOAD P011

6 스텝 : ㉮ T_b, 앞 번지와 직렬 b접점 AND NOT T000

7 스텝 : ㉲ MC_3, 앞 회로와 직렬 b접점 AND NOT P013

0006 AND NOT T000	0007 AND NOT P013

8 스텝 : ⑤ MC_2, 출력 OUT P012

9 스텝 : ⑥ WL, 출력 OUT P014

0008 OUT P012	0009 OUT P014

10 스텝 : ④ MC_1, 회로 시작 LOAD P011

11 스텝 : Ⓐ MC_3, 앞의 번지와 직렬 b접점 AND NOT P013

0010	0011
LOAD P011	AND NOT P013

12 스텝 : [7] TON, 타이머 TMR T000

13 스텝 : 설정 시간 5초, 〈DATA〉 00050

0012	0013
TON T000	〈DATA〉 00050

15 스텝 : [차] TON, 타이머 TMR T001

16 스텝 : 설정 시간 5.5초, 〈DATA〉 00055

0015	0016
TON T001	〈DATA〉 00055

18 스텝 : [나] T_a, 회로 시작 LOAD T001

19 스텝 : [마] MC_3, 위 번지와 병렬 OR P013

0018	0019
LOAD T001	OR P013

20 스텝 : [8] MC_2, 앞 회로와 직렬 b접점 AND NOT P012

21 스텝 : [4] MC_1, 앞 회로와 직렬 AND P011

0020	0021
AND NOT P012	AND P011

22 스텝 : [다] MC_3, 출력 OUT P013

23 스텝 : [라] RL, 출력 OUT P015

0022	0023
OUT P013	OUT P015

24 스텝 : [사] MC_3, 회로 시작 b접점 LOAD NOT P013

25 스텝 : [아] GL, 출력 OUT P016

0024	0025
LOAD NOT P013	OUT P016

26 스텝 : 파 Thr, 회로 시작 LOAD P000

27 스텝 : 하 OL, 출력 OUT P010.

0026	0027
LOAD P000	OUT P010

28 스텝 : 끝, END

0028	0029
FUN(001) END	FUN(000) NOP

· 프로그램이 끝나면 −step Key와 +step Key를 눌렀다 놓았다를 반복하면서 프로그램을 확인 수정한다.

· 확인이 끝나면 PGM MODE에서 RUN MODE로 전환한다. 즉, RUN MODE의 RUN(운전)을 눌렀다 놓는다. 이 때 RUN MODE에 LED가 점등된다.

5) 컴퓨터의 S/W를 이용한 프로그램

초기 화면(생략)에서 그림 3.27의 래더도를 이용하여 프로그래밍한다.

1 0000번 스텝(커서 위치 ▮)에서 기능키 F3, 번지 P001, Enter Key를 차례로 누른다.

2 커서 위치(▮)에서 기능키 F4, 번지 P002, Enter Key를 차례로 누른다.

☞ 1 Key In : F3 P 0 0 1 Enter ☞ 2 Key In : F4 P 0 0 2 Enter

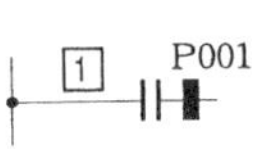

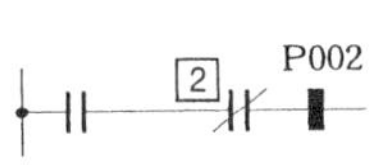

3 커서 위치(▮)에서 기능키 F4, 번지 P000, Enter Key를 차례로 누른다.

4 커서 위치(▮)에서 기능키 F9, 번지 P011, Enter Key를 차례로 누른다.

☞ 3 Key In : F4 P 0 0 0 Enter ☞ 4 Key In : F9 P 0 1 1 Enter

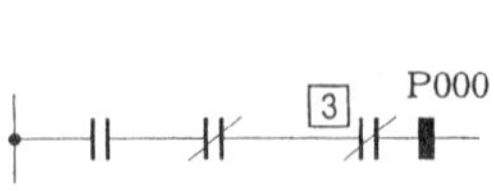

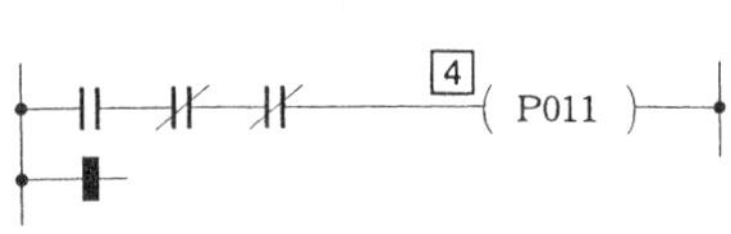

[5] 커서 위치(▮)에서 기능키 F3, 번지 P011, Enter Key를 차례로 누른다.

[6] 커서 위치(▮)를 아래의 그림과 같이 위로 옮기고 기능키 F6, Enter를 차례로 누르면 아래와 같다.

☞ [5] Key In : [F3] [P|0|1|1|Enter]　　☞ [6] Key In : [F6] [Enter]

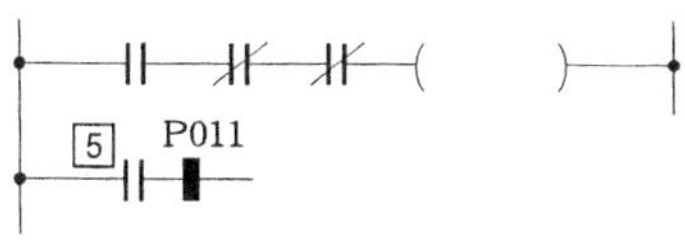

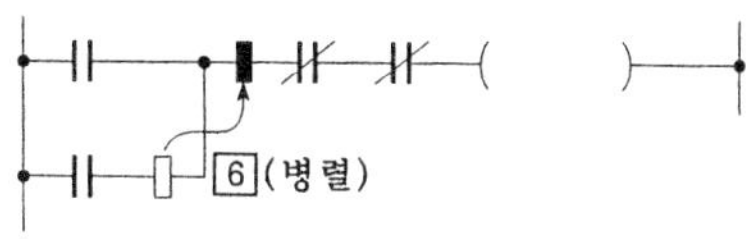

[7] 커서 위치(▮)를 아래로 옮기고 기능키 F3, 번지 P011, Enter를 차례로 누르면 아래와 같다.

[8] 커서 위치(▮)에서 기능키 F4, 번지 T000, Enter Key를 차례로 누른다.

☞ [7] Key In : [F3] [P|0|1|1|Enter]　　☞ [8] Key In : [F4] [T|0|0|0|Enter]

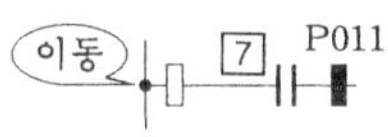

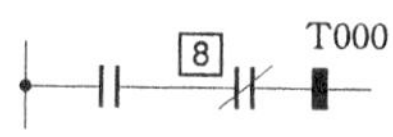

[9] 커서 위치(▮)에서 기능키 F4, 번지 P013, Enter Key를 차례로 누른다.

[10] 커서 위치(▮)에서 기능키 F9, 번지 P012, Enter Key를 차례로 누른다.

☞ [9] Key In : [F4] [P|0|1|3|Enter]　　☞ [10] Key In : [F9] [P|0|1|2|Enter]

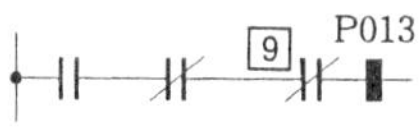

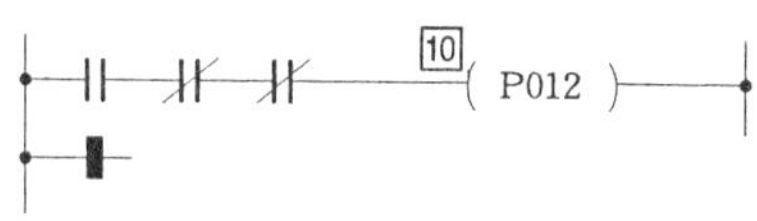

[11] 커서 위치(▮)를 아래 그림과 같이 위로 옮기고 기능키 F6, Enter를 차례로 누르면 아래와 같다.

[12] 커서 위치(▮)를 아래 그림과 같이 아래로 옮기고 기능키 F9, 번지 P014, Enter Key를 차례로 누르면 아래의 그림과 같다.

☞ [11] Key In : [F6] [Enter]　　☞ [12] Key In : [F9] [P|0|1|4|Enter]

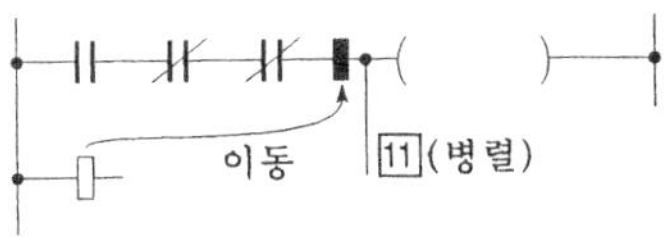

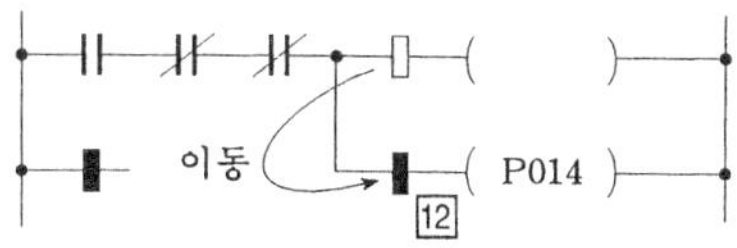

[13] 커서 위치(▮)에서 기능키 F3, 번지 P011, Enter Key를 차례로 누른다.

[14] 커서 위치(▮)에서 기능키 F4, 번지 P013, Enter Key를 차례로 누른다.

☞ ⑬ Key In : F3 P 0 1 1 Enter ☞ ⑭ Key In : F4 P 0 1 3 Enter

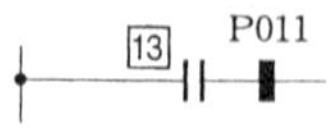

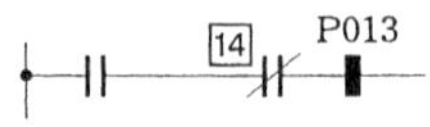

⑮ 커서 위치(▮)에서 기능키 F10(기호), Shift F1(종류 TON), 번지 T000, SP(공란), 00050(시간), Enter Key를 차례로 누른다.

☞ ⑮ Key In : F10 Shift F1 T 0 0 0 SP 0 0 0 5 0 Enter

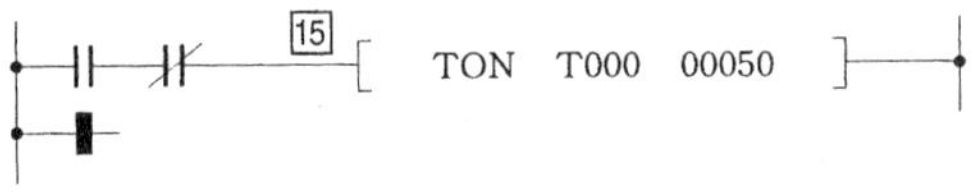

⑯ 커서 위치(▮)를 아래 그림과 같이 위로 옮기고 기능키 F6, Enter를 차례로 누르면 아래와 같다.

⑰ 커서 위치(▮)를 아래로 옮기고 기능키 F10(기호), Shift F1(종류 TON), 번지 T001, SP(공란), 00055(시간), Enter Key를 차례로 누른다.

☞ ⑯ Key In : F6 Enter

☞ ⑰ Key In : F10 Shift F1 T 0 0 1 SP 0 0 0 5 5 Enter

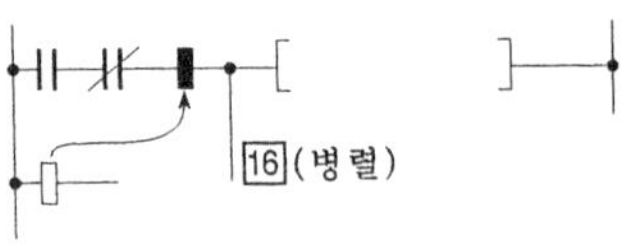

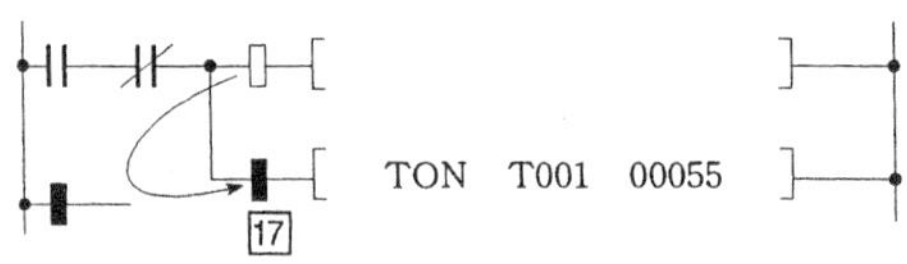

⑱ 커서 위치(▮)에서 기능키 F3, 번지 T001, Enter Key를 차례로 누른다.

⑲ 커서 위치(▮)에서 기능키 F4, 번지 P012, Enter Key를 차례로 누른다.

☞ ⑱ Key In : F3 T 0 0 1 Enter ☞ ⑲ Key In : F4 P 0 1 2 Enter

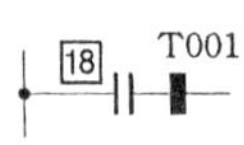

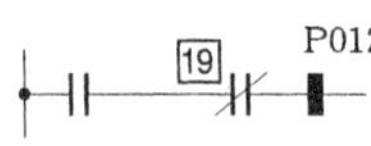

⑳ 커서 위치(▮)에서 기능키 F3, 번지 P011, Enter Key를 차례로 누른다.

㉑ 커서 위치(▮)에서 기능키 F9, 번지 P013, Enter Key를 차례로 누른다.

☞ ⑳ Key In : F3 P 0 1 1 Enter ☞ ㉑ Key In : F9 P 0 1 3 Enter

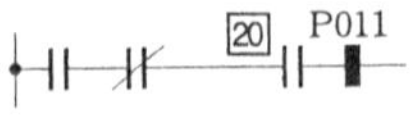

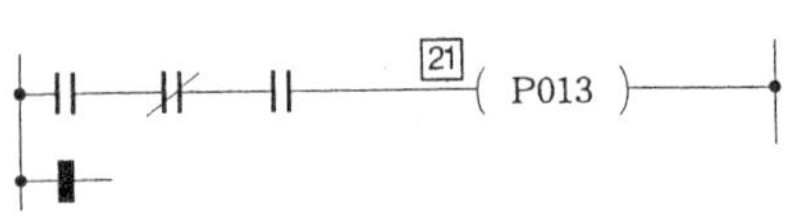

22 커서 위치(▮)에서 기능키 F3, 번지 P013, Enter Key를 차례로 누른다.

23 커서 위치(▮)를 아래의 그림과 같이 위로 옮기고 기능키 F6, Enter를 차례로 누르면 아래와 같다.

☞ 22 Key In : F3 P 0 1 3 Enter ☞ 23 Key In : F6 Enter

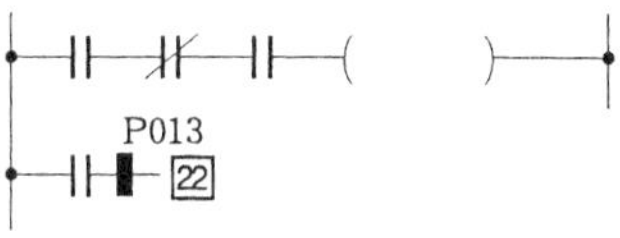

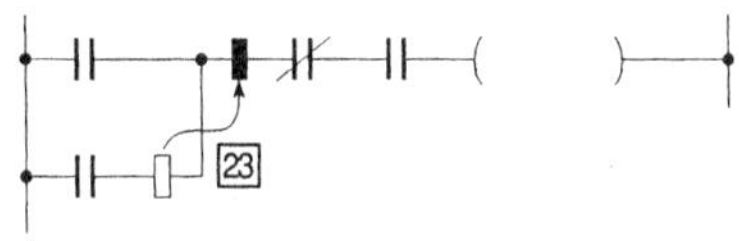

24 커서 위치(▮)를 아래 그림과 같이 옆으로 옮기고 기능키 F6, Enter를 차례로 누르면 아래와 같다.

25 커서 위치(▮)를 아래 그림과 같이 아래로 옮기고 기능키 F9, 번지 P015, Enter Key를 차례로 누르면 아래의 그림과 같다.

☞ 24 Key In : F6 Enter ☞ 25 Key In : F9 P 0 1 5 Enter

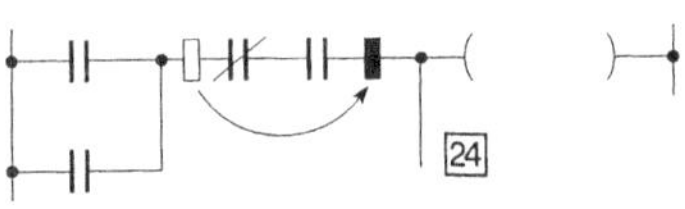

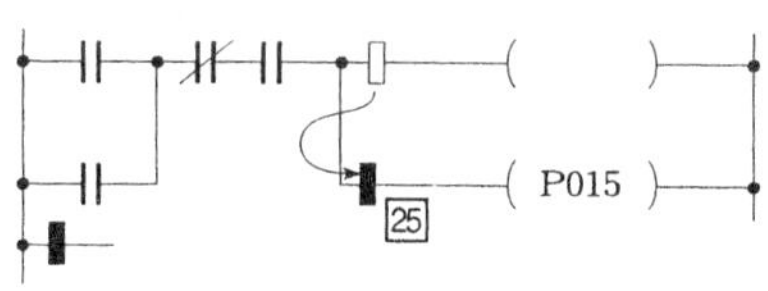

26 커서 위치(▮)에서 기능키 F4, 번지 P013, Enter Key를 차례로 누른다.

27 커서 위치(▮)에서 기능키 F9, 번지 P016, Enter Key를 차례로 누른다.

☞ 26 Key In : F4 P 0 1 3 Enter ☞ 27 Key In : F9 P 0 1 6 Enter

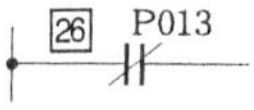

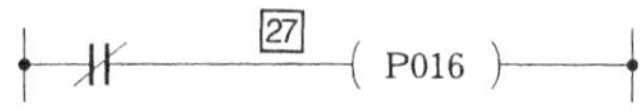

28 커서 위치(▮)에서 기능키 F3, 번지 P000, Enter Key를 차례로 누른다.

29 커서 위치(▮)에서 기능키 F9, 번지 P010, Enter Key를 차례로 누른다.

☞ 28 Key In : F3 P 0 0 0 Enter ☞ 29 Key In : F9 P 0 1 0 Enter

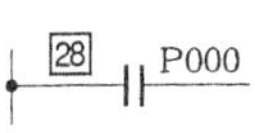

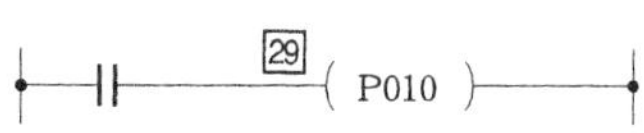

30 커서 위치(▮)에서 기능키 F10, 문자 END, Enter Key를 차례로 누른다.

☞ 30 Key In : F10 E N D Enter

31 스텝 실행(Program Convert)과 완료
Alt와 F7 키를 동시에 누르면 [Are You Sure ? 〈Y/N〉] 가 나타나고 Y를 누르면 회로에 스텝이 나타나고 하단에 Completed가 나타난다. 즉, 그림과 같은 완성된 도면이 된다 (ALT N하면 니모닉 프로그램이 된다).

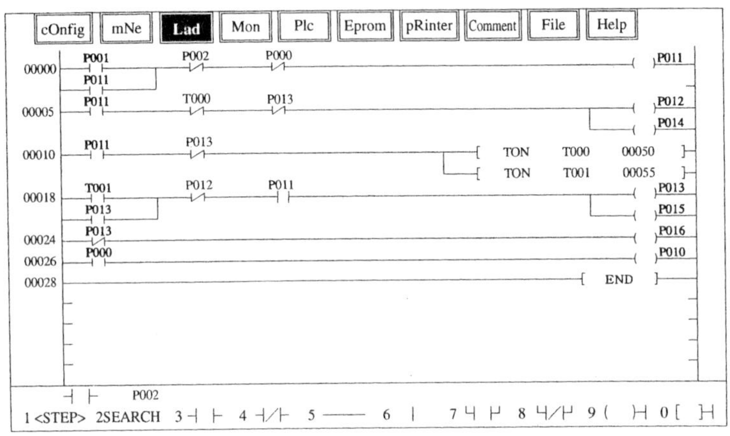

6) 양논리 회로

▸그림 3.27에서

① 먼저 MC_1의 유지 회로를 그린다(그림 3.27(b)에서).

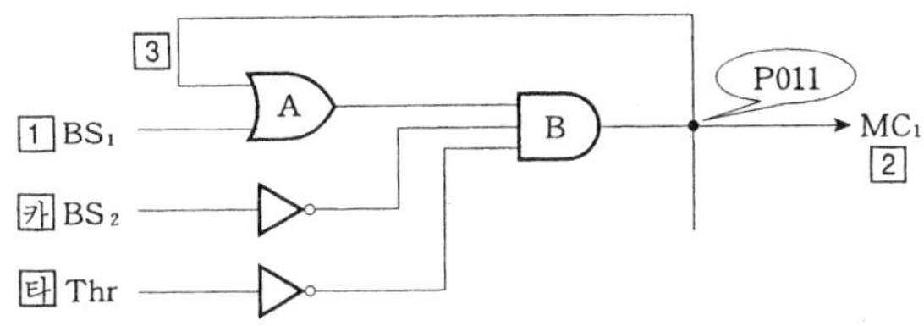

② MC_2는 MC_1로 시작하는 3입력(MC_1, T, MC_3) AND 회로로 한다.

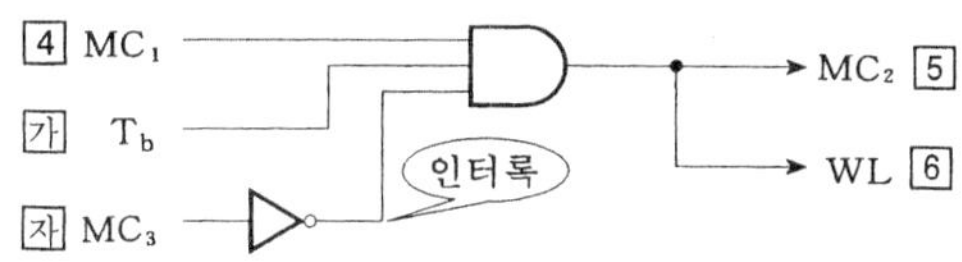

③ 타이머는 MC_1과 MC_3의 2입력 AND 회로로 하고 타이머 기호도 그린다.

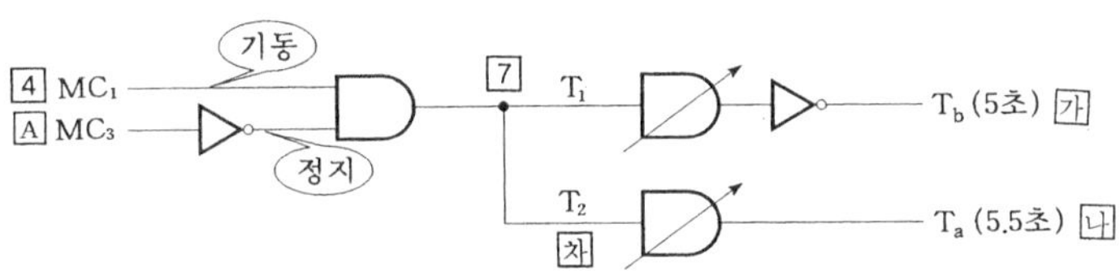

④ MC_3은 MC_1을 운전 및 정지 신호로 하고
타이머 T_a를 기동 신호로 하는 유지 회로를 그린다.

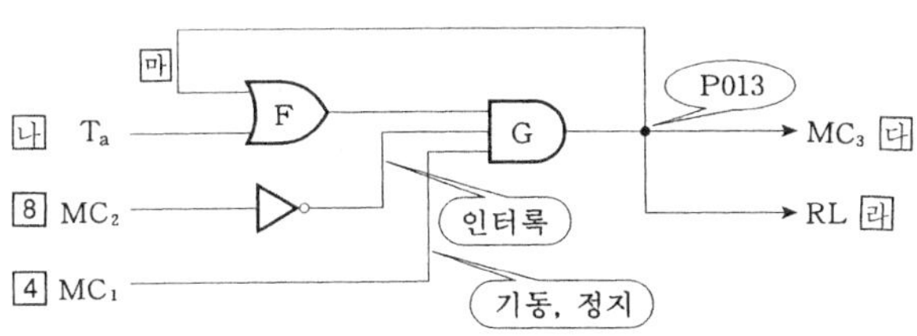

⑤ GL은 RL의 역논리로 MC_3에 NOT 회로를 접속한다.
OL은 Thr a접점으로 점등되므로 1입력의 AND 회로에 접속한다.

⑥ 정리하면 그림 3.28과 같이 된다.

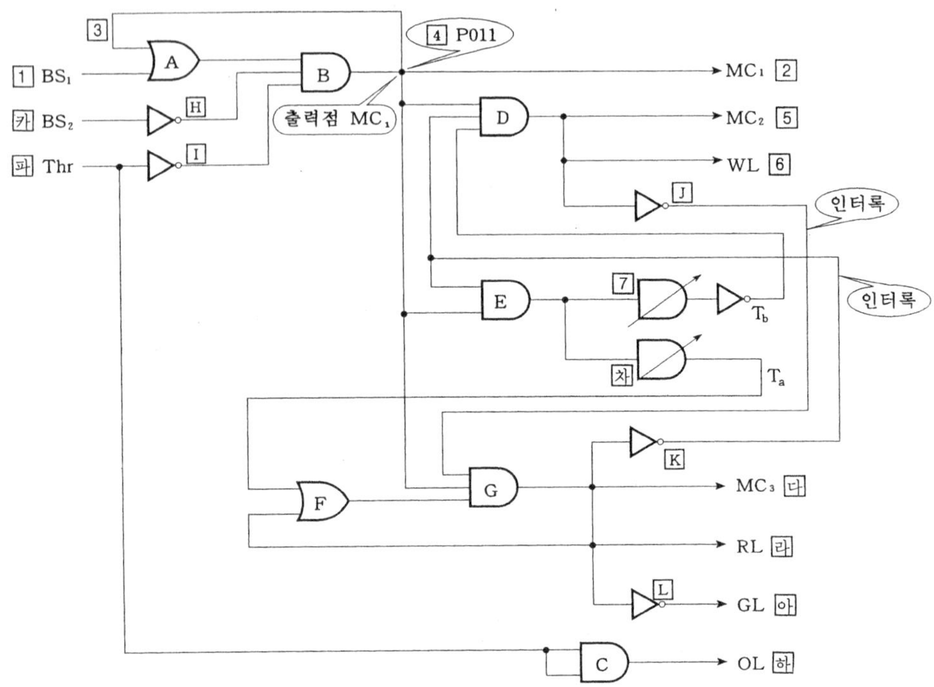

그림 3.28

1 전원을 투입하면 정지 표시 램프 GL이 점등한다.

2 모선 접속과 유지 회로

ⓐ 입력 BS_1 1을 먼저 주면(H 레벨)

OR 회로 A와 AND 회로 B가 동작 (H 레벨) 유지하고 출력 MC_1 2이 동작하여 주회로의 주접점 MC_1 0이 닫혀 전동기 Ⓜ에 개방 전압을 가한다.

ⓑ 정지 신호 BS_2 카를 주면

NOT 회로 H의 L 레벨로 AND 회로 B가 복구(L 레벨)하여 MC_1 2가 복구한다. 따라서

주회로의 주접점 MC_1 0이 열려 전동기 Ⓜ이 정지한다.

ⓒ 또한, 고장 정지 신호 Thr 파가 트립되어도
NOT 회로 I의 L 레벨로 위 ⓑ와 같이 복구하고
AND 회로 C를 통하여 OL 하 램프가 점등한다.

3 Y결선 기동

ⓐ MC_1 2가 동작하면(H 레벨) AND 회로 D가 동작 (H 레벨)하여
출력 MC_2 5가 동작하고 동시에 WL 6 램프가 점등한다. 또,
주회로의 주접점 MC_2 9가 닫혀 전동기 Ⓜ이 Y결선 기동한다. 동시에

ⓑ AND 회로 E가 동작하여 타이머가 여자된다. 또한, 동시에

ⓒ 인터록 회로 NOT J의 L 레벨이
△결선 운전용 AND 회로 G에 걸려 MC_3의 동작을 금지한다.

4 △결선 운전

ⓐ 5초 후에 타이머 7의 T_b로 AND 회로 D가 복구(L 레벨)하여
출력 MC_2 5가 복구하고 WL 6 램프가 소등하며 인터록 J이 해제(H 레벨)된다.
주회로의 주접점 MC_2 9가 열려 전동기 Ⓜ의 Y결선 기동이 끝난다.

ⓑ 5.5초 후에 타이머 차의 T_a로
OR 회로 F와 AND 회로 G가 동작(H 레벨)하여
출력 MC_3 다이 동작하고 RL 라 램프가 점등하며
NOT L을 통하여 GL 아 램프가 소등한다. 또,
주회로의 주접점 MC_3 바이 닫혀 전동기 Ⓜ이 △결선 운전된다.

ⓒ 인터록 회로 NOT K의 L 레벨이
Y결선 기동용 AND 회로 D에 걸려 MC_2의 동작을 금지한다. 동시에
NOT K는 AND 회로 E를 복구시켜(L 레벨) 타이머를 복구시킨다.

5 정지 : BS_2 카(또는 Thr)를 주면 NOT 회로 H(또는 I)를 통하여
AND 회로 B가 복구(L 레벨)하여 MC_1 2가 복구하며, 또
AND 회로 G가 복구하여 MC_3 다이 복구하고 RL 라 램프가 소등하며
NOT L을 통하여 GL 아 램프가 점등한다.

3.5 로직 시퀀스

(1) 그림 3.24와 같이 주회로를 그린다.(생략)

(2) 타임 차트는 PLC 회로에서 H 입력을 L 입력으로 바꾸면 그림 3.29와 같다.

(3) Y-△ 기동 논리는 유지 회로, 타이머 회로, 인터록 회로로 되어 있고 참고도를 참고하여 그리면 그림 3.29(동작 간추림 참고)와 같다.

1) MC_1 동작 : [참고도 (a)]

① L 입력형 기동 입력 BS_1을 주면 FF_1이 셋하여 MC_1이 동작한다.

2) MC_2 동작 : [참고도 (b)]

② FF_1의 Q_1 출력으로 인터록(A)를 통하여 SMV_1로 5초 동안만 동작한다.

③ SMV_2는 5.5초로 하고 SMV_1과 같이 셋한다(인터록 간격 0.5초).

④ 인터록(A)은 $MC_3(FF_2)$의 복구 상태에서 FF_1이 셋하면 MC_2가 동작한다.

3) MC_3 동작 : [참고도 (c)]

⑤ SMV_2가 리셋하면 인터록(B)를 통하여 FF_2가 셋하여 MC_3이 동작한다.

⑥ 인터록(B)는 $MC_2(SMV_1)$의 복구 상태에서 SMV_2가 리셋하면 FF_2가 셋하고 MC_3이 동작한다.

[참고도]

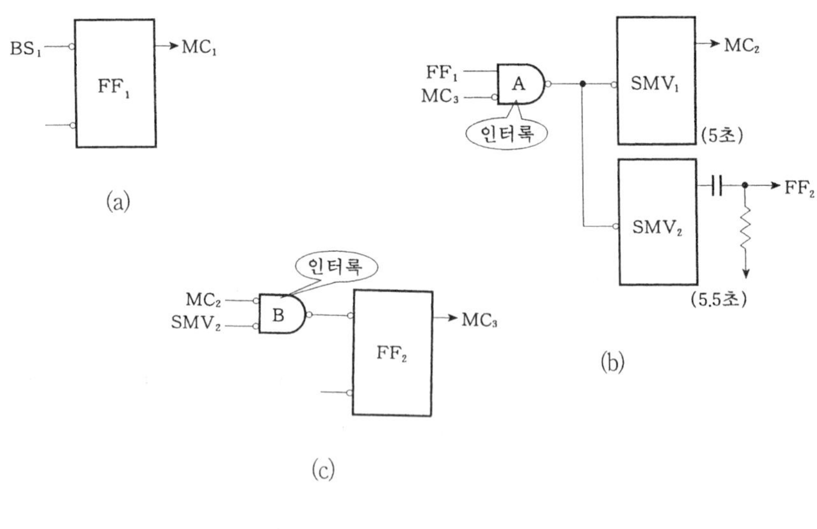

4) 정리하면 그림 3.29와 같다.

① 전원을 넣으면 GL 아 램프가 점등한다.

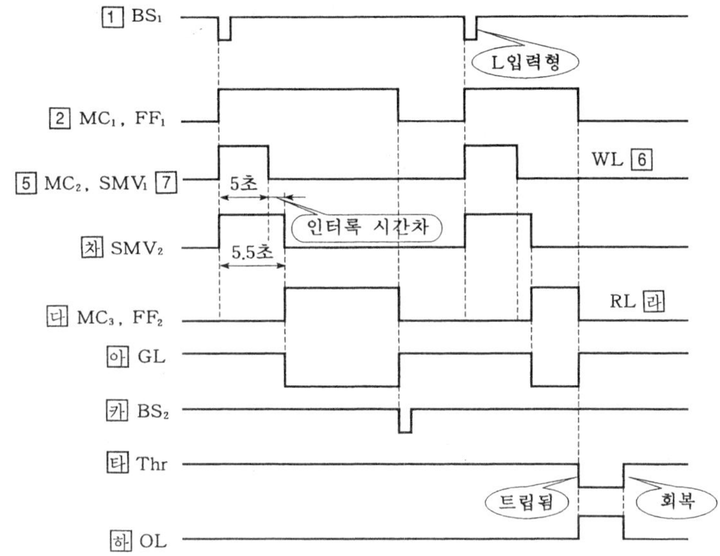

(a)

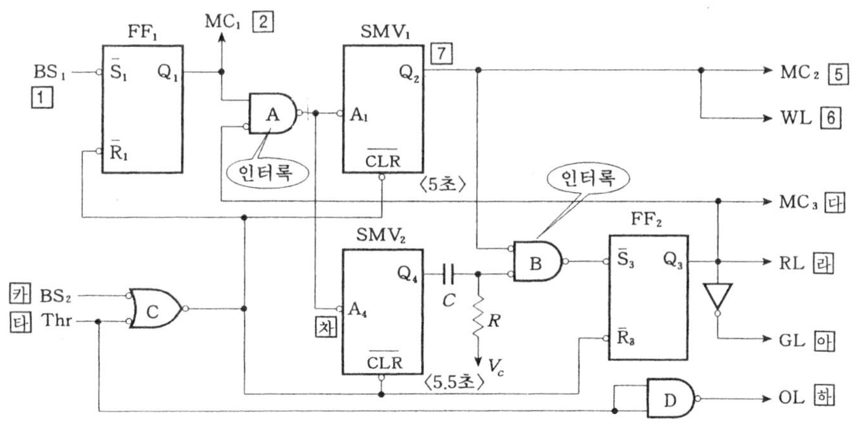

(b)

[동작 간추림]

BS_1↑ −FF_1↑ ┬ MC_1↑ −모선접속

└ A ┬ SMV_1↑ − MC_2(Y 기동) − 5초 − SMV_1↓ − MC_2↓(기동끝)

└ SMV_2↑ − 5.5초 − SMV_2↓ − B − FF_2↑ − MC_3↑(△운전)

BS_2↑ −FF_1↓, FF_2↓ −MC_1↓, MC_3↓ −GL↑

Thr↑ −FF_1↓, FF_2↓, OL↑ −MC_1↓, MC_3↓ −GL↑

그림 3.29

② 기동 입력 BS_1 [1]을 주면(L 레벨) FF_1이 셋하여 그 출력 Q_1(H 레벨)으로

[1] 출력 MC_1 [2]이 동작하여 주회로의 모선을 접속(MC_1 [0] 닫힘)한다. 또,

[2] 인터록 회로 AND [A]를 통하여 타이머 기구 SMV_1 [7]이 셋하여 MC_2 [5]를 동작시킨다.

이때 전동기는 접점 MC_2 [9]로 Y기동한다. 또,

WL [6]이 점등하고, AND 회로 [B]로 인터록 회로를 구성한다.

[3] 타이머 기구 SMV_2 [차]가 셋한다.

③ 5초 후에 SMV_1 [7]이 리셋하여 MC_2 [5]를 복구시킨다. 이때
전동기는 접점 MC_2 [9]가 열려 Y기동이 완료된다. 또,
WL [6]이 소등하고, AND 회로 [B]로 인터록을 해제한다.

④ 5.5초 후에 타이머 기구 SMV_2 [차]가 리셋되면 인터록 회로 AND [B]를 통하여
$\overline{R}\ \overline{S}$−latch FF_2가 셋하고 그 출력 Q_2 (H 레벨)로

[1] MC_3 [다]이 동작하고 주회로의 접점 MC_3 [바]이 닫혀 △결선 운전된다.

[2] RL [라]이 점등하고, 또 NOT 회로를 통하여 GL [아]이 소등된다.

[3] AND 회로 [A]를 통하여 인터록 회로를 만든다.

⑤ 정지 신호는 BS_2 또는 Thr의 2입력 중 하나로 OR(L 레벨 입력형) 회로이고

[1] BS_2를 주면(L 레벨) OR 회로 [C]를 통하여
동작 중인 기구(FF_1, MC_1, FF_2, MC_3)가 모두 복구하고 전동기는 정지한다.

[2] 고장 정지 신호 Thr이 트립되면(L 레벨) OR 회로 [C]를 통하여
동작 중인 기구(FF_1, MC_1, FF_2, MC_3)가 모두 복구하고 전동기는 정지한다.
동시에 Thr [타] 회로의 L 레벨이 NAND 회로 [D]의 H 레벨로 되어
OL 램프가 점등한다.

[3] CLR은 긴급 정지용이다.

4. 권상 제어 회로

▸ 권상 제어 회로에는 승용과 화물용 엘리베이터, 리프트 등 10여 가지가 있다.

▸ 화물 또는 사람이 타는 승강기(cage)를 로프줄로 그림과 같이 균형추에 연결하고 권상 전동기에 의하여 가이드 레일(guide rail)을 따라 위아래로 오르내리도록 한다.

▸ 엘리베이터의 상 · 하 운전은 전동기의 정 · 역 회로를 이용한다. 즉,
로핑 권상 방식에서 상승은 정회전으로 드럼에 줄을 감고,
하강은 역회전으로 줄을 푸는 등의 형식으로 한다.

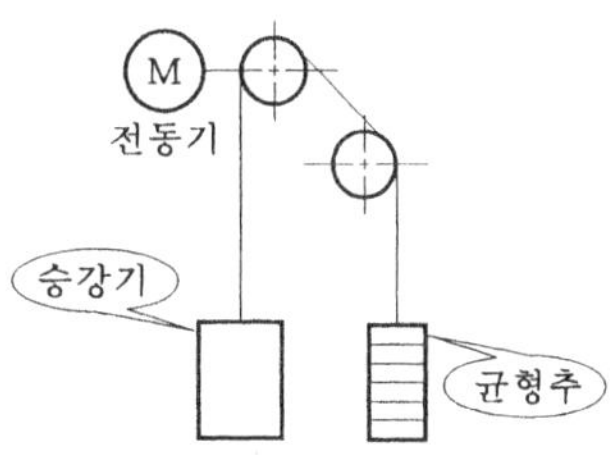

▸ 주요 논리로는 유지 회로, 인터록, 타이머 회로와 리밋(limit) 스위치 등이 이용된다.

▸ 주회로(구동 회로)는 전동기 정 · 역 회로(그림 3.17)로 한다(여기서는 생략).

▸ 이 장에서의 논리 조건은 (※ 사용 기구는 타임 차트 참조)

① 승강기에 화물을 실고 2층에 올라가 자동 정지하고

② 30초 동안 화물을 내린 후

③ 자동으로 1층으로 내려와 정지하는 것을 반복하는 자동 반전 회로로 한다.

4.1 릴레이 시퀀스

1) 논리 조건에서 타임 차트와 시퀀스를 다음 순서로 그린다.

① 전원을 넣으면 리밋 스위치 LS_1로 1층 정지 표시 램프 GL_1이 점등한다.

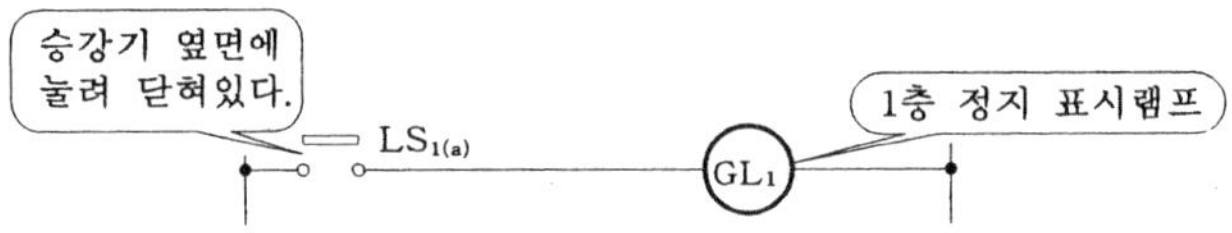

② 기동 입력 BS_1을 주면
상승용 MC_1이 동작 유지하여 승강기가 상승하고 GL_1이 소등한다. 2층에서 리밋 스위치 LS_2(b)로 정지한다.

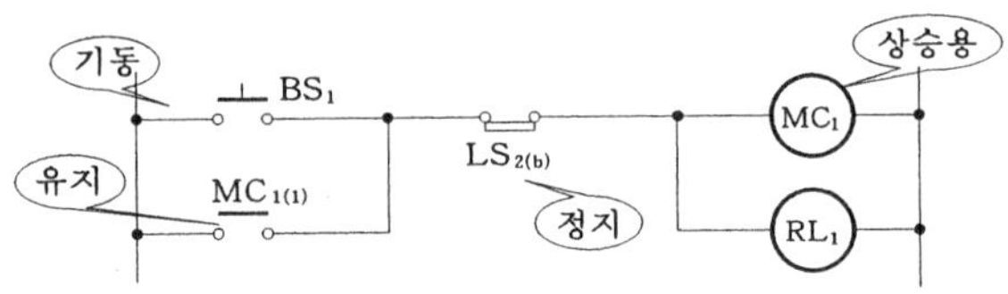

③ 승강기가 2층에 도달하면 리밋 스위치 LS_2(b)로 MC_1이 정지하고, 또
LS_2(a)로 타이머 T가 여자되며 2층 정지 표시 램프 GL_2가 점등한다.

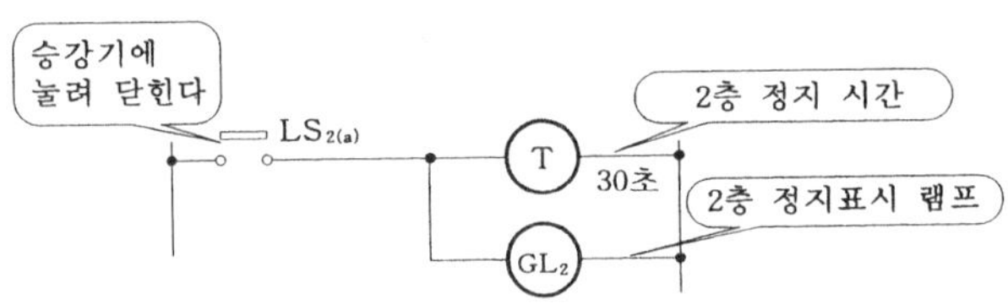

④ 30초 후 타이머 접점으로
하강용 MC_2가 동작 유지하여 승강기가 하강하고 GL_2가 소등한다.
1층에서 리밋 스위치 LS_1(b)로 정지한다.

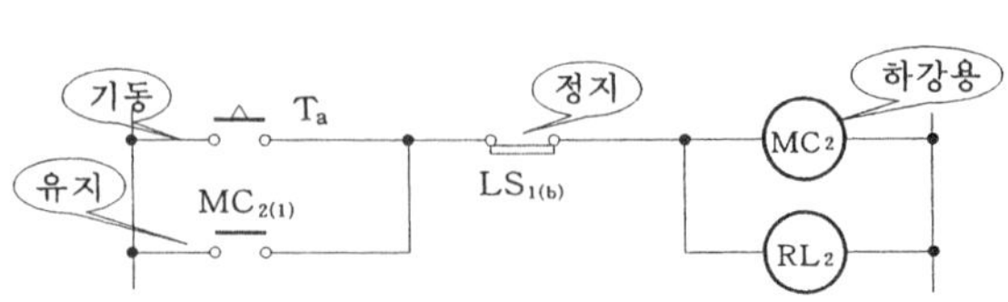

⑤ 인터록 접점, 정지용 BS_2, 열동 계전기 Thr을 추가한다.

⑥ 정리하면 그림 3.30과 같다.

2) 그림에서

① 전원을 넣으면 리밋 스위치 LS_1(a) Ⓟ가 승강기(짐을 실는 통) 옆면에 눌려 있으므로 1층 정지 표시용 램프 GL_1 Ⓠ이 점등한다.

② 상승 운전(BS_1 Ⓐ) : 승강기에 짐을 실은 후 기동 입력 BS_1 Ⓐ을 주면
정회전용(상승용) MC_1 Ⓑ이 동작하고
MC_1 Ⓑ의 a접점 $MC_{1(1)}$ Ⓒ이 닫혀 유지 회로를 구성함과 동시에
MC_1 Ⓑ과 병렬로 접속한 동작 표시 램프 RL_1 Ⓓ이 점등한다. 동시에
MC_1의 b접점 $MC_{1(2)}$ Ⓔ가 열려 인터록 회로(MC_2 동작 금지)를 구성한다.
주회로에서 MC_1의 주접점이 닫혀 전동기 M이 정회전 기동 운전되어 승강기는 상승한다. 이때
승강기에 눌려 있던 리밋 스위치 LS_1 (a) Ⓟ가 열리므로 GL_1 Ⓠ 램프가 소등한다.

③ 2층 정지(LS_2 Ⓕ) : 승강기가 2층에 도달하면
리밋 스위치 LS_2 Ⓕ Ⓖ가 승강기의 옆면에 눌려서 동작한다. 즉,
LS_2 (b) Ⓕ가 열려 정회전용(상승용) MC_1 Ⓑ이 복구하고
MC_1의 a접점 $MC_{1(1)}$ Ⓒ이 열려 유지 회로를 해제함과 동시에
MC_1 Ⓑ과 병렬로 접속한 동작 표시 램프 RL_1 Ⓓ이 소등한다. 동시에
MC_1의 b접점 $MC_{1(2)}$ Ⓔ가 닫혀 인터록 회로(MC_2 동작 금지)를 해제한다.
주회로에서 MC_1의 주접점이 열려 전동기 M이 정지하고,
또한 승강기도 정지한다. 동시에
LS_2 Ⓖ가 닫혀 타이머 T Ⓗ가 여자(짐을 내리고 다시 싣는 시간, 30초)되고
2층 정지 표시 램프 GL_2 Ⓘ가 점등한다.

④ 하강 운전(T_a Ⓙ) : 30초 후 타이머 T Ⓗ가 동작하여 접점 T_a Ⓙ가 닫히면
역회전용(하강용) MC_2 Ⓚ가 동작하고
MC_2 Ⓚ의 a접점 $MC_{2(1)}$ Ⓛ이 닫혀 유지 회로를 구성함과 동시에
MC_2 Ⓚ와 병렬로 접속한 동작 표시 램프 RL_2 Ⓜ가 점등한다. 동시에
MC_2의 b접점 $MC_{2(2)}$ Ⓝ가 열려 인터록 회로(MC_1 동작 금지)를 구성한다.
주회로에서 MC_2의 주접점이 닫혀 전동기 M이 역회전 기동 운전되어 승강기는 하강한다. 이때
승강기 옆면에 눌려 있던 리밋 스위치 LS_2 (a) Ⓖ가 열리므로
타이머 T Ⓗ와 램프 GL_2 Ⓘ가 소등한다.

⑤ 1층 정지(LS_1 Ⓞ) : 케이지가 1층에 도달하면
리밋 스위치 LS_1 Ⓞ Ⓟ이 승강기의 옆면에 눌려서 동작한다. 즉,
LS_1 Ⓞ이 열려 역회전용(하강용) MC_2 Ⓚ가 복구하고
MC_2 Ⓚ의 a접점 $MC_{2(1)}$ Ⓛ이 열려 유지 회로를 해제함과 동시에

[사용 기구]

버튼 스위치 : 기동용 BS_1
정지용 BS_2
리밋 스위치 : 운전용 LS_1 (a), LS_2 (a)
정지용 LS_1 (b), LS_2 (b)
열동 계전기 : 과부하 트립용 Thr
출 력 기 구 : 정회전(상승용) MC_1
역회전(하강용) MC_2
감 시 램 프 : 운전 표시용 RL_1, RL_2
정지 표시용 GL_1, GL_2
보 조 기 구 : 기동용 타이머 T

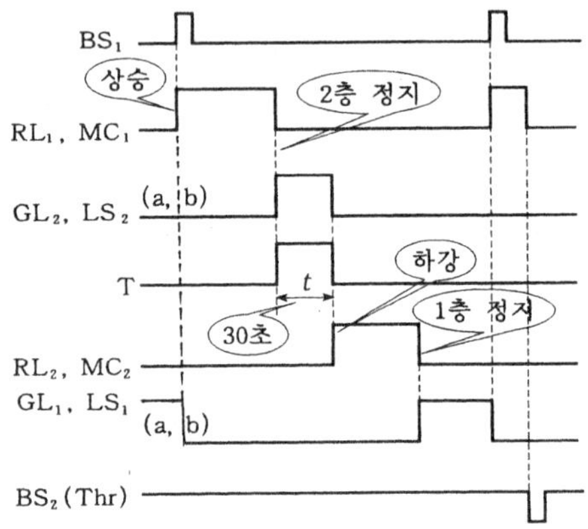

(a)

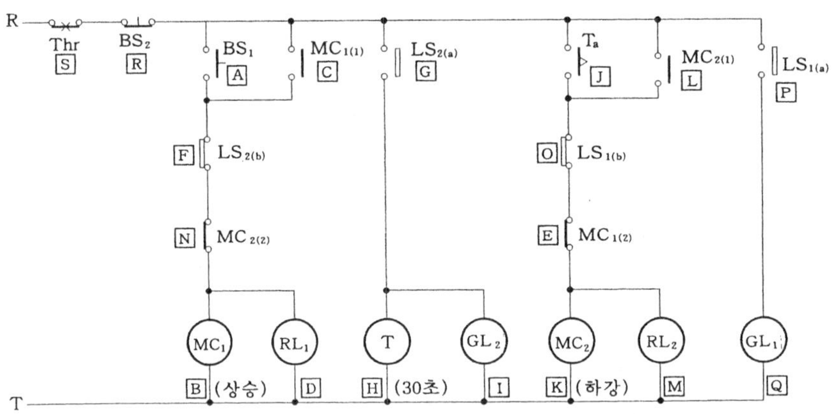

(b)

MC_1 Ⓑ 동작 : 전원 R → Thr Ⓢ → BS_2 Ⓡ → BS_1 Ⓐ 기동($MC_{1(1)}$ Ⓒ 유지) → LS_2 (b) Ⓕ → $MC_{2(2)}$ Ⓝ → MC_1 Ⓑ (RL_1 Ⓓ) → 전원 T
MC_2 Ⓚ 동작 : 전원 R → Thr Ⓢ → BS_2 Ⓡ → T_a Ⓙ 기동($MC_{2(1)}$ Ⓛ 유지) → LS_1(b) Ⓞ → $MC_{1(2)}$ Ⓔ → MC_2 Ⓚ (RL_2 Ⓜ) → 전원 T
T Ⓗ 동작 : 전원 R → Thr Ⓢ → BS_2 Ⓡ → LS_2 (a) Ⓖ → T Ⓗ(GL_2 Ⓘ) → 전원 T

그림 3.30

MC₂ K와 병렬로 접속한 동작 표시 램프 RL_2 M가 소등한다.
MC_2의 b접점 $MC_{2(2)}$ N가 닫혀 인터록 회로(MC_1 동작 금지)를 해제한다.
주회로에서 MC_2의 주접점이 열려 전동기 M과 승강기가 정지한다. 또,
LS_1(a) P가 닫혀 GL_1 Q 램프가 점등한다. ← ①의 상태와 같다.
② ~ ⑤의 동작를 반복한다.

⑥ 운전 정지(BS_2 R, Thr S) : 작업 완료 또는 작업 중 정지는 BS_2 R로, 고장 정지는 Thr S로 전원선 R을 끊어 운전을 정지시킨다.

4.2 PLC 시퀀스

1) 논리 조건에서 타임 차트와 시퀀스를 다음 순서로 그린다.

① 전원 투입 : 전원을 넣으면 램프 P015(GL_1)가 점등한다.

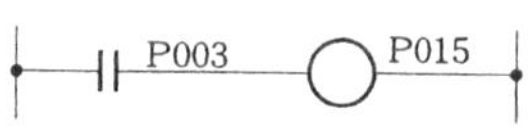

(LS_1 : P003
GL_1 : P015)

② 상승 운전 : P001로 P011(MC_1) 동작 유지, 승강기 상승, P015 소등, 2층 상승 후 P004(LS_2 (b))로 정지

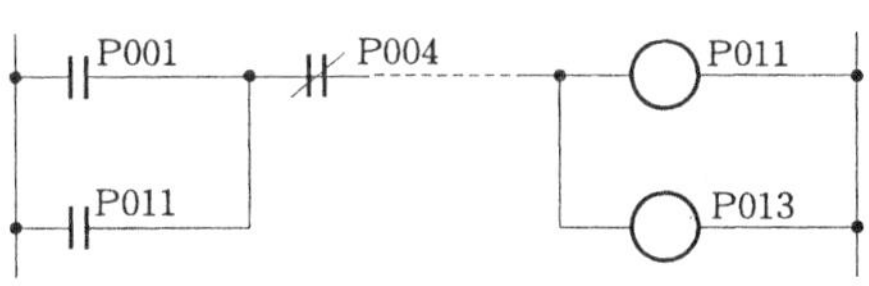

(BS_1 : P001, MC_1 : P011
LS_2 : P004, RL_1 : P013)

③ 2층 정지 : 2층에서 LS_2가 승강기의 옆면에 눌려 동작한다.
정지용 P004(LS_2(b))로 P011 복구, 전동기와 승강기 정지
P004(LS_2(a))로 타이머 T000(T)여자, P016(GL_2) 점등

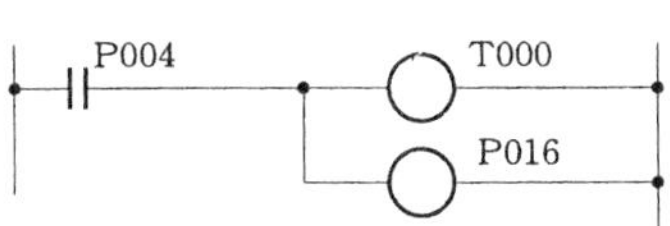

(LS_2 : P004, 타이머 : T000
GL_2 : P016)

④ 하강 운전 : 접점 T000으로 P012(MC_2) 동작 유지.
전동기와 승강기 하강 1층 하강 후 P003(LS_1(b))으로 P012 정지

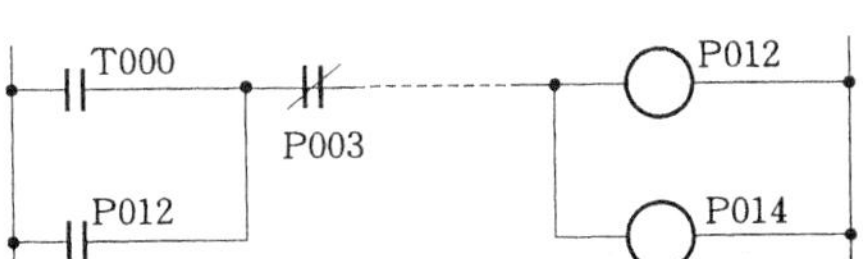

(T : T000, MC_2 : P012
LS_1 : P003, RL_2 : P014)

⑤ 인터록, 공통 정지용 P002(BS_2), P000(Thr)을 추가한다.

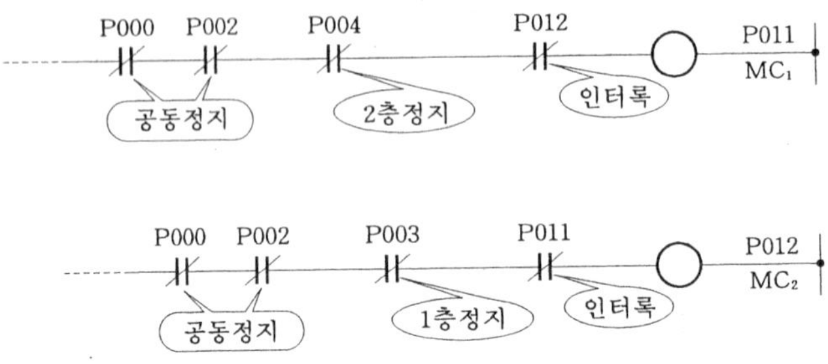

⑥ 정리하면 그림 3.31과 같다.

[번지 할당]

입력 – BS_1 : P001, BS_2 : P002
LS_1 : P003, LS_2 : P004
Thr : P000

출력 – MC_1 : P011, MC_2 : P012

램프 – RL_1 : P013, RL_2 : P014
GL_1 : P015, GL_2 : P016

보조 기구 – T : T000

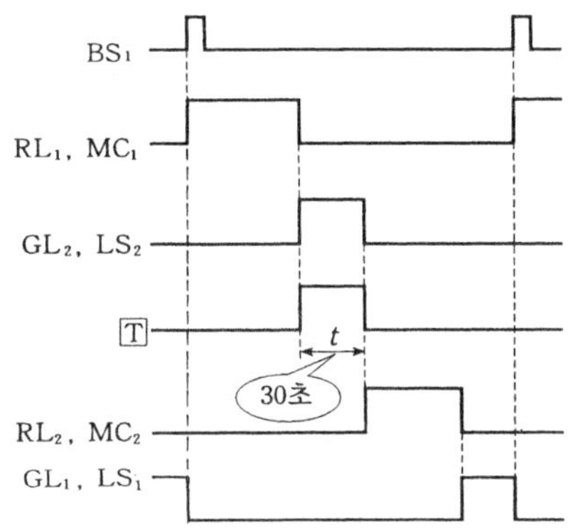

(a)

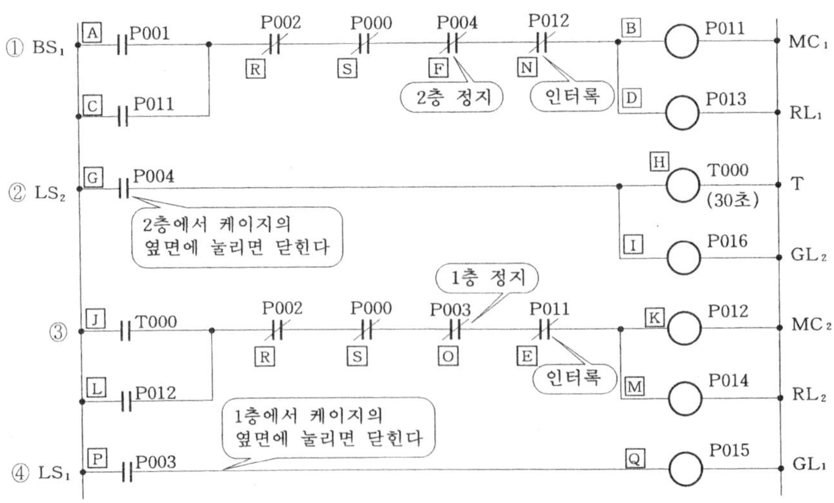

(b)

그림 3.31

	step	명 령	번 지
[A]	0	LOAD	P001
[C]	1	OR	P011
[R]	2	AND NOT	P002
[S]	3	AND NOT	P000
[F]	4	AND NOT	P004
[N]	5	AND NOT	P012
[B]	6	OUT	P011
[D]	7	OUT	P013
[G]	8	LOAD	P004
[H]	9	TMR	T000
	10	〈DATA〉	00300

	step	명 령	번 지
[I]	12	OUT	P016
[J]	13	LOAD	T000
[L]	14	OR	P012
[R]	15	AND NOT	P002
[S]	16	AND NOT	P000
[O]	17	AND NOT	P003
[E]	18	AND NOT	P011
[K]	19	OUT	P012
[M]	20	OUT	P014
[P]	21	LOAD	P003
[Q]	22	OUT	P015

2) 그림에서

① 전원 투입 : 전원을 넣으면 램프 P015(GL$_1$ [Q])가 점등한다.

② 상승 운전 : P001로 기동, P011(MC$_1$) 동작
P001(BS$_1$ [A])을 주면 출력 P011(MC$_1$[B])이 동작하여
P011(MC$_{1(1)}$ [C])로 유지하며 P011과 병렬로 램프 P013(RL$_1$ [D])이 점등한다. 동시에 인터록 P011(MC$_{1(2)}$ [E])이 열린다.
P011로 정회전용 MC$_1$이 동작하여 전동기가 기동 운전하고 승강기를 상승시킨다.
이때 승강기 옆면에 눌려 있던 리밋 스위치 P003(LS$_1$ [P])이 열려 P015(GL$_1$ [Q])가 소등한다.

③ 2층 정지 : 승강기가 2층에 도달하면 P004(LS$_2$)가 승강기의 옆면에 눌려 동작한다.
P004(LS$_2$(b)[F])로 P011을 복구시켜 전동기와 승강기를 정지시킨다. 또,
P011(MC$_{1(1)}$ [C])로 유지가 해제되며 램프 P013(RL$_1$ [D])이 소등한다.
동시에 인터록 P011(MC$_{1(2)}$ [E])이 닫힌다.
P004(LS$_2$ (a) [G])로 타이머 T000(T [H])이 여자되고,
병렬 접속한 2층 정지 표시용 램프 P016 (GL$_2$ [I])이 점등한다.

④ 하강 운전 : 30초 후 T000으로 기동, P012(MC_2) 동작
T000(T J)으로 출력 P012 (MC_2 K)가 동작하고
P012($MC_{2(1)}$ L)로 유지하며 P012와 병렬인 램프 P014 (RL_2M)가 점등한다. 또,
인터록 P012($MC_{2(2)}$ N)가 열린다.
P012로 역회전용 MC_2가 동작하여 전동기가 기동 운전하고 승강기를 하강시킨다.
이때 P004(LS_2 (a) G)이 열려 T000과 P016이 복구한다.

⑤ 1층 정지 : 승강기가 1층에 도달하면 LS_1이 승강기의 옆면에 눌려 동작한다.
P003(LS_1 (b) O)으로 P012를 복구시켜 전동기와 승강기를 정지시킨다.
P012 ($MC_{2(1)}$ L)로 유지를 해제하며 램프 P014(RL_2 M)가 소등한다.
또, 인터록 P012($MC_{2(2)}$ N)가 닫힌다. P003(LS_1 (a) P)으로 P015(GL_1 Q)가 점등한다.
이하 ①의 상태와 같고 ② ~ ⑤의 동작을 반복한다.

⑥ 운전 정지 : 공동 정지용 P000(Thr S) 또는 P002 (BS_2 R)로 정지한다.

3) 래더 회로에서 니모닉 프로그램을 하면

【MC_1 회로】

① 0 스텝 : Ⓐ BS_1, 회로 시작 LOAD P001
② 1 스텝 : Ⓒ MC_1, 위와 병렬 OR P011
③ 2 스텝 : Ⓡ BS_2, 앞의 회로와 직렬 b접점 AND NOT P002
④ 3 스텝 : Ⓢ Thr, 앞의 회로와 직렬 b접점 AND NOT P000
⑤ 4 스텝 : Ⓕ LS_2(b), 앞의 회로와 직렬 b접점 AND NOT P004
⑥ 5 스텝 : Ⓝ MC_2, 앞의 회로와 직렬 b접점 AND NOT P012
⑦ 6 스텝 : Ⓑ MC_1, 출력 OUT P011
⑧ 7 스텝 : Ⓓ RL_1, 출력 OUT P013

【T 회로】

⑨ 8 스텝 : Ⓖ LS_2(a), 회로 시작 LOAD P004
⑩ 9 스텝 : Ⓗ TON, 타이머 TMR T000
⑪ 10 스텝 : 설정 시간 30초, 〈DATA〉 00300
⑫ 12 스텝 : Ⓘ GL_2, 출력 OUT P016

【MC_2 회로】

⑬ 13 스텝 : Ⓙ T_a, 회로 시작 LOAD T000
⑭ 14 스텝 : Ⓛ MC_2, 위 번지와 병렬 OR P012
⑮ 15 스텝 : Ⓡ BS_2, 앞 회로와 직렬 b접점 AND NOT P002
⑯ 16 스텝 : Ⓢ Thr, 앞 회로와 직렬 b접점 AND NOT P000
⑰ 17 스텝 : Ⓞ LS_1(b), 앞 회로와 직렬 b접점 AND NOT P003
⑱ 18 스텝 : Ⓔ MC_1, 앞 회로와 직렬 b접점 AND NOT P011
⑲ 19 스텝 : Ⓚ MC_2, 출력 OUT P012
⑳ 20 스텝 : Ⓜ RL_2, 출력 OUT P014

【GL_1 회로】

㉑ 21 스텝 : Ⓟ LS_1(a), 회로 시작 LOAD P003
㉒ 22 스텝 : Ⓠ GL_1, 출력 OUT P015

4) 양논리 회로

▸그림 3.31에서

① 먼저 MC_1의 유지 회로를 그린다.

[0] MC_1은 [A][C] 병렬과 [R][S][F][N]의 5입력 직렬이지만 아래와 같이 수정한다.

[1] P001 [A]과 P011 [C]은 OR 회로이다.

[2] P002 [R], P000 [S]는 공동 정지 회로이고 NOT AND, 즉 NOR 회로이며

[3] P004 [F]와 위 [1], [2]는 3입력 AND 회로이고

[4] 인터록 P012 [N]와 위 [3]이 2입력 AND 회로로 P011이 출력된다.

[참고도]

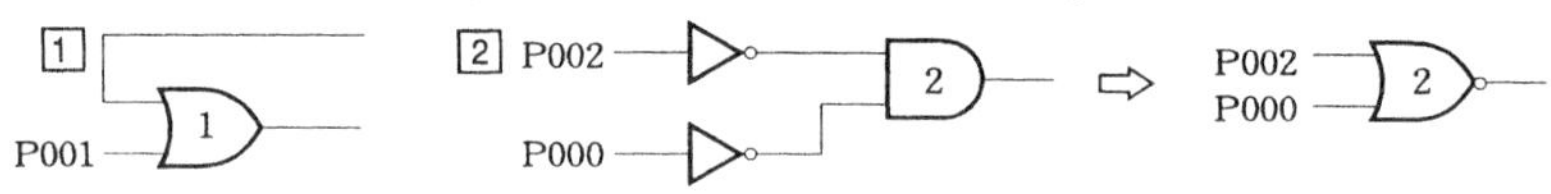

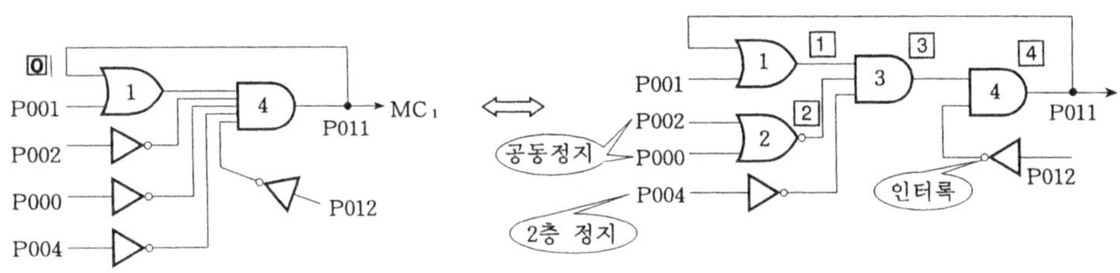

② P004는 타이머를 여자시키고 동시에 P016을 점등시킨다.

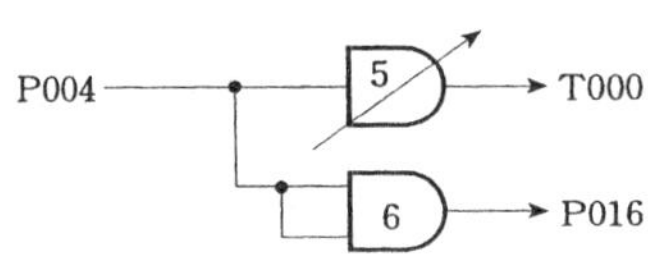

③ MC_2는 MC_1과 같은 방법으로 3-2입력 AND 회로로 한다.

④ 정리하면 그림 3.32와 같이 된다.

[1] 전원을 투입하면 1층 정지 표시 램프 GL_1 [Q](P015)이 점등한다.

[2] 상승 운전 : BS_1 [A](P001)로 MC_1 [B](P011) 동작

ⓐ 입력 BS_1 [A](P001)을 주면(H 레벨)

ⓑ OR 회로 [ㄱ]과 AND 회로 [ㄴ][ㄷ]가 동작(H 레벨) 유지 [C]하고

ⓒ 출력 MC_1 [B](P011)이 동작하여 주회로의 주접점 MC_1이 닫혀 전동기가 정회전 기동하고 승강기가 상승한다.

ⓓ 또, 상승 표시 램프 RL_1 [D](P013)이 점등하고

ⓔ NOT 회로 [E]로 MC_2 [K](P012)에 인터록을 건다.

ⓕ 승강기가 상승하면 승강기 옆면에 눌려 있든 리밋 스위치 LS_1(a) [P](P003)이 열려(L 레벨) 1층 정지 표시 램프 GL_1 [Q](P015)이 소등된다.

ⓖ 또 NOT 회로 [O]의 H 레벨로 하강용 MC_2 [K](P012)의 동작 회로를 준비한다.

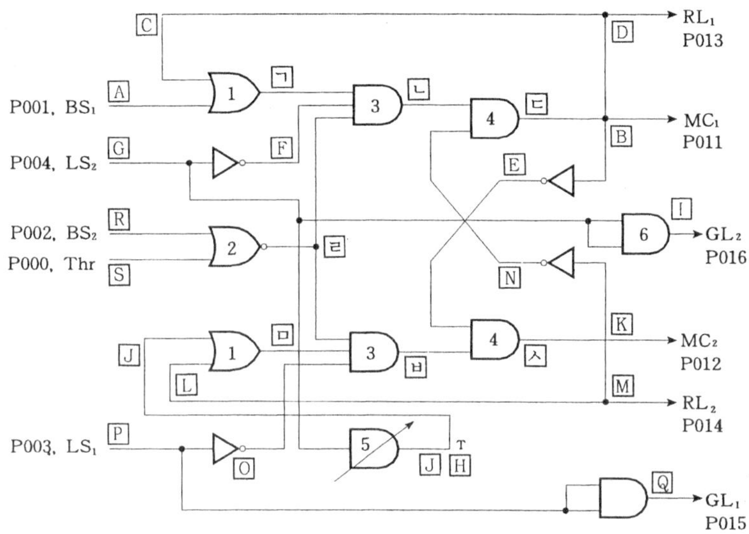

그림 3.32

[3] 2층 정지 : 승강기가 2층에 도달하면

리밋 스위치 LS_2 [G] (P004)가 승강기의 옆면에 눌려서 동작(H 레벨)한다.

· NOT 회로(LS_2 (b)) [F]의 L 레벨로

ⓐ AND 회로 [ㄴ][ㄷ]가 복구(L 레벨)하여

ⓑ 정회전용(상승용) MC_1 [B](P011)이 복구하고

ⓒ 유지 해제 [C] (L 레벨), RL_1 [D](P013) 소등, 인터록(NOT [E]) 해제(H 레벨)와 동시에

ⓓ 주회로에서 MC_1의 주접점이 열려 전동기 M이 정지하고 승강기도 정지한다.

· 또, LS_2 [G]의 H 레벨로

ⓔ 2층 정지 표시 램프 GL_2 [I] (P016)이 점등하고 또

ⓕ 타이머 T [H] (T000)가 여자(짐을 내리고 다시 싣는 시간, 30초)된다.

[4] 하강 운전 : 타이머 T [H](T000)로 MC_2 [K](P012) 동작

ⓐ 30초 후에 타이머 T [H](T000)가 동작(H 레벨)하면

ⓑ OR 회로 [ㅁ]과 AND 회로 [ㅂ] [ㅅ]가 동작(H 레벨) 유지 [L]하고

ⓒ 출력 MC_2 [K](P012)가 동작하여 주회로의 주접점 MC_2가 닫혀 전동기가 역회전 기동하고 승강기가 하강한다.

ⓓ 또, 하강 표시 램프 RL_2 [M](P014)가 점등하고

ⓔ NOT 회로 [N]로 MC_1 [B](P011)에 인터록을 건다.

ⓕ 승강기가 하강하면 승강기 옆면에 눌려 있던 리밋 스위치 LS_2(a) [G](P004)가 열려(L 레벨) 2층 정지 표시 램프 GL_2 [I](P016)가 소등되고 타이머 T[J] [H](T000)가 복구된다.

ⓖ NOT 회로 [F]의 H 레벨로 상승용 MC_1 [B](P011)의 동작 회로를 준비한다.

[5] 1층 정지 : 케이지가 1층에 도달하면

리밋 스위치 LS_1 [P]이 승강기의 옆면에 눌려서 동작(H 레벨)한다.

NOT 회로 (LS_1 (b)) [O]의 L 레벨로

ⓐ AND 회로 [ㅂ] [ㅅ]가 복구(L 레벨)하여

ⓑ 역회전용(하강용) MC_2 [K](P012)가 복구하고

ⓒ 유지 해제 [L](L 레벨), RL_2 [M] (P014) 소등, 인터록(NOT [N]) 해제(H 레벨)와 동시에

ⓓ 주회로에서 MC_2의 주접점이 열려 전동기 M이 정지하고 승강기도 정지한다.

ⓔ 또, LS_1 [P]의 H 레벨로 1층 정지 표시 램프 GL_1 [Q] (P015)이 점등한다.

[6] 운전 중지 : (BS_2 [R], Thr [S])

ⓐ 작업 완료 또는 작업 중 정지는 BS_2 [R] (P002)를 준다(H 레벨). 또,

ⓑ 고장 정지는 Thr [S](P000)이 트립된다(H 레벨).

ⓒ 어느 것이나 NOR 회로 [ㄹ]가 L 레벨로 되어

동작 중인 AND 회로 [ㄴ] 또는 [ㅂ]이 복구되어 정지된다.

4.3 로직 시퀀스

▸논리 조건에서 타임 차트와 시퀀스를 다음 순서로 그리면 그림 3.33과 같다. 즉, 정역의 유지 회로, 정지 조건, 인터록, 타이머에 유의하여 그린다.

① 인터록을 포함한 유지 회로

ⓐ 1층에서 BS_1로 FF_1을 셋하여 MC_1을 동작시킨다.

ⓑ 2층에서 30초 후 타이머로 FF_2를 셋하여 MC_2를 동작시킨다.

ⓒ 인터록을 포함하면 참고도와 같다.

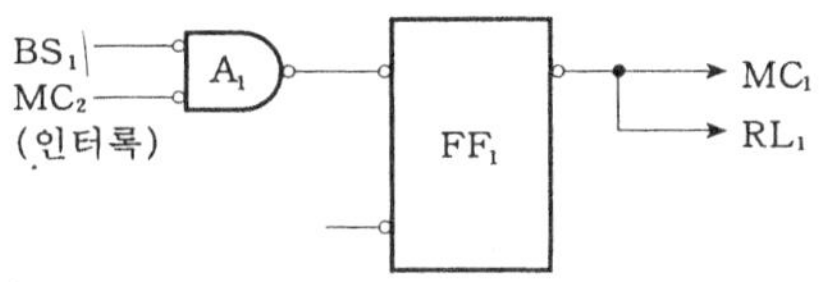

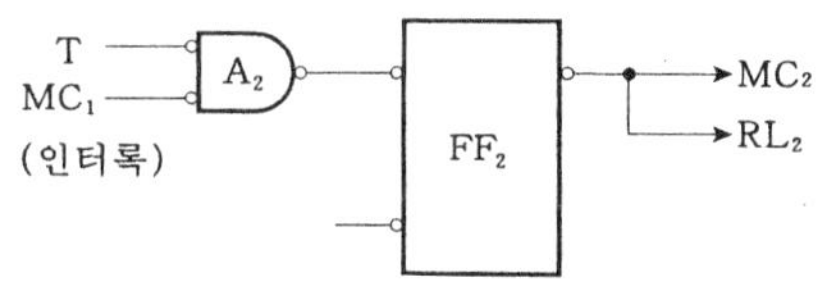

② 정지 신호는 회로 정지용(공통)의 BS_2, Thr의 OR 기능 회로 B_3과 여기에 1층 정지용 LS_1, 2층 정지용 LS_2의 각각 2입력 OR 기능 회로 B_1, B_2로 한다.

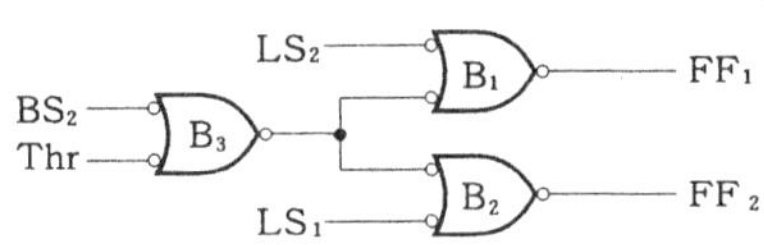

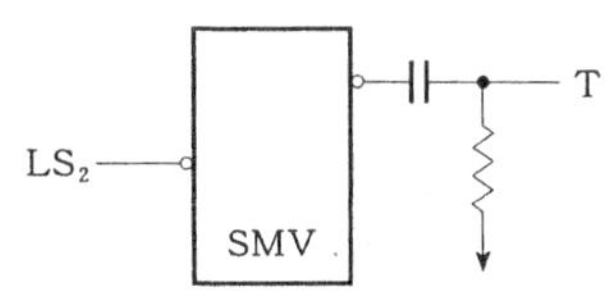

③ 타이머용 SMV는 2층 정지용 LS_2로 셋한다.

④ 층별 정지 표시 램프는 각각 LS_1로 GL_1을, LS_2로 GL_2를 점등, 소등시킨다.

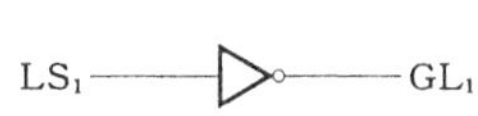

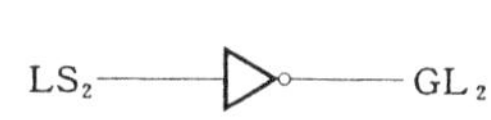

⑤ 정리하면 그림 3.33과 같이 된다.

⑥ 전원 투입 : 전원을 넣으면 램프 GL_1 Ⓠ가 점등한다. ⑩ 참조

⑦ 상승 운전 : 1층에서 BS_1 Ⓐ로 기동, FF_1로 유지

ⓐ L입력 BS_1 Ⓐ을 주면 인터록 A_1을 통하여 FF_1이 셋하여 MC_1 Ⓑ이 동작한다.

ⓑ MC_1로 전동기가 정회전 기동하여 승강기가 상승한다.

ⓒ 1층에서 승강기에 눌려 있던 LS_1이 복구하면 GL_1이 소등한다.

⑧ 2층 정지 : 2층에서 리밋 스위치 LS_2가 승강기에 눌려 작동하면

ⓐ 정지 회로 B_1을 통하여 FF_1이 리셋하여 MC_1 Ⓑ이 복구하여

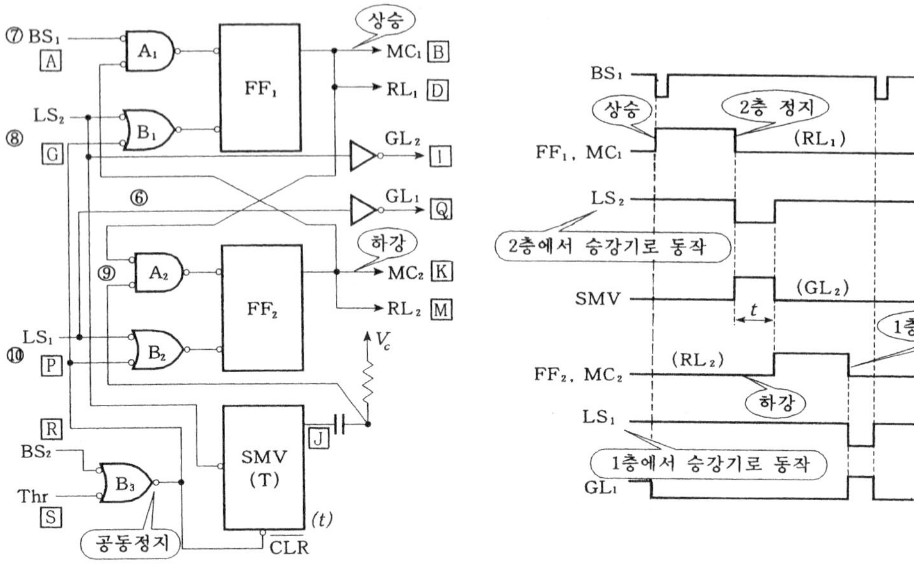

⑦ BS_1↑ $-A_1$↑ $-FF_1$↑ $-MC_1$↑, RL_1↑, GL_1↓
⑧ LS_2↑ $-B_1$↑ $-FF_1$↓ $-MC_1$↓, RL_1↓, GL_2↑, SMV↑
⑨ (30초 후) SMV↓ $-A_2$↑ $-FF_2$↑ $-MC_2$↑, RL_2↑, GL_2↓
⑩ LS_1↑ $-B_2$↑ $-FF_2$↓ $-MC_2$↓, RL_2↓, GL_1↑

그림 3.33

ⓑ 전동기가 정지하고 승강기도 정지한다.

ⓒ 2층 정지 표시용 GL_2 [I]가 점등하고

ⓓ 타이머용 SMV가 셋한다.

⑨ 하강 운전 : 2층에서 30초 후 SMV가 리셋하면 미분 회로와

ⓐ 인터록 A_2를 통하여 FF_2가 셋하여 MC_2 [K]가 동작한다.

ⓑ MC_2로 전동기가 역회전 기동하여 승강기가 하강한다.

ⓒ 2층에서 승강기에 눌려 있던 LS_2 가 복구하면 GL_2 가 소등한다.

⑩ 1층 정지 : 1층에서 리밋 스위치 LS_1이 승강기에 눌려 작동하면

ⓐ 정지 회로 B_2를 통하여 FF_2가 리셋하여 MC_2 [K]가 복구하여

ⓑ 전동기가 정지하고 승강기도 정지한다.

ⓒ 1층 정지 표시용 GL_1 [Q]이 점등한다.

※ ⑦~⑩이 반복 운전되고 작업 도중의 정지는 회로 B_3으로 한다.

5. 컨베이어 제어 회로

▸논리 조건 : 타임 차트(그림 3.34)에서

① Belt Conveyer 3대 (B_1~B_3)를 전동기 3대 (M_1~M_3)로 수평 운전한다.

② 10초 간격으로 컨베이어 $B_1-B_2-B_3$ 순으로 기동하고, 또
10초 간격으로 컨베이어 $B_3-B_2-B_1$ 순으로 정지한다.

③ 사용 기구는
입력 기구로 a접점용 버튼 스위치 BS_1(P001), BS_2(P002)의 2개
출력 기구로 MC_1 (P011), MC_2 (P012), MC_3 (P013)의 3개
보조 기구로 타이머 TON T_1~T_4 (T001~T004)의 4개
유지용 릴레이 X(M000)의 1개 사용

④ 회로 설명의 편의상 주회로와 RL, GL, OL, Thr 등은 생략한다.

▸ 컨베이어 특성상 공정 순서와 정지 순서는 같고 기동 순서는 반대이다.
이는 기동이 끝난 컨베이어로부터 짐의 이동(공정 순서)이 되어야 짐의 적체가 없다.
로직 회로는 L 입력형이고, 릴레이 회로와 PLC 회로는 H 입력형으로 한다.

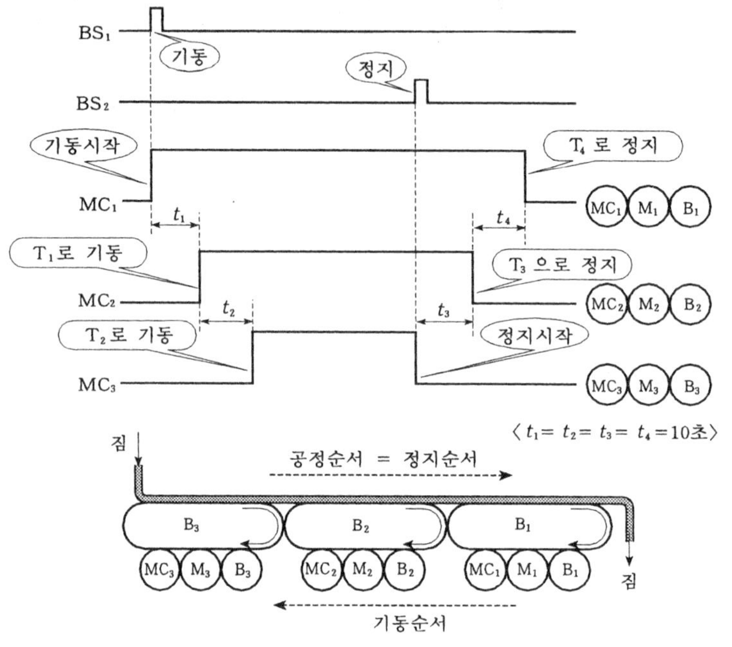

그림 3.34

5.1 릴레이 시퀀스

▸논리 조건과 타임 차트에 따라 다음 순서로 그리면 그림 3.35와 같다.

① MC_1 동작 : BS_1로 기동, 유지 및 T_1 여자, T_{4b}로 정지

② MC_2 동작 : T_{1a}로 기동, 유지 및 T_2 여자, T_{3b}로 정지(T_1 복구)

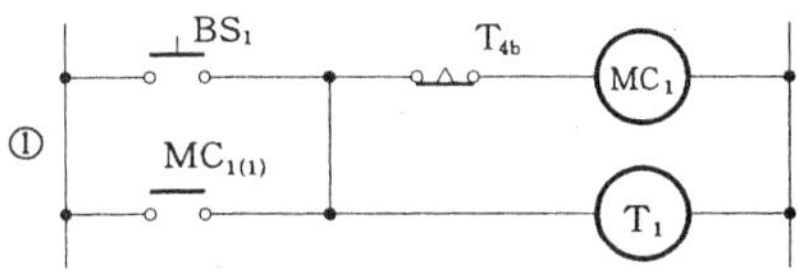

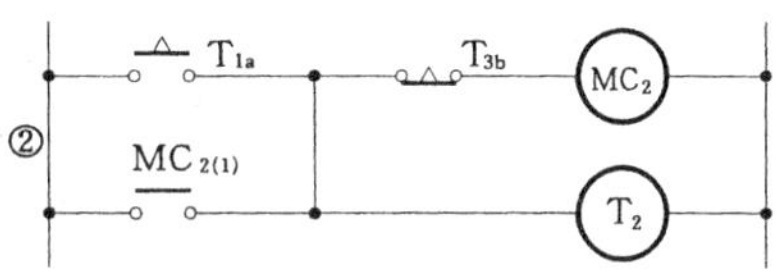

③ MC_3 동작 : T_{2a}로 기동, 유지, X_b로 정지(T_2 복구)

④ X 동작 : BS_2로 기동, 유지 및 T_3과 T_4여자, MC_1로 정지

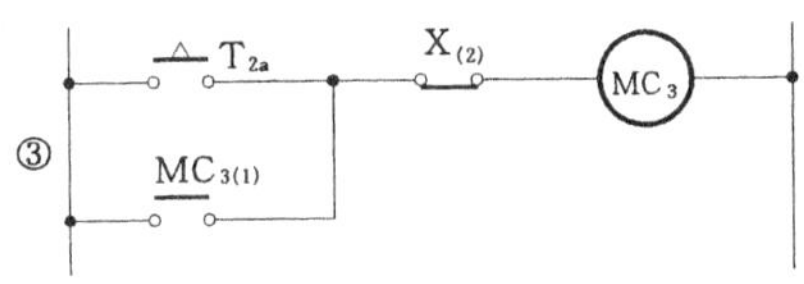

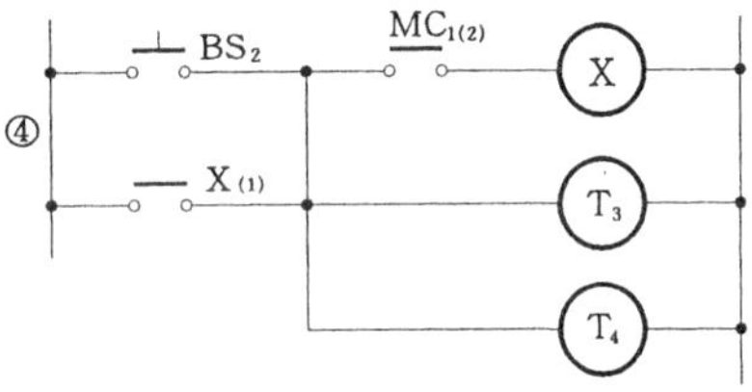

⑤ 기동 운전 : [1] [2] [3] 으로 기동 완료 운전 시작

[1] 기동 입력 BS_1 [A]를 주면
MC_1 [B]가 동작하고 접점 $MC_{1(1)}$ [C]로 유지하며 T_1[D]를 여자한다. 동시에
주접점 MC_1로 전동기 M_1이 기동하고 벨트 컨베이어 B_1이 이동한다.

[2] 10초 후에 타이머 접점 T_{1a} [E]가 닫히면
MC_2 [F]가 동작하고 접점 $MC_{2(1)}$ [G]로 유지하며 T_2 [H]를 여자한다. 또
접점 $MC_{2(2)}$ [I]로 임무 완료한 타이머 T_1 [D]을 복구시킨다. 동시에
주접점 MC_2로 전동기 M_2가 기동하고 벨트 컨베이어 B_2가 이동한다.

[3] 10초 후에 타이머 접점 T_{2a} [J]가 닫히면
MC_3 [K]가 동작하고 접점 $MC_{3(1)}$ [L]로 유지하며,
접점 $MC_{3(2)}$ [M]으로 임무 완료한 타이머 T_2 [H]를 복구시킨다. 동시에
주접점 MC_3으로 전동기 M_3이 기동하고 벨트 컨베이어 B_3이 이동한다.

⑥ 정지 : [4] [5] [6] [7]로 정지 완료

[4] 기동 입력 BS_2 [N]을 주면 보조 릴레이 X [O]가 동작하고
접점 $X_{(1)}$ [P]로 유지하며 T_3 [Q]와 T_4 [R]을 여자한다. 또 동시에

5 접점 $X_{(2)}$ [S]가 열려 MC_3 [K]가 복구하고
접점 $MC_{3(1)}$ [L]이 열려 유지를 해제하며
주접점 MC_3이 열려 전동기 M_3이 정지하고 컨베이어 B_3이 정지한다. 또,
접점 $X_{(3)}$ [T]로 T_2 회로를 끊고, 또 접점 $X_{(4)}$ [U]로 T_1 회로를 끊어 T_1, T_2의 재동작을 금지시킨다.

6 10초 후에 타이머 접점 T_{3b} [V]가 열리면
MC_2 [F]가 복구하고 접점 $MC_{2(1)}$ [G]가 열려 유지를 해제하며, 동시에
주접점 MC_2가 열려 전동기 M_2가 정지하고 컨베이어 B_2가 정지한다. 또,
접점 $MC_{2(3)}$ [W]가 열려 임무 완료한 타이머 T_3[Q]를 복구시킨다.

7 다시 10초 후에 타이머 접점 T_{4b} [X]가 열리면
MC_1 [B]가 복구하고 접점$MC_{1(1)}$ [C]가 열려 유지가 해제되며, 동시에
주접점 MC_1이 열려 전동기 M_1이 정지하고 컨베이어 B_1이 정지한다.
접점 $MC_{1(2)}$ [Y]가 열려 임무 완료한 보조 릴레이 X를 복구시킨다.

정리하면 아래 그림과 같이 된다.

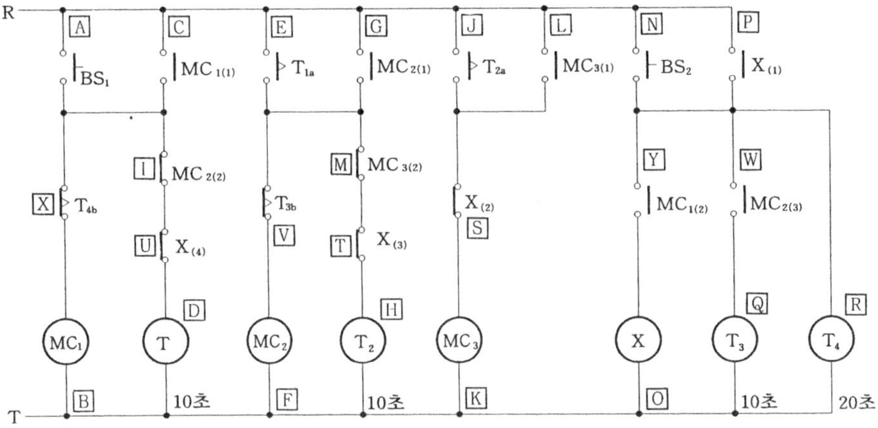

$BS_1\uparrow - MC_1\uparrow$, $T_1\uparrow$ −10초 후$-MC_2\uparrow$, $T_2\uparrow(T_1\downarrow)$−10초 후$-MC_3\uparrow - T_2\downarrow$ $BS_2\uparrow - X\uparrow$, $T_3\uparrow$, $T_4\uparrow - MC_3\downarrow$ −10초 후$-MC_2\downarrow - T_3\downarrow$ −10초 후$-MC_1\downarrow - X\downarrow$, $T_4\downarrow$

그림 3.35

5.2 PLC 시퀀스

▸논리 조건과 타임 차트에 따라 다음 순서로 그리면 그림 3.36과 같다.

① P011(MC_1) 동작 : P001(BS_1)로 기동, 유지, T004(T_{4b})로 정지

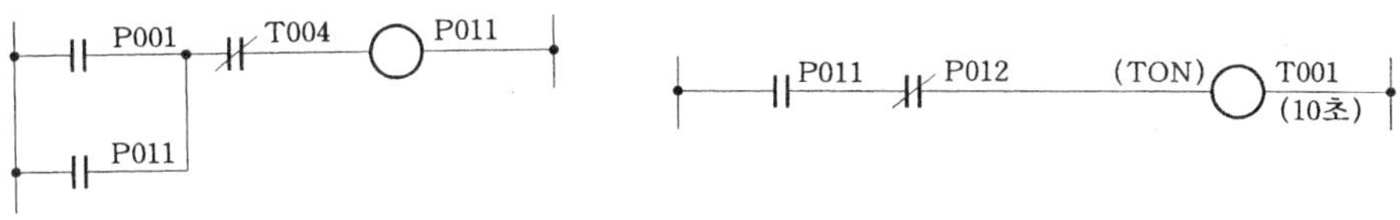

② T001(T_1) 여자 : P011로 여자, 10초 후 P012로 복구(입무 완료)

③ P012(MC_2) 동작 : T001(T_{1a})로 기동, 유지, T003(T_{3b})으로 정지

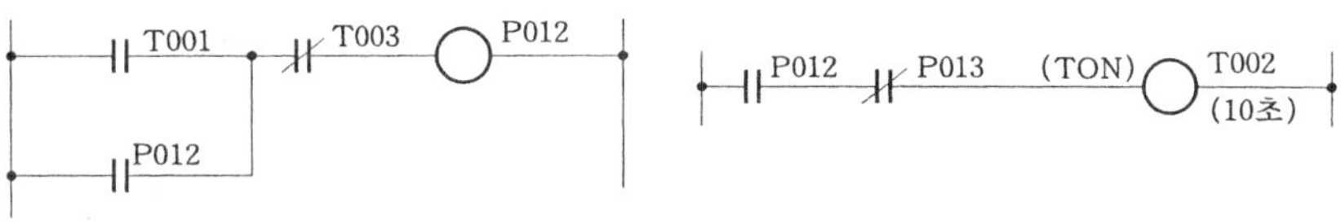

④ T002(T_2) 여자 : P012로 여자, 10초 후 P013으로 복구(입무 완료)

⑤ P013(MC_3) 동작 : T002(T_{2a})로 기동, 유지, M000(X_b)으로 정지

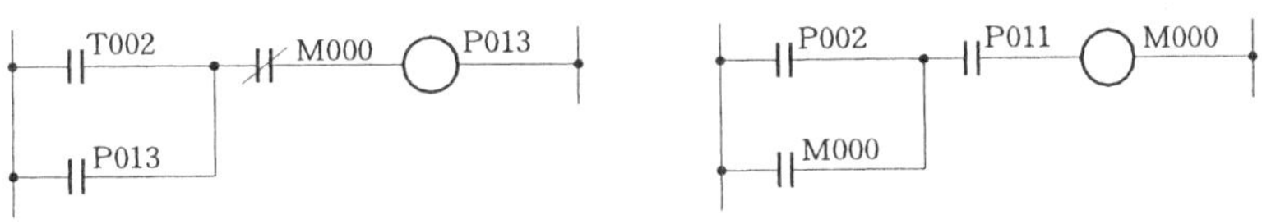

⑥ M000(X) 동작 : P002(BS_2)로 기동, 유지, P011(MC_1)로 정지

⑦ T003(T_3) 동작 : M000(X)로 여자, P012(MC_2)로 복구

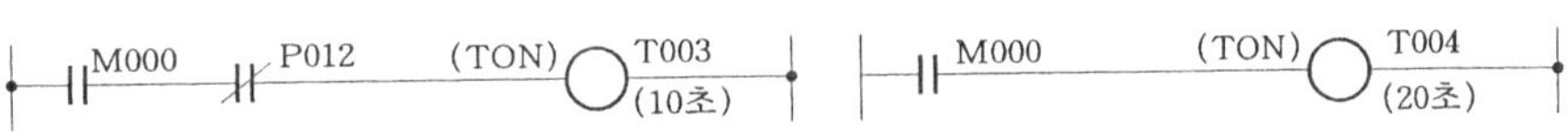

⑧ T004(T_4) 동작 : M000(X)로 여자 및 복구

⑨ 정리하면 그림 3.36과 같다. 그림에서

ⓐ 기동 운전 : [1][2][3]

[1] 기동 입력 P001(BS_1 [A])을 주면 P011(MC_1 [B])이 동작하고
P011 [C]로 유지하며 P011 [ㄱ]로 타이머 T001(T_1 [D])을 여자한다. 동시에
[주접점 MC_1로 전동기 M_1이 기동하고 벨트 컨베이어 B_1이 이동한다.]

[2] 10초 후에 타이머 T001(접점 T_{1a} [E])이 닫히면
P012(MC_2 [F])가 동작하고 P012 [G]로 유지하며

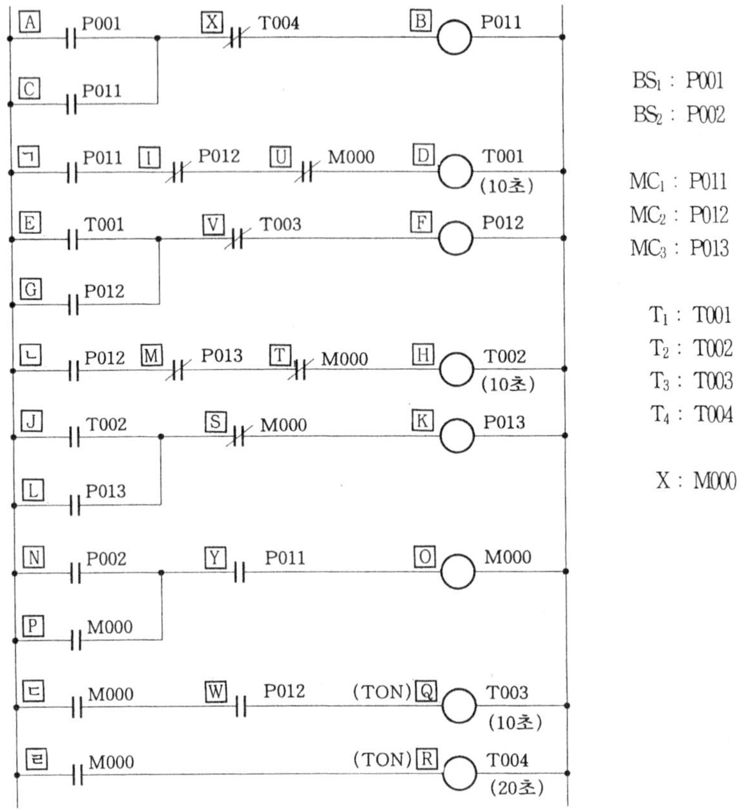

그림 3.36

step	명 령	번 지
0	LOAD	P001
1	OR	P011
2	AND NOT	T004
3	OUT	P011
4	LOAD	P011
5	AND NOT	P012
6	AND NOT	M000
7	TMR	T001
8	〈DATA〉	00100
10	LOAD	T001
11	OR	P012
12	AND NOT	T003
13	OUT	P012
14	LOAD	P012
15	AND NOT	P013
16	AND NOT	M000
17	TMR	T002

step	명 령	번 지
18	〈DATA〉	00100
20	LOAD	T002
21	OR	P013
22	AND NOT	M000
23	OUT	P013
24	LOAD	P002
25	OR	M000
26	AND	P011
27	OUT	M000
28	LOAD	M000
29	AND	P012
30	TMR	T003
31	〈DATA〉	00100
33	LOAD	M000
34	TMR	T004
35	〈DATA〉	00200
37	–	–

P012 ㄴ로 타이머 T002(T_2 H)를 여자한다. 또,
P012 I로 임무 완료한 타이머 T001(T_1 D)을 복구시킨다. 동시에
[주접점 MC_2로 전동기 M_2가 기동하고 벨트 컨베이어 B_2가 이동한다.]

③ 10초 후에 타이머 T002(접점 T_{2a} J)가 닫히면
P013(MC_3 K)이 동작하고 P013 L로 유지하며,
P013 M으로 임무 완료한 타이머 T002(T_2 H)를 복구시킨다. 동시에
[주접점 MC_3으로 전동기 M_3이 기동하고 벨트 컨베이어 B_3이 이동한다.]

ⓑ 정지 : ④⑤⑥⑦⑧

④ 기동 입력 P002(BS_2 N)를 주면
내부 출력 M000(보조 릴레이 X O)이 동작하고 M000 P으로 유지하며
M000 ㄷ으로 T003(T_3 Q)을, 또 M000 ㄹ으로 T004 (T_4 R)를 여자한다. 동시에

⑤ M000 S가 열려 P013(MC_3 K)이 복구하고 P013 L로 유지가 해제된다. 따라서
[주접점 MC_3이 열려 전동기 M_3이 정지하고 컨베이어 B_3이 정지한다.]

⑥ 또 M000 T로 T002(T_2 H) 회로를 끊고, 또 M000 U로 T001(T_1 D) 회로를 끊어
T001과 T002의 재동작을 금지시킨다.

⑦ 10초 후에 타이머 T003(접점 T_{3b} V이 열리면
P012(MC_2 F)가 복구하고 P012G로 유지가 해제된다. 동시에
[주접점 MC_2가 열려 전동기 M_2가 정지하고 컨베이어 B_2가 정지한다.]
또, P012 W가 열려 임무 완료한 타이머 T003(T_3 Q)을 복구시킨다.

⑧ 다시 10초 후(여자 20초)에 타이머 T004(접점 T_{4b} X)가 열리면
P011(MC_1 B)이 복구하고 P011 C로 유지가 해제된다. 동시에
[주접점 MC_1이 열려 전동기 M_1이 정지하고 컨베이어 B_1이 정지한다.]
또, P011 Y이 열려 임무 완료한 내부 출력 M000(보조 릴레이 X)을 복구시킨다.

▸ 래더 회로에서 니모닉 프로그램을 하면

【MC_1 회로】

0 스텝 : A BS_1, (기동), 회로 시작 LOAD P001
1 스텝 : C MC_1, (유지), 위와 병렬 OR P011
2 스텝 : X T_{4b}, (정지), 앞 회로와 직렬 b접점 AND NOT T004
3 스텝 : B MC_1, 출력 OUT P011

【T_1 회로】

4 스텝 : ㄱ MC_1, (기동), 회로 시작 LOAD P011
5 스텝 : I MC_2, (정지), 앞 회로와 직렬 b접점 AND NOT P012
6 스텝 : U X,(재동작 방지), 앞 회로와 직렬 b접점 AND NOT M000
7 스텝 : D TON, 타이머 T_1, TMR T001
8 스텝 : 설정 시간 10초, 〈DATA〉 00100

【MC_2 회로】

10 스텝 : E T_{1a}, (기동), 회로 시작 LOAD T001
11 스텝 : G MC_2, (유지), 위와 병렬 OR P012
12 스텝 : V T_{3b}, (정지), 앞 회로와 직렬 b접점 AND NOT T003
13 스텝 : F MC_2, 출력 OUT P012

【T_2 회로】

14 스텝 : ㄴ MC_2, (기동), 회로 시작 LOAD P012
15 스텝 : M MC_3, (정지), 앞 회로와 직렬 b접점 AND NOT P013
16 스텝 : T X, (재동작 방지), 앞 회로와 직렬 b접점 AND NOT M000
17 스텝 : H TON, (타이머), T_2, TMR T002
18 스텝 : 설정 시간 10초, 〈DATA〉 00100

【MC_3 회로】

20 스텝 : J T_{2a}, (기동), 회로 시작 LOAD T002
21 스텝 : L MC_3, (유지), 위 번지와 병렬 OR P013
22 스텝 : S X, (정지), 앞 회로와 직렬 b접점 AND NOT M000
23 스텝 : K MC_3, 출력 OUT P013

【X 회로】

24 스텝 : N BS_2, (기동), 회로 시작 LOAD P002
25 스텝 : P X, (유지), 위 번지와 병렬 OR M000
26 스텝 : Y MC_1, (정지), 앞 회로와 직렬 AND P011
27 스텝 : O X, 내부 출력 OUT M000

【T_3 회로】

28 스텝 : ㄷ X, (기동), 회로 시작 LOAD M000
29 스텝 : W MC_2, (정지), 앞 회로와 직렬 AND P012

30 스텝 : Q TON, (타이머), T_3, TMR T003
31 스텝 : 설정 시간 10초, 〈DATA〉 00100

【T_4 회로】

33 스텝 : ㄹ X, (기동), 회로 시작 LOAD M000
34 스텝 : R TON, (타이머), T_4, TMR T004
35 스텝 : 설정 시간 20초, 〈DATA〉 00200
37 스텝 : 끝 END

【참고도】

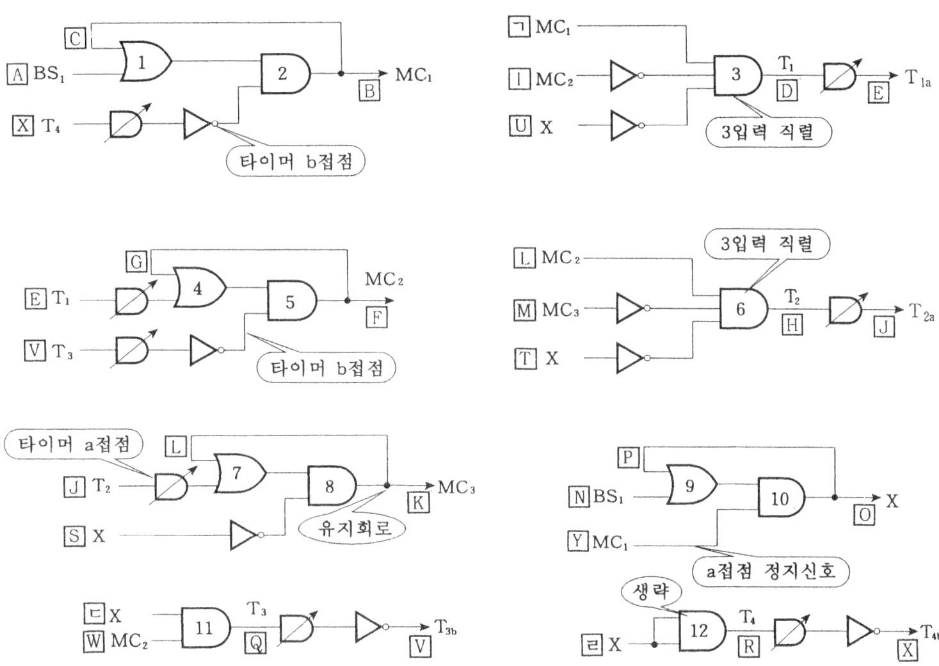

▶ 래더 회로에서 양논리 회로를 그리면 그림 3.37과 같다.

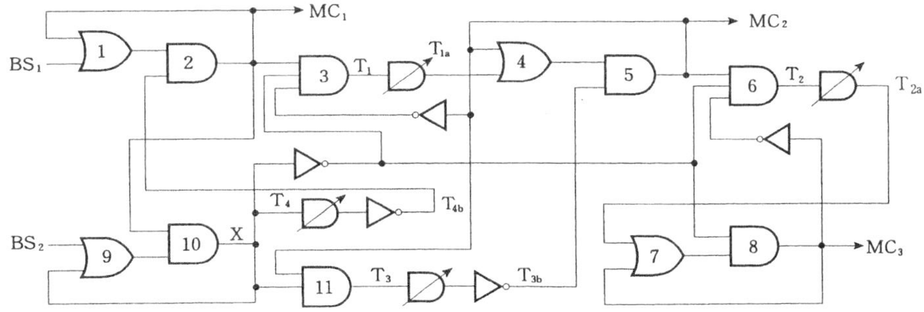

그림 3.37

5.3 로직 시퀸스

▸논리 조건과 타임 차트에 따라 다음 순서로 그리면 그림 3.38과 같다.

① MC_1 동작 : L입력 BS_1을 주면 FF_1($\overline{R}\ \overline{S}$−latch)이 셋하여 MC_1이 동작하고 이어 SMV_1 (T_1, 타이머 소자)이 셋한다.

② MC_2 동작 : 10초 후 SMV_1이 리셋하면 미분 회로를 통한 L 레벨로 FF_2가 셋하여 MC_2가 동작하고 이어 SMV_2(타이머 소자, T_2)가 셋한다.

[참고도]

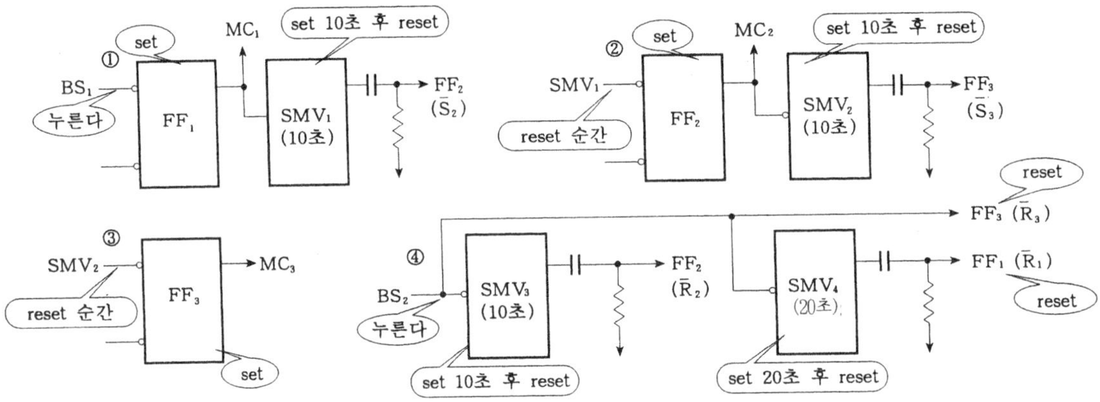

③ MC_3 동작 : 10초 후 SMV_2가 리셋하면 미분 회로를 통한 L 레벨로 FF_3이 셋하여 MC_3이 동작한다.

④ 정지 : L입력 BS_2를 주면 FF_3이 리셋되고, SMV_3과 SMV_4가 셋된다.

1 FF_3이 리셋되면 MC_3이 복구한다.

2 10초 후 SMV_3이 리셋되면 그 L 레벨로 FF_2가 리셋하여 MC_2가 복구한다.

3 20초 후 SMV_4가 리셋되면 그 L 레벨로 FF_1이 리셋하여 MC_1이 복구한다.

▸정리하면 그림 3.38이 된다. 그림에서

① 기동 입력 BS_1을 주면 FF_1이 셋하여 MC_1이 동작하고 이어 SMV_1이 셋한다.

[주접점 MC_1로 전동기 M_1이 기동하고 벨트 컨베이어 B_1이 이동한다.]

② 10초 후 SMV_1이 리셋하면 미분 회로를 통한 L 레벨로 FF_2가 셋하여 MC_2가 동작하고 이어 SMV_2 셋한다. 동시에

[주접점 MC_2로 전동기 M_2가 기동하고 벨트 컨베이어 B_2가 이동한다.]

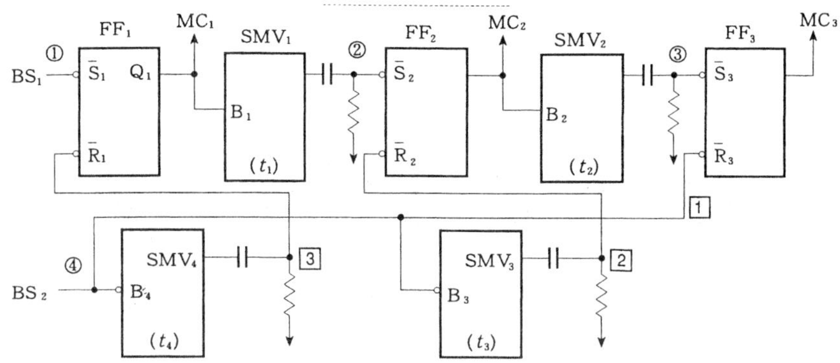

BS$_1$↑ −FF$_1$↑ −MC$_1$↑, SMV$_1$↑ −(10초)−SMV$_1$↓
−FF$_2$↑ −MC$_2$↑, SMV$_2$↑ −(10초)−SMV$_2$↓
−FF$_3$↑ −MC$_3$↑
BS$_2$↑ ┬ FF$_3$↓ −MC$_3$↓
├ SMV$_3$↑ −(10초)−SMV$_3$↓ −FF$_2$↓ −MC$_2$↓
└ SMV$_4$↑ −(20초)−SMV$_4$↓ −FF$_1$↓ −MC$_1$↓

그림 3.38

③ 10초 후 SMV$_2$가 리셋하면 미분 회로를 통한 L 레벨로 FF$_3$이 셋하여 MC$_3$이 동작한다.
[주접점 MC$_3$으로 전동기 M$_3$이 기동하고 벨트 컨베이어 B$_3$이 이동한다.]

④ 정지 : L입력 BS$_2$를 주면 FF$_3$이 리셋되고, SMV$_3$과 SMV$_4$가 셋된다.

[1] FF$_3$이 리셋되면 MC$_3$이 복구한다.
[주접점 MC$_2$이 열려 전동기 M$_3$이 정지하고 컨베이어 B$_3$이 정지한다.]

[2] 10초 후 SMV$_3$이 리셋되면 그 L 레벨로 FF$_2$가 리셋하여 MC$_2$가 복구한다.
[주접점 MC$_2$가 열려 전동기 M$_2$가 정지하고 컨베이어 B$_2$가 정지한다.]

[3] 20초 후 SMV$_4$가 리셋되면 그 L 레벨로 FF$_1$이 리셋하여 MC$_1$이 복구한다.
[주접점 MC$_1$이 열려 전동기 M$_1$이 정지하고 컨베이어 B$_1$이 정지한다.]

6. 전열 온풍기 회로

▸논리 조건 : 타임 차트(그림 3.39)에서

① 기동 스위치를 누르면 팬(Fan)이 구동하고,
7초 후에 전열기(Heater)가 작동한다. 운전 중에 타이머는 복구한다.

② 정지 스위치를 누르면 전열기가 복구하고, 10초 후에 팬이 정지한다.

③ 사용 기구는
입력 기구로 a접점용 버튼 스위치 BS_1(P001), BS_2(P002)의 2개
출력 기구로 MC_1(P011), MC_2(P012)의 2개
보조 기구로 타이머 TON T_1, T_2 (T001, T002)의 2개
정지 회로 유지용 릴레이 X(M000)의 1개 사용(필요시)

④ 회로 설명의 편의상 주회로와 RL, GL, OL, Thr 등은 생략한다.

■로직 회로는 L 입력형이고, 릴레이 회로와 PLC 회로는 H 입력형으로 한다.

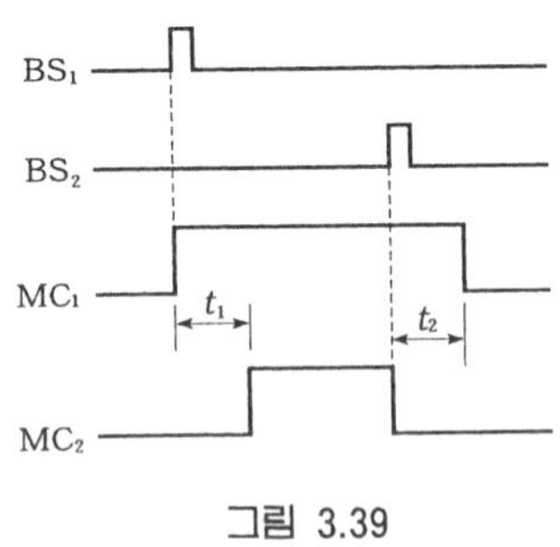

그림 3.39

(입력) BS_1 : P001, BS_2 : P002(a접점용)
(출력) MC_1 : P011, FF_1, Fan-Motor
MC_2 : P012, FF_2, Heater
(타이머) T_1 : T001, SMV_1, 7초
T_2 : T002, SMV_2, 10초
(릴레이) X : M000

6.1 릴레이 시퀀스

▸논리 조건과 타임 차트에 따라 다음 순서로 그리면 그림 3.40과 같다.

① MC_1 동작 : BS_1로 기동, 유지 및 T_1 여자, T_{2b}로 정지

② T_1 여자 : MC_1로 기동 유지, MC_2로 정지

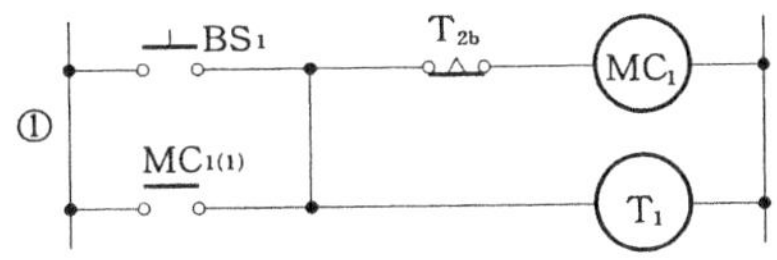

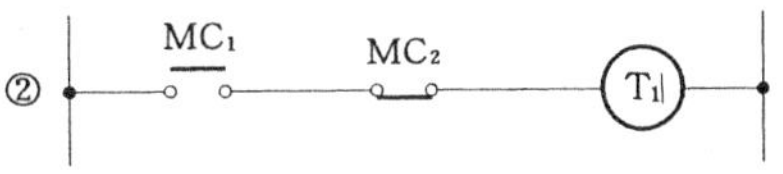

③ MC_2 동작 : T_{1a}로 기동, 유지 및 X로 정지(T_1 복구)

④ X 동작 : BS_2로 기동, 유지 및 T_2 여자, MC_1로 정지

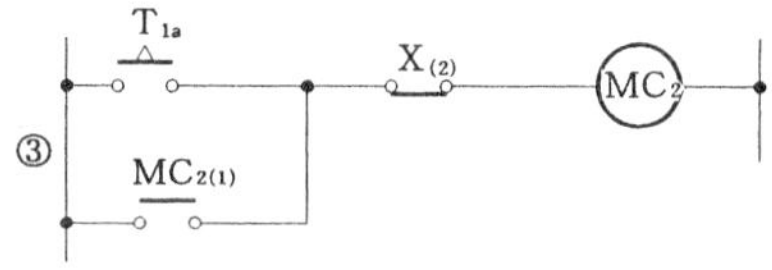

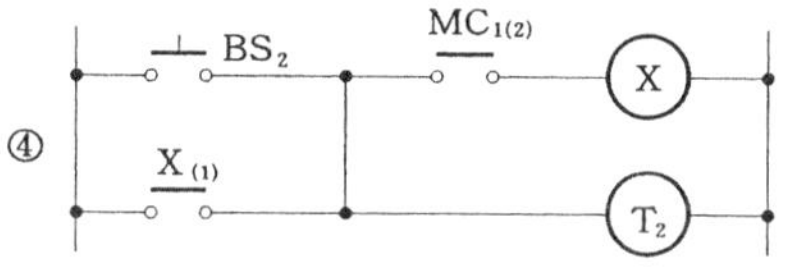

정리하면 그림 3.40과 같이 된다.

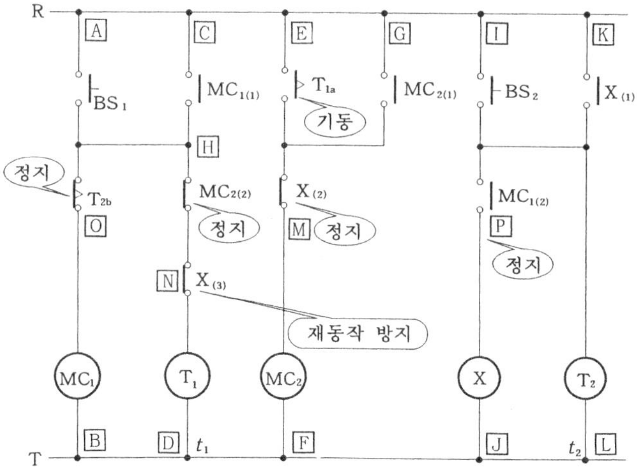

$BS_1\uparrow - MC_1\uparrow$, $T_1\uparrow$ $-$7초 후$- MC_2\uparrow$ $-$ ($T_1\downarrow$)
$BS_2\uparrow - X\uparrow$, $T_2\uparrow - MC_2\downarrow$ $-$10초 후$- MC_1\downarrow - X\downarrow$, $T_2\downarrow$

그림 3.40

⑤ 기동 운전 : [1] [2]로 기동 완료 운전 시작

[1] 기동 입력 BS_1 [A]를 주면

MC$_1$ [B]가 동작하고 접점 MC$_{1(1)}$ [C]로 유지하며 T_1[D]를 여자한다. 동시에

[주접점 MC$_2$이 닫혀 전동기 M_1이 기동하고 Fan이 동작한다.]

[2] 7초 후에 타이머 접점 T_{1a} [E]가 닫히면

MC$_2$ [F]가 동작하고 접점 MC$_{2(1)}$ [G]로 유지한다. 또,

접점 MC$_{2(2)}$ [H]로 임무 완료한 타이머 T_1 [D] 복구시킨다. 동시에

[주접점 MC$_2$가 닫혀 전열기(Heater)가 가열되어 온풍이 생긴다.]

⑥ 정지 : [3] [4] [5]로 정지 완료

[3] 기동 입력 BS_2 [I]을 주면

보조 릴레이 X [J]가 동작하고 접점 $X_{(1)}$ [K]로 유지하며 T_2 [L]를 여자한다.

[4] 접점 $X_{(2)}$ [M]가 열려 MC$_2$ [F]가 복구하고

접점 MC$_{2(1)}$ [G]이 열려 유지를 해제하며

[주접점 MC$_2$가 열려 전열기(Heater)가 정지한다.]

또, 접점 $X_{(3)}$ [N]으로 T_1 회로를 끊어 T_1의 재동작을 금지시킨다.

[5] 10초 후에 타이머 접점 T_{2b} [O]가 열리면

MC$_1$ [B]가 복구하고 접점 MC$_{1(1)}$ [C]가 열려 유지를 해제하며, 동시에

[주접점 MC$_1$이 열려 전동기 M_1이 정지하고 Fan이 정지한다.]

또, 접점 MC$_{1(2)}$ [P]가 열려 보조 릴레이 X(타이머 T_2)를 복구시킨다.

6.2 PLC 시퀀스

▸논리 조건과 타임 차트에 따라 다음 순서로 그리면 그림 3.41과 같다.

① P011(MC_1) 동작 : P001(BS_1)로 기동, 유지, T002(T_{2b})로 정지

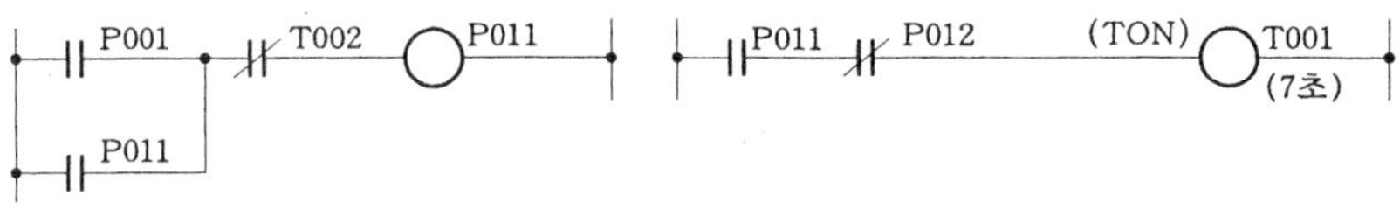

② T001(T_1) 여자 : P011로 여자, 7초 후 P012로 복구(임무 완료)

③ P012(MC_2) 동작 : T001(T_{1a})로 기동, 유지, M000(X_b)으로 정지

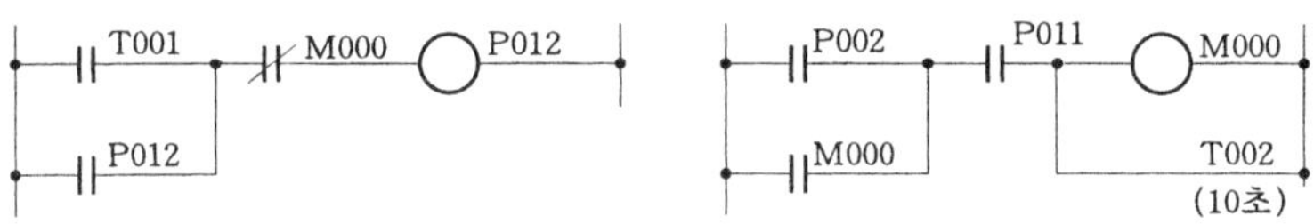

④ M000(X) 동작 : P002(BS_2)로 기동, 유지, P011(MC_1)로 정지. T002 여자

⑤ 정리하면 그림 3.41과 같다. 그림에서

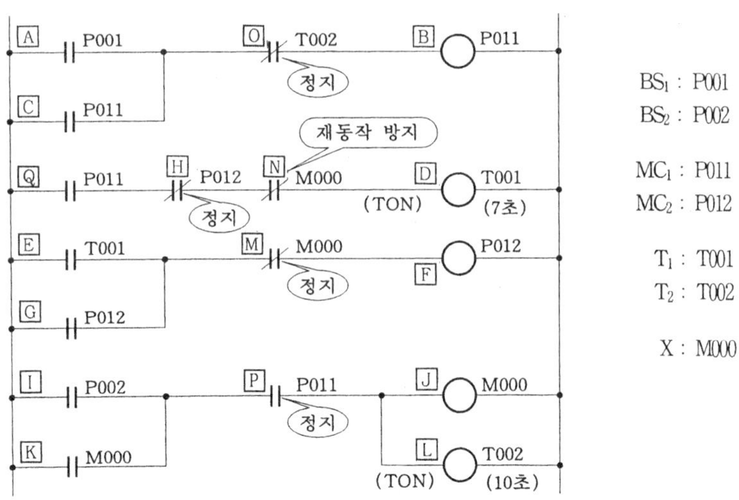

그림 3.41

ⓐ 기동 운전 : [1][2]

[1] 기동 입력 P001(BS_1 [A])을 주면

P011(MC_1 [B])이 동작하고 P011 [C]로 유지하며
P011 [Q]로 타이머 T001(T_1 [D])을 여자한다. 동시에
[주접점 MC_1로 전동기 M_1이 기동하고 Fan이 동작한다.]

[2] 7초 후에 타이머 T001(접점 T_{1a} [E])이 닫히면
P012(MC_2 [F])가 동작하고 P012 [G]로 유지한다. 또,
P012 [H]로 임무 완료한 타이머 T001(T_1 [D])을 복구시킨다. 동시에
[주접점 MC_2로 전열기가 가열되고 온풍이 생긴다.]

ⓑ 정지 : [3] [4] [5] [6]

[3] 기동 입력 P002(BS_2 [I])를 주면
내부 출력 M000(보조 릴레이 X [J])이 동작하고 M000 [K]으로 유지하며
T002(T_2 [L])를 여자한다. 동시에

[4] M000 [M]이 열려 P012(MC_2 [F])가 복구하고 P012 [G]로 유지가 해제된다. 따라서
[주접점 MC_2가 열려 전열기가 복구한다.]

[5] M000 [N]으로 T001(T_1 [D]) 회로를 끊어 T001의 재동작을 금지시킨다.

[6] 10초 후에 타이머 T002(접점 T_{2b} [O])가 열리면
P011(MC_1 [B])이 복구하고 P011 [C]로 유지가 해제된다. 동시에
[주접점 MC_1이 열려 전동기 M_1이 정지하고 팬이 정지한다.]
또, P011 [P]가 열려 내부 출력 M000(X [J])와 타이머 T002(T_2 [L])을 복구시킨다.

▸래더 회로에서 니모닉 프로그램을 하면 표와 같다.

step	명령	번지
0	LOAD	P001
1	OR	P011
2	AND NOT	T002
3	OUT	P011
4	LOAD	P011
5	AND NOT	P012
6	AND NOT	M000
7	TMR	T001
8	〈DATA〉	00070
10	LOAD	T001

step	명령	번지
11	OR	P012
12	AND NOT	M000
13	OUT	P012
14	LOAD	P002
15	OR	M000
16	AND	P011
17	OUT	M000
18	TMR	T002
19	〈DATA〉	00100
21	–	–

【MC_1 회로】

0 스텝 : [A] BS_1, (기동), 회로 시작 LOAD P001
1 스텝 : [C] MC_1, (유지), 위와 병렬 OR P011
2 스텝 : [O] T_{2b}, 앞 회로와 직렬 b접점 AND NOT T002
3 스텝 : [B] MC_1, 출력 OUT P011

【T_1 회로】

4 스텝 : [Q] MC_1, (기동), 회로 시작 LOAD P011
5 스텝 : [H] MC_2, (정지), 앞 회로와 직렬 b접점 AND NOT P012
6 스텝 : [N] X, (재동작 방지), 앞 회로와 직렬 b접점 AND NOT M000
7 스텝 : [D] TON, 타이머 T_1, TMR T001
8 스텝 : 설정 시간 7초, 〈DATA〉 00070

【MC_2 회로】

10 스텝 : [E] T_{1a}, (기동), 회로 시작 LOAD T001
11 스텝 : [G] MC_2, (유지), 위와 병렬 OR P012
12 스텝 : [M] X_b, (정지), 앞 회로와 직렬 b접점 AND NOT M000
13 스텝 : [F] MC_2, 출력 OUT P012

【X 회로】

14 스텝 : [I] BS_2, (기동), 회로 시작 LOAD P002
15 스텝 : [K] X, (유지), 위 번지와 병렬 OR M000
16 스텝 : [P] MC_1, (정지), 앞 회로와 직렬 AND P011
17 스텝 : [J] X, 내부 출력 OUT M000
18 스텝 : [L] TON, (타이머), T_2, TMR T002
19 스텝 : 설정 시간 10초, 〈DATA〉 00100
21 스텝 : 끝 END

[참고도]

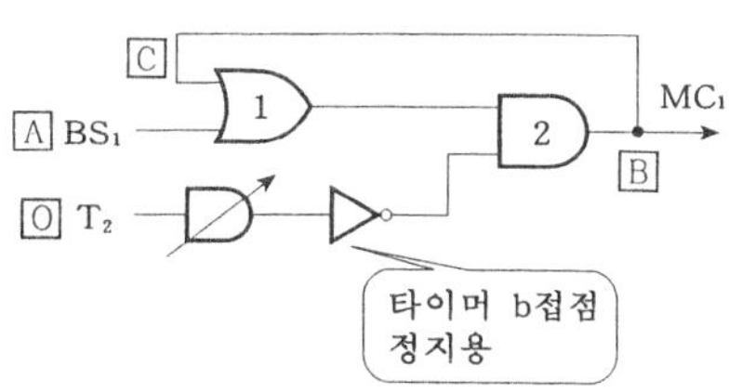

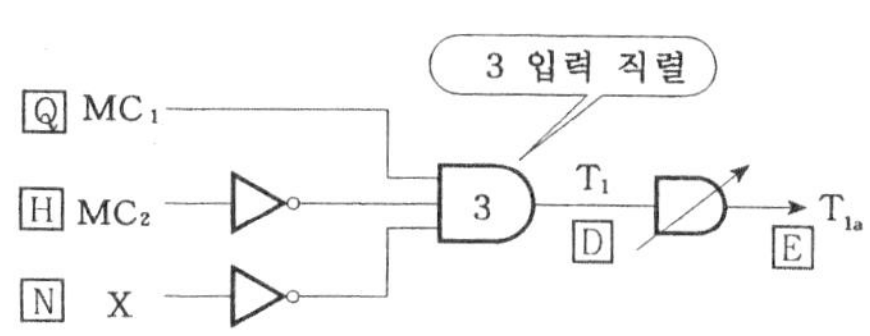

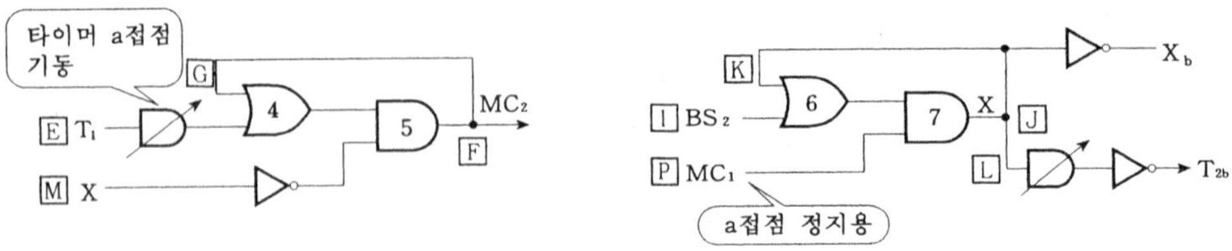

▸ 래더 회로와 참고도에서 양논리 회로를 그리면 그림 3.42와 같다.

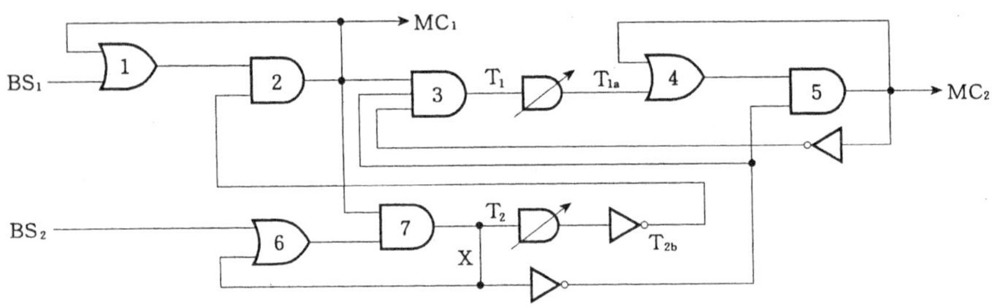

그림 3.42

6.3 로직 시퀀스

▸논리 조건과 타임 차트에 따라 다음 순서로 그리면 그림 3.43과 같다.

① MC_1 동작 : L입력 BS_1을 주면 FF_1 ($\overline{R}\,\overline{S}$ −latch)이 셋하여 MC_1이 동작하고, 이어 SMV_1 (T_1, 타이머 소자)이 셋한다. 〈Fan 작동〉

② MC_2 동작 : 7초 후 SMV_1이 리셋하면 미분 회로를 통한 L 레벨로 FF_2가 셋하여 MC_2가 동작한다. 〈전열기 동작〉

③ 정지 : L입력 BS_2를 주면 FF_2가 리셋되고 SMV_2가 셋된다.

1 FF_2가 리셋되면 MC_2가 복구하여 전열기가 복구한다.

2 10초 후 SMV_2가 리셋되면
그 L 레벨로 FF_1이 리셋하여 MC_2가 복구하고 팬이 정지한다.

[참고도]

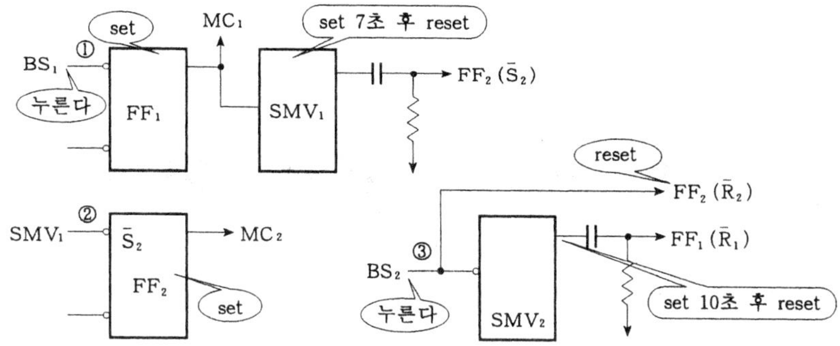

④ 정리하면 그림 3.43이 된다. 그림에서

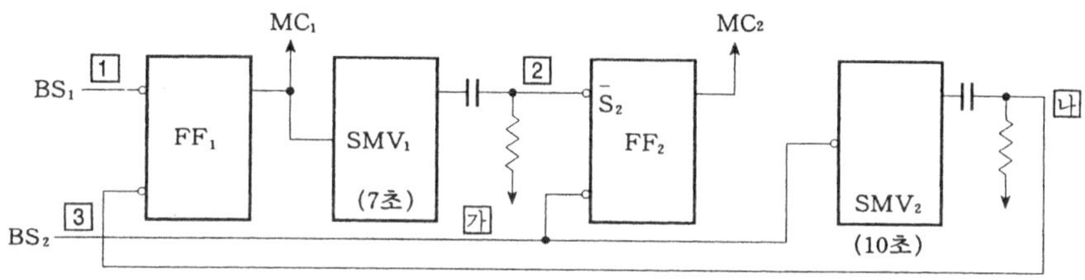

BS1↑−FF1↑−MC1↑−SMV1↑−(7초)−SMV1↓−FF2↑−MC2↑
BS2↑┬FF2↓−MC2↓
　　└SMV2↑−(10초)−SMV2↓−FF1↓−MC1↓

그림 3.43

1 기동 입력 BS_1을 주면 FF_1이 셋하여 MC_1이 동작하고 이어 SMV_1이 셋한다.
　[주접점 MC_1로 전동기 M_1이 기동하고 팬이 동작한다.]

2 7초 후 SMV_1이 리셋하면 미분 회로를 통한 L 레벨로 FF_2가 셋하여 MC_2가 동작한다. 따라서
　[주접점 MC_2로 전열기가 동작한다.]

3 정지 : L 입력 BS_2를 주면 FF_2가 리셋되고 SMV_2가 셋된다.

가 FF_2가 리셋되면 MC_2가 복구한다.
　[주접점 MC_2가 열려 전열기가 복구한다.]

나 10초 후 SMV_2가 리셋되면 그 L 레벨로 FF_1이 리셋하여 MC_1이 복구한다.
　[주접점 MC_1이 열려 전동기 M_1이 정지하고 팬이 정지한다.]

7. 양수 펌프 회로

▸논리 조건 : 소형 자·수동 양수 펌프 회로의 예이다.

① 수동 회로 : 기동 버튼 스위치를 주면 펌프가 운전하여 양수하고
정지 버튼 스위치를 주면 펌프가 정지한다.

② 자동 회로 : 저수위용 액면(float) 스위치로 펌프가 운전하여 양수하고
고수위용 액면 스위치로 펌프가 정지한다.

③ 사용 기구는 입력 기구로 버튼 스위치 BS_1, BS_2 2개, 액면 스위치 L_L, L_H 2개
출력 기구로 MC 1개를 사용한다.

④ 회로 설명의 편의상 RL, GL, OL, Thr 등은 생략한다.

▸그림 3.44는 자동 양수 장치와 주회로의 일례이다.

① 접점 MC가 닫히면 전동기 M이 회전하고 펌프가 운전되어 양수한다.

② 상한 액면 스위치 L_H는 만수위에서 접점이 열려 정지 입력으로 사용되고
하한 액면 스위치 L_L은 저수위에서 접점이 닫혀 기동 입력으로 사용된다.

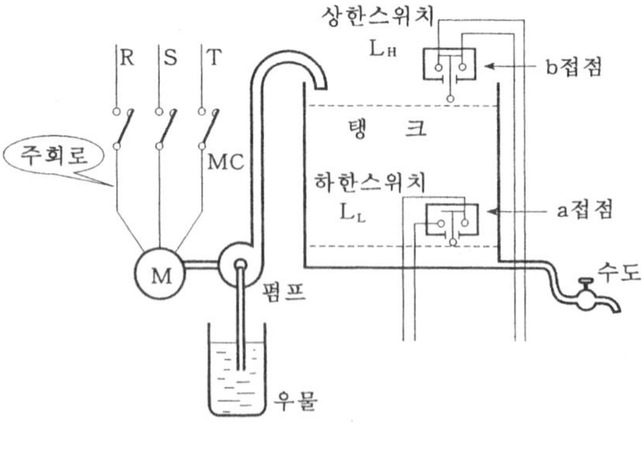

그림 3.44

7.1 릴레이 시퀀스

▸그림 3.45는 자수동 양수 회로의 일례이다.

1) 수동 회로

BS_1 [A]로 기동하고, BS_2 [D]로 정지한다(참고도 (a)).

① 기동 입력 BS_1 [A]을 주면 MC [B]가 동작하고 MC(1) [C]로 유지하며

[주회로의 주접점 MC가 닫혀서 전동기 M이 회전하고 펌프가 운전되어 양수한다.]

② 정지 입력 BS_2 [D]를 주면 MC [B]가 복구하고 $MC_{(1)}$ [C]로 유지가 해제되며

[주회로의 주접점 MC가 열려서 전동기 M이 정지하고 펌프가 정지하여 양수를 중지한다.]

[참고도]

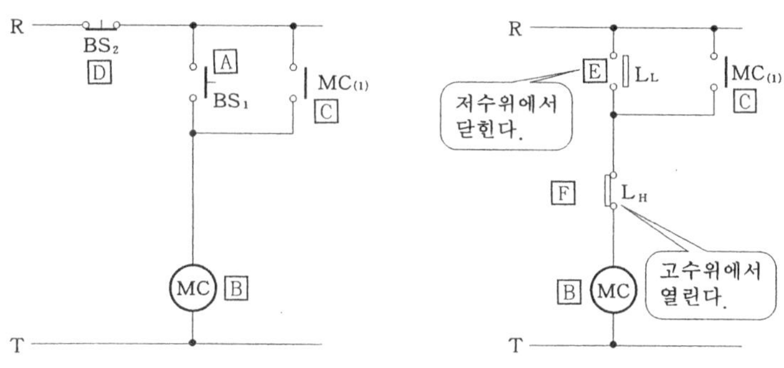

(a) (b)

2) 자동 회로

액면 스위치 L_L [E]로 기동하고, L_H [F]로 정지한다(참고도 (b)).

① 저수위에서 기동 입력인 하한 액면 스위치 L_L [E]이 닫히면

MC [B]가 동작하고 $MC_{(1)}$ [C]로 유지하며

[주회로의 주접점 MC가 닫혀서 전동기 M이 회전하고 펌프가 운전되어 양수한다.]

② 만수위에서 정지 입력인 상한 액면 스위치 L_H [F]가 열리면

MC [B]가 복구하고 $MC_{(1)}$ [C]로 유지가 해제되며

[주회로의 주접점 MC가 열려서 전동기 M이 정지하고 펌프가 정지하여 양수를 중지한다.]

여기서, BS_2는 긴급 정지 스위치를 겸한다.

③ 정리하면 그림 3.45와 같이 된다.

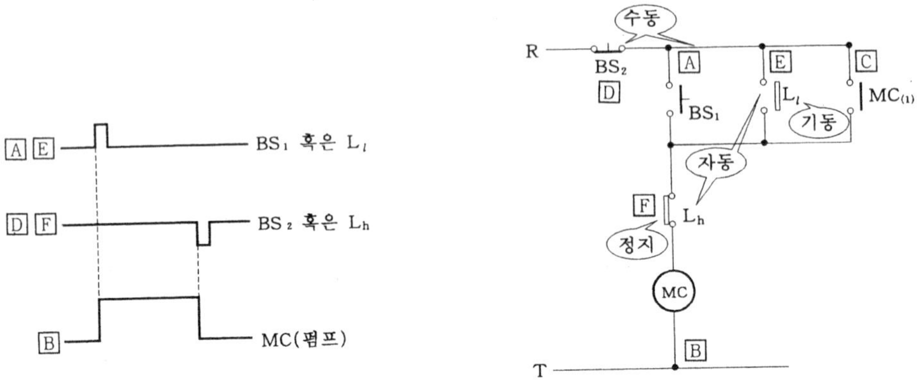

그림 3.45

7.2 PLC 시퀀스

▸그림 3.46은 그림 3.45를 래더 다이어그램 및 양논리 회로로 바꾼 것이다.

① 두 기동 입력 BS_1 A과 L_L E이 유지 접점 $MC_{(1)}$ C과 3입력 병렬(OR)이며

② 두 정지 입력 BS_2 D와 L_H F가 직렬(AND) b접점(NOT)이므로

래더도는 그림 3.46 (a)와 같고 참고도를 참조하면 양논리 회로는 3.46 (b)와 같다.

[참고도]

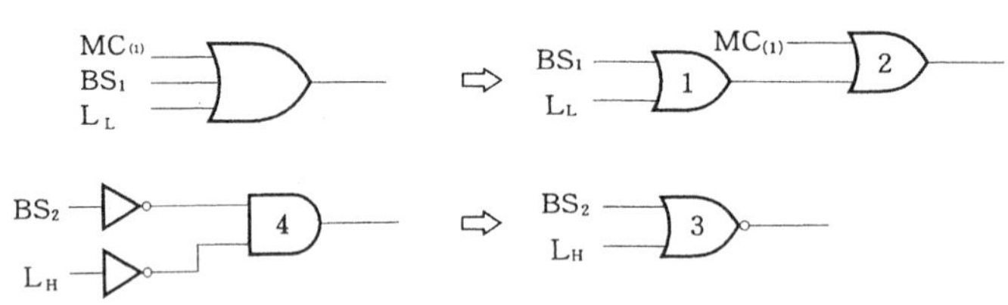

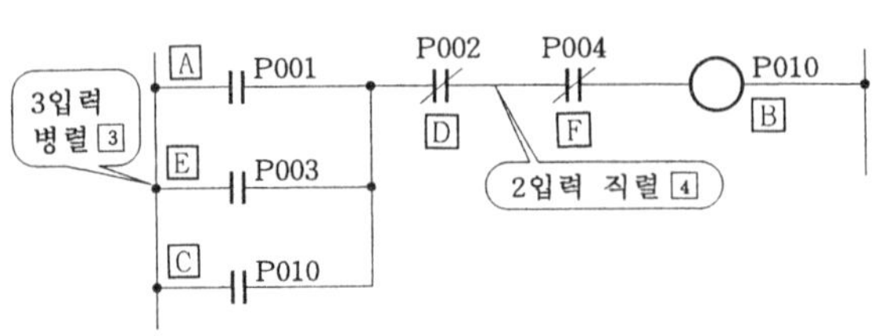

〔입력〕
BS_1 : P001
BS_2 : P002
L_L : P003
L_H : P004
〔출력〕
MC : P010

(a)

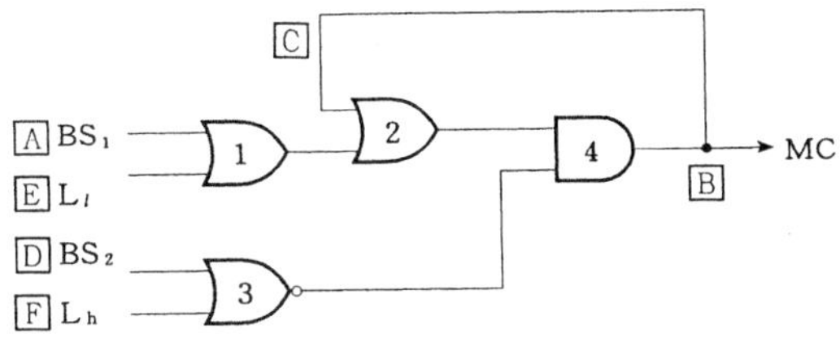

(b)

그림 3.46

③ 수동 운전 : 기동 입력 P001(BS_1 A)을 주면
출력 P010(MC B)이 동작 유지($MC_{(1)}$ C)하며
정지 P002(BS_2 D)를 주면 출력 P010(MC B)이 복구한다.

④ 자동 운전 : 기동 입력 P003(L_L E)을 주면
출력 P010(MC B)이 동작 유지($MC_{(1)}$ C)하며
정지 P004(L_H F)를 주면 출력 P010(MC B)이 복구한다.

⑤ 래더도에서 니모닉 프로그램하면 표와 같다.

step	명 령	번 지
0	LOAD	P001
1	OR	P003
2	OR	P010
3	AND NOT	P002
4	AND NOT	P004
5	OUT	P010

ⓐ 0 스텝 : A BS_1 (기동), 회로 시작 LOAD P001
ⓑ 1 스텝 : E L_L (기동), 위와 병렬 OR P003
ⓒ 2 스텝 : C $MC_{(1)}$ (유지), 위와 병렬 OR P010
ⓓ 3 스텝 : D BS_2 (정지), 앞 회로와 직렬 b접점 AND NOT P002
ⓔ 4 스텝 : F L_H (정지), 앞 회로와 직렬 b접점 AND NOT P004
ⓕ 5 스텝 : B MC, 출력 OUT P010

7.3 로직 시퀀스

▸그림 3.47은 로직 회로이다.

① 수동 운전 : 기동 입력 BS_1 Ⓐ을 주면 FF가 셋하여 출력 MC Ⓑ가 생기고
정지 입력 BS_2 Ⓓ를 주면 FF가 리셋하여 출력 MC Ⓑ가 없어진다.

② 자동 운전 : 기동 입력 L_L Ⓔ를 주면 FF가 셋하여 출력 MC Ⓑ가 생기고
정지 입력 L_H Ⓕ를 주면 FF가 리셋하여 출력 MC Ⓑ가 없어진다.

정리하면

③ 두 기동 입력 BS_1 Ⓐ과 L_L Ⓔ 중 하나를 주면
FF가 셋하여 출력 MC Ⓑ가 생기고

④ 두 정지 입력 BS_2 Ⓓ와 L_H Ⓕ 중 하나를 주면
FF가 리셋하여 출력 MC Ⓑ가 없어진다. 따라서 그림 3.47과 같이 된다.

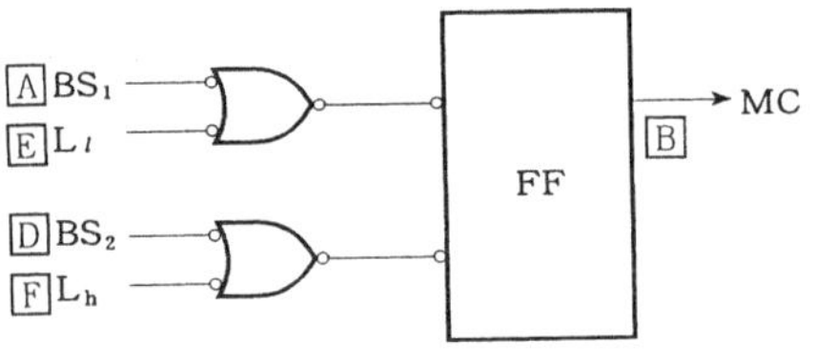

그림 3.47

8. 신호등 제어 회로

▸논리 조건 : 타임 차트(그림 3.48)에서와 같이

① 기동 신호 BS_1을 주면 적색 신호등 L_1이 점등한다.

② 25초 후에 황색 신호등 L_2가 점등한다.

③ 5초 후에 적색 신호등과 황색 신호등이 소등하고 청색 신호등 L_3이 점등한다.

④ 30초 후에 청색 신호등이 소등하고 적색 신호등이 점등한다.

⑤ 이하 정지 신호 BS_2를 줄 때까지 반복한다.

⑥ 사용 기구 : 버튼 스위치 2개, 램프 3개, 타이머 3개, 보조 기구 3개 등이고 기타 기구는 무시한다.

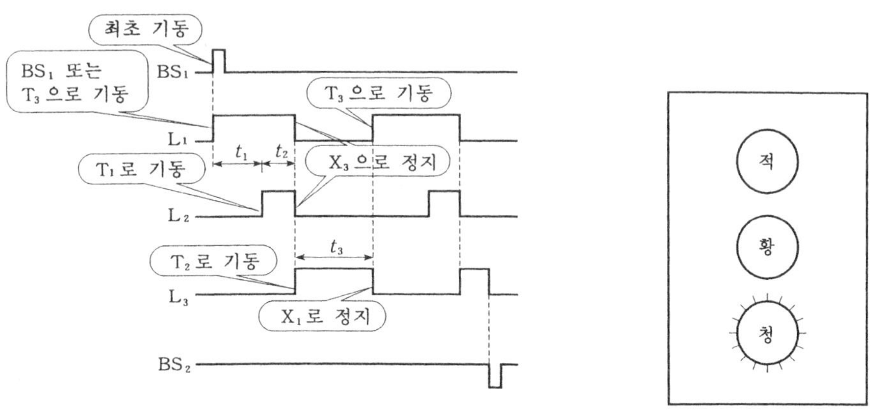

그림 3.48

8.1 릴레이 시퀀스

▸논리 조건과 타임 차트에 따라 다음 차례로 그리면 그림 3.49와 같다.

1) 적색 신호등 L_1 회로

BS_1 [A]로 동작하고, $X_{3(2)}$ [S]로 복구한다(참고도 (a)).

① 기동 입력 BS_1 [A]을 주면 X_1 [B]이 동작하고 접점 $X_{1(1)}$ [C]로 유지하며

② 타이머 T_1 [D]이 여자된다. 이어서

③ 접점 $X_{1(3)}$ [E]으로 적색 신호등 L_1 [F]이 점등한다.

④ 타이머 T_1 [D]은 25초 후에 X_2 [H]를 동작시키고 접점 $X_{2(2)}$ [M]로 복구한다.

⑤ 릴레이 X_1 [B](L_1 [F])은 X_3 [O](청색 신호등 L_3) 동작 후 접점 $X_{3(2)}$ [S]로 복구한다.

☞ 정지 신호(접점 $X_{3(2)}$ [S])를 ★점에 넣으면 X_1의 재동작이 되지 않는다.

[참고도 (a)]

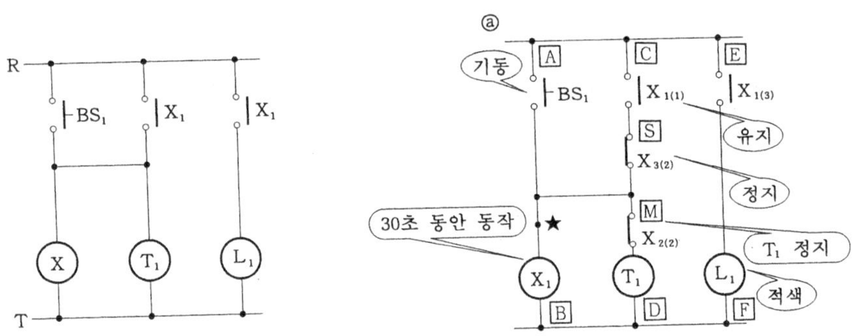

2) 황색 신호등 L_2 회로

접점 T_{1a} [G]로 기동하고, $X_{3(4)}$ [T]로 복구한다(참고도 (b)).

① 25초 후 접점 T_{1a} [G]가 닫히면 X_2 [H]가 동작하고 접점 $X_{2(1)}$ [I]로 유지하며

② 타이머 T_2 [J]가 여자된다. 이어서

③ 접점 $X_{2(3)}$ [K]으로 황색 신호등 L_2 [L]가 점등한다.

④ 릴레이 X_2 [H](L_2 [L])는 X_3 [O](청색 신호등 L_3) 동작 후 접점 $X_{3(4)}$ [T]로 복구한다.

[참고도 (b)]

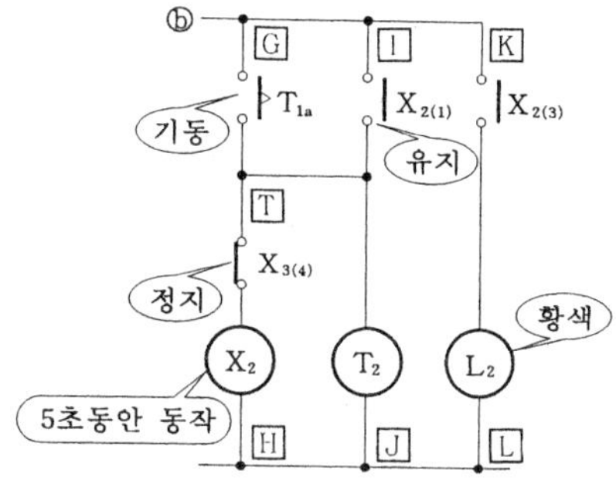

3) 청색 신호등 L_3 회로

접점 T_{2a} [N]로 기동하고, $X_{1(2)}$ [U]로 정지한다(참고도 (c)).

① 5초 후 접점 T_{2a} [N]가 닫히면 X_3 [O]이 동작하고 접점 $X_{3(1)}$ [P]로 유지하며

② 접점 $X_{3(3)}$ [Q]로 타이머 T_3 [R]이 여자된다. 이어서

☞ 타이머 T_3을 점선에 넣으면 $X_{3(2)}$ [S]와 T_{3a} [X]가 동시에 복구하여 X_1 [B]의 동작이 불안정하게 된다.

③ 접점 $X_{1(4)}$ [V]가 닫히면 청색 신호등 L_3이 점등한다.

④ 릴레이 X_3 [O]은 X_1 [B] 동작 후 접점 $X_{1(2)}$ [U]로 복구한다.

☞ 정지 신호(접점 $X_{1(2)}$ [U])를 ★점에 넣으면 X_3의 반복 동작이 되지 않는다. 또, 접점 $X_{1(4)}$ [V]는 L_1이 소등하면서 L_3이 점등하도록 시간차를 조정한다.

[참고도 (c), (d)]

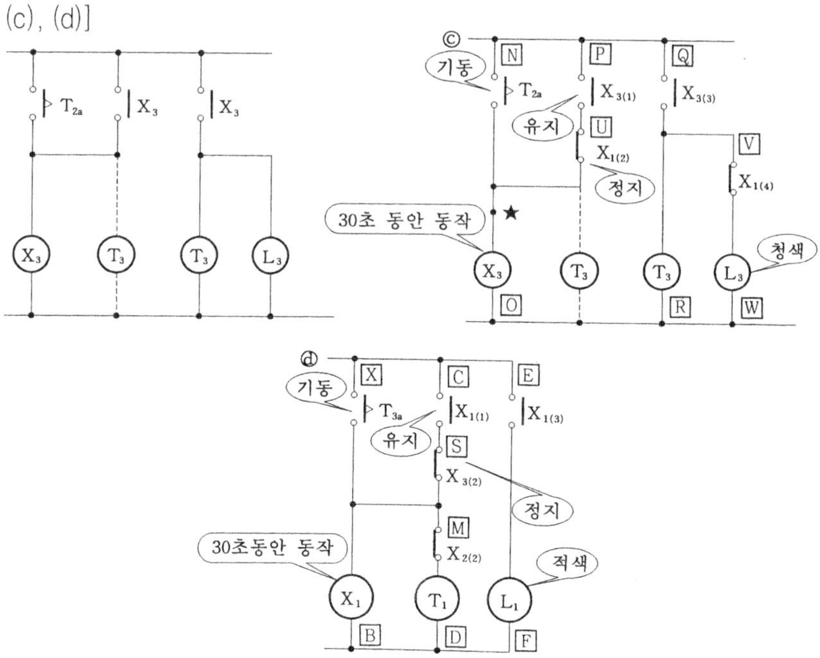

4) 적색 신호등 L_1 재동작

T_{3a} X로 기동하고, $X_{3(2)}$ S로 정지한다(참고도 (d)).

① 30초 후 접점 T_{3a} X가 닫히면 X_1 B이 재동작하고 접점 $X_{1(1)}$ C로 유지하며

② 타이머 T_1 D이 여자된다. 이어서

③ 접점 $X_{1(3)}$ E으로 적색 신호등 L_1 F이 다시 점등한다. 동시에

④ 접점 $X_{1(2)}$ U로 X_3 O이 복구하며, 또 접점 $X_{1(4)}$ V로 신호등 L_3 W이 소등한다.

⑤ 이어서 접점 $X_{3(3)}$ Q으로 T_3 R이 복구하고, 또
접점 $X_{3(2)}$ S로 X_1 B의 유지 회로가 완성된다.

⑥ 이하 (2), (3), (4)를 반복하므로 정리하면 그림 3.49와 같이 된다.

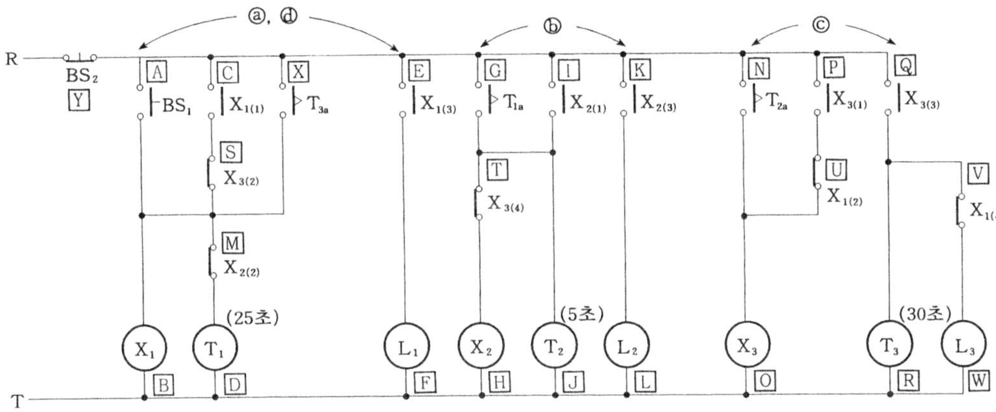

그림 3.49

5) 처음 기동

적색 신호등 L_1 회로는 BS_1 A로 기동하고, $X_{3(2)}$ S로 복구한다.

① 기동 입력 BS_1 A을 주면 X_1 B이 동작하고 접점 $X_{1(1)}$ C로 유지하며

② 타이머 T_1 D이 여자된다. 이어서

③ 접점 $X_{1(3)}$ E으로 적색 신호등 L_1 F이 점등한다.

BS_1 A↑ −X_1 B↑, T_1 D↑ −L_1 F↑

6) 황색 신호등 L_2 회로

접점 T_{1a} G로 기동하고, $X_{3(4)}$ T로 복구한다.

① 25초 후 접점 T_{1a} G가 닫히면 X_2 H가 동작하고 접점 $X_{2(1)}$ I로 유지하며

② 타이머 T_2 [J]가 여자된다. 이어서
③ 접점 $X_{2(3)}$ [K]으로 황색 신호등 L_2 [L]가 점등한다.
④ 접점 $X_{2(2)}$ [M]로 임무 완료한 타이머 T_1 [D]이 복구한다.

> T_{1a} [G]↑ −X_2 [H]↑, T_2 [J]↑ −L_2 [L], T_1 [D]↓

7) 청색 신호등 L_3 회로

접점 T_{2a} [N]로 기동하고, $X_{1(2)}$ [U]로 정지한다.
① 5초 후 접점 T_{2a} [N]가 닫히면 X_3 [O]이 동작하고 접점 $X_{3(1)}$ [P]로 유지하며
② 접점 $X_{3(3)}$ [Q]이 닫혀서 타이머 T_3 [R]이 여자된다. 동시에
③ 접점 $X_{3(2)}$ [S]와 접점 $X_{3(4)}$ [T]가 열려 X_1 [B]와 X_2 [H]가 복구하며
접점 $X_{1(3)}$ [E]와$X_{2(3)}$ [K]가 열리고, 또 $X_{1(4)}$ [V]가 닫혀
신호등 L_1 [F]과 L_2 [L]가 소등하고 L_3 [W]이 점등한다(타이머 T_2 [J]도 복구한다).
④ 또 접점 $X_{1(2)}$ [U]가 닫혀서 X_3 [O]의 유지 회로를 완성한다.

> T_{2a} [N]↑ −X_3 [O]↑ ┬ T_3 [R]↑
> ├ X_1 [B]↓ −L_1 [F]↓ −L_3 [W]↑
> └ X_2 [H]↓ −L_2 [L]↓, T_2 [J]↓

8) 적색 신호등 L_1 재동작

T_{3a} [X]로 기동하고, $X_{3(2)}$ [S]로 정지한다.
① 30초 후 접점 T_{3a} [X]가 닫히면 X_1 [B]이 동작하고 접점 $X_{1(1)}$ [C]로 유지하며
② 타이머 T_1 [D]이 여자된다. 이어서
③ 접점 $X_{1(3)}$ [E]으로 적색 신호등 L_1 [F]이 점등한다. 동시에
④ 접점 $X_{1(2)}$ [U]와 $X_{1(4)}$ [V]가 열려 릴레이 X_3 [O]와 청색 신호등 L_3 [W]가 복구한다.
⑤ 이어 접점 $X_{3(3)}$ [Q]이 열려 타이머 T_3 [R]이 복구하고,
⑥ 접점 $X_{3(2)}$ [S]이 닫혀(복구) 릴레이 X_1 [B]의 유지 회로를 완성시킨다.
⑦ 이어 타이머 T_3 [R]이 복구하였으므로 접점 T_{3a} [X]가 열린다.

> T_3 [X]↑ −X_1 [B]↑, T_1 [D]↑ ┬ L_1 [F]↑, L_3 [W]↓
> └ X_3 [O]↓ −T_3 [R]↓

8.2 PLC 시퀀스

▸논리 조건과 타임 차트에 따라 다음 차례로 그리면 그림 3.50과 같다.

1) 최초 동작

P001(BS$_1$)로 동작하고, M003(X$_3$)으로 복구한다(참고도 (a)).

① H 입력 P001(BS$_1$)을 주면 M001(X$_1$)이 동작하고 M001로 유지하며

② M001로 타이머 T001(T$_1$)이 여자된다. 동시에

③ M001로 적색 신호등 P011(L$_1$)이 점등한다.

④ 타이머 T001은 25초 후에 M002(X$_2$)를 동작시키고, 또 M002로 복구한다.

⑤ 내부 출력 M001(X$_1$)은 M003 동작 후 M003으로 복구한다.

☞ 정지 신호(M003)를 P002에 직렬로 넣으면 M001의 재동작이 되지 않는다.

[참고도]

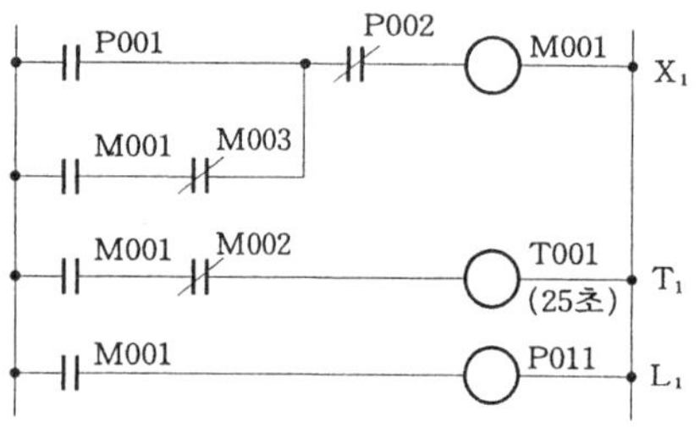

(a)

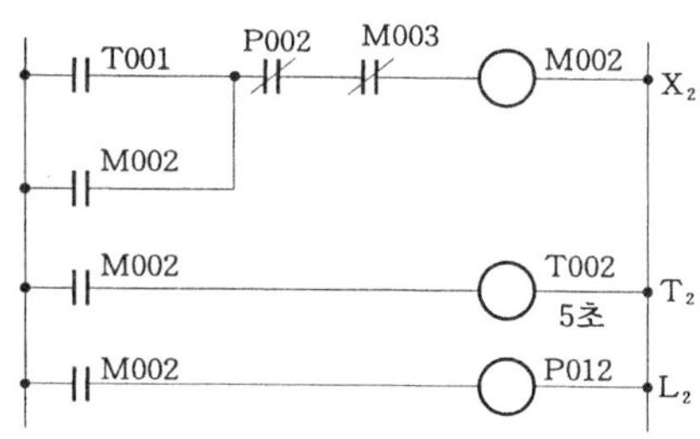

(b)

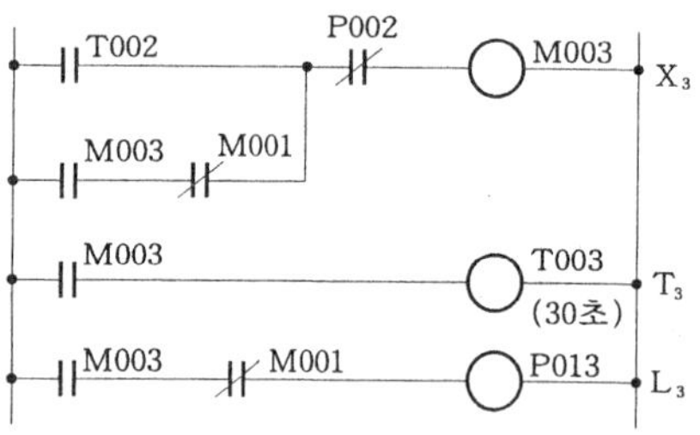

(c)

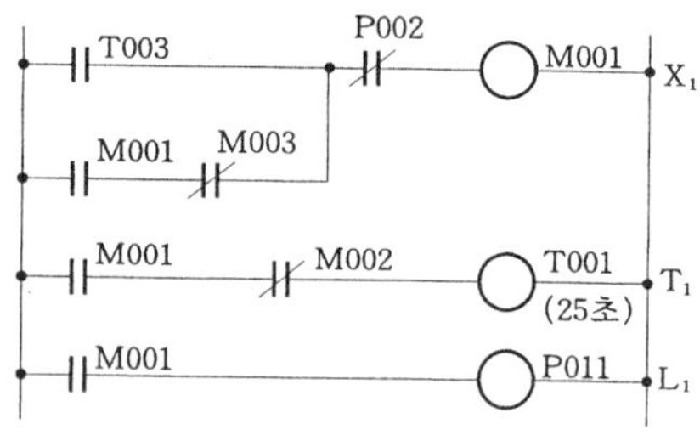

(d)

2) 황색 신호등 L$_2$ 회로

T001로 기동하고, M003으로 복구한다(참고도 (b)).

① 25초 후 타이머 T001이 닫히면 M002(X$_2$)가 동작하고 M002로 유지하면

② M002로 타이머 T002(T$_2$)가 여자된다. 동시에

③ M002로 황색 신호등 P012(L_2)가 점등한다.

④ 내부 출력 M002(X_2)는 M003(X_3) 동작 후 M003으로 복구한다.

3) 청색 신호등 L_3 회로

T002로 기동하고, M001(X_1)로 복구한다(참고도 (c)).

① 5초 후 타이머 T002가 닫히면 M003(X_3)이 동작하고 M003으로 유지하며

② M003으로 타이머 T003이 여자된다. 이어서

③ M001(X_1)이 닫히면 청색 신호등 P013(L_3)이 점등한다.

④ 내부 출력 M003(X_3)은 M001(X_1) 동작 후 M001로 복구한다.

☞ 정지 신호(M001)를 P002에 직렬로 넣으면 M003의 재동작이 되지 않는다.

4) 적색 신호등 L_1 재동작

T003으로 동작하고, M003으로 정지한다(참고도 (d)).

① 30초 후 타이머 T003이 닫히면 M001(X_1)이 재동작하고 M001로 유지하며

② M001로 타이머 T001(T_1)이 여자된다. 동시에

③ M001로 적색 신호등 P011(L_1)이 다시 점등한다. 동시에

④ M001로 청색 신호등 P013이 소등한다. 동시에

⑤ M001로 M003이 복구한다. 이어서 T003이 복구한다.

⑥ 이하 (2), (3), (4)를 반복하므로 정리하면 그림 3.50과 같이 된다.

5) 최초 L_1 점등

H 입력 P001(BS_1 Ⓐ)을 주면

① M001(X_1 Ⓑ)이 동작하고 M001 Ⓒ로 유지하며

② M001 ①로 타이머 T001(T_1 Ⓓ)이 여자되고 동시에

③ M001 Ⓔ로 P011(적색 신호등 L_1 Ⓕ)이 점등한다.

P001 Ⓐ↑ −M001 Ⓑ↑ − − −T001Ⓓ↑, P011 Ⓕ↑

6) L_2 점등

25초 후 타이머 T001 Ⓖ이 닫히면

① M002(X_2) Ⓗ가 동작하고 M002 Ⓘ로 유지하며

② M002 ②로 타이머 T002(T_2)가 여자된다. 동시에

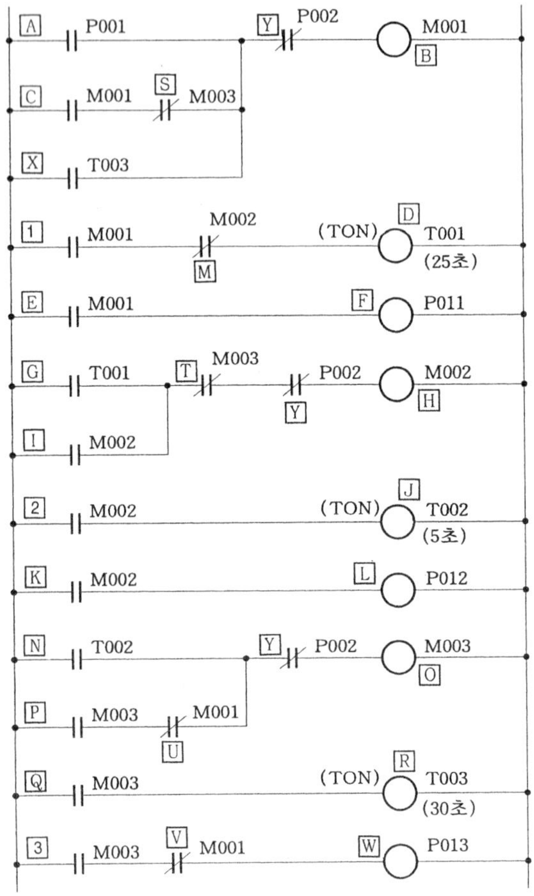

그림 3.50

③ M002 K로 황색 신호등 P012(L_2) L가 점등한다.

④ M002 M로 임무 완료한 타이머 T001(T_1) D이 복구한다.

T001 G ↑ −M002 H ↑ − − −T002 J ↑ , P012 L ↑ , T001 D ↓

7) L_3 점등

5초 후 타이머 T002 N가 닫히면

① M003(X_3) O이 동작하고 M003 P으로 유지하며

② M003 Q으로 타이머 T003 R이 여자된다. 동시에

③ M003 S으로 M001(X_1 B)이 복구하고, 또 M003 T으로 M002(X_2 H)가 복구하며

④ M001 [E]로 P011 [F]이 소등하고, M002 [K]로 P012 [L]이 소등한다. 동시에 M001 [V]로 P013 [W]이 점등하고, M002 [2]로 T002 [J]도 복구한다.

⑤ 또, M001 [U]로 M003(X_3 [O])의 유지 회로를 완성한다.

```
T002 [N]↑ −M003 [O]↑ ─┬─T003 [R]↑
                      ├─M001 [B]↓ − P011 [F]↓, P013 [W]↑
                      └─M002 [H]↓ − P012 [L]↓, T002 [J]↓
```

8) L_1 재동작

30초 후 T003 [X]이 닫히면

① M001(X_1 [B])이 동작하고 M001 [C]로 유지를 준비하며

② M001 [1]로 타이머 T001(T_1 [D])이 여자된다. 동시에

③ M001 [E]로 적색 신호등 P011(L_1 [F])이 점등한다. 동시에

④ M001 [U]과 M001 [V]이 열려 M003(X_3 [O])이 복구하고 P013(L_3 [W])이 소등한다.

⑤ 이어 M003 [Q]이 열려 타이머 T003 [R]이 복구하고,

⑥ M003 [S]이 닫혀(복구) M001 [B]의 유지 회로를 완성시킨다.

⑦ 이어 타이머 T003 [R]이 복구하였으므로 접점 T003 [X]이 열린다.

```
T003 [X]↑ −M001 [B]↑ ─┬─T001 [D]↑, P011 [F]↑, P013 [W]↓
                      └─M003 [O]↓ −T003 [R]↓
```

9) 래더 회로에서 니모닉 프로그램을 하면 표와 같다.

【L_1 회로】

0 스텝 : [A] BS_1, (기동), 회로 시작 LOAD P001

1 스텝 : [C] X_1, (유지), 회로 시작 LOAD M001

2 스텝 : [S] X_3, (정지), 앞 회로와 직렬 b접점 AND NOT M003

3 스텝 : − 그룹간 병렬 묶음 OR LOAD

4 스텝 : [X] T_{3a}, (기동), 위 회로와 병렬 OR T003

5 스텝 : [Y] BS_2, (정지), 앞 회로와 직렬 b접점 AND NOT P002

6 스텝 : [B] X_1, 내부 출력 OUT M001

7 스텝 : [1] X_1, (기동), 회로 시작 LOAD M001

8 스텝 : [M] X_2, (정지), 앞 회로와 직렬 b접점 AND NOT M002

9 스텝 : [D] T_1, (타이머 TON), TMR T001

10 스텝 : – 설정 시간 25초, 〈DATA〉 00250

12 스텝 : Ⓔ X_1, (기동), 회로 시작 LOAD M001

13 스텝 : Ⓕ L_1, 출력 OUT P011

【L_2 회로】

14 스텝 : Ⓖ T_{1a}, (기동), 회로 시작 LOAD T001

15 스텝 : Ⓘ X_2, (유지), 위 번지와 병렬 OR M002

16 스텝 : Ⓣ X_3, (정지), 앞 회로와 직렬 b접점 AND NOT M003

17 스텝 : Ⓨ BS_2, (정지), 앞 회로와 직렬 b접점 AND NOT P002

18 스텝 : Ⓗ X_2, 내부 출력 OUT M002.

19 스텝 : ② X_2, (기동), 회로 시작 LOAD M002.

20 스텝 : Ⓙ TON, (타이머), T_2, TMR T002

21 스텝 : – 설정 시간 5초, 〈DATA〉 00050

23 스텝 : Ⓚ X_2, (기동), 회로 시작 LOAD M002

24 스텝 : Ⓛ L_2, 출력 OUT P012

step	명 령	번 지
0	LOAD	P001
1	LOAD	M001
2	AND NOT	M003
3	OR LOAD	–
4	OR	T003
5	AND NOT	P002
6	OUT	M001
7	LOAD	M001
8	AND NOT	M002
9	TMR	T001
10	〈DATA〉	00250
12	LOAD	M001
13	OUT	P011
14	LOAD	T001
15	OR	M002
16	AND NOT	M003
17	AND NOT	P002
18	OUT	M002

step	명 령	번 지
19	LOAD	M002
20	TMR	T002
21	〈DATA〉	00050
23	LOAD	M002
24	OUT	P012
25	LOAD	T002
26	LOAD	M003
27	AND NOT	M001
28	OR LOAD	–
29	AND NOT	P002
30	OUT	M003
31	LOAD	M003
32	TMR	T003
33	〈DATA〉	00300
35	LOAD	M003
36	AND NOT	M001
37	OUT	P013
38	END	–

【L_3 회로】

25 스텝 : N T_2, (기동), 회로 시작 LOAD T002
26 스텝 : P X_3, (유지), 회로 시작 LOAD M003
27 스텝 : U X_1, (정지), 앞 회로와 직렬 b접점 AND NOT M001
28 스텝 : − 그룹간 병렬 묶음 OR LOAD
29 스텝 : Y BS_2, (정지), 앞 회로와 직렬 b접점 AND NOT P002
30 스텝 : O X_3, 내부 출력 OUT M003
31 스텝 : Q X_3, (기동), 회로 시작 LOAD M003
32 스텝 : R TON, (타이머), T_3, TMR T003
33 스텝 : − 설정 시간 30초, <DATA> 00300
35 스텝 : 3 X_3, (기동), 회로 시작 LOAD M003
36 스텝 : V X_1, (정지), 앞 회로와 직렬 b접점 AND NOT M001
37 스텝 : W L_3, 출력 OUT P013
38 스텝 : 끝, END

[참고도]

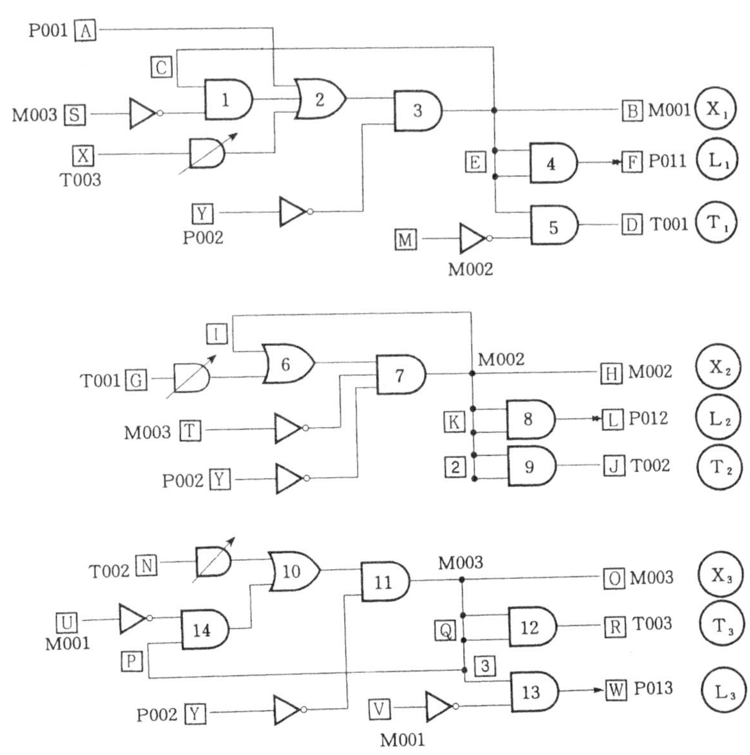

10) 래더 회로에서 양논리 회로를 그리면 그림 3.51과 같다.
참고도와 같이 P011(L_1), P012(L_2), P013(L_3) 회로를 그리고 회로를 연결한다. 이때 공통 사용은 삭제한다.

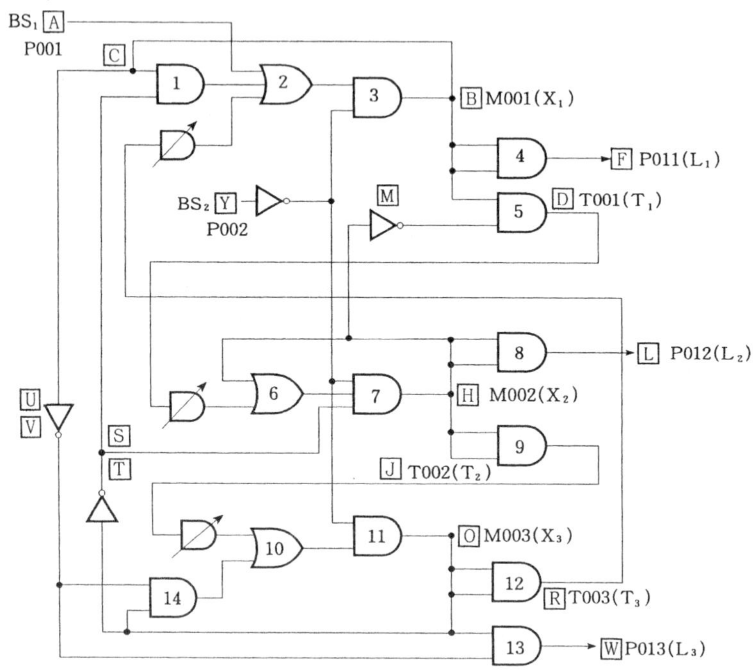

그림 3.51

8.3 로직 시퀀스

▸논리 조건과 타임 차트에 따라 다음 차례로 그리면 그림 3.52와 같다.

1) **최초 동작, 적색 신호등 L_1 회로** : L 입력 BS_1을 주면(참고도 (a))
 ① FF_1이 셋하여 적색 신호등 L_1이 점등한다.
 ② 이어 타이머 SMV_1(T_1)이 셋된다.

2) **L_2 회로** : 25초 후 SMV_1(T_1)이 리셋되면 미분 회로를 통한 L 레벨로
 ③ FF_2가 셋하여 황색 신호등 L_2가 점등한다(참고도 (b))
 ④ 이어 타이머 SMV_2(T_2)가 셋된다.

[참고도]

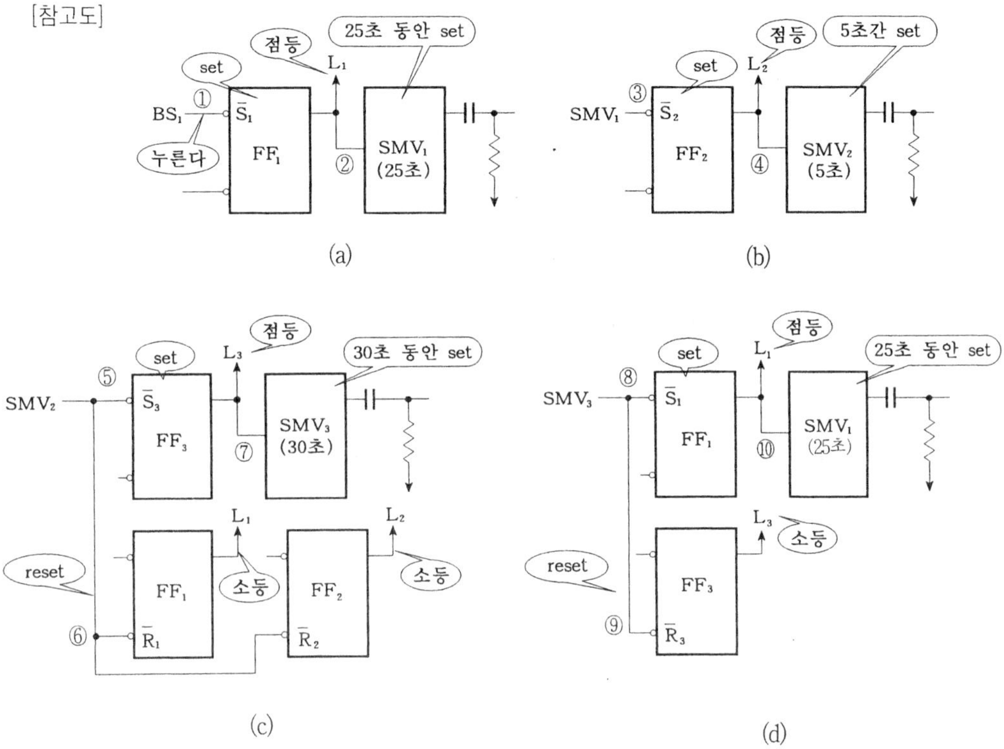

3) L_3 **회로** : 5초 후 $SMV_2(T_2)$가 리셋되면 미분 회로를 통한 L 레벨로

⑤ FF_3이 셋하여 황색 신호등 L_3이 점등한다. 동시에

⑥ FF_1과 FF_2가 리셋하여 신호등 L_1과 L_2가 소등한다(참고도 (c)).

⑦ 이어 타이머 $SMV_3(T_3)$이 셋된다.

4) L_1 **재동작 회로** : 30초 후 $SMV_3(T_3)$이 리셋되면 미분 회로를 통한 L레벨로

⑧ FF_1이 셋하여 적색 신호등 L_1이 재점등한다(참고도 (d)). 동시에

⑨ FF_3이 리셋하여 신호등 L_3이 소등한다.

⑩ 이어 타이머 $SMV_1(T_1)$이 다시 셋된다(①~⑩ 반복 동작).

5) 참고 사항

⑪ L_1은 최초 동작(BS_1)과 재동작(T_3)의 2개의 기동 신호가 있으므로 2입력 OR 회로가 되고 L 입력형(NOT 포함)이다(OR A 회로).

⑫ L_3의 소등과 동시에 L_1이 점등되게 하기 위하여 AND 회로 B를 넣는다.

⑬ 정지 신호는 BS_2가 공통이므로 각각 2 입력 OR 회로 C, D를 넣는다.

6) 정리하면 그림 3.52와 같다.

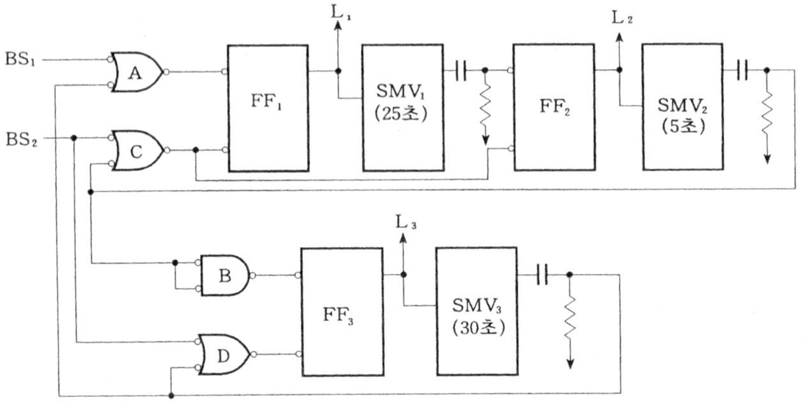

BS_1↑ −A↑ −FF_1↑ −L_1↑, SMV_1↑ −(25초)−SMV_1↓ −
−FF_2↑ −L_2↑, SMV_2↑ −(5초)−SMV_2↓ −C↑, B↑
┌C↑ −FF_1↓, FF_2↓ −L_1↓, L_2↓
└B↑ −FF_3↑ −L_3↑, SMV_3↑ −(30초)↑ −SMV_3↓ ┌A↑ −FF_1↑ −L_1↑(반복)
└D↑ −FF_3↓ −L_3↓

그림 3.52

① 최초 동작, L_1 회로
L 입력 BS_1을 주면 OR 기능 회로 A를 통하여
FF_1이 셋하여 적색 신호등 L_1이 점등하고, 이어 타이머 $SMV_1(T_1)$이 셋된다.

② L_2 회로
25초 후 SMV_1이 리셋되면 미분 회로를 통한 L 레벨로
FF_2가 셋하여 황색 신호등 L_2가 점등하고, 이어 타이머 $SMV_2(T_2)$가 셋된다.

③ L_3 회로
5초 후 SMV_2가 리셋되면 미분 회로와 AND 회로 B를 통한 L 레벨로
FF_3이 셋하여 황색 신호등 L_3이 점등한다. 동시에
OR 회로 C를 통하여 FF_1과 FF_2가 리셋하여 L_1과 L_2가 소등한다. 이어 타이머 $SMV_3(T_3)$이 셋된다.

④ L_1 재동작 회로
30초 후 $SMV_3(T_3)$이 리셋되면 미분 회로와 OR 회로 D를 통한 L 레벨로
FF_3이 리셋하여 L_3이 소등한다. 동시에
OR 회로 A를 통한 L 레벨로 FF_1이 셋하여 L_1이 재점등한다(이하 반복 동작).

9. 2개소 수전 회로

▸논리 조건 : 정전에 대비하여 전원을 2개소에서 수전하여 전동기를 운전한다.

① 연동 버튼 스위치 BS_1을 주면
 전자 개폐기 MC_2가 복구하고 MC_1이 동작하여 전동기가 운전된다.

② 연동 버튼 스위치 BS_2를 주면
 전자 개폐기 MC_1이 복구하고 MC_2가 동작하여 전동기가 운전된다.

③ 사용 기구 : BS－3개, MC(Thr 포함)－2개, RL－2개, GL－1개
 등이고 OL 등 기타 기구는 무시한다.

▸연구

① MC_1 : 기동－BS_1,
 (RL_1) 유지－$MC_{1(1)}$(접점)
 복구－BS_2(연동 b접점), Thr_1, BS_3 (정지용 공통)
 인터록－$MC_{2(2)}$ (접점)

② MC_2 : 기동－BS_2
 (RL_2) 유지－$MC_{2(1)}$ (접점)
 복구－BS_1(연동 b접점), Thr_2, BS_3 (정지용 공통)
 인터록－$MC_{1(2)}$ (접점)

③ GL : $MC_{1(4)}$ (b접점), $MC_{2(4)}$ (b접점)

9.1 릴레이 시퀀스

▸논리 조건과 연구 및 참고도를 참조하면 다음 그림 3.53과 같다.

① MC_1 : BS_1을 주면 연동 b접점으로 MC_2가 복구하고, 이어서
연동 a접점으로 MC_1이 동작 유지($MC_{1(1)}$)한다. 또,
정지 신호 BS_2(연동 b접점), Thr_1, BS_3(정지용 공통) 등으로 정지하며 인터록 $MC_{2(2)}$(접점)을 접속한다.

② MC_2 : BS_2를 주면 연동 b접점으로 MC_1이 복구하고, 이어서
연동 a접점으로 MC_2가 동작 유지($MC_{2(1)}$)한다. 또,
정지 신호 BS_1(연동 b접점), Thr_2, BS_3(정지용 공통)등으로 정지하며 인터록 $MC_{1(2)}$(접점)을 접속한다.

③ GL : 두 MC의 b접점 $MC_{1(4)}$, $MC_{2(4)}$의 직렬로 점등한다.

④ RL : 두 MC에 각각 병렬로 접속한다.

[참고도]

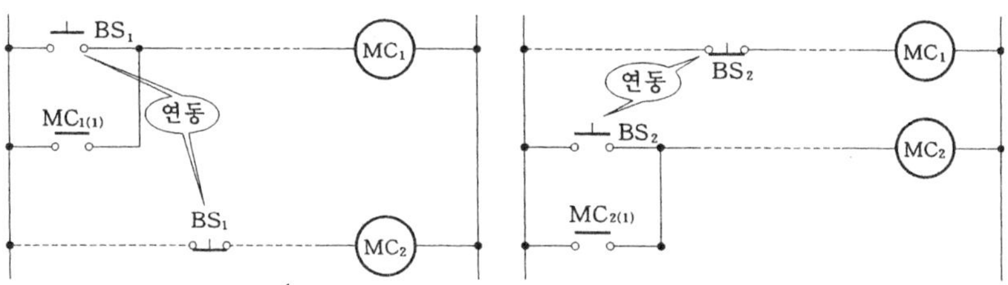

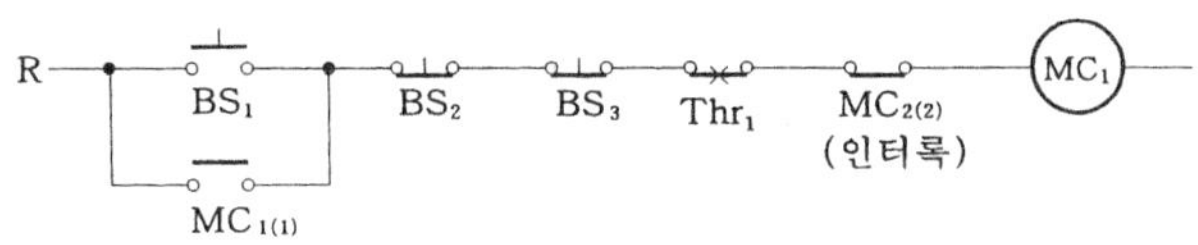

⑤ 그림 3.53(a)는 전동기 운전의 주회로이고 그림 3.1을 2개 그린 것과 같다.

⑥ BS_1(연동)을 주면 BS_1 연동 b접점으로 MC_2를 복구시키며 이어서
BS_1 연동 a접점으로 MC_1을 동작 유지($MC_{1(1)}$)시킨다.

동시에 MC_1에 병렬 접속된 RL_1이 점등하고 또 접점 $MC_{1(4)}$로 GL이 소등된다.

[전원 R − BS_3 − Thr_1 − BS_2 (연동 b접점) − BS_1 (기동 - $MC_{1(1)}$ 유지) − $MC_{2(2)}$ (인터록) − MC_1(RL_1) 동작 −전원 T]

또, 접점 $MC_{1(2)}$로 MC_2에 인터록한다.

⑦ BS_2(연동)를 주면 BS_2 연동 b접점으로 MC_1을 복구시킨다. 이어서

BS_2 연동 a접점으로 MC_2를 동작 유지($MC_{2(1)}$)시킨다.

동시에 MC_2에 병렬 접속된 RL_2가 점등하고 또 접점 $MC_{2(4)}$로 GL이 소등된다.

[전원 R − BS_3 − Thr_2 − BS_1(연동 b접점) − BS_2(기동−$MC_{2(1)}$ 유지) − $MC_{1(2)}$ (인터록) − MC_2(RL_2) 동작 −전원 T]

또, 접점 $MC_{2(2)}$로 MC_1에 인터록한다.

⑧ 공통 정지 신호 BS_3을 주면 동작 중인 MC가 복구하고 GL이 점등한다.

⑨ 해당 Thr이 트립되면 동작 중인 MC가 복구하고 GL이 점등한다.

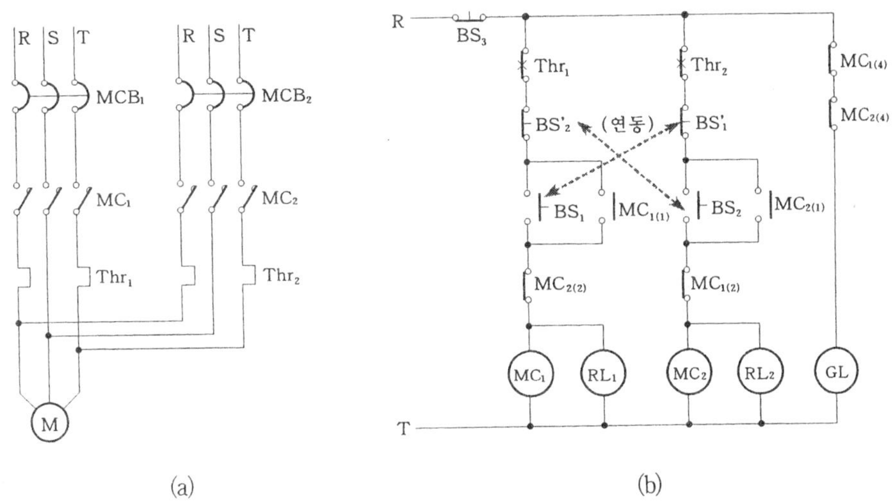

그림 3.53

9.2 PLC 시퀀스

1) 논리 조건과 연구 및 참고도에서

① MC_1 : P001(BS_1)을 주면 P001 E로 P012(MC_2)가 복구하고, 이어서

P001 A로 P011(MC_1)이 동작 유지(P011 C)한다.

또, P011 H로 P015(GL)가 소등한다.

② MC_2 : P002(BS_2)를 주면 P002 M로 P011(MC_1)이 복구하고, 이어서

P002 J로 P012(MC_2)가 동작 유지(P012 K)한다.

또, P012 L로 P015(GL)가 소등한다.

③ 공통 정지 신호 P003(BS_3), 과부하용 Thr_1, Thr_2 및 인터록을 고려한다.

④ RL : 두 MC에 각각 병렬로 접속한다.

☞ PLC 회로와 로직 회로에서는 연동 버튼 스위치가 필요없다.

☞ 여기서는 인터록으로 동작 중인 MC가 먼저 복구하고 다음 MC가 동작한다.

[참고도]

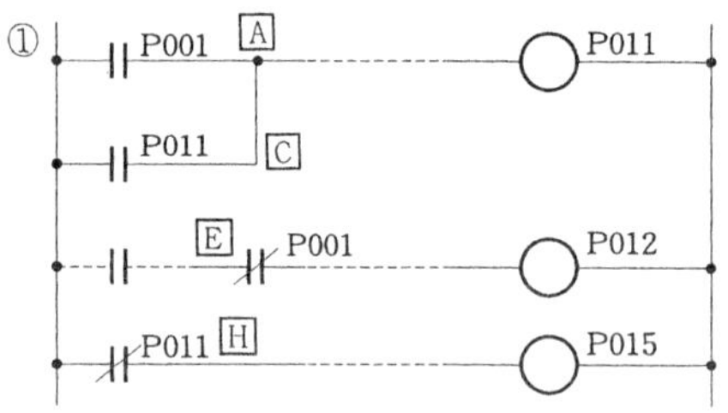

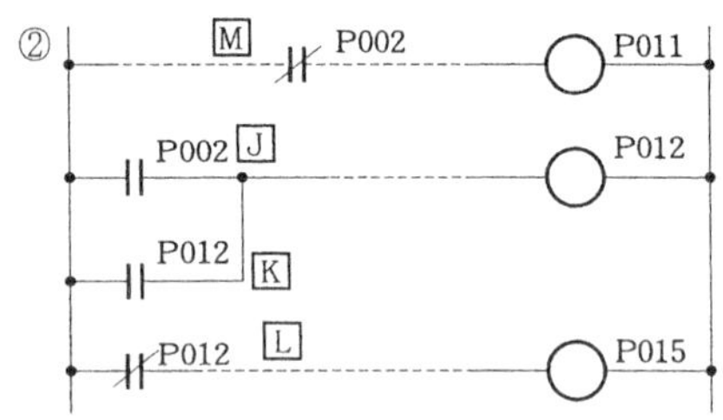

2) 정리하면 그림 3.54의 래더도가 된다.

① (처음) P001 [A](BS_1)을 주면 P011 [B](MC_1)이 동작 유지(P011 [C])하며
P013 [D](RL_1)이 점등한다. 또,
P011 [H]로 P015 [I] (GL)가 소등하고 P011 [N]로 P012 [F]에 인터록한다.

② P002(BS_2)를 주면 P002 [M]로 P011 [B](MC_1)이 복구하고, 이어서
인터록 P011[N]이 복구하면 P002 [J]로 P012 [F](MC_2)가 동작 유지(P012 [K])하며 P014
[G] (RL_2)가 점등한다. 또,
P012 [L]로 P015 [I](GL)가 소등하고 P012 [O]로 P011 [B]에 인터록한다.

③ P001(BS_1)을 다시 주면 P001 [E]로 P012 [F](MC_2)가 복구하고, 이어서
인터록 P012 [O]가 복구하면 P001 [A]로 P011 [B](MC_1)이 동작 유지(P011 [C])하며 P013
[D](RL_1)이 점등한다. 또,
P011 [H]로 P015 [I](GL)가 소등하고 P011 [N]로 P012 [F]에 인터록한다.
이하 ②, ③을 반복할 수 있다.

④ 공통 정지 신호 P003 [P] [Q] (BS_3)을 주든가 또는
과부하용 P004 [R](Thr_1), P005 [S](Thr_2)이 트립되면
동작 중인 MC가 복구하고, P015 [I] (GL)가 점등한다.

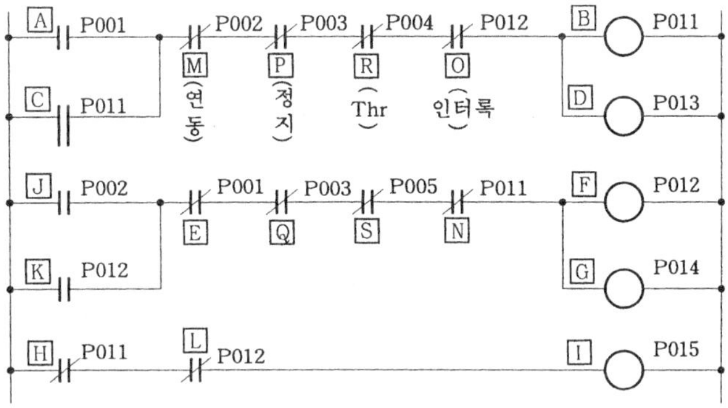

※ BS_1−P001, BS_2−P002, BS_3−P003, Thr_1−P004, Thr_2−P005
MC_1−P011, MC_2−P012, RL_1−P013, RL_2−P014, GL−P015

그림 3.54

3) 래더 회로에서 니모닉 프로그램하면 표와 같다.

【MC_1 회로】

0 스텝 : A BS_1, (기동), 회로 시작 LOAD P001
1 스텝 : C MC_1, (유지), 위 번지와 병렬 OR P011
2 스텝 : M BS_2, (정지), 앞 회로와 직렬 b접점 AND NOT P002
3 스텝 : P BS_3, (정지), 앞 회로와 직렬 b접점 AND NOT P003
4 스텝 : R Thr_1, (정지), 앞 회로와 직렬 b접점 AND NOT P004
5 스텝 : O MC_2, (인터록), 앞 회로와 직렬 b접점 AND NOT P012
6 스텝 : B MC_1, (출력), OUT P011
7 스텝 : D RL_1, (출력), OUT P013

【MC_2 회로】

8 스텝 : J BS_2, (기동), 회로 시작 LOAD P002
9 스텝 : K MC_2, (유지), 위 번지와 병렬 OR P012
10 스텝 : E BS_1, (정지), 앞 회로와 직렬 b접점 AND NOT P001
11 스텝 : Q BS_3, (정지), 앞 회로와 직렬 b접점 AND NOT P003
12 스텝 : S Thr_2, (정지), 앞 회로와 직렬 b접점 AND NOT P005
13 스텝 : N MC_1, (인터록), 앞 회로와 직렬 b접점 AND NOT P011
14 스텝 : F MC_2, (출력), OUT P012
15 스텝 : G RL_2, (출력), OUT P014

[GL 회로]

16 스텝 : [H] MC_1, (정지), 회로 시작 b접점 LOAD NOT P011

17 스텝 : [L] MC_2, (정지), 앞 번지와 직렬 b접점 AND NOT P012

18 스텝 : [I] GL, (출력), OUT P015

19 스텝 : END

step	명 령	번 지
0	LOAD	P001
1	OR	P011
2	AND NOT	P002
3	AND NOT	P003
4	AND NOT	P004
5	AND NOT	P012
6	OUT	P011
7	OUT	P013
8	LOAD	P002
9	OR	P012
10	AND NOT	P001
11	AND NOT	P003
12	AND NOT	P005
13	AND NOT	P011
14	OUT	P012
15	OUT	P014
16	LOAD NOT	P011
17	AND NOT	P012
18	OUT	P015
19	END	–

4) 래더 회로에서 양논리 회로를 그리면 그림 3.55와 같다.

① 기동 유지 회로 : [A][C] 2입력 OR 회로 1,

정지 회로 : [M][P][R] 3입력 NOR 회로 B_1,

운전 회로 : 위 2회로와 인터록 [O]의 3입력 AND 회로 3으로 된다.

[참고도]

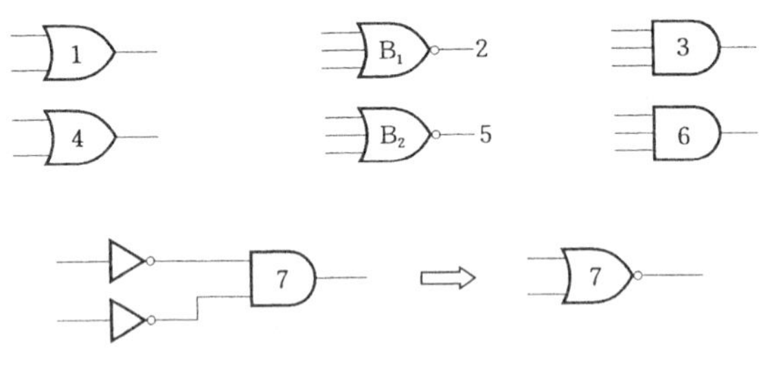

② 기동 유지 회로 : [J][K] 2입력 OR 회로 4,

정지 회로 : [E][Q][S] 3입력 NOR 회로 B_2,

운전 회로 : 위 2회로와 인터록 [N]의 3입력 AND 회로 6으로 된다.

③ 인터록 회로 A와 GL 회로 7을 넣고 정리하면 아래와 같다.

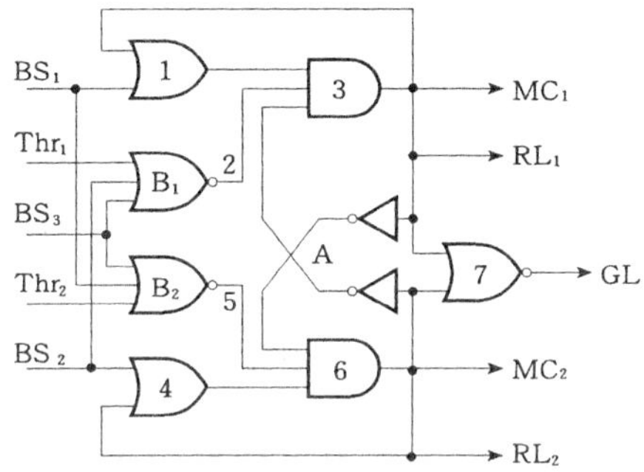

그림 3.55

9.3 로직 시퀀스

1) 논리 조건과 연구 및 참고도에서

① MC_1 동작 : BS_1을 주면 인터록 회로(A_1)를 통하여 FF_1이 셋하여 MC_1이 동작하고 BS_2, BS_3, Thr_1 중 하나를 주면 정지한다.

② MC_2 동작 : BS_2를 주면 인터록 회로(A_2)를 통하여 FF_2가 셋하여 MC_2가 동작하고 BS_1, BS_3, Thr_2 중 하나를 주면 정지한다.

③ 인터록은 2입력 AND 기능 회로, 정지 회로는 3입력 OR 기능 회로로 된다.

[참고도]

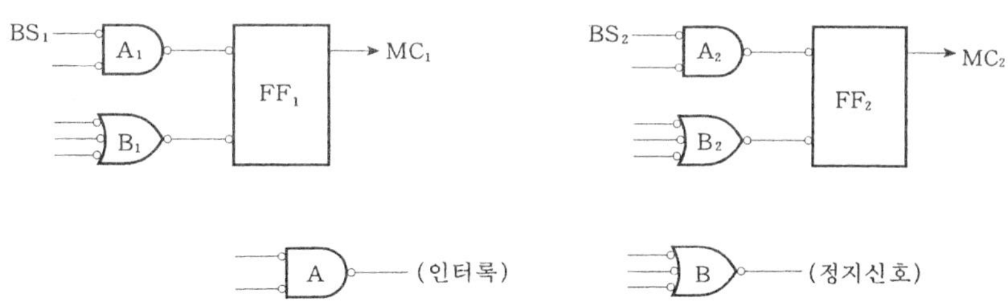

2) 정리하면 그림 3.56과 같다.

① MC_1 동작 : MC_2가 동작중일 때

ⓐ BS_1을 주면 정지 회로 B_2를 통하여 FF_2가 리셋되어 MC_2가 복구한 후

ⓑ 인터록 회로(A_1)를 통하여 FF_1이 셋하여 MC_1이 동작하고 RL_1이 점등하며 NOR 회로(C)를 통하여 GL이 소등한다.

ⓒ MC_2가 복구 상태에서 BS_1을 주면 ⓑ와 같이 된다.

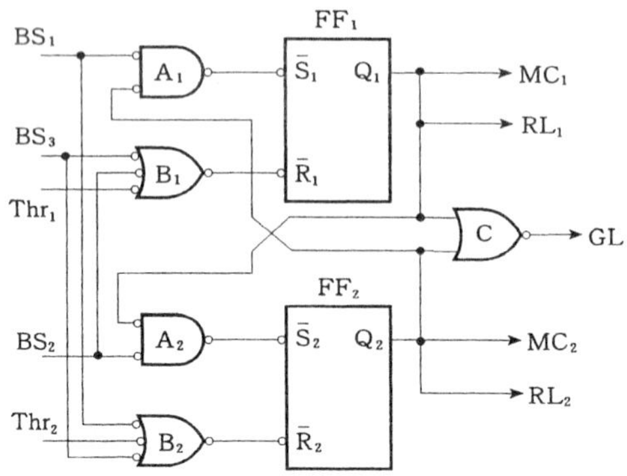

$BS_1\uparrow - B_2\uparrow - FF_2\downarrow - MC_2\downarrow$, $RL_2\downarrow - GL\uparrow$, $A_1\uparrow - FF_1\uparrow - MC_1\uparrow$, $RL_1\uparrow - GL\downarrow$
$BS_2\uparrow - B_1\uparrow - FF_1\downarrow - MC_1\downarrow$, $RL_1\downarrow - GL\uparrow$, $A_2\uparrow - FF_2\uparrow - MC_2\uparrow$, $RL_2\uparrow - GL\downarrow$
$BS_3\uparrow - B_1\uparrow$, $B_2\uparrow - FF_1\downarrow$, $FF_2\downarrow - MC_1\downarrow$, $MC_2\downarrow$, $RL_1\downarrow$, $RL_2\downarrow - GL\uparrow$
$Thr_1\uparrow - B_1\uparrow - FF_1\downarrow - MC_1\downarrow$, $RL_1\downarrow - GL\uparrow$
$Thr_2\uparrow - B_2\uparrow - FF_2\downarrow - MC_2\downarrow$, $RL_2\downarrow - GL\uparrow$

그림 3.56

ⓓ BS_2, BS_3, Thr_1 중 하나를 주면 OR 기능 회로 B_1을 통하여 FF_1이 리셋하여 MC_1이 복구하고 RL_1이 소등하며 NOR 회로(C)를 통하여 GL이 점등한다.

② MC_2 동작 : MC_1이 동작 중일 때

ⓐ BS_2를 주면 정지 회로 B_1을 통하여 FF_1이 리셋되어 MC_1이 복구한후

ⓑ 인터록 회로(A_2)를 통하여 FF_2가 셋하여 MC_2가 동작하고 RL_2가 점등하며 NOR 회로(C)를 통하여 GL이 소등한다.

ⓒ MC_1이 복구 상태에서 BS_2를 주면 ⓑ와 같이 된다.

ⓓ BS_1, BS_3, Thr_2 중 하나를 주면 OR 기능 회로 B_2를 통하여 FF_2가 리셋하여 MC_2가 복구하고 RL_2가 소등하며
NOR 회로(C)를 통하여 GL이 점등한다.

♥♥♥

⊙ 시퀀스 제어 회로의 표현

1. 각 기기, 기구는 전기용 그림 기호를 사용한다.

2. 그림 기호는 전원을 접속하지 않은 상태이고 수동 조작의 것은 손을 뗀 상태로, 복귀를 요하는 것은 복귀한 상태로 나타낸다.

3. 도면 작성은 실제 기기 구조 및 기기 배치에 관계없이 최소한의 약호를 사용하며 동작 순서에 따라 여러 곳으로 분리 작성한다.

4. 신호의 흐름은 세로 도면과 가로 도면에 관계없이 위에서 아래로, 왼쪽에서 오른쪽으로 흐르며 ON, OFF 접점 기구는 위쪽 또는 왼쪽의 전원측에, 릴레이 등은 아래쪽의 접지측 또는 오른쪽에 접속한다.

5. 기기의 표시는 기능 기호와 기기 기호의 차례로 쓰고 규정, 또는 일반적으로 통용되는 기호와 부호를 사용하며 제어 회로 외에 주회로는 생략하는 경우가 많다.

6. 로직 시퀀스에서 종속 회로의 AND 회로는 생략하고, 또 NOT 회로를 이용한 반전 회로를 사용하며 소자수를 줄인다.

7. 동작 순서에 따라 주 동작 기구의 타임 차트를 그리고 동작 논리에 따라 SMV, FF 소자를 사용하여 회로를 간단히 한다.

8. 자동 제어의 기구 번호 등 각종 기호, 부호는 표와 같다.

① 기본 번호만의 구성

〔보기〕 52 ………… 교류 차단기 또는 접촉기
3 ………… 조작 개폐기

② 기본 번호+기본 번호의 구성

〔보기〕 3-52 ….. 교류 차단기용 조작 개폐기
43-50 ….. 지락 선택 보호 전환 개폐기

③ 기본 번호+보조 부호(1개 이상)의 구성

〔보기〕 51M ….. 전동기용 교류 과전류 계전기
88WG …. 가스(G) 냉각수(W) 펌프용 전자 접촉기
27X 1 …. 교류 부족 전압 계전기(27)로 동작하는 보조 계전기 중의 1개
52-2 ….. 교류 전자 접촉기 중의 2번째 접촉기

⊙ 자동제어 기구의 번호, 부호, 문자 기호

〔표 1〕 자동제어 기구의 기본 번호

번호	기 구 명 칭	번호	기 구 명 칭	번호	기 구 명 칭
1	주 제어 개폐기 · 계전기	34	전동 순서 제어기	67	지락 방향 계전기
2	기동 · 폐로 지연 계전기	35	슬립 · 링 단락 장치	68	혼입 검출기
3	조작 개폐기	36	극성 계전기	69	플로 계전기
4	주 제어 회로용 접촉기 · 계전기	37	부족 전류 계전기	70	가감 저항기
5	정지 개폐기 · 계전기	38	축받이 온도 계전기	71	정류소자 고장 검출 장치
6	기동 차단기 · 접촉기 · 계전기	39	(예비 번호)	72	직류 차단기 · 접촉기
7	조정 개폐기	40	계자 전류 · 계자 상실 계전기	73	단락용 차단기 · 접촉기
8	계자 전원 개폐기 · 계전기	41	계자 차단기 · 접촉기 · 개폐기	74	조정 밸브
9	계자 전극 개폐기 · 계전기	42	운전 차단기 · 접촉기 · 개폐기	75	제동 장치
10	순서 개폐기 · 프로그램 조정기	43	제어 회로 전환 접촉기 · 개폐기	76	직류 과전류 계전기
11	시험 개폐기 · 계전기	44	거리 계전기	77	부하 조정 장치
12	과속도 개폐기 · 계전기	45	직류 과전압 계전기	78	반송 보호 위상 비교 계전기
13	동기 속도 개폐기 · 계전기	46	역상 · 상 불평형 전류 계전기	79	교류 재폐로 계전기
14	저속도 개폐기 · 계전기	47	결상 · 역상 전압 계전기	80	직류 부족 전압 계전기
15	속도 조정 장치	48	정체 검출 계전기	81	조속기 구동 장치
16	표시선 감시 계전기	49	회전기 온도 계전기	82	직류 재폐로 계전기
17	표시선 계전기	50	단락 · 지락 선택 계전기	83	선택 접촉기 · 계전기
18	가속 · 감속 접촉기	51	교류 지락 과전류 계전기	84	전압 계전기
19	기동 · 운전 전환 접촉기	52	교류 차단기 · 접촉기	85	신호 계전기
20	보기밸브	53	여자 계전기 · 여호 계전기	86	폐쇄 계전기
21	주기밸브	54	직류 고속도 차단기	87	전류 차동 계전기
22	(예비 번호)	55	역률 계전기	88	보기용 접촉기 · 개폐기
23	온도 조정 계전기	56	동기 이탈 검출 계전기	89	단로기
24	탭 전환 기구	57	전류 계전기	90	자동 전압 조정기
25	동기 검출 장치	58	(예비 번호)	91	자동 전력 조정기
26	정지기 온도 계전기	59	교류 과전압 계전기	92	도어(문)
27	교류 부족 전압 계전기	60	전압 평형 계전기	93	(예비 번호)
28	경보장치	61	전류 평형 계전기	94	자유 트립 접촉기 · 계전기
29	소화장치	62	정지 · 폐로 지연 계전기	95	자동 주파수 조정기
30	기기의 상태 · 고장 표시장치	63	압력 계전기	96	정기 유도기 내부 고장 검출 장치
31	계자 변경 차단기 · 접촉기	64	지락 과전압 계전기	97	런너
32	직류 역류 계전기	65	조속 장치	98	연결 장치
33	위치 개폐기 · 위치 검출 장치	66	단속 계전기	99	자동 기록 장치

〔표 2〕 보조 부호

부 호	내 용		부 호	내 용	
A	교류	Alternating Current	K	음극	Kathode
	자동	Automatic		3차측	—
	양극	Anode	L	램프	Lamp
	공기	Air		저	Low
	전류	Ampere		누설	Leakage
	증폭	Amplifier		리미트	Limit
	Actuator		M	계기	Meter
	보조	Auxiliary		주	Main
B	단선	Broken wire		전동기	Motor
	벨	Bell		수동	Manual
	측로	By-Pass	N	중성	Neutral
	전지	Battery		(−)극	Negative
	모선	Bus	O	외부	Outer
	제동	Brake		열다	Open
	평형	Balance	P	펌프	Pump
	축받이	Bearing		(+)극	Positive
C	공통	Common		전력	Power
	냉각	Cooling		1차	Primary
	투입코일	Closing Coil		압력	Pressure
	제어	Control	Q	기름, 무효전력	
	전환	Change over	R	복귀	Reset
	콘덴서	Condenser, Capacitor		저항	Resistor
D	직류	Direct Current		계전기	Relay
	차동	Differential		원방	Remote
	하강	Down		오른쪽	Right
E	비상	Emergency		역방향	Reverse
	여자	Excitation	S	단락	Short
F	플루트	Float		2차	Secondary
	퓨즈	Fuse		솔레노이드	Solenoid
	플리커	Flicker		동작	Sequence
	고장	Fault	T	변압기	Transformer
	주파수	Frequency		시한	Time
	팬	Fan		트립	Trip
G	지락	Ground Fault		온도	Temperature
	가스	Gas	U	사용	Use
	발전기	Generator	V	전압	Voltage
H	고	High		밸브	Valve
	소내	House	W	물	Water
	전열	Heater	X	보조	—
	유지	Hold	Y	보조	—
I	내부	Internal	Z	부저	Buzzer
	인터록	Inter-Lock		보조	—
J	결합	Joint			

〔표 3〕 제어 문자 기호

분류	명 칭	기 호		명 칭	기 호	
지능기호	자동	AUT	automatic	수동	MA	manual
	개로	OFF	off	폐로	ON	on
	기동	ST	start	운전	RN	run
	정지	STP	stop	복귀	RST	reset
	정	F	forward	역	R	reverse
	좌	L	Left	우	R	right
	고	H	high	저	L	low
	전	FW	forward	후	BW	backward
	개	OP	open	폐	CL	close
	증	INC	increase	감	DEC	decrease
	보조	AUX	auxiliary	세트	SET	set
	전환	CO	change-over	인터록	IL	inter-lock
	촌동	ICH	inching	비상	EM	emergency
	상승	U	up	하강	D	down
전원	교류	AC	alternating current	직류	DC	direct current
	고압	HV	high-voltage	저압	LV	low-voltage
	3상	3ϕ	three-phase	단상	1ϕ	single-phase
	접지	E	Earth	지락	G	ground-fault
전기기기	발전기	G	Generator	전동기	M	motor
	직류 발전기	DG	DC-generator	직류 전동기	DM	DC-motor
	동기 전동기	SM	synchronous motor	유도 전동기	IM	induction motor
	전동 발전기	MG	motor-generator set	속도계	TG	Tacho-generator
	변압기	T	transformer	승압기	BST	booster
	변류기	CT	current transformer			
	영상 변류기	ZCT	zero-phase-sequence current, transformer			
	계기용 변압기	PT	potential transformer			
	계기용 변압 변류기	PCT	potential current transformer			
	접지 변압기	GT	grounding transformer			
	유도 전압 조정기	IR	induction voltage Regulator			
	전자 크래치	MCL	electro-Magnetic clutch			
	전자 밸브	SV	solenoid valve	트립 코일	TC	trip coil
	전동 밸브	MOV	motor-operated valve	유지 코일	HC	holding coil
	송풍기	BL	blower	폐로 코일	CC	closing colil
	표시등	SL	signal lamp	전자 브레이크	MB	electro-magnetic brake
릴레이	릴레이	R	relay	과전류 릴레이	OCR	over current relay
	지락 릴레이	GR	ground relay	과전압 릴레이	OVR	over voltage relay
	주파수 릴레이	FR	frequency relay	결상 릴레이	OPR	open-phase relay
	압력 릴레이	PRR	presure relay	시한 릴레이	TLR	time-lag relay
	열동 릴레이	THR	thermal relay	부족 전압 릴레이	UVR	under voltage relay
계기류	전류계	A	Ammeter	전압계	V	voltmeter
	전력계	W	wattmeter	전력량계	WH	watt-hour meter
	주파수계	F	frequency meter	온도계	TH	thermometer
	압력계	PG	pressure gauge	유량계	FL	flow meter

구분	명칭	기호	영문	명칭	기호	영문
스위치 및 차단기	스위치	S	switch	텀블러 스위치	TS	tumbler switch
	제어 스위치	CS	control switch	로타리 스위치	RS	rotary switch
	비상 스위치	EMS	Emergency switch	레벨 스위치	LVS	level switch
	변환 스위치	COS	Selector switch	플로트 스위치	FLTS	float switch
	전자 접촉기	MC	Magnetic contactor	나이프 스위치	KS	knife switch
	전류 전환 스위치	AS	Ammeter-change-over switch	리미트 스위치	LS	limit switch
	전압 전환 스위치	VS	Voltmeter-change-over switch	단로기	DS	disconnection switch
	속도 스위치	SPS	speed sw	계자 스위치	FS	field switch
	발딛음 스위치	FTS	foot sw	전력 퓨즈	PF	power fuse
	퓨즈	F	fuse	압력 스위치	PRS	presure switch
	차단기	CB	circuit breaker	제어기	CTR	controller
	유 차단기	OCB	oil-circuit breaker	고속도 차단기	HSCB	high-speed cct breaker
	기중 차단기	ACB	air cct breaker	버튼 스위치	BS	button switch
	배선용 차단기	MCB	molded case cct breaker	기동기	STT	starter
	Y-△ 기동기	YDS	Y-△ starter			
디지털 회로	논리 부정	NOT	not, reverse, Inverter	부정 논리합	NOR	not-or
	논리적	AND	and	플립 플롭	FF	flip-flop
	부정 논리적	NAND	not-and	멀티 바이브레이터	MLV	multi-vibrator
	이진 카운터	BC	binary counter	단안정	SSM	single-shot
	증폭기	AMP	amplifier	멀티 바이브레이터	(MM)	multi-vibrator
	슈미트 트리거	SMT	schmidt trigger	동작 시간 지연	TDE	time delay energizing
	복귀 시간 지연	TDD	time delay De-energizing	시간 지연	TDB	time delay(Both)
	시프트 레지스터	SFR	shift resister	메모리	MEM	memory
	복귀 기억	ORM	off return memory	영구 기억	RM	retentive memory
	논리합	OR	or			

시퀀스 제어의 왕초보에서 응용까지

발　　행 / 2026년 3월 5일

저　　자 / 윤 대 용

펴 낸 이 / 정 창 희

펴 낸 곳 / 동일출판사

주　　소 / 서울시 강서구 곰달래로31길7 (2층)

전　　화 / (02) 2608-8250

팩　　스 / (02) 2608-8265

등록번호 / 109-90-92166

판 권 소 유

ISBN 978-89-381-1661-1 93560

값 / 25,000원